Burghardt   Einführung in Projektmanagement

Manfred H. Burghardt studierte Nachrichtentechnik in Hamburg, dann Kybernetik und Datenverarbeitung an der TU München. 1971 trat er der Siemens AG bei, wo er sich in der Grundlagenforschung für Künstliche Intelligenz mit der Entwicklung kontextsensitiver Informationssysteme beschäftigte.

Während der Olympischen Spiele in München 1972 war er Projektleiter für das Informations- und Auskunftssystem GOLYM. Anschließend leitete er verschiedene Projekte auf dem Gebiet der Entwicklung von Informations- und Datenbanksystemen sowie von SW-Entwicklungsverfahren. Darauf wurde ihm die Führung einer Abteilung für Organisation und Automatisierung mit den Schwerpunkten der Betreuung von SW-Verfahren für die HW-Entwicklung sowie der Entwicklung von PM-Verfahren übertragen. Während dieser Zeit war er Vorsitzender des Fachkollegiums Projektmanagement der Siemens AG, das die Aufgabe hatte, Methoden und Verfahren des Projektmanagements in allen Unternehmensbereichen der Siemens AG einzuführen und deren Anwendung zu unterstützen.

Während des Jahrtausendwechsels 2000 war er für die weltweite Notfallplanung und -organisation der Siemens-internen Software zuständig. In den letzten Jahren seiner Tätigkeit bei Siemens war er Abteilungsleiter für die Entwicklung von Projektcontrolling- und Kostenüberwachungsverfahren. 1988 erschien die erste Auflage seines Buches Projektmanagement, welches immer wieder erweitert wurde und zu einem Standardwerk auf diesem Gebiet geworden ist. Auch bei der vierbändigen GPM-Ausgabe der Projektmanagement-Baseline wirkte er als Autor mit.

Einführung in Projektmanagement

Definition, Planung, Kontrolle, Abschluss

Von Manfred Burghardt

6., überarbeitete und erweiterte Auflage, 2013

Publicis Publishing

Bibliografische Information der Deutschen Nationalbibliothek

Die Deutsche Nationalbibliothek verzeichnet diese Publikation in der Deutschen Nationalbibliografie; detaillierte bibliografische Daten sind im Internet über http://dnb.d-nb.de abrufbar.

Autor und Verlag haben alle Texte in diesem Buch mit großer Sorgfalt erarbeitet. Dennoch können Fehler nicht ausgeschlossen werden. Eine Haftung des Verlags oder des Autors, gleich aus welchem Rechtsgrund, ist ausgeschlossen.

In diesem Buch wiedergegebene Bezeichnungen können Marken sein, deren Nutzung durch Dritte für deren Zwecke die Rechte der Inhaber verletzen können. Außerdem übernimmt der Verlag keine Gewähr dafür, dass die gegebenen Informationen frei von Patent- oder Gebrauchsmusterschutz sind.

www.publicis-books.de

Lektorat: Dr. Gerhard Seitfudem, gerhard.seitfudem@publicis.de

Print ISBN: 978-3-89578-400-2
ePDF ISBN: 978-3-89578-904-5

6. Auflage, 2013

Herausgeber: Siemens Aktiengesellschaft, Berlin und München
Verlag: Publicis Publishing, Erlangen
© 1988 by Siemens Aktiengesellschaft, Berlin und München
© 2013 by Publicis Erlangen, Zweigniederlassung der PWW GmbH

Das Werk einschließlich aller seiner Teile ist urheberrechtlich geschützt. Jede Verwendung außerhalb der engen Grenzen des Urheberrechtsgesetzes ist ohne Zustimmung des Verlags unzulässig und strafbar. Das gilt insbesondere für Vervielfältigungen, Übersetzungen, Mikroverfilmungen, Bearbeitungen sonstiger Art sowie für die Einspeicherung und Verarbeitung in elektronischen Systemen. Dies gilt auch für die Entnahme von einzelnen Abbildungen und bei auszugsweiser Verwendung von Texten.

Printed in Germany

Vorwort zur 6. Auflage

Projektmanagement ist heute im Rahmen der Planung und Steuerung von Entwicklungsvorhaben bereits wichtige Realität geworden. Steigende Produktivität und kürzere Durchlaufzeit sind die Prämissen. Projektmanagement ist daher nicht allein der ausführenden Ebene vorbehalten, sondern es ist zu einer wichtigen Führungsaufgabe im gesamten Unternehmen geworden.

Insgesamt muss Projektmanagement ernsthafter, konsequenter und sorgfältiger wahrgenommen werden, um die erfolgsbestimmenden Projektparameter Leistung, Kosten und Zeit in ihrem Optimum zu erreichen. Beachtliche Termin- und Kostenüberschreitungen bei Projekten liefern immer wieder den Beweis für mangelhaftes Projektmanagement.

Projektmanagement stellt allerdings keine abgeschlossene „Lehre" dar, die – angelesen – nur angewendet zu werden braucht. Dazu ist der methodische Unterbau immer noch zu lückenhaft und sein Definitionsrahmen noch zu kontrovers. In einigen Teilbereichen, wie z.B. bei der Termin- und Einsatzmittelplanung, bieten sich in Form der Netzplantechnik erprobte Werkzeuge an; in anderen Bereichen, wie z.B. auf dem Gebiet der Sachfortschrittskontrolle, mangelt es an wirkungsvollen Hilfsmitteln. Hinsichtlich Einsatztiefe und Einsatzbreite des Projektmanagements bestehen zudem divergierende Meinungen; so wird teilweise die zentrale, teilweise die dezentrale Projektführung betont, oder aber das Projektmanagement bleibt allein Großprojekten vorbehalten. Auch muss zwangsläufig Projektmanagement bei einer Geräteentwicklung anders aussehen als bei einer Betriebssystementwicklung, weil reine HW-Projekte andere PM-Hilfsmittel erfordern als reine SW-Projekte.

Die Kapitelfolge des Buches ist entsprechend einem „Idealdurchlauf" eines Projekts gewählt, wobei dieses in der Praxis meist wegen auftretender Projektdiskontinuitäten ein iterativer Prozess ist. Am Anfang eines Projekts steht die *Projektdefinition* mit dem Festlegen des Projektziels, der Wirtschaftlichkeitsbetrachtung sowie der Projekt- und der Prozessorganisation. In der anschließenden *Projektplanung* muss nach der Strukturplanung eine Aufwandsschätzung mit entsprechender Aufgaben-, Termin- und Kostenplanung durchgeführt werden. Auch ein rechtzeitiges Risikomanagement ist durchzuführen. Die *Projektkontrolle* umfasst dann die Überwachung der Termine, der Aufwände, der Kosten und des Sachfortschritts. Bei eventuellen Abweichungen sind geeignete Maßnahmen vorzunehmen, die den Projekterfolg sichern helfen. Voraussetzung hierfür ist eine projektbegleitende Qualitätssicherung und Projektdokumentation. Richtige Auswahl des Projektpersonals, projekt-optimale Personalführung, kooperatives Arbeiten im Team und rechtzeitiges Erkennen und Beseitigen von Konflikten sind entscheidende Merkmale eines effektiven Personalmanagements. Zum *Abschluss eines Projekts* sind eine offizielle Produktabnahme, eine Projektabschlussanalyse zur Erfahrungssicherung und eine formelle Projektauflösung vorzunehmen. Im letzten Kapitel werden einige Beispiele von PM-Verfahren und Arbeitstechniken sowie Vorgehensweisen beim Online-Projektmanagement kurz vorgestellt.

Das Buch wendet sich an alle, die unmittelbar als Projektleiter und Projektplaner oder mittelbar als Projektmitarbeiter mit dem Projektmanagement in Berührung kommen. Vor allem soll das Buch aber auch für Studenten der Ingenieur- und Wirtschaftswissenschaften ein Hilfsmittel sein, um sich die Grundkenntnisse und Methoden des Projektmanagements anzueignen. In Anbetracht der Verschiedenartigkeit der Entwicklungen und der Vielfalt der Führungsformen muss das Buch sich auf das Grundsätzliche und auf die generellen Abläufe beschränken, kann also nicht Kochrezept für jede Art von Projektvorhaben sein. Allerdings finden viele der hier beschriebenen Methoden und Vorgehensweisen ihre Anwendung auch bei Projektierungsprojekten, Investitionsprojekten und ähnlichen Dienstleistungsprojekten. In der Praxis müssen daher die in diesem Buch erläuterten Methoden und Vorgehensweisen auf das jeweilige Projekt angepasst werden.

Für Projektleiter und Projektmitarbeiter, die noch weitergehende Informationen und ausführliche Beispiele benötigen, möchte ich an dieser Stelle auf das umfassende Standardwerk „Projektmanagement" verweisen, das im selben Verlag inzwischen in der 9. Auflage erschienen ist.

Für die vorliegende 6. Auflage wurde das Buch überarbeitet und in mehreren Teilbereichen erweitert; insbesondere um Kapitel zu Vorgehens- und Reifegradmodellen, Stakeholder-Analyse, Beschaffungsmanagement, Earned-Value-Analyse, Cloud-Computing sowie virtuellem und webbasiertem Projektmanagement.

München, im August 2013   Manfred Burghardt

Inhaltsverzeichnis

1	**Einführung**	9
1.1	Projektmanagement als Aufgabe	9
1.2	Projektablauf	11
1.3	Produkt – Projekt – Prozess	18
1.4	Charakterisierung von Projekten	20
1.5	Grundparameter eines Projekts	23
2	**Projektdefinition**	27
2.1	Festlegung des Projektziels	27
2.1.1	Projektauftrag	27
2.1.2	Externer Vertrag	29
2.1.3	Produkt-/Systemdefinition	36
2.1.4	Wertanalyse	42
2.1.5	Änderungswesen	43
2.2	Wirtschaftlichkeitsbetrachtung	46
2.2.1	Methodenüberblick	46
2.2.2	Wirtschaftliche Produktplanung	49
2.2.3	Marginalrenditerechnung	50
2.2.4	Nutzwertanalyse	53
2.3	Projektorganisation	56
2.3.1	Organisationsstrukturen	56
2.3.2	Projektgremien	62
2.3.3	Projektleiter	66
2.3.4	Stakeholder	68
2.4	Prozessorganisation	69
2.4.1	Gliederung des Entwicklungsprozesses	70
2.4.2	Arten von Prozessorganisationen	75
2.4.3	Beispiele von Prozessorganisationsplänen	76
2.5	PM-Prozessmodelle	78
2.5.1	Vorgehensmodelle	78
2.5.2	Reifegradmodelle	83
3	**Projektplanung**	87
3.1	Strukturplanung	88
3.1.1	Produktstruktur	89
3.1.2	Projektstruktur	91
3.1.3	Kontenstruktur	95
3.2	Aufwandsschätzung	98
3.2.1	Methodenüberblick	98
3.2.1.1	Algorithmische Methoden	98
3.2.1.2	Vergleichsmethoden	103
3.2.1.3	Kennzahlenmethoden	106
3.2.1.4	Weitere Methoden	110
3.2.1.5	Einsatzzeitpunkt	112
3.2.2	Methode COCOMO	112
3.2.3	Prozentsatzmethoden	119
3.2.4	Expertenbefragungen	123
3.2.5	Lernkurven	128
3.3	Netzplantechnik	130
3.3.1	Methodenüberblick	130
3.3.2	Vorgangspfeil-Netzplan (CPM)	133
3.3.3	Ereignisknoten-Netzplan (PERT)	135
3.3.4	Vorgangsknoten-Netzplan (MPM)	137
3.3.5	Termindurchrechnung	140
3.4	Arbeitsplanung	145
3.4.1	Aufgabenplanung	145
3.4.2	Terminplanung	148
3.4.3	Personaleinsatzplanung	149
3.4.4	Beschaffungsmanagement	156
3.4.5	Wissensmanagement	158
3.5	Kostenplanung	162
3.5.1	Kostenrechnung im Rechnungswesen	163
3.5.2	FuE-Planung	170
3.5.3	Lebenszykluskosten	172
3.6	Risikomanagement	175
3.6.1	Risikoanalyse	176
3.6.2	Risikoabsicherung	177
3.6.3	Notfallplanung	179
3.7	Projektpläne	183
4	**Projektkontrolle**	188
4.1	Terminkontrolle	189
4.1.1	Terminrückmeldung	189
4.1.2	Terminlicher Plan/Ist-Vergleich	192
4.1.3	Termintrendanalysen	194
4.2	Aufwands- und Kostenkontrolle	197
4.2.1	Aufwandserfassung	197

4.2.2	Kostenerfassung	200	5.2.2	Abweichungsanalyse	295
4.2.3	Weiterverrechnung von Kosten	204	5.2.3	Wirtschaftlichkeitsanalyse	297
4.2.4	Plan/Ist-Vergleich für Aufwand/Kosten	207	5.3	Erfahrungssicherung	301
4.2.5	Trendanalysen für Aufwand/Kosten	213	5.3.1	Erfahrungsdaten	301
			5.3.2	Kennzahlensysteme	309
4.2.6	Ergebnisermittlung	214	5.4	Projektauflösung	313
4.3	Sachfortschrittskontrolle	217			
4.3.1	Produktfortschritt	217	**6**	**Projektunterstützung**	**316**
4.3.2	Projektfortschritt	218	6.1	Konfigurationsmanagement	316
4.3.3	Restschätzungen	223	6.1.1	KM-Aufgaben	316
4.3.4	Earned-Value-Analyse	227	6.1.2	Beispiel eines KM-Tools	320
4.4	Qualitätssicherung	232	6.2	Projektmanagement-Verfahren	322
4.4.1	Qualitätsplanung und -lenkung	233	6.2.1	Projektkostenverfahren PAUS	322
			6.2.2	Planungstool MS Project	328
4.4.2	Qualitätsprüfung	236	6.2.3	SAP-Projektsystem PS	333
4.4.3	Überprüfung der Qualitätssicherung	241	6.3	PM-Hilfen auf PC	337
			6.3.1	PM-Tools	337
4.4.4	EFQM-Bewertungsmodell	248	6.3.2	Tabellenkalkulationsprogramme	338
4.4.5	Qualitätskosten	254			
4.5	Projektdokumentation	256	6.3.3	Aufwandsschätzverfahren	339
4.5.1	Entwicklungsdokumentation	256	6.4	Verfahrenseinführung	341
4.5.2	Projektakte	258	6.4.1	Einführungsmaßnahmen	341
4.5.3	PM-Berichtswesen	260	6.4.2	Arbeitsrechtliches Umfeld	344
4.5.4	Projektberichte	262	6.5	Arbeitstechniken	347
4.5.5	Balanced Scorecard	266	6.5.1	Kreativitätstechniken	347
4.6	Personalmanagement	268	6.5.2	Istanalysetechniken	353
4.6.1	Personalführung	268	6.5.3	Problemlösungstechniken	356
4.6.2	Arbeiten im Team	271	6.5.4	Entscheidungstechniken	360
4.6.3	Konfliktmanagement	275	6.5.5	Kommunikationstechniken	368
4.6.4	Zertifizierung von PM-Personal	278	6.5.6	Zeitplanungstechniken	372
			6.6	Online-Projektmanagement	375
5	**Projektabschluss**	**283**	6.6.1	Cloud-Computing	375
5.1	Produktabnahme	283	6.6.2	Webbasierte Projektmanagement-Verfahren	376
5.1.1	Abnahmetest	284			
5.1.2	Produktabnahmebericht	287	6.6.3	Virtuelles Projektmanagement	378
5.1.3	Technische Betreuung	290	**Literaturverzeichnis**		**380**
5.2	Projektabschlussanalyse	292	**Internet-Adressen**		**384**
5.2.1	Nachkalkulation	293	**Stichwortverzeichnis**		**387**

1 Einführung

1.1 Projektmanagement als Aufgabe

Die Entwicklung in fast allen industriellen Bereichen unterliegt einem tiefgreifenden Wandel; er ist sowohl technisch als auch marktwirtschaftlich bedingt. Einerseits werden die Produkte immer komplexer, d.h. ihre Leistungsvielfalt nimmt zu, die erforderliche Regelungs- und Steuerungslogik wird komplizierter und insgesamt wird die eingesetzte Physik mehr ausgereizt. Andererseits müssen die Produkte qualitativ besser sein sowie schneller und preisgünstiger auf den Markt kommen. Diese Anforderungen an die Produktentwicklung stellen die Verantwortlichen vor Probleme, die neue effizientere Methoden in der Projektführung fordern.

Projektmanagement als Führungskonzept

Im Rahmen des Projektmanagements werden die vielfältigen Aufgaben in einem Entwicklungsbereich nicht gemäß ihrem funktionalen Inhalt den einzelnen Entwicklungsstellen zugeordnet und dort in einer zeitlichen Reihenfolge abgearbeitet, sondern ganzheitlich in einem Projekt eingebettet und unter Berücksichtigung entsprechender Kosten-, Termin- und Qualitätsparameter zielorientiert beplant und durchgeführt.

Modern geführte Unternehmen sind projektorientiert

Von herkömmlichen Führungskonzepten unterscheidet sich das moderne Projektmanagement erheblich. Hervorzuheben sind die folgenden fünf Merkmale:

▷ Projektadäquate Organisation
▷ Exakte Zielvorgaben
▷ Projektbezogene Planung
▷ Laufender Soll-/Ist-Vergleich
▷ Definiertes Entwicklungsende.

Voraussetzung für ein Projektmanagement ist die eigenständige Projektorganisation, die neben oder in der bestehenden Linienorganisation für die Dauer des jeweiligen Projekts eingerichtet wird und alle am Projekt Beteiligten – unabhängig von fortbestehenden disziplinarischen Abhängigkeiten – temporär organisatorisch zusammenfasst. So kann man in relativ kurzer Zeit ohne besondere Versetzungen ein effizientes Projektteam interdisziplinär zusammenstellen und dadurch einen optimalen Personaleinsatz erreichen.

1 Einführung

Projektmanagement steigert die Effizienz in einem Entwicklungsbereich

Ein PM-geführtes Entwicklungsvorhaben verlangt exakte Zielvorgaben sowohl hinsichtlich der geforderten Leistungsmerkmale (einschließlich der gewünschten Qualität), des einzusetzenden Personals, der benötigten Sach- und Geldmittel sowie der zur Verfügung stehenden Zeit. Diese Vorgaben bilden die Basis für eine projektbezogene Planung, die einerseits aufgabenorientiert (Projektstruktur) und andererseits ablauforientiert (Prozessstruktur) mit Definition entsprechender Meilensteine vorgenommen wird.

Tragendes Element des Projektmanagements ist während der Projektdurchführung die Projektkontrolle, bei der durch einen laufenden Soll/Ist-Vergleich möglichst frühzeitig Abweichungen von Planvorgaben erkannt werden sollen. Je früher dabei der Zeitpunkt des Erkennens ist, desto geringfügiger kann meist der notwendige Korrekturaufwand sein. Gegenüber herkömmlichen Führungsprinzipien wird diese Kontrolle nicht allein personenbezogen, sondern vor allem sachbezogen vorgenommen, wobei das primäre Ziel das Aufzeigen möglicher Hilfeleistungen im Projektablauf ist. Schließlich sichert das Projektmanagement auch das definierte Ende eines Entwicklungsvorhabens, was ein unkontrolliertes Weiterentwickeln verhindert.

In der personellen Abdeckung PM-geführter Projekte existiert allerdings auch ein Grundkonflikt zwischen Linienorganisation und Projektorganisation, da die wirklichen Know-how-Träger rar sind und z.T. gleichzeitig in mehreren Projekten mitwirken sollen.

In projektorientierten Unternehmen wird die Einführung des Projektmanagements im besonderen Maße von der obersten Führungsebene bestimmt; ohne sie ist ein effektives Durchhalten dieses Führungskonzepts nicht möglich – Projektmanagement wird damit zu einer bedeutenden Führungsaufgabe der Linie.

Umfeld des Projektmanagements

Projektmanagement hat integrierende Wirkung in einem Entwicklungsbereich

Zum Projektmanagement gehören alle Aktivitäten für Definition, Planung, Kontrolle und Abschluss eines Projekts, es ist damit ganz auf das zielorientierte Abwickeln der einzelnen Projektarbeiten ausgerichtet; trotzdem steht Projektmanagement nicht für sich allein da, sondern muss auch in seiner Einbettung im gesamten Entwicklungsbereich eines Unternehmens gesehen werden (Bild 1.1).

Über dem Projektmanagement (eines Projekts) ist nämlich im Allgemeinen das *Entwicklungsmanagement* des Gesamtbereichs angeordnet, welches hierfür die Entwicklungsplanung und -steuerung nach (projekt-)übergeordneten Gesichtspunkten vornimmt. Das einzelne Projektmanagement erhält aus diesem entwicklungsbereichsbezogenen Management die bereichsentscheidenden Eckparameter, so wie umgekehrt das Entwicklungsmanagement aus dem Projektmanagement seine Basisdaten bezieht.

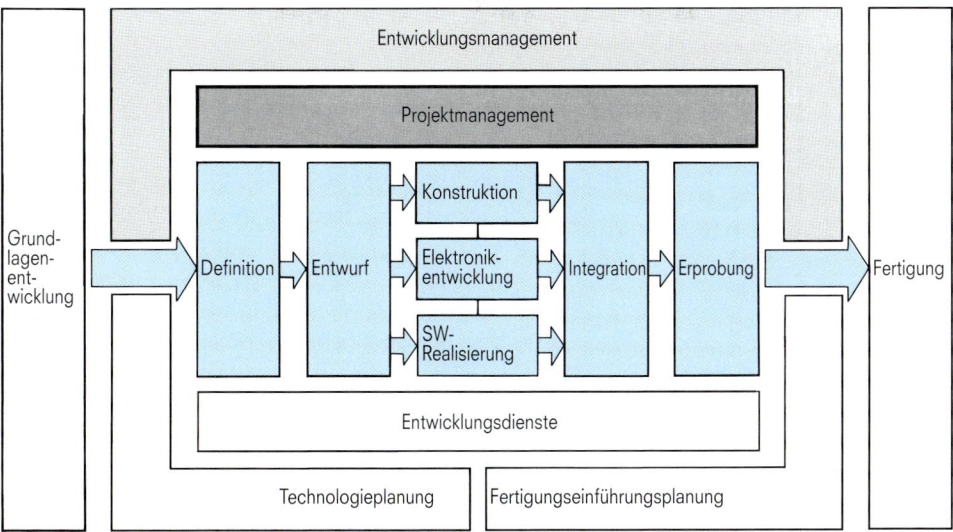

Bild 1.1 Umfeld des Projektmanagements

Beiden Managementebenen stehen Entwicklungsdienste zur Seite, wie Qualitätssicherung, Bauunterlagenerstellung, Konfigurations- und Dokumentationsverwaltung, die i.Allg. projektübergreifend arbeiten. Flankiert wird das Entwicklungs- und Projektmanagement zu Beginn von der Technologieplanung und am Ende von der Fertigungseinführungsplanung. (Bei einer reinen SW-Entwicklung entfällt natürlich die Fertigungseinführung.) Die Technologieplanung gewinnt innerhalb der strategischen Planung zum Untersuchen von Technologiepositionen und Definieren von FuE-Programmen verstärkt an Bedeutung. Die Fertigungseinführungsplanung soll schließlich den reibungslosen Übergang von der Entwicklung zur Fertigung sicherstellen.

Das Entwicklungsmanagement wirkt „projektübergreifend"

Projekt- und Entwicklungsmanagement ergänzen sich bei dem gemeinsamen Ziel der Effizienzsteigerung und der Durchlaufzeitverkürzung im Entwicklungsbereich.

1.2 Projektablauf

Projektmanagement als Methode einer effizienten Projekteinführung umfasst alle Aktivitäten, die für eine

▷ sachgerechte,
▷ termingerechte und
▷ kostengerechte

Abwicklung von Projekten erforderlich sind. Um dies zu erreichen, muss das Projektmanagement in vielfältiger Weise auf den Projektablauf „regelnd" einwirken. Einerseits werden für die Entwicklung Planvorgaben

1 Einführung

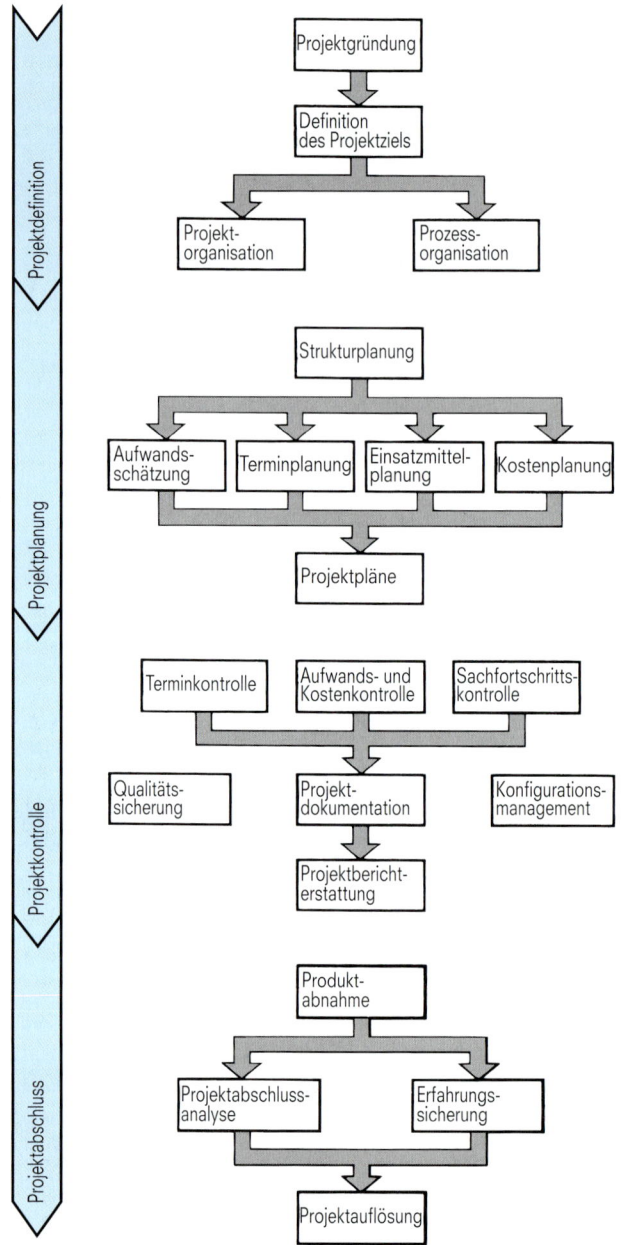

Bild 1.2 PM-Aufgaben im Projektablauf

gemacht, auf deren Basis steuernde Maßnahmen auf den Ablauf einwirken; andererseits müssen an definierten Stellen des Entwicklungsprozesses projektbewertende Messgrößen zur Projektbeurteilung ermittelt und ausgewertet werden.

Die vier Hauptabschnitte eines Projektablaufs sind:
▷ Projektdefinition
▷ Projektplanung
▷ Projektkontrolle
▷ Projektabschluss.

Diesen Projektabschnitten zugeordnet zeigt Bild 1.2 die einzelnen während des Projektablaufs durchzuführenden PM-Aufgaben in einem Überblick.

Projektdefinition

Die Projektdefinition (ausführliche Behandlung im Kapitel 2) bildet die Projektgrundlage; hier werden die Vorgaben für die nachfolgende Projektplanung gemacht. Zur Projektdefinition gehören die Tätigkeiten:

Die Projektdefinition legt die Grundlagen des Projekts fest

▷ Gründung des Projekts
▷ Definition des Projektziels
▷ Organisation des Projekts
▷ Organisation des Prozesses.

Am Anfang eines Projekts steht der Projekt*antrag*, der alle relevanten Angaben, wie Aufgabenbeschreibung, Kosten- und Terminziele sowie Verantwortlichkeiten aufnimmt. Mit seiner Verabschiedung wandelt sich der Antrag zum offiziellen Projekt*auftrag*. Handelt es sich um einen externen Auftrag, so muss eine genaue Vertragsprüfung vorgenommen werden. Das Projekt ist damit gegründet.

Die erste Aufgabe im Rahmen eines Projekts ist das eindeutige und vollständige Definieren des Projektziels. Hierzu muss zusammen mit dem Auftraggeber ein Anforderungskatalog bzw. Pflichtenheft für das zu erstellende Produkt bzw. System erarbeitet und ggf. eine Wertanalyse durchgeführt werden, wobei auch die künftige Produktevolution zu berücksichtigen und das spätere Änderungsverfahren vorzusehen sind.

Zur fachlichen, organisatorischen und wirtschaftlichen Absicherung des Projektantrags empfehlen sich eine Problemfeldanalyse und eine Wirtschaftlichkeitsbetrachtung. Ohne genaue Kenntnis des Problemumfeldes des Projekts sowie ohne Ermittlung der zu erwartenden Wirtschaftlichkeit des zu entwickelnden Produkts sollte kein Projekt begonnen werden.

Außerdem sind die organisatorischen Voraussetzungen für das Projekt zu schaffen. Der Projektleiter und die Projektgremien müssen ernannt sowie eine passende Projektorganisation muss gewählt werden. Hierzu ist eine genaue Stakeholder-Analyse erforderlich. Auch sollte man möglichst ein (projektadäquates) Projektbüro für die notwendige PM-Unterstützung einrichten.

Schließlich ist die gesamte Ablauforganisation des Entwicklungsprozesses zu bestimmen. Hierzu gehören das Festlegen von Entwicklungsphasen, Zäsurpunkten (Pflichtmeilensteinen), Entwicklungslinien (Baselines) und Tätigkeitsarten; vorhandene Entwicklungshandbücher und

-richtlinien sowie standardisierte Vorgehensmodelle bilden dabei die notwendige Grundlage.

Projektplanung

Der unterschriebene Projektauftrag mit den das Projekt definierenden Eckdaten eröffnet den nächsten Projektabschnitt, die Projektplanung (Kapitel 3); er enthält die Aufgabenbereiche:

▷ Strukturplanung
▷ Aufwandsschätzung
▷ Arbeitsplanung
▷ Kostenplanung
▷ Risikomanagement.

Mit der Projektplanung werden die Rahmendaten des Projekts vorgegeben

Die Projektplanung beginnt mit der *Strukturplanung*. Aufbauend auf dem Anforderungskatalog wird das Entwicklungsvorhaben technisch, aufgabenmäßig und kaufmännisch strukturiert. Die sich hierbei ergebenden Strukturen (Produktstruktur, Projektstruktur und Kontenstruktur) stellen die Grundpfeiler einer zielorientierten Entwicklung dar; auf sie setzen alle weiteren Planungsschritte auf.

Aus dem Projektstrukturplan werden die Aufgabenpakete abgeleitet, für die dann eine *Aufwandsschätzung* durchzuführen ist. Außer dem eigenen Erfahrungspotential sollten die Erfahrungen außenstehender Experten sowie die Möglichkeiten von Aufwandsschätzverfahren genutzt werden. Aufwandsschätzverfahren und Expertenbefragungen sind hierbei sich gegenseitig befruchtende Vorgehensweisen.

Mit den Ergebnissen der Aufwandsschätzung wird nun für die einzelnen Arbeitspakete bzw. Teilaufgaben eine *Arbeitsplanung* vorgenommen. Häufig empfiehlt sich hier zur Aufgaben- und Terminplanung der Einsatz eines Netzplans, entweder rechnerunterstützt oder manuell. Die Netzplantechnik ist – trotz aller Kritik – eines der leistungsfähigsten PM-Hilfsmittel, wenn sie richtig eingesetzt wird.

Die *Einsatzmittelplanung* soll einen optimalen Einsatz des vorhandenen Personals und der verfügbaren Betriebs- und Sachmittel gewährleisten. Engpässe und Leerläufe, z.B. an Testanlagen und Prüfsystemen kann man dadurch vermeiden. Auch der Abgleich der Einsatzmittel bezüglich anderer, benachbarter Projekte muss in Form einer Multiprojektplanung in diese Überlegungen einbezogen werden.

Eine „ganzheitliche" *Kostenplanung* in Form einer detaillierten Projektkalkulation ist Voraussetzung für jedes wirtschaftliche Entwickeln. Ohne sie ist auch eine richtige Preisbildung nicht möglich. Klares Aufgliedern der Kostenarten und -elemente ist deshalb für eine erfolgreiche Kostenkontrolle unerlässlich.

Alle Ergebnisse der Projektplanung münden in entsprechende *Projektpläne*. Hierzu gehören sowohl die Pläne für die Organisation, Strukturierung und Durchführung des Projekts als auch die Projektpläne über die Termine, die geplanten Aufwände und Kosten.

Vom Gesetzgeber wird inzwischen von jedem Unternehmen ein eingeführtes *Risikomanagement* gefordert. Mit einer vorausschauenden Risikoanalyse und der Ableitung von entsprechenden Vorsorgemaßnahmen soll eine rechtzeitige Risikovorbeugung bzw. -minderung erreicht werden.

Projektkontrolle

Nach Erstellen aller Planungsunterlagen beginnt die eigentliche Projektdurchführung, die von der Projektkontrolle (Kapitel 4) begleitet wird. Hier steht an erster Stelle der Plan/Ist-Vergleich der vorgegeben Projektparameter. Durch den laufenden Plan/Ist-Vergleich im Ramen der Projektkontrolle erreicht man, dass Abweichungen von Planvorgaben frühzeitig erkannt werden. Planabweichungen führen entweder zu einer Änderung der Planvorgaben oder es werden innerhalb der Projektsteuerung entsprechend „geeignete" Maßnahmen – bei Einhalten der Planvorgaben – ergriffen.

Die Projektkontrolle soll frühzeitig Planabweichungen aufzeigen

Eine „elementare" und „zeitschnelle" Projektkontrolle umfasst folgende Aufgabenbereiche:

▷ Terminkontrolle
▷ Aufwands- und Kostenkontrolle
▷ Sachfortschrittskontrolle
▷ Qualitätssicherung
▷ Projektdokumentation
▷ Personalmanagement.

Die *Terminkontrolle* ist bei größeren Projekten nur mit der Netzplantechnik praktikabel durchführbar. Nur sie erlaubt einen Gesamtblick über die zahlreichen Einzelaufgaben mit ihren vielen Abhängigkeiten im Projekt. Das Durchrechnen der Termine zum Bestimmen des kritischen Pfads ist am einfachsten mit einem DV- oder PC-gestützten Netzplanverfahren möglich. Neben terminlichen Plan/Ist-Vergleichen sollte auch der Plan/Plan-Vergleich zum Ableiten von Termintrendanalysen genutzt werden, denn häufig ist nicht die einzelne Terminverschiebung eines Arbeitspakets ausschlaggebend, sondern der Trend von Terminaktualisierungen z.B. eines ausgewählten Meilensteins.

Stundenkontierung, Rechnungsschreibung und Bestellwertfortschreibung sind die wichtigsten Elemente einer zielorientierten *Aufwands- und Kostenkontrolle*. Wie bei der Terminkontrolle sollte man dabei Möglichkeiten von Trendanalysen einbeziehen. Werden die Entwicklungsbereiche als „Profit Center" geführt, so kommt dem Ergebnis-Controlling eine besondere Bedeutung zu.

Die *Sachfortschrittskontrolle* stellt für den Entwickler und Projektleiter wohl die wichtigste Kontrollaufgabe dar; sie ist aber auch die schwierigste. Da es normalerweise keine unmittelbaren Messgrößen für den Sachfortschritt gibt, muss auf Ersatzgrößen zurückgegriffen werden, die nur einen indirekten Bezug haben und deshalb nur eingeschränkt eine Aussage über den Sachfortschritt zulassen. Grundsätzlich ist es empfehlenswert, während der Projektdurchführung in bestimmten Abständen

1 Einführung

Restaufwands- und Restzeitschätzungen vorzunehmen. Eine „Earned-Value-Analyse" kann hier sehr hilfreich sein.

Die Qualitätssicherung ist tragendes Element einer Projektkontrolle

Projektbegleitend und entwicklungsunterstützend wirkt die *Qualitätssicherung* – sie gliedert sich in Qualitätsplanung, Qualitätslenkung und Qualitätsprüfung. Ziel der Qualitätssicherung ist das Hervorbringen qualitativ hochwertiger Produkte bei minimalen Entwicklungskosten, dazu ist eine sorgfältige Fehlerverhütung durch rechtzeitige Prüfung aller Entwurfsdokumente in den Planungsabschnitten des Entwicklungsvorhabens sowie eine gezielte Fehlerbehebung in den Realisierungsabschnitten erforderlich. Im Rahmen eines allgemeinen Qualitätsmanagements sollten regelmäßige Überprüfungen der Qualitätssicherung nach den Regeln von ISO 9001 oder EFQM durchgeführt werden.

Wie bei der Produktdokumentation – sie enthält die vollständige Information über das zu entwickelnde Produkt bzw. System – fließen in die *Projektdokumentation* alle Informationen über das Projektgeschehen ein. Voraussetzung für eine transparente Projektdokumentation ist allerdings eine für den betreffenden Entwicklungsbereich verbindliche Dokumentationsordnung. Neben dem Einrichten einer nach dieser Ordnung aufgebauten Projektakte bietet sich vielfach auch das Führen eines Projekttagebuchs an, dessen Inhalt an keine Ordnungssystematik gebunden ist. Das Ausarbeiten von Projektberichten, das Aufbauen einer Projektdatenbasis sowie das Durchführen von Projektbesprechungen sind Elemente der Projektberichterstattung.

Das Erreichen einer projektkonformen Personalführung sowie das Fördern einer kooperativen Zusammenarbeit im Projektteam sind wichtige Aufgaben des *Personalmanagements*. Überzeugende Akzeptanz der Projektleitung und uneingeschränkte Motivation der Projektmitarbeiter sind die Voraussetzungen für eine erfolgreiche Projektarbeit. Rechtzeitiges Einwirken eines Konfliktmanagements beim Auftreten von Konflikten kann hierbei negative Auswirkungen rechtzeitig beseitigen. Sowohl der Führungsstil im Projekt als auch die richtige Auswahl des Projektpersonals entscheiden über Erfolg oder Misserfolg eines Projekts. Eine Zertifizierung des PM-Personals nach den Richtlinien der IPMA Competence Baseline (ICB) kann hierbei eine große Hilfe sein.

Projektabschluss

Der Projektabschluss sichert das korrekte Projektende

Der letzte Projektabschnitt, der Projektabschluss (Kapitel 5), umfasst die Schritte:

▷ Produkt- bzw. Systemabnahme
▷ Projektabschlussanalyse
▷ Erfahrungssicherung
▷ Projektauflösung.

Die *Produktabnahme* leitet den Projektabschluss ein. Hierbei muss als erstes das Entwicklungsergebnis einen (vorgeplanten) Abnahmetest durchlaufen – und zwar am besten von einer entwicklungsunabhängigen Stelle. Übergabe an den Auftraggeber und Übernahme durch denselben sind in einem Produkt- bzw. Systemabnahmebericht festzuhalten. Auch sollte man bereits bei der Übergabe eine eventuell künftige technische Betreuung der erstellten Entwicklungsleistung regeln.

In der *Projektabschlussanalyse* wird die Nachkalkulation durchgeführt. Abweichungen bez. der Termine und Kosten sowie der Leistungs- und Qualitätsmerkmale sind hinsichtlich ihrer Ursachen und möglichen Abhilfen im Rahmen einer Abweichungsanalyse zu untersuchen. Auch eine ehemals gemachte Wirtschaftlichkeitsrechnung sollte in einer Nachanalyse auf ihre Einhaltung durchleuchtet werden.

Außerdem empfiehlt es sich, kein Projekt ohne eine systematische Sicherung der im Projekt gemachten Erfahrungen abzuschließen. Das Sammeln entsprechender Daten ist die Basis für das Bilden von Kennzahlen sowie den Aufbau eines Kennzahlensystems. Das Sammeln von Erfahrungsdaten stellt außerdem eine wichtige Voraussetzung für das Kalibrieren von Aufwandsschätzverfahren dar. Erfahrungsdatenbanken bilden die Basis für ein unternehmensweites *Wissensmanagement*.

Letzter Schritt in der Projektabschlussphase und damit im gesamten Projektablauf ist die *Projektauflösung*. Jedes Projekt muss neben einem definierten Anfang auch ein eindeutiges Ende haben. Mit der Projektauflösung wird das Projektpersonal auf neue Aufgaben übergeleitet und die im Projekt gebundenen Ressourcen werden neuen Projekten zugeführt.

PM-Regelkreis

Die vorgenannten Aufgabenbereiche des Projektmanagements lassen sich in ihrem Zusammenwirken zur Projektsteuerung und Projektdurchführung als Regelkreis darstellen (Bild 1.3).

Projektmanagement wirkt wie ein Regelkreis

Wie das Bild zeigt, gibt die Projektplanung auf Basis der Projektdefinition die Planwerte als SOLL (Führungsgröße) für die Projektdurchführung vor. Durch die Projektkontrolle wird – möglichst häufig – das IST (Messgröße) abgefragt und mit dem SOLL verglichen. Bei Abweichungen sind

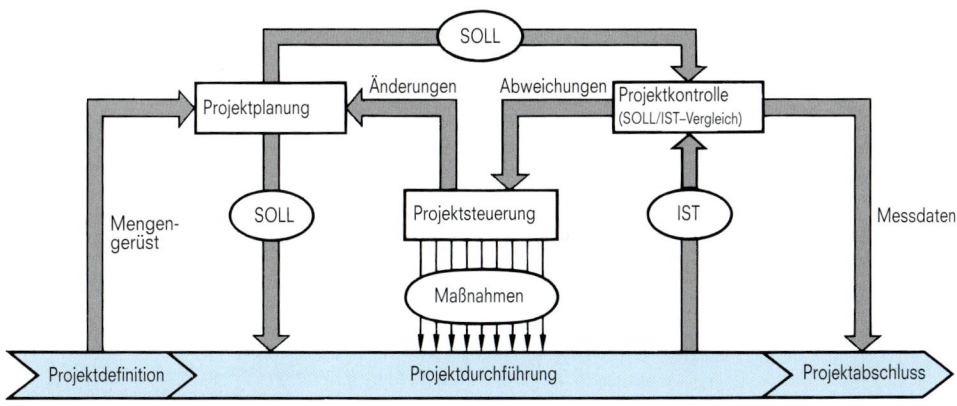

Bild 1.3 PM-Regelkreis

1 Einführung

im Rahmen der Projektsteuerung entweder geeignete Maßnahmen vorzunehmen oder Planvorgaben zu ändern.

Entsprechend der Gesetzmäßigkeiten der Regelungstechnik gilt auch hier, dass der Regelabweichung um so früher entgegengewirkt werden kann, je genauer (feiner gestuft) die Regelgrößen zu messen sind.

1.3 Produkt – Projekt – Prozess

Die Begriffe Produkt, Projekt und Prozess bilden eine „Trinität"

Innerhalb des Projektmanagements stehen die drei Begriffe Produkt, Projekt und Prozess wie eine „Trinität" zueinander, deren konsequentes Auseinanderhalten von größter Wichtigkeit für eine transparente Projektführung ist. Sowohl Planung als auch Überwachung müssen sich in ihrer Strukturierung und Organisation nach diesen drei grundlegenden Aspekten ausrichten.

Die inhaltliche Abgrenzung dieser Begriffe lässt sich anschaulich mit Bild 1.4 erklären. Zu Beginn eines *Projekts* steht die Idee mit der Formulierung des Projektziels, welches in der Erstellung eines auftragsgerechten *Produkts* besteht. Hierfür ist in einem (geordneten) Projektablauf, dem *Prozess*, eine Fülle von Projektaufgaben zu bewältigen.

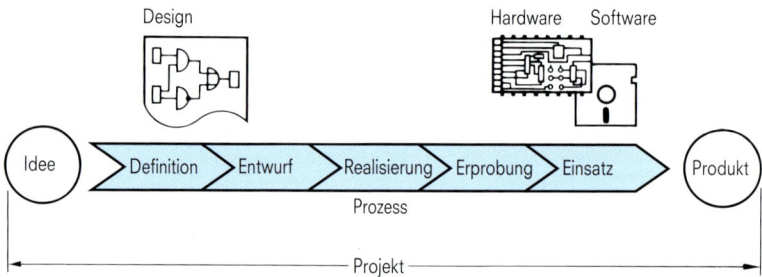

Bild 1.4 Trinität Produkt – Projekt – Prozess

Produkt

Produkt als Ergebnis eines Vorhabens

Das Produkt wird im allgemeinen Sprachgebrauch verstanden als *Erzeugnis* oder *Ergebnis eines Tätigkeitsvorhabens*; es ist das Resultat der Entwicklungs- und Projektierungsanstrengungen und damit der „Output" der Entwicklung bzw. einer Projektierung. Ein Produkt muss kein körperlicher Gegenstand, d.h. nicht ausschließlich Hardware (Gerät, System, Anlage etc.), sein. Produkt kann auch ein Schriftstück (z.B. wissenschaftliche Studie), ein Rechenprogramm (z.B. Anwender-Software) oder eine beliebige Dienstleistung (z.B. Revision, Reengineering) sein.

Wichtig für ein erfolgreiches Produkt ist, dass es eine Beschaffenheit hat, die für den Anwender, d.h. den Kunden, nützlich ist – so nützlich nämlich, dass er bereit ist, es zu erwerben. Eine der wichtigsten Eigenschaften eines Produkts ist also seine *Vermarktbarkeit*.

Projekt

Ein Projekt ist demgegenüber das zielorientierte *Vorhaben* zur Herstellung dieses Produkts im vorgenannten Sinne. Ein Projekt ist notwendigerweise immer in seinem zeitlichen Ablauf klar umgrenzt, d.h. es hat einen Anfangs- und Endtermin. In der DIN 69901 „Projektmanagement-Begriffe" [66] ist ein Projekt wie folgt definiert:

Projekt als zielorientiertes Vorhaben

> Vorhaben, das im Wesentlichen durch Einmaligkeit der Bedingungen in seiner Gesamtheit gekennzeichnet ist, wie z.B.
> - Zielvorgabe,
> - zeitliche, finanzielle, personelle und andere Begrenzungen,
> - Abgrenzungen gegenüber anderen Vorhaben,
> - projektspezifische Organisation.

Die *Einmaligkeit* in den Rahmenbedingungen eines Vorhabens ist wohl das entscheidende Merkmal eines Projekts. Eine Archivverwaltung oder eine Kantinenbewirtschaftung kann zwangsläufig nicht als Projekt angesehen werden. Es gibt aber Grenzbereiche, wie z.B. die Wartung von Anlagen oder die Pflege von DV-Verfahren, die häufig auch als „Projekt" durchgeführt werden. Hier fehlt wohl die Einmaligkeit und die fest umrissene Zielvorgabe, aber da die sonstigen Begrenzungen gegeben sind, ist eine Projektformulierung auch hier angebracht.

Die Hauptkriterien eines Projekts sind also

▷ Eindeutigkeit der Aufgabenstellung,
▷ definierte Dauer mit festem Endtermin,
▷ abgestimmtes Kostenvolumen und
▷ klare Verantwortungen.

Ein Projekt umfasst dabei alle Aktivitäten, die für das Erreichen des gesetzten Projektziels, d.h. das Erbringen eines „Produkts" erforderlich sind.

Prozess

Der Prozess kennzeichnet das eigentliche *Vorgehen* im Projekt zur Herstellung des Produkts; er beschreibt also den Planungs- und Realisierungsablauf. Im Prozess werden die für die Zielerreichung notwendigen Aktivitäten – gemeinhin als Arbeitspakete bezeichnet – in definierte Abläufe eingeordnet, wobei die jeweils notwendigen Vorgaben sowie die zu erreichenden Ergebnisse bindend festgelegt sind. Weiterhin sind innerhalb dieser Prozessstruktur die Entscheidungspunkte an den Phasenenden bzw. Meilensteinen allgemein gültig definiert. An diesen Zäsurpunkten wird der Entwicklungsprozess beeinflusst, d.h. anhand einer Soll/Ist-Abfrage gesteuert.

Prozess als Ablauf des Vorhabens

Der gesamte Prozess ist üblicherweise in Abschnitte und Phasen unterteilt, die klar umgrenzte Arbeitsinhalte haben. Je größer das Projekt ist, um so detaillierter sollte der Prozess unterteilt sein.

Die „Trinität" der genannten drei Begriffe spiegelt sich fast durchgehend für alle mit diesen formulierbaren Wortzusammensetzungen wider:

Die Begriffe Produkt, Projekt und Prozess sind streng voneinander zu trennen

Produkt	*Projekt*	*Prozess*
Produktplanung	Projektplanung *)	Prozessplanung *)
Produktorganisation	Projektorganisation *)	Prozessorganisation *)
Produktdokumentation	Projektdokumentation *)	Prozessdokumentation *)
Produktstruktur	Projektstruktur *)	Prozessstruktur *)
Produktmanagement	Projektmanagement	Prozessmanagement *)

*) Bestandteil des Projektmanagements

Das Vermischen dieser drei Begriffsgruppen ist in jedem Fall zu vermeiden. Viele Missverständnisse im Laufe der Projektdurchführung können dadurch verhindert werden.

1.4 Charakterisierung von Projekten

So allgemein man den Begriff Projekt auch definieren kann, so unterschiedlich können die einzelnen Projekte sein. Hierbei müssen Projekte unterschieden werden nach Projektdauer, Projektgröße und Projektart.

Projektdauer

Ein Projekt hat eine definierte zeitliche Eingrenzung

Die Dauer von Entwicklungsprojekten bewegt sich in Zeiträumen von wenigen Monaten bis hin zu mehreren Jahren. Die Projektdefinition eines Entwicklungsvorhabens hängt nicht von der absoluten Länge des Vorhabens ab, sondern nur von dessen klarer zeitlicher Eingrenzung. Allerdings sollte ein Projekt nicht kürzer als zwei Monate und nicht länger als fünf Jahre dauern.

Projektgröße

Die Projektgröße bestimmt den PM-Aufwand

Entsprechend der unterschiedlichen Projektdauer variieren die einzelnen Projektgrößen, die entweder in den benötigten Entwicklungskosten oder in der eingebundenen Entwicklungsmannschaft ausgedrückt werden. Sehr kleine Projekte haben nur ein paar Mitarbeiter, sehr große Projekte dagegen können mehrere hundert Mitarbeiter umfassen.

Projektgröße und Projektdauer hängen voneinander ab; eine strenge Korrelation gibt es natürlich nicht.

Projektart

Die Projektart bestimmt die Durchdringung mit PM-Methoden

Unter der Projektart soll hier verstanden werden, in welcher Unternehmensfunktion das Projekt abläuft. Hierbei ist zu unterscheiden zwischen Forschungsprojekten, Entwicklungsprojekten, Rationalisierungsprojekten, Projektierungsprojekten, Vertriebsprojekten, Betreuungsprojekten, Dienstleistungsprojekten und Investitionsprojekten.

Forschungsprojekte

Forschungsprojekte werden in den zentralen Forschungsabteilungen eines Unternehmens oder in Instituten zu bestimmten abgegrenzten Forschungsaufgaben (z.B. künstliche Intelligenz oder sensitive Robotersysteme) durchgeführt und umfassen sowohl exploratorische Grundlagenarbeiten als auch anwendungsorientierte Technologieforschungen. Da das Forschungsziel meist noch sehr unklar ist und die notwendige Kreativität der Mitarbeiter und deren Ideenfindung sich nicht streng vorausplanen lassen, enthalten die Rahmengrößen bei einem Forschungsprojekt natürlich mehr Unsicherheiten als bei einem „gewöhnlichen" Entwicklungsprojekt.

Entwicklungsprojekte

Entwicklungsprojekte haben im Gegensatz zu Forschungsprojekten immer ein klar definiertes Entwicklungsziel, welches entweder ein ausgetestetes SW-Programm oder ein für die Fertigung freizugebender HW-Prototyp oder ein ganzes HW/SW-System ist. Wegen der fest umrissenen Planungsbasis sind die Unsicherheiten im Erreichen des Projektziels erheblich geringer.

Bei Entwicklungsprojekten ist auf das Projektmanagement allerdings besonderes Gewicht zu legen, da gerade im Entwicklungsbereich – wegen des marktbestimmenden Zwanges eines frühen Markteintritts – die Durchlaufzeiten verkürzt werden müssen.

Rationalisierungsprojekte

Rationalisierungsprojekte werden von den zuständigen Organisationsstellen (OI-Abteilungen) eines Unternehmens durchgeführt. Ihre Aufgabe ist es, bestehende und geplante Abläufe und Prozessketten möglichst optimal abzuwickeln. Dieses kann entweder durch Verbessern der Ablauforganisation erreicht werden oder durch Entwicklung und Einsatz DV-gestützter Verfahren.

Der Erfolg eines Rationalisierungsprojekts drückt sich nicht direkt in einem Gewinn am Markt aus, sondern in der kostengünstigeren Abwicklung unternehmensinterner Vorgänge. Dieser Gewinn wird mit der Ermittlung einer Marginalrendite ausgedrückt.

Projektierungsprojekte

Projektierungsprojekte werden innerhalb des System- und Anlagengeschäfts durchgeführt und auch als System-, Anlagen- oder Kundenprojekte bezeichnet. Im Gegensatz zu Entwicklungsprojekten sind die Bestandteile des an den Kunden auszuliefernden Systems bzw. der Anlage nicht alle neu zu entwickeln. Stattdessen wird das System bzw. die Anlage aus vorhandenen Produkten zusammengefügt, wobei fehlende Teile eigens entwickelt und andere eventuell angepasst werden müssen. Diese Projektierung kann auch eine hohe Anzahl Fremdteile einbeziehen. Projektierungsprojekte haben daher weniger Probleme mit dem eigentlichen Entwickeln von Produkten, müssen aber erheblich stärker die Probleme mit internen und externen Schnittstellen sowohl technischer als auch organisatorischer Natur bewältigen.

1 Einführung

Vertriebsprojekte

Vertriebsprojekte sind den Projektierungsprojekten sehr ähnlich. Auch bei ihnen wird gezielt ein (Groß-)Kunde mit einem System beliefert. Ist der Auftraggeber eine staatliche oder quasi-staatliche Institution eines Landes, so spricht man auch von Länderprojekten. Die einzelnen Systemteile werden bei diesen Projekten allerdings weitgehend aus bestehenden Fertigungen genommen, wobei der Fremdanteil aufgrund von Auflagen seitens des Auftraggeberlandes sehr hoch sein kann. Die eigenen Entwicklungsleistungen können hierbei verschwindend gering sein.

Betreuungsprojekte

Betreuungsprojekte – auch als Pflege- und Wartungsprojekte bezeichnet – berühren schon die Definitionsgrenze des Projektbegriffs, weil diese Projektform Dauercharakter erhalten kann. Das klare Ende ist hier meist nur durch die Laufzeit des Vertrags gegeben; ein absolutes Ende des Projektgegenstands ist selten vorgesehen. Im Rahmen von Betreuungsprojekten wird die Pflege (Wartung) und Anwenderunterstützung von DV-Verfahren, HW- und SW-Systemen und technischen Anlagen sichergestellt.

Dienstleistungsprojekte

Besonders in der IT-Branche gibt es spezielle Arten von *Dienstleistungsprojekten*. Hierzu zählen die Übernahme von ganzen IT-Geschäftsprozessen fremder Unternehmen (Business Process Outsourcing), die Zurverfügungstellung und Nutzung von fertigen IT-Lösungen, wie z.B. die Nutzung von SAP-Standardinstallationen durch unterschiedliche Firmen (Application Service Providing) sowie die Unterstützung bei vollständigen Geschäftsabläufen (Business Service Providing).

Investitionsprojekte

Zu den Investitionsprojekten zählen langfristige Projekte, bei denen große Sachanlagen erstellt, gebaut oder beschafft werden, und die umfangreiche Investitionen voraussetzen, wie beispielsweise Vorhaben im Hoch-, Tief-, Anlagen- oder Schiffsbau. Sie stellen meist auch eine erhebliche Belastung der liquiden Mittel einer Unternehmung dar, so dass in diesen Projekten das Finanzmanagement zur rechtzeitigen Beschaffung der erforderlichen Geldmittel eine entscheidende Rolle spielt.

Sonderformen

> Es gibt sehr unterschiedliche Projekte

Darüber hinaus gibt es noch Sonderformen von Projekten: Organisationsprojekte, Unternehmensprojekte, Planungsprojekte, Vorleistungsprojekte und Pionierprojekte.

Organisationsprojekte sollen die Ablauforganisation oder die Aufbauorganisation in einem Unternehmensbereich neu gestalten; sie haben meist das Ziel, durch organisatorische Maßnahmen einen Rationalisierungseffekt in der Abwicklung interner Prozesse zu erreichen, und ähneln somit den Rationalisierungsprojekten.

Unternehmensprojekte werden gegründet, wenn zu bestimmten, im Unternehmen aufgetretenen Problemkomplexen bzw. Mängelzuständen Lösungskonzepte zur Situationsverbesserung erarbeitet werden sollen. Diese Projekte müssen meist in einer überbereichlichen Besetzung durchgeführt werden.

Planungsprojekte dienen der Klärung neuer und unbekannter Aktivitätsfelder. Solche Projekte können z.B. das Planungsvorfeld für ein eventuell nachfolgendes Entwicklungs- oder Rationalisierungsprojekt abdecken.

Bei einem *Vorleistungsprojekt* wird die Entwicklung eines Produkts oder eines Produktteils vorgenommen, für welches kein konkreter Kundenauftrag vorliegt; allerdings besteht die Absicht, die Vorleistungsergebnisse in spätere Kundenprojekte einzubringen.

Pionierprojekte sind eigentlich Forschungsabschnitte innerhalb eines Entwicklungsprojekts und haben die Aufgabe, im Rahmen des Entwicklungsvorhabens Modelle zu entwerfen und Funktionsmuster zu realisieren.

1.5 Grundparameter eines Projekts

Ein Entwicklungsvorhaben wird als Projekt in seiner Durchführung von drei Grundparametern eingerahmt. Diese sind

▷ geforderte *Leistung*,
▷ beanspruchte *Einsatzmittel* und
▷ benötigte *Zeit*.

Leistung, Einsatzmittel und Zeit stehen in enger Wechselwirkung zueinander

Diese Grundparameter stehen als Zielgrößen in einer gegenseitigen Wechselwirkung, so dass man auch beim Projektmanagement von einem „magischen Dreieck" sprechen kann (Bild 1.5).

Das durch dieses PM-Dreieck dargestellte Zielsystem verdeutlicht eine grundsätzliche Abfolge in einem Projektgeschehen: Durch Einsatz bestimmter Einsatzmittel (Geld, Personal, Maschinen etc.) und mit Verbrauch an Zeit soll eine bestimmte Leistung (mit entsprechender Qualität) erbracht werden. Das Projektmanagement hat dabei die zentrale Aufgabe, das Projektziel, d.h. das Erbringen der geforderten Leistung möglichst in einem optimalen Verhältnis zu den beiden anderen Grundparametern zu erreichen.

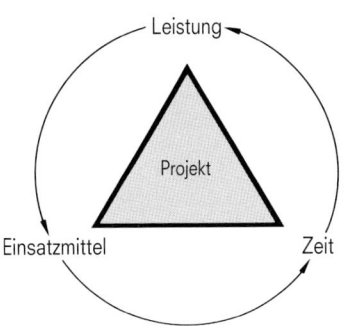

Bild 1.5
PM-Dreieck

1 Einführung

Die Zielrichtung dieser „Optimierung" kann allerdings sehr unterschiedlich sein. In dem einen Fall wird ein Höchstmaß an Leistung angestrebt – gleichgültig, in welcher Höhe Kosten anfallen und wie lange es dauert. In einem anderen Fall ist ein kürzest möglicher Termin anzustreben, ohne dass eine enge Begrenzung des Budgets vorgegeben ist. Oder aber die Kosten sollen möglichst niedrig sein, auch wenn Abstriche im Leistungsumfang (und in der Qualität) gemacht werden müssen.

Leistungs- und Lastgrößen

Die drei genannten Grundparameter stellen eigentlich Oberbegriffe dar für weitere Projektparameter, die in Leistungsgrößen und Lastgrößen eingeteilt werden können (Bild 1.6).

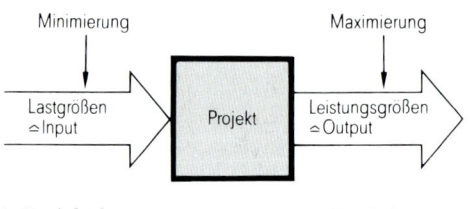

Bild 1.6
Beispiele von Leistungs- und Lastgrößen

▷ Projektdauer
▷ Personaleinsatz
▷ Entwicklungskosten
▷ Rechenzeiten
▷ Anlagenbelegung
▷ Materialverbrauch
▷ Raumbelegung etc.

▷ Funktionsmenge
▷ Befehlsmenge
▷ Schnelligkeit
▷ Verfügbarkeit
▷ Durchsatz
▷ Speicherfähigkeit
▷ Elektr. Verstärkerleistung
▷ Bandbreite etc.

Lastgrößen sind möglichst klein zu halten

Als Lastgrößen wirken das eingesetzte Personal und alle Betriebsmittel sowie die benötigte Zeit. Lastgrößen stellen den Mitteleinsatz, den „Input", für das Projekt dar und sind daher so weit wie möglich zu minimieren.

Leistungsgrößen sollen möglichst groß sein

Zu den Leistungsgrößen gehören alle messbaren Ergebnisgrößen; sie kennzeichnen den „Output" einer Projektdurchführung. Normalerweise ist für die Leistungsgrößen insgesamt eine Maximierung anzustreben. Auch das „Verringern" von Produktgrößen, wie z.B. der Verlustleistung eines elektrischen Geräts ist in diesem Sinne als eine Maximierung, nämlich der Wirkleistung, anzusetzen.

Parameterausrichtung

Drei grundsätzlich unterschiedliche Vorgehensweisen zum Bestimmen der Projektparameter sind möglich:

▷ Kostenfixierte Parameterausrichtung
▷ Terminfixierte Parameterausrichtung
▷ Leistungsfixierte Parameterausrichtung.

Bei der *kostenfixierten Vorgehensweise* wird von einem geforderten Leistungsvolumen ausgegangen und für ein vorgegebenes Budget der mögliche Fertigstellungstermin ermittelt. Ergibt sich dabei ein nicht akzeptierbarer später Termin, so kann dieser nur aufgrund einer Rücknahme des Leistungsvolumens oder der zugehörigen Qualitätsanforderungen verkürzt werden, da ein Ausweiten des Budgets nicht möglich ist. Solche Kostenfixierungen liegen meist vor, wenn für ein zu entwickelndes Produkt ein vorgegebener Marktpreis aus Wettbewerbsgründen auf keinen Fall überschritten werden darf (design to cost); dies ist z.B. gegeben bei Entwicklungsprodukten aus der Installations- und Beleuchtungstechnik, also bei Produkten mit hohen Stückzahlen in einem Markt mit vielen Mitbewerbern.

Kostenfixierte Vorgehensweise

Bei einer *terminfixierten Vorgehensweise* geht man ebenfalls von einem geforderten Leistungsvolumen aus; hierfür werden allerdings auf der Basis eines fixen Fertigstellungstermins die notwendigen Kosten ermittelt. Sind diese zu hoch, so können diese ebenso nur durch Reduzieren einzelner Leistungsmerkmale gesenkt werden, da hier ja eine Terminüberschreitung nicht erlaubt ist. Eine solche Terminfixierung liegt entweder dann vor, wenn der Einsatztermin durch äußere Gegebenheiten prinzipiell nicht verschiebbar ist (z.B. Messetermin, Termin mit Konventionalstrafe), oder wenn aufgrund der Marktsituation eine Terminverschiebung zu äußerst schwerwiegenden Markteinbußen führen würde, wie es z.B. auf dem Gebiet der Entwicklung von PC der Fall sein kann.

Terminfixierte Vorgehensweise

Ein *leistungsfixiertes Vorgehen* wird dann beschritten, wenn keine Kompromisse, d.h. Abstriche bez. des aufgestellten Anforderungskatalogs erlaubt sind. Termin und Kosten ergeben sich daher aus einem fest vorgegebenen Leistungsvolumen mit definierten Qualitätsanforderungen; höchstens eine geringe Verschiebung zwischen den ersten beiden Projektparametern selbst ist noch denkbar. Beispiele für solche Leistungsfixierungen finden sich besonders in sicherungstechnisch-sensiblen Bereichen, z.B. im Kernkraftwerksbau oder in der Raumfahrttechnik.

Leistungsfixierte Vorgehensweise

Bereits bei der Projektgründung müssen sich alle Beteiligten im Rahmen einer Kompromissanalyse (Trade-off-Analyse) klar darüber sein, um welche der drei Arten von Parameterausrichtung es sich bei dem vorliegenden Projekt handelt. Andernfalls kann das Optimieren der Leistungs- und Lastgrößen in eine falsche Richtung gehen – so dass z.B. ein überzogen funktionsstarkes Gerät zu teuer oder ein funktionsschwaches Produkt unnötig früh auf den Markt kommt.

Produktivität beeinflusst die Resultierende aus Personal und Zeit ganz wesentlich

Produktivität

Im Gegensatz zum Einsatzmittel Geld bzw. zu anderen Sachmitteln stellt das Einsatzmittel Personal keine singuläre Größe dar, da dieses unter zwei getrennten Aspekten zu sehen ist, und zwar

▷ der Kopfzahl (≙ Personalstärke) sowie
▷ der Qualifikation.

Diesem allgemein bekannten Umstand wird allerdings oft zu wenig Rechnung getragen, wenn beim Einplanen des Einsatzmittels Personal allein von der bloßen Kopfzahl ausgegangen wird und die Qualifikation nur am Rande in die Festlegung dieses Projektparameters einfließt. Dabei kann die jeweilige Produktivität des eingesetzten Personals von viel ausschlaggebenderer Bedeutung sein als die Anzahl Personen.

Qualität

Qualität ist integraler Teil einer zu erbringenden Leistung

Eine Leistung kann bekanntlich „gut" oder „schlecht", also in unterschiedlicher Qualitätsausprägung erbracht werden. Die Qualität bildet damit einen weiteren, sehr wichtigen Projektparameter, der als integraler Bestandteil der zu erbringenden Leistung anzusehen ist. Leistung umfasst neben einer bestimmten Anzahl Leistungsmerkmale auch die zugehörigen Qualitätsanforderungen.

Bei DIN wird der Begriff Qualität definiert als:

> Beschaffenheit einer Einheit bezüglich ihrer Eignung, festgelegte und vorausgesetzte Erfordernisse zu erfüllen.

Alle Produkteigenschaften und -merkmale, die die Eignung des Produkts betreffen, stellen im engeren Sinne Qualitätsmerkmale dar. Zu diesen gehören je nach HW- und SW-Ausprägung z.B.

- Funktionserfüllung,
- Zuverlässigkeit,
- Benutzungsfreundlichkeit,
- Wartungsfreundlichkeit,
- Instandhaltbarkeit,
- Umweltfreundlichkeit,
- Übertragbarkeit,
- Zeitverhalten,
- Verbrauchsverhalten und
- Fertigungsfreundlichkeit.

Qualität muss marktgerecht sein

Qualität heißt, vereinfacht ausgedrückt – das „richtige" Erfüllen der Anforderungen des Kunden – nicht mehr und nicht weniger; das bedeutet auch, dass eine zu gute Qualität vom Markt nicht honoriert wird („Überperfektionierung"), wohingegen zu niedrige Qualitätsvorgaben i.Allg. zu erheblichen Mehrkosten führen.

Je früher Qualitätsmängel im Entwicklungsablauf erkannt werden, desto geringer sind die Fehlerbehebungskosten; wird ein Fehler etwa erst beim Einsatz aufgedeckt, so kann dessen Beseitigung ein Vielfaches der Kosten betragen, die anzusetzen sind, wenn der Fehler bereits in der Entwurfsphase beseitigt worden wäre (siehe auch Bild 4.22).

2 Projektdefinition

In dem ersten Prozessabschnitt, der Projektdefinition, wird die Grundlage für das gesamte künftige Projekt festgelegt. Einerseits sind das Projektziel festzulegen und eine Wirtschaftlichkeitsbetrachtung durchzuführen, andererseits sind die Projektorganisation zu vereinbaren und eine geeignete Prozessorganisation auszuwählen.

Die Projektdefinition bildet die Grundlage für ein Projekt

2.1 Festlegung des Projektziels

2.1.1 Projektauftrag

Bei Gründung eines Projekts ist der Projektauftrag stets schriftlich zu fixieren. Erst durch ein „Dokument", das die wichtigsten Eckdaten der geplanten Entwicklung als Zielvereinbarung zum Gegenstand hat, wird ein Entwicklungsvorhaben zu einem Projekt. Dieses Dokument hat *Vertragscharakter* für Auftraggeber und Auftragnehmer und wird auch als Projektcharta bezeichnet.

Inhalt eines Projektauftrags

Ein Projektauftrag sollte folgende Angaben umfassen:

▷ Name des Projekts
▷ Kurzbeschreibung des Vorhabens
▷ Identifikationsbegriff
▷ Projektleiter, Teilprojektleiter
▷ Mit-/Unterauftragnehmer
▷ geplanter Personalaufwand (eigen, fremd)
▷ Einsatzmittelkosten (Testanlagen, Musterbau etc.)
▷ Meilensteine, Zäsurtermine
▷ Fertigstellungstermin(e)
▷ Risikobetrachtung
▷ Unterschrift(en) Auftraggeber
▷ Unterschrift(en) Auftragnehmer.

Der Projektauftrag dokumentiert die Zielvorgaben eines Projekts

Sollten sich im Lauf der Projektdurchführung Abweichungen von den Angaben im Projektauftrag ergeben, z.B. Änderungen im Aufgabenumfang, im Kostenvolumen oder in den Terminzielen, so müssen diese ebenfalls schriftlich festgehalten und dem Projektauftrag beigefügt werden.

2 Projektdefinition

Projektauftrag		Projektnummer	4 5 C 4 7 1 2	
Verteiler:	OI-Leiter	Einzelprojekt	☒	Rahmenprojekt ☐
	FuE-Büro	Neuentwicklung	☒	Weiterentwicklung ☐
		Pflege	☐	Anwenderunterstützung ☐
		Entwicklungsweg	bis TEU 250	☐
			über TEU 250	☒

Benennung des Auftrages:
Planungs- und Optimierungssystem zur Frequenzbandverteilung in Hochspannungsnetzen

Erläuterung des Auftrages:
Erstellung eines fachlichen Grobkonzeptes sowie Entwurf und Realisierung eines Planungs- und Optimierungsverfahrens, welches die Aufteilung von Frequenzbändern auf Hochspannungsleitungen in Netzen vornimmt. Eingabe und Steuerung des Verfahrens geschieht dialoggeführt, die Ausgabe erfolgt in Listenform (spätere Version mit Grafikausgabe). Unter Berücksichtigung eines Stufenkonzepts soll eine Marginalrenditerechnung vorgenommen werden.

Auftrag gilt für Phase:	Projektvorschlag	Grobplanung		Feinplanung		Realisierung		Einführung	
	☐	☒		☒		☒		☒	
Beginn		3/01							
Ende								1/03	
Abteilung	MM TEU	MM	TEU	MM	TEU	MM	TEU	MM	TEU
M OA 13		1	15	2	30	5	75	1	15
M OA 34				1	15	3	45		
S EB 4		1	17	2	34	4	68	1	17
Materialkosten						5			
Testkosten					8		16		4
Sonstiger Aufwand									
Gesamtaufwand je Phase		2	32	5	87	12	209	2	36

Gesamtaufwand	TEU 364	davon Personalaufwand:	MM 21	TEU 331

Kostenverteilung	60 %	Bereich F	___ %	___
	40 %	Bereich S	___ %	___
	___ %	___	___ %	___

	Abteilung	Name	Unterschrift	Datum
Entscheidungsinstanz	F EA	Hr. Meier		
	F KAE	Hr. Kjellgren		
	S EB	Hr. Bammersberger		
	S KAE	Hr. Köhler		
	M OA 1	Fr. Mell		
Projektleiter	M OA 13	Hr. Lesser		
Betriebswirtsch. Realisierung	F EA 21	Hr. Prellwitz		
DV-technische Realisierung	M OA 13	Fr. Fink		

Bild 2.1 Formular für Projektauftrag

Bild 2.1 zeigt als Beispiel den Vordruck eines Projektauftrags.

Der abgebildete Projektauftrag enthält neben einer Projektidentifikation und einer Projektklassifikation eine kurze Erläuterung der Entwicklungsaufgabe. Weiterhin sind die geschätzten Entwicklungskosten phasenorientiert angegeben, wobei eine Zuordnung zu den beteiligten Entwicklungsstellen und weiteren Unterauftragnehmern möglich ist.

Häufig werden die Entwicklungskosten von mehreren Stellen getragen. Entsprechend dem Nutzungsanteil legt man dann einen *Kostenverteilungsschlüssel* fest.

Ist es nicht möglich, einen einzelnen Gesamtverantwortlichen für die Auftraggeberseite zu benennen, dann muss gemäß der vereinbarten Kostenverteilung eine Entscheidungsinstanz besetzt werden, die in ihrer Gesamtheit als Auftraggeber für das Projekt fungiert.

Unterauftragsvergabe

Ist im Rahmen eines Projektauftrags eine Vergabe bestimmter Arbeitspakete an fremde Stellen erforderlich, so übernimmt der Auftragnehmer für diese Unterauftragnehmer die Rolle des Auftraggebers; er muss also mit diesen ebenfalls eine schriftliche Zielvereinbarung treffen. Gegenüber Fremdfirmen, also Stellen außerhalb des Unternehmens, ist dies eine Selbstverständlichkeit; aber auch mit anderen unternehmensinternen Entwicklungsstellen sollte die Auftragsvergabe möglichst in der Schriftform geschehen. Hierfür können Teilauftragsformulare ähnlich dem in Bild 2.1 angegebenen Projektauftrag verwendet werden. Ein solches Teilauftragsformblatt enthält die wesentlichen Daten des zu vergebenden Unterauftrags, wie:

Auch bei Unteraufträgen sind die wesentlichen Daten schriftlich zu fixieren

– detaillierte Beschreibung des Unterauftrags,
– fachliche und zeitliche Schnittstellen,
– verantwortliche Organisationseinheit,
– Aufwands- und Kostenplanwerte,
– Kontrollzwischentermine,
– Übergabetermine,
– Qualitätsangaben und
– Genehmigungsunterschriften.

2.1.2 Externer Vertrag

Handelt es sich nicht um einen internen Entwicklungsauftrag, sondern um den Auftrag eines *externen* Kunden, so gelten erheblich strengere Vorschriften für das Abschließen eines Vertrags; häufig enthält dieser Gewährleistungsverpflichtungen, die neben der unentgeltlichen Bereinigung von Fehlern und Mängeln nach Fertigstellung und Auslieferung sogar die Zahlung von Konventionalstrafen nach sich ziehen können, wenn die Leistung nicht vollständig vertragsgerecht erbracht worden ist. Um derartige Risiken rechtzeitig abzuwenden, ist eine sorgfältige Risikoabwägung zentrales Element des Angebots- und Vertragsmanagements.

Kein Vertragsabschluss ohne vorherige Vertragsprüfung

Angebotsmanagement

Vor dem offiziellen Projektstart findet insbesondere bei Großprojekten eine *Projektanbahnungsphase*, auch als „Pre-Sales-Phase" bezeichnet, statt. Um den Auftrag zu bekommen, muss in dieser Vorphase das Unternehmen sich im Rahmen seines Angebotsmanagements gegen andere konkurrierende Mitbewerber erfolgreich durchsetzen.

Ein Angebot legt die Modalitäten für eine Auftragsvergabe fest

Mit einem Angebot reagiert ein Anbieter auf die Anfrage eines potenziellen Kunden und legt die inhaltlichen, finanziellen und terminlichen Bedingungen fest, unter denen er bereit ist, Produkte, Systeme, Anlagen oder Dienstleistungen zu liefern. Nur bei kleineren Auftragsvolumina kann das Angebot formlos in schriftlicher Form abgegeben werden. Bei größeren Projekten, insbesondere bei öffentlichen Ausschreibungen, die dem europäischen Ausschreibungsrecht unterliegen, sind die Ausschreibungsbedingungen genauestens einzuhalten, um im Wettbewerb mit anderen Anbietern bestehen zu können.

Zur Erstellung eines Angebots sind im Allgemeinen folgende Punkte abzuarbeiten:
- ▷ Grundsatzentscheidung des Managements, ob ein Angebot abgegeben werden soll,
- ▷ Untersuchung der technischen und zeitlichen Machbarkeit,
- ▷ Verfügbarkeit des erforderlichen Personals,
- ▷ Beschaffungskosten von Zulieferungen,
- ▷ Vorkalkulation der Gesamtkosten einschließlich einer Marge,
- ▷ Einschätzung der Mitbewerber hinsichtlich deren Preisangeboten,
- ▷ interne Freigabe des schriftlichen Angebotsentwurfs,
- ▷ Zustellung des Angebots an den potenziellen Kunden.

Vor Abgabe des Angebots an den Auftraggeber muss zwingend eine interne Freigabe durch die Geschäftsführung erfolgen, denn ein abgegebenes Angebot ist grundsätzlich bindend. Die Bindung erlischt nur bei rechtzeitigem Widerruf oder bei abgeänderter oder zu spät erfolgter Bestellung seitens des Auftraggebers. Will sich der Anbieter aber eine Bindung offen halten, so muss er eine „Freizeichnungsklausel" in das Angebot aufnehmen.

Hierbei sind folgende Bindungsformen von Angeboten möglich:
- ▷ Unverbindliches Angebot
- ▷ Befristetes Angebot
- ▷ Verbindliches Angebot.

Hat man ein nicht verbindliches Angebot abgegeben und wurde dieses fristgerecht vom Kunden angenommen, so ist es automatisch zu einem *Vertragsverhältnis* gekommen; ein Rücktritt ist dann nicht mehr möglich. Sollte sich anschließend herausstellen, dass der Anbieter sich in einigen Angebotsmodalitäten geirrt hat, z.B. dass man sich in den Kosten verkalkuliert hat oder dass man den Umfang der zu liefernden Geräte nicht richtig eingeschätzt hat, kann keine Nachforderung gestellt werden – der entstandene Vertrag muss so erfüllt werden, wie es im Angebot steht.

Anhand mehrerer eingegangener Angebote führt der Auftraggeber einen eigenen Angebotsvergleich durch und gibt anschließend eine Bestellung ab, die der ausgewählte Anbieter mit einer Auftragsbestätigung annimmt. Hierdurch kommt auf Basis des abgegebenen Angebots ein Kauf- bzw. Liefervertrag zustande.

Vertragsformen

Jedes Projekt bedarf grundsätzlich einer formellen Vereinbarung, dabei kann der jeweilige Vertragscharakter und damit die „juristische Strenge" des Vereinbarungstextes sehr unterschiedlich stark ausgeprägt sein. So sind unternehmensinterne Projektvereinbarungen, wie im vorangegangenen Kapitel beschrieben, meist nicht so streng zu handhaben wie offizielle Verträge mit externen Kunden oder Lieferanten.

> Die „juristische Strenge" eines externen Vertrages hängt von der Art des Vertrages ab

Auf folgende Formen von externen Verträgen (siehe Bild 2.2) soll näher eingegangen werden:

▷ Kundenvertrag
▷ Rahmenvertrag
▷ Consulting-Vertrag
▷ Werkvertrag
▷ Dienstleistungsvertrag.

Kundenverträge sind Verträge mit externen Auftraggebern, in denen die vom Auftragnehmer zu erbringende Leistung sowie der Auftragswert und der Fertigstellungstermin für beide Seiten verbindlich festgelegt werden.

Diese Vertragsform hat uneingeschränkt juristischen Charakter, d.h. alle im Kundenvertrag getroffenen Vereinbarungen können sowohl von Auftraggeber- als auch Auftragnehmerseite gerichtlich eingeklagt werden.

Rahmenverträge werden mit Kunden geschlossen, wenn im Laufe eines bestimmten Zeitraums mehrere Einzelverträge anfallen werden und man für diese generell geltende Vereinbarungen wie Verrechnungspreise, Qualitätsstandards, Gewährleistung etc. abschließen will. Der Einzelvertrag bildet dann zusammen mit dem Rahmenvertrag die juristische Vereinbarungsgrundlage.

Consulting-Verträge werden mit Beratungs- und Consulting-Firmen abgeschlossen, wenn spezielle Beratungsleistungen benötigt werden, wie z.B. für das Reengineering einer Geschäftsfeldarchitektur oder das Konzipieren einer SAP-Einführung.

Dienstleistungsverträge werden häufig für die Pflege und Wartung von DV-Verfahren oder das Betreiben von Anlagen abgeschlossen.

Werkverträge haben meist die Erstellung von definierten HW-Produkten oder SW-Programmen als Vertragsgegenstand, wobei i.Allg. ein Festpreis mit einer Gewährleistungspflicht seitens des Auftragnehmers vereinbart wird.

Vereinbarungen in Consulting-, Dienstleistungs- bzw. Werkverträgen dürfen nicht mit den Vorgaben des Arbeitnehmerüberlassungsgesetzes (AÜG) kollidieren, d.h. die Mitarbeiter der Fremdfirma dürfen nicht in den Betrieb des Auftraggebers eingegliedert sein, sie dürfen nicht direkt dem Projektleiter weisungsunterworfen sein und sie dürfen nicht länger als 12 Monate mit derselben Aufgabe beschäftigt sein. Nur aufgrund besonderer Umstände kann eine Verlängerung von der BfA genehmigt werden (siehe www.gesetze-im-internet.de).

2 Projektdefinition

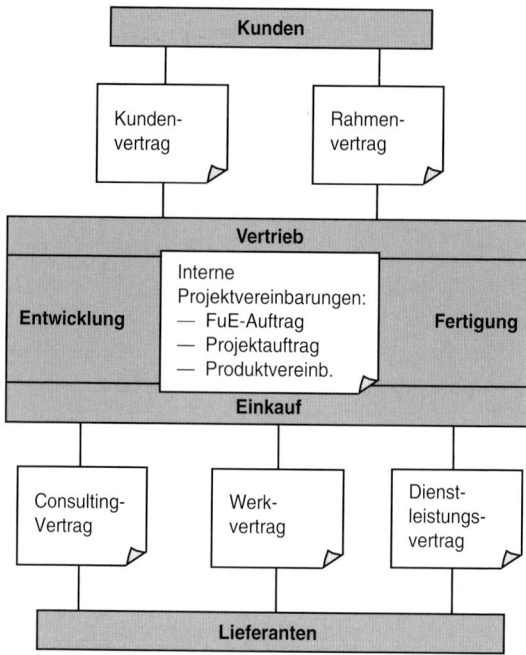

Bild 2.2 Vertragsformen

Vertragsabschluss

Mit dem Abschluss eines Vertrages wird ein Rechtsgeschäft eingegangen

Ein Vertrag kommt durch *Antrag* und *Annahme* zustande; er ist damit ein zweiseitiges Rechtsgeschäft. Der Antrag enthält als Angebot den Vertragsgegenstand mit Preis und Termin aus Sicht des Auftragnehmers und hat i.Allg. eine befristete Verbindlichkeit. Durch rechtzeitige und vorbehaltlose Annahme dieses Angebots durch den Auftraggeber kommt es zum Vertragsverhältnis.

Ein externer Vertrag besteht aus zwei Bestandteilen: dem individuellen Teil und den allgemeinen Geschäftsbedingungen. Der individuelle Teil umfasst im Wesentlichen folgende Vertragspunkte:

▷ Vertragsgegenstand
▷ Terminvereinbarungen und Verzug
▷ Preisvereinbarung
▷ Nutzungs- und Verwertungsrechte
▷ Gewährleistung.

Im ersten Vertragspunkt wird der *Vertragsgegenstand* festgelegt, d.h. Art und Umfang der zu erbringenden Leistung wird in Form eines Pflichtenhefts, eines Lastenhefts oder einer Leistungsbeschreibung genau beschrieben; hierbei ist festzulegen, welche Leistungen der Auftragnehmer zu erbringen hat und welche Mitwirkung durch den Auftraggeber, z.B. durch Beistellungen vorgesehen ist. Sollen Teile des Leistungsumfangs durch Zulieferung von Dritten erbracht werden, so müssen die entsprechenden Unteraufträge genannt werden. Des Weiteren muss das Änderungswesen geklärt sein; d.h. wie bei Änderungen (Change Requests) zu verfahren ist, die nach Vertragsabschluss auftreten.

Alle *Zwischen- und Fertigstellungstermine* sind zu vereinbaren; hierbei muss geklärt sein, was bei einem eventuellen Terminverzug zu geschehen hat. Die Vorgehensweise für die Übergabe und Abnahme der erbrachten Leistung muss ebenfalls geregelt sein. Hinsichtlich der *Preisvereinbarung* muss vereinbart sein, in welcher Form die Vergütung und Zahlung zu geschehen hat; ob nach Aufwand oder nach Festpreis zu verrechnen ist und zu welchen Zahlungsterminen: z.B. Teilbetrag nach Vertragsabschluss, dann monatliche Abschlagszahlungen und Restbetrag nach Abnahme. Wichtig ist auch, dass im Vertrag die Themen Geheimhaltung, Datenschutz, Patentrecht, Eigentumsrecht angesprochen werden. Schließlich sind die *Gewährleistung* und Haftung sowie der Erfüllungsort zu benennen.

Gewährleistung

Unter Gewährleistung versteht man das Einstehen für (versteckte) Sachmängel, die nicht aus Fahrlässigkeit bzw. Vorsätzlichkeit entstanden sind. Unter einem Sachmangel ist in diesem Zusammenhang ein Funktionsfehler oder das Fehlen zugesicherter Eigenschaften zu verstehen.

Den Gewährleistungspflichten ist ein besonderes Augenmerk zu schenken

Bei Eintritt eines Mangels bzw. Fehlers, der unter die Gewährleistungspflicht fällt, ist der Auftragnehmer – abhängig von der Art des Fehlers – zu Folgendem verpflichtet (siehe Tabelle 2.1):

▷ Nachbesserung (Beseitigung),
▷ Wandlung,
▷ Minderung oder
▷ Schadensersatz.

Hierbei ist zwischen offenen, erkennbaren und versteckten Fehlern zu unterscheiden. *Offene Fehler* sind Fehler, die der Anwender bei Abnahme kennt und deren Beseitigung er sich nicht vorbehält; sie unterliegen damit nicht der Gewährleistungspflicht. *Erkennbare Fehler* unterliegen ebenfalls nicht der Gewährleistungspflicht, da sie bei ordentlicher Prüfung (durch den Auftraggeber) hätten erkannt werden können. Nur *versteckte Fehler* unterliegen der Gewährleistungspflicht; diese müssen auf Kosten des Auftragnehmers beseitigt werden.

Bei Fehlern besteht nicht immer Gewährleistungspflicht

Bei einer *Wandlung* wird das Vertragsobjekt wieder zurückgegeben. Der Auftraggeber erhält die Vergütung abzüglich einer Nutzungsentschädigung wieder zurück. Nach neuestem EU-Recht muss ein Käufer kein Nutzungsentgelt mehr entrichten für die Zeit, in der er einen mangelhaften Kaufgegenstand bis zur Rückgabe in Gebrauch hatte. Bei einer *Minderung* wird nur die Vergütung entsprechend der Wertdifferenz zwischen einwandfreiem und mangelhaftem Zustand herabgesetzt.

Tabelle 2.1
Vergleich der gesetzlichen Gewährleistungsregeln (nach Zahrnt [56])

Fehler	Vertragstyp		
	Mietvertrag	Kaufvertrag	Werkvertrag
bei Übergabe vorhanden	▷ Beseitigung ▷ Minderung ▷ Kündigung ▷ Schadensersatz ohne Verschulden	▷ Minderung ▷ Wandlung ▷ Schadensersatz nur bei Fehler zugesicherter Eigenschaften	▷ Beseitigung ▷ Minderung ▷ Wandlung ▷ Schadensersatz bei Verschulden
nachträgliches Entstehen	▷ Minderung ▷ Schadensersatz bei Verschulden	–	–

Darüber hinaus kann bei Miet- und Werkverträgen ein Anspruch auf *Schadensersatz* entstehen. Bei Kaufverträgen entstehen allein wegen eines Mangels, selbst wenn dieser verschuldet ist, keine Schadensersatzansprüche; Schadensersatz wird hier gemäß BGB nur beim Fehlen einer zugesicherten Eigenschaft geschuldet. Ist im Vertrag allerdings explizit die Fehlerfreiheit des Vertragsgegenstandes zugesichert worden, so haftet der Auftragnehmer für alle Schäden, die dem Auftraggeber dadurch entstehen, unabhängig der Verschuldung. Ist es im Vertrag oder in den allgemeinen Geschäftsbedingungen nicht explizit festgelegt, besteht bei Kaufverträgen kein Recht auf *Fehlerbeseitigung*.

Der Nachweis des Vorliegens eines Fehlers ist vielfach eine schwierige und strittige Angelegenheit. Dabei hängt der Anspruch auf Fehlerbeseitigung bzw. Gewährleistung sehr stark von der ordnungsmäßigen Fehlermeldung des Auftraggebers ab; der Anwender muss dabei dem Lieferanten jede notwendige Unterstützung zur Fehlerlokalisierung und -beseitigung geben.

Die Gewährleistungsfrist beginnt sowohl bei einem Kauf- als auch bei einem Werkvertrag mit dem Tag der Abnahme des Vertragsgegenstandes durch den Auftraggeber. Die Verjährungsfrist beträgt nach der Novellierung des BGB aus dem Jahre 2002 3 Jahre und entspricht damit einer EU-Richtlinie; während einer Mängeluntersuchung bzw. -beseitigung pausiert die Verjährung. Gewährleistungsansprüche für versteckte Fehler verjähren damit auch in der Frist von 3 Jahren, selbst wenn sie in dieser Frist gar nicht erkannt werden konnten. Im Rahmen der allgemeinen Geschäftsbedingungen kann diese Frist auf 2 Jahre herabgesetzt werden.

Eine Vertragsstrafe (Konventionalstrafe) muss im Vertrag explizit vereinbart werden und übt einen besonderen Druck auf den Auftragnehmer aus, seine Leistung in dem vorgegebenen Rahmen zu erbringen; sie entspricht einem Mindest-Schadensersatz.

Vertragsprüfung

Ein Vertrag sollte in seinem Vertragstext unmissverständlich und eindeutig sein, damit bei später auftretenden Projektschwierigkeiten unnötige Belastungen des Auftraggeber/Auftragnehmer-Verhältnisses vermieden werden. Deshalb ist es von größter Wichtigkeit, dass die Vertragsinhalte vor Setzen der Unterschrift genauestens auf Richtigkeit, Machbarkeit und Konsistenz geprüft werden.

Vollständigkeit und Genauigkeit in der Vertragsprüfung sichern den Projekterfolg

Folgende Punkte sind im Rahmen einer Vertragsprüfung durchzuführen:

▷ Prüfung des Aufgabeninhalts
▷ Prüfung der Aufwandsschätzung
▷ Prüfung der Spanne
▷ Prüfung der Gewährleistung.

Prüfung des Aufgabeninhalts

Der häufigste Fehler beim Abfassen von Verträgen wird immer wieder beim Definieren der zu vereinbarenden Leistung gemacht. Der Vertragsgegenstand wird zu allgemein beschrieben, so dass Auftragnehmer und Auftraggeber bei denselben Leistungsteilen sehr unterschiedliche Ausprägungen sehen; der eine meint, dass eine bestimmte Hilfsfunktion enthalten sein muss, der andere meint, dass diese als ein Extra zu betrachten ist. Insbesondere hinsichtlich der Benutzeroberfläche treten nach Fertigstellung immer wieder unterschiedliche Meinungen auf. Deshalb muss mit dem Auftraggeber der Leistungsumfang sehr genau und detailliert abgesprochen und niedergeschrieben werden. Mündliche Absprachen haben bei einem Vertrag i.Allg. keine Bedeutung; nur das geschriebene Wort gilt. Hierbei können „ausschließende" Anmerkungen im Sinne einer *Negativliste* sehr hilfreich zur Klarstellung beitragen.

Prüfung der Aufwandsschätzung

Von größter Wichtigkeit ist die Prüfung, ob die geforderte Leistung auch zu dem geplanten Verrechnungswert erbracht werden kann, damit man letzten Endes nicht „draufzahlt". Deshalb sollte zu einem Vertrag immer ein (internes) Kalkulationsblatt erstellt werden, aus dem die Kalkulationsgrundlage für den zu vereinbarenden Auftragswert zu ersehen ist. Bei einer Festpreisverrechnung sollte unbedingt ein Sicherheitsaufschlag einkalkuliert sein.

Prüfung der Spanne

Bei einem Vertrag mit einem externen Auftraggeber wird normalerweise immer ein monetäres Projektergebnis angestrebt, d.h. der Auftragswert muss nach Deckung aller Projektkosten noch einen Gewinn (Spanne) ausweisen. Deshalb ist es bei Festpreisverträgen wichtig, dass man eine Risikobetrachtung durchführt, um festzustellen, welche Risiken bestehen, die das Ergebnis ins Negative bringen können. Entsprechend müssen Sicherheitsaufschläge eingeplant werden.

Prüfung der Gewährleistung

Besonders kritisch müssen bei der Vertragsprüfung formulierte Gewährleistungspflichten betrachtet werden. Hierbei muss zwischen Gewährleistung und Garantie streng unterschieden werden: Garantie bietet ein Hersteller freiwillig an, häufig allerdings unter speziellen Auflagen (z.B. Einhaltung von Inspektionen) und nur auf bestimmte Produktteile bezogen (z.B. keine Verschleißteile). Eine im Vertrag explizit vereinbarte Gewährleistung umfasst dagegen auch Folgeschäden durch aufgetretene Mängel beim Vertragsgegenstand. Wird Gewährleistung gefordert, so ist sowohl bei einem Festpreis als auch bei einer Aufwandsverrechnung unbedingt ein Risikozuschlag zu machen.

Die Ergebnisse der Vertragsprüfung sollten dokumentiert und als Qualitätsaufzeichnung aufbewahrt werden. Nach ISO 9001 [69] ist für Verträge mit Lieferanten eine Vertragsprüfung sogar vorgeschrieben, die zudem immer dokumentiert sein muss.

2.1.3 Produkt-/Systemdefinition

Die Aufgabendefinition eines Projekts ist durch die Produkt- bzw. die Systemdefinition gegeben; sie wird gemeinhin in mehreren aufeinander folgenden Planungsschritten mit zunehmender Detaillierung (Dekomposition) und größer werdender inhaltlicher Genauigkeit vorgenommen. Am Anfang einer Produkt- bzw. Systemdefinition steht ein *Anforderungskatalog*, häufig auch als Lastenheft bezeichnet; dieser stellt die grundsätzliche Aufgabenstellung des Auftraggebers dar und ist die Basis für das *Pflichtenheft*, welches wiederum die Grundlage für die *Leistungsbeschreibung* bildet. Erst mit der Leistungsbeschreibung [8] wird der Projektinhalt verbindlich festgeschrieben.

Anforderungskatalog

Der Anforderungskatalog erläutert die Aufgabenstellung durch den Auftraggeber

Der Anforderungskatalog soll als erste Planungsunterlage so genau wie möglich das Projektziel festlegen. Die Detaillierung der Anforderungen kann aber entsprechend der Problemstellung und des Kenntnisstandes unterschiedlich tief sein.

Für eine zu entwickelnde Software sollte z.B. ein Anforderungskatalog folgende Themen ansprechen:

▷ Anwendungs- bzw. Einsatzumgebung
▷ geforderte Funktionen und Eigenschaften
▷ Benutzeroberfläche
▷ Benutzerschnittstellen
▷ Datenbasis
▷ Mengengerüst
▷ Qualitätsanforderungen
▷ Realisierungsvorgaben

▷ Dokumentationsanforderungen
▷ Zeit- und Kostenrahmen.

Für eine HW-Entwicklung oder eine Anlagenprojektierung kann der Anforderungskatalog ähnlich aufgebaut werden.

Die aufgeführten Anforderungen legen fest, was erreicht werden soll, dürfen aber spätere Realisierungslösungen nicht unnötig einschränken. Anhand des Anforderungskatalogs wird eine erste Aufwandsschätzung vorgenommen, die aber wegen der erheblichen Unsicherheiten in der Leistungsdefinition noch nicht als verbindlich angesehen werden darf. Erst die spätere Leistungsbeschreibung wird diese Grobschätzung verifizieren.

Pflichtenheft

Das Pflichtenheft baut auf den Anforderungskatalog auf, detailliert und verfeinert die dort festgelegten Anforderungen und enthält neben dem fachlichen Grobkonzept weitere allgemeine Angaben zum geplanten Produkt bzw. System.

Das Pflichtenheft ist die Vereinbarungsgrundlage zwischen Auftraggeber und Auftragnehmer

Aus Sicht des Anwenders beschreibt das Pflichtenheft,

– welche Funktionen das Produkt/System zu erfüllen hat,
– welche Daten und Informationen verarbeitet werden sollen,
– welche Ein- und Ausgaben vorgesehen sind,
– welche konstruktiven Vorgaben (bei HW) zu beachten sind,
– welche Schnittstellen berücksichtigt werden müssen und
– welche sonstigen Produkt-/Systemeigenschaften gefordert werden.

Das Pflichtenheft muss vollständig und widerspruchsfrei sein, da es die Vereinbarungsgrundlage zwischen Auftraggeber und Auftragnehmer für das weitere Vorgehen im Projekt bildet (Anforderungs-Baseline). Die Vollständigkeit des Pflichtenhefts ist also wichtige Voraussetzung für das zielgerichtete Erstellen der anschließenden Leistungsbeschreibung. Mängel und Unterlassungen in diesem Planungsschritt müssen später meist mit erheblichen Mehraufwendungen bezahlt werden.

Die fachliche Beschreibung der Funktionen des geplanten Produkts bzw. Systems in Form des fachlichen Grobkonzepts nimmt den Hauptanteil des Pflichtenhefts ein. Entsprechend der Vorgehensweise bei der fachlichen Dekomposition wird das zu realisierende System bis auf die Komponentenebene weiter zerlegt und auf allen Detaillierungsebenen kurz beschrieben.

Weitere Inhalte sind die allgemeine Beschreibung der Daten, die Aufstellung aller vorgesehenen Ein- und Ausgaben, die Auflistung der zu berücksichtigenden Schnittstellen sowie die Festlegung von allgemeinen Systemangaben.

Ein Pflichtenheft z.B. für eine Verfahrensentwicklung im DV-Bereich umfasst im Wesentlichen folgende Komplexe:

Inhalt eines Pflichtenhefts

Gesamtsystem

- Systemumgebung
- Systemdarstellung
- Systembeschreibung

Teilsysteme

- Teilsystemdarstellungen
- Kurzbeschreibungen der Teilsysteme
- Komponentenfestlegung
- Beschreibung der Ein-/Ausgabedaten
- Darstellung der Benutzeroberfläche
- geforderte Dialogauskünfte und Auswertungen
- verfahrensinterne Schnittstellen

Datendefinition

- Stammdaten
- Bewegungsdaten
- Verwaltungsdaten

Schnittstellen

- Schnittstellen zu vor-/nachgelagerten Verfahren
- Standard-Eingabeschnittstellen
- Standard-Ausgabeschnittstellen

Allgemeine Systemangaben

- Qualitätsanforderungen
- Auflagen/Restriktionen
- Mengengerüst
- Arbeitsabläufe, vorhandene/geplante Ablauforganisation
- sonstige Anforderungen.

Leistungsbeschreibung

Die Leistungsbeschreibung bildet die Gesamtheit der Produkt-/Systemdefinition und legt damit die fachliche und technische Basis des geplanten Produkts oder Systems vollständig fest.

In Abstimmung mit der Produktplanung bzw. dem künftigen Anwender legt die Leistungsbeschreibung fest,

- welche Teilsysteme und Komponenten das Produkt/System umfassen soll,
- welche Fachprozesse zu erfüllen sind,
- wie die Benutzeroberfläche zu gestalten ist,
- welche Ausgaben in welcher Form zu realisieren sind,
- wie die Datenbasis aussehen wird,
- welche elektrotechnischen und konstruktiven Eigenschaften (bei HW) bestehen werden,
- welche Schnittstellen vorhanden sein werden,

Die Leistungsbeschreibung legt technischen Aufbau und fachlichen Inhalt des Produkts/Systems verbindlich fest

– welche Realisierungsanforderungen gelten und
– welche allgemeinen Systemeigenschaften gefordert werden.

Die Leistungsbeschreibung muss eindeutig und widerspruchsfrei sein, da sie die Vereinbarungsgrundlage zwischen Auftraggeber und Auftragnehmer für die anschließende Realisierung ist; sie stellt die einzig verbindliche Aufgabenstellung des geplanten Produkts/Systems für beide Seiten dar. Auch muss die Leistungsbeschreibung in ihren Darstellungen und Beschreibungen vollständig und präzise sein, da nicht immer davon ausgegangen werden kann, dass das Planungsteam auch die anschließende Realisierung durchführen wird.

Die Leistungsbeschreibung ist somit die Basis

– für das Management   zur Realisierungsentscheidung,
– für die Qualitätssicherung   zur Vollständigkeitskontrolle,
– für die Planung   zur Durchführungsplanung und
– für die Realisierung   zum Erstellen des technischen Feinkonzepts.

Im Allgemeinen umfasst die Leistungsbeschreibung das fachliche Feinkonzept, welches eine Verfeinerung des fachlichen Grobkonzepts aus dem Pflichtenheft ist, das technische Grobkonzept und die allgemeinen Realisierungsanforderungen.

Hauptbestandteile der Leistungsbeschreibung sind fachliches Feinkonzept und technisches Grobkonzept

Da das fachliche Feinkonzept im Wesentlichen eine Detaillierung des fachlichen Grobkonzepts darstellt, weist das fachliche Feinkonzept einen ähnlichen Dokumentationsaufbau auf, der allerdings sowohl bei den Funktionen als auch bei den Daten um weitere Beschreibungsebenen verfeinert wird. Auf allen Funktionsebenen, d.h. Teilsystemebene, Kompo-

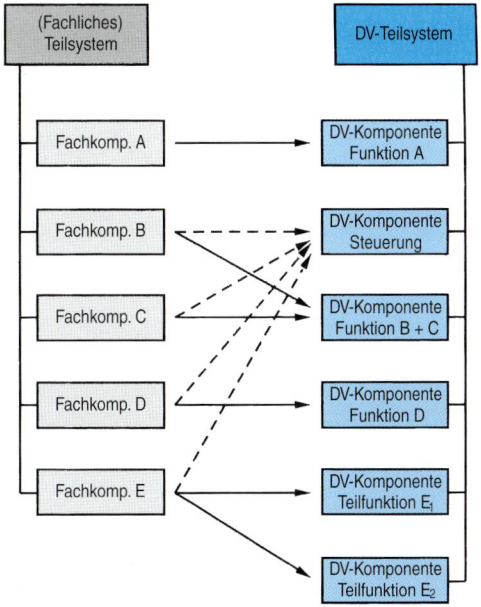

Bild 2.3
Übergang von der fachlichen zur technischen Struktur (Beispiel DV-System)

nentenebene und Fachprozessebene, sind die Funktionen kurz zu beschreiben; hierbei greift man auf die Beschreibungen für die Teilsysteme und Komponenten aus dem fachlichen Grobkonzept zurück.

Das technische Grobkonzept ist eigentlich schon der erste Schritt in die Realisierung; hier wird der Übergang von der fachlichen zur technischen Struktur, welche zwangsläufig nicht deckungsgleich sein müssen, vorgenommen (Bild 2.3).

Eine Leistungsbeschreibung z.B. für eine Verfahrensentwicklung im DV-Bereich enthält im Wesentlichen folgende Komplexe:

Das fachliche Feinkonzept ist noch unabhängig von der technischen Realisierung

Fachliches Feinkonzept

Fachliches Gesamtsystem
– Systemumgebung
– Systemdarstellung und -beschreibung

Beschreibung der Teilsysteme
– Teilsystemdarstellung
– Kurzbeschreibungen der Teilsysteme
– Verzeichnisse der zugehörigen Datenbereiche, Komponenten und Schnittstellen

Beschreibung der Komponenten
– Beschreibung
– zugehörige Datensätze
– Masken und Listen

Beschreibung der Dialogoberflächen
– Funktion, Aufgabe
– Feldbeschreibungen
– Ansprungsmöglichkeiten, Meldungen
– Maskendarstellung

Beschreibung der Auswertungslisten
– Aufgabenbeschreibung
– Listendarstellung

Schnittstellen
– Schnittstellen zu vor-/nachgelagerten Verfahren
– Standard-Ein und -Ausgabeschnittstellen

Das technische Grobkonzept bildet die Basis für die technische Realisierung

Technisches Grobkonzept

Beschreibung des DV-Systems
– DV-Systemdarstellung
– Beschreibung des DV-Systems
– DV-Systemdatenfluss
– Zuordnung Fachprozess zu DV-Teilsystemen bzw. -Komponenten

Beschreibung der DV-Teilsysteme
– DV-Teilsystem-Beschreibung
– Strukturbäume teilspezifischer und zentraler DV-Komponenten
– Abhängigkeiten zu anderen DV-Komponenten

Beschreibung der DV-Komponenten
- Funktionsbeschreibung
- Verarbeitungsschritte
- Anzahl Satzarten

Fremdsoftware
- Verzeichnis der Fremdsoftware
- Kurzbeschreibungen

Speicherkonzept
- Datenbankschema
- Verzeichnis der Daten
- Datenbeschreibungen

Datenkatalog
- Name der Datenelemente und Synonyme
- Kurzbeschreibungen
- Angaben zu Format, Länge, Default
- Wertebereiche

Angaben zum Customizing
- eigene Software
- Standardsoftware (z.B. SAP)

Allgemeine Realisierungsanforderungen

Regeln und Konventionen
- Dialogführung (Guideline)
- generelle Plausibilitätsprüfungen
- Aufbau der Dialogoberflächen, Listen und Meldungen
- Toolkonzept (Methoden, Werkzeuge)
- sonstige Festlegungen

Qualitätsanforderungen
- Funktionserfüllung
- Benutzerfreundlichkeit
- Zuverlässigkeit
- Effizienz
- Wartungsfreundlichkeit
- Übertragbarkeit

Testkonzept
- Aufgabenstellung
- Testplanung, Testdaten, Testfälle
- Testberichte und Fehlermeldungen
- Testdurchführung und Prüflisten

Auflagen/Restriktionen
- Auflagen im Verfahrensumfeld
- DV-spezifische Auflagen
- Arbeitsabläufe
- Mengengerüst

> Allgemeine Realisierungsanforderungen bilden den Rahmen der technischen Realisierung

Dokumentation
- Benutzerdokumentation
- Anwendungsdokumentation

Einführungs- und Versionenplanung
- Installations- und Wartungskonzept
- Schulungsplan
- Versionskonzept

Der thematische Aufbau einer Leistungsbeschreibung hängt stark von der Art der Entwicklung ab, da die Schwerpunkte bei der Produkt-/Systemdefinition von Hardware und Software sehr unterschiedlich sind.

2.1.4 Wertanalyse

Wertanalysen führen zu kostengünstigeren Lösungen

Die Wertanalyse (WA) ist ein Methode zum systematischen Untersuchen von Funktionsstrukturen mit dem Ziel einer Wertsteigerung des untersuchten WA-Objektes für den Hersteller, den Anwender und/oder die Allgemeinheit. Ein WA-Objekt kann sowohl ein Produkt als auch eine Dienstleistung sein. Auch Fertigungsabläufe können mit einer WA optimiert werden. Wird die Wertanalyse in der Konzeptionsphase eines Produkts eingesetzt, so handelt es sich um eine *Wertgestaltung*; wird sie dagegen bei einem bereits bestehenden Erzeugnis angewendet, so handelt es sich dann um eine *Wertverbesserung*.

In einer Wertanalyse werden die Kosten eines Produkts ausschließlich auf der Grundlage seiner Funktionen bestimmt. Ziel einer Wertanalyse ist es daher, die wichtigen, unbedingt erforderlichen Funktionen von den wenigen wichtigen Funktionen zu differenzieren und durch Eliminieren von als unnötig erkannten Funktionen eine Kostensenkung herbeizuführen.

Vorgehensweise

Die DIN-Norm 69910 [67] enthält einen Formularsatz für die Durchführung einer solchen Wertanalyse. Die Norm gliedert eine Wertanalyse in 6 Arbeitsschritte:

Die 6 Arbeitsschritte der Wertanalyse

1. Wertanalyse vorbereiten
2. Ermitteln des Ist-Zustandes
3. Prüfen des Ist-Zustandes
4. Ermitteln von Lösungen
5. Prüfen von Lösungen
6. Verwirklichen der Lösungen

Bei der Vorbereitung müssen im ersten Schritt die entscheidenden Kostenfaktoren des zu untersuchenden WA-Objekts herausgearbeitet werden. Hierzu können Istanalyse-Methoden oder Entscheidungstechniken, wie z.B. die ABC-Methode (siehe Kapitel 6.5.4), eine gute Hilfestellung geben.

Im zweiten Schritt wird der Ist-Zustand anhand der Funktionen des WA-Objekts ermittelt. Mit einer Untersuchung der Funktionsstruktur werden die Funktionen in Haupt- und in Nebenfunktionen gegliedert, wobei noch in Gebrauchsfunktionen und in Geltungsfunktionen unterschieden werden sollte. *Gebrauchsfunktionen* sind jene Funktionen, die für den einwandfreien Betrieb des Produkts unabdingbar erforderlich sind, *Geltungsfunktionen* haben nur einen äußerlichen Wert, der vom Hersteller oder Kunden aus Design- oder Imagegründen gewünscht wird. Alle so ermittelten Funktionen müssen einer genauen Funktionsbeschreibung unterzogen werden.

Im dritten Schritt werden für das Produkt die Soll-Funktionen definiert und mit den Ist-Funktionen verglichen.

Der vierte Schritt ist der schwierigste, weil nun Alternativ-Lösungen für die ermittelten Soll-Funktionen erarbeitet werden müssen. Hierbei hat es sich bewährt, Kreativitätstechniken, wie sie im Kapitel 6.5.1 beschrieben sind, anzuwenden.

In dem nachfolgenden Schritt müssen die erarbeiteten Lösungsansätze auf ihre Funktionserfüllung geprüft und für diese eine Wirtschaftlichkeitsprüfung vorgenommen werden. Ziel ist dabei die Findung der kostengünstigsten Lösungen.

Im letzten Schritt sind die letztendlich zu verwirklichenden Lösungen auszuwählen und in die Realisierung überzuleiten.

Wertanalyse-Team

Die Wertanalyse wird im Allgemeinen von einem WA-Team durchgeführt, welches interdisziplinär aus Mitarbeitern unterschiedlicher Fachbereiche zusammengesetzt ist. Auf diese Weise wird ein hoher Grad von Synergien und Kreativität erreicht, welche notwendig sind, um realisierbare alternative Lösungsansätze zu finden. Natürlich ist für den Erfolg einer Wertanalyse entscheidend, dass das Team konsensfähig ist und zielorientiert arbeitet; ein in der Wertanalyse erfahrener Moderator ist da eine wichtige Voraussetzung.

Interdisziplinäre Zusammensetzung des Wertanalyse-Teams

In vielen Unternehmen ist die Wertanalyse bereits fester Bestandteil im Planungsprozess einer neuen Produktentwicklung geworden. Durch den konsequenten Einsatz von Wertanalysen konnten Kostensenkungen und Leistungsverbesserungen von bis zu 20% erreicht werden.

2.1.5 Änderungswesen

Wegen der grundsätzlichen Bedeutung des Änderungswesens für ein Projekt muss es bereits zu Projektbeginn mit allen Beteiligten verabredet werden. Nachfolgend werden drei für wichtig erachtete Verfahren vorgestellt, die auf unterschiedlichen Vorgehensweisen im Änderungsprozess beruhen (Bild 2.4).

Spätere Änderungsanforderungen treten im Projektablauf immer auf

2 Projektdefinition

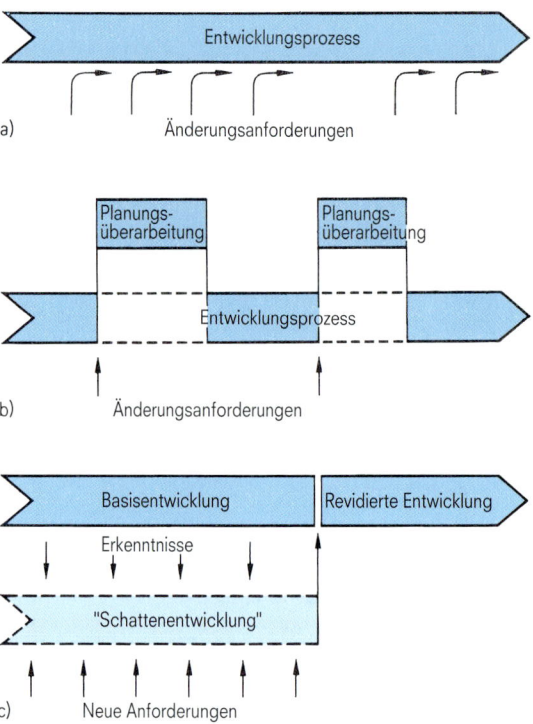

Bild 2.4 Vorgehensweisen bei Änderungsprozessen
a) Kontinuierlicher Änderungsprozess, b) Eingeschobener Änderungsprozess
c) Begleitender Änderungsprozess

Kontinuierlicher Änderungsprozess

Kontinuierlicher Änderungsprozess nur bei kleineren, überschaubaren Projekten

In einem kontinuierlichen Änderungsprozess fließen die Änderungsanforderungen laufend in den Entwicklungsprozess ein. Die Änderungen werden in die betroffenen Entwicklungsergebnisse Schritt haltend mit dem Projektverlauf eingearbeitet. Hiermit ist zwangsläufig eine Verlangsamung des Projektablaufs verbunden, die bereits frühzeitig zu berücksichtigen ist.

Der kontinuierliche Änderungsprozess bildet das typische Änderungsverfahren, das für Fehlerkorrekturen im laufenden Entwicklungsprozess – besonders in den Phasen Systemintegration und Systemtest – angewendet wird; auch in frühen Planungsphasen eines Projektes ist es nutzbar. Als allgemeines Verfahren für den gesamten Projektablauf sollte es nicht eingesetzt werden, da die Vollständigkeit aller Änderungsnotwendigkeiten mit wachsender Menge der Entwicklungsergebnisse und der Änderungsanforderungen kaum mehr zu beherrschen ist.

Eingeschobener Änderungsprozess

Das Änderungsverfahren, das auf eingeschobenen Änderungsprozessen beruht, führt zu temporären Unterbrechungen des geplanten Entwicklungsablaufs. Während der Unterbrechungen werden die ausgewählten Änderungsanforderungen vollständig in die bereits vorliegenden Entwicklungsergebnisse eingearbeitet. Erst wenn wieder ein konsistenter Entwicklungsstand erreicht ist, wird das Projekt nach aktualisiertem Plan fortgesetzt.

Eingeschobener Änderungsprozess bei Großprojekten

Durch die Entwicklungsunterbrechung vermeidet man die Unsicherheit bezüglich der Aktualität von Entwicklungsergebnissen.

Das Verfahren mit eingeschobenen Änderungsprozessen ist ein übliches Standardverfahren. Es sichert vor allem die Ordnung in einem komplexen Entwicklungsvorhaben, verlängert aber u.U. die Projektdauer erheblich.

Begleitender Änderungsprozess

Der begleitende Änderungsprozess kennzeichnet eine außergewöhnliche Variante der Änderungsverfahren, die für hochinnovative und äußerst zeitkritische Projekte Anwendung findet, z.B. in der Luft- und Raumfahrttechnik. Der Grundgedanke dieses Änderungsverfahrens ist, die geplante Entwicklung von Störungen, die durch Änderungsaktivitäten ausgelöst werden, freizuhalten und die entstehenden Änderungsanforderungen in einer parallelen „Schattenentwicklung" aufzunehmen. In getrennt geplanten Entwicklungsphasen werden die parallel gewonnenen Entwicklungsergebnisse in einer gemeinsamen Entwicklung zusammengeführt.

Begleitender Änderungsprozess bei hochinnovativen Projekten

Der große Vorteil dieses Änderungsverfahrens liegt darin, dass die Basisentwicklung durch das Fernhalten von Störungen zielstrebig vorangetrieben werden kann; sie liefert somit frühzeitig weitreichende Erkenntnisse, die im weiteren Projektverlauf unbedingt benötigt werden. Die Schattenentwicklung bleibt weitgehend frei von Projektzwängen, die durch die Änderungsanforderungen im Normalfall entstehen würden; sie kann sich dadurch für technische Lösungen entscheiden, die das technisch beste Produkt erwarten lassen.

Agiles Projektmanagement

Speziell bei vielen innovativen kundennahen IT-Projekten hat sich gezeigt, dass die Veränderungsrate der Kundenwünsche und -anforderungen während des Projektablaufs sehr hoch ist, dass also bei einer streng eindimensionalen Projektdurchführung das ursprünglich geplante Funktionsprofil z.B. eines SW-Produkts dem am Projektende gewünschten Profil nicht mehr entspricht. Hier hat sich *Agiles Projektmanagement* etabliert.

Agiles Projektmanagement reagiert flexibel während der Projektdurchführung auf veränderte Kundenwünsche

Diese Form des Projektmanagements plädiert für ein flexibles Änderungswesen während der laufenden Projektdurchführung; im Kern entspricht es einer Mischung aus einem kontinuierlichen und einem eingeschobenen Änderungsprozess, sowohl kleinere Änderungen können laufend in den Entwicklungsablauf einfließen als auch größere kundenveranlasste Änderungsanforderungen können in einem eingeschobenen Änderungsprozess behandelt werden.

Ein Konfigurations-management sichert den Änderungsprozess

Ein Konfigurationsmanagement (Kapitel 6.1) ist für die hier vorgestellten Änderungsverfahren unverzichtbar; es bietet Methoden, Werkzeuge und darauf aufbauende Verfahren, die das kontrollierte Behandeln von Änderungsanforderungen zum Ziel haben.

2.2 Wirtschaftlichkeitsbetrachtung

2.2.1 Methodenüberblick

Jedes Entwicklungs-vorhaben dient einem messbaren Gewinn oder Nutzen

Mit jedem Entwicklungsvorhaben will man erreichen, dass mit dem zu realisierenden Gerät, System oder Verfahren ein messbarer Gewinn oder Nutzen erzielt wird, sei es durch einen Verkaufserlös oder durch einen entsprechenden Rationalisierungserfolg im internen Einsatz. Ein Entwicklungsvorhaben ist damit immer auch ein Investitionsvorhaben, welches unter dem Gesichtspunkt der Wirtschaftlichkeit zu sehen ist (Business Case).

Bereits in der Definitionsphase eines Entwicklungsprojekts sollte daher eine umfassende Wirtschaftlichkeitsbetrachtung vorgenommen werden. Entsprechend den unterschiedlichen Zielrichtungen von Vorhaben (Grundlagenentwicklung, Produktentwicklung, Rationalisierungsvorhaben etc.) bieten sich hier mehrere Instrumentarien an.

Umsatzorientierte Methoden

Als Beispiele für monetär bewertende Wirtschaftlichkeitsbetrachtungen, die umsatzorientiert sind, sind die FuE-Projektdeckungsrechnung und die Wirtschaftliche Produktplanung zu nennen. Sie finden im Wesentlichen bei Geräte- und Systementwicklungen Anwendung.

FuE-Projektdeckungs-rechnung

Die *FuE-Projektdeckungsrechnung* ist eine auf die wesentlichen Komponenten einer Entwicklung reduzierte „Wirtschaftliche Produktplanung", die im zeitlichen Ablauf von Projekten durch zusätzliche Informationen und durch gewonnene Erfahrungen immer sicherer werdende Aussagen über die für eine Erfolgsbeurteilung wichtigen Daten gewinnt.

Der Einsatz der FuE-Projektdeckungsrechnung bietet sich insbesondere bei Projekten mit hohem eigenen Entwicklungsanteil an und unterstützt die Bereichsleitung beim Absichern der wirtschaftlichen Zielsetzung von FuE-Projekten.

Wirtschaftliche Produktplanung

Im Rahmen der *Wirtschaftlichen Produktplanung* (WPP) soll der voraussichtliche wirtschaftliche Produkterfolg durch Errechnen des Produkt-Ergebnisses aufgezeigt werden (siehe hierzu Kapitel 2.2.2).

Kostenorientierte Methoden

Monetär bewertende Wirtschaftlichkeitsbetrachtungen, die an den Kosten des einzelnen Entwicklungsvorhabens orientiert sind, werden vor allem bei Verfahrensentwicklungen für Rationalisierungsmaßnahmen bzw. bei allgemeinen Rationalisierungsinvestitionen eingesetzt.

Man unterscheidet hier zwischen *statischen* und *dynamischen* Rechenmethoden. Während die dynamischen Methoden (Geldflussrechnungen) die zeitlichen Unterschiede im Anfall der Ausgaben und Einnahmen berücksichtigen und eine Geldwertumrechnung auf den Gegenwartswert (Barwert) mit Hilfe der Zinseszinsrechnung vornehmen, geschieht dies bei den statischen nicht.

Bei der *Kostenvergleichsrechnung* werden die Kosten verschiedener Vorhaben miteinander verglichen. Es wird die Alternative gewählt, deren jährliche Kosten am niedrigsten sind. Die Kostenvergleichsrechnung hat zur Voraussetzung, dass die Erträge der verglichenen Vorhaben gleich hoch sind; nur in diesem Fall ist Kostenminimierung gleichbedeutend mit Gewinnmaximierung. — Statische Rechenmethoden

Die *Amortisationsrechnung*, auch als Kapitalrückflussrechnung bezeichnet, ermittelt den Zeitraum, in welchem der Kapitaleinsatz über die Erlöse wieder zurückgeflossen ist. Ein Vorhaben ist nach dieser Methode wirtschaftlich, wenn die errechnete Amortisationszeit kleiner als die geforderte ist.

Die statische *Rentabilitätsrechnung* (Return-on-Investment-Methode) ermittelt die Rentabilität des investierten Kapitals aus dem Quotienten von durchschnittlichem Gewinn zu durchschnittlich gebundenem Kapital. Nach dieser Methode ist ein Vorhaben rentabel, wenn eine vorgegebene Mindestrentabilität erfüllt ist.

Bei der *Kapitalwertmethode* gilt als Beurteilungsmaßstab für die Wirtschaftlichkeit der Kapitalwert einer Investition, der sich als Differenz aller auf den Bezugszeitpunkt abgezinsten Ausgaben und Einnahmen ergibt. Eine Investition ist nach dieser Methode wirtschaftlich, wenn der Kapitalwert größer als Null ist. — Dynamische Rechenmethoden

Bei der *Annuitätenmethode* wird die Annuität als Wirtschaftlichkeitsmaßstab bestimmt; sie entspricht dem durchschnittlichen, auf den Bezugszeitpunkt abgezinsten Jahreseinnahmeüberschuss. Das Vorhaben ist dann wirtschaftlich, wenn der durchschnittliche Rückfluss pro Jahr größer als die Annuität des Kapitaleinsatzes ist.

Mit der *internen Zinsfußmethode* bzw. *Marginalrenditerechnung* wird die tatsächliche Verzinsung des eingesetzten Kapitals errechnet. Der interne Zinsfuß einer Investition entspricht demjenigen Grenzzinssatz (Marginalrendite), bei dem der Barwert der Ausgaben gleich dem Barwert der Einnahmen ist. Ein Vorhaben ist dann wirtschaftlich, wenn die Marginalrendite größer als die Mindestverzinsung ist. Kapitel 2.2.3 geht auf diese Methode ausführlicher ein.

Ergebnisorientierte Methoden

Als eine sehr aktuelle Methode zur Wirtschaftlichkeitsbetrachtung einer Unternehmensaktivität ist die *Beurteilung des Geschäftswertbeitrags* zu nennen; sie wird angewandt zur Wirtschaftlichkeitsbetrachtung eines ganzen Unternehmensbereichs, eines vollständigen Geschäftsfeldes, eines einzelnen Projektes oder eines besonderen Investitionsvorhabens.

Der GWB ist eine Kenngröße für den Marktwertzuwachs eines Unternehmens

Heute legt ein interner oder externer Investor besonderes Augenmerk auf den *Marktwertzuwachs* eines Vorhabens, der *über* dem des Geschäftsvermögens liegen muss. Dieser Marktwertzuwachs eignet sich allerdings nicht unmittelbar als interne Steuerungsgröße, da sich dieser nur für börsennotierte Unternehmen ermitteln lässt, nicht aber für deren Einheiten, z.B. Bereiche und Geschäftsgebiete. Auch fehlt der unmittelbare Bezug zu den jeweiligen Management-Entscheidungen bzw. den operativen Steuergrößen des Geschäfts. Es wird daher als ergebnisorientierte Steuerungsgröße der Geschäftswertbeitrag (GWB) herangezogen, da die Summe der Barwerte der erwarteten künftigen Geschäftswertbeiträge dem Marktzuwachs des Unternehmens entspricht.

Der Geschäftswertbeitrag entspricht dem über dem Wert der Kapitalkosten liegenden Geschäftsergebnis; er zeigt den Periodenerfolg einer Einheit, eines Projekts oder einer Investition und ist wie folgt definiert:

$$\text{GWB} = \text{Geschäftsergebnis} - \text{Kapitalkosten}$$
$$\text{mit} \quad \text{Geschäftsergebnis} = \text{Umsatz} - \text{Kosten}$$
$$\text{Kapitalkosten} = \text{Kapitalkostensatz} \cdot \text{Geschäftsvermögen}$$

Die Kapitalkosten entsprechen den Forderungen der Eigen- und Fremdkapitalgeber. Ein positiver Geschäftswertbeitrag wird also erst erreicht, wenn auch deren Renditeanforderungen erfüllt sind. Ziel eines Unternehmens muss es daher sein, die Summe aller Geschäftswertbeiträge kontinuierlich zu steigern.

Die Betrachtung des Geschäftswertbeitrages eines geplanten Investitionsvorhabens wird ähnlich einer Marginalrenditerechnung [10] vorgenommen: Zwei Alternativen (Variante mit und Variante ohne Investition) werden für einen bestimmten Zeitraum (z.B. 5 Jahre) in den vorgenannten Größen (Umsatz, Kosten, Kapitalkostensatz, Geschäftsvermögen) gegenübergestellt und in ihrem jeweiligen Geschäftswertbeitrag beurteilt. Die Alternative mit dem größten Geschäftswertbeitrag erhält den Zuschlag.

Nutzenorientierte Methoden

Die Nutzwertanalyse verwendet keine monetären Angaben

Während die Methoden mit monetärer Bewertung sowohl für Einzel- als auch Vergleichsbetrachtungen geeignet sind, ist die Methode der Nutzwertanalyse nur sinnvoll einsetzbar, wenn mindestens eine Vorhabensalternative existiert. Sie wird herangezogen, wenn keine quantifizierbaren Merkmale vorliegen, die als Voraussetzung für eine monetäre Bewertung notwendig wären; stattdessen betrachtet man Bewertungskriterien, die eine rein qualitative Aussage enthalten. Auf Basis einer Gewichtung dieser Kriterien wird mithilfe der Multifaktorenrechnung eine Rangfolge der betrachteten Alternativen ermittelt.

Die Nutzwertanalyse bietet den großen Vorteil, neben wirtschaftlichen auch fachliche, ergonomische und soziale Aspekte einbeziehen zu können.

In Kapitel 2.2.4 wird auf die Nutzwertanalyse kurz eingegangen.

2.2.2 Wirtschaftliche Produktplanung

Die entscheidende Wirtschaftlichkeitsaussage wird bei der Wirtschaftlichen Produktplanung durch das Bestimmen der *Umsatzrendite*, die sich auf das gesamte Produktleben bezieht, gemacht.

Im Wirtschaftlichen Produktplan (siehe Prinzipdarstellung in Bild 2.5) werden die mit dem Produkt zu erzielenden Leistungen und Gesamtkosten – nach Jahresscheiben unterteilt – für die Produktlebensdauer festgestellt. Hierbei ergibt sich der Umsatz aus der Multiplikation der geplanten Stückzahl des Produkts mit dem Kundenpreis (Listenpreis minus Rabatt).

Mit der Wirtschaftlichen Produktplanung wird die Umsatzrendite einer Produktentwicklung bestimmt

Produkt				Nr.					

Nr.	Geschäftsjahr		aufgelaufen bis 01/02	Vorjahr 01/02	02/03	03/04	04/05	05/06	06/07
1	Absatz- Stückzahl	In-/Ausland							
2		Gesamt							
3	Rabatt [%]	In-/Ausland							
4		Gesamt							
5	Listenpreis								
6	Preisindex								
7	Umsatz [2x(5−4)]								
8	Lizenzeinnahmen und sonst. Erlöse								
9	Herstellkosten								
10	Entwicklungskosten								
11	Wagniskosten								
12	Allgemeine Verwaltungskosten								
13	Vertriebskosten								
14	Sondereinzelkosten								
15	Selbstkosten [Σ 9 bis14]								
16	Ergebnis [7+8−15]								
17	Ergebnis aufgelaufen								
18	Produktspez. gebundenes Kapital								

Kennzahlen

19	Umsatzrendite [16:7]							
20	Teilkapitalrendite [16:18]							

Bild 2.5 Wirtschaftlicher Produktplan

Die erwarteten Kosten setzen sich aus

- Entwicklungskosten,
- Herstellkosten,
- Vertriebskosten,
- Wagniskosten,
- allgemeine Verwaltungskosten und
- Sondereinzelkosten

zusammen und entsprechen damit den Selbstkosten der gesamten Produktmenge. Die den wirtschaftlichen Erfolg des Produkts kennzeichnende Umsatzrendite bildet sich aus dem Quotienten Ergebnis zu Umsatz, wobei das Ergebnis sich aus dem Umsatz plus etwaiger Lizenzeinnahmen, vermindert um die Selbstkosten, errechnet.

Zusätzlich ist als Kennzahl auch die Teilkapitalrendite interessant, die sich aus Produktergebnis und produktspezifisch gebundenem Kapital errechnen lässt.

Wirtschaftlicher Produktplan als Business Plan

Ein Wirtschaftlicher Produktplan stellt einen „Business Plan" dar und wird bevorzugt dann verwendet, wenn man den mit einem einzelnen Produkt verbundenen Finanzmittelbedarf nicht tätigkeitsspezifisch genug ermitteln kann.

2.2.3 Marginalrenditerechnung

Marginalrenditerechnung beurteilt die Wirtschaftlichkeit von Rationalisierungsprojekten

Bei dieser Methode, die vor allem im OI-Bereich eines Unternehmens Anwendung findet, stellt man die gesamten Kosten für die Entwicklung sowie für den späteren Einsatz eines „geplanten Verfahrens" den gesamten Kosten eines „Vergleichsverfahrens" gegenüber. Hierbei kann das Vergleichsverfahren das bestehende Altverfahren oder ein alternativ zu entwickelndes Verfahren sein. Als Verfahren sind in diesem Zusammenhang nicht nur reine DV-Verfahren, sondern auch organisatorische Lösungen (bzw. beide kombiniert) zu verstehen.

Mit der Berechnung der Marginalrendite wird festgestellt, zu welchem Zinssatz sich das für das geplante Verfahren (bzw. Rationalisierungsvorhaben) investierte Geld durch den entstehenden Ratioeffekt amortisiert. Man stellt also den Finanzmittelbedarf, d.h. das eingesetzte Investment, den Finanzmittelrückflüssen gegenüber; hierbei müssen die Rückflüsse, die ja erst in der Zukunft anfallen werden, mit einem bestimmten Zinssatz, eben der Marginalrendite, auf die Gegenwart abgezinst werden.

Finanzmittelbedarf und Finanzmittelrückfluss

Gegenüberstellung von Finanzmittelbedarf und Finanzmittelrückfluss

Bei einer Marginalrendite-Berechnung werden alle „bisherigen Kosten", welche im Wesentlichen dem für ein geplantes Vorhaben investierten Finanzmittelbedarf entsprechen, den „zukünftigen Rückflüssen" zu einem bestimmten Betrachtungszeitpunkt (Jahr 0, lfd. GJ) gegenübergestellt. Die künftigen Rückflüsse umfassen den zu erwartenden Finanzmittelrückfluss, der sich wiederum aus den Mehr- und Minderkosten gegenüber einem Vergleichszustand (bisheriges Verfahren oder Alternativlösung) zusammensetzt, sowie einen eventuell entstehenden Finanzmittelbedarf, der für Weiterentwicklung des Vorhabens noch erforderlich sein wird.

Zu den *bisherigen* Kosten gehören Kosten für Planungsaktivitäten, Realisierungsarbeiten, Ausbildungsmaßnahmen, Einführungsmaßnahmen, Test-Rechenzeiten und Sachanlageinvestitionen.

Finanzmittelbedarf

Zu den *künftigen* Rückflüssen gehören die durch das geplante Verfahren zu erwartenden *Minderkosten* durch Personaleinsparungen (aufgrund Produktivitätssteigerung), Materialeinsparungen (wie Papiereinsparung durch Online-Betrieb), RZ-Einsparungen (wegen PC-Einsatz) und sonstige Kosteneinsparungen (aufgrund kürzerer Durchlaufzeiten).

Finanzmittelrückfluss

Diese Rückflüsse vermindern sich durch einen zusätzlichen Finanzmittelbedarf oder durch verfahrensbedingte *Mehrkosten* wie weitere Entwicklungskosten, zusätzliche Sachanlageinvestitionen, Produktiv-Rechenzeiten, Schulungsmaßnahmen und Verfahrenspflege.

Als reine Geldflussrechnung berücksichtigt die Marginalrenditerechnung nur unmittelbare Ausgaben und Einnahmen für das geplante Vorhaben; es sind also nur *ausgabewirksame*, keine „Sowieso"-Kosten in die Rechnung einzubeziehen, ebenfalls werden alle *kalkulatorischen* Kosten wie Abschreibung oder kalkulatorische Zinsen außer Acht gelassen.

Betrachtungszeitpunkt einer Marginalrendite

Die Berechnung einer Marginalrendite kann zu unterschiedlichen Zeitpunkten eines Vorhabens angebracht sein:

▷ vor Beginn eines Vorhabens,
▷ während eines Vorhabens und
▷ nach Abschluss eines Vorhabens.

Entsprechend diesen drei Fällen unterscheiden sich auch die Vorgehensweisen bei der zinslichen Bewertung der einzelnen Finanzmittelpositionen.

Eine Marginalrenditerechnung nach Abschluss eines Vorhabens ist allein für die nachträgliche Wirtschaftlichkeitsanalyse (siehe Kapitel 5.2.3) interessant. In diesem Fall sollte man es so sehen, als würde man am Anfang des Vorhabens stehen, d.h. das Jahr 0 wird in die Vergangenheit an den Projektanfang gelegt. Alle eingetretenen Finanzmittel werden mit der zu errechnenden Marginalrendite auf dieses Jahr abgezinst.

Bildung der Marginalrendite

Damit nun bisherige und künftige Geldbeträge miteinander verglichen werden können, muss man sie durch eine entsprechende Aufzinsung bzw. Abzinsung auf denselben Betrachtungszeitpunkt (Jahr 0) umrechnen. Hierbei werden bisherige Kosten, die zeitlich weiter zurückliegen und in die Marginalrenditerechnung eingehen sollen, meist mit einem banküblichen Zinssatz aufgezinst. Die zukünftigen Rückflüsse sind demgegenüber mit einem noch unbekannten Zinssatz abzuzinsen. Der Zins-

2 Projektdefinition

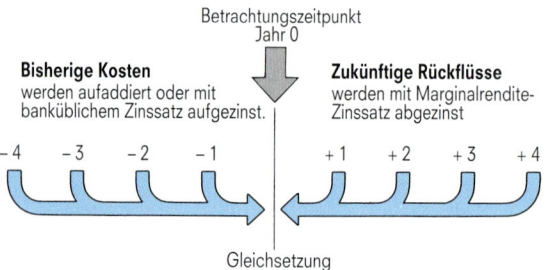

Bild 2.6 Bildung der Marginalrendite

satz wird dabei so gewählt, dass die abgezinsten zukünftigen Rückflüsse den bisherigen Kosten entsprechen; dieser Zinssatz wird als *Marginalrendite* bezeichnet (Bild 2.6).

Allgemein kann damit die Marginalrendite wie folgt definiert werden:

> Die Marginalrendite ist der Zinssatz, mit dem die Abzinsung des zukünftigen Finanzmittelrückflusses (eventuell vermindert um einen noch aufzuwendenden Finanzmittelbedarf) einen Wert gleich dem bisherigen Finanzmittelbedarf ergibt.

Die Marginalrendite sollte größer als 30% sein

Die Marginalrendite sollte hierbei erheblich höher sein als ein banküblicher Zinssatz, damit sich ein geplantes Vorhaben auch wirklich „lohnt". Ein banküblicher Zinssatz ist nämlich ein sehr sicherer Wert; der durch

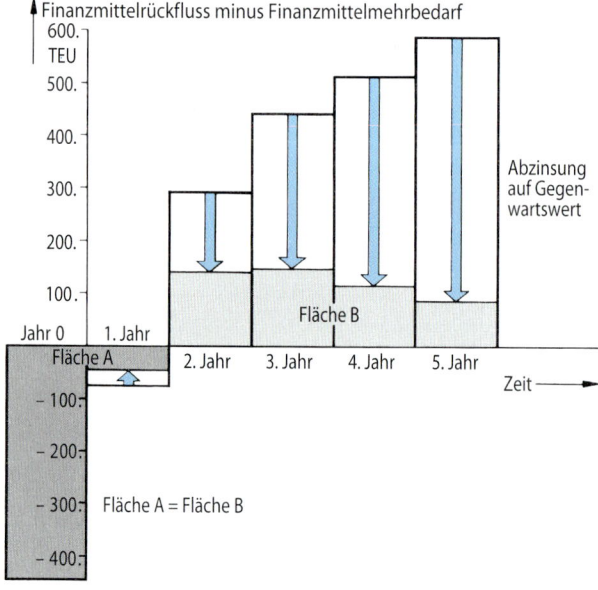

Bild 2.7 Abzinsung des Finanzmittelrückflusses (Beispiel)

die Marginalrenditerechnung bestimmte Zinssatz enthält dagegen erhebliche Unsicherheiten und Risiken in den Annahmen für das geplante Vorhaben. Eine geringe Verschätzung kann z.B. eine kleine Marginalrendite leicht unter den Wert eines banküblichen Zinssatzes drücken – das neue Vorhaben würde sich dann als reines „Verlustgeschäft" erweisen, welches nicht wieder rückgängig gemacht werden kann.

Die Marginalrendite sollte daher möglichst einen Mindestwert von 30% annehmen, um einen ausreichenden Sicherheitsabstand zu gewährleisten. Nur in besonderen Fällen, in denen das Vorhaben von grundsätzlicher Bedeutung für das Unternehmen ist oder aufgrund einer Nutzwertanalyse (siehe Kapitel 2.2.4) ein entscheidender, nicht quantifizierbarer Nutzen nachgewiesen wurde, kann dieser Wert unterschritten werden.

In Bild 2.7 ist der wertverändernde Effekt der Abzinsung an einem Beispiel grafisch dargestellt. So entspricht z.B. der im fünften Jahr anfallende Wert von 590 TEU bei einer Marginalrendite von 46% etwa einem abgezinsten Barwert von 90 TEU.

In [10] ist ein ausführliches Beispiel berechnet und erläutert.

2.2.4 Nutzwertanalyse

Die Nutzwertanalyse – auch als Punktwertverfahren bezeichnet – stellt ebenfalls eine Methode zur Wirtschaftlichkeitsbetrachtung von Entwicklungs- und Investitionsvorhaben dar, aber mehr unter dem Aspekt der funktionalen Nützlichkeit als allein unter monetären Gesichtspunkten. Man setzt sie besonders dann ein, wenn in Geldeinheiten messbare Kriterien für die Wirtschaftlichkeitsbeurteilung fehlen oder nur sehr schwer formulierbar sind. Bewertungskriterien für eine qualitative Projektbewertung sind z.B.

> Die Nutzwertanalyse betrachtet die nicht quantifizierbaren Wirtschaftlichkeitsfaktoren

- Ergonomie der Benutzeroberfläche,
- Pflege- und Wartungsfreundlichkeit,
- Zukunftssicherheit, Marktaussichten,
- Beschleunigung des Informationsflusses,
- ablauforganisatorische Transparenz,
- Flexibilität in der Funktionsanpassung,
- Beschleunigung von Durchlaufzeiten und
- Umweltfreundlichkeit.

Im Rahmen einer Nutzwertanalyse stellt man meist mehrere Vorhabenalternativen gegenüber; hierbei kann eine auch den bestehenden Zustand darstellen. Nach Aufstellen der in die Betrachtung einzubeziehenden Bewertungskriterien werden diesen entsprechende Gewichtungsfaktoren zugeordnet, mit denen man für die einzelnen Alternativen „Zielerreichungsfaktoren" ermitteln kann (Multifaktorenmethode). In einem abschließenden Analysevorgang wird dann eine Rangfolge der Alternativen aufgestellt. Eine Nutzwertanalyse läuft in folgenden Schritten ab:

▷ Vorhabenalternativen festlegen
▷ Bewertungskriterien definieren
▷ Gewichtungsfaktoren bestimmen
▷ Zielerreichungsfaktoren ermitteln
▷ Nutzwerte der einzelnen Bewertungskriterien (Teilnutzwerte) festlegen,
▷ Gesamtnutzwerte der Alternativen errechnen
▷ Rangfolge der Alternativen aufstellen.

Der REFA-Verband hat für diese einzelnen Vorgehensschritte drei Formulare vorgeschlagen [10, 84].

Wirtschaftlichkeitskoeffizient

Nutzwertanalyse als Ergänzung zu einer monetären Wirtschaftlichkeitsbetrachtung

Grundsätzlich kann man die Multifaktorenmethode zum Bestimmen des Nutzwerts auch als „qualitative" Ergänzung zu einer Marginalrenditerechnung oder Projektdeckungsrechnung sehen, die ja häufig der Vorwurf der einseitigen Ausrichtung auf rein ökonomische Beurteilungskriterien trifft. Daher wurde z.B. das Formular in Bild 2.8 als Zusatz zu einer normalen Marginalrenditerechnung verwendet; hier sind die nicht quantifizierbaren Bewertungskriterien für die Wirtschaftlichkeitsbetrachtung von DV-Verfahren bereits explizit ausgeführt. Durch Bewerten und Gewichten dieser Kriterien wird ein „Wirtschaftlichkeitskoeffizient" für das Vorhaben errechnet.

Für die in Bild 2.8 vorgegebenen nicht quantifizierbaren Merkmale werden Gewichtungsfaktoren (Spalte B) in einer Punktbreite von 1 bis 3 für geringfügige bis große Bedeutung sowie Zielerreichungsfaktoren (Spalte A) in einer Punktbreite von -3 bis $+3$ für erhebliche Verschlechterung bis erhebliche Verbesserung vergeben. Der Quotient des Gesamtnutzwerts (Zeile 21, Spalte C) zur Summe der Gewichtungsfaktoren (Zeile 21, Spalte B) ergibt dann den Wirtschaftlichkeitskoeffizienten; er nimmt denselben Wertebereich wie die Zielerreichungsfaktoren ein:

+ 3 erhebliche Verbesserung,
+ 2 deutliche Verbesserung,
+ 1 geringfügige Verbesserung,
  0 eine Veränderung,
− 1 geringfügige Verschlechterung,
− 2 deutliche Verschlechterung,
− 3 erhebliche Verschlechterung.

Auch hier sollten mehrere Personen die Bewertung und Gewichtung durchführen, wobei besonders bei der Bewertung möglichst „unparteiische", d.h. projektneutrale Personen mitwirken sollten.

2.2 Wirtschaftlichkeitsbetrachtung

	Nicht-quantifizierbare Kriterien			
	Wirtschaftlichkeitsprüfung des DV-Verfahrens *BEDI (Bedarfermittlung und Disposition)* Formular-Nr. 11/3 — UB/ZAbt: — GB/HAbt: — Antrags-Nr.: — Datum:			
	Beschreibung	A	B	C
0	Bewertung des geplanten Verfahrens im Vergleich zum derzeitigen Verfahren/ Vergleichsverfahren im Hinblick auf die Erfüllung der genannten Kriterien anhand folgender Punkteskala: ± 3 = erhebliche ± 2 = deutliche } Veränderung (Verbesserung, Verschlechterung) ± 1 = geringfügige 0 = keine Veränderung	Punkte	Gewichtungs- faktoren	Punkte × Gewichtungsfaktoren
	Nicht-quantifizierbare Kriterien			
1	Schnelligkeit der Informationsauslieferung (rasches Zurverfügungstellen)	3	3	9
2	Aktualität der gewonnenen Informationen	3	3	9
3	Rechtzeitiges Zurverfügungstellen der Informationen	2	2	4
4	Zusätzliche Informationen (z. B. durch statistische Auswertungsmöglichkeiten, Erweiterung des Berichtswesens)	2	3	6
5	Genauigkeit der Informationen (z. B. Rechengenauigkeit)	1	1	1
6	Relevanz (Qualität) der Informationen (Aussagekraft und Übersichtlichkeit der Informationen, Auswahl und Aufbereitung der Informationen)	0	1	0
7	Sicherheit (Ablaufsicherheit, Fehlerwahrscheinlichkeit, Datenfehleranfälligkeit)	3	2	6
8	Möglichkeit von Terminverkürzungen im Anwenderbereich	2	2	4
9	Anwenderfreundlichkeit (z. B. Vereinfachung durch Datenabbau)	1	1	1
10	Bedienungs- und Pflegefreundlichkeit	2	1	2
11	Flexibilität (z. B. Änderungsfreundlichkeit gegenüber Veränderung von Organisation, Datenvolumen, Datenstruktur; Sonderfälle)	1	2	2
12	Kontroll-, Abstimm- und Überwachungsmöglichkeiten	2	3	6
13	Korrekturmöglichkeiten und -aufwand	0	2	0
14	Transparenz des Verfahrensablaufs (Übersichtlichkeit)	2	1	2
15	Transparenz und Straffheit der Organisation	0	1	0
16	Kapazitätsreserven (Auffangbereitschaft bei Arbeitsspitzen oder Beschäftigungszunahme)	2	3	6
17	Abhängigkeit von Fachpersonal	-1	2	-2
18	Umstellungsrisiko (langfristige Bindung an das Verfahren, Starrheit der Organisation)	-1	1	-1
19				
20				
21	Summen		34	55
	Koeffizient für nicht-quantifizierbare Faktoren (Wirtschaftlichkeitskoeffizient)			
22	Koeffizient der nicht-quantifizierbaren Vor- und Nachteile des geplanten DV-Verfahrens (Pos. 21, Summe C : Summe B)			1,6
23	Verbale Bedeutung des Koeffizienten gemäß Punkteskala (Pos. 0; ggf. Interpolation) *geringfügige bis deutliche Verbesserung gegenüber dem derzeitigen Verfahren*			

Bild 2.8 Nutzwertanalyse bei DV-Verfahren (mit Zahlenbeispiel)

2.3 Projektorganisation

Projektmanagement bedingt neue Formen der Organisation

Wegen der Kriterien eines Projekts – zeitliche Begrenzung, einmaliger Inhalt, interdisziplinäre Durchführung, schnelle Ressourcen-Bildung – sind neue Formen der Organisation notwendig. Erreicht wird dies durch das Bilden von *Projektorganisationen*.

Unter Projektorganisation versteht man nach DIN 69901 [66]:

> Gesamtheit der Organisationseinheiten und der aufbau- und ablauforganisatorischen Regelungen zur Abwicklung eines bestimmten Projekts.

Alle Projektbeteiligten und damit alle involvierten Stellen müssen in einem (temporären) Organisationsplan eingebunden sein. Hierbei sollte die Struktur der Projektorganisation auf die Besonderheiten des jeweiligen Projekts abgestimmt sein; meist müssen auch gewisse Gegebenheiten aus der bestehenden Linienorganisation berücksichtigt werden, um das Konfliktpotential zwischen Linie und Projekt so niedrig wie möglich zu halten.

Unternehmen werden immer mehr zu „projektorientierten" Unternehmen

Darüber hinaus müssen zum Festlegen der Entscheidungs- und Kommunikationswege Projektgremien installiert werden; hier gibt es ebenfalls eine große Anzahl unterschiedlicher Möglichkeiten – vom reinen Informationsgremium bis hin zum unmittelbar auf das Projekt einwirkenden Steuerungs- oder Entscheidungsgremium.

Außerdem muss die Stellung des Projektleiters (und eventueller Teilprojektleiter) klar und unmissverständlich definiert sein, so dass Kompetenz und Weisungsbefugnis eindeutig geregelt sind. Ziel muss insgesamt sein, eine „Personifizierung" der Verantwortungen auf allen Ebenen des Projekts zu erreichen.

2.3.1 Organisationsstrukturen

Linienorganisationen

Linienorganisation ist die statische Organisation eines Unternehmens

Die statische Aufbauorganisation eines Industrieunternehmens wird herkömmlicherweise als Linienorganisation (LO) oder auch als Stammorganisation bezeichnet; sie ist gemeinhin entweder divisional oder funktional ausgerichtet. Hierbei ist die Einbindung der Entwicklungsbereiche, die für sich wiederum produkt- oder aufgabenorientiert organisiert sind, auf zwei Arten möglich:

▷ Betriebe-Organisation
▷ Werke-Organisation.

Betriebe-Organisation = Vertrieb mit Entwicklung

Wird der Entwicklungsbereich mit dem Vertrieb zu einem eigenen Geschäftsbereich zusammengefasst und steht er damit der Fertigung als getrennter Partner gegenüber, so spricht man von einer *Betriebe-Organisation*. Hier ist das Unternehmen divisional in Geschäftsbereiche unterteilt mit gemeinsamen oder separaten Fertigungsstätten. Die kaufmännischen Leitungen sind – disziplinarisch unabhängig – den Geschäftsbereichen zugeordnet. Werden dagegen die produktnahen Entwicklungen den Fertigungen unmittelbar zugeordnet und bleibt gemeinsam nur noch eine zentrale systemtechnische Entwicklung, so spricht man von einer *Werke-Organisation*.

Werke-Organisation = Fertigung mit Entwicklung

Bei der Betriebe-Organisation stellt der Vertrieb zusammen mit der Entwicklung ein *Ertragszentrum* dar (welches damit auch rote Zahlen machen kann) und der Betrieb, der nur die reine Fertigung enthält, fungiert als *Kostenzentrum* (welches weder schwarze noch rote Zahlen machen kann). Im Rahmen der Werke-Organisation existiert dagegen das Wechselspiel zwischen zwei Ertragszentren, auf der einen Seite der Vertrieb und auf der anderen Seite das Werk. Hier kann jeder Unternehmensteil für sich einen Gewinn oder einen Verlust erwirtschaften.

Bei einer Betriebe-Organisation ist die Entwicklung über den Vertrieb näher am Markt und damit auch den hier auftretenden Kundenwünschen und -anforderungen. Sie ist aber von der Fertigung viel weiter entfernt als bei einer Werke-Organisation; dies führt häufig zu Problemen beim Serienreifmachen der entwickelten Prototypen. Demgegenüber ist bei einer Werke-Organisation eine fertigungsgerechtere Entwicklung möglich. Die Gewichtung der Vor- und Nachteile dieser beiden Formen einer Linienorganisation hängt vor allem von den jeweiligen Produktfeldern des Unternehmens ab.

Zum optimalen Arbeiten in einer Linienorganisation gehört eine flache Struktur, d.h. nicht zu viele Hierarchieebenen, aber auch nicht zu viele Mitarbeiter je Vorgesetzter (Lean Management). Die Größe einer organisatorischen Einheit muss so gewählt werden, dass einerseits der Führungsaufwand gerechtfertigt ist (also nicht zu klein) und andererseits die Kontrollspanne ausreichend wahrgenommen werden kann (also nicht zu groß).

Projektorganisationen

Sollen im Rahmen eines zeitlich begrenzten Entwicklungsvorhabens Fachkräfte aus mehreren Dienststellen und Abteilungen vorübergehend zusammengefasst werden (weil das entsprechende Entwicklungsvorhaben nicht innerhalb einer Organisationseinheit abgewickelt werden kann), so haben sich herkömmliche Linienorganisationen häufig als zu starr und unbeweglich gezeigt. Daher sind für das Management von Entwicklungen, die als „Projekt" durchgeführt werden sollen, eigene Formen von Projektorganisationen (PO) entstanden, deren Lebensdauer derjenigen des jeweils durchzuführenden Projekts entspricht. Als Projektorganisation bezeichnet man die projektspezifische, hierarchische Anordnung von Mitarbeitern, die für die Dauer des Projekts der Weisungsbefugnis des Projektleiters unterstellt sind. Projektorganisationen sollen aber die bestehenden Linienorganisationen nicht ersetzen, sondern nur ergänzen.

Projektorganisation ist die temporäre Organisation eines Projekts

Entsprechend dem Grad der Bereichsüberschreitung der einzubindenden Projektmitarbeiter sowie der Bedeutung des Projekts und der Pro-

2 Projektdefinition

jektgröße können fünf Formen von Projektorganisationen unterschieden werden:
▷ Reine Projektorganisation
▷ Einfluss-Projektorganisation
▷ Matrix-Projektorganisation
▷ Auftrags-Projektorganisation
▷ Projektmanagement in der Linie.

Reine Projektorganisation

| Bei der reinen Projektorganisation trägt der Projektleiter die Gesamtverantwortung und hat volle Weisungsbefugnis |

In dieser Organisationsform (Bild 2.9) sind alle an der Durchführung des Projekts beteiligten Mitarbeiter unter einem Projektleiter, der Linienautorität hat, zusammengefasst. Sie wird teilweise auch als „Task-Force-Gruppe" oder als *autonome* Projektorganisation bezeichnet.

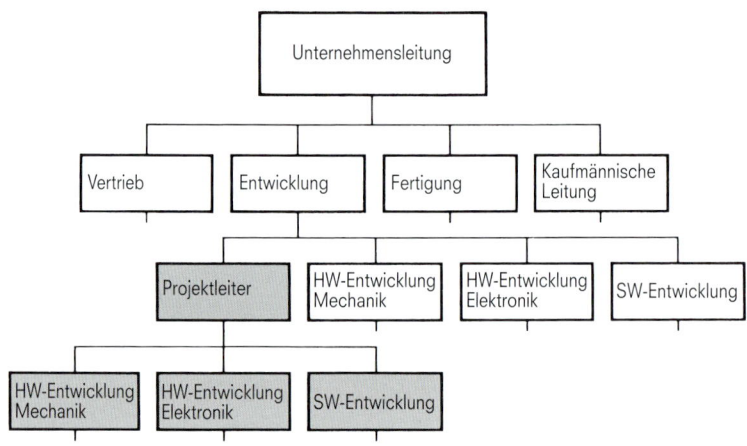

Bild 2.9 Reine Projektorganisation

Der Projektleiter hat in einer reinen Projektorganisation die gesamte Weisungs- und Entscheidungsbefugnis und trägt damit die alleinige Verantwortung für das Projekt. Nur beim Beschaffen des Personals und bei dessen Rückgliedern am Projektende ist er auf die Führung der Linienorganisation angewiesen.

Einfluss-Projektorganisation

Bei der Einfluss-Projektorganisation ist der Projektleiter nur Projektkoordinator

Im Gegensatz zur reinen Projektorganisation gibt es bei einer Einfluss-Projektorganisation (Bild 2.10) keinen echten Projektleiter, sondern einen *Projektkoordinator*, der kaum Kompetenzen hat und nur koordinierend und lenkend wirken kann; er ist ausschließlich Verfolger des Projektgeschehens und Informant für die Linieninstanzen. Die Entscheidungen werden allein in der Linie getroffen, so dass dieser Projektkoordinator für den Erfolg oder Misserfolg des Projekts nicht verantwortlich gemacht

2.3 Projektorganisation

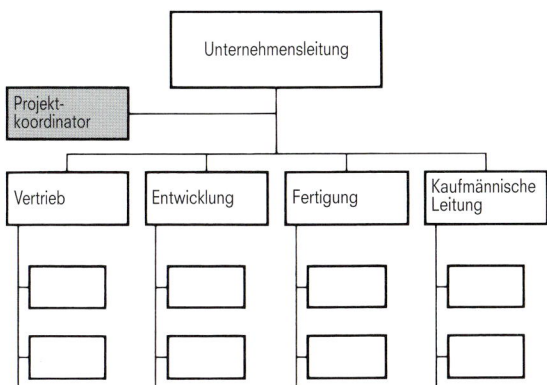

Bild 2.10 Einfluss-Projektorganisation

werden kann; er kann allerdings großen Einfluss ausüben, wenn seine Autorität von der obersten Führung der Linienorganisation entsprechend getragen wird.

Matrix-Projektorganisation

In dieser Organisationsform (Bild 2.11) trägt der Projektleiter wohl die gesamte Verantwortung für das Projekt, hat aber nicht die volle Weisungsbefugnis für die am Projekt beteiligten Mitarbeiter. Die Matrix-Projektorganisation hat eine zweidimensionale Weisungsstruktur und nimmt bezüglich der Kompetenzabgrenzung zwischen Projekt und Linie eine Mittelstellung ein. Die Projektmitarbeiter stammen aus unterschiedlichen Organisationseinheiten und sind temporär zu einer Projektgruppe

> Bei der Matrix-Projektorganisation hat der Projektleiter die Projektverantwortung, aber nicht volle Weisungsbefugnis

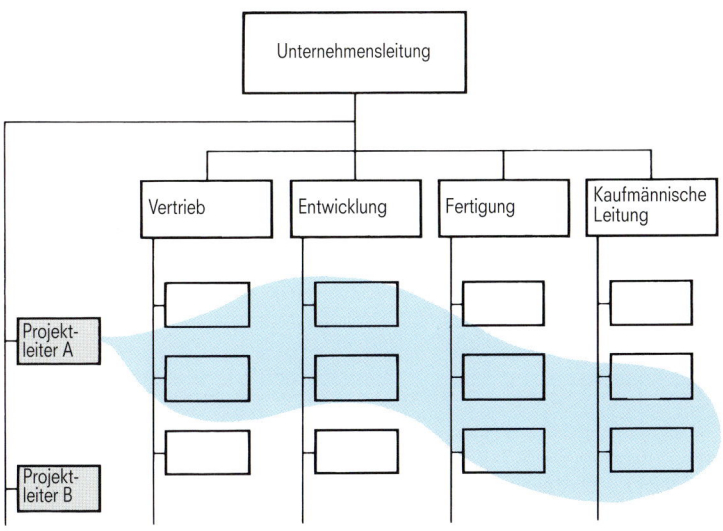

Bild 2.11 Matrix-Projektorganisation

zusammengefasst; sie unterliegen aber nur der fachlichen Weisungsbefugnis des Projektleiters, die disziplinarische bleibt weiterhin beim Vorgesetzten in der Linienorganisation. Der Mitarbeiter dient quasi zwei Vorgesetzten: der eine sagt, wo es *langgeht*, und der andere *bestimmt das Gehalt*. Und dies ist bereits der entscheidende Nachteil einer Matrix-Projektorganisation.

Auftrags-Projektorganisation

> Bei der Auftrags-Projektorganisation hat der Projektleiter die Projektverantwortung und fungiert als Auftraggeber

Auch diese Organisationsform (Bild 2.12) ist matrixorientiert; es gibt aber bei ihr keine Doppelunterstellung der Projektmitarbeiter. Projektleiter und Projektstammmannschaft sind hier nicht in der Linienorganisation eingebettet, sondern bilden eine eigene Organisationseinheit *Projektmanagement*.

Der Projektleiter ist nicht nur zuständig und verantwortlich für die Projektplanung, -kontrolle und -steuerung, sondern auch für die fachtechnische Durchführung des Projekts, d.h. die ihm unterstellte Projektgruppe erarbeitet entsprechend den z.B. vom Vertrieb definierten Vorgaben die Spezifikation der Einzelprodukte bzw. der Systemkomponenten in eigener Sachkompetenz und vergibt diese als Unteraufträge an die entsprechenden Entwicklungsstellen der Linienorganisation oder auch an unternehmensexterne Stellen. Häufig übernimmt die Projektgruppe in den Abschlussphasen wie Systemintegration und -test auch eigene systemtechnische Aufgaben.

Das Projektmanagement hat hier also die organisatorische *und* fachliche Gesamtverantwortung für das Projekt; es ist sowohl Auftraggeber für Entwicklung und Fertigung als auch Auftragnehmer des Vertriebs. Zwischen

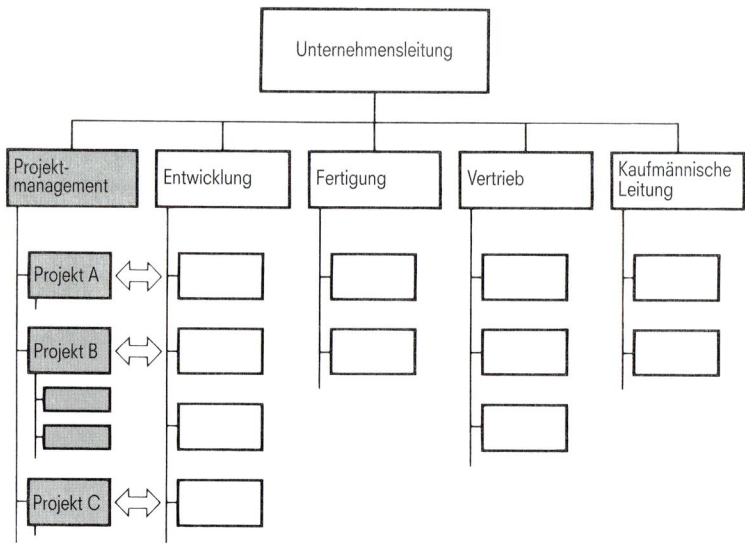

Bild 2.12 Auftrags-Projektorganisation

dem Projektmanagement und den durchführenden Stellen in der Linienorganisation bestehen damit klare Zuständigkeiten im Rahmen eines Auftraggeber-Auftragnehmer-Verhältnisses; deshalb auch die Bezeichnung Auftrags-Projektorganisation.

Projektmanagement in der Linie

Das Durchführen einer Entwicklungsaufgabe in Form eines Projekts erfordert nicht grundsätzlich das Einrichten einer (neuen) eigenen Projektorganisation. Die üblichen Aufgaben in den Entwicklungsstellen einer Linienorganisation können natürlich auch als Projekt mit expliziter Nennung eines Projektleiters sowie Fixierung eines Termins und eines Kostenvolumens durchgeführt werden. Der Projektleiter ist dann meist der zuständige Gruppenführer, Laborleiter, Dienststellenleiter oder Abteilungsleiter. Es sind dabei sicherlich auch gruppenintern temporäre Umordnungen der Mitarbeiter notwendig, die aber nicht den Charakter einer Versetzung oder einer Änderung der generellen Weisungsbindung an den Linienvorgesetzten zur Folge haben.

> Beim PM in der Linie trägt der Projektleiter die Gesamtverantwortung und hat volle Weisungsbefugnis

Unternehmensüberschreitende Projektorganisationen

Bei *inter-industriellen* Projekten ist eine gute Zusammenarbeit der beteiligten Firmen unerlässlich. Diese kann aber nicht mehr allein durch die Benennung eines einzigen Projektleiters gewährleistet werden. Hier sind im Rahmen einer unternehmensüberschreitenden Projektorganisation klare Vertragsbeziehungen zwischen den einzelnen, rechtlich und wirtschaftlich unabhängigen Projektpartnern notwendig.

> Projektorganisation hat sich auch bei Vorhaben mit mehreren Unternehmen bewährt

Für derartige unternehmensüberschreitende Projektorganisationen haben sich folgende Formen bewährt:

▷ Einzelauftragsorganisation
▷ Konsortialorganisation
▷ Generalunternehmerorganisation.

Bei einer *Einzelauftragsorganisation* behält der Auftraggeber die Verantwortung für das Gesamtvorhaben und vergibt für klar umgrenzte Teilvorhaben entsprechende Aufträge an die einzelnen Unternehmen. Die Gesamtverantwortung für das Projekt verbleibt damit beim Auftraggeber. Diese Organisationsform ist nur möglich, wenn der Auftraggeber einerseits über das notwendige Fachwissen verfügt und andererseits die Integration der einzelnen Komponenten keine besonderen Probleme aufwirft.

Bei einer *Konsortialorganisation* bilden die beteiligten Unternehmen ein Konsortium, welchem die Gesamtverantwortung für das Vorhaben übertragen wird. Projektverantwortung, Arbeitsteilung und Haftung werden in einem Konsortialvertrag festgelegt. Die einzelnen Unternehmen sind häufig mit abgeordneten Personen in diesem temporären „Projektunternehmen" vertreten, wobei im Allgemeinen ein Mitglied den Konsortialführer stellt. Für den Auftraggeber fungiert das Konsortium als selbstständiger Auftragnehmer, mit dem alle entsprechenden Entwicklungsverträge geschlossen werden.

Die *Generalunternehmerorganisation* ist mit der Auftrags-Projektorganisation auf unternehmensüberschreitender Ebene vergleichbar. Ein einzelnes Unternehmen übernimmt als Generalunternehmer die volle wirtschaftliche und fachliche Verantwortung. Die anderen Firmen sind nur über Unteraufträge für in sich abgeschlossene Aufgabenteile an dem Gesamtvorhaben beteiligt.

Vor- und Nachteile

<small>Projektgröße und Grad der Überbereichlichkeit bestimmen die Wahl der Projektorganisation</small>

In Tabelle 2.2 sind die wesentlichen Vor- und Nachteile der einzelnen Formen einer Projektorganisation zusammengefasst.

Die Wahl der „richtigen" Projektorganisation hängt von sehr unterschiedlichen Faktoren ab. Außer der Bereitschaft zur Gründung einer eigenen Projektorganisation neben der bestehenden Linienorganisation sowie eventueller Forderungen seitens der Auftraggeber und Projektpartner bez. der Projektorganisation sind zum einen der „Grad der Überbereichlichkeit" und zum anderen die „Projektgröße" bestimmende Kriterien für das Festlegen der geeigneten Form einer Projektorganisation. Generell kann die Aussage gemacht werden, dass die reine Projektorganisation und die Auftrags-Projektorganisation für große Projekte, dagegen die Einfluss-Projektorganisation und das Projektmanagement in der Linie für kleinere Projekte geeignet sind. Die Matrix-Projektorganisation findet besonders bei überbereichlichen und mittelgroßen Projekten Anwendung.

2.3.2 Projektgremien

Zum strategischen Planen und Steuern eines Projekts sowie zum Sicherstellen eines umfassenden Informationsflusses und einer vollständigen Kommunikation bedarf es organisationsübergreifender und projektbegleitender Gremien.

Planungsgremien

<small>Planungsteam</small>

Planungsteams und *Planungsgruppen* sind Arbeitsgruppen, die mit Fachleuten aus unterschiedlichen Bereichen (Entwicklung, Fertigung, Vertrieb, Kaufmannschaft etc.) besetzt werden und über eine längere Zeit gemeinsam die Erstplanung eines Projekts (fachliches und technisches Konzept) vorantreiben. Hierbei tagen sie häufig nach der (4+1)-Tagungsregel, d.h. vier Tage der Woche im Team und einen Tag in der Heimat-Dienststelle. Dem-

<small>Planungsausschuss

Produktarbeitskreis</small>

gegenüber sind die Mitglieder eines *Planungsausschusses* oder eines *Planungskollegiums* nur in unregelmäßiger und auch geringerer Folge beisammen. Als *Produktarbeitskreise* bezeichnet man produktbezogene Teams, die temporär zur Lösung eines speziellen Problems innerhalb einer Produktentwicklung gebildet und nach Erbringen des Ergebnisses wieder aufgelöst werden.

Tabelle 2.2 Vor- und Nachteile der einzelnen Projektorganisationen

Art der Projektorganisation	Vorteile	Nachteile
Reine Projektorganisation	▷ PL hat volle Kompetenz ▷ Kürzeste Kommunikationswege und geringster „Overhead" ▷ Optimale Ausrichtung auf das Projektziel	▷ Gefahr des Etablierens der Projektgruppe nach Projektende ▷ Versetzungsprobleme nach Projektende ▷ Gefahr von Parallelentwicklungen in Projekt und benachbarter Linie
Einfluss-Projektorganisation	▷ Getrennt aufgehängte Entwicklungsbereiche können zu einer gesteuerten Kooperation veranlasst werden ▷ Geringste Veränderungen in der bestehenden Organisation	▷ PL hat kaum Weisungsbefugnis ▷ Keine personifizierte Verantwortung ▷ Hoher Koordinierungsaufwand
Matrix-Projektorganisation	▷ Schnelle Zusammenfassung von interdisziplinären Gruppen ▷ Keine Versetzungsprobleme bei Projektbeginn und -ende ▷ Förderung des Synergieeffekts	▷ Projektmitarbeiter dienen „zwei Herren" ▷ Hohe Konfliktträchtigkeit zwischen Projekt und Linie
Auftrags-Projektorganisation	▷ Klare Kompetenzabgrenzung zwischen Projekt und Linie ▷ Leichte Einbindung beliebiger Unterauftragnehmer (auch außerhalb des eigenen Unternehmens) ▷ Große Flexibilität bei Multiprojekten	▷ Notwendigkeit einer eigenen Organisationssäule ▷ Konkurrenzdenken der Organisationssäulen ▷ Gefahr einer „Bürokratisierung" des Projektmanagements
Projektmanagement in der Linie	▷ Alle Vorteile der reinen Projektorganisation ▷ Keine Notwendigkeit von Personalversetzung	▷ Nur kleinere Entwicklungsaufgaben möglich ▷ Nicht immer das fachlich und qualitativ richtige Personal verfügbar

Stets sollte offiziell ein Teamsprecher ernannt werden, der als Moderator kraft seiner Persönlichkeit und Fachkompetenz eine Führung des Teams erreichen muss. Bei allem kooperativen Verhalten der Teammitglieder bleiben auch in der Planungsphase Meinungsverschiedenheiten nicht aus, die nur mit einer klaren Entscheidung überwunden werden können.

Beratungsgremien

Ist das Wissensumfeld eines Projekts sehr groß, so kann es angebracht sein, ein Beratungsgremium zu gründen, das den Informationsfluss in beide Richtungen – aus den Nachbarbereichen in das Projekt und vom Projekt wieder zurück – gewährleisten und unterstützen soll. Dieser gesteuerte Informationsfluss ist notwendig, um z.B. eventuelle Parallelentwicklungen in voneinander entfernten Entwicklungsstellen möglichst von vornherein zu vermeiden oder wenigstens in sich gegenseitig befruchtende Bahnen zu lenken.

Beratungsausschuss

Hierzu dienen die „klassischen" *Beratungsausschüsse, Anwenderkreise* und *Nutzergremien*. Ein beratender Ausschuss wird bei einem Projekt eingerichtet, wenn es überbereichlich durchgeführt und das Projektergebnis (Gerät, System, Verfahren) breit eingesetzt werden soll. Dieses Gremium soll sicherstellen, dass alle fachlichen Anforderungen bez. des geplanten Leistungsumfangs und der Qualität an das Entwicklungsvorhaben aus allen zuständigen Bereichen berücksichtigt werden; es umfasst vor allem Fachleute, Anwender und sonstige Wissensträger.

Die zeitliche Beanspruchung in diesen Beratungsgremien ist normalerweise nicht sehr groß, da sie meist in größeren Zeitabständen tagen. Die Personenzahl darf etwas größer als bei einem Planungsgremium sein, sollte aber 15 nicht überschreiten; denn die Gefahr des Entstehens eines „Debattierklubs" ist doch sehr groß. Auch bei einem Beratungsgremium ist es sinnvoll, einen Sprecher zu ernennen, der die Gruppenmeinung gegenüber Projektleitung und Umwelt artikuliert und vertritt.

Steuerungsgremien

Sind in die Erzeugnisentwicklung innerhalb eines ganzen Produkt- und Systemgeschäfts unterschiedliche Linienbereiche, wie Geräteentwicklung, Systemtechnik, Fertigung und Vertrieb eingebunden, so werden im Rahmen bestimmter Prozessorganisationen produkt- bzw. systemorientierte Steuerungsgremien installiert, die über die reine Beratung hinaus eine direkte fachliche Steuerung der Entwicklungsabläufe zu übernehmen haben.

Produktentwicklungsgruppe

Produktentwicklungsgruppen sollen ein bestimmtes Entwicklungsvorhaben zur Realisierung eines Produkts oder einer Systemkomponente gezielt unterstützen; sie haben aber keine Entscheidungskompetenz. Neben den Aufgaben eines Fachpartnergremiums zum Ermitteln und Koordinieren der an das Erzeugnis gestellten technischen und preislichen Anforderungen ist die Produktentwicklungsgruppe auch zuständig für grundsätzliche PM-Aufgaben, wie Ermitteln und Verfolgen der Wirtschaftlichkeit, Ergreifen von Maßnahmen zur Terminplanung, Schulung und Dokumentation, Klären der Kundendienstbelange und Nachbaufragen sowie – falls vorhanden – ein laufendes Abstimmen zur Systementwicklungsgruppe. Die Produktentwicklungsgruppe wird i.Allg. aus Mitarbeitern der Entwicklung, des Selbstkostenbüros, der Fertigungsvorbereitung, des Abwicklungszentrums und des Produktvertriebs gebildet.

Systementwicklungsgruppe

Systementwicklungsgruppen werden eingesetzt, wenn darüber hinaus besondere systemtechnische Aspekte bei mehreren Entwicklungsvorhaben eine Rolle spielen. Neben Vertretern der Entwicklung und der Fertigung sind in einer Systementwicklungsgruppe auch Vertreter des Produktvertriebs und ggf. des zuständigen Anlagenvertreters sowie der systemtechnischen Entwicklung. Der Systementwicklungsgruppe obliegt das allgemeine Koordinieren und Überwachen der Systemanforderungen, das Erstellen des Systemlastenhefts, das Planen und Überwachen der Realisierungsschritte sowie das Koordinieren aller systemtechnischen Belange für die einzelnen Komponenten.

Als weitere Steuerungsgremien können je nach Bedarf *Produkt-Arbeitsgruppen* (sie haben im Gegensatz zu den Produktentwicklungsgruppen ein ganzes Produktfeld zu betreuen) oder *Anwender- und Nutzergremien* installiert werden.

Das *Change Control Board* (CCB) ist ein Steuerungsgremium, das im Rahmen des Konfigurationsmanagements eingerichtet wird. Seine Hauptaufgabe ist die Änderungssteuerung; d.h., es entscheidet über die Durchführung notwendig gewordener Änderungsprozesse. In diesem Gremium sollten Mitarbeiter aus allen Entwicklungsfunktionen (Systemplanung, Systemrealisierung, Systemabnahme) sowie möglichst auch die Auftraggeberseite vertreten sein. Die Leitung obliegt normalerweise dem Projektleiter.

Change Control Board

Entscheidungsgremien

Wenn ein großes Projekt besonders wichtig für ein Unternehmen ist oder wenn ein Projekt von unterschiedlichen Bereichen finanziert wird, so ist es häufig notwendig, dem Projektleiter ein Entscheidungsgremium beizuordnen.

Typische Entscheidungsgremien sind z.B. Entscheidungsausschüsse, die entweder in unregelmäßiger Folge zu relevanten Phasenabschnitten des Entwicklungsprozesses zusammentreten (z.B. Projektbeginn, Definitionsabschluss, Realisierungsbeginn, Projektabschluss) oder auch in einem festen Zeitrhythmus tagen (z.B. Beginn und Mitte des Geschäftsjahres). Die Ernennung eines „Primus-inter-pares" ist hier empfehlenswert, da von ihm Impulse ausgehen können, die ein kraftvolles Wirken des Entscheidungsausschusses während der gesamten Projektzeit gewährleisten.

Entscheidungsausschuss

Aufgabenfestlegung

Die Aufgaben eines Projektgremiums – egal welcher Ausprägung – sollten schriftlich festgehalten werden. Die Beschreibung sollte hierbei folgende Punkte enthalten:

Die Aufgaben von Projektgremien sind schriftlich zu fixieren

– Projektname
– Bezeichnung des Gremiums
– Leiter des Gremiums und Stellvertreter
– Aufgabenbeschreibung
– Lebensdauer
– Mitglieder
– Tagungs- bzw. Sitzungsfolge
– Abstimmregeln
– Form der Dokumentation und Information
– Unterschriften der „Gründer".

Mit einer solchen Aufgabenbeschreibung werden für alle Projektbeteiligten die Ziele und Aufgaben des betreffenden Gremiums gleichermaßen dokumentiert.

2.3.3 Projektleiter

Der Erfolg eines Projekts hängt entscheidend von der *Qualität* der Projektleiter-Besetzung ab. Einerseits muss der Projektleiter über das entsprechende fachliche Know-how sowie über ausgeprägte Fähigkeiten hinsichtlich Menschenführung und Kooperation verfügen. Unerlässlich für den Projektleiter ist aber auch eine klar umrissene Weisungs- und Entscheidungsbefugnis. Wenn in der Bewertung dieser beiden Punkte in der Phase der Projektgründung Fehler gemacht werden, ist das Projekt häufig bereits von Anfang an zum Scheitern verurteilt.

Projektleitung = Personifizierung der Verantwortung

Mit dem Einsetzen eines Projektleiters soll vor allem erreicht werden, dass für das Projekt durch *Personifizierung der Verantwortung* klare und eindeutige Informations- und Entscheidungswege geschaffen werden. Die Erfahrung zeigt, dass man aber gerade hierin immer wieder zu große Kompromisse eingeht.

Aufgaben

Dem Projektleiter obliegt die gesamte fachliche und personelle Führung des Projekts

Die Aufgabe des Projektleiters ist das Erreichen des definierten Projektziels unter Einhaltung des Kosten- und Terminrahmens bei voller Erfüllung des geforderten Leistungsumfangs und der geforderten Qualität. Der Projektleiter bestimmt hierbei vornehmlich den spezifizierenden und planenden Projektanteil, wogegen die Fachverantwortlichen den realisierenden Anteil übernehmen.

Zum Aufgabenspektrum eines Projektleiters zählen

- Organisieren der Projektgruppen,
- Definieren und Strukturieren der technischen Aufgabenstellung,
- Planen und Kontrollieren der Projektaufgabe,
- Führen der Projektmitarbeiter,
- Koordinieren der Partnerstellen,
- Informieren der zuständigen Leitungsgremien,
- Durchführen des Projektabschlusses sowie
- Moderieren von Beratungs- und Steuerungsgremien.

Zur Unterstützung der kaufmännischen Belange sollte bei größeren Projekten dem Projektleiter ein „Projektkaufmann" zur Seite stehen, dem die gesamte Kostenplanung und Kostenverfolgung obliegt.

Weisungs- und Entscheidungskompetenz

Der Projektleiter muss Weisungs- und Entscheidungskompetenz besitzen

Der Projektleiter hat neben der Leitung und Verantwortung auch die Repräsentanz und Personalführung des Projekts; er muss das Projekt gegenüber dem Leitungskreis, den Auftraggebern sowie den Unterauftragnehmern vertreten, hinzu kommt die personelle und fachliche Betreuung der

Mitarbeiter (Coaching). Vom Projektleiter wird auf sehr unterschiedlichen Gebieten viel verlangt, daher müssen ihm auch – wie bereits erwähnt – ausreichende Weisungs- und Entscheidungsbefugnisse übertragen werden. Zu diesen sollten gehören

▷ Arbeitsverteilung in den Projektgruppen,
▷ Auftragsvergabe an fremde Stellen,
▷ Kontrolle und Steuerung aller Projektarbeiten,
▷ Einberufung der installierten Projektgremien sowie
▷ Mitspracherecht bei Personalentscheidungen
  (Versetzung, Einstellung, Gehaltslesung, Beurteilung etc.)

Natürlich hängt der Kompetenzumfang des Projektleiters von der Art der Projektorganisation und damit der Ein- bzw. Anbindung an die Linienorganisation ab.

Im Bild 2.13 ist schematisch der Umfang der Weisungs- und Entscheidungskompetenzen des Projektleiters in der jeweiligen Form einer Projektorganisation dargestellt. Sowohl in der reinen Projektorganisation, bei der ein informeller Einfluss durch die Nachbarbereiche besteht, als auch beim Projektmanagement in der Linie ist eine wirkliche Kompetenz-Eindeutigkeit vorhanden. Bei der Einfluss-Projektorganisation hat der Projektleiter nur einen koordinierenden Einfluss auf die in der Linie etablierten Entwicklungsstellen. Bei der Auftrags-Projektorganisation gibt es durch das klare Auftraggeber-Auftragnehmer-Verhältnis zwischen Linie und Projekt ein „Machtgleichgewicht". Nur bei der starken sowie bei der schwachen Matrix-Projektorganisation gibt es einen breiten Konfliktbereich entweder mit Schwerpunkt bei der Linie oder beim Projekt.

Die Form der Projektorganisation bestimmt die Kompetenzen des Projektleiters

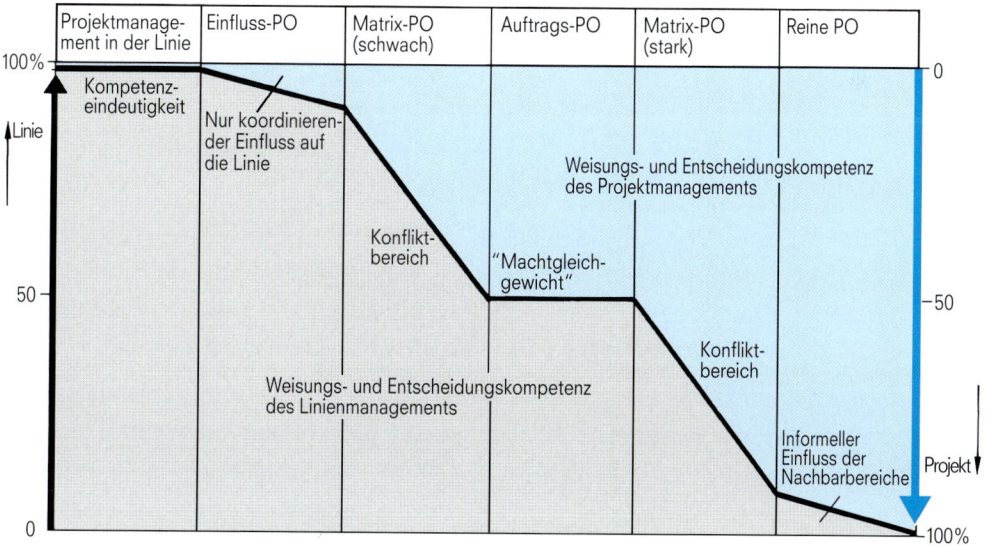

Bild 2.13 Weisungs- und Entscheidungskompetenz PO Projektorganisation

2 Projektdefinition

Projektleiter-Hierarchie

Projektdirektor, Projektmanager, Projektleiter Teil-Projektleiter

Innerhalb sehr großer Entwicklungsprojekte oder bei unternehmensüberschreitenden (inter-industriellen) Projekten ist es meist erforderlich, für getrennte Teilprojekte, die in sich bereits ein großes Projekt darstellen, eigene (Unter-)Projektleiter zu ernennen. So können dann *Projektleiter-Hierarchien* entstehen, ähnlich den Vorgesetzten-Hierarchien in einer Linienorganisation (siehe hierzu auch Bild 4.32). Allerdings verfügt jeder Teil-Projektleiter unabhängig von der PL-Hierarchieebene über eine ihm direkt zugeordnete Projektgruppe.

Außerdem sind die Teil-Projektleiter dem Gesamt-Projektleiter (Projektmanager, Projektdirektor) nicht in einem üblichen Vorgesetzten-Untergebenen-Verhältnis zugeordnet, sondern zwischen ihnen besteht – bezogen auf die auszuführenden Aufgaben – ein klar definiertes Auftraggeber-Auftragnehmer-Verhältnis, welches damit auch die Verantwortungen und Befugnisse klar abgrenzt. Insofern steht der Teil-Projektleiter auf ähnlicher Stufe wie der Gesamt-Projektleiter.

2.3.4 Stakeholder

Zu den Stakeholdern eines Projekts zählen alle Personen und Institutionen, die unmittelbar oder mittelbar in irgendeiner Weise vom Projektgeschehen betroffen sind. Hierbei unterscheidet man interne und externe Stakeholder.

Stakeholder sind die tragenden Kräfte eines Projekts

Zu den *internen Stakeholdern* zählen alle Personengruppen auf der Auftragnehmerseite, also die Projektmitarbeiter, die Unternehmensleitung, eventuell der Betriebsrat; teilweise werden sie auch als Key-Stakeholder bezeichnet. *Externe Stakeholder* sind dagegen Vertreter der Auftraggeberseite sowie andere externe Gruppen, die einen relevanten Bezug zum Projekt haben (siehe Bild 2.14).

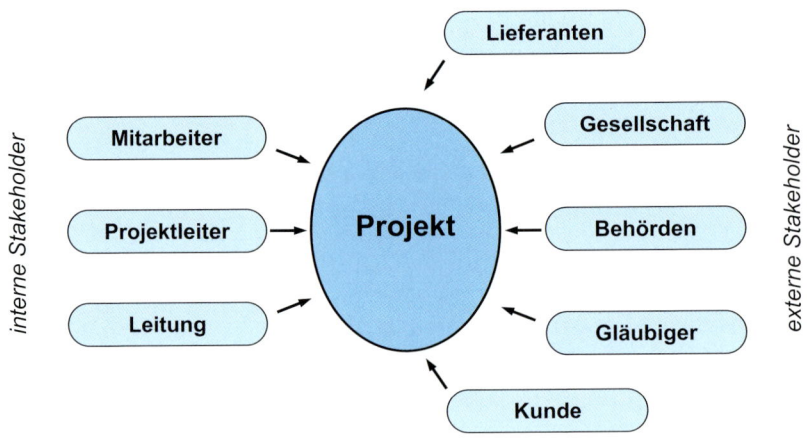

Bild 2.14 Stakeholder eines Projekts

Darüber hinaus kann man nach aktiven und passiven Stakeholdern unterscheiden. Zu den aktiven Stakeholdern zählen neben den internen Stakeholdern die Lieferanten und die Auftraggeber. Zu den passiven Stakeholdern gehören neben staatlichen Stellen (z.B. Zulassungsstellen, Umweltschutzamt) auch solche, die nur indirekt betroffen sind, wie z.B. Interessenvertreter, Verbände, Medien, Anrainer oder auch Familienmitglieder der Mitarbeiter.

Mittels einer „Stakeholder-Analyse" werden die potenziellen Stakeholder bei Projektbeginn gemäß ihrer Bedeutung und Wichtigkeit für das Projekt identifiziert, um im Rahmen des Stakeholder-Managements in das Projektgeschehen eingebunden zu werden.

Die Stakeholder-Analyse hat folgende Fragen zu klären:

▷ Welche Personen innerhalb des Unternehmens gehören zu den unmittelbaren Projektbeteiligten?
▷ Welche Personen, Gruppen, Organisationen und Interessenvertreter sind potenzielle Stakeholder?
▷ In welcher Verantwortung stehen diese zu dem Projekt (fachlich, finanziell, gesellschaftlich)?
▷ Welche Einflussnahme können die einzelnen Stakeholder auf das Projekt ausüben?
▷ Welche Stakeholder haben eine kritische Einstellung zu dem Projekt (z.B. Umweltverbände)?

Während der Projektdurchführung sollte die Stakeholder-Analyse immer wieder überprüft werden, da die relevanten Stakeholder sowie deren Macht und Verbindungen sich im Laufe des Projekts verändern können. Die Stakeholder-Analyse mit den darin formulierten Informationsbedürfnissen findet Eingang in den Kommunikationsplan (siehe Kapitel 3.7 Projektpläne).

Die Stakeholder-Auswahl muss immer wieder überprüft werden

Das Stakeholder-Management ist Teil des Projektmanagements und gehört zum unmittelbaren Verantwortungsbereich des Projektleiters, der die Kommunikationsabläufe so steuern muss, dass einerseits die Informationsbedürfnisse der Stakeholder erfüllt und andererseits auftretende Probleme während des Projektgeschehens mit diesen gemeinsam gelöst werden. Ein funktionierender Kommunikationsfluss mit den Stakeholdern ist insbesondere bei schweren Projektdiskontinuitäten eine wichtige Voraussetzung für eine befriedigende Problemlösung.

2.4 Prozessorganisation

Signifikantes Merkmal eines Projekts ist bekanntlich der definierte Anfang und das definierte Ende. Für ein zielgerichtetes Abwickeln des Projektvorhabens ist es erforderlich, zwischen diesen beiden Eckterminen weitere, klar vorgegebene Zeitabschnitte einzufügen. Erst hierdurch wird eine über einen längeren Zeitraum laufende Entwicklung für das Projektmanagement überschaubar und damit kontrollierbar. In den Entwick-

Die Prozessorganisation gliedert den Projektablauf

lungsbereichen der meisten Unternehmen hat es sich daher durchgesetzt, die jeweiligen Entwicklungsabläufe in fest vorgegebene Entwicklungsphasen zu gliedern.

2.4.1 Gliederung des Entwicklungsprozesses

Definitionsrahmen von Prozessplänen

Der Entwicklungsprozess wird durch den „Prozessorganisationsplan", kurz Prozessplan, beschrieben; er ist durch spezielle Richtlinien oder durch das Entwicklungshandbuch definiert und bestimmt

▷ Phasenziele,
▷ produkt- und projektbezogene Phasenergebnisse,
▷ Phasenabschlüsse und
▷ Kontrollinstanzen.

Phasenziele

Das Phasenziel definiert das geplante Ergebnis einer Prozessphase

Das Festlegen des jeweiligen Phasenziels umfasst die fachliche Beschreibung der Teilaufgaben, die in der betreffenden Entwicklungsphase durchgeführt bzw. realisiert werden müssen. Phasenziele sind z.B. das Festlegen der HW/FW/SW-Funktionsteilung, das Erstellen eines HW-Funktionsmusters oder das Austesten eines SW-Moduls.

Produkt- und projektbezogene Phasenergebnisse

Das Phasenergebnis ist das erreichte Ergebnis einer Prozessphase

Produktbezogene Phasenergebnisse sind „anfassbare" Zwischenprodukte, wie Leistungsbeschreibungen, Source-Programme, Prinzipmuster, Test- und Prüfberichte; sie liegen entweder als Hardware, als Software oder als Dokumentation vor.

Zu den *projektbezogenen* Phasenergebnissen gehören vor allem die Projektpläne und Projektberichte, also Pläne wie Projektstrukturplan, Einsatzmittelplan und Kostenplan sowie Berichte, wie Review-Protokoll, QS-Bericht und Phasenabschlussbericht.

Gemeinsam ist diesen Phasenergebnissen, dass sie innerhalb der vorliegenden Prozessorganisation inhaltlich eindeutig beschrieben sind, so dass keine Unklarheit darüber besteht, *was* und mit *welchem Inhalt* bei Abschluss einer bestimmten Entwicklungsphase vorliegen muss.

Phasenabschlüsse

Der Phasenabschluss regelt die Abnahmeprozedur

Phasenabschlüsse haben einen offiziellen Charakter im Projektablauf; sie regeln die Abnahmeprozedur für Entwicklungszwischenergebnisse und stellen damit die Entscheidungszäsuren für den gesamten Projektablauf dar. Phasenabschlüsse werden bei kleineren Projekten durch den Projektleiter selbst, bei größeren Projekten durch besondere Kontrollinstanzen wahrgenommen. In Phasenentscheidungssitzungen (PES) werden die einzelnen Phasenergebnisse der abzuschließenden Entwicklungsphase eingehend geprüft und begutachtet. Ist dies positiv verlaufen, wird die

Entscheidung zum weiteren Fortführen der Entwicklung und damit zur Eröffnung der nächsten Phase getroffen. Fällt die Beurteilung der Phasenergebnisse dagegen negativ aus, so kann die Phasenentscheidungsinstanz die Wiederholung einzelner Phasenabschnitte fordern oder auch den Abbruch des gesamten Projekts veranlassen.

Kontrollinstanzen

Neben einer Phasenentscheidungsinstanz können in einer Prozessorganisation noch weitere Kontrollinstanzen festgelegt und deren Arbeitsweise geregelt werden. Zu solchen Kontrollinstanzen zählen z.B. Qualitätssicherungsstellen, Review-Gruppen, Prüfstellen; aber auch das Projektbüro stellt eine Kontrollinstanz dar. Kontrollinstanzen sollten organisatorisch möglichst unabhängig von den Entwicklungsstellen sein, um jegliche Beeinflussung zu vermeiden.

<small>Kontrollinstanzen wirken für die Qualitätssicherung</small>

Bei größeren, vor allem bei überbereichlichen Projekten empfiehlt es sich, *Phasenverantwortliche* zu ernennen, die in besonderem Maß für die zu erarbeitenden Ergebnisse der jeweiligen Phase zuständig sind und die qualitative, wirtschaftliche und termingerechte Ausführung der technischen Planungsvorgaben sowie die Richtigkeit des angegebenen Mengengerüsts für die Projektpläne und -berichte zu verantworten haben.

<small>Bei größeren Projekten empfiehlt sich das Ernennen von Phasenverantwortlichen</small>

Unterteilung des Entwicklungsprozesses

Ein Entwicklungsablauf kann aufgrund prozessbedingter Abhängigkeiten unterschiedlich gestaltet und gegliedert werden.

Sequentielle Prozessgliederung

Ein sequentieller Prozessorganisationsplan ist hierarchisch aufgebaut; d.h. es gibt mehrere Ebenen der Beschreibung von Entwicklungsabschnitten, wie

<small>Prozessverteilungen sind meist mehrstufig untergliedert</small>

1. Ebene: Prozessabschnitte,   z.B. Planung
2. Ebene: Prozessphasen,   z.B. Systementwurf
3. Ebene: Prozessschritte,   z.B. Prüfmittelbeschreibung.
            ($\hat{=}$ Meilenstein),

Bild 2.15 zeigt schematisch die Möglichkeiten einer solchen Prozessunterteilung.

Gemäß diesen Prozessebenen sind dann natürlich auch die Zäsurpunkte festgelegt. Entwicklungsabschlüsse der 1. Ebene sind von besonderer Relevanz für die Bereichsleitung, die der 2. Ebene für die Projektleitung und die der 3. Ebene für den einzelnen Entwickler.

Darüber hinaus können ganz bestimmte Entwicklungsabschlüsse, die für die Projektaußenwelt, also den Auftraggeber, für den Kunden bzw. für den Vertrieb, von ausschlaggebender Bedeutung sind, als besondere Entwicklungseckpfeiler definiert werden. Diese Entwicklungszwischenstände bezeichnet man auch als *Entwicklungs-Schlussstriche* oder *Baselines*; sie cha-

<small>Baselines „takten" den Entwicklungsprozess</small>

2 Projektdefinition

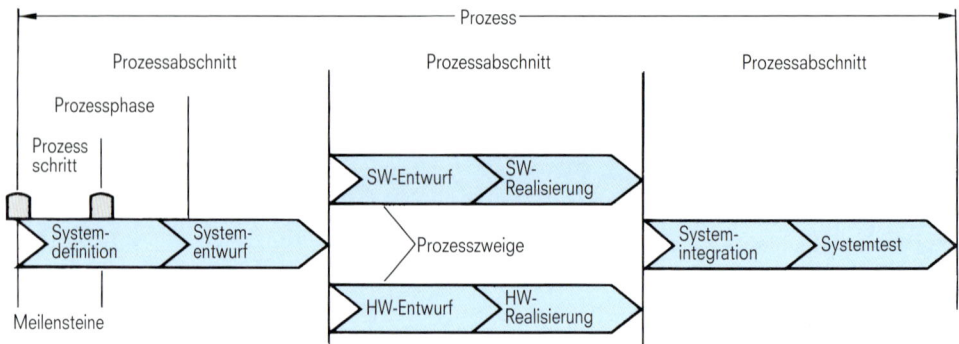

Bild 2.15 Unterteilung des Entwicklungsprozesses

rakterisieren einen Entwicklungsstand, der im Entwicklungsauftrag vertraglich festgehalten ist. Leistungsumfang, Kosten und Termin sind zu diesen Fixpunkten eindeutig festgelegt worden.

Prozessunterteilung nur so weit wie notwendig

Ein Prozessorganisationsplan sollte nur so viele Phasen umfassen, wie dies für die Größe und Art des Entwicklungsvorhabens adäquat ist. Jede zusätzliche Prozessunterteilung führt zwangsläufig zu einem größeren Planungs- und Überwachungsaufwand. Eine „Flexibilisierung" der Phasenanzahl in Entwicklungsbereichen mit einheitlicher Prozessorganisation wird dadurch erreicht, dass man bei kleineren Projekten mehrere Phasen zu einem einzigen Entwicklungsabschnitt zusammenfasst, wogegen bei größeren Projekten alle Phasen explizit durchlaufen werden.

Prozessgliederung mit Meilensteinen

In der Prozessorganisation Parallelisierung nutzen

Der in einzelne Prozessschritte gegliederte Entwicklungsprozess besteht häufig nicht aus einer sequentiellen Folge dieser Einzelschritte, sondern wird bestimmt durch eine z.T. große Überlappung der einzelnen Entwicklungsabschnitte. Es handelt sich – wie in Bild 2.16 anhand eines Beispiels aus der SW-Entwicklung gezeigt – nicht mehr um eine reine (serielle) *Prozesskette*, sondern um ein *Prozessnetz*. Der Grund liegt darin, dass viele Entwicklungsaufgaben in ihrer Durchführung über lange Strecken unabhängig voneinander sind und diese deshalb zeitlich parallel vorangetrieben werden können. Ein zwanghaftes Synchronisieren zu einem gemeinsamen Phasenabschluss wäre abwegig. Aus rein formellen Gründen müssten dann eventuell bestimmte Entwicklungsaufgaben auf andere warten, obwohl sie – ohne negative technische Auswirkungen auf das Gesamtprojekt – bereits fortgesetzt werden könnten. Die Möglichkeit eines früheren Fertigstellungstermins würde man hierdurch vergeben.

Meilensteine bilden Entscheidungszäsuren

Der Entwicklungsprozess muss als Ganzes betrachtet werden; es ist deshalb sinnvoller, mehr Augenmerk auf die *Meilensteine* eines Entwicklungsablaufs zu legen. Die Entscheidungszäsur liegt dann nicht mehr bei dem (zwanghaft) gemeinsamen Ende einer Phase für alle Arbeitspakete,

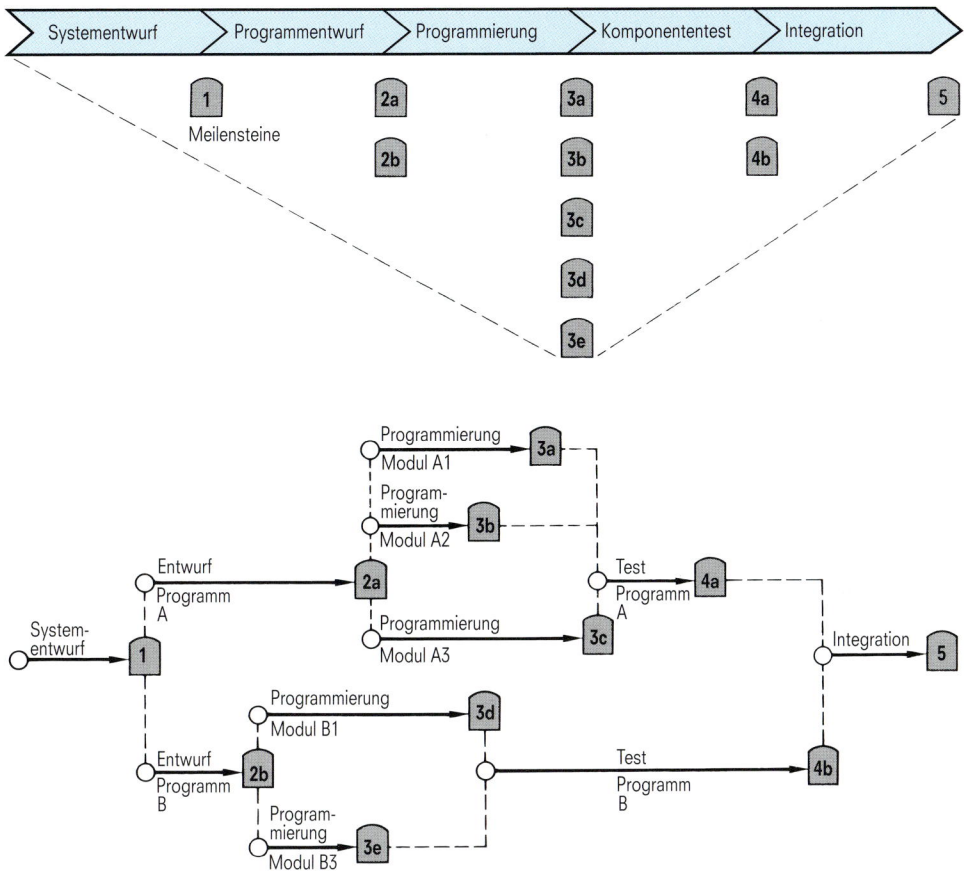

Bild 2.16 Prozessgliederung mit Meilensteinen (am Beispiel einer SW-Entwicklung)

sondern an einzelnen Fertigstellungspunkten besonders wichtiger Tätigkeitsabschnitte, den Meilensteinen. Die einzelnen Entwicklungsaufgaben durchlaufen dann nur noch jeweils für sich die vorgegebenen Phasen des Prozessorganisationsplans.

Meilensteinkennzeichnung

Wie erwähnt, wird ein Prozessschritt i.Allg. von zwei Meilensteinen eingerahmt. Der „Start-Meilenstein" legt die fachliche Ausgangsbasis für den zu durchlaufenden Prozessschritt fest (z.B. Vorliegen des Pflichtenhefts), und der „Ziel-Meilenstein" bestimmt das zu erreichende Ergebnis (z.B. die Leistungsbeschreibung).

Zum eindeutigen Identifizieren der einzelnen Meilensteine hat es sich z.B. in mehreren Bereichen von Siemens bewährt, alle Meilensteine einer Prozessorganisation nach dem Muster in Bild 2.17 zu kennzeichnen.

2 Projektdefinition

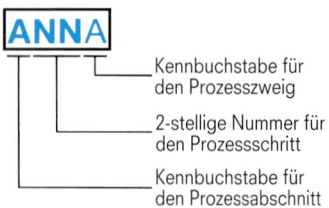

Kennbuchstabe für den Prozesszweig
2-stellige Nummer für den Prozessschritt
Kennbuchstabe für den Prozessabschnitt

Bild 2.17
Meilensteinkennzeichnung

Als Prozessabschnitte werden hier die vier grundsätzlichen Abschnitte im Produktlebenszyklus gesehen:

▷ Prozessabschnitt **P**roblemanalyse
▷ Prozessabschnitt **A**ufgabendefinition
▷ Prozessabschnitt **T**echnische Realisierung
▷ Prozessabschnitt **B**etreuung/Einsatz.

Standardisierte Bezeichnung der Meilensteine fördert einheitliches Prozessdenken

Für einen Entwicklungsprozess bieten sich damit folgende Standard-Meilensteine an:

Problemanalyse
P10   Problemstellung
P20   Ist-Analyse
P30   Soll-Konzept.

Technische Realisierung
T10   Entwicklungsbeginn ($\triangleq$ A30)
T20   Spezifikation
T30   Integriertes Produkt
T40   Systemgetestetes Produkt
T50   Endgeprüftes Produkt
T60   Entwicklungsende.

Aufgabendefinition
A10   Anforderungskatalog ($\triangleq$ P30)
A20   Pflichtenheft
A30   Leistungsbeschreibung.

Betreuung/Einsatz
B30   Abgenommenes (Vorserien-)Produkt ($\triangleq$ T60)
B40   (frei)
B50   Feldgetestetes (Vorserien-)Produkt
B60   (frei)
B70   Lieferfreigabe (Serien-)Produkt
B80   Fertigungsende
B90   Betreuungsende.

Meilensteinergebnisse

Für jeden Meilenstein sind die notwendigen Voraussetzungen zum Beginn und die abzunehmenden Ergebnisse zum Abschluss des zugehörigen Prozessschrittes definiert. Hierbei kann man die Meilsteinergebnisse gliedern in

▷ Produktergebnisse,
▷ Testsystemergebnisse,
▷ Dokumentationsergebnisse und
▷ projektbezogene Ergebnisse.

Für bestimmte Pflichtmeilensteine, die „Meilensteine zur Ergebniskontrolle" (MEK), sind Entscheidungssitzungen abzuhalten, bei denen über die Abnahme der vorgelegten Ergebnisse beraten und über die Freigabe des weiteren Projektablaufs entschieden wird; sie übernehmen damit die Funktion der oben erwähnten Phasenentscheidungssitzungen. Es empfiehlt sich, im gesamten Produktlebenszyklus für folgende Entscheidungszäsuren solche MEK einzurichten:

Für „Meilensteine zur Ergebniskontrolle" sind Entscheidungssitzungen abzuhalten

▷ Planungsfreigabe
▷ Projektierungsfreigabe
▷ Entwurfsfreigabe
▷ Realisierungsfreigabe
▷ Erprobungsfreigabe
▷ Entwicklungsabnahme
▷ Fertigungsfreigabe
▷ Lieferfreigabe
▷ Fertigungsende
▷ Betreuungsende

2.4.2 Arten von Prozessorganisationen

Die einzelnen Entwicklungsphasen sind in einem Prozessorganisationsplan generell festgelegt; er bestimmt damit die Organisation des gesamten Entwicklungsprozesses. Da die einzelnen Entwicklungsbereiche in der Elektrotechnik sehr verschiedenartig sind – die Entwicklungen reichen von der Grundlagenforschung bis hin zum Großanlagenbau –, liegen zwangsläufig spezifische Entwicklungsprozesse vor; damit sind für diese unterschiedlichen Entwicklungen auch spezifische Prozessorganisationen erforderlich. Es gibt immer wieder Verfechter der Theorie, dass man für alle Entwicklungen einen *einheitlichen* Prozessablauf definieren könne. Die Praxis zeigt aber, dass dieses Anliegen unsinnig ist. Jeder arteigenen Entwicklung muss eine eigene, ablauf- und aufgabenoptimierte Prozessorganisation zugestanden werden.

Die Prozessorganisation muss die Besonderheiten der jeweiligen Entwicklung berücksichtigen

Ganz besonders unterscheiden sich die HW- und SW-Entwicklungsprozesse voneinander, da es sich hier um so völlig andersartige Entwicklungsobjekte handelt – auf der einen Seite die Herstellung materieller Ware und auf der anderen Seite die Herstellung immaterieller Waren (z.B. in Form von Rechnerprogrammen). Allerdings ist heute eine isolierte HW- oder SW-Entwicklung nur noch selten möglich, da auch HW-Produkte meist einen gehörigen Anteil an SW enthalten oder zumindest ihre Herstellung oder Distribution nur mit SW realisierbar ist. Der HW-Prozess muss daher in vielen Fällen in enger Abstimmung mit dem SW-Prozess durchgeführt werden. Auch muss die Anbindung der HW-Entwicklung an den nachfolgenden Fertigungsprozess klar definiert sein; anderenfalls treten erhebliche Schwierigkeiten beim Anlauf der Serienfertigung auf.

In Entwicklungsbereichen kann man drei Formen einer Prozessorganisation unterscheiden, die sich im Ausmaß der Prozesskoordination zwischen Hardware und Software unterscheiden:

▷ Entkoppelte Prozessorganisation
▷ Koordinierte Prozessorganisation
▷ Integrierte Prozessorganisation.

Entkoppelte Prozessorganisation

Vollständige Unabhängigkeit von HW- und SW-Entwicklung

Bei einer entkoppelten Prozessorganisation läuft die SW-Entwicklung völlig unabhängig von der HW-Entwicklung ab. In solchen Prozessorganisationen wird z.B. die Entwicklung von Anwendersoftware durchgeführt. Ein Abstimmen zwischen HW- und SW-Entwicklung ist hier nicht notwendig, da exakte Schnittstellenkonventionen eine besondere Abstimmung überflüssig machen.

Produktentwicklungen, die überhaupt keine Software umfassen, wie z.B. Haushaltsgeräte oder klassische Produkte des Elektromaschinenbaus, werden ebenfalls in entkoppelten Prozessorganisationen durchgeführt.

Koordinierte Prozessorganisation

Koordinationspunkte zwischen HW- und SW-Entwicklung

Von einer koordinierten Prozessorganisation spricht man, wenn die SW-Entwicklung weitestgehend selbstständig betrieben und nur an bestimmten Meilensteinen eine Koordination zur HW-Entwicklung erforderlich wird. Darüber hinaus können bei koordinierten Prozessorganisationen bestimmte Prozessabschnitte für Hardware und Software sogar gemeinsam verlaufen, wie z.B. die Systemplanung am Prozessanfang und der Systemtest am Prozessende.

In der Entwicklung von Vermittlungssystemen, die heutzutage einen hohen SW-Anteil haben, finden koordinierte Prozessorganisationen Anwendung.

Integrierte Prozessorganisation

Enge Verflechtung zwischen HW- und SW-Entwicklung

Eine integrierte Prozessorganisation ist angebracht, wenn die HW-Entwicklung während des gesamten Entwicklungsprozesses so eng mit der SW-Entwicklung zusammenwirken muss, dass eine ununterbrochene Abstimmung zwischen diesen beiden Entwicklungszweigen für den Realisierungserfolg unabdingbar ist.

Typische Einsatzfälle für integrierte Prozessorganisationen sind Entwicklungsfelder für Kommunikationsendgeräte mit ihrer starken HW/SW-Verflechtung.

Prozessorganisationen in anderen industriellen Bereichen sind ähnlich gestaltet.

2.4.3 Beispiele von Prozessorganisationsplänen

Jede Entwicklungsart erfordert ihre eigene Prozessorganisation

In Tabelle 2.3 sind für einige typische Entwicklungsbereiche Beispiele (linearer) Prozessorganisationspläne gegenübergestellt, wobei die Phasenabgrenzung nur angedeutet sein kann. Exaktes Zuordnen ist wegen der unterschiedlichen Entwicklungsinhalte der einzelnen Phasen nicht

Tabelle 2.3 Beispiele von Prozessorganisationsplänen in unterschiedlichen Entwicklungen

Entwicklungs- abschnitt \ Entwicklungsbereich	SW-Verfahrens-entwicklung	HW/SW-System-entwicklung		Geräte-entwicklung	Grundlagen-entwicklung
Definition	Idee	Analyse		Produktstudie	Anstoß
	Voruntersuchung				
	Istaufnahme				Studie
	Fachl. Grobkonzept				
Entwurf	Fachl. Feinkonzept	Systementwurf		Spezifikation	Projektierung
	DV-Grobkonzept	Programm-entwurf	Schal-tungs-entwurf	Prinzipmuster	Design
Realisierung	DV-Feinkonzept			Funktionsmuster	Implementie-rung
	Programmierung	SW-	HW-		
	Test	Implementierung		Prototyp	
Erprobung Entwicklungsende		Verbundtest			Systemintegra-tion/-test
	Pilotierung	Systemtest		Vorserie	
Einsatz Produktende	Übergabe	Systembetreuung		Serienfertigung	Abnahme
	Einsatz			Produkt-betreuung	Betreuung

möglich. Die Übersicht unterstreicht damit auch, dass es einen „Einheits-Prozessplan" für alle elektrotechnischen Entwicklungsbereiche nicht geben kann.

Bei Standard-Software wird vom Hersteller oft eine Standard-Prozessorganisation für die Einführung vorgegeben, wie z.B. das Vorgehensmodell von SAP R/3. Hier gliedert sich der Einführungsprozess in die vier Phasen mit folgenden Phasenergebnissen:

Vorgehensmodell SAP R/3

▷ Phase: Organisation und Konzeption   Ergebnis: Sollkonzept
▷ Phase: Detaillierung und Realisierung   Ergebnis: Anwendungssystem
▷ Phase: Produktionsvorbereitung   Ergebnis: Produktivsystem
▷ Phase: Produktivbetrieb   Ergebnis: Betrieb

Innerhalb dieser Phasen sind Standard-Arbeitspakete vorgegeben, die wiederum Standard-Aktivitäten mit genauen Checklisten umfassen. Parallel zu diesem Phasenablauf sind als projektbegleitende Arbeitspakete Projektadministration und Projektcontrolling sowie Systemwartung und Release-Wechsel definiert.

2.5 PM-Prozessmodelle

Für das Management von Projekten sind eine Vielzahl von sehr unterschiedlichen Prozessmodellen konzipiert worden, also Modellen, wie der Prozess eines Projekts abzulaufen hat. Man unterscheidet Prozessmodelle hinsichtlich ihrer Aufgabe und ihrer Vorgabe:

▷ Modelle für die Organisation eines Prozesses
▷ Modelle für die Vorgehensweise in einem Projekt
▷ Modelle zur Bewertung bestehender Prozessabläufe.

Mögliche Prozessorganisationen sind bereits in Kapitel 2.4 besprochen worden. Im Folgenden sollen die beiden anderen Formen, die so genannten Vorgehensmodelle sowie die Reifegradmodelle, kurz erläutert werden. In [10] werden sie ausführlicher behandelt.

2.5.1 Vorgehensmodelle

Vorgehensmodelle geben Vorgaben für einen geordneten Prozessablauf

Vorgehensmodelle sind Prozessmodelle, die die systematische und koordinierte Vorgehensweise in einem Projektvorhaben detailliert wiedergeben. Sie beschreiben:

▷ den Gesamtablauf mit seinen Phasen und Meilensteinen,
▷ die phasenbezogenen Aufgaben,
▷ die meilensteinbezogenen Ergebnisse und
▷ die prozessbezogenen Verantwortlichkeiten (Rollen).

Im Folgenden werden einige Vorgehensmodelle vorgestellt, die einen breiteren Einsatz gefunden haben:

▷ Wasserfallmodell
▷ Geschäftsprozessplanung Chestra
▷ PM-Methode PRINCE2
▷ V-Modell XT
▷ Logical Framework Approach (LFA)
▷ PM-Guide von Siemens
▷ PMBoK-Guide
▷ HERMES
▷ Rational Unified Process (RUP)
▷ IT Infrastructure Library (ITIL)
▷ Stage-Gate-Modell

Wasserfallmodell

Das Wasserfallmodell als einfaches Vorgehensmodell für die SW-Entwicklung

Das Wasserfallmodell ist ein sehr einfaches Vorgehensmodell für die Softwareentwicklung und gliedert den Softwareentwicklungsprozess in linear aufeinander folgende Phasen. Jede Phase hat einen vordefinierten Start- und Endpunkt mit eindeutig festgelegten Ergebnissen. Bei jedem Phasenende wird in einer Phasenentscheidungssitzung untersucht, ob das geplante Phasenergebnis vollständig und fehlerfrei erbracht worden ist. Erst bei erfolgreichem Phasenabschluss wird eine offizielle Phasen-

2.5 PM-Prozessmodelle

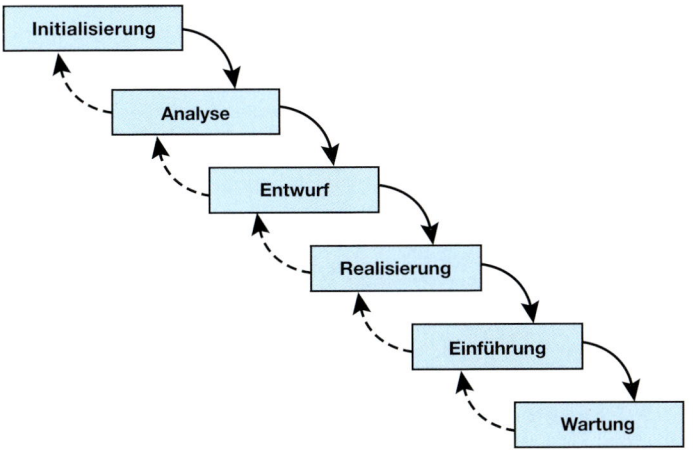

Bild 2.18 Wasserfallmodell

entscheidung für die Fortführung ausgesprochen, damit die Nachfolgephase begonnen werden kann (Bild 2.18).

Der Phasenablauf geschieht normalerweise in *Vorwärtsrichtung*, also immer in Richtung zum Projektende; nur bei schwerwiegenden Projektabweichungen, z.B. wegen neuer Anforderungen oder aufgedeckter Fehlentwicklungen, ist ein „Zurück" zur vorangegangenen Phase möglich. Ein Überspringen mehrerer vorangegangener Phasen ist beim Wasserfallmodell nicht vorgesehen.

Geschäftsprozessplanung Chestra

Chestra ist ein prozessorientiertes „Methoden-Framework" für die Planung, Implementierung und Einführung von IT-Lösungen innerhalb unternehmensweiter Geschäftsprozesse und wird besonders im Outsourcing- und Beratungsgeschäft genutzt (Näheres in [10]).

Chestra als Methoden-Baukasten für das Outsourcing- und Beratungsgeschäft

Chestra hat gegenüber traditionellen Prozessorganisationen ein anderes Vorgehen: Ausgangspunkt einer IT-Lösungsplanung ist nicht die anfängliche Istanalyse, sondern die Fixierung auf eine »Vision« der künftigen Geschäftsabläufe im Rahmen eines »Business Process Reengineering« (BPR); durch frühzeitiges Prototyping werden die Anwenderanforderungen sukzessiv verifiziert. Allerdings gliedert auch Chestra die Planungs- und Entwicklungsprozesse in aufeinander folgende Abschnitte mit definierten Arbeitsergebnissen, die mittels toolunterstützter Dokumentationsvorlagen (Templates) beschrieben werden.

Das Phasenmodell umfasst sechs Phasen: Vision/Strategie, Architektur, Entwicklung, Integration, Einführung und Betrieb. Chestra beschreibt sehr detailliert die Aktivitäten und Ergebnisse, die innerhalb einer Phase durchgeführt und erreicht werden müssen. Umfangreiche Projektpläne begleiten den Planungs- und Entwicklungsprozess.

Über eine Tooloberfläche können in jeder Phase passende Templates, Arbeitsanweisungen und Dokumentationsvorlagen aufgerufen werden, was einen geordneten Ablauf sichert.

PM-Methode PRINCE2

PRINCE2 als PM-Methode im IT-Bereich

PRINCE (PRojects IN Controlled Environments) ist eine Projektmanagement-Methode für Organisationen im IT-Bereich und deren Projektsteuerung [17]; sie wird in Großbritannien und in den Niederlanden als Standard für Projektmanagement eingesetzt.

PRINCE2 unterteilt den PM-Prozess in vier Phasen: Projektvorbereitung, Projektinitiierung, Implementierung und Projektabschluss; diese Phasen werden wiederum in mehrere Einzelprozesse unterteilt, deren Inhalte in PRINCE2 genau beschrieben werden. Das Projektmanagement-Modell umfasst acht Komponenten: Business Case, Organisation, Pläne, Steuerungsmittel, Risikomanagement, Qualitätsmanagement, Konfigurationsmanagement und Änderungssteuerung.

Um PRINCE2 erfolgreich einsetzen zu können, ist eine intensive Schulung und Ausbildung notwendig. Die hierfür angebotenen Lehrgänge schließen mit entsprechenden Zertifikaten ab.

V-Modell XT®

Das V-Modell als Vorgehensmodell für Bundesbehörden im IT-Bereich

Das V-Modell XT ist ein Vorgehensmodell für IT-Systementwicklungen; es wurde zuerst für den Einsatz bei der Bundeswehr entwickelt und ist inzwischen als Standard für andere Bundesbehörden in Deutschland eingeführt [90].

Im Gegensatz zu einem klassischen, streng vorgegebenen Prozessablauf werden im V-Modell lediglich Aktivitäten und deren Ergebnisse bei spezifischen Projektaufgaben definiert; dabei wird keine strikte zeitliche Abarbeitungsfolge vorgegeben. Das Modell unterscheidet Projekte, deren Anforderungen entweder vom Auftragnehmer oder vom Auftraggeber oder gemeinsam festgelegt werden. Für diese Projektklassen sind Vorgehensbausteine vorgegeben, die verpflichtend oder optional zu verwenden sind. Diese Vorgehensbausteine werden für die Bereiche des zentralen Projektmanagements, der Systementwicklung und der Kommunikation zwischen Auftraggeber und Auftragnehmer formuliert. Um einen geordneten Projektablauf zu gewährleisten, werden Projektdurchführungsstrategien vorgeschlagen, die konkrete Entscheidungspunkte enthalten.

Unter http://www.v-modell-xt.de ist eine umfangreiche Dokumentation aufgeführt, die mehrere Referenzkapitel zu Themen wie Projektmerkmale, Projektmitglieder, Produktstruktur, Aktivitäten und Normen umfasst.

Logical Framework Approach

LFA als Methodenpaket zur zielorientierten Projektplanung

Das Logical Framework Approach (LFA) ist ein Methodenpaket zur zielorientierten Planung eines Projekts, welches zum Standard großer Unternehmen geworden ist.

Im Rahmen eines systematischen, analytischen Planungsprozesses werden eine Stakeholderanalyse, eine Problemanalyse, eine Zielanalyse und eine Strategieanalyse durchgeführt. Die Resultate werden in ein Planungstool, eine so genannte LogFrame-Matrix, eingebracht; hierbei wird eine konsequente Logikkette aufgebaut, von der Definition des Gesamtziels und dessen Zwecks über die hierfür erforderlichen Ergebnisse bis zu den durchzuführenden Aktivitäten. Die LFA-Methode gibt allerdings keine durchgehende Prozesskette vor.

PM-Guide von Siemens

Siemens hat für sein weltweites Projekt-, Lösungs- und Servicegeschäft in einem PM-Guide einheitliche Projektmanagement-Regeln festgelegt und sichert so, dass in dem global agierenden Unternehmen überall dieselbe PM-Terminologie und -Vorgehensweise eingesetzt wird.

Der PM-Guide als PM-Standard im Hause Siemens

Der PM-Guide gliedert sich in 12 Module mit genauen Vorgaben für den gesamten Bereich des Projektgeschäfts der Siemens AG. Hierzu zählen Vorgaben zu den Prozessen und Projektbeteiligten, zur Projektplanung und zum Projektcontrolling, zum Vertrags-, Personal- und Qualitätsmanagement sowie zur Nutzung von IT-Anwendungen.

Der PM-Guide umfasst detaillierte Prozesspläne für die unterschiedlichen Projektgrößen mit klar definierten Meilensteinen und den dort zu erbringenden Ergebnissen. Die Verantwortungsbereiche und Rollen aller internen und externen Projektbeteiligten sind eindeutig festgelegt. Zahlreiche Projektpläne dokumentieren den Projektstand in all seinen Phasen.

PMBoK-Guide

In den USA hat sich als Projektmanagement-Standard der Guide „Project Management Body of Knowledge", kurz PMBoK-Guide etabliert, der vom Project Management Institut (PMI) entworfen worden ist und inzwischen von den Normungsinstitutionen IEEE und ANSI als PM-Standard anerkannt wurde.

Der PMBoK-Guide als PM-Standard vornehmlich im angelsächsischen Bereich

Der PMBoK-Guide ist ein Rahmenwerk, das den Lebenszyklus von Projekten, von (Projekt-)Programmen und Projektportfolios beschreibt. In drei Kapiteln (PM-Rahmen, Prozesse und Prozessgruppen, Wissensgebiete) wird die Begriffswelt des Projektmanagements ausführlich erläutert. Insgesamt werden 42 Hauptprozesse definiert – eingeteilt in fünf Prozessgruppen (Initiierung, Planung, Ausführung, Überwachung/Steuerung und Abschluss). Neun Wissensgebiete werden dabei behandelt:

▷ Integrationsmanagement
▷ Inhalts- und Umfangsmanagement
▷ Terminmanagement
▷ Kostenmanagement
▷ Qualitätsmanagement
▷ Personalmanagement
▷ Kommunikationsmanagement

▷ Risikomanagement
▷ Beschaffungsmanagement.

Der PMBoK-Guide ist die Basis für die Zertifizierungsprüfung zum Projektmanager PMP (Project Management Professional) sowie zur Reifegrad-Bewertung nach dem OPM3-Modell (siehe hierzu Kapitel 2.5.2). Z.B. wird bei Bosch die Projektleiter-Ausbildung teilweise nach dem PMBoK-Guide vorgenommen. Die PMI vergibt jährlich einen Projektmanagement-Award für herausragende Leistungen bei Projekten, welche nach den Prinzipien des PMBoK durchgeführt worden sind.

HERMES

HERMES als PM-Standard für schweizerische Bundesbehörden

HERMES ist eine Projektführungsmethode zum Führen und Abwickeln von Projekten in der Informations- und Kommunikationstechnik; sie ist bei der Schweizerischen Bundesverwaltung als offener Standard im Einsatz. Die HERMES-Methode ist ähnlich dem Wasserfallmodell strukturiert und umfasst die bekannten Aktionsbereiche:

▷ Projektmanagement
▷ Risikomanagement
▷ Qualitätssicherung
▷ Konfigurationsmanagement
▷ Projektmarketing.

Die Methode ist in dem umfangreichen HERMES-Handbuch detailliert beschrieben (siehe hierzu www.hermes.admin.ch).

Rational Unified Process

Das RUP-Modell der IBM umfasst eine Best-Practices-Sammlung für den SW-Entwicklungsbereich

Das Vorgehensmodell Rational Unified Process (RUP) der IBM stellt einen umfassenden Prozessrahmen dar, der in der Industrie erprobte Praktiken (Best Practices) für die Lieferung und Implementierung von Software und Systemen zur Verfügung stellt. Das Modell gliedert den Software-Entwicklungsprozess in vier Phasen: Projektgründung, Entwurf, Implementierung und Inbetriebnahme sowie die darin notwendigen Arbeitsabläufe.

RUP stellt eine Vielzahl von Planungshilfen, Leitlinien, Checklisten und Best Practices zur Verfügung. Es sind mehr als 30 Rollen für über 130 Aktivitäten vorgesehen und es werden über 1000 verschiedene Arbeitsergebnistypen vorgeschlagen.

IT Infrastructure Library

Das ITIL-Modell als Best-Practice-Leitfaden für den Service-Management-Bereich

Die IT Infrastructure Library (ITIL) ist im Auftrag der britischen Regierung als Best-Practice-Leitfaden für das Service Management entwickelt worden und gilt inzwischen als De-facto-Standard für diesen Managementbereich.

In dem Regel- und Definitionswerk werden die für den Betrieb einer IT-Infrastruktur notwendigen Prozesse, Aufbauorganisationen und Werkzeuge beschrieben. Das Rahmenwerk besteht aus fünf Büchern, deren Inhalte sich am Lebenszyklus eines Service Managements orientieren.

Stage-Gate-Modell

Dieses Modell definiert einen Prozessplan für Produktentwicklungen mit einem streng linearen Ablauf von abwechselnden Phasen (Stages) und darauf folgenden Entscheidungszäsuren (Gates) und ähnelt damit dem Wasserfallmodell. Jede Phase umfasst einen Satz vorgeschriebener Aktivitäten, die auf den „Best Practices" einer Produktentwicklung basieren. An den Entscheidungszäsuren wird über den Fortgang des Projektes entschieden; hier setzt eine Qualitätskontrolle der erbrachten Ergebnisse ein und für die anstehende nächste Phase werden notwendige Ressourcen genehmigt.

Das Stage-Gate-Modell gliedert den Produktentwicklungsprozess streng linear

2.5.2 Reifegradmodelle

Reifegradmodelle, auch als Business-Excellence-Modelle bezeichnet, sind Prozessmodelle, die auf „Best Practice"-Untersuchungen basieren und anhand derer die Qualität von Prozssabläufen analysiert und bewertet werden kann. Durch die objektive Ermittlung eines *Reifegrades* der vorhandenen Prozessorganisation wird eine Verbesserung der Prozessabläufe angestrebt.

Reifegradmodelle dienen zur Bewertung von Prozessen

Im Folgenden soll auf einige Modelle kurz eingegangen werden, ausführlichere Informationen sind unter [10] zu finden:

▷ Prozessmodell CMMI
▷ Assessment-Modell SPICE
▷ Reifegradmodell OPM3
▷ Prozessmodell PMMM
▷ Reifegradmodell P3M3
▷ Reifegradmodell P2MM
▷ Bewertungsmodelle der GPM.

Auch das Modell der EFQM (European Foundation for Quality Management) kann als ein Reifegradmodell zur Bewertung eines ganzen Unternehmens angesehen werden; hierzu folgt eine ausführliche Betrachtung in Kapitel 4.4.4.

EFQM als Bewertungsmodell für das QS-System eines Unternehmens

Prozessmodell CMMI

In den USA hat das Software Engineering Institute (SEI) das Prozessmodell CMMI (Capability Maturity Model Integration) zur Beurteilung und damit zur Verbesserung der Qualität und Reife von Produkt-Entwicklungsprozesssen entworfen. Inzwischen hat es in den USA breite Anwendung gefunden und findet vermehrt auch in Europa seine Anhänger.

CMMI bewertet den Reifegrad einer ganzen Prozessorganisation

Das CMMI-Modell definiert 22 *Prozessgebiete* in den Kategorien Projektmanagement, Entwicklung, Unterstützung und Prozessmanagement. Für jedes Prozessgebiet sind bestimmte Ziele aufgeführt, die bei Durchführung von vorgegebenen *Praktiken* erreicht werden können. Entsprechend ihrer Umsetzung werden Fähigkeitsgrade von „Nicht vollständig umgesetzt" bis „Optimale Umsetzung" vergeben. Auf diese Weise wird ein Reifegrad für den gesamten Entwicklungsprozess ermittelt. CMMI unterscheidet dabei fünf Stufen von Reifegraden.

In einem Assessment-Verfahren kann eine Zertifizierung zur Ermittlung des Reifegrades einer Prozessorganisation durch die SEI selbst oder durch nationale, hierfür autorisierte Institute erfolgen.

Assessment-Modell SPICE

SPICE bewertet die einzelnen Prozesse in einer SW-Entwicklung

Das Assessment-Modell SPICE (Software Improvement and Capability Determination) ist ein internationaler, in einer ISO-Norm festgeschriebener Standard zur Durchführung von Bewertungen von Unternehmensprozessen in der Software-Entwicklung.

SPICE besteht aus fünf Teilen, wobei nur der zweite Teil normativen Charakter hat, die anderen Teile dienen lediglich zur Erläuterung:

Teil 1: Konzepte und Vokabular
Teil 2: Durchführung von Assessments
Teil 3: Leitfaden zur Durchführung von Assessments
Teil 4: Leitfaden zur Nutzung bei Prozessverbesserung und Prozessbewertung
Teil 5: Ein exemplarisches Prozess-Assessment-Modell

SPICE definiert sechs Reifegradstufen zur Bewertung der Qualität von Prozessen, wobei jede Stufe nach neun Prozessattributen bewertet wird. Prozessattribute sind Bewertungsaspekte wie z.B. Durchführung, Management, Messung und Optimierung der Prozesse. Im Gegensatz zum CMMI-Modell wird nicht ein Reifegrad für die gesamte Prozessorganisation ermittelt, sondern Reifegrade für jeden einzelnen Prozess.

Reifegradmodell OPM3

OPM3 unterscheidet drei Projektbereiche und basiert auf PMBoK

Das Reifegradmodell OPM3 (Organizational Project Management Maturity Model) wurde vom Project Management Institute (PMI) entwickelt, welches auch das Vorgehensmodell PMBoK entworfen hat (siehe Kapitel 2.5.1).

OPM3 umfasst eine Sammlung von Projektmanagementpraktiken, -konzepten und -methoden (Best Practices). Rund 600 derartige Praktiken, die für ein organisationsweites Projektmanagement von Bedeutung sind, werden angeboten. Deren Anwendung erfordert nach diesem Modell aber eine größere Anzahl von Fähigkeiten; 3000 Fähigkeiten sind ausführlich beschrieben – einschließlich ihrer Abhängigkeiten.

Das allgemeine Verbesserungspotential wird für drei Projektmanagement-Bereiche eines Unternehmens betrachtet:

▷ Einzelprojekte,
▷ Projekt-Programme (Gruppen von Projekten) und
▷ Projektportfolio eines Unternehmens.

Diese Bereiche werden auf vier Reifegrad-Ebenen betrachtet. Auf der untersten Reifegrad-Ebene sind die Best Practices zur Prozessverbesserung unternehmensweit eingeführt. Auf der nächsten Ebene können darüber hinaus die Prozessergebnisse gemessen und auf der folgenden effektiv gesteuert werden. Auf der höchsten Ebene werden die Prozesse kontinuierlich verbessert. Entsprechend der PMBoK-Terminologie durchläuft die Reifegrad-Verbesserung die dort vorgeschlagenen fünf Prozessgruppen.

Die Einführung von OPM3 in einer Organisation verläuft in drei Phasen:

1. Wissensaufbereitung (Knowledge)
2. Selbsteinschätzung (Assessment)
3. Verbesserung (Improvement).

Die PMI, die kommerziell ausgerichtet ist, vertreibt OPM3 als Produkt in Verbindung mit einigen Tools zur Reifegradbestimmung.

Prozessmodell PMMM

Das Software Engineering Institute der Carnegy Mellon Universitity hat den CMMI-Ansatz auf den Bereich des Projektmanagements übertragen und das Prozessmodell PMMM (Project Management Maturity Model) entworfen; es beschreibt in fünf Stufen den PM-Reifegrad eines Unternehmens:

PMMM dient zur Bewertung des Reifegrads eines Unternehmens und basiert auf CMMI

Stufe 1: Alltagssprache, Grundwissen (Common Language)
Stufe 2: Eingeführte Prozesse, Prozessdefinition (Common Processes)
Stufe 3: Einheitliche Methodik, Prozesssteuerung (Singular Methodology)
Stufe 4: Benchmarking, Prozessverbesserung (Benchmarking)
Stufe 5: Kontinuierliche Verbesserung (Continuous Improvement).

Das PMMM enthält Vorschläge für Verbesserungsmaßnahmen im Projektmanagement und für ein Benchmarking von Projektmanagementmethoden sowie einen Leitfaden mit Fragenkatalogen zur Durchführung eines Assessments von Projektmanagementprozessen.

Reifegradmodell P3M3

Das P3M3 (Portfolio, Programme and Project Management Maturity Model) wurde vom Office of Government Commerce (OGC) als Referenz-Guide für Best Practices entwickelt. Dieses Reifegradmodell besteht aus den drei Teilmodellen:

P3M3 dient als freier Standard für die SW-Entwicklung und basiert auf CMMI

▷ PfM3   Portfolio Management Maturity Model
▷ PgM3   Programme Management Maturity Model
▷ PjM3   Project Management Maturity Model.

P3M3 basiert auf dem CMMI-Modell, welches durch das Software Engineering Institute (SEI) in den USA entwickelt wurde. Es folgt denselben fünf Reifegradstufen. Der große Vorteil von P3M3 ist, dass der Standard frei verfügbar ist, im Gegensatz z.B. zu OPM3 vom PMI. Insofern eignet sich P3M3 hervorragend zur Begleitung der Einführung oder Weiterentwicklung von Portfolio-, Programm- und Projektmanagement.

2 Projektdefinition

P2MM basiert auf PRINCE2

Reifegradmodell P2MM

Das Reifegradmodell P2MM (PRINCE2 Maturity Model) orientiert sich am PRINCE2-Standard des britischen Office of Government Commerce (OGC) (siehe Kapitel 2.5.1).

Bewertungsmodelle der GPM

Die Bewertungsmodelle der GPM basieren auf EFQM und CMMI

Die deutsche Gesellschaft für Projektmanagement (GPM) hat ebenfalls Prozessmodelle für die Bewertung von Prozessorganisationen entworfen:

▷ Project Excellence Modell
▷ PM DELTA
▷ GPM3.

Das *Project Excellence Modell* ist ein Bewertungsmodell für Projekte, das auf dem Business Excellence Modell der EFQM basiert (siehe Kapitel 4.4.4). Das Modell dient sowohl zur Selbstbewertung eines Projektteams, um Stärken und Verbesserungspotentiale aufzuzeigen, als auch zur externen Beurteilung im Rahmen einer Bewerbung um den Deutschen Project Excellence Award, der von der GPM verliehen wird. Das Project Excellence Modell gliedert die Bewertungskriterien – ähnlich dem EFQM-Modell – nach den zwei Beurteilungsbereichen:

▷ Projektmanagement: Wie verhält sich das Projekt?
 Wie wird es gemanagt?
▷ Projektergebnisse: Was leistet das Projekt?
 Was kommt dabei heraus?

PM DELTA ist ein Assessmentmodell für Projektmanagement, nach dem Projekte und Projektmanagementsysteme von jeweils zwei Assessoren vor Ort nach einem Katalog offener Fragen systematisch begutachtet werden. Die Stärken und Schwächen des Projektmanagements werden dabei dokumentiert, um gemeinsam Ansätze für sinnvolle Verbesserungen auszuarbeiten.

Das Referenz- und Assessmentmodell *GPM3* (General Project Management Maturity Model) ist angelehnt an internationale Referenz-Standards wie ICB 3.0, ISO 21500, ISO 17021 und CMMI. Dieses Reifegradmodell bildet die Grundlage zur Zertifizierung von Organisationen. Mit dem Modell wird die Fähigkeit einer Organisation untersucht, Projekte erfolgreich abzuwickeln, um so gezielt Verbesserungsmöglichkeiten aufzuzeigen.

3 Projektplanung

Nach Abschluss der Projektdefinition tritt das Projekt in seine erste entscheidende Phase ein, die *Projektplanung*. In diesem Projektabschnitt werden die Voraussetzungen für den Erfolg des künftigen Produkts geschaffen. Sowohl Termin- und Kosteneinhaltung als auch Leistungserfüllung hängen in entscheidendem Maß von der Qualität der Projektplanung ab.

Die Qualität der Projektplanung bestimmt den Projekterfolg

Bild 3.1 zeigt deutlich, wie sehr hierbei das Kostenvolumen eines Entwicklungsprojekts von den in den Frühphasen getroffenen Entscheidungen bestimmt wird. Die unterschiedlichen Verläufe des bereits festgeschriebenen und des realen Kostenabflusses kann man als „Hysteresis" der Entwicklungskosten bezeichnen.

Wie später noch dargelegt werden wird, hängt auch die Höhe der – eigentlich unnötigen – Fehlerbehebungskosten von der Genauigkeit und Vollständigkeit der Projektplanung ab. Fehler, die erst in späten Phasen der Realisierung und Erprobung aufgedeckt werden, führen stets zu erheblich höheren Behebungskosten, als wenn man diese bereits in den frühen Phasen der Definition und Planung erkannt hätte.

Da Intensität und Sorgfalt der Planung zu Projektbeginn maßgeblichen Einfluss auf den gesamten Projekterfolg haben, muss es das Ziel sein, einen ausreichend hohen Planungsaufwand zu betreiben. Bild 3.2 zeigt, welchen Effekt das Erhöhen des Planungsaufwands i.Allg. hat: Einerseits kann man den Realisierungs- und Erprobungsaufwand sowie den nachfolgenden Wartungsaufwand erheblich senken; andererseits kann oft

Höherer Planungsaufwand senkt den Realisierungsaufwand

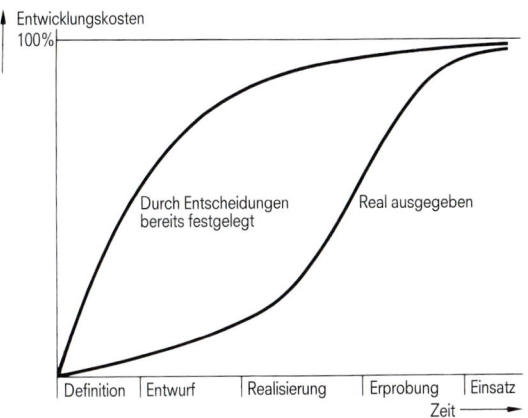

Bild 3.1 „Hysteresis" der Entwicklungskosten

3 Projektplanung

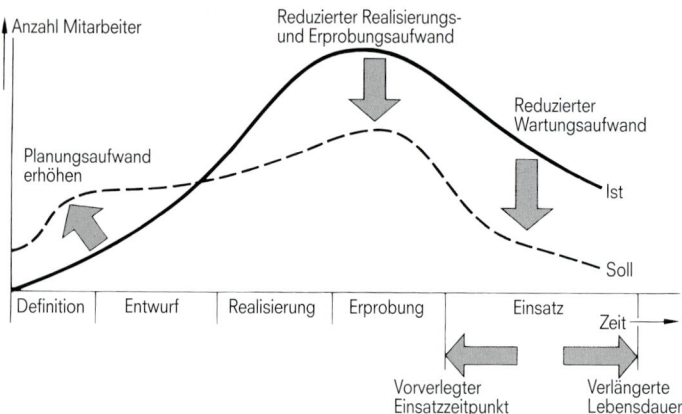

Bild 3.2 Wirkung der Erhöhung des Planungsaufwands

auch der Einsatzzeitpunkt des Produkts vorverlegt und dessen Lebenszyklus insgesamt verlängert werden.

3.1 Strukturplanung

Zentrale Aufgabe einer zielgerichteten Projektplanung und -steuerung ist die

▷ sachgerechte,
▷ termin- und aufwandsgerechte sowie
▷ kostengerechte

Abwicklung eines Projekts, Voraussetzung hierfür ist allerdings, dass das Projekt in für das Projektmanagement überschaubare und damit hantierbare „Portionen" zerlegt wird. Diese Portionierung ist wegen der Vielschichtigkeit der o.a. Zielsetzung nach mehreren Aspekten vorzunehmen.

Produktstrukturierung = technische Strukturierung des Projekts	Für das sachgerechte Abwickeln des Projekts ist eine technische Strukturierung des geplanten Produkts bzw. Systems notwendig; diese wird als *Produktstruktur* bezeichnet und enthält alle zu entwickelnden Produktteile; sie stellt damit den Architekturplan des Entwicklungsvorhabens dar.
Projektstrukturierung = aufgabenmäßige Strukturierung des Projekts	Zur termin- und aufwandsgerechten Projektabwicklung ist als Basis eine vollständige aufgabenmäßige Strukturierung des Projekts erforderlich. Diese Aufgabengliederung wird als *Projektstruktur* des Projekts bezeichnet und umfasst alle für das Realisieren des Entwicklungsvorhabens durchzuführenden Arbeitspakete; sie stellt den Aufgabenbaum des Projekts dar.
Kontenstrukturierung = kaufmännische Strukturierung des Projekts	Für die kostengerechte Projektabwicklung ist schließlich eine detaillierte kaufmännische *Kontenstrukturierung* notwendig. Dieser Kontenrahmen stellt die Einteilung des „Haushaltsbuches" für das Projekt dar.

Alle Plandaten und Istdaten des Projekts müssen auf diese Strukturkomponenten beziehbar und ableitbar sein. Erst in der konsistenten Verknüpfung dieser drei Strukturierungsformen gelangt man zu einem *integrierten* Projektmanagement, welches das Projekt ganzheitlich plant und steuert.

3.1.1 Produktstruktur

Als Produktstruktur bezeichnet man die *technische* Gliederung des zu entwickelnden Produkts (bzw. Systems) in seine Einzelteile; sie ist die „Realisierungsstruktur" des Produkts. Die listenmäßige oder grafische Darstellung dieser Produktstruktur nennt man Produktstrukturplan (PdSP); er ist streng vom Projektstrukturplan (Kapitel 3.1.2) zu trennen.

Der Produktstrukturplan zeigt in hierarchischer Darstellung alle Produktbestandteile

Der Produktstrukturplan enthält die Teileinheiten des Produkts in einer hierarchischen Anordnung, wobei diese Teileinheiten auf der untersten Ebene z.B. einzelne SW-Module oder HW-Baugruppen sind. Teileinheiten auf einer höheren Ebene wären z.B. ganze SW-Programmkomplexe oder HW-Baugruppenrahmen. Sind Produktteile identisch aufgebaut, so kann man zum Herausstellen dieses Sachverhalts statt einer monohierarchischen auch die polyhierarchische Darstellung wählen; bei dieser würden die betreffenden Teile nur einmal erscheinen, dafür mehrere Bezüge zur übergeordneten Ebene haben.

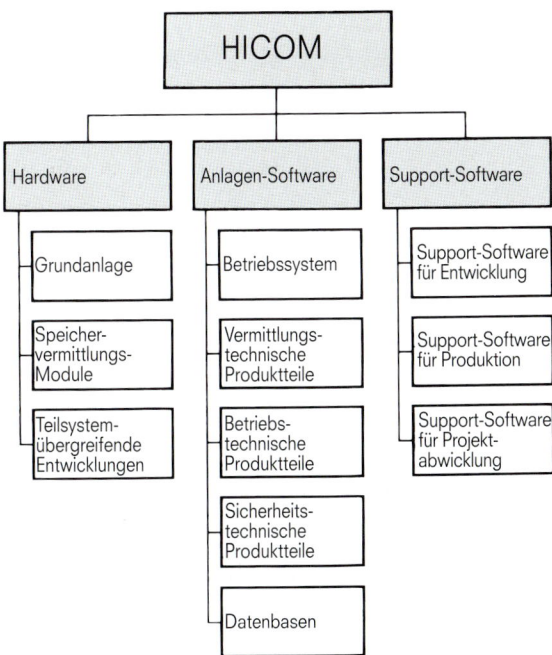

Bild 3.3 Produktstruktur eines Vermittlungssystems für Nebenstellenanlagen

3 Projektplanung

Bild 3.3 zeigt als Beispiel die vereinfachte Produktstruktur eines Vermittlungssystems für Nebenstellenanlagen.

Vor allem in Entwicklungsbereichen, in denen immer wieder ähnliche Produkte nach gleichem Grundmuster entwickelt werden, bietet es sich an, *Standard-Produktstrukturpläne* aufzustellen. Durch Streichen und Hinzufügen von Strukturelementen gelangt man zu einer an die speziellen Erfordernisse angepassten Produktstruktur.

Wegen der sehr unterschiedlichen Entwicklungsobjekte findet man in einigen Entwicklungsbereichen unterschiedliche Begriffe für den Produktstrukturplan; z.T. haben diese Sonderformen auch etwas andere Inhalte:

Sonderformen des Produktstrukturplans

▷ Systemstrukturplan (SSP)
▷ Anlagenstrukturplan (ASP)
▷ Objektstrukturplan (OSP)
▷ Funktionsstrukturplan (FSP).

Systemstrukturplan

Von einem *Systemstrukturplan* spricht man bei der technischen Beschreibung und Strukturierung von Systementwicklungen, vor allem bei HW/SW-Systemen.

Anlagenstrukturplan

Der Begriff *Anlagenstrukturplan* wird – wie die Bezeichnung es schon sagt – im (elektrotechnischen) Anlagenbau verwendet. Beide Strukturpläne zeigen die technischen Komponenten innerhalb einer System- bzw. Anlagenentwicklung auf, wobei die jeweiligen technischen Komponenten den einzelnen technologischen Abschnitten des Systems bzw. der Anlage zugeordnet werden.

Objektstrukturplan

Der *Objektstrukturplan* ist ein erweiterter Produktstrukturplan, der neben den Einzelteilen des künftigen Produkts auch noch die während der Projektdurchführung zusätzlich entwickelten und für die Entwicklung benötigten Teile umfasst. Zu diesen Teilen, die später nicht mehr Bestandteil des Produkts sind, gehören z.B. Prinzip- und Funktionsmuster, Prüfaufbauten, aber auch Testprogramme und andere Entwicklungshilfsmittel (Support). Die Trennung zwischen Produktstruktur und Objektstruktur hat den Vorteil, dass klar unterschieden wird, was letztendlich Bestandteil des Produkts ist und was nur temporär für die Entwicklung des Produkts notwendig ist.

Funktionsstrukturplan

Die *Funktionsstruktur* bildet eine planerische Vorstufe der eigentlichen Produktstruktur; sie enthält die Funktionen des geplanten Produkts, ohne bereits Rücksicht auf die spätere technische Realisierung und die funktionale Zuordnung der einzelnen Produktteile machen zu müssen. Als solches ist das Erstellen eines Funktionsstrukturplans im Rahmen des logischen Entwurfs eines Produkts bzw. Systems von großem Vorteil, da er einen Produktstrukturplan auf funktioneller Ebene darstellt.

Die Produktstruktur kann zu Projektbeginn meist nicht vollständig und endgültig definiert werden. Auch lebt die Produktstruktur in einem gewissen Maße und unterliegt während der Projektdurchführung partiellen Erweiterungen und Änderungen, die von dem verwendeten Nummernsystem verkraftet werden müssen. Das Nummernsystem muss für diese

Fälle gewisse „Reserven" enthalten. Bei einem klassifizierenden Nummernsystem bietet es sich an, für die Benummerung der einzelnen Strukturteile vorhandene Sachnummernsysteme zu nutzen, falls diese produktspezifizierende Elemente enthalten. Das spätere Zuordnen zu Stücklistenstrukturen wird dadurch erheblich vereinfacht.

3.1.2 Projektstruktur

Die aufgabenmäßige Gliederung des Projekts wird im Projektstrukturplan (PjSP) festgelegt; er enthält alle Projektaktivitäten, die in den einzelnen Entwicklungsphasen durchzuführen sind. Nach DIN 69901 [66] gilt als Definition für die Projektstruktur:

Der Projektstrukturplan zeigt in hierarchischer Darstellung alle Projektaktivitäten

> Gesamtheit der wesentlichen Beziehungen zwischen den Elementen eines Projekts.

Strukturierungsablauf

Im Sinn eines Top-down-Vorgehens analysiert man – im Rahmen der vorbestimmten Prozessstruktur – das Projekt auf seine Aufgabenstruktur (Strukturanalyse), wobei die einzelnen Aktivitäten in selbstständig durchführbare und kontrollierbare Teilaufgaben zerlegt werden (Work Breakdown Structure). Die auf der untersten Ebene nicht weiter aufgeteilten Aufgaben, also die Endpunkte der Struktur, stellen die *Arbeitspakete* dar.

Die Aufgabenunterteilung des Projekts sollte so weit getrieben werden, bis man die Arbeitspakete eindeutig einer Entwicklungsgruppe bzw. einem Mitarbeiter zuordnen kann. Auch sollten die Arbeitspakete fachlich voneinander klar abgegrenzt sein, damit später keine ungewollten Parallelaktivitäten oder sogar Kompetenzstreitigkeiten auftreten. Jedem Arbeitspaket ist eine genaue Aufgabenbeschreibung mit exakter Zielvorgabe beizugeben.

Die Projektstruktur entwickelt sich top-down während des Projektablaufs

Typen von Projektstrukturplänen

Der Projektstrukturplan kann nach mehreren Gesichtspunkten aufgebaut sein; hierbei kann man drei Arten von Projektstrukturplänen unterscheiden:

▷ Objektorientierter Projektstrukturplan
▷ Funktionsorientierter Projektstrukturplan
▷ Ablauforientierter Projektstrukturplan.

Objektorientierter Projektstrukturplan

Bei einem objektorientierten Projektstrukturplan – häufig auch als erzeugnis- oder produktorientierter Plan bezeichnet – richtet sich die Definition der Aufgabenpakete nach der technischen Struktur des zu entwickelnden Objekts (Produkt, System, Anlage etc.).

objektorientiert = entsprechend der technischen Struktur der Objekte

3 Projektplanung

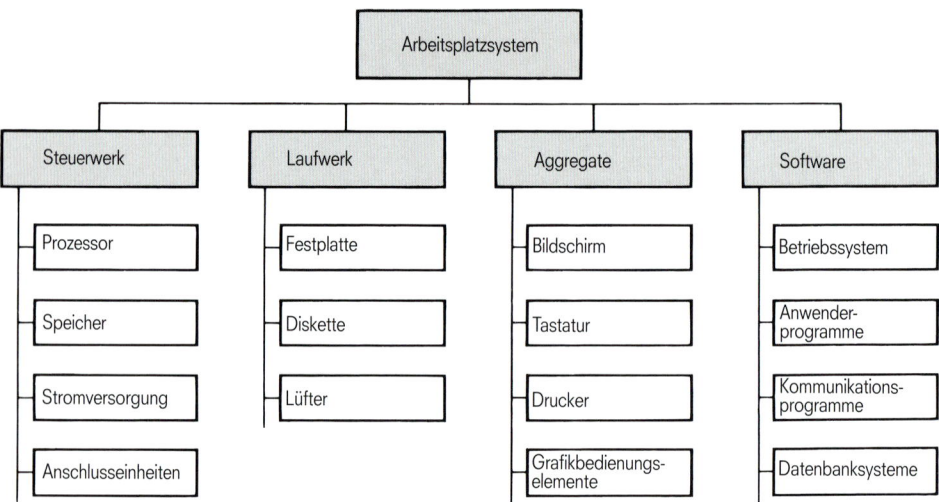

Bild 3.4 Objektorientierter Projektstrukturplan

Bild 3.4 zeigt ein einfaches Beispiel für einen objektorientierten Projektstrukturplan; in diesem Beispiel wird das betreffende Produkt systematisch in seine zu entwickelnden Einzelteile zerlegt.

Ein objektorientierter Projektstrukturplan hat große Ähnlichkeit mit einem Produktstrukturplan, so dass Projektplaner, die keine strenge Trennung zwischen den Begriffen Projekt und Produkt machen, diese beiden Strukturpläne leicht miteinander vermischen. Daher ist es empfehlenswert, keinen rein objektorientierten Projektstrukturplan zu verwenden.

Funktionsorientierter Projektstrukturplan

funktionsorientiert = entsprechend den Funktionsbereichen der Produktentwicklung

In einem funktionsorientierten Projektstrukturplan werden die durchzuführenden Arbeitspakete nach den Entwicklungsfunktionen, wie z.B. Konstruktion, Elektronikentwurf, Musterbau, Bauunterlagen-Erstellung etc. gegliedert; er orientiert sich also nicht nach den Einzelteilen des Produkts, sondern nach den Funktionsbereichen der Entwicklung. Bild 3.5 zeigt ein Beispiel hierfür.

Diese Aufbauform einer Projektstruktur kann bei jedem Entwicklungsprojekt angewendet werden; sie ist daher wohl auch die verbreitetste Projektstrukturform.

Ablauforientierter Projektstrukturplan

ablauforientiert = entsprechend dem Entwicklungsprozess

Die dritte Form eines Projektstrukturplans ist ablauforientiert (Bild 3.6). Die Arbeitspakete werden gemäß dem Entwicklungsprozess bestimmt und strukturiert. Die oberste Ebene eines derartigen Projektstrukturplans spiegelt damit die Prozessabschnitte der vorliegenden Prozessorganisation wider, die unteren Ebenen die einzelnen Prozessschritte.

3.1 Strukturplanung

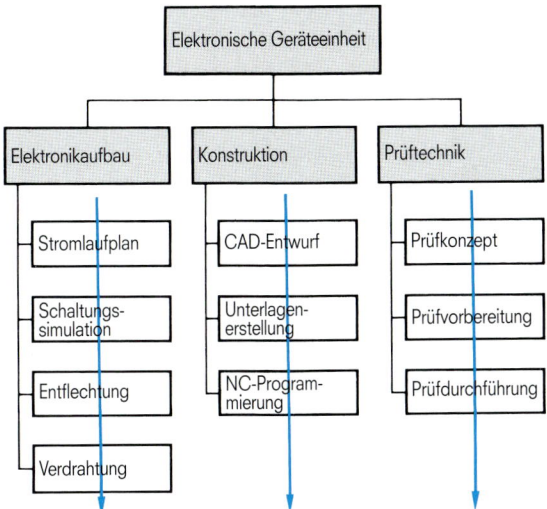

Bild 3.5 Funktionsorientierter Projektstrukturplan

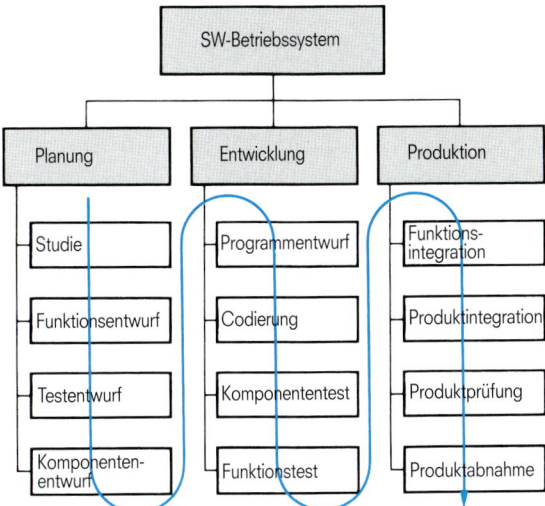

Bild 3.6 Ablauforientierter Projektstrukturplan

Dieser Projektstrukturplan ist allerdings nur dort praktikabel, wo Entwicklungen nach einem streng sequentiellen Prozessablauf durchgeführt werden.

Standard-Projektstrukturpläne

In einem „Vielprodukt"-Unternehmen oder dann, wenn häufig ähnliche Entwicklungen immer wieder durchgeführt werden, bietet es sich an, Standardstrukturen für gleichartige Entwicklungsprojekte zu entwerfen.

Standard-Projektstrukturpläne als Ausgangsbasis

Der eigentliche individuelle Projektstrukturplan entsteht aus dieser Standardstruktur als „erweiterte Untermenge", d.h. einerseits fehlen dem angepassten Projektstrukturplan einige Arbeitspakete, andererseits sind ihm einige neue hinzugefügt worden.

Wenn Entwicklungsähnlichkeiten und Entwicklungswiederholungen es ermöglichen, sind solche Standardstrukturpläne eine große Arbeitserleichterung, besonders im ersten Planungsabschnitt der Projektstrukturierung.

Gliederungsgesichtspunkte

Der Projektstrukturplan sollte – unabhängig von der gewählten Aufbauform – so aussehen, dass möglichst wenige Überschneidungen und Abhängigkeiten zwischen den einzelnen Arbeitspaketen auftreten. Zur Definition der Arbeitspakete sind daher mehrere Gliederungsgesichtspunkte heranzuziehen:

▷ organisatorische Zuständigkeit,
▷ zeitlicher Ablauf,
▷ kalkulatorische Vorgaben und
▷ technische Aspekte.

Arbeitspakete müssen eindeutige Verantwortung haben und dürfen nicht phasenüberschreitend sein

Soweit möglich sollten Arbeitspakete eindeutig einer einzigen organisatorischen Einheit (oder Person) zuordenbar sein, damit eine klare Verantwortung für das jeweilige Arbeitspaket existiert; anderenfalls besteht die Gefahr mangelnden Engagements oder unnötiger Kompetenzstreitigkeiten.

Auch muss bei der Arbeitspaketeinteilung der zeitliche Projektablauf beachtet werden. So ist es z.B. unsinnig, ein Arbeitspaket über die Grenze einer Entwicklungsphase hinweg zu bestimmen, da die Phasenentscheidung dann zeitlich mitten in dem Arbeitspaket läge.

Weiterhin können kalkulatorische Vorgaben eine Ober- und Untergrenze für das Kostenvolumen von Arbeitspaketen abgeben. Wird nämlich das Kostenvolumen zu groß, so ist eine gezielte Kostenkontrolle nicht mehr möglich; ist es dagegen zu klein, so ist zwar eine gute Kostenkontrolle gewährleistet, aber der notwendige Überwachungsaufwand wird unzumutbar groß.

Schließlich sind, wie bereits erwähnt, die technischen Gliederungsaspekte der Produktstruktur zu berücksichtigen. Die Definition eines Arbeitspakets sollte sich – bis auf die wirklich notwendigen Fälle, wie z.B. bei projektbegleitenden Aktivitäten – nicht auf verschiedene Produktteile beziehen.

Anbindung an den Netzplan

Für die DV-unterstützte Behandlung eines Projektstrukturplans müssen alle Aufgaben im Strukturplan mit einer eindeutigen Identifikationsnummer versehen werden. Werden diese Nummern Vorgängen eines Netzplans beigefügt, so ist es möglich, aus dem Netzplan *automatisch* einen Projektstrukturplan zu generieren. Ein gesondertes Aktualisieren des Projektstrukturplans entfällt, da dies bereits implizit mit der Netzplanaktualisierung erreicht wird.

3.1.3 Kontenstruktur

Um Projekte und Teilprojekte für das Projektmanagement kostentransparent werden zu lassen, werden die anfallenden Projektkosten nach Konten und Unterkonten aufgeteilt. Die Gliederung dieser Konten nimmt man nach unterschiedlichen Gesichtspunkten vor; sie richtet sich nach dem Bedarf an bestimmten Auswertungen und Informationen, die für ein wirtschaftliches Management benötigt werden.

Die Kontenstruktur enthält alle Projektkonten bzw. -unterkonten

Gliederungsaspekte

Vor allem in großen Entwicklungsbereichen werden in den Kontennummern Daten verschlüsselt, die man als Ordnungs- und Sortierkriterien in der kaufmännischen Abwicklung verwendet. Allerdings hat jedes *klassifizierende* Nummernsystem seine Nachteile, besonders dann, wenn aufgrund nachträglich notwendig gewordener Erweiterungen das Klassifizierungssystem „gesprengt" wird. Deshalb bietet sich gerade im Hinblick auf moderne DV-Verfahren auch ein rein *identifizierendes* Nummernsystem für die Kontengliederung an.

Für die Gliederung von Konten sind im Wesentlichen folgende Ziele zu beachten:

▷ Kostenverursacher erkennbar machen (Kostenherkunft),
▷ Kostenkomponenten darstellen (Kostenschwerpunkte),
▷ Konten auf den Terminplan ausrichten (zeitliche Synchronisierung),
▷ Konnex zur Projekt- und Produktstruktur herstellen (technische Synchronisierung),
▷ Kostenkalkulation und -kontrolle unterstützen (Kostenmanagement).

Die Gliederung in Konten dient der Kostentransparenz

Wegen der leichteren Überschaubarkeit können Höchstgrenzen für die Größe der einzelnen Konten festgelegt werden. Auch die Anzahl der Konten und die weitere Unterteilung sind wichtige Kriterien für eine optimale Kontengliederung, weil davon der Planungs- bzw. Kalkulationsaufwand abhängt. So wichtig eine detaillierte Kostenplanung ist, so darf doch der Verwaltungsaufwand dafür nicht zu groß werden.

Kleine Projekte sind in ihrer Kontenstruktur nahezu problemlos. Sie sind im Allgemeinen auch dann gut überschaubar, wenn kaum strukturelle Überlegungen angestellt worden sind.

Grundsätzlich ist zu klären, ob die Kontenstrukturierung nach

▷ Kundenaufträgen (vertriebsorientiert) oder
▷ Arbeitsobjekten (entwicklungsorientiert)

ausgerichtet werden soll.

Kundenprojekte erhalten eine vertriebsorientierte Kontenstruktur	Bei Kundenprojekten ist klar, dass beispielsweise Projekte für Walzwerke oder Kraftwerke, deren Bearbeitung und Projektierung erst nach Auftragseingang beginnt, nach der Struktur des Kundenauftrags ausgerichtet sein müssen. Solche Projekte erhalten daher eine *vertriebsorientierte* Kontenstruktur.
Vorleistungsprojekte erhalten eine entwicklungsorientierte Kontenstruktur	Bei Vorleistungsprojekten sowie bei allen Projekten, die vor dem Eingang von Kundenaufträgen konzipiert und entwickelt werden, hat sich dagegen in der Praxis bewährt, dass eine Kontenstruktur gewählt wird, die der technischen Struktur entspricht, also *entwicklungsorientiert* ist. Dies gilt auch dann, wenn die durch Entwicklungsvorleistungen geschaffenen Produkte später über Kundenprojekte vermarktet werden, die oft zum Entwicklungszeitpunkt noch nicht bekannt sind.

Für ein Strukturieren nach Arbeitsobjekten spricht zudem der Umstand, dass die gewählte Struktur auch für das Erfassen der aufgelaufenen Projektkosten verwendet werden kann. Diese Kosten werden heute üblicherweise mithilfe der Stundenschreibung erfasst. Es liegt nahe, dass der monatliche Stundenbericht am einfachsten zu erstellen ist, wenn der Bearbeiter sich nur darauf konzentrieren muss, an welchen Projektaufgaben er im abgelaufenen Monat gearbeitet hat. Dies ist für denjenigen, der den Stundennachweis erstellen muss, viel einfacher, als wenn er darüber nachdenken müsste, welchen vertriebsorientierten Konten die Arbeitsstunden des abgelaufenen Monats zuzuordnen wären.

Kostenarten

Kostenarten gliedern die Kosten nach betriebswirtschaftlichen Gesichtspunkten	Unter Kostenarten versteht man im betrieblichen Rechnungswesen die Unterteilung der Kosten nach der Art des Verbrauchs von Ressourcen und Leistungen, z.B. Personal-, Sach- und Kapitaleinsatzkosten. Die Kostenarten-Verzeichnisse (Kontenrahmen) sind für bestimmte Industriezweige bereits vor Jahrzehnten standardisiert worden. Diese standardisierten Kontenrahmen werden von den Unternehmen meist als Grobstruktur verwendet. Sie entwerfen darauf aufbauend ihre eigenen Kontenrahmen, die auf die Erfordernisse der Unternehmen abgestimmt sind. Kostenarten werden beispielsweise zur Untergliederung von Kostenstellen verwendet.

Wesentliche Kostenarten sind:

Personalkosten

▷ Gemeinkosten-Gehälter
▷ Gemeinkosten-Löhne
▷ Sozialkosten
▷ Erfolgsbeteiligung.

Personalabhängige Sachkosten

▷ Büromaterial
▷ Vervielfältigung
▷ Nachrichtenkosten (Telefon, Datenleitungen)

▷ Reisekosten Inland
▷ Reisekosten Ausland.

Übrige Sachkosten

▷ Instandhaltung
▷ Energiekosten
▷ Werbungskosten
▷ Bewirtung/Betreuung
▷ Dienstleistung von Fremdpersonal
▷ Übersetzungsarbeiten
▷ EDV-Kosten (Rechnernutzung)
▷ Kostenstellenumlagen.

Kapitaleinsatzkosten

▷ Zinsen/Abschreibung/geringwertige Wirtschaftsgüter
▷ Mieten für Gebäude
▷ Mieten für Inventar
▷ Steuern und Versicherung.

Die Kostenarten berücksichtigen vielfach die Anforderungen an die Gliederung und die Transparenz der Projekte nicht genügend. Daher wird auf die im betrieblichen Rechnungswesen übliche Gliederung nach Kostenarten bei der Kostenplanung von Projekten oft verzichtet.

Kostenelemente

Unter Kostenelementen versteht man die Gliederung der Kosten von Projekten, die sich an technischen, arbeitsteiligen und/oder kalkulatorischen Gegebenheiten orientiert; sie ist sehr stark von der Art und dem Inhalt der Projekte geprägt.

Kostenelemente gliedern die Kosten nach projektbezogenen Gesichtspunkten

Ein Kostenelement kann beispielsweise auch die Herkunft der Kosten umschreiben, d.h. man kann damit erkennen, woher die ausgewiesenen Kosten kommen. Diese Art der Projektkostengliederung ist für eine wirksame Kostenkontrolle unerlässlich.

Bei Projekten der Kommunikationstechnik wird beispielsweise im Entwicklungsbereich folgende Grobgliederung der Kostenelemente verwendet:

▷ Eigen- und Fremdpersonal
▷ Nutzung von Rechen- und Testanlagen
▷ Labormuster und Versuchsaufbauten
▷ externe Dienstleistungen, Tools und Know-how
▷ Schutzrechte (z.B. Patente)
▷ Anforderungsänderungen
▷ Dokumentation und Marketing
▷ Produktionshilfsmittel und -technologien
▷ Forschung und Grundlagenentwicklung.

Eine solche Gliederung der Kostenelemente ist nicht immer frei gewählt; sie wird sich vielmehr den Kostenschwerpunkten der Projekte und der Aufbauorganisation des Unternehmens anpassen müssen.

Zusammenfassend ist festzuhalten, dass die Berichterstattung über die Kosten eines Projekts von der Güte und Tiefe seiner Strukturierung abhängt.

3.2 Aufwandsschätzung

3.2.1 Methodenüberblick

Jede messbare Entwicklungsgröße kann zur Aufwandsschätzung herangezogen werden

Im Allgemeinen stellt eine Aufwandsschätzmethode einen funktionalen Zusammenhang zwischen bestimmten Produktgrößen und den zu schätzenden Aufwänden bzw. Kosten – unter Berücksichtigung von Einflussgrößen – her; hierbei ist „funktional" nicht im streng mathematischen Sinn zu verstehen. Vielmehr kann jede messbare Entwicklungsgröße, die in irgendeiner Weise mit dem Entwicklungsaufwand korreliert, zu einer Quellgröße einer Aufwandsschätzmethode gemacht werden.

In der Literatur werden die bestehenden Methoden teilweise sehr unterschiedlich klassifiziert. Trotzdem kann man sie drei grundlegenden Klassen entsprechend ihrer „inneren Funktionsweise" zuordnen:

I *Algorithmische Methoden*

  ▷ Parametrische Methoden
  ▷ Faktoren- bzw. Gewichtungsmethoden.

II *Vergleichsmethoden*

  ▷ Analogiemethoden
  ▷ Relationsmethoden.

III *Kennzahlenmethoden*

  ▷ Multiplikatormethoden
  ▷ Produktivitätsmethoden
  ▷ Prozentsatzmethoden.

3.2.1.1 Algorithmische Methoden

Algorithmische Methoden bedienen sich zur Ergebnisermittlung immer einer Formel bzw. eines Formelgebildes, dessen Struktur und Konstanten empirisch und teilweise mit mathematischen Methoden, wie z.B. der Regressionsanalyse, bestimmt worden sind.

Wie in Bild 3.7 angedeutet, wird aufgrund einer empirisch gefundenen Korrelation die Abhängigkeit des Aufwands (bzw. der Kosten) von einer bestimmten Ergebnisgröße als Kurvenverlauf dargestellt, aus dem dann für ein künftiges Entwicklungsvorhaben – unter Berücksichtigung be-

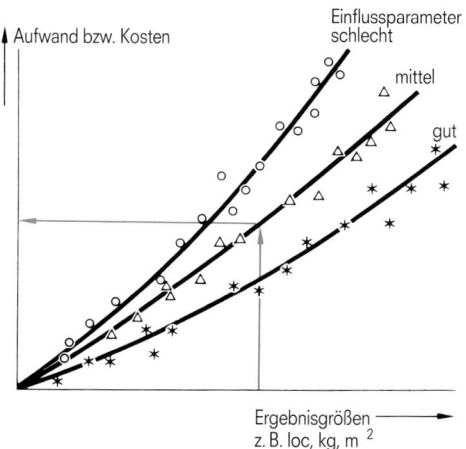

Bild 3.7 Algorithmische Methoden (Prinzipdarstellung)

stimmter Einflussparameter – der zu erwartende Aufwand (bzw. die Kosten) abgeleitet werden kann.

$$A = f(M, E_i) \tag{1}$$

- A Personalaufwand
- M Menge einer Ergebnisgröße
- E_i Einflussfaktoren

Zu den algorithmischen Methoden gehören die beiden Gruppen der *parametrischen Schätzmethoden* und der *Faktoren- bzw. Gewichtungsmethoden*; wobei die Letzteren auch Elemente der Kennzahlenmethoden enthalten.

Parametrische Methoden

Bei parametrischen Methoden stellt man einen *formelmäßigen* Zusammenhang gemäß (1) zwischen einer messbaren Produktgröße – wie z.B. Gewicht (in kg) bei HW oder Befehlsanzahl (in kloc) bei SW – und dem dafür erforderlichen Aufwand an Personal und Zeit her. Dieser Zusammenhang kann aufgrund der Untersuchung einer möglichst großen Anzahl abgeschlossener Entwicklungsprojekte – die repräsentativen Charakter haben – und unter Anwendung entsprechender Regressionsanalysen gefunden werden. Zur Unterscheidung der Verschiedenartigkeiten sind spezielle Parameter als Einflussgrößen zu definieren, die einen verringernden oder einen vergrößernden Effekt auf die Ergebnisgrößen des Algorithmus haben.

Als die schon klassischen parametrischen Schätzmethoden sind hier die SW-Aufwandsschätzmethode COCOMO (Constructive Cost Model) sowie

Parametrische Schätzmethoden anhand eines formelmäßigen Zusammenhangs

die HW- und SW-Aufwandsschätzmodelle von PRICE (Programmed Review of Information for Costing and Evaluation) zu nennen.

COCOMO-Methode

COCOMO   Die COCOMO-Methode [5] von Boehm basiert auf der Untersuchung von SW-Projekten, für die mithilfe der Regressionsanalyse unter Berücksichtigung von mehreren Einflussparametern ein formelmäßiger Zusammenhang zwischen der geschätzten Programmgröße und dem voraussichtlichem Personalaufwand hergestellt wurde (siehe Kapitel 3.2.2).

PRICE-Schätzmodelle

PRICE umfasst eine ganze Familie von Kostenschätzmodellen für unterschiedliche Entwicklungsgebiete (HW, SW-, Chip-Entwicklung [86, 87]).

PRICE H   Mit PRICE H kann man für den HW-Bereich eine Schätzung der voraussichtlichen Entwicklungs- und der Produktionskosten auf der Basis quantitativer (z.B. Gewicht, Menge, Volumen) und qualitativer Ausgangsgrößen (z.B. Komplexität der Elektronik und Mechanik) vornehmen. Auch hier ist der algorithmische Zusammenhang mit Hilfe von Regressionsanalysen gefunden worden.

PRICE S   Das für den SW-Bereich vorgesehene PRICE S hat Ähnlichkeit mit der COCOMO-Methode. Abhängig von mehreren Einflussgrößen können hier die erforderlichen Entwicklungskosten phasenbezogen sowie die optimale Entwicklungsdauer aus der Programmgröße (gemessen in kloc) bestimmt werden.

SLIM-Methode

SLIM   Bei der Methode SLIM (Software-Lifecycle-Management) von Putnam [45] wird der Lebenszyklus einer Entwicklung als Ganzes betrachtet, ohne dass auf die einzelnen Komponenten des zu entwickelnden Produkts näher einzugehen ist; sie wird deshalb auch als *Makroschätzmethode* bezeichnet.

Die SLIM-Methode geht von empirisch gefundenen Verteilungskurven für den Personaleinsatz bei Forschungs- und Entwicklungsprojekten aus. Putnam hat diese empirische Analyse bei rund 200 SW-Entwicklungsprojekten aus dem militärischen Bereich fortgeführt und hat für den Personaleinsatzverlauf eine Funktion abgeleitet:

$$A = 0{,}4 \times M^3 \times T_e^{\frac{1}{4}} \times C^{\frac{1}{3}} \qquad (2)$$

A   Personalaufwand in MJ T_e Entwicklungszeitdauer in Jahren
M   Befehlsanzahl in loc   C   Technologiekonstante

Diese Gleichung zeigt einen Zusammenhang zwischen dem Personalaufwand und der Befehlsmenge, der Entwicklungsdauer sowie einem Faktor für den Technologiestand andererseits. Die Technologiekonstante *C* drückt aus, wie intensiv moderne Programmiertechniken und höhere Programmiersprachen genutzt werden, wie umfangreich die Programmierung im Dialog vorgenommen wird und wie gut das verwendete Rechnersystem für die Entwicklung verfügbar ist.

Die SLIM-Methode hat den Vorteil, dass sie in der Frühphase eines Projekts eingesetzt werden kann. Die Unsicherheit im Bestimmen der Systemgröße zu diesem Zeitpunkt und im Festlegen des Technologiestands ermöglicht aber keine überzeugenden Aufwandsschätzungen. Zudem werden personenspezifische und qualitätsorientierte Einflussfaktoren nicht berücksichtigt.

Jensen-Methode

Das SW-Schätzmodell von Randell W. Jensen baut auf dem Putnam-Modell auf, aber unter Einbeziehung von Einflussgrößen, ähnlich wie sie bei Boehm definiert worden sind. Abgeleitet aus dem SW-Produktlebenszyklus gemäß einer Rayleigh-Kurve wird ein formelmäßiger Zusammenhang zwischen dem Personalaufwand und der Befehlsmenge des geplanten SW-Produkts in Abhängigkeit einer Projekt/Problem-Komplexität und zweier Technologiekonstanten hergestellt:

Jensen-Methode

$$A = 0{,}4 \times C_D^{0{,}4} \cdot \left(\frac{M}{C_{te}}\right)^{1{,}2} \qquad (3)$$

$$\text{mit } C_{te} = \frac{C_{tb}}{\prod_{1}^{13} E_i}$$

- A Personalaufwand in MJ
- M Befehlsanzahl in loc
- C_D Projekt/Problem-Komplexität
- E_i Einflussfaktoren
- C_{te} eff. Entwickler-Technologiekonstante
- C_{tb} Basis-Technologiekonstante

Die Technologiekonstanten werden wiederum aus dem Faktorenprodukt mehrerer Einflussgrößen gebildet. Im Gegensatz zu den Boehmschen Faktoren variieren diese nicht um den Normalwert von Eins, sondern sind alle größer als Eins. Jensen geht also von einem Mindestaufwand für den Entwicklungsaufwand aus, macht aber für die Quantifizierung der Faktoren keine näheren Angaben.

Faktoren- bzw. Gewichtungsmethoden

Basis aller Faktorenmethoden – häufig auch als Gewichtungsmethoden bezeichnet – ist ein Wertesystem vom Faktoren und Gewichtungszahlen, die quantitativ den Einfluss bestimmter Kriterien auf den Aufwand bzw. die Kosten einer Entwicklungsaufgabe ausdrücken. Für das Bewerten die-

Schätzmethoden anhand eines Gewichtungssystems

ser Einflussfaktoren werden sowohl subjektive (z.B. Komplexitätsgrad der Aufgabe) als auch objektive (z.B. Auswahl bestimmter Bedingungen) Kriterien herangezogen.

Faktoren- und Gewichtungsmethoden sind vornehmlich für SW-Entwicklungen formuliert worden, obwohl sie gleichermaßen auch für HW-Entwicklungen geeignet sind.

Hinsichtlich ihrer Klasseneinordnung stehen sie zwischen den algorithmischen Schätzmethoden und den Kennzahlenmethoden, denn sie arbeiten sowohl mit formelmäßigen Zusammenhängen als auch mit zu Kennzahlen verdichteten Erfahrungswerten.

IBM-Faktorenmethode

IBM-Faktorenmethode

In dieser schon älteren Faktorenmethode [18] werden folgende entwicklungsbestimmende Gewichtungsfaktoren definiert:

Gewichtungsfaktor G_1: Anzahl Formate bei Eingabe, Ausgabe und Änderung einer Programmkomponente
Gewichtungsfaktor G_2: Art der Programmverarbeitung
Gewichtungsfaktor G_3: Problemkenntnisse der Programmierer
Gewichtungsfaktor G_4: Prgrammierfähigkeit der Programmierer
Gewichtungsfaktor G_5: Einfluss der projektintern und -extern verursachten Störungen auf den Arbeitsablauf.

Jeder dieser fünf Gewichtungsfaktoren wird in einer zweidimensionalen Auswahlmatrix für die jeweilige Programmkomponente bestimmt. Der Programmieraufwand in MT, der nicht den Aufwand für den fachlichen Entwurf umfasst, wird ermittelt aus der Schätzgleichung

$$A = (G_1 + G_2) \times (G_3 + G_4) \qquad (4)$$

Für die voraussichtliche Programmierzeit T (in Tagen) ergibt sich

$$T = \frac{1}{n} \times A \times (1 + G_5) \qquad (5)$$

n Anzahl der Mitarbeiter

Besondere prozentuale Zuschläge zu diesem Wert sollen die Programmierzeit an die speziellen Projektgegebenheiten anpassen.

Surböck-Methode

Surböck-Methode

Die Surböck-Methode stellt eine Erweiterung der vorgenannten Faktorenmethode für die dort nicht behandelten Frühphasen eines SW-Projekts dar; sie verwendet hierfür projektorientierte Faktorentabellen für das Bestimmen des Entwurfs- und Planungsaufwands.

Mithilfe dieser Tabellen werden Aufwandsfaktoren für die Studie und die Systemplanung sowie Faktoren für die Parameter Komplexität und Vertrautheit mit dem Arbeitsplatz bestimmt. Durch diese Größen lässt sich dann der Aufwand für die Studie, die Systemplanung und die fachliche Realisierung ableiten. Der Aufwand für die DV-technische Realisierung wird dann nach der IBM-Faktorenmethode ermittelt.

ZKP-Methode

Die bei Siemens entwickelte Faktoren- und Gewichtungsmethode ZKP (Zeit-Kosten-Planung) [41] ist der Surböck-Methode sehr ähnlich; sie geht auch von zwei Aufwandsfaktoren für die verschiedenen Dateien und die Verarbeitungsfunktionen aus. Der benötigte Aufwand kann durch Problemkenntnis und Problemerfahrungsfaktoren verringert oder vergrößert werden. Weitere Zuschlagsfaktoren für organisationsbedingte Mehraufwände, für allgemeine Verlustzeiten und eventuell für Programmänderungen vergrößern den Entwicklungsaufwand. Für den engen Bereich der kommerziellen SW-Entwicklung ist die ZKP-Methode eine leistungsfähige SW-Aufwandsschätzmethode gewesen, welche nicht von der Befehlsanzahl, sondern von aufgaben- und funktionsorientierten Kriterien ausgeht.

_{Zeit-Kosten-Planung}

Hauptnachteil aller Faktoren- und Gewichtungsmethoden ist, dass sie nicht in der Frühphase eines Projekts, sondern erst nach vollständiger Definition der Produktstruktur einsetzbar sind.

3.2.1.2 Vergleichsmethoden

Vergleichsmethoden basieren nicht auf einem formel- bzw. zahlenmäßigen Zusammenhang zwischen geplanter Produktgröße und dafür notwendigem Entwicklungsaufwand; diese Methoden versuchen vielmehr, einen Bezug zwischen vergangenen Entwicklungen und der geplanten Entwicklung herzustellen. Hierzu bedienen sich die Vergleichsmethoden Erfahrungsdaten abgeschlossener Entwicklungsobjekte unter Verwendung entsprechender Vergleichskriterien. Daher benötigen alle Vergleichsmethoden eine irgendwie geartete Erfahrungsdatenbank, d.h. sie setzen das systematische Sammeln und Speichern von aussagekräftigen Erfahrungsdaten abgeschlossener Projekte voraus. Vergleichsmethoden sind sowohl für SW- als auch für HW-Entwicklungen einsetzbar und haben den großen Vorteil, dass sie bereits in der Frühphase eines Entwicklungsprojekts genutzt werden können.

Zu den Vergleichsmethoden zählen die *Analogie-* und die *Relationsmethoden*.

Analogiemethoden

Für den Vergleich mit abgeschlossenen Enwicklungsprojekten zieht man bei den Analogiemethoden Vergleichskriterien heran, mit denen eine entsprechende Aussage über die „Ähnlichkeit" von Entwicklungsobjekten möglich ist. Es soll aus einer Menge z.T. sehr unterschiedlicher Projekte dasjenige gefunden werden, dessen Leistungsprofil mit dem des geplanten Projekts am besten übereinstimmt. Anhand des so ausgewählten Pro-

Schätzmethoden anhand von ähnlichen Projekten

jekts können dann Analogieschlüsse auf das künftige Projektvorhaben hinsichtlich Aufwand, Kosten und Zeit angestellt werden.

EDB-Methode

Für die Beschreibung eines solchen Leistungsprofils gibt es vielfältige Ansätze. Eine sehr gängige Methode ist der Aufbau einer Erfahrungsdatenbank (EDB), wobei die entscheidenden Merkmale abgeschlossener Projekte als Deskriptoren in einer Retrieval-Datenbank abgespeichert werden. Zusätzlich bietet sich eine formalisierte Beschreibung des Leistungsprofils anhand einer Merkmalsleiste an.

Die Deskribierung kann sich sowohl auf das ganze Projekt als auch auf Teile eines Projekts beziehen. Im letzteren Fall steigt natürlich die „Trefferquote" ganz erheblich, da man ja mehr ähnliche Teilprodukte als ähnliche Gesamtprodukte hat. Die Wiedergewinnung wird über einen Suchdialog mit Boolescher Verknüpfung von Deskriptoren erreicht, mit der die zu einem geplanten Entwicklungsvorhaben „ähnlichsten" Projekte ausfindig gemacht werden. Der Projektleiter kann mit diesen einen Vergleichsschluss auf die voraussichtlichen Kosten und das erforderliche Personal machen.

Funktionswertmethode

In einem gewissen Maß muss auch die (bei IBM entwickelte) Funktionswertmethode (Function-Point-Method) zu den Analogiemethoden gezählt werden, da hier auf funktionaler Ebene eine Systematisierung im Beschreiben eines Anwendersoftware-Systems versucht wird, um so eine Vergleichbarkeit abgeschlossener SW-Projekte zu erreichen. Bei dieser Methode wird das zu realisierende System in seine Funktionsstruktur zerlegt und ein *Funktionswert* („function-points") durch eine detaillierte Zählung der Ein- und Augabedaten, der Abfragen, der Datenbestände sowie der Referenzdaten ermittelt. Die einzelnen Funktionsmengen werden entsprechend ihrem Schwierigkeitsgrad klassifiziert, gewichtet und summiert. Mit diesem Wert und unter Berücksichtigung bestimmter Einflussgrößen kann man dann in einer Funktionswertkurve den voraussichtlichen Entwicklungsaufwand ablesen. Die Funktionswertkurve muss auf der Basis von Erfahrungswerten aus vergangenen Projekten abgeleitet und aufgezeichnet werden. Von entscheidender Bedeutung bei dieser Methode ist natürlich die richtige Definition und Zählung der „Funktionen".

Bild 3.8 veranschaulicht eine für den Bereich Anwendersoftware ermittelte Funktionswertkurve. Die Entwicklungsumgebung war hierbei charakterisiert durch DV-Verfahren für unternehmensinternen Einsatz, zentrale Projektorganisation, Programmiersprache PL/1, sehr gute SW-Technologie (Methoden, Tools) und durchschnittliche Personalqualifikation.

Bild 3.9 gibt eine Funktionswertkurve wieder, wie sie im Rahmen der Entwicklung von Rationalisierungsverfahren Anwendung fand, allerdings auf Basis anderer Einflussparameter.

Erfahrungsdatenbank

Funktionswertmethode

3.2 Aufwandsschätzung

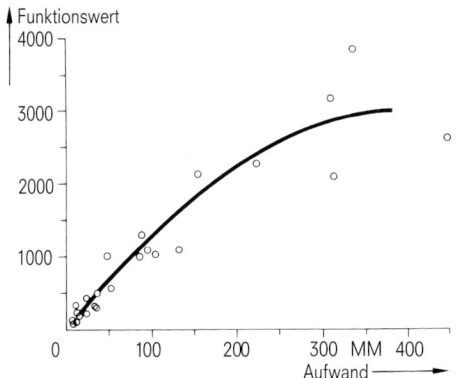

Bild 3.8 Funktionswertkurve für Anwendersoftware-Systeme (Quelle: IBM)

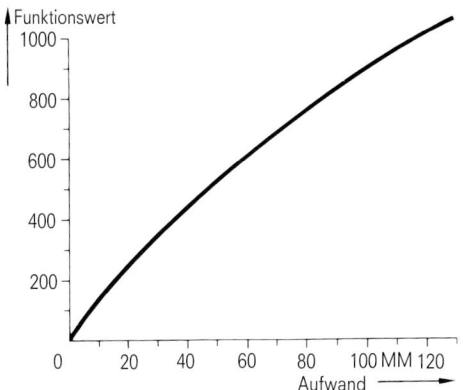

Bild 3.9 Funktionswertkurve für Rationalisierungsverfahren (Quelle: Siemens)

Das Übertragen des Methodenprinzips auf funktionsorientierte Vergleichsverfahren zur Aufwandsschätzung bei HW-Entwicklungen ist denkbar. Man muss allerdings eine funktionsumfassende Definition von Funktionsbereichen in der spezifischen HW-Entwicklung erreichen.

Data-Point-Methode

Für die Aufwandsschätzung von Softwareprodukten, die in Sprachen der 4. Generation (4Gl-Sprachen) geschrieben sind, wurde von Harry M. Sneed eine Data-Point-Methode vorgeschlagen [49]. — Data-Point-Methode

Im Gegensatz zur Function-Point-Methode, die vom Umfang des Datenflusses (Menge der Ein-/Ausgaben, Abfragen, Datenbestände etc.) und der Anzahl der Schnittstellen ausgeht, wird bei der Data-Point-Methode der Aufwand allein von der *Datenmenge*, d.h. der Menge der einzelnen Datenelemente abgeleitet. Bei der Data-Point-Methode stehen nicht die Funktionen, sondern die Informations- und Nachrichtenobjekte im Vordergrund.

Informationsobjekte sind die einzelnen Datenobjekte, die in einer Datenobjekt-Tabelle nacheinander spezifiziert werden (Anzahl Attribute, Anzahl Schlüssel, Ein-/Ausgabe-Kriterium, Integrationsgrad, Änderungsrate). Die Nachrichtenobjekte umfassen die Masken, Listen und Schnittstellen; auch sie werden in einer Nachrichtenobjekt-Tabelle nacheinander spezifiziert (Anzahl Felder, Anzahl Sichten, Ein-/Ausgabe-Kriterium, Komplexität, Änderungsrate). Entsprechend ihrer Spezifizierung werden nach einem vorgegebenen Muster für die einzelnen Kriterien „Data-Points" vergeben. Die Summe dieser „Data-Points" wird dann – ähnlich wie bei der COCOMO-Methode – einer Qualitäts- und Einflussfaktorengewichtung unterzogen, so dass ein höherer oder kleinerer Wert herauskommt; mit diesem wird aus einer Produktivitätstabelle (ähnlich der Funktionswertkurve) der voraussichtliche Aufwandswert entnommen.

Relationsmethoden

Schätzmethoden anhand von relativen Vergleichen

Relationsmethoden sind den Analogiemethoden sehr ähnlich; wie bei diesen werden abgeschlossene Entwicklungsvorhaben mit dem neuen verglichen. Der Unterschied liegt in der Vorgehensweise beim Projektevergleich; dieser bleibt dem Aufwandsschätzer nicht mehr allein überlassen, sondern wird aufgrund relativierender Formalismen unterstützt.

Das oben erwähnte EDB-Verfahren bietet derartige Unterstützungen beim algorithmischen Vergleich von *Indikatorenleisten*, die Ähnlichkeitskriterien der gespeicherten Entwicklungsprojekte enthalten. Hierbei wird jedem Projekt eine längere Indikatorenleiste zugeordnet, in der mögliche Merkmalsausprägungen belegt oder nicht belegt sind. Diese Indikatoren werden mit Zusatzinformationen ebenfalls in der Datenbank gespeichert. Mithilfe von Mustererkennungsroutinen können dann bei Bedarf die „ähnlichsten" Projekte automatisch wieder herausgefiltert werden. Die Relevanz der so gefundenen Projekte zum Ableiten von Erkenntnissen für das neue Projekt kann auch hier letztendlich nur der Aufwandsschätzer beurteilen.

3.2.1.3 Kennzahlenmethoden

Wie die Vergleichsmethoden erfordern die Kennzahlenmethoden das systematische Sammeln projekt- und produktspezifischer Messdaten abgeschlossener Entwicklungsvorhaben. Diese Messdaten werden allerdings nicht zum Vergleich von Projekten herangezogen, sondern aus ihnen leitet man aussagekräftige Kennzahlen ab, die zum Bewerten von Schätzgrößen geplanter Entwicklungsprojekte verwendet werden können.

Drei Methodengruppen sind hier von besonderer Bedeutung:
▷ Multiplikatormethoden
▷ Produktivitätsmethoden
▷ Prozentsatzmethoden.

Multiplikatormethoden

Ähnlich den parametrischen Methoden gehen die Multiplikatormethoden von einer Produktgröße (z.B. loc, kg) aus. Im Gegensatz zu jenen wird aber bei den Multiplikatormethoden eine einfache lineare Abhängigkeit zwischen den Schätzgrößen (z.B. Aufwand, Kosten) und der Produktgröße angenommen, so dass sich z.B. der Aufwand bzw. die Kosten eines Entwicklungsvorhabens durch die simple Multiplikation der Ergebnisgröße mit einer einzigen Kennzahl ergeben. Solche Kennzahlen sind

Schätzmethoden anhand von Produktgrößen-Kennzahlen

▷ Gesamtkosten je Anweisungszeile,
▷ Testzeit je Anweisungszeile,
▷ RZ-Kosten je Mann-Monat,
▷ Entwicklungskosten je Gewichtseinheit und
▷ Aufwand je Logikfunktion.

Bereits die einfache Multiplikation des voraussichtlichen Personalaufwands mit dem empirisch gefundenen Quotienten RZ-Kosten je Mann-Monat stellt eine Kennzahlenmethode zur Schätzung der Rechenzeitkosten dar.

Abhängig von bestimmten Einflussparametern können die Werte dieser Kennzahlen variieren (Bild 3.10); sie sind in einer speziellen Faktorentabelle zusammengefasst.

Wolverton-Methode

Die erstmals von Wolverton vorgeschlagene Multiplikatormethode für SW-Entwicklungen [55] berücksichtigt den Neuigkeits- und Schwierigkeitsgrad der SW-Entwicklung sowie den Typ der zu entwickelnden Software.

Wolverton-Methode

Einerseits wird unterschieden zwischen Modifikations- und Neuentwicklungen jeweils mit den drei Schwierigkeitseinstufungen leicht, mittel und schwierig. Andererseits kann man eine Einordnung in folgende SW-Kategorien vornehmen:

▷ Steuerprogramme,
▷ Eingabe-/Ausgabeprogramme,

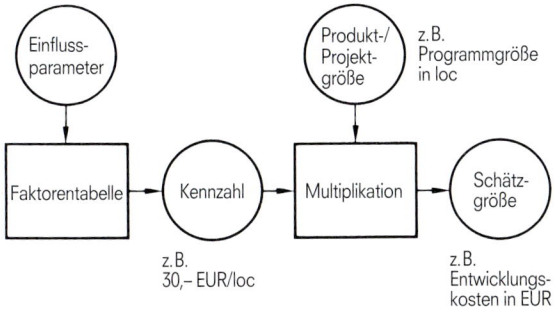

Bild 3.10 Multiplikatormethode (Prinzipdarstellung)

▷ Programme zur Datenaufbereitung,
▷ Rechenprogramme (Algorithmen),
▷ Programme zur Datenverwaltung bzw.
▷ zeitkritische Programme.

Gemäß allen Kombinationen der beiden Einteilungen hat Wolverton empirisch die zugehörigen Kennzahlen „Kosten je Anweisung" ermittelt und in einer Matrix zusammengestellt. Sind nun die Kosten eines geplanten SW-Systems zu schätzen, so muss es in seine Bestandteile zerlegt und gemäß der Matrixeinteilung eingeordnet werden. Die jeweils für die einzelnen Programme bzw. Module zu schätzende Anweisungszahl multipliziert man mit dem zugehörigen Faktor. Die Summe ergibt dann die voraussichtlichen Personalkosten.

Für eine erste grobe Schätzung kann die Multiplikatormethode sicherlich einen guten Anhaltswert geben; für fundiertere Aufwandsschätzungen ist sie dagegen zu ungenau.

Produktivitätsmethoden

Schätzmethoden anhand von Produktivitätskennzahlen

Produktivitätsmethoden zur Aufwandsschätzung sind den Multiplikatormethoden sehr ähnlich. Bei ihnen geht man allerdings nicht von den Kosten je Ergebniseinheit, sondern von der Produktivität aus. Diese „Produktivitätsfaktoren" ergeben sich aus dem erbrachten Ergebnis, dividiert durch den hierfür nötigen Aufwand (z.B. kloc/MM), und müssen ebenfalls aus den Projektdaten abgeschlossener Entwicklungsvorhaben als Durchschnittswerte abgeleitet werden.

Auch bei den Produktivitätsmethoden gibt es einfache und komplexe Ausprägungen. Bei den einfachen Methoden wird durch Division der gemessenen Ergebnisgröße (z.B. Anweisungszahl, Logikfunktionen, Dokumentationsseiten) mit einem entsprechenden Produktivitätsfaktor der erforderliche Entwicklungsaufwand ermittelt.

$$A = \frac{M}{P} \cdot \prod E_i \tag{6}$$

A Aufwand
M Ergebnismenge
P Produktivität
E_i Einflussfaktoren

Bei komplexeren Methoden stehen ganze Tabellen von Produktivitätsfaktoren zur Verfügung, aus denen unter besonderer Berücksichtigung der speziell vorliegenden Entwicklungsmerkmale der zutreffende Produktivitätsfaktor gewählt werden muss. Durch entsprechende Division der Ergebnisgröße ergibt sich auch hier der Entwicklungsaufwand, aus dem durch Umrechnen mit den aktuellen Stundensätzen die Personalkosten bestimmt werden können.

3.2 Aufwandsschätzung

Walston-Felix-Methode

Als eine bekannte Produktivitätsmethode für die SW-Aufwandsschätzung ist die von Walston und Felix [54] zu nennen. Hier ist versucht worden, den unterschiedlichen Einfluss auf die Produktivität aufgrund spezieller Projektbedingungen und Produktanforderungen zu berücksichtigen. Anhand der Untersuchung von Vergangenheitsdaten und entsprechenden Regressionsanalysen wird der Verlauf eines Produktivitätsindex angegeben, der das Schätzen der voraussichtlichen Produktivität ermöglichen soll. Im Einzelnen werden anhand von 29 Einflussgrößen mithilfe einer Produktivitätstabelle jeweils Produktivitätsvariable ($\triangleq$ Differenz zwischen minimaler und maximaler Produktivität) bestimmt, die dann über eine Formel einen „Produktivitätsindex" festlegen; mit diesem kann in einem Produktivitätsdiagramm die anzunehmende Produktivität abgelesen werden. Teilt man nun die angenommene Anweisungszahl durch diese Produktivität, so erhält man den wahrscheinlichen Personalaufwand.

Walston-Felix-Methode

Boeing-Methode

Bei der Boeing-Methode, welche ebenfalls eine Aufwandsschätzmethode für Software ist, wird von unterschiedlichen Produktivitätsfaktoren ausgegangen, die den einzelnen Programmieraktivitäten beim Erstellen eines SW-Programms zugeordnet sind. Je SW-Kategorie wird die Anweisungszahl geschätzt und mit der spezifischen Produktivität multipliziert. Den hieraus ermittelten Aufwand teilt man dann entsprechend einer Prozentsatzmethode auf die einzelnen Entwicklungsphasen auf. Mithilfe besonderer Korrekturfaktoren können schließlich diese Aufwandswerte an die im Einzelfall vorliegenden Projektspezifika angepasst werden.

Boeing-Methode

Aron-Methode

Auch der Methodenvorschlag von Aron [1] geht beim Bestimmen des Programmieraufwands von einer Produktivitätskennzahl aus. Die Größe dieser Produktivität hängt bei dieser Methode von der Programmierschwierigkeit und der Projektdauer ab. Besteht das zu entwickelnde SW-System aus Teilen unterschiedlichen Schwierigkeitsgrads, so werden die Teilmengen mit entsprechend unterschiedlichen Produktivitätsfaktoren multipliziert.

Aron-Methode

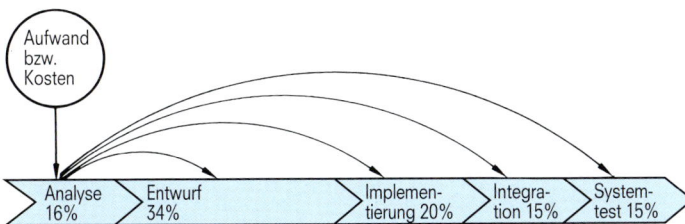

Bild 3.11 Prozentsatzmethode (Werte aus einer nachrichtentechnischen Entwicklung)

3 Projektplanung

Die Qualität von Produktivitätsmethoden steht und fällt mit der Qualität der Produktivitätsdefinition und ihrer Messbarkeit.

Prozentsatzmethoden

Schätzmethoden in Form von prozentualen Vergleichen

Prozentsatzmethoden sind keine eigenständigen Aufwandsschätzmethoden, sondern übertragen im Rahmen einer *partiell* vorgenommenen Aufwandsschätzung gefundene Teilergebnisse auf noch nicht geschätzte Bereiche des Entwicklungsprozesses (Bild 3.11).

$$A_j = g \cdot A_i \qquad (7)$$

A_j Aufwand der Phase j
A_i Aufwand der Phase i
g Prozentwert

Hierbei sind folgende Varianten möglich:

▷ Aufwände und Kosten, die durch eine Istdatenerfassung für die erste Phase des Entwicklungsprozesses ermittelt worden sind, werden auf die übrigen (künftigen) Entwicklungsphasen extrapoliert.
▷ Aufwände und Kosten, die in Summe durch ein anderes Schätzverfahren ermittelt wurden, werden auf die einzelnen Entwicklungsphasen verteilt.
▷ Übertragung von Kostenrelationen auf andere Kostenelemente aufgrund des Gesamtaufwands, der durch eine andere Schätzmethode ermittelt worden ist.

Die verwendeten Prozentsatzreihen müssen sich allerdings auf ähnliche Entwicklungsbereiche beziehen, weil sonst unsinnige Verteilungen abgeleitet werden würden.

Im Kapitel 3.2.3 sind einige aus der Praxis empirisch abgeleitete Prozentsatzreihen für die SW-Entwicklung angegeben. Obwohl Prozentsatzmethoden sowohl für den SW- als auch für den HW-Entwicklungsprozess in gleicher Weise anwendbar sind, mangelt es bei der HW-Entwicklung häufig noch an einer systematischen Sammlung von Erfahrungsdaten, so dass hier keine abgesicherten Prozentsatzreihen vorliegen.

Schließlich sei noch erwähnt, dass Prozentsatzmethoden sich auch gut für die phasenbezogene Aufteilung der Entwicklungsdauer eignen (siehe auch Bild 3.13 in Kapitel 3.2.3).

3.2.1.4 Weitere Methoden

Vorgehensweisen bei Schätzmethoden

Neben den vorgenannten Methoden gibt es noch solche, die mehr die Vorgehensweisen bei der Aufwands- und Kostenschätzung als eine generelle Methode kennzeichnen:

▷ Bottom-up-Methode
▷ Top-down-Methode
▷ Expertenbefragung.

Bottom-up-Methode

Bei einer Bottom-up-Methode betrachtet man aus der gesamten Aufgabenmenge eines Entwicklungsvorhabens einen kleinen repräsentativen Ausschnitt, für den in einer ausführlichen Untersuchung eventuell mit Unterstützung einer speziellen Aufwandsschätzmethode der voraussichtliche Aufwand bestimmt wird. Durch Übertragen auf das gesamte Vorhaben wird der Gesamtaufwand extrapoliert. Die Methode von Aron ist hierfür ein sehr bekanntes Beispiel. — Bottom-up

Top-down-Methode

Entsprechend umgekehrt ist die Vorgehensweise bei einer Top-down-Methode, bei der man von einer Gesamtschätzung sukzessiv auf Einzelschätzungen übergeht. Ausgehend vom laufenden Verfeinern einer Produktstruktur wird die Kosten- und Aufwandsschätzung auf immer detailliertere Ebene vorangetrieben. Zuerst erstellt man für das Gesamtvorhaben eine grobe Pauschalschätzung, z.B. mit der Produktivitäts- und Multiplikatormethode. Später, bei Vorliegen ausführlicher Strukturkenntnisse können dann genauere Schätzungen mit anderen Aufwandsschätzmethoden durchgeführt werden. — Top-down

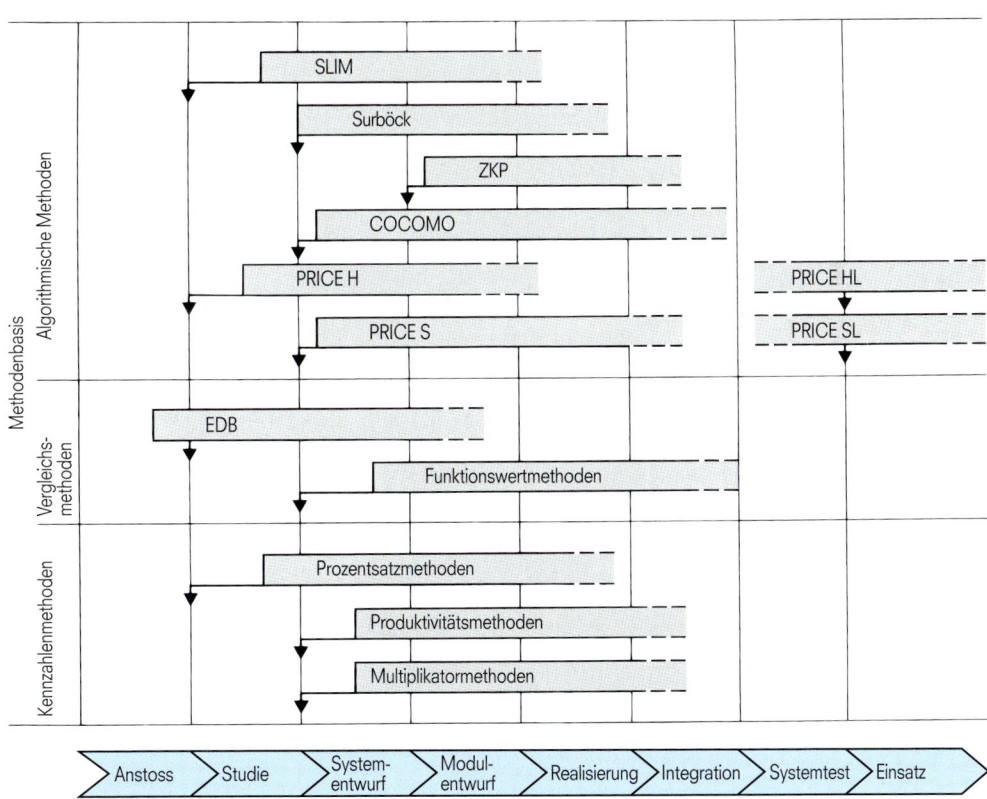

Bild 3.12 Einsatzzeitpunkte von Aufwandsschätzmethoden bzw. -verfahren

3 Projektplanung

Expertenbefragung

Expertenbefragung

Bei der Expertenbefragung führen Einzelschätzungen von Experten entweder über eine „arithmetische Durchschnittsbildung" oder eine „diskutierte Abstimmung" zu offiziellen Planwerten. Die Einzelschätzung des jeweiligen Experten sollte hierbei natürlich auch durch spezielle Aufwandsschätzmethoden unterstützt und nicht allein durch das „Gefühl" bestimmt werden. In Kapitel 3.2.4 wird auf diese Form der Aufwandsschätzung, zu der auch die *Schätzklausur* und die *Delphi-Methode* gehören, näher eingegangen.

3.2.1.5 Einsatzzeitpunkt

Wegen der unterschiedlichen Arten der Ausgangs- und Einflussgrößen haben die einzelnen Aufwandsschätzmethoden (bzw. -verfahren) auch sehr verschiedene Einsatzzeitpunkte innerhalb des Entwicklungsprozesses.

In Bild 3.12 ist – bezogen auf den allgemeinen Entwicklungsablauf – der früheste Einsatzzeitpunkt der hier vorgestellten Aufwandsschätzmethoden bzw. zugehörigen Verfahren aufgezeigt. Viele Methoden setzen erst nach dem Systementwurf auf, zu einem Zeitpunkt also, zu dem bereits die gesamte Systemstruktur und deren Aufgliederung in die einzelnen HW- und SW-Teile festliegen.

3.2.2 Methode COCOMO

Zur Verdeutlichung einer Aufwandschätzmethodik soll nachfolgend auf die bereits klassische Methode COCOMO näher eingegangen werden, deren Prinzip auch auf HW-Entwicklungen übertragbar wäre – natürlich mit anderen Ergebnisgrößen und Einflussfaktoren.

COCOMO ist eine parametrische Aufwandsschätzmethode

Um den inzwischen eingetretenen Neuerungen in der Softwareentwicklung (z.B. Objektorientierte Programmierung) Rechnung zu tragen, hat Barry Boehm eine erweiterte Version seiner Aufwandsschätzmethode COCOMO entworfen und im Jahre 2000 als COCOMO 2 publiziert [5]. Umfangreiche Untersuchungen und Auswertungen anhand einer großen Zahl von Projekten von mehreren amerikanischen Firmen haben zu neuen Erkenntnissen bei der Aufwandsschätzung von Software-Entwicklungen geführt.

Diese erweiterte Version von COCOMO besteht eigentlich aus drei Schätzmodellen, die die verschiedenen Zeitpunkte einer Aufwandsschätzung in der Softwareentwicklung berücksichtigen:

1. Die frühe Prototypenstufe (Application Composition Model)
2. Die frühe Entwurfsstufe (Early Design Model)
3. Die Stufe nach dem Architekturentwurf (Post-Architecture Model)

Boehm schlägt für die Aufwandsschätzung drei verschiedene Schätzgrößen – abhängig vom jeweiligen Planungsfortschritt – vor:

▷ Schätzung der Object Points
▷ Schätzung der Unadjusted Function Points
▷ Schätzung der Source Lines of Code (SLOC).

Die Menge der *Object Points* wird gezählt anhand der geplanten Anzahlen Bildschirmmasken, Berichte und 3GL-Module des künftigen SW-Systems und ist die Schätzgröße für die Prototypenstufe. Die Menge der *Unadjusted Function Points* hängt ab von den geplanten Anzahlen der Eingaben, Ausgaben, Dateien, Schnittstellen und Dialogen und ist die Schätzgröße für die Entwurfsstufe („Unadjusted" deshalb, weil die Function Points noch nicht mit Kostentreibern bewertet sind). Die Menge der *Source Lines of Code* entspricht der Anzahl der Programmbefehle und ist die Schätzgröße für die Nach-Architekturstufe.

Die frühe Prototypenstufe

Dieser Modellansatz (Application Composition Model) soll die Aufwandsschätzung für die *Prototypenentwicklung* im Rahmen einer Software-Entwicklung unterstützen. Da in dieser frühen Projektphase noch keine Vorstellungen von der zukünftigen Anzahl der Lines of Code (loc) vorliegen können, wird die Größenschätzung auf der Basis der so genannten *Object Points* vorgenommen. Bei den Object Points handelt es sich um eine gewichtete Schätzung folgender Faktoren:

Die Prototypenentwicklung arbeitet mit den zu schätzenden „Object Points"

▷ Anzahl der einzelnen Bildschirmmasken,
▷ Anzahl der erzeugten Berichte und
▷ Anzahl der 3GL-Module, die zur Ergänzung eines 4GL-Codes notwendig sind.

Gewichtet werden diese Faktoren nach drei Komplexitäts-Klassen (Tabelle 3.1).

Tabelle 3.1 Gewichtete Zählung der Object Points

	Anzahl der Object Points		
Komplexität	einfach	mittel	schwer
je Bildschirmmaske	1	2	3
je Bericht	2	5	8
je 3GL-Modul	10		

Die Gesamtanzahl der Object Points dividiert durch eine Standardzahl für die geschätzte Produktivität ergibt den Personalaufwand in Mannmonaten, für den das Schätzmodell folgenden Formelzusammenhang aufstellt:

$$A = \frac{NOP}{P} \qquad (8)$$

$$\text{mit} \quad NOP = OP \cdot \left(1 + \frac{\%R}{100}\right)$$

$$\text{und} \quad OP = \sum_{1}^{3} D_i \cdot G_i$$

A	Personalaufwand in Mannmonaten
OP	Anzahl der (gesamten) Object Points
NOP	Anzahl der neu zu erstellenden Object Points
P	Produktivität nach Tabelle 3.2
G_i	Gewicht nach Tabelle 3.1
D_i	Anzahl der einzelnen Objekt-Elemente
$\%R$	prozentualer Wiederverwendungsanteil

$\%R$ kennzeichnet den prozentualen Anteil von wieder zu verwendender Software (Reuse).

Die Produktivität wird in Abhängigkeit der Erfahrung des Entwicklers sowie dessen Fähigkeiten auf dem Gebiet des CASE (Computer Aided Software Engineering) der Tabelle 3.2 entnommen.

Tabelle 3.2 Produktivitätsfaktor

Erfahrung und CASE-Fähigkeit	Sehr niedrig	Niedrig	Normal	Hoch	Sehr hoch
Produktivität	4	7	13	25	50

Die frühe Entwurfsstufe

Die Entwurfsphase arbeitet mit den zu schätzenden „Function Points"

Dieser Modellansatz (Early Design Model) wird herangezogen, nachdem die Systemanforderungen festgelegt worden sind und ein erster Entwurf gemacht werden kann. Die Schätzungen werden in dieser fortgeschrittenen Projektphase auf Basis von *Function Points* vorgenommen, die dann in eine Anzahl von Quellcodezeilen übertragen werden.

Der Personalaufwand in Mannmonaten ergibt sich in diesem Schätzmodell nach folgendem Formelzusammenhang:

$$A_{\text{grund}} = C_1 \cdot M^{C_2} \qquad (9)$$

$$\text{mit} \quad M = FZ \cdot \left(1 + \frac{\%B}{100}\right)$$

$$C_1 = 2{,}94 \quad \text{bei initialer Kalibrierung}$$

$$C_2 = 1{,}01 + 0{,}01 \sum_{1}^{5} Q_i$$

M	geschätzte Menge an Function Points
FZ	Anzahl der Function Points
C_1	Aufwands-Kalibrierungskonstante
C_2	Prozess-Exponent
Q_i	Skalierungsfaktoren
$\%B$	Überschuss an nicht benötigtem Code

Die Kalibrierungs-Konstante C_1 dient zur Anpassung an besondere Projektgegebenheiten. $\%B$ kennzeichnet den eventuell unnötig zuviel geschriebenen Code (Breakage); umfasst z.B. das fertige Software-Programm 100 kloc, insgesamt sind aber 120 kloc geschrieben worden, so besteht ein Ausschuss von 20 kloc und damit nimmt %B den Wert 20% an.

Im Gegensatz zu dem ursprünglichen COCOMO-Modell wird der Prozess-Exponent C_2 aus fünf *Skalierungsfaktoren* gebildet, die einen Wert zwischen 0 und 5 annehmen können, so dass der Gesamtwert für C_2 zwischen 1,01 und 1,26 liegen kann. Folgende Parameter sind zu bewerten:

„Skalierungsfaktoren" berücksichtigen die Qualifikation des Teams und den Reifegrad des Entwicklungsprozesses

▷ PREC – Erfahrung im Anwendungsbereich
   Erfahrung mit vorliegender Prototypentwicklung
   0 = vollständige Vertrautheit, 5 = keine Erfahrung vorhanden
▷ FLEX – Entwicklungsflexibilität
   Grad der Flexibilität im Entwicklungsprozess
   0 = Kunde legt nur Ziele fest, 5 = Prozess vom Kunden vorgegeben
▷ RESL – Risiko-Vermeidung
   Umfang der durchgeführten Risikoanalyse
   0 = vollständige Risikoanalyse, 5 = keine Risikoanalyse durchgeführt
▷ TEAM – Team-Zusammenhalt
   Zusammenarbeit im Entwicklungsteam
   0 = effektives Team ohne Kommunikationsprobleme, 5 = große Interaktionsprobleme
▷ EPML – Prozessreife
   Reife des Entwicklungsprozesses (wie bei CMMI, siehe Kapitel 2.5.2)
   0 = höchster CMMI-Level, 5 = niedrigster CMMI-Level

Wie bei COCOMO 1 kann dieser Grundaufwand durch entsprechende Kostentreiber niedriger oder größer ausfallen.

Kostentreiber erhöhen oder senken den Grundaufwand einer Schätzung

$$A_{real} = A_{grund} \cdot \prod_{1}^{7} E_i \qquad (10)$$

A_{grund} Grundaufwand nach Formel (9) mit geschätzten Function Points
E_i Kostentreiber aus Tabelle 3.3

Die sieben Kostentreiber, die im Gegensatz zu COCOMO 1 keinen Phasenbezug mehr haben, sind in der Tabelle 3.3 mit ihrer Einstufung von Extra low bis Extra high aufgeführt.

Die sieben Kostentreiber des Early Design Model sind zusammengefasst worden aus denen des nachfolgenden Post Architecture Model.

RCPX	←	RELY, DATA, CPLX, DOCU
RUSE	←	RUSE
PDIF	←	TIME, STOR, PVOL
PERS	←	ACAP, PCAP, PCON
PREX	←	AEXP, PEXP, LTEX
FCIL	←	TOOL, SITE
SCED	←	SCED

3 Projektplanung

Tabelle 3.3 Kostentreiber im Early Design Model

	Kostentreiber	Extra low	Very low	Low	Nominal	High	Very high	Extra high
RCPX	Product Reliability and Complexity	0,49	0,60	0,83	1,00	1,33	1,91	2,72
RUSE	Developed für Reusability	–	–	0,95	1,00	1,07	1,15	1,24
PDIF	Platform Difficulty	–	–	0,87	1,00	1,29	1,81	2,61
PERS	Personnel Capability	2,12	1,62	1,26	1,00	0,83	0,63	0,50
PREX	Personnel Experience	1,59	1,33	1,22	1,00	0,87	0,74	0,62
FCIL	Facilities	1,43	1,30	1,10	1,00	0,87	0,73	0,62
SCED	Required Development Schedule	–	1,43	1,14	1,00	1,00	1,00	–

Die Stufe nach dem Architekturentwurf

Der Realisierungsentwurf arbeitet mit den zu schätzenden „Lines of Code"

Dieser Modellansatz (Post-Architecture Model) ist der genaueste von COCOMO 2 und kommt zur Anwendung, wenn die gesamte Projektarchitektur fertig ist. Da zu diesem Zeitpunkt schon erheblich genauere Kenntnisse über das geplante Software-System vorliegen, sind hier 17 Kostentreiber zu bewerten.

Der Personalaufwand ergibt sich aus demselben Formelzusammenhang, also den Formeln (9) und (10), nur dass in diesem Fall für FZ nicht die Function Points, sondern die geschätzten kloc anzugeben sind, und für das Kostentreiber-Produkt E die 17 Kostentreiber aus Tabelle 3.4 heranzuziehen sind.

$$A_{real} = A_{grund} \cdot \prod_{1}^{17} E_i \qquad (11)$$

A_{grund} Grundaufwand nach Formel (9) mit geschätzten kloc
E_i Kostentreiber aus Tabelle 3.4

„Kostentreiber" bewerten die Produkt-, Computer-, Personal- und Projekteigenschaften

Wie schon beim ursprünglichen Modell von COCOMO sind die Kostentreiber den folgenden vier Kategorien zugeordnet:

Produkt-Attribute:
 RELY, DATA, CPLX, RUSE*, DOKU*

Computer-Attribute:
 TIME, STOR, PVOL*

Personal-Attribute:
 ACAP, PCAP, PCON*, AEXP, PEXP, LTEX

Projekt-Attribute:
 TOOL, SITE*, SCED

Die mit * gekennzeichneten Kostentreiber sind bei COCOMO 2 gegenüber
COCOMO 1 hinzugekommen.

Tabelle 3.4 Kostentreiber im Post-Architecture Model

	Kostentreiber	Extra low	Very low	Low	Nominal	High	Very high	Extra high
RELY	Required Software Reliability	–	0,82	0,92	1,00	1,10	1,26	–
DATA	Data Base Size	–	–	0,92	1,00	1,14	1,28	–
CPLX	Product Complexity	–	0,73	0,87	1,00	1,17	1,34	1,74
RUSE	Required Reuseability	–	–	0,95	1,00	1,07	1,15	1,24
DOCU	Documentation Match to Life-cycle Needs	–	0,81	0,91	1,00	1,11	1,23	–
TIME	Execution Time Constraint	–	–	–	1,00	1,11	1,29	1,63
STOR	Main Storage Constraint	–	–	–	1,00	1,05	1,17	1,46
PVOL	Platform Volatility	–	–	0,87	1,00	1,15	1,30	–
ACAP	Analyst Capability	–	1,42	1,19	1,00	0,85	0,71	–
PCAP	Programmer Capability	–	1,34	1,15	1,00	0,88	0,76	–
PCON	Personnel Continuity	–	1,29	1,12	1,00	0,90	0,81	–
AEXP	Applications Experience	–	1,22	1,12	1,00	0,88	0,81	–
PEXP	Platform Experience	–	1,19	1,09	1,00	0,91	0,85	–
LTEX	Language and Tool Experience	–	1,20	1,09	1,00	0,91	0,84	–
TOOL	Use of Software Tools	–	1,17	1,09	1,00	0,90	0,78	–
SITE	Multi-Site Development	–	1,22	1,09	1,00	0,93	0,86	0,80
SCED	Required Development Schedule	–	1,43	1,14	1,00	1,00	1,00	–

3 Projektplanung

Boehm formuliert in seiner Veröffentlichung für jede Bewertungsposition seiner Kostentreiber eine inhaltliche Erläuterung, wie z.B. für die Kostentreiber SCED und PEXP:

SCED (zur Verfügung stehende Projektzeit bezogen auf die nominal geschätzte Dauer):

Very low	75% der nominal geschätzten Dauer	Aufwandserhöhung 1,43
Low	85% der nominal geschätzten Dauer	Aufwandserhöhung 1,14
Nominal	nominal geschätzte Dauer	Aufwand nominal
High	130% der nominal geschätzten Dauer	Aufwand nominal
Very high	160% der nominal geschätzten Dauer	Aufwand nominal

PEXP (vorhandenes Erfahrungspotential hinsichtlich der verwendeten System-Plattform):

Very low	weniger als 2 Monate Erfahrung	Aufwandserhöhung 1,19
Low	6 Monate Erfahrung	Aufwandserhöhung 1,09
Nominal	1 Jahr Erfahrung	Aufwand nominal
High	3 Jahre Erfahrung	Aufwandssenkung 0,91
Very high	6 Jahre Erfahrung	Aufwandssenkung 0,85

COCOMO ermöglicht neben einer Aufwandsschätzung auch eine Zeitschätzung

Für die Projektdauer T in Monaten gibt Boehm auch einen formelmäßigen Zusammenhang an:

$$T = C_3 \cdot A_{real}^{C_4} \cdot \frac{\%SCED}{100} \qquad (12)$$

mit $\quad C_4 = C_5 + 0{,}2(C_2 - 1{,}01)$

C_2 Prozess-Exponent (s.o.)
C_3 Entwicklungszeit-Kalibrierungskonstante (z.B. 2,60 bis 3,67)
C_4 Kalibrierungsexponent
C_5 Kalibrierungskonstante (z.B. 0,28 bis 0,33)
Q_i Skalierungsfaktoren (s.o.)
%SCED   prozentuale Verkürzung der nominalen Projektdauer

C_3 und C_5 sind Kalibrierungskonstanten, deren genaue Werte von der jeweiligen Entwicklungsumgebung und der vorliegenden Projektart abhängen. Mit %SCED wird der erforderliche Prozentsatz an Entwicklungszeitverkürzung im Verhältnis zur normalen Entwicklungszeit angegeben.

Unterschiede COCOMO 1 und COCOMO 2

Im Gegensatz zu COCOMO 1 betrachtet COCOMO 2 nicht mehr die Phaseneinteilung eines Entwicklungsprozesses, sondern sieht eine dreistufige Aufwandsschätzung im zeitlichen Ablauf eines SW-Projekts vor. Anfangs, beim Prototypenentwurf, wird die Aufwandsschätzung auf Basis von den *Object Points* vorgenommen. Später, im Rahmen der Entwurfsphase, wird die Aufwandsschätzung auf Basis der geschätzten *Function Points* – ähnlich der Bewertung nach der Funktionswertmethode – vorgenommen, die dann – nachdem die Projektarchitektur vorliegt – in der dritten Stufe von COCOMO 2 mittels der Schätzung der zukünftigen *Lines of Code* verfeinert wird.

COCOMO 2 gestattet eine zeitlich aufeinander folgende Aufwandsschätzung

Die drei Entwicklungsmodi des ursprünglichen Modells (organic, semidetached, embedded), die sich in dem Prozess-Exponenten C_2 niederschlagen, werden bei dem erweiterten Modell ersetzt durch die fünf Skalierungsfaktoren Q_1 bis Q_5 (PREC, FLEX, RESL, TEAM, EPML).

COCOMO 2 enthält vier zusätzliche Kostentreiber für die Wiederverwendbarkeit von Projektteilen (RUSE), Versionswechsel der Dokumentation (DOCU), voneinander entfernte Entwicklungsorte (SITE) sowie Fluktuation des Personals (PCON).

Drei Kostentreiber wurden in ihrem Inhalt verändert bzw. erweitert:
    Änderungshäufigkeit der Systembasis   VIRT → PVOL
    Erfahrung mit der Systembasis   VEXP → PEXP
    Erfahrung mit der Programmiersprache   LEXP → LTEX

Die beiden Kostentreiber Bearbeitungszyklus (TURN) und Verwendung moderner Entwicklungsmethoden (MODP) von COCOMO 1 entfallen bei COCOMO 2.

Außerdem wurden die Skalierungen der Kostentreiber auf die heutigen Erfordernisse und Erkenntnisse moderner SW-Entwicklungen angepasst.

3.2.3 Prozentsatzmethoden

Bei den Prozentsatzmethoden gibt es zwei Vorgehensweisen. Bei der ersten Vorgehensweise wird versucht, auf der Basis einer anderen Aufwandsschätzmethode den Aufwand für eine bestimmte Entwicklungsphase – die nicht eine Anfangsphase im Entwicklungsprozess sein muss – zu schätzen. Der Schätzwert wird dann entsprechend einer vorliegenden Prozentverteilung auf die anderen Phasen übertragen.

Bei der zweiten Vorgehensweise wird mit der Entwicklung erst einmal begonnen und nach Abschluss der ersten Phase der angefallene Aufwand als Istwert festgestellt; dieser ist dann entsprechend der Prozentverteilung auf die nachfolgenden Phasen zu extrapolieren.

Phasenorientierte Aufwandsverteilungen

Prozentsatzmethoden sind vornehmlich für das phasenorientierte Aufteilen des Entwicklungsaufwands abgeleitet worden, und hier i.Allg. nur für

3 Projektplanung

Voraussetzung für Prozentsatzmethoden sind Erfahrungswerte vergleichbarer Projekte

SW-Entwicklungsprozesse, obwohl die Methode auch für die HW-Entwicklung anwendbar ist.

Der Grund des Fehlens von Prozentwerten für Aufwandsverteilungen in der HW-Entwicklung liegt vor allem darin, dass dort die Stundenaufschreibung – trotz eingeführter HW-Prozessorganisationen – selten *phasenbezogen* vorgenommen wird; dieses ist aber Voraussetzung zum Ableiten von Erfahrungswerten für phasenorientierte Aufwandsverteilungen.

Tabelle 3.5 zeigt einige Prozentverteilungen für SW-Entwicklungen, die in verschiedenen Unternehmen ermittelt worden sind. Hier zeigen sich teilweise beachtliche Unterschiede – bedingt durch die unterschiedlichen Entwicklungsarten. So werden bei den ersten beiden Firmen für alle Testaktivitäten zusammen 50% bis 60% des Gesamtentwicklungsaufwands eingeplant, dagegen bei den beiden übrigen ein erheblich geringerer Anteil.

Tabelle 3.5 Aufwandsverteilungen für SW-Entwicklung

Unternehmen 1 Phase			Unternehmen 2 Phase		Unternehmen 3 Phase		Unternehmen 4 Phase	
Anforderungs-definition		8%	Anf. definition	5%	Pflichtenheft	8%	Voranalyse	5%
System-design	extern	6%	Design und Spezifikation	25%	Leistungs-beschreibung	18%	Methoden und Verfahren	18%
	intern	6%						
Pro-gramm-ent-wick-lung	Detail-entwurf	12%			Schnittst. u. Datenbeschr.	4%	System-spezifikation	27%
	Codierung	13%	Codierung	10%	Detail-spezifikation	16%		
	Komponen-tentest	24%	Modultest	25%				
			Integration und Test	25%	Codierung und Formaltest	20%	Program-mierung	30%
	Integra-tionstest	13%			Logik- und Integrationstest	21%		
Systemtest und Demonstration		12%	Systemtest	10%	Abnahmetest und Produkt-übergabe	13%	Benutzer-organisation	12%
Benutzerdokumen-tation		6%					Einführung	8%

Wie die Aufwandsverteilungen verdeutlichen, hängt die phasenorientierte Aufteilung des Entwicklungsaufwands entscheidend

▷ vom Entwicklungsgebiet,
▷ vom Projekttyp und
▷ von der Größe des Entwicklungsvorhabens ab.

Daher hat Boehm im Rahmen des COCOMO-Modells seine Untersuchungen zur Aufwandsverteilung bei SW-Projekten auch abhängig von Entwicklungsmodus (einfach, mittelschwer, komplex) und Programmgröße vorgenommen. Tabelle 3.6 enthält die hierbei gefundenen Prozentwerte, wobei für die Programmgröße fünf Klassen gebildet worden sind.

Tabelle 3.6 Aufwandsverteilung und Zeitverteilung (nach Boehm)

Entwicklungsmodus	Entwicklungsphase	Aufwandsverteilung (Werte in %) Programmgröße					Zeitverteilung (Werte in %) Programmgröße				
		sehr klein	klein	mittel	groß	sehr groß	sehr klein	klein	mittel	groß	sehr groß
Einfache SW-Entwicklung	Studie	6	6	6	6	6	9	10	11	11	
	Systementwurf	15	15	15	15	15	17	17	17	17	
	Programmentwurf	25	23	23	22	22	58	53	49	45	
	Codierung/Einzeltest	39	38	35	34	34					
	Systemintegration/-test	15	18	21	23	23	16	20	23	27	
Mittelschwere SW-Entwicklung	Studie	7	7	7	7	7	14	15	17	18	19
	Systementwurf	16	16	16	16	16	21	21	22	22	23
	Programmentwurf	25	24	23	22	21	48	44	39	36	32
	Codierung/Einzeltest	34	32	31	29	27					
	Systemintegration/-test	18	21	23	26	29	17	20	22	24	26
Komplexe SW-Entwicklung	Studie	7	7	7	7	7	19	22	24	26	29
	Systementwurf	17	17	17	17	17	24	25	26	27	27
	Programmentwurf	26	25	24	23	22	39	34	30	26	23
	Codierung/Einzeltest	30	28	26	24	22					
	Systemintegration/-test	20	23	26	29	32	18	19	20	21	21

Programmgröße: sehr klein 2 kloc mittel 32 kloc sehr groß 512 kloc
klein 8 kloc groß 128 kloc

Phasenorientierte Aufteilung des Zeitbedarfs

Die Aufteilung der Zeitdauer für die jeweiligen Phasen ist normalerweise nicht deckungsgleich mit der Aufteilung des Personalaufwands oder auch der Projektkosten, da für die Planung und den Entwurf relativ mehr Zeit benötigt wird und erst in den Schlussphasen der Implementierung ein relativ höherer Aufwand anfällt, so dass in den Realisierungsphasen meist mehr Personal je Zeiteinheit involviert ist als in den Planungsphasen.

Die Aufwandsverteilung deckt sich im Allgemeinen nicht mit der Zeitaufteilung

Diese Verschiebung der aufwandsbezogenen und der zeitbezogenen Prozentanteile ist im Bild 3.13 verdeutlicht. Als Beispiel ist hier die SW-Erstellung innerhalb der Entwicklung von Öffentlichen Vermittlungssystemen zugrunde gelegt. Allerdings ist die Anteilsverschiebung zwischen Aufwand und Zeit in den Anfangsphasen bei vielen Projekten häufig viel größer als hier gezeigt, da die Projektplanung oft mit zu geringen Ressourcen begonnen wird und erst beim Projektfortschritt – wenn sich bereits terminliche Engpässe abzeichnen – ausreichende Personalkapazität zur Verfügung gestellt wird.

Analog zu den phasenorientierten Aufwands- und Kostenverteilungen innerhalb der COCOMO-Methode wurde für diese auch eine prozentuale Verteilung der Entwicklungszeit auf die Phasen abgeleitet, wiederum unter Berücksichtigung des Entwicklungsmodus und der Programmgröße (Tabelle 3.6).

Sowohl aus den Aufwandsverteilungen als auch den Zeitverteilungen lassen sich folgende Aussagen ableiten:

▷ Je kleiner und einfacher das Entwicklungsvorhaben ist, desto höher ist der prozentuale Anteil an Zeit und Aufwand für Aktivitäten in den Realisierungsphasen (Programmierung, Integration und Test).
▷ Je größer und komplexer das Entwicklungsvorhaben ist, desto höher ist der prozentuale Anteil an Zeit und Aufwand für Aktivitäten in den Planungsphasen (Studie, Systementwurf).
▷ Die Schwankungsbreiten sind bei der Aufwandsverteilung geringer als bei der Zeitverteilung.

Gemittelte Aufwandsverteilungen

Faustregel für phasenbezogene Aufwandsverteilung: 40–20–40

Als grobe Faustregel für das prozentuale Aufteilen des Personalaufwands auf die drei großen Entwicklungsabschnitte Entwurf, Programmierung und Test bei einer SW-Entwicklung ergibt sich in Mittelwertbildung über alle wichtigen Prozentsatzmethoden das Zahlentripel 40% – 20% – 40%.

Bei SW-Entwicklungen ist sicherlich ein entscheidendes Kriterium für eine Mittelwertbildung von verschieden Aufwandsverteilungen, inwieweit die zu entwickelnde Software den Charakter einer *Verfahrenssoftware*, einer *Produktsoftware* oder einer *Systemsoftware* hat.

Dieses Merkmal ist deshalb auch für die Klassenbildung in der Tabelle 3.7 herangezogen worden; die Tabelle enthält eine grobe Mittelung über die verschiedenen vorliegenden prozentualen Verteilungen mit der Unter-

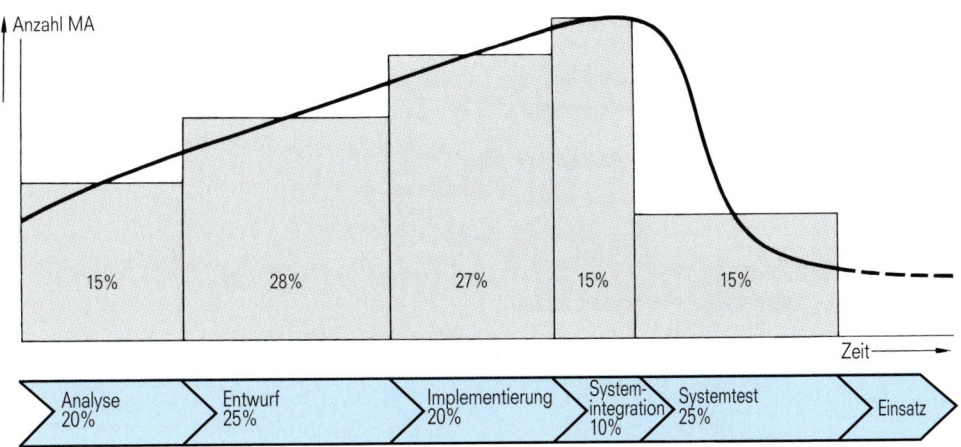

Bild 3.13 Prozentualer Aufwand und Zeitbedarf (Beispiel Vermittlungssysteme)

scheidung, ob die zu betrachtende Software mehr System-, Produkt- oder Verfahrenscharakter hat.

Tabelle 3.7 Gemittelte Aufwandsverteilungen für SW-Entwicklungen

Phase	System-charakter	Produkt-charakter	Verfahrens-charakter
Studie	12%	7%	10%
Systementwurf	18%	14%	16%
Programmentwurf	14%	21%	20%
Codierung	14%	19%	12%
Einzeltest	13%	21%	19%
Systemintegration	15%	9%	11%
Systemtest	14%	9%	12%

Zum Ableiten von Kennzahlen für eine Prozentsatzmethode ist Voraussetzung, dass die Aufwandserfassung, also die Stundenkontierung durch die Entwickler, *phasenorientiert* vorgenommen wird, indem man die Stundenangaben jeweils mit dem zutreffenden Phasenkennzeichen versieht (siehe hierzu Bild 4.5).

Aufwandserfassung muss phasenorientiert vorgenommen werden

3.2.4 Expertenbefragungen

Trotz der Bedeutung der analytischen Schätzmethoden und -verfahren ist und bleibt die Schätzung durch den Entwickler die ausschlaggebende Schätzaussage. Aufwands- und Kostenschätzverfahren können den Entwickler und den Projektleiter beim Festlegen der Planvorgaben für das Entwicklungsprojekt nur unterstützen.

3 Projektplanung

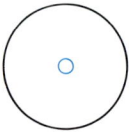  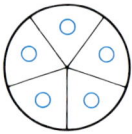 

Einzelschätzung Mehrfachbefragung Delphi-Methode Schätzklausur

Bild 3.14 Formen der Expertenbefragungen

Expertenbefragungen zur Aufwandsschätzung sind meist aufgabenbezogen

Expertenbefragungen stellen – bei Vorhandensein eines ausreichenden Erfahrungsschatzes – für alle Arten von Entwicklungsprojekten eine adäquate Schätzmethode dar; besonders bei „inhomogenen" Entwicklungen, wie bei stark HW/SW-gemischten Projekten oder bei Vertriebs- und Projektierungsprojekten, sind Expertenbefragungen (in systematisierter Vorgehensweise) häufig der einzig gangbare Weg, um zu gesicherten Schätzwerten zu kommen.

Zum Befragen von Experten gibt es mehrere Möglichkeiten; sie unterscheiden sich in Systematik und Umfang der Einbindung von Experten. Die Formen von Expertenbefragungen sind (Bild 3.14):

▷ Einzelschätzung
▷ Mehrfachbefragung
▷ Delphi-Methode
▷ Schätzklausur.

Einzelschätzung

Eine Einzelschätzung kann leicht sehr ungenau sein

Die Einzelschätzung ist immer noch die häufigste Form einer Expertenbefragung. Bei ihr legt ein *einzelner* Entwickler, Entwicklungsgruppenleiter oder Projektleiter für ein bestimmtes Arbeitsvolumen allein die Schätzwerte hinsichtlich Aufwand, Dauer und Kosten fest. Handelt es sich um einen erfahrenen Fachmann – der bereits mehrere ähnliche Entwicklungsaktivitäten durchgeführt hat – dann haben die vorgeschlagenen Schätzwerte i.Allg. eine hohe Genauigkeit. Erweisen sich die Schätzwerte dagegen als nicht zutreffend, kommen dafür folgende Gründe in Frage:

▷ mangelnde Fachkenntnisse,
▷ mangelnde Plandurchdringung,
▷ Übersehen von Aufgabenteilen,
▷ vergangenheitsbedingte „Vorurteile",
▷ Überschätzen der eigenen Produktivität,
▷ Unterschätzen der Schwierigkeiten und
▷ „opportune" Schätzungen.

Die Einzelschätzung leidet naturgemäß an einer gewissen Einseitigkeit beim Bestimmen der einzubeziehenden Randparameter; sie unterliegt keiner Kontrolle auf Richtigkeit.

Mehrfachbefragung

Im Gegensatz zur Einzelschätzung wird bei einer Mehrfachbefragung – vor der endgültigen Abgabe eines abgestimmten Schätzwertes – eine Gruppe von Experten zu Rate gezogen. Die Experten sollten möglichst aus unterschiedlichen organisatorischen Richtungen kommen, um so weitgehend unabhängige Schätzaussagen zum geplanten Vorhaben zu erhalten.

Die Mehrfachbefragung nutzt einen breiteren Erfahrungsschatz

Mit Hilfe einer Durchschnittsbildung der einzelnen Schätzwerte gelangt man zu einer Art *Repräsentativschätzung*, die meist der (künftigen) „Wahrheit" näher kommt als eine isolierte Einzelschätzung. Mit einer Mehrfachbefragung wird daher fast immer eine Verringerung des Vorhersagefehlers erreicht.

Für die Durchschnittsbildung bieten sich als Möglichkeiten an:

▷ arithmetischer Mittelwert
▷ Mittelwert aus Minimal- und Maximalwert
▷ arithmetischer Mittelwert ohne Extremwerte.

Im ersten Fall werden alle abgegebenen Schätzwerte gleichwertig behandelt und aus diesen der arithmetische Mittelwert gebildet. Bei der zweiten Vorgehensweise betrachtet man nur den Minimal- und den Maximalwert und ermittelt aus diesen beiden das Mittel. Im letzten Fall geht man umgekehrt vor; die Extremwerte werden beiseite gelassen und von den übrig gebliebenen Werten wird der arithmetische Mittelwert gebildet.

Delphi-Methode

Die Aufwandsschätzung nach der Delphi-Methode basiert auch auf der Befragung mehrerer Experten; allerdings wird hier ein streng systematischer Weg eingeschlagen.

Die Delphi-Methode ist eine Mehrfachbefragung mit systematisierter Vorgehensweise

Man unterscheidet die Standard-Delphi-Methode und die Breitband-Delphi-Methode.

Standard-Delphi-Methode

Die Ablaufschritte bei der Standard-Delphi-Methode sind:

1. Der Koordinator erläutert jedem Experten einzeln die Entwicklungsaufgabe und händigt ihm ein Schätzformular aus.
2. Die einzelnen Experten füllen getrennt voneinander diese Schätzformulare aus. Hierbei dürfen sie mit dem Koordinator fachlich korrespondieren, aber eine Diskussion zwischen den Experten ist nicht gestattet.
3. Der Koordinator fasst die einzelnen Schätzungen mit Begründungen in einem Formular zusammen, welches den Experten erneut vorgelegt wird.
4. Jeder Experte überarbeitet daraufhin seine eigene Schätzung noch einmal, wieder anonym zu seinen Kollegen.
5. Dieser Prozess wird so lange wiederholt, bis eine ausreichende Annäherung zwischen den einzelnen Schätzungen erreicht worden ist.

Der Durchschnittswert der hinreichend angenäherten Schätzwerte stellt schließlich das Schätzergebnis dar.

Breitband-Delphi-Methode

Die Breitband-Delphi-Methode ist dadurch gekennzeichnet, dass zu Beginn und zwischen jeder Interaktion gemeinsame Sitzungen abgehalten werden, in denen die Schätzaufgaben und das Zwischenergebnis der vorausgegangenen Schätzrunde miteinander diskutiert werden.

Folgende Schritte werden bei der Breitband-Delphi-Methode durchlaufen:

1. Der Koordinator erläutert jedem Experten einzeln die Entwicklungsaufgabe und händigt ihm ein Schätzformular aus.
2. Vom Koordinator wird eine Sitzung einberufen, in der die Experten miteinander unter Moderation des Koordinators die zu erstellende Aufwandsschätzung diskutieren.
3. Anschließend füllt jeder Experte getrennt die Schätzformulare aus.
4. Der Koordinator fasst die einzelnen Schätzaussagen in einem Formular zusammen, begründet die Angaben und Unterschiede allerdings nicht. Das Formular wird wieder an alle Experten verteilt.
5. Der Koordinator arrangiert wieder eine Sitzung, in der vor allem die großen Abweichungen einzelner Schätzungen diskutiert werden.
6. Daraufhin überarbeitet jeder Experte seine eigene Schätzung wieder unabhängig von seinen Kollegen.
7. Dieser Prozess wird so lange – iterativ – durchlaufen, bis sich eine ausreichende Annäherung der (anonymen) einzelnen Schätzungen ergeben hat.
8. Der aus diesen einzelnen Schätzungen abgeleitete Durchschnittswert stellt schließlich das Schätzergebnis dar.

Nachteil bei beiden Formen der Delphi-Methode ist der große Zeitbedarf für das Durchführen der Schätzung.

Schätzklausur

Die Schätzklausur hat sich als kooperative Mehrfachbefragung bestens bewährt

Im Gegensatz zur Delphi-Methode enthält die Schätzklausur *gruppendynamische* Aspekte – die Experten schätzen nicht anonym, sondern gemeinsam in einem *Kollektiv*. Zudem setzt sich der Teilnehmerkreis aus Mitgliedern des späteren Projektteams zusammen.

Eine Schätzklausur umfasst drei nacheinander ablaufende Abschnitte:

▷ Vorbereitung
▷ Durchführung
▷ Nachbereitung.

Vorbereitung der Schätzklausur

In der Vorbereitung werden die Produkt- und Projektstrukturpläne in ausreichender Detaillierung gemeinsam ausgearbeitet. Hierbei ist besonders auf Vollständigkeit und Konsistenz dieser Strukturpläne zu achten, da diese die Grundlage für die gesamte weitere Schätzung darstellen. Zudem werden die Aufgabenstellung sowie das gemeinsame Vorgehen in den künftigen Klausursitzungen diskutiert.

Der Durchführungsabschnitt umfasst die eigentliche Schätzung. Ausgangspunkt sind die im Projektstrukturplan definierten einzelnen Arbeitspakete. Um nicht jedes einzelne Arbeitspaket einer eigenen Schätzung unterziehen zu müssen, bietet es sich an, nur einen *Referenzkomplex* einer detaillierten fachlichen Untersuchung und einer genauen Aufwandsschätzung zu unterziehen und dieses Einzelergebnis durch Analogieschluss auf die anderen Projektteile zu übertragen.

Durchführung der Schätzklausur

Diese *Bottom-up-Vorgehensweise* läuft in folgenden Schritten ab:

1. Das System wird in Komplexe gegliedert und nach Größe und Komplexität zu Gruppen geordnet (siehe Bild 3.15).
2. Ein ausgewählter Referenzkomplex wird mit großer Genauigkeit geschätzt.
3. Die Aufwände der anderen (acht) Komplexgruppen werden unter Bezug auf den Referenzkomplex geschätzt (Mehr- bzw. Minderaufwand).
4. Die entsprechende Multiplikation der jeweiligen Komplexanzahl mit dem zugehörigen Aufwandswert und die anschließende Addition ergeben den Gesamtaufwand des Vorhabens.

Liegen die Einzelschätzwerte sehr weit auseinander, dann müssen zwischen den betreffenden Schätzern in Rede und Gegenrede die Gründe für die abgegebenen Schätzungen dargelegt werden. So lässt sich feststellen, an welchen Punkten eventuell von unterschiedlichen Annahmen ausge-

Anzahl / Aufwand in MT	Größe			Summierung in MT
	klein	mittel	groß	
Komplexität: gering	4 / 8 MT	3 / 12 MT	2 / 15 MT	32 + 36 + 30 = 98
Komplexität: mittel	1 / 10 MT	2 / 15 MT	2 / 20 MT	10 + 30 + 40 = 80
Komplexität: hoch	0 / 15 MT	2 / 20 MT	1 / 25 MT	0 + 40 + 25 = 65
			Gesamtaufwand	243 MT ≙ 11 MM

Referenzkomplex

Bild 3.15 Referenzmatrix für Schätzklausur

gangen worden ist. Abweichend von der Delphi-Methode läuft die anschließende Überarbeitung der individuellen Schätzungen nicht anonym, sondern offen ab. Mit einer entsprechenden Durchschnittsbildung einigt man sich schließlich auf einen gemeinsamen Schätzwert.

Nachbereitung der Schätzklausur

In der Nachbereitung wird eine erste grobe Projektplanung zum Nachweis der Machbarkeit des Projekts erstellt. Hierbei gibt es folgende Schritte:

1. Die arbeitspaketorientierten Aufwandsschätzwerte werden den Funktionsbereichen und Entwicklungsphasen zugeordnet.
2. Die vorliegende Aufwandsschätzung wird mit Hilfe anderer Verfahren, wie algorithmischen Vergleichs- oder Kennzahlenverfahren plausibilitiert.
3. Die Arbeitspakete werden in einen Balkenplan oder einen Grobnetzplan eingeordnet.
4. Die Einsatzmittel (Personen, Maschinen, Geldmittel) werden entsprechend eingeplant.
5. Eine Risikobewertung wird durchgeführt.

Nach einer Schätzklausur können die geschätzten Aufwandswerte mit den entsprechenden Verrechnungssätzen bewertet werden und in eine Projektkalkulation einfließen.

Die Vorteile der Schätzklausur basieren auf ihrem gruppendynamischen Aspekt

Neben dem Finden eines „treffsicheren" Schätzergebnisses hat diese Form der Expertenbefragung aber noch einige weitere Vorteile, die mehr unter dem *gruppendynamischen* Aspekt gesehen werden müssen:

▷ Alle Produkt- und Projektaspekte werden gemeinsam bearbeitet.
▷ Es wird eine gemeinsame Definitionsbasis für Produkt und Projekt erarbeitet, hinter der später alle stehen.
▷ Planaufwand und voraussichtliche Projektdauer werden gemeinsam und nachvollziehbar ermittelt, so dass man diese Planangaben später auch gemeinsam trägt.
▷ Management und Projektteam erhalten die innere Sicherheit für die Machbarkeit des Projekts.

3.2.5 Lernkurven

Größere Stückzahlen führen zu geringeren Einzelstückkosten

Bei Projekten, in denen große Stückzahlen eines Produkts entwickelt und hergestellt werden müssen, ist eine genaue Kostenschätzung häufig sehr schwierig. Man kann nur schwer von den Kosten eines einzelnen Produktexemplars auf eine größere Gesamtmenge schließen, weil es ein erheblicher Unterschied ist, ob man von einem Produkt 1 Exemplar oder 1.000 Exemplare produzieren soll. Je mehr Exemplare eines Produkts erstellt werden, desto geringer ist der Aufwand für das einzelne Exemplar („Übung macht den Meister").

Beispiel einer Lernkurve

Dieser Sachverhalt des Lernkurveneffekts soll an einem einfachen Beispiel der Fertigung von Einzelteilen näher erläutert werden. In Tabelle 3.8 ist aufgeführt, dass die Fertigung eines Einzelteiles z.B. 500 Stunden beansprucht und dass für die Fertigung jeweils der doppelten Menge eine Zeitersparnis von angenommenen 20 % erreicht werden kann. Üblicherweise verwendet man bei der Lernkurvenbetrachtung die Personalkosten und damit die Personalstunden, weil in den gesamten Stückkosten weitere Kostenbestandteile, wie Material- und Maschinenkosten enthalten sind, für die andere Lernkurven anzusetzen sind; auch können andere nicht quantisierbare Einflüsse, wie Inflation und Währungskurse, bei der Stückkostenbetrachtung eine Rolle spielen.

Lernkurven zeigen die Kostendegression bei höheren Stückzahlen auf

Wie aus der Tabelle 3.8 zu ersehen ist, werden für die Fertigung des zweiten Exemplars 400 Stunden und für das 128. Exemplar bereits nur noch 105 Stunden benötigt.

Werden die Einzel-Stückkosten über die kumulierte Produktionsmenge grafisch aufgetragen, so erhält man die in Bild 3.16 dargestellte Lern-

Tabelle 3.8 Einzel-Stückkosten

Anzahl Exemplare	1	2	4	8	16	32	64	128	256	512
Fertigungsstunden je Exemplar	500	400	320	256	205	164	131	105	84	67

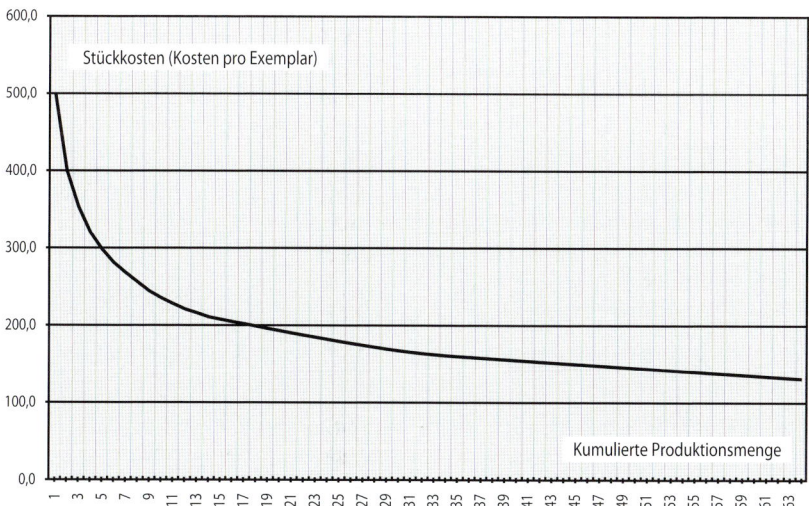

Bild 3.16 Stückkosten-Lernkurve (Lernrate 80 %)

kurve; sie folgt einem Hyperbel-Verlauf. Der in diesem Beispiel angenommene Prozentwert von 80 % wird als Lernrate bezeichnet; er kennzeichnet den Lernerfolg bezogen auf die Lernzeit und stellt einen immanenten Produktivitäts- und Qualitätswert der betrachteten Entwicklung bzw. Fertigung dar.

Steigerung der Lernkurve

Durch Steigerung der Arbeitseffizienz sollte immer eine Steigerung der Lernrate einer Lernkurve angestrebt werden; hierzu bieten sich unterschiedliche Optimierungsmöglichkeiten an:

Möglichkeiten der Steigerung der Lernrate einer Lernkurve

▷ Personalmanagement intensivieren,
▷ Motivation der Mitarbeiter durch Anreize (z.B. Prämien) steigern,
▷ gezielte Gehaltszulagen vornehmen,
▷ Prozessabläufe analysieren und optimieren,
▷ Schulung verbreitern und verbessern,
▷ Standardisierungen einführen,
▷ Betriebsmittelversorgung verbessern.

Lernkurven haben allerdings auch ihre Grenzen, da sie nicht ins Unendliche fortgesetzt werden können. Zwangsläufig nimmt die prozentuale Verringerung im Laufe der Zeit ab, so dass die Lernkurven eine Abschwächung in ihrem Verlauf erhalten. Auch äußere Einflüsse, wie der plötzliche Zwang zu Mengenrabatten oder eine vermehrte Inflation, können die Lernkurven-Untersuchungen obsolet machen.

3.3 Netzplantechnik

Netzpläne bringen Arbeitspakete in einen personellen, fachlichen und zeitlichen Zusammenhang

Die Netzplantechnik (NPT) als Hilfsmittel zum Analysieren, Beschreiben, Planen, Kontrollieren und Steuern von Projektabläufen stellt eine bewährte Methode für das Projektmanagement dar. Bei Projekten, bei denen zahlreiche Mitarbeiter mehrerer Abteilungen über eine lange Projektdauer mit der Ausrichtung auf ein gemeinsames Projektziel koordiniert und gesteuert werden müssen, hat sich die Netzplantechnik als die einzige Möglichkeit gezeigt, Termine, Aufwände, Kosten und Einsatzmittel konsistent zu planen und zu überwachen.

3.3.1 Methodenüberblick

Die Netzplanmethoden lassen sich nach unterschiedlichen Aspekten einteilen. Eine ablaufbezogene Unterscheidung ist die folgende:

▷ Methoden für deterministische Projektabläufe
▷ Methoden für stochastische Projektabläufe.

Deterministische Netzpläne

Bei Netzplanmethoden, die *deterministische* Projektabläufe beschreiben, sind die Abläufe vorherbestimmbar, d.h. alle im Netzplan dargestellten Wege werden zur Realisierung des Projekts durchlaufen. Zu dieser Methodengruppe gehören CPM, PERT und MPM.

3.3 Netzplantechnik

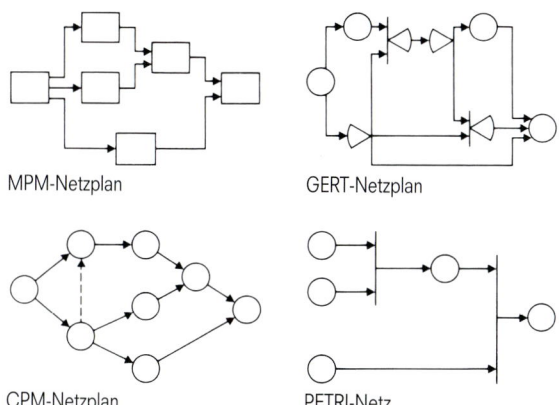

Bild 3.17 Formale Elemente eines Netzplans (links: deterministische Netzpläne; rechts: Entscheidungsnetzpläne)

Die zweite Methodengruppe umfasst Netzplanmethoden für Projekte, die über *probabilistische* bzw. *stochastische* Ablaufstrukturen verfügen. In diesen Strukturen können bei den Ereignissen bzw. Vorgängen – abhängig von Wahrscheinlichkeitswerten – mehrere Möglichkeiten für den weiteren Projektablauf ausgewählt werden. Bei der Projektdurchführung sind daher nicht alle Wege – wie bei einem deterministischen Projektablauf – zu durchlaufen, sondern es können einige Zweige ausgelassen werden. Einen solchen Netzplan bezeichnet man als *Entscheidungsnetzplan* (EPT).

Stochastische Netzpläne

Beispiele für solche Enscheidungsnetzplantechniken (ENPT) sind die Methoden GERT (Graphical Evaluation and Review Technique) und GAN (Generalized Activity Networks) sowie die Evaluationsnetztechnik auf Basis der Petri-Netze.

Für technische und betriebliche Abläufe haben sich die determinierten Zeitmodelle durchgesetzt.

In Bild 3.17 sind die formalen Elemente einiger dieser Netzplanformen dargestellt.

Elemente eines Netzplans

Die Elemente eines Netzplans sind:

▷ Vorgänge,
▷ Ereignisse und
▷ Anordnungsbeziehungen (AOB).

Ein Netzplan besteht aus einer vernetzten Abfolge von Vorgängen bzw. Ereignissen

Ein *Vorgang* stellt ein „Zeit erforderndes" Geschehen im Projektablauf dar, welches über einen definierten Anfang und über ein definiertes Ende verfügt. Ein *Ereignis* kennzeichnet demgegenüber einen definierten und damit beschreibbaren Zustand im Projektablauf. *Anordnungsbeziehungen* stellen darüber hinaus die personellen, fachlichen und terminlichen Abhängigkeiten zwischen den einzelnen Vorgängen her.

Darstellungsformen deterministischer Netzpläne

Man unterscheidet bei der Netzplandarstellung drei Formen:

▷ Ereignisknoten-Netzplan (EKN)
▷ Vorgangsknoten-Netzplan (VKN)
▷ Vorgangspfeil-Netzplan (VPN).

EKN:
Knoten = Ereignisse

Bei einem Ereignisknoten-Netzplan werden vorwiegend *Ereignisse* beschrieben und als *Knoten* eines Netzes dargestellt. Die Verbindungspfeile dieser Knoten stellen die Tätigkeiten dar, die notwendig sind, um von dem einen Ereignis zu dem anderen zu gelangen. Die Pfeile kennzeichnen also die Zeitabstände zwischen jeweils zwei Ereignissen. Das bekannteste EKN-Verfahren ist PERT (Program Evaluation and Review Technique); es ist in Kapitel 3.3.3 näher erläutert.

VKN:
Knoten = Vorgänge,
Pfeile =
 Anordnungs-
 beziehungen

In einem Vorgangsknoten-Netzplan werden vorwiegend *Vorgänge* beschrieben und als *Knoten* dargestellt. Eine wesentliche Erweiterung entsteht durch Einbeziehen der logischen Abhängigkeiten, indem die Verbindungspfeile der Knoten die Anordnungsbeziehungen für die Vorgänge bestimmen. Das VKN-Verfahren MPM (Metra Potential Method) wird in Kapitel 3.3.4 beschrieben.

VPN:
Knoten = Ereignisse,
Pfeile = Vorgänge

Beim Vorgangspfeil-Netzplan werden – wie beim VKN – vorwiegend *Vorgänge* beschrieben; diese sind aber *als Pfeile* in dem Netz dargestellt.

Eine Anordnungsbeziehung zwischen Ende und Anfang von zwei aufeinander folgenden Vorgängen ist wegen der unmittelbaren Abhängigkeit nicht darstellbar. Die Knoten fungieren damit als Ereignisse. CPM (Critical Path Method) ist hierfür die bekannteste Methode, auf welche im Kapitel 3.3.2 näher eingegangen wird.

Bild 3.18 stellt diese drei Netzplanarten in ihren Grundelementen gegenüber. DIN 69900, Teil 2 [65], enthält einige Angaben zur grafischen und tabellarischen Darstellung der verschiedenen Netzplanarten.

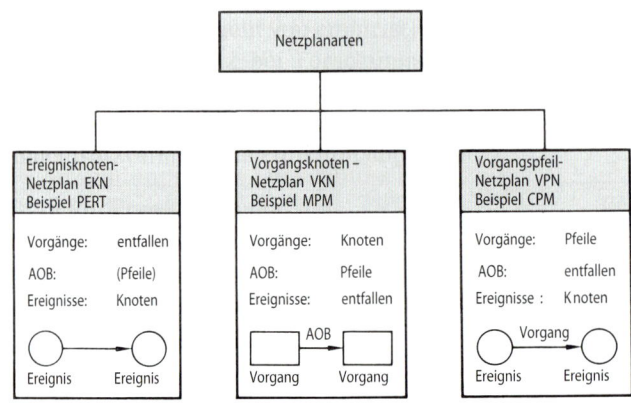

Bild 3.18 Netzplanarten (deterministisch)

Neben den Netzplanmethoden PERT, MPM und CPM gibt es noch eine große Anzahl hiervon abgeleiteter Methoden.

Entscheidungsnetzpläne

Entscheidungsnetzplantechniken wendet man an, wenn der Projektablauf nicht eindeutig festliegt, sondern das Projektziel auf mehreren unterschiedlichen Wegen erreicht werden kann. Hängt nämlich das weitere Vorgehen bei einem erreichten Projektzustand von bestimmten äußeren Einflüssen ab, so ist ein deterministischer Ablauf nicht mehr gegeben. Dies ist z.B. der Fall, wenn wechselnde Markteinflüsse (Ergebnisse von Meinungsumfragen, politische, wirtschaftliche oder technologische Veränderungen etc.) in den Projektablauf so einbezogen werden müssen, dass z.B. aufgrund der aktuell vorliegenden Marktsituation alternative Wege zu beschreiben sind.

Entscheidungsnetzpläne ermöglichen unterschiedliche Abläufe

Entscheidungsnetzplantechniken haben gegenüber den anderen Netzplantechniken folgende zusätzliche Möglichkeiten:

▷ logische Verknüpfung von Vorgängen,
▷ Entscheidungsweichen für alternative Abläufe,
▷ Schleifenbildung von Vorgängen,
▷ Berücksichtigung von Wahrscheinlichkeitswerten und Zufallsvariablen im Netzplanablauf.

Ein Entscheidungsnetzplan wird damit auf einem nicht vorher bestimmbaren Weg durchlaufen. Bei wiederholtem Durchlauf können sich also unterschiedliche Vorgangsabläufe ergeben.

Der Durchlauf bei einem Entscheidungsnetzplan ist nicht vorherstimmbar

Das bekannteste Verfahren, welches mit Entscheidungsereignissen arbeitet, ist das bereits erwähnte Verfahren GERT, bei dem die Pfeile den Vorgängen und die Knoten den Ereignissen entsprechen. Sowohl für den Eingang als auch für den Ausgang eines Knotens kann man eine Entscheidungsmöglichkeit bestimmen. Für den Ausgang ist hierbei eine deterministische oder eine probabilistische Auswahl möglich; für den Eingang sind disjunktive und konjunktive Auswahlen erlaubt.

Stochastische Projektabläufe können auch mit Vorgangsknoten-Entscheidungsnetzen dargestellt werden. Diese Netze enthalten neben normalen (deterministischen) Vorgängen auch Entscheidungsvorgänge, die aufgrund ihres eigenen Ergebnisses den weiteren Ablauf steuern. Ein Entscheidungsvorgang bestimmt also selbst, welcher Nachfolger als nächster durchgeführt werden soll.

3.3.2 Vorgangspfeil-Netzplan (CPM)

Die Netzplanmethode CPM (Critical Path Method) war im angelsächsischen Bereich, besonders in den USA, sehr verbreitet; so wurden z.B. alle Netzpläne in der Luft- und Raumfahrttechnik dort mit CPM-Verfahren erstellt. Inzwischen tritt diese Netzplantechnik dort mehr in den Hintergrund.

Ein CPM-Netzplan enthält eine Abfolge von Vorgängen und Ereignissen; er ist vorgangsorientiert

3 Projektplanung

Netzplanelemente

Beim CPM-Netzplan gibt es keine zeitlichen Überlappungen

Der CPM-Netzplan stellt einen vorgangsorientierten Netzplan dar. Die Tätigkeiten sind jeweils durch einen Pfeil symbolisiert. Die Abhängigkeiten zwischen diesen Vorgangspfeilen werden nicht gesondert ausgewiesen, da Ende und Anfang eines Pfeils unmittelbar aufeinander folgen. Bei CPM wird vorausgesetzt, dass die Vorgänge lückenlos aufeinander folgen, also keine zeitlichen Überlappungen möglich sind. Der Pfeil übernimmt damit auch die Information der Anordnungsbeziehungen, die immer Ende-Anfang-Beziehungen sind. Jeder Vorgangspfeil wird von zwei Knoten eingegrenzt, welche die Funktion von Ereignissen haben.

Die Knoten kennzeichnen die Anfangs- und Endergebnisse von Tätigkeitsabläufen und haben den Charakter von Meilensteinen. Daher wird die CPM-Netzplandarstellung gerne bei Meilensteinabläufen verwendet.

Netzplandarstellung

In Bild 3.19 ist ein Beispiel für ein Vorgangspfeilnetz gezeigt. Die Benennungen der Vorgänge werden üblicherweise oberhalb der Pfeile eingetragen. Die einzelnen als Kreise dargestellten Knoten werden durchnummeriert, so dass jeder Vorgang eindeutig durch das Nummernpaar der beiden begrenzenden Knoten identifizierbar ist.

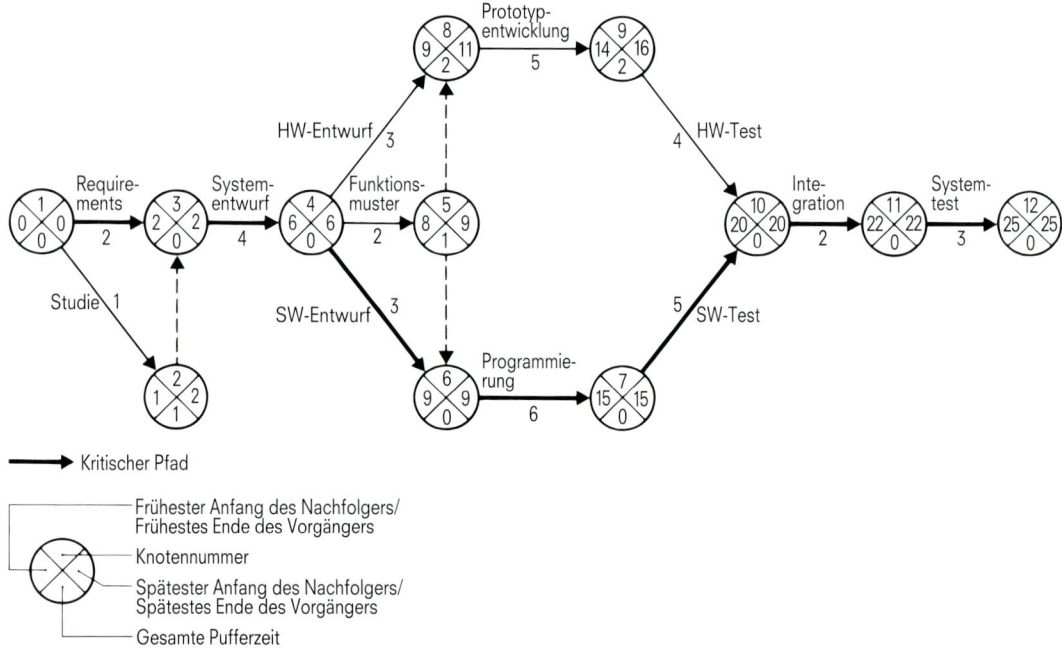

(Termine entsprechen Zeitpunkten)

Bild 3.19 CPM-Netzplan

Weiterhin sind in den Knotenkreisen die Frühest- und Spätesttermine für die Vorgänge aufgenommen. Entsprechend einer *Vorwärts-* und *Rückwärtsrechnung* (siehe Kapitel 3.3.5) ergeben sich die Pufferwerte. In der Vorwärtsrechnung werden alle Frühesttermine durch schrittweises Aufaddieren der Vorgangsdauern bestimmt. Ausgehend von dem dabei ermittelten Endtermin werden bei der Rückwärtsrechnung durch schrittweises Subtrahieren die Spätesttermine der einzelnen Vorgänge errechnet. Die Differenz aus Frühesttermin und Spätesttermin bildet jeweils den Zeitpuffer eines Vorgangs. Die von Projektanfang bis zum Projektende durchgehende Vorgangskette, die nur Vorgänge mit einem Puffer von Null enthält, kennzeichnet den „kritischen Pfad". Terminverschiebungen von Vorgängen, die auf dem kritischen Pfad liegen, wirken sich voll auf den Endtermin des Gesamtprojekts aus.

Einen Sonderfall stellen in einem Vorgangspfeil-Netzplan die *Scheinvorgänge* dar. Scheinvorgangspfeile – häufig als gestrichelte Pfeile gezeichnet – sind Vorgänge mit einer Dauer Null und dienen – in Ermangelung einer expliziten Darstellungsmöglichkeit von Anordnungsbeziehungen – zur Zeitsynchronisation der Anfangs- bzw. Endknoten von Vorgangspfeilen. Durch das Einführen von Scheinvorgängen (siehe Beispiel Vorgang 2 – 3 im Bild 3.19) können parallel laufende Aktivitäten in ihrem Anfang oder in ihrem Ende gleichgeschaltet werden.

3.3.3 Ereignisknoten-Netzplan (PERT)

Netzplanelemente

Bei PERT (Program Evaluation and Review Technique) stellt der Netzplan einen ereignisorientierten Netzplan dar, d.h. die Tätigkeiten ($\triangleq$ Vorgänge) werden durch ein Vor- und ein Nachereignis bestimmt [39]. In Bild 3.20 ist beispielhaft ein solcher Netzplan dargestellt. Die Kreise bezeichnen die Ereignisse, die Pfeile die Tätigkeiten.

Ein PERT-Netzplan ermöglicht die Angabe von Zeitvarianten für die einzelnen Tätigkeiten; er ist ereignisorientiert

Die Tätigkeit bzw. der Vorgang tritt bei einem PERT-Netzplan in seiner Bedeutung stark zurück. Ausschlaggebend sind die den Vorgang begrenzenden Ereignisse: das Vorgängerereignis und das Nachfolgerereignis, die den Charakter von Meilensteinen einnehmen. Dem Pfeil wird der Zeitabstand zwischen diesen beiden Ereignissen zugeordnet.

Drei-Zeiten-Schätzung

Das herausragende Merkmal von PERT ist die *Drei-Zeiten-Schätzung*. Im Gegensatz zu allen anderen Netzplantechniken ist hier die Schätzung der Tätigkeitsdauer nicht mit *einem* Wert belegt, sondern mit *drei* Zeitangaben:

PERT erfordert drei Zeitangaben

▷ Optimistische Zeit T_o
▷ Wahrscheinliche Zeit T_w
▷ Pessimistische Zeit T_p

3 Projektplanung

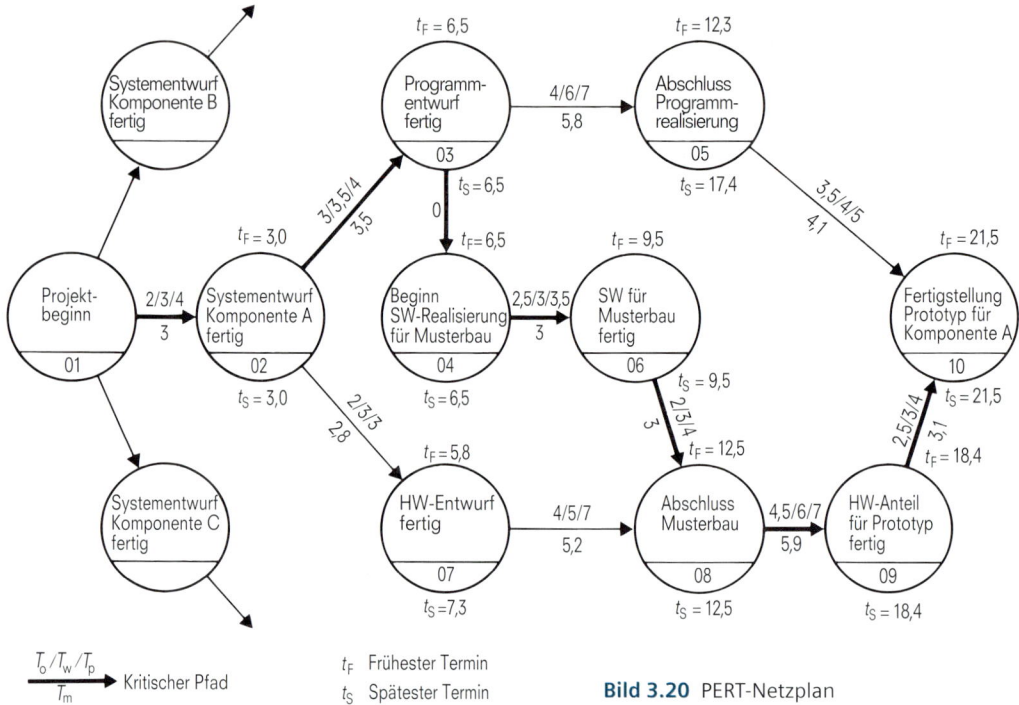

Bild 3.20 PERT-Netzplan

Die optimistische Zeit T_o bezeichnet die Schätzung der kürzestmöglichen Zeitdauer für eine Tätigkeit, wenn alles „bestens" und mit „viel Glück" abläuft. Die Schätzung der normalen üblichen Zeitdauer für eine Tätigkeit ergibt die wahrscheinliche Zeit T_w. Zum Bestimmen der pessimistischen Zeit T_p wird angenommen, dass beim Durchführen der betreffenden Tätigkeit alles „schief" läuft.

Aus diesen drei Zeitwerten wird nach einer Wahrscheinlichkeitsdichteverteilung (Beta-Verteilung) eine mittlere erwartete Zeit T_m berechnet:

$$T_m = \frac{T_o + 4T_w + T_p}{6} \qquad (13)$$

Es werden also keine festen Zeitdauern für die einzelnen Tätigkeiten angenommen, sondern sie variieren in einem bestimmten Bereich.

Netzplandarstellung

Die Termindurchrechnung geschieht ähnlich wie bei CPM und MPM durch Vor- und Rückwärtskumulieren der mittleren erwarteten Zeiten. In dem Netzplanbeispiel Bild 3.20 sind die auf diese Art ermittelten Werte für die frühestmöglichen Termine t_F und die spätestmöglichen Termine t_S für die einzelnen Ereignisse angegeben. Als kritischer Pfad ist hier der Pfad zu erkennen, der die längste (aufaddierte) Zeitdauer hat und dessen Ereignisse alle eine Pufferzeit ($t_S - t_F$) von Null haben.

Die Benennung der Ereignisse wird bei einem PERT-Netzplan möglichst in den Kreis oder besser in ein Oval mit einer eindeutig identifizierenden Ereignisnummer eingetragen. Oberhalb der Verbindungspfeile gibt man die drei Werte der Zeitschätzung und unterhalb der Pfeile den berechneten mittleren Zeitwert an.

Dadurch, dass kein Zwang zu einer verpflichtenden Einzel-Zeit-Schätzung besteht, erreicht man bei einem PERT-Netzplan eine ehrlichere und realistischere Terminbeurteilung. Allerdings liegt wohl der entscheidende Nachteil von PERT in dem beachtlichen Aufwand für das Aktualisieren der (dreimal so vielen) Zeitschätzwerte.

Der Begriff PERT-Diagramm wird heutzutage häufig auch für Netzplandarstellungen verwendet, die keine Zeitwahrscheinlichkeiten enthalten.

3.3.4 Vorgangsknoten-Netzplan (MPM)

MPM (Metra-Potential-Methode) hat im europäischen Bereich die beiden anderen Netzplanmethoden CPM und PERT stark zurückgedrängt.

Der MPM-Netzplan enthält Vorgänge, die untereinander in Anordnungsbeziehungen stehen

Netzplanelemente

Bei MPM werden in einem Vorgangsknoten-Netz die Tätigkeiten bzw. Vorgänge als Kästen dargestellt, die Verbindungspfeile symbolisieren die Anordnungsbeziehungen (AOB) zwischen diesen Vorgängen. Explizite Ereignisse treten somit in einem Vorgangsknoten-Netzplan nicht auf. Meilenstein-Ereignisse müssen als eigene Vorgänge mit einer Null-Dauer deklariert werden.

Entsprechend der Ablauffolge der einzelnen Vorgänge in einem Vorgangsknoten-Netz gibt es unterschiedliche Arten von Vorgängen: Ein *Vorgänger*(-Vorgang) ist im logischen Ablauf unmittelbar vor einem bestimmten Vorgang, ein *Nachfolger*(-Vorgang) ist im logischen Ablauf unmittelbar nach diesem Vorgang angeordnet. Ein *Startvorgang* kennzeichnet den ersten Vorgang im logischen Ablauf, der selbst keinen Vorgänger hat. Der *Zielvorgang* ist der letzte Vorgang im logischen Ablauf und besitzt daher keinen eigenen Nachfolger. Der *Alleinvorgang* stellt eine Aktivität dar, die nicht in den logischen Projektablauf eingebunden ist, und verfügt weder über einen Vorgänger noch über einen Nachfolger.

Anordnungsbeziehungen

Innerhalb der MPM-Netzplanmethode ist es möglich, vier Formen einer Anordnungsbeziehung zu definieren, die sich in Art und Zeitdauer der Überlappung der Vorgänge unterscheiden (siehe Bild 3.21):

▷ Normalfolge   (NF)
▷ Anfangsfolge   (AF)
▷ Endfolge   (EF)
▷ Sprungfolge   (SF).

Bei MPM gibt es vier Formen von Anordnungsbeziehungen

3 Projektplanung

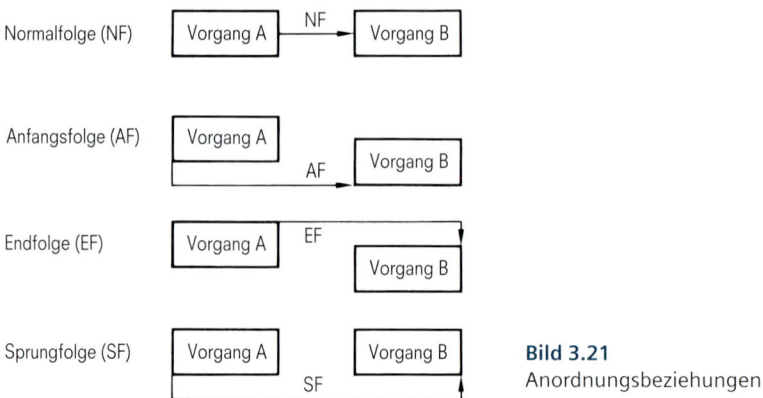

Bild 3.21
Anordnungsbeziehungen

Die *Normalfolge* ist die übliche Folge zweier (serieller) Vorgänge, bei denen das Ende des ersten Vorgangs mit dem Anfang des zweiten Vorgangs verbunden ist, so dass sie sich – bei positivem Zeitabstand – nicht überlappen. Die Normalfolge ist eine Ende-Anfang-Beziehung. Bei einer *Anfangsfolge* sind die Anfänge der beiden Vorgänge, die damit überlappt (teilparallel) sein können, miteinander verbunden. Die Anfangsfolge ist Bei MPM gibt es vier Formen von Anordnungsbeziehungen also eine Anfang-Anfang-Beziehung. Bei einer *Endfolge* sind die Enden der beiden Vorgänge entsprechend verknüpft; es handelt sich um eine Ende-Ende-Beziehung. Die *Sprungfolge* kennzeichnet einen Spezialfall, bei dem das Ende des Nachfolger-Vorgangs mit dem Anfang des Vorgänger-Vorgangs verbunden ist. Sie ist damit eine Anfang-Ende-Beziehung und wird hauptsächlich zum Definieren von Maximalabständen verwendet.

Zeitabstände von Anordnungsbeziehungen

Für Zeitabstände können Minimal- oder Maximalwerte angegeben werden

Für alle vier Anordnungsbeziehungen können die Zeitabstände auf zwei Arten angegeben werden:

▷ Minimal- bzw. Mindestabstände
▷ Maximal- bzw. Höchstabstände.

Minimalabstände – auch als Mindestabstände bezeichnet – kennzeichnen z.B. bei einer Normalfolge einen Zeitwert, der mindestens vergehen muss, bevor der Nachfolger-Vorgang begonnen werden darf. *Maximalabstände* dagegen bestimmen zeitliche Abstände, die nicht überschritten werden dürfen. Bei einer Normalfolge bedeutet dies z.B., dass der Nachfolger-Vorgang niemals später als der angegebene Zeitwert begonnen werden darf. Maximalabstände bestimmen damit eine Begrenzung bei Überschreiten von Minimalabständen. In der Praxis begnügt man sich bei der Angabe von Zeitabständen meist mit Minimalwerten, da Maximalabstände mithilfe von Schleifenkonstruktionen (z.B. Normalfolge mit Sprungfolge) formuliert werden müssen.

3.3 Netzplantechnik

Als Kennzahl für die Vernetzung eines Netzplans (Netzdichte) wird die Verflechtungszahl v angegeben:

Definition der Netzdichte

$$v = \frac{n_{AOB}}{n_{Vorgang} - 1} \qquad (14)$$

n_{AOB} Anzahl Anordnungsbeziehungen
$n_{Vorgang}$ Anzahl Vorgänge

Bei $v = 1$ handelt es sich um einen sequentiellen Ablauf. Die Praxis hat gezeigt, dass die Verflechtungszahl den Wert 2 nicht überschreiten sollte.

Netzplandarstellung

Bild 3.22 zeigt einen Netzplan in der MPM-Darstellung, hierbei wurde das Beispiel des Kapitel 3.3.2 benutzt, welches dort in der CPM-Darstellung ausgeführt wurde. Aus jedem dort aufgeführten Vorgangspfeil wird in der MPM-Darstellung ein Vorgangskästchen, welches im Wesentlichen die gleichen Daten enthält wie der Knotenkreis in dem CPM-Netzplan.

Die Frühest- und Spätesttermine sowie die Pufferzeiten sind in ähnlicher Form wie bei der CPM-Methode zu bestimmen, indem durch eine Vorwärtsrechnung die Frühesttermine und durch eine Rückwärtsrechnung die Spätesttermine ermittelt werden. Es sind allerdings die – bei der CPM-Methode nicht vorhandenen – Anordnungsbeziehungen in ihrer jeweiligen Art und ihren Zeitabständen zusätzlich zu beachten.

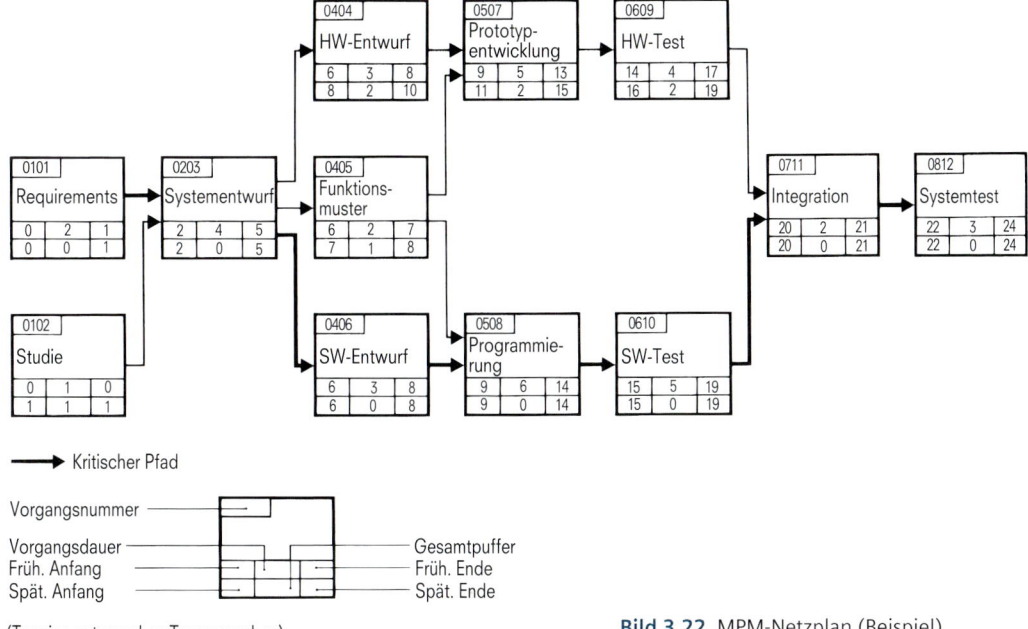

Bild 3.22 MPM-Netzplan (Beispiel)

3.3.5 Terminabrechnung

Die Terminabrechnung dient dem zeitlichen Einordnen der Netzplan-Vorgänge

Mit der Terminabrechnung eines Netzplans werden die Netzplan-Vorgänge – unter Berücksichtigung der gegenseitigen Abhängigkeiten – zeitlich eingeordnet. Ausgangsbasis sind die jeweiligen Dauern der Vorgänge und eventuell gesetzte Fixtermine. Neben der Festlegung der gesamten Terminlage werden noch die einzelnen *Pufferzeiten* der Vorgänge sowie die *kritischen Pfade* ermittelt.

Die Terminabrechnung läuft in zwei Rechnungsgängen ab, der *Vorwärts-* und der *Rückwärtsrechnung*. Ihr Ergebnis ist die Bestimmung der Anfangstermine und Endtermine aller Netzplan-Vorgänge. Bei den Anfangs- und Endterminen muss zwischen frühester und spätester Terminlage unterschieden werden, so dass ein für einen Vorgangsknoten-Netzplan signifikanter Termin-Quadrupel entsteht:

▷ Frühester Anfangszeitpunkt   (*FAZ*)
▷ Spätester Anfangszeitpunkt   (*SAZ*)
▷ Frühester Endzeitpunkt   (*FEZ*)
▷ Spätester Endzeitpunkt   (*SEZ*).

Der Unterschied zwischen frühestem und spätestem Zeitpunkt eines Vorgangs liegt in der Vernetzung und gegenseitigen Abhängigkeit der Vorgänge begründet. Hierdurch kann ein Vorgang mit definierter Dauer früher und später zur Ausführung kommen; der Vorgang verfügt dann über einen *Zeitpuffer*.

Vorwärtsrechnung

Progressive Rechnung: Bestimmung der frühesten Termine

Zum Bestimmen der frühesten Zeitpunkte bzw. Termine dient der erste Rechnungsgang, die Vorwärtsrechnung – auch *progressive Zeitrechnung* genannt. Bei der Vorwärtsrechnung wird von dem Anfangszeitpunkt des Startvorgangs ausgegangen. Durch Addition mit dessen Dauer erhält man den frühesten Endzeitpunkt für diesen Startvorgang, der gleichzeitig – unter Berücksichtigung entsprechender Zeitabstände – die frühesten

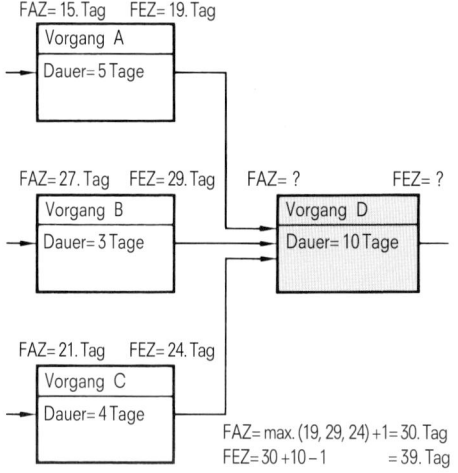

Bild 3.23 Vorwärtsrechnung

Anfangszeitpunkte für die Nachfolger-Vorgänge des Startvorgangs bestimmt. Addiert zur jeweiligen Vorgangsdauer ergeben sich die zugehörigen frühesten Endzeitpunkte dieser Nachfolger-Vorgänge. Diese bestimmen wiederum die frühesten Anfangszeitpunkte von deren Nachfolger-Vorgängen usw., bis diese Durchrechnung, die aufgrund der vernetzten Struktur iterativ abläuft, zu einem frühesten Endzeitpunkt für den Zielvorgang führt. Bild 3.23 zeigt ein einfaches Beispiel für die Vorwärtsrechnung bei einem Sammelknoten, wobei mehrere Vorgänge einen gemeinsamen Nachfolger haben.

Das Ergebnis einer derartigen iterativen Vorwärtsrechnung ist die Bestimmung aller frühesten Zeitpunkte nach folgendem Formelpaar:

Vorwärtsrechnung

$$FAZ_x = \max(FAZ_v) + 1 \qquad (15)$$

$$FEZ_x = FAZ_x + T_x - 1$$

v Vorgänger von x T_x Dauer von x

Rückwärtsrechnung

In einem zweiten Rechnungsgang, der Rückwärtsrechnung – auch *retrograde Rechnung* genannt – werden die spätesten Zeitpunkte bzw. Termine bestimmt. Bei der Rückwärtsrechnung ist von dem spätesten Endzeitpunkt des Zielvorgangs auszugehen; dieser kann entweder als Fixtermin oder durch die Projektdauer vorgegeben sein. Ist beides nicht der Fall, so wird der durch die Vorwärtsrechnung ermittelte früheste Endzeitpunkt gewählt und mit dem spätesten Endzeitpunkt gleichgesetzt. Durch Subtraktion der Dauer des Zielvorgangs vom Endzeitpunkt ergibt sich der späteste Anfangszeitpunkt dieses Vorgangs, der gleichzeitig unter Berücksichtigung eventueller Zeitabstände der Anordnungsbeziehungen die spätesten Endzeitpunkte seiner Vorgänger bestimmt. Deren späteste Anfangszeitpunkte ergeben sich wiederum durch Subtraktion der jeweiligen Vorgangsdauern von diesen Endzeitpunkten. Auch hier läuft der Rechnungsgang wegen der vernetzten Struktur iterativ ab und wird so lange durchgeführt, bis der Startvorgang erreicht, d.h. dessen spätester Anfangszeitpunkt bestimmt worden ist.

Retrograde Rechnung: Bestimmung der *spätesten* Termine

Bild 3.24 zeigt ein Beispiel für die Rückwärtsrechnung bei einem Verzweigungsknoten, bei dem mehrere Vorgänge von einem einzigen Vorgänger ausgehen.

Ergebnis der Rückwärtsrechnung ist die Bestimmung aller spätesten Zeitpunkte nach dem folgenden Formelpaar:

Rückwärtsrechnung

$$SEZ_x = \min(SAZ_n) - 1 \qquad (16)$$

$$SAZ_x = SEZ_x - T_x + 1$$

n Nachfolger von x T_x Dauer von x

3 Projektplanung

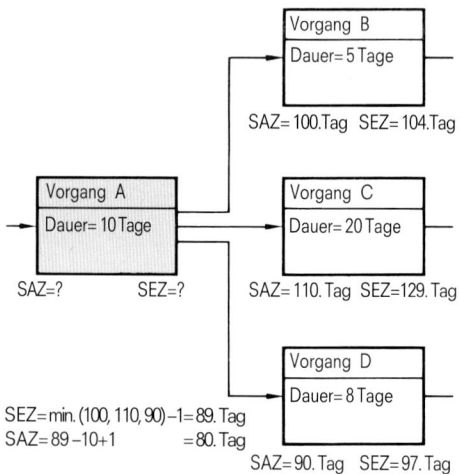

Bild 3.24 Rückwärtsrechnung

Konsistenz eines Netzplans

Vorwärts- und Rückwärtsrechnung bestimmen die Konsistenz des Netzplans und legen den kritischen Pfad fest

Nach Abschluss der Vorwärts- und der Rückwärtsrechnung liegt für jeden Vorgang das bereits erwähnte Termin-Quadrupel vor,

als Zeitpunkte:

FAZ, SAZ, FEZ, SEZ

bzw. als Termine:

FAT, SAT, FET, SET

Ist der Netzplan „zeitkonsistent", treten also keine negativen Puffer auf, so muss die Terminrechnung folgende Zeitbeziehungen für alle Vorgänge ergeben haben:

Zeitkonsistenter Netzplan

$SAZ \geq FAZ$

$SEZ \geq FEZ$

Anderenfalls ist der Netzplan nicht zeitkonsistent, d.h. es gibt Vorgänge, deren Dauer nicht mehr in die Zeitspanne der errechneten Termine für Anfang und Ende passen. Der Netzplan muss in einem solchen Fall überarbeitet werden, sei es durch Verändern von Vorgangsdauern, durch Ändern von Anordnungsbeziehungen oder durch Ändern von Fixterminen. Negative Puffer entstehen allein durch die Vorgabe von Fixterminen. Sind solche Fixtermine nicht vorhanden, ergibt sich immer ein zeitkonsistenter Netzplan.

3.3 Netzplantechnik

Gesamte und freie Pufferzeit

Als Puffer werden bei einem Netzplan die Zeitintervalle bezeichnet, in denen die Vorgänge unter bestimmten Voraussetzungen verschoben werden können.

Die *gesamte Pufferzeit* $T_{GP,x}$ eines Vorgangs wird definiert als Differenz der spätesten und frühesten Zeitpunkte (entweder Anfangs- oder Endzeitpunkte), d.h.:

Die gesamte Pufferzeit sollte größer Null sein

$$T_{GP,x} = SAZ_x - FAZ_x = SEZ_x - FEZ_x \qquad (17)$$

Diese Gesamtpufferzeit muss bei jedem Vorgang eines Netzplans stets größer oder gleich Null sein, sonst ist der Netzplan zeitinkonsistent. Ist die gesamte Pufferzeit eines Vorgangs gleich Null, so ist dieser *kritisch*, d.h., die tatsächlich eintretende Zeitdauer für diesen Vorgang darf auf keinen Fall die einmal geschätzte Dauer überschreiten, weil es sonst zu einem mehr oder weniger großen „Terminplatzen" im gesamten Projektablauf kommt. Eine positive gesamte Pufferzeit kennzeichnet eine Zeitreserve für die Tätigkeitsdauer eines Vorgangs, die allerdings nicht grundsätzlich voll ausschöpfbar ist, weil es bei einem vollständigen Verschieben

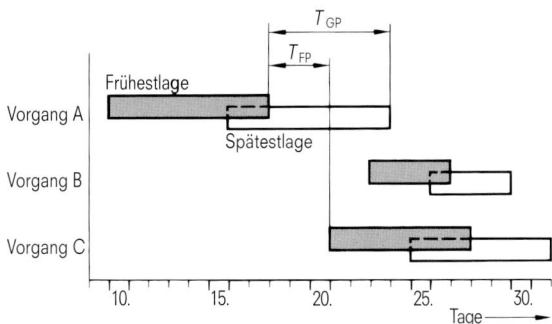

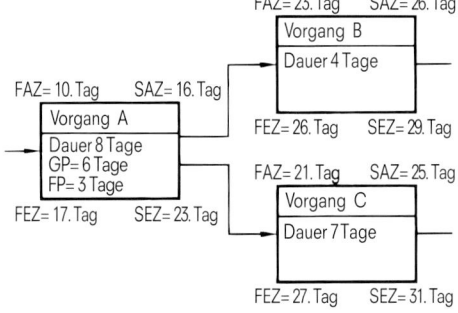

Bild 3.25 Gesamte und freie Pufferzeit

des Vorgangs innerhalb seiner gesamten Pufferzeit zu einer Kettenreaktion von Verschiebungen seiner Vorgänger oder Nachfolger kommen kann.

Dieser Sachverhalt ist in dem Bild 3.25 beispielhaft veranschaulicht. Wird hier der Vorgang A, der rechnerisch über eine T_{GP} von sechs Tagen verfügt, voll auf seinen spätesten Endzeitpunkt gelegt, so kann der Vorgang C erst kurz vor seinem spätesten Anfangszeitpunkt begonnen werden; er ist damit fast zu einem kritischen Vorgang geworden. Der Vorgang A kann also unbedenklich, d.h. ohne Auswirkungen auf seine Nachfolger, nur bis zum Zeitpunkt des frühesten Anfangs einer seiner Nachfolger verschoben werden.

Die freie Pufferzeit steht als Zeitreserve zur Verfügung

Diese Zeitdifferenz, die als Zeitreserve für einen Vorgang frei zur Verfügung steht, wird als *freie Pufferzeit* T_{FP} bezeichnet und errechnet sich nach der Formel

$$T_{FP,x} = \min(FAZ_n) - FEZ_x - 1 \tag{18}$$

n Nachfolger von x

Da die freie Pufferzeit mithilfe der frühesten Zeitpunkte einer Vorwärtsrechnung bestimmt wird, findet man auch die Bezeichnung freie Vorwärtspufferzeit T_{FVP}.

Die freie Pufferzeit ist immer kleiner als die gesamte Pufferzeit. Das Ausnützen der freien Pufferzeit für einen Vorgang tangiert also nicht seine Nachfolger; dagegen zwingt das Ausnützen der gesamten Pufferzeit diese teilweise in deren Spätestlage und macht sie daher „kritisch".

Kritischer Pfad

Beim kritischen Pfad sind die gesamten Pufferzeiten gleich Null

Werden keine Fixtermine gesetzt, so gibt es bei jedem Netzplan – beginnend bei einem Startvorgang und endend bei einem Zielvorgang – einen geschlossenen Weg von Vorgängen, die alle kritisch sind, bei denen also die gesamten und damit auch die freien Pufferzeiten gleich Null sind; diesen Weg bezeichnet man als kritischen Pfad.

Werden allerdings Fixtermine gesetzt, so können insgesamt drei Fälle auftreten:

▷ Nicht kritischer Pfad → Positive Puffer
▷ Kritischer Pfad → Puffer gleich Null
▷ Überkritischer Pfad → Negative Puffer

Ein überkritischer Pfad kann nur als temporärer Planungszwischenstand angesehen werden, da er irreale Planvorgaben enthält.

Es können natürlich auch mehrere kritische Pfade auftreten, auch Teilketten von kritischen Vorgängen sind möglich; man spricht dann von kritischen Unternetzen.

Weitere Pufferzeiten

Außer den beiden vorgenannten gängigen Pufferzeiten gibt es noch weitere Pufferzeiten, die zum differenzierten Beurteilen einer Netzplan-Konfiguration herangezogen werden können:

Die *unabhängige Pufferzeit* eines Vorgangs kennzeichnet den möglichen Verschiebungszeitraum, wenn alle Vorgänger ihre spätesten Zeitpunkte und alle Nachfolger ihre frühesten Zeitpunkte einnehmen.

Die *freie Rückwärtspufferzeit* ist die Zeitspanne, in der ein Vorgang, bezogen auf seine späteste Lage, in die späteste Lage seiner Vorgänger verschoben werden kann; sie ist das Pendant zur freien (Vorwärts-)Pufferzeit, welche sich ja aus den frühesten Lagen ergeben hat.

Die *bedingte* (*verfügbare*) Pufferzeit wird aus der Differenz der gesamten und der freien Pufferzeit gebildet und kennzeichnet den über den freien Puffer hinausgehenden Verschiebungszeitraum, wenn alle Nachfolger eines Vorgangs ihre späteste Lage einnehmen.

Als *bedingte Rückwärtspufferzeit* eines Vorgangs wird die Differenz zwischen gesamter Pufferzeit und der freien Rückwärtspufferzeit dieses Vorgangs bezeichnet.

Mit weiteren Pufferzeiten lässt sich die Netzplan-Konfiguration noch differenzierter beurteilen

3.4 Arbeitsplanung

3.4.1 Aufgabenplanung

Voraussetzung für jede Arbeitsplanung ist eine vollständige Aufgabenplanung, in der die durchzuführenden Aufgaben unter Berücksichtigung aller zeitlichen, personellen und fachlichen Randbedingungen festgelegt und spezifiziert werden.

Ausgangsbasis für die Aufgabenplanung ist der *Projektstrukturplan*. Die Aufgabenplanung selbst bildet wiederum die Grundlage für die *Ablaufplanung*, welche das Ergebnis der Terminplanung erbringt.

Der Projektstrukturplan ist Basis für die Aufgabenplanung

Will man für die Terminplanung einen Netzplan einsetzen, so werden innerhalb der Aufgabenplanung aus den Arbeitspaketen des Projektstrukturplans die Netzplanvorgänge gebildet und in einer *Vorgangssammelliste* zusammengefasst. Von diesen Vorgängen leitet man dann die einzelnen Aufgaben für die Entwicklungsmannschaft ab. Ohne Netzplantechnik entfällt dieser Teil, und die Aufgaben werden unmittelbar von den Arbeitspaketen des Projektstrukturplans abgeleitet.

Auch bei der Ablaufplanung gibt es dieses unterschiedliche Vorgehen – in dem einen Fall mithilfe eines Netzplans und in dem anderen Fall mit einem herkömmlichen Balkenplan. In beiden Fällen mündet das Ergebnis allerdings in eine Terminliste, die in einer Gesamtaufstellung alle Aufgaben terminlich fixiert.

3 Projektplanung

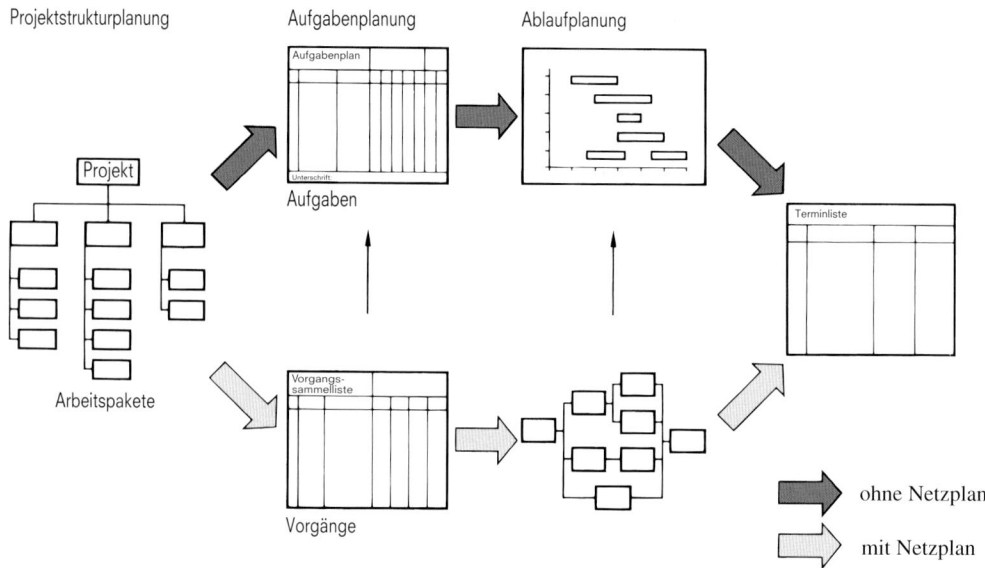

Bild 3.26 Prozesskette der Arbeitsplanung

Projektstrukturplanung, Aufgabenplanung und Ablaufplanung bilden damit eine geschlossene Prozesskette innerhalb der Projektplanung (Bild 3.26):

Projektstrukturplanung:

▷ Sammeln aller durchzuführenden Aktivitäten
▷ Anordnen in einer hierarchischen Struktur
▷ Definieren der Arbeitspakete.

Aufgabenplanung:

▷ Vollständiges Aufzählen aller Aufgaben (bzw. Vorgänge) auf Basis der Arbeitspakete
▷ Ermitteln der relevanten Projektdaten dieser Aufgaben (Bearbeiter, Aufwand, Terminvorstellung)
▷ Aufzeigen der logischen Abhängigkeiten.

Ablaufplanung:

▷ Einplanen der Aufgaben (bzw. Vorgänge) in einen zeitlichen Ablauf
▷ Bestimmen der Beginn- und Endtermine der Aufgaben (bzw. Vorgänge)
▷ Festlegen von Zäsurpunkten (z.B. Meilensteine).

3.4 Arbeitsplanung

Aufgabenanalyse

Im Rahmen einer *Aufgabenanalyse* werden die einzelnen Aufgaben entweder von den Arbeitspaketen des Projektstrukturplans unmittelbar oder von den hieraus gebildeten Vorgängen abgeleitet. Bei kleineren Projekten und bei Projekten, die ohne Netzplanverfahren laufen, sollte man möglichst wegen der Übersichtlichkeit eine 1:1-Zuordnung zwischen Arbeitspaketen und Aufgaben einhalten.

Die Aufgaben werden aus den Arbeitspaketen des Projektstrukturplans abgeleitet

Für die Aufgabenanalyse sind folgende Fragenkomplexe zu klären:

▷ Welche Aufgaben sind durchzuführen (Ableitung aus dem Projektstrukturplan)?
▷ Wer soll diese Aufgaben im Einzelnen durchführen (Mitarbeitereinsatzplanung)?
▷ Welcher Aufwand ist für die jeweiligen Aufgaben notwendig (Ergebnis der Aufwandsschätzung)?
▷ Wann sollen die einzelnen Aufgaben begonnen werden und wann beendet sein (Angabe von Wunschterminen)?
▷ Welche fachlichen Voraussetzungen erfordern die einzelnen Aufgaben und für welche nachfolgenden Aufgaben sind sie selbst fachliche Voraussetzung (prozessimmanente Abhängigkeiten)?

Das Ergebnis einer solchen Aufgabenanalyse fließt in einen *Aufgabenplan* ein. Hierin sind in einer sachlich begründeten Folge die einzelnen Aufgaben aufgezählt mit Angabe Mitarbeiter, Zeitdauer, Terminvorstellung und logische Abhängigkeiten. Die endgültigen Termine werden erst in dem Ablaufplanungsschritt der Terminplanung festgeschrieben.

Beim Spezifizieren der Aufgaben sind einige Regeln zu beachten. Im Wesentlichen sind dies:

Regeln für die Aufgabenspezifizierung

▷ Aufgaben sollten nicht phasenüberschreitend definiert werden.
▷ Bereichsüberschreitende Aufgaben sind zu vermeiden; besser ist eine zusätzliche Aufgabenteilung.
▷ Jede Aufgabe kann wohl mehrere Bearbeiter, sollte aber immer nur einen Verantwortlichen haben.
▷ Der Realisierungsaufwand einer Aufgabe sollte nicht kleiner als 1 MW und nicht größer als 5 MM sein.
▷ Eine Aufgabenplanung sollte vollständig sein; und sei es mithilfe von „Platzhaltern".
▷ Jede Aufgabe muss in ihrem Arbeitsvolumen genau beschrieben werden.
▷ Allgemeine projektbegleitende Tätigkeiten, wie Projektverwaltung, Projektdokumentation, Hilfsdienste, sollte man als eigene Aufgabe definieren.

Terminbeschleunigung

Innerhalb einer Aufgabenplanung können bereits die ersten, gezielten Überlegungen für eine Terminbeschleunigung angestellt werden. Im Ein-

Zeitliche Abfolge der Aufgabenoptimierung

zelnen sind folgende Möglichkeiten für eine Terminbeschleunigung zu erwägen:

▷ paralleles Durchführen von Aufgaben,
▷ optimierter Mitarbeitereinsatz,
▷ Aufstocken der vorgesehenen Personalkapazität,
▷ (zeitlich begrenztes) Ansetzen von Über- bzw. Mehrstunden,
▷ Vergabe von Aufgaben an Unterauftragnehmer (intern oder extern),
▷ Kaufen von Entwicklungsteilen statt Eigenentwicklung („make or buy"),
▷ Verbessern der Qualifikation des einzusetzenden Personals,
▷ sinnvolles Beschränken der Leistung des geplanten Produkts durch eine Wertanalyse (WA) usw.

3.4.2 Terminplanung

Der Balkenplan bzw. das Balkendiagramm (auch als Ganttsches Balkendiagramm bezeichnet) ist das älteste und verbreitetste grafische Hilfsmittel für das Einplanen von Aufgaben in einen Zeitablauf. Wegen seiner einfachen Erstellbarkeit und Übersichtlichkeit wird der Balkenplan für alle Terminplanungen eines Projekts eingesetzt.

Der Balkenplan ordnet Aufgaben in ihren zeitlichen Ablauf visuell ein

Gegenüber einer Netzplandarstellung hat ein Balkenplan vor allem den enormen Vorteil, dass er die einzelnen Aktivitäten – bezogen auf die Zeitachse – in eine zeitgerechte Anordnung bringt (Bild 3.27); dies vermag eine Netzplandarstellung nur in einem sehr eingeschränkten Maße. Balkenplanung und Netzplanung können sich daher bei der Terminplanung sinnvoll ergänzen.

Personenbezogener Balkenplan

Beim *personenbezogenen Balkenplan* sind alle Mitarbeiter (ohne Doppelaufzählung) auf der Vertikalen aufgeführt, so dass man auf einen Blick erkennt, welche (alle) Aufgaben z.B. der Mitarbeiter Scholz durchzuführen

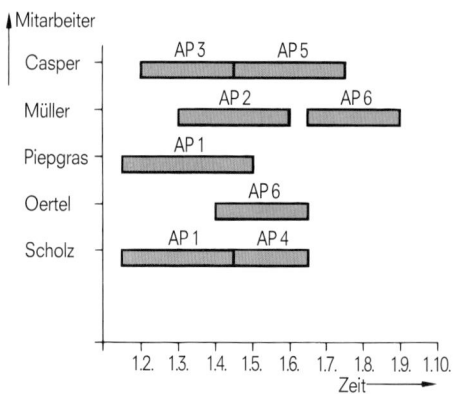
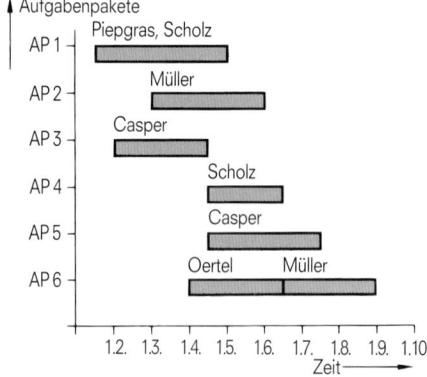

Personenbezogener Balkenplan   Aufgabenbezogener Balkenplan

Bild 3.27 Grundprinzip der Balkenplanung

hat. Man erkennt in dieser Darstellungsform allerdings nicht so leicht, wer z.B. alles am Aufgabenpaket AP1 noch mitarbeitet. Hierfür ist dann die inverse Darstellung, nämlich der *aufgabenbezogene Balkenplan* besser geeignet; bei diesem sind auf der Vertikalen die einzelnen Aufgabenpakete aufgetragen und auf dem zugehörigen Balken die ausführenden Personen bzw. Stellen. Hier ist allerdings schwer zu erkennen, an welchen Aufgaben der Mitarbeiter Scholz insgesamt sonst noch beteiligt ist.

Aufgabenbezogener Balkenplan

Die Wahl der Darstellungsform hängt also davon ab, welches Kriterium das wichtigere ist: die Personenbezogenheit oder die Aufgabenbezogenheit.

In vielen Fällen bietet es sich an, den einzelnen Balken in dem Diagramm weitere Angaben beizufügen. Solche Zusatzinformationen können sein:

▷ Aufwand (z.B. in MW, MM oder MJ),
▷ Kosten (z.B. in Euro),
▷ benötigte Einsatzmittel,
▷ Kontenzuordnung,
▷ zugehörige Organisationseinheit,
▷ Teilprojekt-Nr.,
▷ Einsatzort usw.

3.4.3 Personaleinsatzplanung

Die Aktivitäten in einem Projekt beanspruchen in jedem Fall Einsatzmittel. Aufgabe der Einsatzmittelplanung ist nun, einerseits eine Bedarfsvorhersage zu geben und andererseits durch Aufzeigen von Engpässen und Leerläufen eine Einsatzoptimierung zu erreichen. Zu den Einsatzmitteln gehören im strengen Sinn Geldmittel, Personal und Betriebsmittel (Maschinen, Materialien).

Einsatzmittel sind Geld, Personal und Betriebsmittel

Das Einsatzmittel *Geld* wird im Rahmen der Kostenplanung (Kapitel 3.5) und Kostenkontrolle (Kapitel 4.2) behandelt. Das Beschaffungsmanagement (Kapitel 3.4.4) beschäftigt sich mit den Zulieferungen von *Betriebsmitteln*. Dieses Kapitel behandelt das Einsatzmittel *Personal*.

Innerhalb der Einsatzmittelplanung ist die Personaleinsatzplanung am wichtigsten; diese muss die Qualifikation des Personals, die verfügbare Personalkapazität, die zeitliche und örtliche Verfügbarkeit sowie die organisatorische Zuordnung einbeziehen.

Bei der Personaleinsatzplanung werden mehrere Schritte durchlaufen. Es sind dies:

▷ Ermitteln des Personalvorrats,
▷ Errechnen des Personalbedarfs,
▷ Gegenüberstellen Bedarf und Vorrat sowie
▷ Optimieren der Personalauslastung.

Ermitteln des Personalvorrats

Vorrat ist die verfügbare Personalkapazität

Beim Bestimmen der (verfügbaren) Personalkapazität, des „Vorrats", befindet man sich häufig in einer Konfliktsituation, da diese Aktivität qualifikationsgerecht, zeitgerecht oder auch pauschaliert durchgeführt werden kann.

Qualifikationsgerechte Vorratsbestimmung

qualifikationsgerecht = Zuordnung des Personals nach Eignung

Bei einer qualifikationsgerechten Vorratsbetrachtung teilt man das zur Verfügung stehende Personal in Gruppen gleicher Qualifikation (Skills) ein und ordnet es gemäß dieser Eignungsgruppierung unter Berücksichtigung der geografischen und organisatorischen Gegebenheiten den einzelnen Projektaufgaben zu.

Zeitgerechte Vorratsbestimmung

zeitgerecht = Zuordnung der Personalkapazität für die jeweilige Zeiteinheit

Bei einer rein zeitgerechten Vorratsbetrachtung wird zuerst festgestellt, welche Personalkapazität je Zeiteinheit (z.B. je Monat) überhaupt realisierbar ist. Hierbei muss selbstverständlich beachtet werden, dass die Mitarbeiter nicht die theoretische Zeit von 52 Wochen mit fünf Wochentagen je sieben oder acht Arbeitsstunden im Jahr (reduziert um die gesetzlichen Feiertage) zur Verfügung stehen, sondern der gesamte Zeitvorrat reduziert werden muss wegen:

▷ Kündigungen,
▷ Pensionierungen, Altersteilzeiten,
▷ Versetzungen,
▷ Teilzeitarbeit oder
▷ Arbeitszeitverkürzungen.

Als Ergebnis erhält man den *Brutto-Vorrat* je Zeiteinheit; hiervon müssen noch bestimmte Fehl- und Ausfallzeiten abgezogen werden; hierzu zählen:

▷ krankheits- und unfallbedingte Ausfallzeiten,
▷ Mutterschutzzeiten, Elternzeiten
▷ Tarif- bzw. Vertragsurlaube,
▷ tarifbedingte Verfügungstage,
▷ Sonder- und Jubiläumsurlaube,
▷ Bildungsurlaube,
▷ Firmenverschickungen sowie
▷ Wege- und Sozialzeiten.

Ausbildungszeiten gehören nicht in diese Gruppe der (nicht produktiven) Fehl- und Ausfallzeiten. Ausfallzeiten, die durch Krankheit oder Unfall entstehen, können naturgemäß nicht zeitbezogen sein. Hier muss ein auf die gesamte Zeit verteilter Pauschalwert in die Rechnung eingehen. Bei Abzug all dieser Zeiten von dem Brutto-Vorrat erhält man schließlich den *Netto-Vorrat* je Zeiteinheit.

3.4 Arbeitsplanung

Pauschalierte Vorratsbestimmung

Das Ermitteln des Netto-Vorrats ist bei einfachen Projektumwelten auch in einer pauschalierten Form möglich. Hier werden die Fehl- und Ausfallzeiten als pauschaler Wert von der theoretischen Gesamtarbeitszeit abgezogen. Bewährt hat sich bei dieser Abzugsrechnung entweder das Reduzieren der Arbeitsmonate je Jahr (*Monats-Rechnung*) oder das Reduzieren der Arbeitsstunden je Monat (*Jahres-Rechnung*).

pauschaliert = durchschnittlicher Vorrat an Stunden je Zeiteinheit

Werden z.B. folgende Zeitabzüge im Durchschnitt angesetzt:

    6 Wochen Urlaub sowie
    2 Wochen Fehl- und Ausfallzeiten,

Tabelle 3.9 Brutto- und Netto-Stundenanzahl, abhängig von der Wochenarbeitszeit
Annahme: C_{ges} = 250 Tage/Jahr, C_{fehl} = 42 Tage/Jahr, $C_{über}$ = 0

Anzahl Wochenstunden S_W Std./Woche	Anzahl Tagesstunden S_T Std./Tag	Gesamt-Jahresstunden S_{ges} Std./Jahr	Produktiv-Jahresstunden S_{prod} Std./Jahr	mtl. Bruttostundenanzahl (Brutto-MM) Std./Monat	mtl. Netto-Stundenanzahl (Netto-MM) Std./Monat	Anzahl Brutto-MM/Jahr (bez. auf 37-Std.-Wo.)
40	8,0	2000	1664	166	139	11,4
39	7,8	1950	1622	162	135	11,1
38	7,6	1900	1581	158	132	10,8
37	7,4	1850	1539	154	128	10,6
36	7,2	1800	1498	150	125	10,3
35	**7,0**	**1750**	**1456**	**146**	**121**	**10,0**
34	6,8	1700	1414	141	118	9,7
33	6,6	1650	1373	137	114	9,4
32	6,4	1600	1331	133	111	9,1
31	6,2	1550	1290	129	107	8,8
30	6,0	1500	1248	125	104	8,6
29	5,8	1450	1206	121	101	8,3
28	5,6	1400	1165	116	97	8,0
27	5,4	1350	1123	112	94	7,7
26	5,2	1300	1082	108	90	7,4
25	5,0	1250	1040	104	87	7,1
24	4,8	1200	998	100	83	6,8
23	4,6	1150	957	96	80	6,6
22	4,4	1100	915	92	76	6,3
21	4,2	1050	874	87	73	6,0
20	4,0	1000	832	83	69	5,7
19	3,8	950	790	79	66	5,4
18	3,6	900	749	75	62	5,1

so dass im Durchschnitt 10 Monate Arbeitszeit im Jahr übrig bleiben, dann ergibt sich bei einer 37-Stunden-Woche für die durchschnittliche „projekt-produktive" Jahresleistung eines Mitarbeiters:

Wieviele MM hat ein MJ?

Abzugsrechnung 1 (Monats-Rechnung)

10 MM im Jahr
bei etwa 154 Arbeitsstunden im Monat
d.h. 154 MStd $\triangleq$ 1 (Brutto-)MM
1 MJ $\triangleq$ 10 (Brutto-)MM

Abzugsrechnung 2 (Jahres-Rechnung)

12 MM im Jahr
bei etwa 128 Arbeitsstunden im Monat
d.h. 128 MStd $\triangleq$ 1 (Netto-)MM
1 MJ $\triangleq$ 12 (Netto-)MM

Tabelle 3.9 enthält – bei Annahme von 250 Arbeitstagen im Jahr und 42 Tagen für Fehl- und Ausfallzeiten – für unterschiedliche Wochenarbeitszeiten die gesamten und die produktiven Stunden in einem Jahr, die monatlichen Brutto- und Netto-Stundenanzahlen sowie die jeweils erbringbare Anzahl von Brutto-MM (einer 35-Stunden-Woche) im Jahr. Dieser Wert ist bei Einplanung von Mitarbeitern mit unterschiedlicher Wochenarbeitszeit zu berücksichtigen. Ist eine enheitliche Umrechnung von MStd in MM erforderlich, dann muss ein anteilsbezogener Mittelwert für die mtl. Brutto-Stundenzahl abgeleitet werden (letzte Spalte der Tabelle 3.9).

Errechnen des Personalbedarfs

Bedarf ist die benötigte Personalkapazität

Im zweiten Schritt der Personaleinsatzplanung muss die benötigte Personalkapazität, d.h. der Bedarf, errechnet werden. Wie in Bild 3.28 vereinfacht gezeigt, steht die für ein bestimmtes Arbeitspaket benötigte Personalkapazität in einem unmittelbaren Verhältnis zu der Dauer, die für diese Projektaufgabe eingeplant wird. So ist z.B. – rein rechnerisch – ein Arbeitsvolumen von 80 MM mit 8 Mitarbeitern in 10 Monaten oder mit 10 Mitarbeitern in 8 Monaten zu bewältigen. Natürlich kann diese *Streckung* bzw. *Stauchung* nicht beliebig groß gemacht werden, da es vom Aufwand her immer eine (theoretisch) optimale Personalstärke für ein Projekt gibt.

Gegenüberstellen Bedarf und Vorrat

Personaleinsatzplanung bedeutet Abgleich zwischen Bedarf und Vorrat

Im nächsten Schritt der Personaleinsatzplanung wird schließlich der ermittelte Bedarf dem Vorrat gegenübergestellt. Hierbei ist die Unterteilung der Kapazitätskurven nach unterschiedlichen Gesichtspunkten möglich, nämlich

▷ projektorientiert,
▷ organisationsorientiert oder
▷ themenorientiert.

In Bild 3.29 sind diese drei Formen der Bedarfsunterteilung in einer Kapazitätsauslastungsübersicht dargestellt.

3.4 Arbeitsplanung

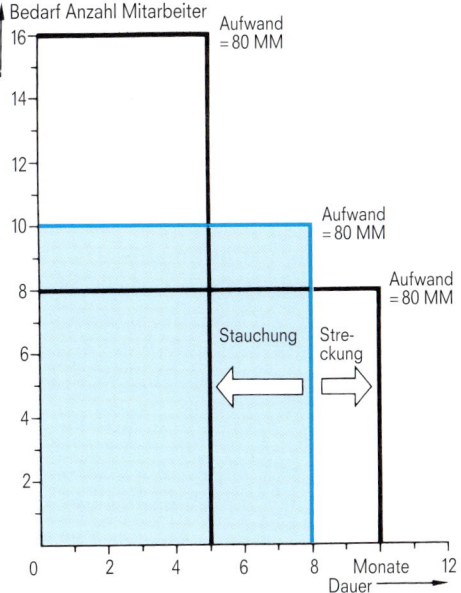

Bild 3.28 Äquivalenz des Bedarfs

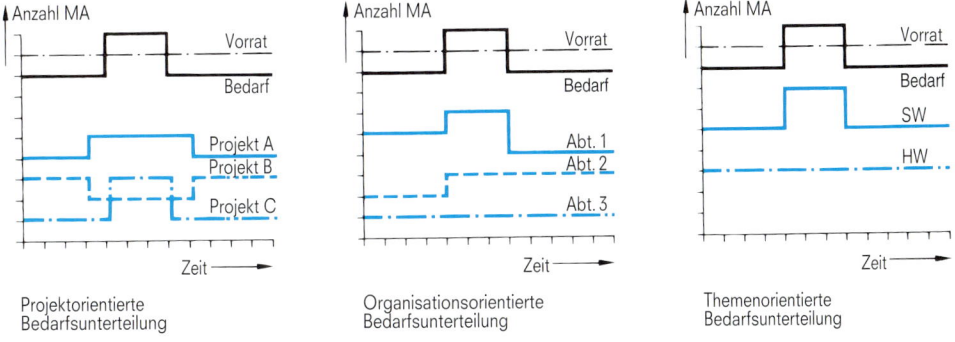

Bild 3.29 Unterteilung des Bedarfs

Eine Auslastungsbetrachtung, die sowohl qualifikations- als auch zeitgerecht ist, erfordert erheblich mehr Vorarbeiten, da die Bedarfsermittlung nicht nur zeitbezogen je Projektaufgabe, sondern auch noch gegliedert nach den einzelnen Tätigkeitsarten vorgenommen werden muss.

Einzuplanen sind auch Grundlasten; hierzu zählen

▷ Aus- und Weiterbildungszeiten,
▷ Lehrtätigkeiten,
▷ Leitungsaktivitäten,
▷ allgemeine Verwaltungsarbeiten,

3 Projektplanung

▷ „Ausleih"-Arbeiten und
▷ sonstige nicht projektbezogene Arbeiten.

Diese Grundlasten lassen sich teilweise zeitbezogen (z.B. Aus- und Weiterbildungszeiten) und teilweise nur pauschal (z.B. allgemeine Verwaltungsarbeiten) einplanen.

Optimieren der Personalauslastung

Optimierung der Auslastung ist ein entscheidender Beitrag zur Kostensenkung

Im letzten Schritt der Personaleinsatzplanung bemüht man sich um das Optimieren der ermittelten Personalauslastung. Hierbei wird versucht, nichtkritische Arbeitspakete aus Überlastbereichen in Bereiche mit geringer Auslastung zu verlegen. Dies ist natürlich nur dann möglich, wenn es der Entwicklungsablauf technisch und organisatorisch zulässt. Ob das der Fall ist, kann allein aus dem Belastungsverlauf nicht ersehen werden, denn dazu gehört die genaue Kenntnis der einzelnen Arbeitspakete in ihren fachlichen und personellen Abhängigkeiten. Auch hier kann der Einsatz eines Netzplanverfahrens sehr hilfreich sein, da automatische Optimierungsläufe – mit Wahlmöglichkeit zwischen termin- und kapazitätstreuer Einsatzmittelbelegung – durchgeführt werden können (Bild 3.30).

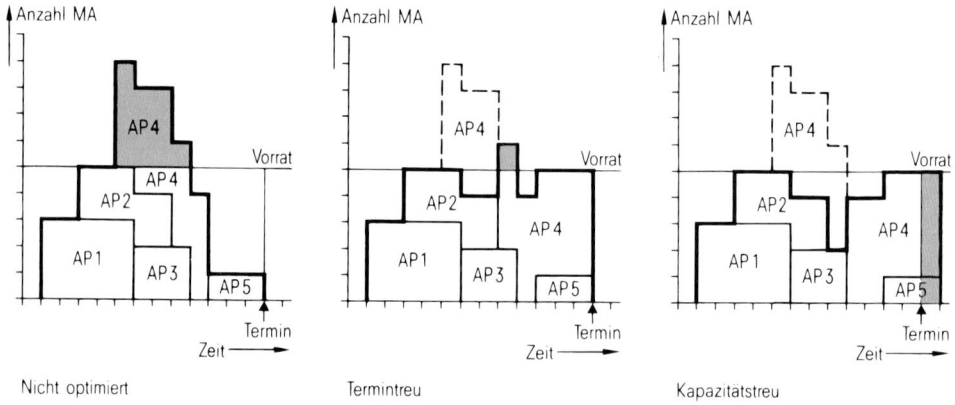

Bild 3.30 Termin- und kapazitätstreue Auslastungsoptimierung

Bei der *termintreuen* Auslastungsoptimierung werden unter Einhaltung der logischen Abhängigkeiten und der gesetzten Termine die Vorgänge so gelegt, dass ohne Überschreiten des Endtermins ein gleichmäßiger Verlauf der Auslastungskurve erreichbar ist. Bei der *kapazitätstreuen* (oder exakter „vorratstreuen") Auslastungsoptimierung wird die Summenkurve sogar – falls irgendwie möglich – unter einen vorgegebenen Vorratswert gedrückt, wobei allerdings der Endtermin hinausgeschoben werden kann.

3.4 Arbeitsplanung

Liegt für die Personaleinsatzplanung kein Netzplan vor und sollen wegen der Vereinfachung die zeitlichen Abhängigkeiten nicht berücksichtigt werden, so lässt sich mit der in Bild 3.31 dargestellten Personal- (oder Mitarbeiter-)Einsatzmatrix auch eine richtige Verteilung des zur Verfügung stehenden Personals auf die einzelnen Projektaufgaben erreichen.

Die Personaleinsatzmatrix dient zur optimalen Verteilung der Mitarbeiter auf die Projektaufgaben

Die Mitarbeiter-Einsatzmatrix gliedert sich in zwei Felder: Das obere Feld enthält die in den einzelnen Projektaufgaben bereits angefallenen Stunden der Mitarbeiter. Von den Planwerten der Aufgaben sowie der Vorratswerte der Mitarbeiter wird automatisch der Restplan und Restvorrat ausgewiesen. Dieser kann dann in dem unteren Feld für die restliche Laufzeit auf die noch anstehenden Projektaufgaben verteilt werden.

Durch das systematische Aufteilen der Personalkapazitäten auf die Projektaufgaben wird durch iteratives Vorgehen eine möglichst vollständige Personalbelegung angestrebt. Das Ziel ist also, einerseits eine möglichst 100%-Auslastung der verfügbaren Personalkapazitäten, d.h. keine Über-

Personaleinsatzmatrix

Gruppenleiter:	Oertel						Berichtsmonat			3 .99		
Dienststelle:	SBS IS 83						Geschäftsjahr			99/00		

Projekte	Cons		eigene Mitarbeiter					Ist (in MM)			Plan		
	Joswig	Heer	Brosig	Büttner	Kramer	Silken	Sasgen	fremd	eigen	gesamt	akt.	%-abs.	%-ant.
Plan-Vorrat	9,6	0,0	4,5	9,0	9,0	6,0	9,0	9,6	37,5	47,1	50,0		100,0
	Istwerte (in Std)												
MORAN			367	350	245			0,0	6,1	6,1	12,0	51	101
ELIAS				320	265			0,0	3,7	3,7	8,5	44	87
LEIK						174	386	0,0	3,5	3,5	10,0	35	71
MARGI	655				85			4,1	0,5	4,7	7,0	67	134
PAUS						160	286	0,0	2,8	2,8	8,5	33	66
Verwaltung					55	46		0,0	0,6	0,6	1,0	64	128
Ausbildung				32	24	40	16	0,0	0,7	0,7	1,0	71	142
Summe Ist	4,1	0,0	2,3	4,4	4,3	2,7	4,4	4,1	18,0	22,2	48,0	46	92
Korrektur Vorrat		3,0			−1,5			3,0	−1,5	1,5	Std.satz eigen:		140,0
Rest-Vorrat	5,5	3,0	2,2	4,6	3,2	3,3	4,6	8,5	18,0	26,4	Std.satz fremd:		120,0
	Planwerte (in MM)										Rest	Diff	Kosten
MORAN			2,1	2,0	1,8			0,0	5,9	5,9	5,9	0,0	131
ELIAS		2,5		2,3				2,5	2,3	4,8	4,8	0,0	98
LEIK	1,8					2,2	2,5	1,8	4,7	6,5	6,5	0,0	138
MARGI	1,9				0,4			1,9	0,4	2,3	2,3	0,0	45
PAUS	1,8	0,5				0,9	2,0	2,3	2,9	5,2	5,7	0,5	108
Verwaltung				0,2		0,2		0,0	0,4	0,4	0,4	0,0	9
Ausbildung			0,1	0,1		0,1		0,0	0,3	0,3	0,3	0,0	7
Rest	0,0	0,0	0,0	0,0	1,0	0,0	0,0						
				Summe				8,5	16,9	25,4	25,8	0,4	
				Summe Ist + eingeplant				12,6	34,9	47,6			
Anzahl MA								Cons	eigen	ges.	Bedarf	fehlt	
MM je MA:	9,5		9,4					1,3	3,7	5,0	5,1	0,1	

Bild 3.31 Mitarbeiter-Einsatzmatrix

lastung bzw. keine zu geringe Auslastung, andererseits eine möglichst 100%-Deckung im Personalbedarf bei den einzelnen Projektaufgaben zu erreichen.

3.4.4 Beschaffungsmanagement

Ein Beschaffungsmanagement hat die Aufgabe, das Lieferanten-Geschäft zu optimieren

Gerade bei Multiprojekten sowie im Anlagengeschäft kommen Projekte ohne Leistungen von externen Lieferanten nicht aus. Das Beschaffungsmanagement hat hier die Aufgabe, diese externen Zulieferungen von Sachmitteln und Dienstleistungen so günstig, so sicher und qualitativ so gut wie möglich zu beschaffen. Unter Ausnutzung von Rabatten und der Auswahl von zuverlässigen Lieferanten kann ein großer Kostenvorteil für das Gesamtunternehmen erreicht werden. Deshalb ist in größeren Unternehmen dafür in der Regel ein zentraler Einkauf verantwortlich.

Dieser zentrale Einkauf, im englischen Sprachgebrauch – mit etwas erweitertem Aufgabenumfang bei der Logistikkette – als Supply Chain Management (SCM) bezeichnet, umfasst die Planung und Durchführung aller Aufgaben im Zusammenhang mit der Lieferantenauswahl, Bestellung und Logistik externer Leistungen sowie die Koordinierung aller beteiligten Partner, wie Lieferanten, Händler, Logistik-Dienstleister und Kunden.

Beschaffungsstrategie

Die projektbezogene Beschaffungsstrategie unterscheidet sich von der unternehmensbezogenen

Die Beschaffungsstrategie eines Unternehmens unterscheidet sich natürlich von der eines einzelnen Projektes. Projektbezogene Beschaffungsstrategien sind geprägt durch spezielle Projektvorgaben sowie die Verfügbarkeit bestimmter Ressourcen; auch spezifische Kundenanforderungen sind eventuell zu berücksichtigen. Dagegen zielt die Beschaffungsstrategie eines Unternehmens gemeinhin auf den Großeinkauf einzelner Ressourcen (meist Materialien) bei einem günstigen, aber zuverlässigen Lieferanten.

Ziel eines Beschaffungsmanagements ist einerseits das Ausschöpfen von Synergiepotentialen im Unternehmen und andererseits der nachhaltige und langfristige Aufbau von engen Partnerschaften mit Lieferanten. Zu den Synergiepotentialen zählen:

▷ Kostenoptimierung beim Einkauf,
▷ Reduzierung von Prozess- und Personalkosten,
▷ Kostenreduzierung in der Rechnungsprüfung und Logistik,
▷ Sicherheit und Beschleunigung der Lieferungen sowie
▷ Reduzierung von Lagerbeständen.

Beschaffungsprozess

Der Beschaffungsprozess läuft in 7 Schritten ab

Der Prozess des Beschaffungsmanagements gliedert sich gemeinhin in folgende Schritte:

1. Bedarfsermittlung
2. Angebotsplanung

3. Angebotseinholung
4. Lieferantenauswahl
5. Vertragsabwicklung
6. Bestellüberwachung
7. Vertragsbeendigung.

Die *Bedarfsermittlung* stellt fest, welche Sachmittel oder Dienstleistungen unternehmensweit bzw. projektbezogen benötigt werden und somit zu beschaffen sind. Hierbei muss unterschieden werden, welche Güter gekauft, geleast oder gemietet werden. Auch muss eruiert werden, inwieweit Materialien im Rahmen des unternehmensweiten „Zentralen Einkaufs" beschafft werden können. Bedarfsermittlung

In der *Angebotsplanung* werden die potenziellen Lieferanten identifiziert, wobei zahlreiche Auswahlkriterien hinsichtlich Preisen, Qualität, technischer Kompetenz, Zuverlässigkeit, Liefertreue, Logistik und Verfügbarkeit der Anbieter in die Entscheidungen einfließen. Weiterhin werden die Spezifikationen bzw. Leistungsbeschreibungen für die einzuholenden Angebote der potentiellen Lieferanten erstellt. Angebotsplanung

Für die *Angebotseinholung* gibt es mehrere Möglichkeiten: das Inserieren in einschlägigen Fachblättern, eine offizielle Ausschreibung auf dem allgemeinen Markt oder eine direkte Angebotsanforderung bei ausgewählten Lieferanten. Angebotseinholung

Eine genaue Prüfung der eingegangenen Angebote führt schließlich zur *Lieferantenauswahl*, bei der nicht allein der Preis die Auswahl bestimmt, sondern auch die technischen und wirtschaftlichen Fähigkeiten des Lieferanten in die Beurteilung eingehen. Falls kein geeigneter Lieferant gefunden wird, muss eventuell die Leistungsbeschreibung geändert und eine erneute Angebotseinholung gestartet werden. Lieferantenauswahl

Im Rahmen der *Vertragsabwicklung* werden die entsprechenden Verträge mit ihren Modalitäten abgeschlossen; sie umfassen die Art der Zulieferung, Preis- und Terminvereinbarungen sowie Angaben zur Gewährleistung. Vertragsabwicklung

Mit der *Bestellüberwachung* wird geprüft, ob die Beschaffung in dem vertraglichen Rahmen hinsichtlich Termin, Menge und Preis ordnungsgemäß abgewickelt wird. Treten Mängel bzw. Verzögerungen hinsichtlich der korrekten und rechtzeitigen Lieferung auf, muss der Projektmanager dieses beim zentralen Einkauf umgehend reklamieren. Bestellüberwachung

Schließlich wird mit der *Vertragsbeendigung* die Lieferbeziehung ordentlich abgeschlossen, d.h. die Abschlussrechnung muss erstellt werden und in einem offiziellen Abschlussgespräch müssen eventuell aufgetretene Diskontinuitäten diskutiert und abgehandelt werden. Vertragsbeendigung

3.4.5 Wissensmanagement

Wissensmanagement steigert die Innovation und Produktivität eines Unternehmens

Zur optimalen Nutzung der Ressource „Wissen" werden häufig noch viel zu wenig Anstrengungen unternommen, obwohl man mit einem konsequenten Wissensmanagement (Knowledge Management) einen entscheidenden Wettbewerbsvorteil für das Unternehmen erringt. Das hieraus schöpfbare Potential lässt sich am besten mit dem alten Satz: *„Wenn Siemens wüsste, was Siemens alles weiß..."* charakterisieren.

Zum Wissensmanagement gehören die unterschiedlichsten Aspekte; auch hat sich hier noch keine einheitliche Nomenklatur und Begriffsdefinition durchgesetzt. Entscheidende Bausteine eines Wissensmanagements sind

▷ das Identifizieren von vorhandenem Wissen in einem Unternehmen,
▷ das Erwerben und Entwickeln von fehlendem Wissen,
▷ das Verteilen und Nutzen von Wissen in einem Unternehmen sowie
▷ das Bewahren und Sichern von Wissen.

Wissensmanagement findet man heute in sehr unterschiedlichen Erscheinungsformen und Ausprägungen. Im Folgenden sind einige Komplexe praktizierten Wissensmanagements dargestellt:

▷ Operationsmanagement
▷ Assignment-Management
▷ Kompetenzmanagement
▷ Strategische Schulungsplanung
▷ Benchmarking
▷ Erfahrungssicherung.

Operationsmanagement

Operationsmanagement sorgt für optimalen Personaleinsatz in einem Unternehmen

Unter Operationsmanagement versteht man im engeren Sinne das optimierende Management der Personalressourcen zum optimalen Einsatz in einem Multiprojektgeschäft. Zum Beispiel in der Consulting- und Softwarebranche werden – zeitverschoben – laufend eine Vielzahl von unterschiedlich großen Projekten geplant und durchgeführt, die ähnliche oder auch sehr unterschiedliche Personalqualifikationen erfordern. Hier ist es von größter Bedeutung zu jedem Zeitpunkt (nämlich dann, wenn ein Auftrag ansteht) eine ausreichende Personalkapazität mit der gewünschten Qualifikation umgehend zur Verfügung zu haben; ansonsten ist man gezwungen, den Auftrag abzuweisen.

Primäre Aufgabe eines Operationsmanagements ist dabei das Setzen von Prioritäten bei *konkurrierenden* Personalanforderungen, wenn also besonders qualifizierte Spezialisten gleichzeitig für zwei oder mehrere Projekte benötigt werden. In solchen Konfliktsituationen muss die Kundenbetreuung für das Gesamtgeschäft genau betrachtet werden, um zu einer gesamtunternehmerischen Entscheidung zu kommen. Das kann heißen, dass das weniger priorisierte Projekt weniger qualifizierte Mitarbeiter zugeordnet bekommt oder dass externe Consulting-Kräfte eingekauft werden müssen, es kann aber auch heißen, dass der weniger wichtige Auftrag nicht angenommen werden kann.

Mit einem entscheidungskräftigen Operationsmanagement wird erreicht, dass der Personaleinsatz in Projekten primär nach der jeweiligen Kundenbedeutung für das Unternehmen und nicht nach den Eigeninteressen einzelner Projekte ausgerichtet wird.

Assignment-Management

Das Assignment-Management hat die Aufgabe, unter Berücksichtigung der geforderten Fähigkeiten (Skills) in anstehenden Projekten den optimalen Einsatz des zur Verfügung stehenden Personals zu gewährleisten; es unterstützt damit – als Teil eines Operationsmanagements – die qualifikationsgerechte Einsatzplanung im Rahmen einer Multiprojektplanung.

Assignment-Management sorgt für qualifikationsgerechten Einsatz des Personals

Eine große Hilfe kann hier eine erweiterte Skills-Datenbank (siehe weiter unten) sein, die neben den Qualifikationen der Mitarbeiter auch deren Verfügbarkeit enthält. Allerdings besteht immer das Problem der genügenden Aktualität der gespeicherten Qualifikationsprofile und der Angaben hinsichtlich der personenbezogenen Verfügbarkeiten. Häufig werden auch von den Personalabteilungen „Personalbörsen" eingerichtet, die Auskunft über freie Mitarbeiter geben. Eine weitere Möglichkeit ist die Einrichtung eines Informationsdienstes über E-Mail in Form eines internen Intranet-basierten Stellenmarktes, mit dessen Hilfe über Angebot von verfügbaren Mitarbeitern und Nachfrage nach freien Kapazitäten der unternehmensweite Ressourcenausgleich bewerkstelligt wird. Kann auf derartige Tools nicht zurückgegriffen werden, bleibt dem Assignment-Manager nichts anderes übrig, als durch gezielte Abfragen in den Abteilungen nach geeigneten freien Ressourcen zu suchen.

Mit einem Assignment-Management wird ein optimaler Einsatz des Personals in einem projektorientierten Unternehmen unter Berücksichtigung der individuellen Qualifikationen erreicht, was zu einer Vollauslastung und insgesamt zu einer Produktivitäts- und Qualitätssteigerung führt. Vollauslastung bedeutet eben auch durchgehende Verrechenbarkeit des eingesetzten Personals und damit maximales Geschäftsergebnis.

Kompetenzmanagement

Basis eines Kompetenzmanagements, auch als Skills-Management bezeichnet, ist eine „Skills-Datenbank", die die Qualifikationsprofile (Skills) aller Mitarbeiter nach einem einheitlichen Bewertungsraster enthält. Über diese Qualifikationsprofile kann man bei einer Personalanforderung in der Datenbank gezielt nach Mitarbeitern mit einer gewünschten Qualifikation recherchieren.

Kompetenzmanagement offenbart das Qualifikationspotential eines Unternehmens

Im Qualifikationsprofil werden die Kompetenzen, d.h. alle fachlichen Kenntnisse, Fähigkeiten und Erfahrungen eines Mitarbeiters festgehalten. Die personenbezogene Ausprägung der jeweiligen Qualifikationskategorie kann z.B. entsprechend der drei Bewertungsstufen „Grundkenntnisse", "gute Kenntnisse" und "Experte" vorgenommen werden. Neben diesen Qualifikationen werden vom Mitarbeiter noch Angaben zu seiner Ausbildung und Berufserfahrung sowie Angaben zu Projekten, in denen er bisher mitgearbeitet hat, gespeichert.

Folgende Ziele strebt man u.a. mit einer Skills-Datenbank an:

▷ gezieltere Personalbeschaffung (Staffing) in einem projektorientierten Unternehmen,
▷ Steigerung der Produktivität durch qualifizierteren Personaleinsatz,
▷ Informationsbasis für eine strategische Schulungsplanung,
▷ Unterstützung bei einer innovationsausgerichteten Personalplanung.

Kompetenzbewertung von PM-Personal durch ICB-Zertifizierung

Zur Kompetenzbewertung von Personal, welches im Projektmanagement tätig ist, eignet sich die Zertifizierung nach der IPMA Competence Baseline (ICB) im besonderen Maße (siehe hierzu Kapitel 4.6.4). Anhand der Bewertung nach diesem Kompetenzkatalog werden die Fähigkeiten von PM-Personal objektiviert und können so einer Skills-Datenbank zugeführt werden.

Der Aufbau einer personenbezogenen Skills-Datenbank erfordert auf jeden Fall eine Betriebsvereinbarung mit dem Betriebsrat.

Strategische Schulungsplanung

Mit *strategischer* Schulungsplanung wird die Personalqualifikation gezielt auf künftige Anforderungen des Unternehmens ausgerichtet

Die Aus- und Weiterbildung der Mitarbeiter geschieht viel zu häufig aufgrund der momentan anstehenden Erfordernisse in einem Projektablauf, so dass meist die angestrebte Qualifizierung erst sehr spät (teilweise zu spät) Wirkung zeigen kann. Eine effektive Schulungsplanung erfordert deshalb eine vorausschauende Planung der Aus- und Weiterbildungsmaßnahmen der Mitarbeiter gemäß deren persönlichen Qualifizierungspotentialen.

Ausgehend von den vorhanden Qualifikationen der Mitarbeiter wird in einer *strategischen Planung* festgelegt, welche Qualifikationen der einzelnen Mitarbeiter erweitert bzw. zusätzlich aufgebaut werden sollen (siehe Bild 3.32). In einer strategischen Schulungsplanung wird also das IST dem SOLL der einzelnen Mitarbeiterqualifikationen unter Berücksichtigung der von der Organisation angestrebten Skills gegenübergestellt; auf Basis dieser Planungsgrundlage werden dann konkrete Schulungsmaßnahmen, wie Kurse, Seminare, autodidaktische Weiterbildung, Training-on-the-Job etc. beschlossen. Die strategische Schulungsplanung richtet sich dabei nicht nach dem Qualifikationsbedarf der laufenden Projekte, sondern vornehmlich nach den strategisch zu erwartenden Projekten.

Schulung und Zertifizierung nach den Vorgaben der IPMA

Ein besonderes Augenmerk muss auf die Schulung und Förderung der Projektleiter gelegt werden, wobei die Projektgewichtung eine große Rolle spielt. Der Projektleiter eines Projekts mit Hunderten von Mitarbeitern und einem Projektvolumen von mehreren Millionen Euro hat natürlich ein ganz anderes Gewicht als ein Projektleiter, der nur fünf Mitarbeiter zu

Strategischer Schulungsplan

Abteilung: MHB SIS 44
Datum: 3. Januar 2000

Legende
✪ Experte ❍ Kenntnisse ☆ Vertiefung ✖ Schulung ? event. Schulung

Skills	BS			Sprachen					Oberflächen						Datenbanken						Datennetze				Standard-SW									Applikationen			
Mitarbeiter	BS2000	UNIX	Windows NT	Assembler	SPL	COBOL	PASCAL	C++	Centura	NewEra	Visual Basic	FHS//DOORS	Diolog-Builder	ADILOS	UDS	SESAM	INFORMIX	ORACLE	SQLBase	ACCESS	UTM	Novell	TCP/IP	Internet/HTML	SAP R/2 allg.	SAP R/3 allg.	SAP CO	SAP PS	SAP HR	SAP MM	SAP SD	SAP Cats	ABAP/4	Word-Form./Dok.	EXCEL-Makros	Lotus-Notes	Doc-To-Help
Gruppe 1																																					
Bindeballe, Fr.	✪		?	❍		✪						✪	✪		✪						✪					?									?		
Gödtel	✪	☆	?		❍	✪		?		✖							✪	?			✪			✖		❍											
Joswig	✪				✪	✪						?	?		❍						✪					?								?			
Mann, Fr.	✪	❍	?		✪	✪									❍	✪					✪					?								?	?		
Gruppe 2																																					
Kasper, Fr.	❍	✪				❍		❍	✪			✪		✪			☆		✪	❍			❍			❍							❍			❍	
Oertel	✪	✖				✪		✖						❍				✖			✪				❍	?	?	?					✪				
Swodinsky		✖						✖	❍								✖					❍	❍	?		☆	☆	☆					☆				
Gruppe 3																																					
Brosig		❍	✖																		✪			✖		✖	✖	✖					❍				
Helm	✪	❍				✪		❍	❍								❍				✪			✖		☆	❍	☆	✖				☆				
Kramer, Fr.	✪	❍				✪									❍		❍				✪			☆		✪	☆	✪		❍	?	✖	☆				
Sasgen		?	✖						☆					❍	❍		?		☆	✖	✪	☆		✖		✖		☆					☆		❍		
Silkenstedt	✪	?	✖			✪					❍	✪				✪	?	?		✪	✪					❍	❍	❍					✖	✪	❍		❍
Abteilungsziel	✪	✪	✪	❍	✪	✪	❍	✪	✪	❍	❍	✪	❍	❍	✪	❍	✪	❍	✪	✪	✪	✪	❍	✪	❍	✪	✪	✪	❍	❍	❍	❍	✪	✪	✪	❍	❍
Maßnahmen		☆	✖				?	✖		✖							☆	✖		☆		☆		☆		☆	☆	☆	✖		?	✖	☆		✖		

Bild 3.32 Strategischer Schulungsplan

führen und ein Projekt mit einem Budget von 100.000 Euro zu verantworten hat. Hier haben sich die folgenden vier Projektleiter-Stufen etabliert:

- ▷ Projektdirektor,
- ▷ Senior Projektmanager,
- ▷ Projektmanager und
- ▷ Projektleiter.

Entsprechend unterschiedlich sind die Anforderungen und die damit verbundenen Schulungsmaßnahmen. Die Gesellschaft für Projektmanagement (GPM) hat hierfür ein vierbändiges Schulungswerk erstellt, welches das erforderliche Wissen – gegliedert nach der vorgenannten Projektleiter-Hierarchie – bündelt [11, 88]; außerdem führt die GPM entsprechende Zertifizierungen von Projektleitern auf Basis der ICB-Vorgaben (IPMA Competence Baseline) durch (siehe hierzu Kapitel 4.6.4).

Benchmarking

Eine häufig praktizierte Methode zur Standortbestimmung innerhalb eines Wissensmanagements ist das *Benchmarking*, das „Lernen vom Besten".

Benchmarking ist ein Vergleich mit der Konkurrenz

Nach [6] kann man Benchmarking definieren als den kontinuierlichen Prozess, die eigenen Produkte, Systeme, Dienstleistungen und Praktiken gegen den stärksten Mitbewerber oder die Firmen zu messen, die als Industrieführer angesehen werden. Benchmarking kann aber nicht nur gegenüber fremden Firmen durchgeführt werden, sondern auch gegenüber anderen (erfolgreicheren) Bereichen innerhalb eines Unternehmens. Dabei spielt nicht das Messen an anderen, sondern das Lernen von anderen die entscheidende Rolle. Ein Benchmarking wird in folgenden Schritten durchgeführt:

▷ Festlegung der zu untersuchenden Prozesse bzw. Funktionsbereiche
▷ Auswahl der Benchmarking-Partner
▷ Festlegung der einzubeziehenden Vergleichsdaten
▷ Durchführung der Analysephase
▷ Bewertung der Analyseergebnisse
▷ Implementierung der gewonnenen Erkenntnisse.

Letztendlich soll durch ein Benchmarking, also den Vergleich mit einem Besseren, Wissen von anderen „abgeguckt" und in die eigene Organisation eingebracht werden.

Erfahrungssicherung

Erfahrungssicherung ist praktiziertes Wissensmanagement

Die Sicherung von Erfahrungen, die in früheren Projekten gemacht worden sind, ist für ein erfolgreiches Wissensmanagement von entscheidender Bedeutung; denn nur aus dem Lernen und Weiterentwickeln von bereits vorhandenem Wissen gelangt man zu einem verbesserten Know-how-Stand. Erst der Aufbau von Erfahrungsdatenbanken (engl. Knowledge Base), in denen alle relevanten Projektparameter von abgeschlossenen Projekten in Verbindung mit textlichen Erfahrungsberichten gespeichert sind, führt zu einer wesentlichen Verbreiterung der Wissensbasis und ermöglicht damit eine effizientere Durchführung von neuen Projekten (siehe hierzu auch Kapitel 5.3). Modernes Wissensmanagement in einem Entwicklungsbereich sollte deshalb bei Abschluss eines jeden Projekts, egal ob dieses erfolgreich oder weniger erfolgreich geführt wurde, die Aufnahme von Erfahrungsdaten in eine Projektdatenbank geradezu erzwingen.

3.5 Kostenplanung

Letzter wesentlicher Abschnitt der Projektplanung ist die Kostenplanung; sie ist ein sehr „kritischer" Abschnitt, weil sie sich einerseits auf Daten aus der technischen Planung und andererseits auf Daten aus der kaufmännischen Planung abstützt, die gemeinhin nicht deckungsgleich sind.

Die Kostenplanung entscheidet über den wirtschaftlichen Erfolg des Projekts

Auch sollte man hierbei verstärkt eine ganzheitliche Kostenbetrachtung durch Einbeziehen aller Kosten des gesamten Produktlebenszyklus – von der Produktidee bis hin zur Produktstreichung – vornehmen. Diese *Lebenszykluskosten* (Life-Cycle-Cost) umfassen neben den reinen Anschaffungskosten auch die Folgekosten beim späteren Betriebseinsatz.

3.5.1 Kostenrechnung im Rechnungswesen

Da die Projektkostenüberwachung einerseits einen Großteil ihrer Daten aus dem Rechnungswesen erhält und andererseits auch Daten an dieses wieder weiterleitet, soll an dieser Stelle kurz auf die Schnittstellen zum Rechnungswesen eingegangen werden [13].

Wertefluss zwischen Rechnungswesen und Projektkostenüberwachung

Wie Bild 3.33 zeigt, werden – außer den Kosten des eigenen Personals – die Istkosten meist aus Abrechnungsverfahren des Rechnungswesens (z.B. SAP R/3) übernommen. Die Kosten des eigenen Personals werden über eine vom *Rechnungswesen* getrennte Stundenkontierung ermittelt. Auch die Vorgabe von Planwerten findet in der Projektkostenrechnung losgelöst vom Rechnungswesen statt. An das Rechnungswesen werden demgegenüber zur Weiterverrechnung und Buchung entsprechend aufbereitete Daten weitergegeben.

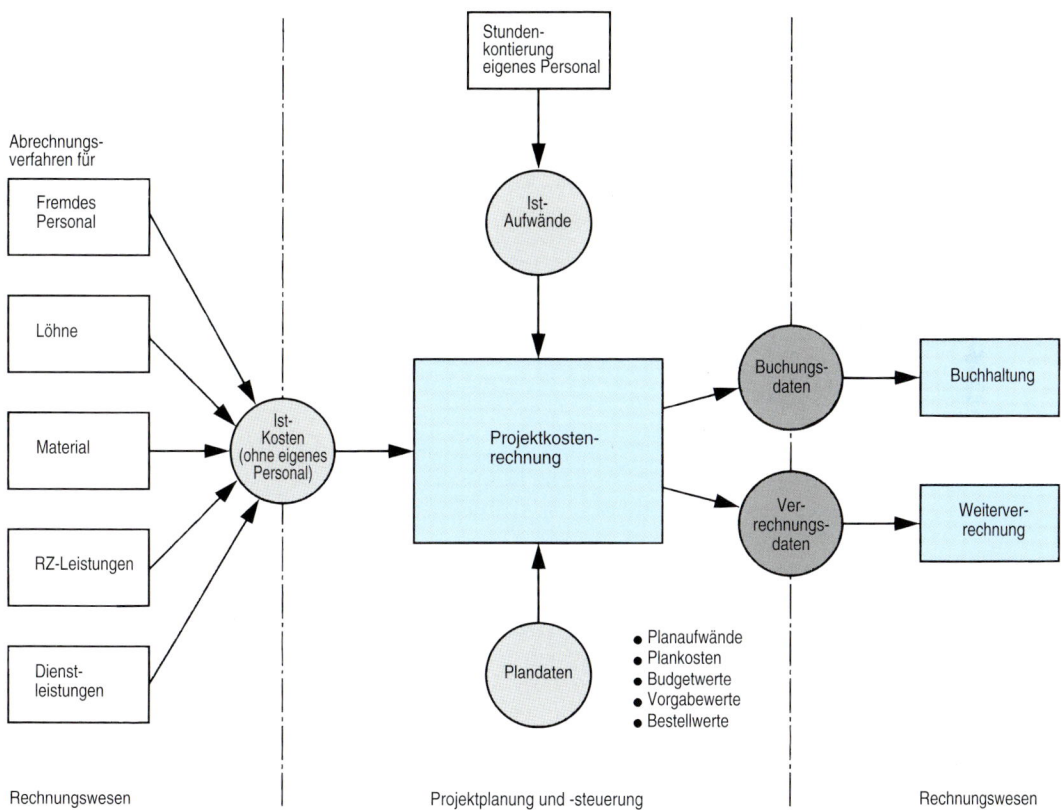

Bild 3.33 Wertefluss zwischen Rechnungswesen und Projektkostenüberwachung

3 Projektplanung

Kostenrechnung im Rechnungswesen ist auf das Unternehmen ausgerichtet

Neben den Teilgebieten Finanzbuchhaltung, Planungsrechnung und betriebswirtschaftliche Statistik umfasst das Rechnungswesen auch eine *Kostenrechnung*. Diese auf ein ganzes Unternehmen ausgerichtete RW-Kostenrechnung hat drei Betrachtungsfelder:

was?	→ Kostenart
wo?	→ Kostenstelle
wofür?	→ Kostenträger.

Kostenrechnung für die Projektüberwachung ist vielschichtiger

Die Kostenrechnung für die Projektüberwachung ist dagegen primär auf Projekte ausgerichtet und hinsichtlich der Kostenbetrachtung vielschichtiger; sie hat die Fragen zu beantworten:

was?	→ Kostenelement
wo?	→ Kostenverursacher
wofür?	→ Projektaufgabe
woher?	→ Kostenherkunft
wohin?	→ Kostenempfänger
wie?	→ Tätigkeitsart
wann?	→ Projektphase

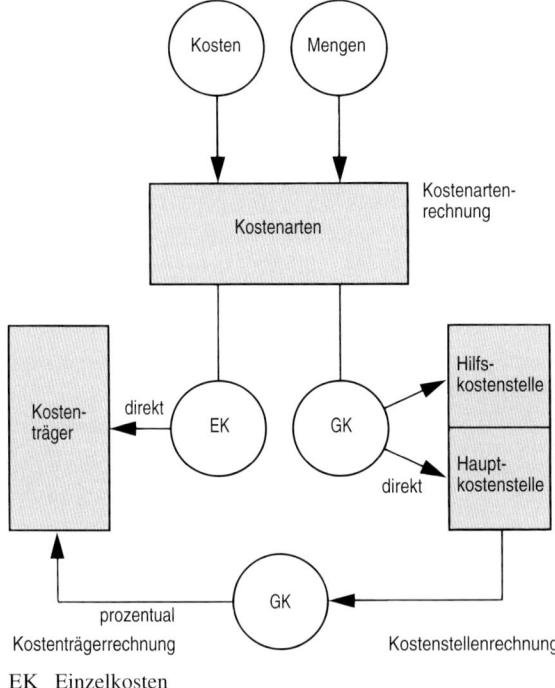

EK Einzelkosten
GK Gemeinkosten

Bild 3.34 Zusammenwirken der drei RW-Kostenrechnungsmethoden

3.5 Kostenplanung

Entsprechend den Zielkriterien Kostenart, Kostenstelle und Kostenträger unterscheidet man drei Methoden der RW-Kostenrechnung:

▷ Kostenartenrechnung
▷ Kostenstellenrechnung
▷ Kostenträgerrechnung.

Bild 3.34 zeigt das Zusammenwirken dieser Kostenrechnungsmethoden.

Kostenartenrechnung

Aufgabe der Kostenartenrechnung ist das Planen künftiger Kosten sowie das Erfassen angefallener Kosten nach einem vorgegebenen Kostenartenkatalog. Kostenwerte werden gebildet durch Bewertung von zu leistenden Mengen bzw. geleisteten Mengen abhängig von der jeweiligen Kostenart: Kostenartenrechnung erfolgt nach einem Kostenartenkatalog

$$K = M \times u \qquad (19)$$

K   Kostenwert
M   Menge an Leistungseinheiten
u   Preis der Leistungseinheit (Kostenart)

Unabhängig davon, ob es sich dabei um die Analyse von Plankosten oder von Istkosten handelt, bezieht sich hier eine Kostenanalyse immer auf diese vier Grundkomponenten Art, Menge, Preis und Wert.

Die Gliederung der Kosten in Kostenarten geschieht nach betriebswirtschaftlichen Gesichtspunkten. Im Folgenden sind die in einem *Kostenstellenblatt* enthaltenen Kostenarten aufgeführt:

- Gemeinkosten Löhne   Personalkosten
- Gemeinkosten Gehälter
- Sozialkosten
- Erfolgsbeteiligung

- Instandhaltung   Sach- und Dienst-
- Energiekosten   leistungskosten
- Mehrkosten vor/nach Ablieferung
- FuE-Kosten
- Hilfsmaterial
- Reisekosten Inland
- Reisekosten Ausland
- Bewirtung, Betreuung
- Nachrichtenkosten
- Transport-, Umzugskosten
- Büromaterial
- Lichtpauserei, Vervielfältigung
- Werbekosten
- Abwicklung/Pflege DV-Verfahren
- Entwicklung bereichsinterner Software
- Einsatzmaterial
- Dienstleistungen von Fremden

Kapitaleinsatz- kosten	– Kalkulatorische Abschreibungen – Kalkulatorische Zinsen – Kalkulatorische Wagnisse – Mieten, Pachten – Steuern, Versicherungen.

Das Erfassen der Kosten hängt von der jeweiligen Kostenart ab; so werden z.B. die Personalkosten, wie Löhne, Gehälter und Personalnebenkosten, durch die monatliche Lohn- und Gehaltsabrechnung ermittelt, Materialkosten durch den bewerteten Verbrauch mittels Materialentnahmescheinen, sowie Energie-, Instandhaltungs- und sonstige Kosten durch entsprechende Rechnungsschreibung. Das Feststellen der kalkulatorischen Kosten ist dagegen schwieriger; zu diesen zählen

▷ kalkulatorische Abschreibungen,
▷ kalkulatorische Zinsen und
▷ kalkulatorische Wagnisse.

Kalkulatorische Kosten	Mittels *kalkulatorischer Abschreibungen* wird der Werteverlust der eingesetzten Maschinen und Anlagen in der Kostenrechnung ausgedrückt. Hierbei wird nicht von der handels- und steuerbilanziellen Abschreibung ausgegangen, sondern man verteilt den Anschaffungswert eines technischen Geräts auf die tatsächlich zu erwartende Nutzungsdauer, die wegen der voranschreitenden Innovation kleiner sein kann als die technische Lebensdauer (z.B. beim PC: 3 Jahre).

Mit *kalkulatorischen Zinsen* wird der Zinsverlust des eingesetzten Kapitals berücksichtigt, welches ja anderweitig – z.B. bei einer Bank gut angelegt – beachtliche Zinserträge erbringen kann.

Die *kalkulatorischen Wagnisse* stellen einen Durchschnittsbetrag für zu erwartende, nicht durch Versicherung abgesicherte Verluste dar, die bei Anlagen und Beständen sowie durch Gewährleistungen und sonstige betriebliche und vertriebliche Mehrkosten auftreten können.

Kostenstellenrechnung

Ein Unternehmen ist in Kostenstellen gegliedert	Die Kostenplanung und -kontrolle der Gemeinkosten in einem Unternehmen wird mit der Kostenstellenrechnung vorgenommen; hierzu ist eine Gliederung des Unternehmens in Kostenbereiche und *Kostenstellen* sowie eine verursachungsgerechte Zuordnung der Gemeinkosten auf diese notwendig. Wie später noch gezeigt wird, ist diese Form der Gemeinkostenbetrachtung Voraussetzung für die nachfolgende Kostenträgerrechnung.

Die Bildung von Kostenbereichen und Kostenstellen kann nach unterschiedlichen Gesichtspunkten vorgenommen werden:

– nach organisatorischen Gesichtspunkten,
– nach räumlichen Gesichtspunkten sowie
– nach verrechnungstechnischen Gesichtspunkten.

Anzustreben ist immer eine Kostenstellengliederung nach organisatorischen Einheiten, wie z.B. nach Verantwortungsbereichen oder Unternehmensfunktionen.

Die Überrechnung der Gemeinkosten aus der Kostenartenrechnung auf die einzelnen Kostenstellen wird mit dem *Betriebsabrechnungsbogen* (BAB) vorgenommen. Im Betriebsabrechnungsbogen sind zeilenweise die Kostenarten (nur Gemeinkosten) und spaltenweise die Kostenstellen angeordnet. Je Kostenstelle kann hieraus eine Kostenübersicht erzeugt werden, die – erweitert mit entsprechenden Vorgabe- und Ablaufwerten – das bekannte Kostenstellenblatt bildet.

Man unterscheidet zwei Arten von Kostenstellen: Hilfskostenstellen und Hauptkostenstellen.

Hilfskostenstellen dienen als „Vorkostenstellen" zur Sammlung von nicht unmittelbar zuordenbaren Kosten, wie Raumkosten, Kosten für Personalbüro usw., sie werden in einem nachfolgenden Schritt nach einem vorgegebenen Verteilungsschlüssel auf die Hauptkostenstellen verteilt. Zur Schlüsselung wird entweder ein Werteschlüssel (z.B. Gehaltssumme, Umsatzanteile) oder ein Mengenschlüssel (z.B. Kopfzahl, Raumfläche) herangezogen. Bei den Hilfskostenstellen unterscheidet man noch allgemeine und besondere Hilfskostenstellen. Allgemeine Hilfskostenstellen (z.B. Raumkosten) geben die auf ihr gesammelten Kosten an alle anderen ab, die besonderen Hilfskostenstellen (z.B. Reparaturwerkstatt) nur an einige andere Kostenstellen.

> Hilfskostenstellen dienen zum vorläufigen Sammeln nicht unmittelbar zuordenbarer Kosten

Hauptkostenstellen sind die Kostenstellen, in die letztendlich alle Gemeinkosten – sowohl die direkt als auch die über Hilfskostenstellen mittelbar zuordenbaren – münden; sie sind damit „Endkostenstellen". Die auf ihnen gesammelten Gemeinkosten werden anschließend über entsprechende Bezugsgrößen auf die einzelnen Kostenträger aufgeteilt.

> Hauptkostenstellen sind Endkostenstellen

Kostenträgerrechnung

Mit der Kostenträgerechnung soll eine verursachungsgerechte Zuordnung der Kosten erreicht werden. Wie in Bild 3.34 gezeigt, werden bestimmte Kosten, die Einzelkosten, den Kostenträgern direkt, dagegen die Gemeinkosten über die Kostenstellenrechnung den Kostenträgern prozentual über geeignete Schlüssel zugeordnet. Als Einzelkosten zählen z.B. die Fertigungslöhne (Fl-Lohn) und die Fertigungsmaterialien.

Unter Kostenträgern versteht man hier die erstellten *Leistungseinheiten*, d.h. die erzeugten Produkte, die ausgeführten Aufträge bzw. die erbrachten Dienstleistungen.

Gemäß der Art der Kostenzuordnung gibt es:

▷ die Kostenträgerstückrechnung und
▷ die Kostenträgerzeitrechnung,

wobei man noch Vollkostenrechnung und Teilkostenrechnung unterscheiden muss.

3 Projektplanung

Kostenträgerstückrechnung ist stückpreisbezogen

Bei der *Kostenträgerstückrechnung*, im Rechnungswesen auch kurz als Kalkulation bezeichnet, werden die Selbstkosten eines Erzeugnisses ermittelt und diese Stückkosten dann dem Stückpreis (Preis am Markt) gegenübergestellt, um dadurch Aussagen sowohl zur Preisbildung als auch zur Preisbeurteilung machen zu können. Für das Bestimmen der Selbstkosten gibt es drei Kalkulationsmethoden:

▷ Divisionskalkulation,
▷ Äquivalenzziffernkalkulation und
▷ Zuschlagskalkulation.

Die *Divisionskalkulation* bietet sich an, wenn nur eine Produktart erzeugt wird; hier ergeben sich die Stückkosten durch Division der Gesamtkosten mit der Menge der Erzeugnisse. Die *Äquivalenzziffernkalkulation* wird eingesetzt, wenn es sich um die Herstellung von ähnlichen Produkten („Sortenfertigung") handelt. Mit Äquivalenzziffern, die als Verhältniszahlen die Kostenunterschiede der einzelnen Erzeugnisgruppen („Sorten") ausdrücken, werden die Gesamtkosten auf die Erzeugnisse verteilt. Bei Fertigungen mit sehr unterschiedlichen Produkten wird die *Zuschlagskalkulation* herangezogen; bei dieser werden die zuordenbaren Kosten den einzelnen Erzeugnisgruppen direkt und die unterschiedlichen Gemeinkosten über prozentuale Zuschläge zugerechnet. Die Summe aus Materialkosten und Fertigungslohn sowie Material-(MGK) und Fertigungsgemeinkosten (FGK) bilden die Herstellkosten (HK); diese wiederum – mit den Vertriebs-(VtrGK), den Verwaltungs-(VGK) und den Entwicklungsgemeinkosten (EGK) beaufschlagt – ergeben die Selbstkosten.

Kostenträgerzeitrechnung ist umsatzbezogen

In der *Kostenträgerzeitrechnung* werden – bezogen auf einen Abrechnungszeitraum – die Gesamtkosten eines Kostenträgers den erreichten Umsätzen gegenübergestellt. Hierbei ist von Bedeutung, inwieweit die durch die vorgenannten Zuschlagssätze ermittelten Gemeinkostenarten durch die tatsächlich entstandenen Gemeinkosten abgedeckt sind; man spricht dann von einer GK-Überdeckung oder von einer GK-Unterdeckung.

In bestimmten Fällen (Ermitteln von Preisuntergrenzen, Optimieren von Herstellprozessen) ist es notwendig, statt einer Vollkostenrechnung eine Teilkostenrechnung vorzunehmen. Bei einer Teilkostenrechnung werden mittels einer Deckungsbeitragsrechnung einem Erzeugnis nur die Kosten zugerechnet, die von diesem unmittelbar verursacht worden sind.

Zielkostenrechnung

Die Zielkostenrechnung beantwortet die Frage: Was darf ein Produkt kosten?

Die Zielkostenrechnung kehrt die traditionelle Fragestellung „Wie hoch *muss* der Verkaufspreis eines Produktes sein, um die Herstellkosten plus einer Marge zu decken?" um und fragt: „Wie hoch *dürfen* die Kosten eines Produktes bei einem marktüblichen Preis sein?" Ausgangspunkt der Zielkostenrechnung ist also der am Markt erzielbare Preis anstatt der durch eine klassische Kostenkalkulation ermittelten Standardkosten.

Die im Unternehmen prognostizierten Standardkosten für ein neues Produkt liegen meist über diesen erlaubten Kosten, so dass durch geeignete

Kostensenkungsmaßnamen im Entwicklungs- und Fertigungsprozess Zielkosten festgelegt werden müssen, die dem vom Markt bestimmten Preis nahe kommen.

Der Prozess des Zielkostenmanagements gliedert sich in die folgenden drei Phasen:

▷ Zielkostenfindung
▷ Zielkostenspaltung
▷ Zielkostenerreichung.

In der *Zielkostenfindungsphase* werden die Gesamtkosten eines Produktes ermittelt, die im Unternehmen verursacht werden dürfen. Dabei hängt die Festlegung der Höhe dieser Zielkosten von der Marktsituation und der Unternehmensstrategie ab. Bei der Zielkostenfindung werden der potentielle (zu akzeptierende) Marktpreis, die vorgesehene Gewinnmarge, die erlaubten Kosten, die prognostizierten Standardkosten sowie die daraus festgelegten Zielkosten ermittelt.

Auf diese Weise erhält man einen so genannten *Zielkostenindex*, der die Abweichung der Produktstandardkosten von den Zielkosten kennzeichnet. Ein Zielkostenindex von Eins bezeichnet den Fall, in dem Standard- und Zielkosten gleich hoch sind; liegt er über Eins – sind also die Produktstandardkosten größer als die Zielkosten – müssen weitere Anstrengungen zur Reduzierung der Standardkosten unternommen werden; liegt er darunter, so ist man auf dem richtigen Weg. Eine Kosteneinsparung kann z.B. erreicht werden durch eine Optimierung der Bestellmenge, durch eine Vereinfachung der Aufbaustruktur, durch eine effizientere Prozessorganisation, durch einen Wechsel der Lieferanten oder durch Verwendung billigerer Materialien.

Der Zielkostenindex sagt aus, inwieweit die Standardkosten von den Zielkosten abweichen

In der Phase *Zielkostenspaltung* werden die Gesamtzielkosten anhand der ermittelten Kundenpräferenzen auf die vom Produkt zu erfüllenden Funktionen und seine Komponenten heruntergebrochen. Die durch eine Funktionsanalyse ermittelten Nutzenanteile aus Kundensicht werden den einzelnen Kostenanteilen der Komponenten gegenübergestellt. Der Quotient Nutzenanteil zu Kostenanteil ergibt die (Einzel-)Zielkostenindizes. Auch hier gilt: Ist der Zielkostenindex kleiner Eins, d.h. ist der Kostenanteil größer als der Nutzenanteil, dann ist die betreffende Komponente – aus Sicht des Kunden – zu aufwändig. Bei einem Index von größer Eins ist die Komponente zu einfach. Optimal ist ein Index von genau Eins, dann nämlich, wenn der Nutzenanteil gleich dem Kostenanteil ist.

In der Phase *Zielkostenerreichung* wird die planmäßige Umsetzung der Zielkosten bei einer neuen Produktentwicklung vorangetrieben. Die in der vorangegangenen Phase ermittelte Kostenverteilung legt die jeweiligen Budgets für die Entwicklung und Fertigung der einzelnen Produktkomponenten eindeutig fest. Durch diese konsequente Kostenbegrenzung der Einzel-Budgets wird die Einhaltung des Gesamt-Zielkostenwertes sichergestellt.

Der entscheidende Vorteil der Zielkostenrechnung sind die frühzeitige Kostenbeeinflussung im Produktlebenszyklus sowie die gezielte Erfül-

3 Projektplanung

lung der Kundenansprüche bei meist sinkenden Kosten, weil sie durch das strenge Ausrichten auf die Kundenanforderungen zu systematischen Kostensenkungsmaßnahmen im Entwicklungs- und Fertigungsprozess drängt.

3.5.2 FuE-Planung

Im Forschungs- und Entwicklungsbereich eines Unternehmens laufen normalerweise eine Vielzahl von Entwicklungsprojekten gleichzeitig und häufig über mehr als ein Geschäftsjahr hinaus. Das Forschungsgesamtbudget eines Unternehmens muss auf die einzelnen Projekte im Rahmen der FuE-Budgetierung aufgeteilt werden. Basis für diese Aufteilung sind die Budgetanforderungen der einzelnen Projekte, die mittels der jährlichen FuE-Planung ermittelt werden. Während die FuE-Budgetierung eine „Top-down"-Planvorgabe darstellt, ist die FuE-Planung am jeweiligen Bedarf orientiert und damit „bottom-up" ausgerichtet (Bild 3.35).

Die FuE-Planung ist der Budgetierung anzupassen

Die FuE-Budgetierung (top-down) erfolgt in zwei Stufen. In der ersten Stufe werden von der Entwicklungsleitung die *Budgets der Geschäftsfelder* festgelegt, in der darauf folgenden zweiten Stufe die *Projektbudgets*. Anschließend gleicht man die nach Projekten gegliederte FuE-Planung – d.h. den „bottom-up" geplanten Bedarf – den verfügbaren Projektbudgets an. Im Idealfall ist die FuE-Bedarfsplanung eines Projekts kleiner oder gleich dem verfügbaren Budget. Dieser Abgleich kann aber auch zu einer Kürzung des „bottom up" geforderten Bedarfs führen. Sofern diese Kürzungen nicht durch Rationalisierungsmaßnahmen ausgleichbar sind, werden sie teilweise zur Rücknahme der gesetzten Entwicklungsziele und/oder zu Terminverschiebungen führen.

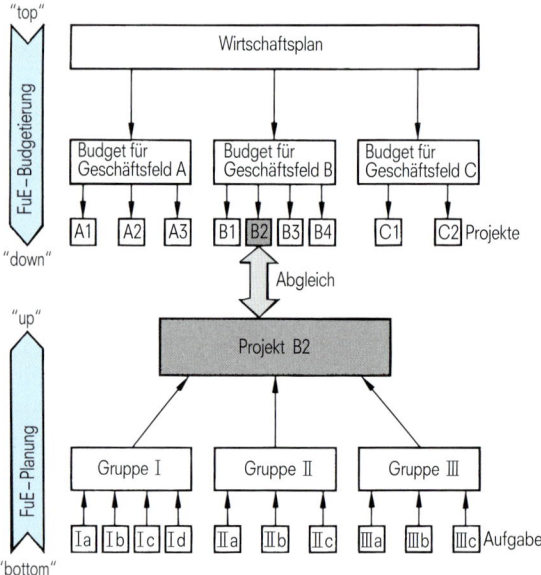

Bild 3.35 FuE-Budgetierung und FuE-Planung

Planungsbedarf

Im Bild 3.36 ist der zeitliche Ablauf der FuE-Planung veranschaulicht. Zu erkennen ist die Wechselwirkung zwischen der Wirtschaftplanung und den daraus abgeleiteten FuE-Budgets einerseits sowie der Projektplanung und dem ermittelten Bedarf ($\hat{=}$ FuE-Plan) andererseits.

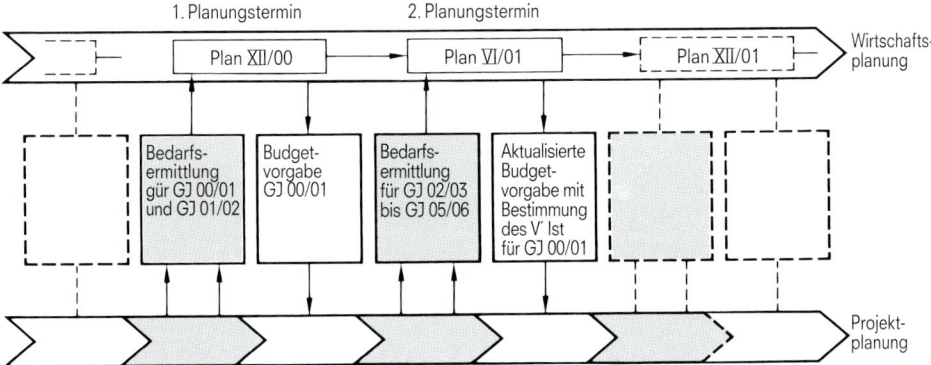

Bild 3.36 FuE-Jahresplanungsablauf

Der FuE-Jahresplanungsablauf orientiert sich an den Terminen der Wirtschaftsplanung, die i.Allg. zwei bis drei Monate vor Beginn eines neuen Geschäftsjahres verabschiedet wird. Rechtzeitig vor dem Überarbeiten der Wirtschaftsplanung wird die abgestimmte Bedarfsermittlung der Entwicklung als FuE-Plan abgegeben. Der Wirtschaftsplan weist die für die Entwicklung verfügbaren Mittel in den einzelnen Planjahren aus. Damit ist die Vorgabe eines Entwicklungsbudgets für das laufende und das folgende Geschäftsjahr möglich.

Basis für die FuE-Planung ist die Bedarfsermittlung

Die beschlossenen Entwicklungsvorhaben werden in Projektaufträgen genauer beschrieben. Der Projektauftrag beschreibt bekanntlich alle Entwicklungsarbeiten, die notwendig sind, um das Entwicklungsziel zu erreichen. Neben dieser Aufgabenbeschreibung schätzt der Projektplaner den für die Realisierung erforderlichen Personaleinsatz in Mann-Jahren und Mann-Monaten sowie die sonstigen Kosten. Diese Schätzung umfasst den gesamten Aufwand des Entwicklungsvorhabens bis zum serienmäßigen Einsatz des Produkts bzw. Systems. Erst das DV-gestützte Planungsverfahren „bewertet" mit Kostensätzen die angegebenen Mann-Jahre und Mann-Monate; d.h. es rechnet mit den geplanten internen und externen Verrechnungssätzen des jeweiligen Planungsjahres die Personalaufwände in Kosten um. Interne Verrechnungssätze verwendet man für Eigenpersonal; externe Verrechnungssätze gelten für Auftragnehmer außerhalb des eigenen Entwicklungsbereichs.

Die Kosten von FuE-Aufträgen werden üblicherweise nach Kostenelementen (siehe Kapitel 3.1.3) gegliedert. Der größte Anteil in einem Entwicklungsbereich sind fast immer die Kosten für Personal. Wichtig sind aber auch die Kosten für:

- Materialeinsatz,
- Musterbau und Montagelöhne,
- Rechnernutzung,
- Testanlagennutzung,
- Entwicklungswerkzeuge,
- Qualitätssicherung sowie
- allgemeine Dienstleistungen.

Zwei bis drei Monate vor Ablauf der Hälfte eines Geschäftsjahres wird häufig eine Aktualisierung der FuE-Planung sowie eine erste Schätzung des voraussichtlichen Ist (V'Ist, Forecast) vorgenommen; dabei kann es erforderlich werden, einzelne Projektbudgets auf Kosten anderer anzuheben bzw. abzusenken.

3.5.3 Lebenszykluskosten

Mit dem Konzept der Lebenszykluskosten soll eine Optimierung der Gesamtkosten im Lebensweg eines Produkts erreicht werden

Ausgelöst durch die intensive Diskussion der Problematik der hohen Nachfolgekosten bei Großprojekten wurde im verstärkten Maße die Forderung einer ganzheitlichen Lebenszykluskosten-Betrachtung erhoben. Mit Lebenszykluskosten (LZK), auch als *Lebenswegkosten* oder *Life-Cycle-Cost* (LCC) bekannt, bezeichnet man die Summe aller Kosten, die in dem gesamten Lebenszyklus eines Produkts, eines Systems bzw. einer Anlage anfallen. Hierzu zählen also nicht nur die reinen Anschaffungskosten, sondern auch die häufig viel größeren Nutzungskosten, zu denen die Einführungs-, die Betriebs-, die Instandhaltungs- und die Stilllegungskosten gehören.

Für einen Kunden sind daher bei seiner Kaufentscheidung nicht mehr allein die einmaligen Kosten für die Anschaffung ausschlaggebend, sondern auch die später anfallenden Kosten für die Nutzung; ihm geht es vor allem um eine Gesamtwirtschaftlichkeit (User Economics).

Phasen des Lebenszyklus

Der Lebenszyklus umfasst neben den Erstellungsphasen, wie Definition, Entwurf, Realisierung, Erprobung und Produktion auch die Einsatzphasen, wie Einführung, Betrieb und Stilllegung (Bild 3.37).

Frühzeitige LZK-Planung reduziert die Lebenszykluskosten

In Anlehnung an den im Bild 3.1 gezeigten Sachverhalt kann auch für die Lebenszykluskosten gesagt werden, dass die Kostenfestlegung zu einem viel früheren Zeitpunkt stattfindet als der wirklich eingetretene Kostenanfall. Deshalb muss zur effektiven Reduktion der Lebenszykluskosten schon frühzeitig – möglichst in den ersten Planungsphasen eines Entwicklungsvorhabens – eine gezielte LZK-Planung vorgenommen werden.

3.5 Kostenplanung

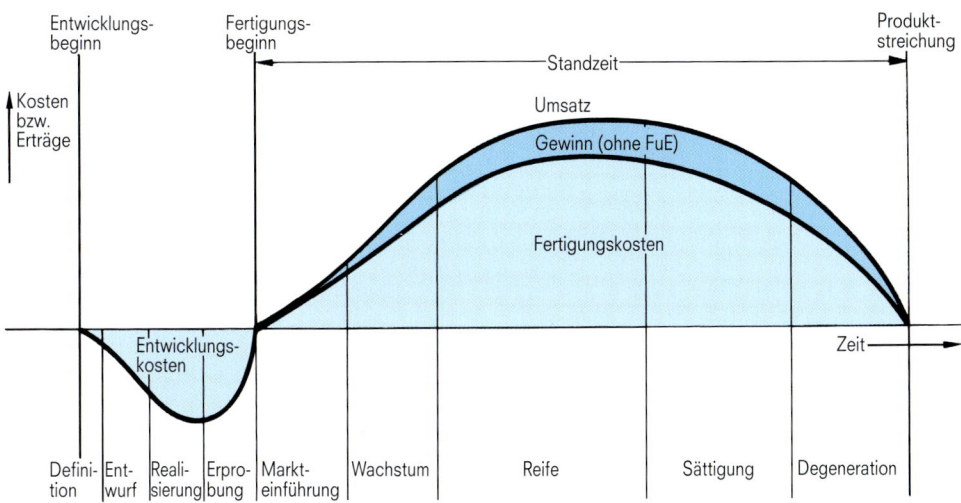

Bild 3.37 Produkt-Lebenszyklus

Kostenbestandteile

Die Kostenbestandteile in diesem Lebenszyklus unterscheiden sich je nach Sicht des Kunden und des Herstellers (siehe Bild 3.38). Mit den Anschaffungskosten müssen alle Kosten für Planung, Entwicklung, Fertigung und Vertrieb (mit angemessenem Gewinn) abgedeckt werden; die Instandhaltung umfasst die Kosten für Inspektion (Feststellung und Beurteilung des Istzustands), Wartung (Bewahrung des Sollzustands) und Instandsetzung (Wiederherstellung des Sollzustands). Für den Kunden kommen die Kosten für die Planung seiner Infrastruktur, für den Produktivbetrieb und für die spätere Beseitigung hinzu.

Kosten fallen beim Hersteller und beim Kunden an

Weiterhin muss man zwischen den Lebenszykluskosten eines Produkts (als Menge von einzelnen Exemplaren) und den Lebenszykluskosten eines Exemplars eines solchen Produkts unterscheiden. Im ersten Fall sind alle Kosten zu betrachten, die mit der Planung, Entwicklung, Fertigung und Vertrieb aller voraussichtlich oder tatsächlich abgesetzten Exemplare eines Produkts anfallen; im zweiten Fall betrachtet man nur die Kosten, die bei der Erstellung und Verwendung eines einzigen Exemplars des Produkts auftreten.

Zu differenzieren ist zwischen LZK eines Produkts und eines Exemplars

Kosteneinflussgrößen

Grundlage für die Optimierung von Lebenszykluskosten ist die genaue Kenntnis der Kosteneinflussgrößen sowohl in der Erstellungsphase als auch in der Nutzungsphase eines Produkts. Zu den Kosteneinflussgrößen, auch als Kostentreiber bezeichnet, zählen neben technologischen auch soziale Einflussgrößen.

Es gibt technologische und soziale Einflussgrößen

3 Projektplanung

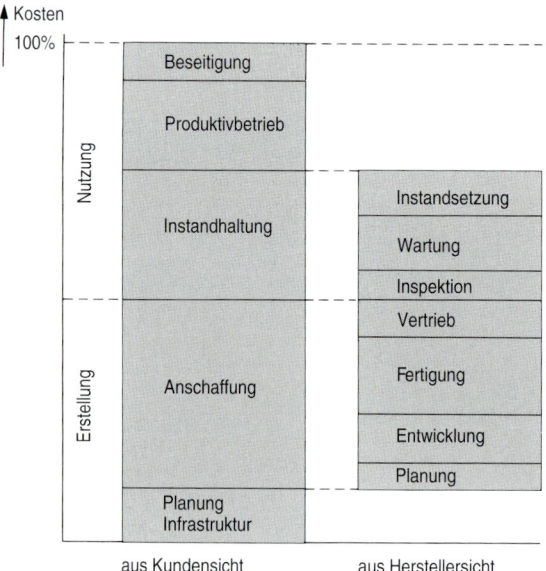

Bild 3.38 Kostenbestandteile im Lebenszyklus eines Produkts

Technologische Einflussgrößen

- Stückzahl (Lernkurve)
- Einfachheit bzw. Komplexität des Systems
- Verfügbarkeit
- Qualität der Bauteile
- Mittlerer Ausfallabstand (MTBF)
- Mittlere Ausfalldauer (MTTR)
- Testaufwand für HW und SW
- Anzahl SW-Fehler
- Eingangsprüfung der Bauteile
- Endprüfung des Produkts
- Diagnoseeinrichtungen
- Redundanz im System (aktiv, passiv)
- Montierbarkeit.

Soziale Einflussgrößen:

- Qualifikation der Entwickler
- Schulung des Bedienungspersonals
- Qualifikation des Wartungspersonals
- Verbesserungsvorschlagswesen.

LZK-Maßnahmen

LZK sind frühzeitig zu optimieren

Mit dem Aufzeigen der unterschiedlichen Wirkungsketten „Einflussgröße → Kostenelement" lassen sich geeignete Maßnahmen zum Optimieren der Lebenszykluskosten ableiten; diese sollten so früh wie möglich eingeleitet werden. Hierbei kann es sogar von Vorteil sein, die Mittel für frühe Phasen zu erhöhen, um eine entsprechende Kostenreduktion in den teueren Folgephasen zu erreichen.

LZK-Maßnahmen lassen sich nach ihrer Wirkungsweise in drei Gruppen unterteilen:

▷ *Deterministischer Zusammenhang*
   Wirkung auf LZK als exakter Zahlenwert vorhersagbar, z.B. durch Verwenden von Baugruppen mit geringerer Ausfallrate

▷ Stochastischer Zusammenhang
   Wirkung auf LZK als Zahlenwert nur ungefähr vorhersagbar, z.B. durch Erhöhen der Anzahl der Prototypen

▷ Tendenzieller Zusammenhang
   Wirkung auf LZK nur qualitativ vorhersagbar, z.B. durch Verbessern der Ablauforganisation.

3.6 Risikomanagement

Nach dem Bundesgesetz zur Kontrolle und Transparenz im Unternehmensbereich (KonTraG) [75] ist die Leitung eines jeden Unternehmens verpflichtet, ein Überwachungssystem zur Früherkennung gefährdeter Entwicklungen einzurichten, welches auch auf die Risiken künftiger Entwicklungen eingeht. Unter Risikomanagement ist in diesem Sinne die systematische Vorgehensweise zu verstehen, um potentielle Risiken zu identifizieren, zu bewerten sowie hierauf aufbauend entsprechende Maßnahmen zur *Risikoverhütung* bzw. *-minderung* zu ergreifen. Inzwischen ist mit der ISO 31000 eine Norm für das Risikomanagement vorgelegt worden.

Jedes Unternehmen ist gesetzlich verpflichtet, ein Risikomanagement einzurichten

Der Risikomanagement-Prozess gliedert sich in folgende Abschnitte:
▷ Risikoanalyse
   – Risikoidentifikation
   – Risikobewertung
▷ Risikoabsicherung
   – Maßnahmenplanung
   – Maßnahmenbewertung
   – Risiko-Controlling
▷ Risikoeintrittsmanagement
   – Störungsmanagement
   – Krisenmanagement
   – Katastrophenmanagement.

Wie ersichtlich liegen die Prozessschritte Risikoidentifikation, Risikobewertung und Risikoabsicherung vor dem eigentlichen Risikoeintritt. Erst nach Eintritt eines Risikos tritt ein Störungsmanagement, ein Krisenmanagement oder ein Katastrophenmanagement in Aktion, je nachdem, ob es sich um eine leicht zu behebende Störung (z.B. SW-Fehler), um einen schwerwiegenden Notfall (z.B. Total-Rechnerausfall) oder sogar um eine Katastrophe handelt (z.B. Brand). Katastrophenfälle werden allerdings i.Allg. im Rahmen des Projektmanagements nicht betrachtet. Für das Krisenmanagement von möglichen Notfällen muss im Vorhinein eine eigene Notfallplanung erarbeitet werden.

3.6.1 Risikoanalyse

Risikoidentifikation

Vollständigkeit der Risikoanalyse ist Voraussetzung für ein erfolgreiches Risikomanagement

Im ersten Schritt des Risikomanagements müssen die möglichen Risiken für das Projektumfeld identifiziert werden, d.h. in einer Risikoanalyse wird untersucht, was alles im Projektverlauf „schief gehen" kann.

Zur systematischen Auflistung aller potentiellen Risiken bieten sich unterschiedliche Methoden an:

▷ Fragebogen bzw. Risiko-Checkliste,
▷ Prozess-Mapping,
▷ Risikomatrix oder
▷ Risikoanalyse-Workshop.

Risiko-Checklisten

Eine sehr einfache Methode ist die Verwendung von vorbereiteten *Fragebögen* bzw. *Risiko-Checklisten*, die für den untersuchten Bereich alle möglichen Risiken auflisten. Die meist mehreren Befragten bestimmen dann unabhängig voneinander, welche Risiken zutreffen und von welcher Relevanz diese sind. Durch Zusammenführen der einzelnen Fragebögen erhält man so einen Gesamtüberblick der potentiellen Risiken.

Prozess-Mapping

Mit einem *Prozess-Mapping* sollen die kritischen Geschäftsprozesse gezielt herausgearbeitet werden. Bei dieser Methode werden in einer Matrixdarstellung zu den einzelnen Prozessschritten die Beteiligten, die benötigten Ressourcen, die genutzten Systeme mit ihren Datenein- und -ausgaben einzeln aufgeführt. Auf diese Weise kann man einen Geschäftsprozess sehr transparent darstellen, so dass der Gesamtprozess einer detaillierten Risikobetrachtung zugänglich gemacht wird.

Risikomatrix

Als sehr hilfreich hat sich auch die Identifikation von Risiken mittels einer *Risikomatrix* erwiesen. In einer solchen Matrix werden die für das betrachtete Problemumfeld benötigten Ressourcen und Leistungen (x-Achse) den vorhandenen Prozessen (y-Achse) gegenübergestellt. In den Kreuzungsfeldern der Matrix werden die möglichen Risiken mit einer ersten Gewichtung eingetragen.

Risikoanalyse-Workshops

Besonders gut haben sich *Risikoanalyse-Workshops* zur Identifikation von Risiken bewährt, da hier im gemeinschaftlichen Vorgehen eines Teams – ähnlich einem Brainstorming – die potentiellen Risiken eines Bereichs ermittelt und ihre Relevanz herausgearbeitet werden können. Dabei bietet es sich an, zuerst eine Risiko-Abfrage über Fragebögen oder Risikomatrix durchzuführen, um dann in einem anschließenden Workshop die relevanten Risiken eingehender zu behandeln.

Abhängig von ihrem Wirkungsbereich lassen sich die möglichen Risiken in *Risikokategorien* einordnen:

▷ Markt- und Branchenrisiken
▷ Management-Risiken
▷ Prozessrisiken
▷ Produktrisiken
▷ Personalrisiken
▷ finanzielle und rechtliche Risiken.

Risikobewertung

Die im Rahmen der Risikoidentifikation aufgelisteten Risiken müssen dann entsprechend der Auswirkung des möglichen Schadens (Sachschaden, Personenschaden, Image-Schaden, Produktschaden etc.) unterschieden und abhängig von der Höhe des möglichen Schadens priorisiert werden. Eine Priorisierung kann geschehen durch

▷ Rangfolge nach Relevanz,
▷ Gefährdungskategorie,
▷ potentielle Schadenshöhe,
▷ Eintrittswahrscheinlichkeit in Prozent.

Priorisierung der Risiken nach möglicher Schadenshöhe und Eintrittswahrscheinlichkeit

Bei der ersten Priorisierung werden die erkannten Risiken entsprechend ihrer Bedeutung in eine zahlenmäßige Reihenfolge gebracht. Mit Angabe einer *Gefährdungskategorie* werden Risiken entsprechend dem Grad des möglichen Schadens (wie z.B. Schaden für Leben und Gesundheit, Image-Schaden, nur finanzieller Schaden etc.) klassifiziert. Unter der *potentiellen Schadenshöhe* versteht man den möglichen finanziellen Schaden, der bei Eintritt des Notfalls zu verzeichnen ist. Die Multiplikation aus *Eintrittswahrscheinlichkeit* und potentieller Schadenshöhe bildet einen Wert, der besonders gut als Maßstab zur Bewertung von Risiken genommen werden kann.

Alle bewerteten Risiken werden schließlich mit ihrem ermittelten Risikopotential in eine Risikotabelle aufgenommen. Eine Risikotabelle enthält im einfachsten Fall die Spalten: Risikoquelle, zuständiger Bereich, Eintrittswahrscheinlichkeit, potentielle Schadenshöhe, vorhandene Vorsorgestrategie und kann wie der später in Bild 3.39 gezeigte Risikomanagement-Plan aufgebaut sein.

3.6.2 Risikoabsicherung

Die Risikoabsicherung umfasst – wie eingangs bereits erwähnt – die Schritte: Maßnahmenplanung, Maßnahmenbewertung und Risiko-Controlling.

Vorsorgemaßnahmen mindern Risiken

Maßnahmenplanung

Unter Berücksichtigung ihrer Relevanz (Eintrittswahrscheinlichkeit, Schadenshöhe etc.) müssen im Rahmen einer Maßnahmenplanung für die einzelnen Risiken Maßnahmen zur Beseitigung von erkannten Defiziten (Risikoverhütung) sowie Vorsorgemaßnahmen (Risikominderung) erarbeitet werden. Solche Vorsorgemaßnahmen können technischer, personeller oder logistischer Natur sein.

▷ Technische Vorsorgemaßnahmen:
– Ersatzgeräte, Standby-Ressourcen beschaffen,
– vollständige Datensicherung (Recovery) vornehmen,
– Notverfahren vorbereiten,
– Qualitätssicherung intensivieren.

▷ Personelle Vorsorgemaßnahmen:
– erhöhter Bereitschaftsdienst,
– durchgängige Vertreterregelungen,
– Abstimmung mit Kunden und Lieferanten.

▷ Logistische Vorsorgemaßnahmen:
– vorzeitige Erhöhung der Produktbestände,
– Erhöhung der Lieferbestände (Fertigungsmaterial, Ersatzteile u.ä.),
– Absicherung der Kommunikationswege (E-Mail, Handy u.ä.),
– alternative Transportwege.

Zwei Stoßrichtungen sind bei der Maßnahmenplanung zu unterscheiden:
– Risikoverhütung
– Risikominderung.

Risikoverhütungs-Maßnahmen sind *präventive* Maßnahmen zum Reduzieren der Eintrittswahrscheinlichkeit von Störungen, z.B. durch verstärktes Testen der eingesetzten Hard- und Software oder durch Ausbau der verfügbaren Ressourcen. *Risikominderungs-Maßnahmen* sind *korrektive* Maßnahmen zum Reduzieren der negativen Auswirkungen bei eingetretenen Störungen, z.B. durch vorübergehend veränderte Arbeitsabläufe, durch erhöhten Bereitschaftsdienst oder durch Bereitstellung von Ersatzverfahren (Notbetrieb).

Maßnahmenbewertung

Auch Vorsorgemaßnahmen sind unter wirtschaftlichem Gesichtspunkt zu beurteilen

Die Wirtschaftlichkeit ist bei der Maßnahmenauswahl ein wichtiges Entscheidungskriterium, da z.B. eine Vorsorgemaßnahme genauso viel kosten kann wie die Beseitigung des nur eventuell verursachten Schadens. Es ist daher erforderlich, vor Durchführung von Maßnahmen zur Risikoverhütung bzw. -minderung eine genaue monetäre Bewertung der vorgeschlagenen Maßnahmen vorzunehmen.

Nach Einschätzung des Restrisikos und der Kostenschätzung für die Maßnahmen ist dann eine Entscheidung zu treffen, welche Maßnahmen letztendlich zur Risikoabsicherung durchzuführen sind.

Bei alternativen bzw. konkurrierenden Vorsorgemaßnahmen kann die Auswirkung auf Eintrittswahrscheinlichkeit und potentieller Schadenshöhe auch mit einer Sensitivitätsanalyse dargestellt werden. Hierzu werden an den Achsen einer Sensitivitätsmatrix die möglichen Vorsorgemaßnahmen mit ihren Kosten aufgeführt und in den Matrixfeldern werden die erreichbaren Schadensreduktionen mit ihren veränderten Eintrittswahrscheinlichkeiten aufgetragen.

Risiko-Controlling

Zur Überwachung der durchzuführenden Maßnahmen und ihrer Wirksamkeit hinsichtlich Risikoverhütung und Risikominderung sollte eine Kontroll- und Steuerungsinstanz eingerichtet werden. Mit der Einrichtung eines „Risk Review Boards" (RRB) wird ein *präventives* Risikomanagement erreicht, indem die Risiken eines Projekts – zu Beginn oder auch während des Projekts – systematisch hinsichtlich Prozesskonformität, technische Machbarkeit, Wirtschaftlichkeit, Realisierungsrisiken etc. untersucht werden. Ziel ist es, die ursprünglich geplanten Projektparameter (Zeit, Kosten, Qualität) konsequent abzusichern.

Das „Risk Review Board" steuert das Risikomanagement

Eine Risikoanalyse sollte daher bereits in der Angebotsphase im Rahmen der Vertragsprüfung beginnen und während des gesamten Projekts weiterlaufen. Insbesondere bei Großprojekten, die für das Unternehmen von großer Bedeutung sind, sollte das Risikomanagement während der gesamten Projektlaufzeit wirksam sein.

Weiterhin ist eine regelmäßige Risikoberichterstattung, die alle Leitungsebenen anspricht, einzuführen, da mit ihr eine wesentliche Verbesserung der Entscheidungsqualität und Verkürzung der Reaktionszeiten bei auftretenden Störungen erreicht wird.

3.6.3 Notfallplanung

Als Notfall wird ein Störungsfall bezeichnet, der das Ausmaß einer normalen Störung erheblich überschreitet, so sehr, dass bei Eintritt der Störung mit einem erheblichen finanziellen Schaden oder einem großen Image-Schaden für das Unternehmen gerechnet werden muss.

Mit einer Notfallplanung wird der Rahmen für ein Krisenmanagement abgesteckt

Im Rahmen einer umfassenden Notfallplanung müssen daher Vorsorgungen getroffen werden, um den Schaden bei einem eingetretenen Notfall zu minimieren und den fehlerfreien Betriebszustand so schnell wie möglich wieder herzustellen.

Notfalldefinition

Mögliche Notfälle, für die eigene Notfallplanungen vorzunehmen sind, werden auf Basis einer kombinierten Risiko- und Maßnahmenbewertung definiert. Als Entscheidungsunterlage hat sich das in Bild 3.39 gezeigte Tableau bewährt.

Mögliche Notfälle sind klar herauszuarbeiten

Wie aus dem dargestellten Beispiel zu ersehen ist, sind für minder bewertete Risiken keine Notfallplanungen, häufig sogar keine Vorsorgemaßnahmen notwendig. Nur bei höher bewerteten Risiken, d.h. bei einer entsprechend hohen potentiellen Schadenshöhe sind Vorsorgemaßnahmen und eine Notfallplanung vorzusehen. Es kann allerdings auch angebracht sein, eine Notfallplanung vorzunehmen, obwohl Vorsorgemaßnahmen aus Kostengründen nicht eingeleitet wurden.

Risikomanagement-Plan						Ansprechpartner: Zellner Telefon: 4796				Abt.: SBS SIS 44 Datum 07.12.99	
Risikoidentifizierung			Risikoeinschätzung vor Maßnahmen			Vorsorgemaßnahmen		Risikoeinschätzung nach Maßnahmen		Entscheidung	
Nr.	Risikoquelle	Gefähr-dungs-kategorie	Aus-wirkung	Eintritts-wahrschein-lichkeit	Risiko-kosten	Maßnahmen	Kosten der Maß-nahmen	Eintritts-wahrschein-lichkeit	Risiko-kosten	Maß-nahmen	Notfall-plan
			in TEU	in %	in TEU		in TEU	in %	in TEU	ja/nein	ja/nein
1	Programmfehler, die im Systemtest nicht erkannt worden sind	d	200	10%	20	zusätzlicher Pilottest	80	5%	10	nein	nein
2	Totalausfall des Rechenzentrums	c, d	2'000	4%	80	Ausweich-RZ einrichten	50	1%	20	ja	nein
3	Zerstörung der gesamten Datenbank	b, c, d	10'000	3%	300	Aufbau einer Schatten-Datenbank	300	0,5%	50	ja	ja
4	plötzliche Krankheit von Know-how-Trägern	d	800	8%	64	Einsatz und Einar-beitung zusätzlichen Personals	500	2%	16	nein	nein
5	Ausfall von einge-planten Lieferungen (Fremdprodukte)	c, d	3'000	5%	150	Einbindung von alternativen Lieferanten	100	1%	30	ja	nein
6											
		a Schaden für Leben und Gesundheit b existenzieller bzw. Image-Schaden c Schaden für ganzen Geschäftsprozess d finanzieller Schaden									

Bild 3.39 Risikomanagement-Plan

Bei zeitgleich auftretenden Risiken kann es sinnvoll sein, mehrere generisch typische Risikofälle in gemeinsame *Notfallszenarien* zu bündeln; auf diese Weise können diverse Notfallmaßnahmen in einem Notfallplan aufgenommen werden.

Ferner muss untersucht werden, bei welchen Notfällen fremde Kompetenzen zuständig sind und eingebunden werden müssen (z.B. Strom, Verkehr, Telefon). Auch muss erkannt werden, in welcher Vernetzung Störungen zueinander stehen können, da sich einfache Störfälle über einen „Domino-Effekt" zu großen Notfällen aufschaukeln können: z.B. ein PC fällt aus, der einen Fertigungsautomaten ansteuert, dieser bleibt daraufhin stehen, so dass schließlich die ganze Fertigung gestoppt werden muss.

Notfallorganisation

Die Notfallorganisation ist rechtzeitig einzurichten

Die Notfallorganisation bildet die organisatorische Rahmenplanung für den Fall eines eingetretenen Notfalls; sie umfasst die Komplexe:

▷ Notrufzentrale,
▷ Bereitschaftsdienst,
▷ Notfallmanagement-Team.

Für den Zeitraum des möglichen Auftretens von Notfällen muss eine *Notrufzentrale* eingerichtet werden, diese kann eine einfache Telefon-Hotline oder bei größeren Verfahrens-/Systemeinführungen sogar ein richtiges Call Center mit entsprechend kompetentem Beratungspersonal sein. Notfallszenarien können sogar die Einrichtung eines Lagezentrums für ein zentral gesteuertes Krisenmanagement erforderlich machen.

Für das Zeitfenster von eventuell eintretenden Notfällen muss ein *Bereitschaftsdienst* organisiert werden; dieser muss eventuell auch an Sonn- und Feiertagen bereit stehen und kann z.B. Urlaubssperren für die einzelnen Wissensträger zur Folge haben, vielfach genügt aber auch nur eine generelle häusliche Bereitschaft (abrufbar über Handy). Mit diesem Bereitschaftsdienst soll erreicht werden, aufgetretene Störungen oder Schadensfälle umgehend zu beseitigen bzw. entsprechende Notverfahren (Notbetrieb) einzurichten.

Das *Notfallmanagement-Team* nimmt als Krisenstab die Aufgabe des Krisenmanagements wahr, d.h. interne und externe Dienste bei der Beseitigung des Notfalles zu koordinieren, die betroffenen Stellen (Kunden, Geschäftspartner, Mitarbeiter, Führungskräfte, Öffentlichkeit) im Rahmen eines Eskalationsmanagements zu informieren, eigenverantwortlich Entscheidungen zu treffen und ggf. betroffenen Mitarbeitern Weisungen zu erteilen.

Das Eskalationsmanagement sorgt – in Abhängigkeit der Schwere des Notfalls – für schnelle Information der Leitung

Notfallvorsorge

Für die fixierten Notfälle sollten Vorsorgemaßnahmen rechtzeitig eingeplant werden; mit ihnen soll der verursachte Schaden beim Auftreten des Notfalls so gering wie möglich gehalten werden. Da *Notfallvorsorgemaßnahmen* präventive Maßnahmen sind, erscheint deren Kostenaufwand bei Nichteintreten des Notfalls im Nachhinein als unnötig. Es ist also auch hier eine genaue Kostenabwägung zwischen erforderlichem Aufwand und erreichbarer Verringerung der Risikohöhe vorzunehmen.

Notfallvorsorge rechtzeitig einplanen

Zu den Notvorsorgemaßnahmen gehören neben dem Aufbau einer Notfallorganisation, dem Erstellen eines Notfallhandbuchs und der prophylaktischen Vorbereitung eines Notbetriebs alle im Rahmen der Maßnahmenplanung priorisierten Vorsorgemaßnahmen technischer, personeller und logistischer Natur.

Für besonders unternehmenskritische Notfall-Szenarien empfiehlt es sich, entsprechende *Notfallübungen* mit dem eingeplanten Personal unter Einbindung in die vorgesehene Notfallorganisation durchzuführen. Ziel solcher Notfallübungen ist es, festzustellen, inwieweit die festgelegten Maßnahmen funktionieren und ausreichen, und eventuell noch Verbesserungen an diesen vorzunehmen.

Notfalldurchführungspläne

Für jeden priorisierten Notfall muss eine eigene Notfallplanung erarbeitet und in einem Notfalldurchführungsplan (oder kurz Notfallplan) dokumentiert werden. Notfalldurchführungspläne enthalten detaillierte Informationen zu dem einzelnen (potentiellen) Notfall mit genauen Maßnahmen, die bei Eintritt des betreffenden Notfalls vorzunehmen sind.

Für jeden potentiellen Notfall ein Durchführungsplan

Ein Notfalldurchführungsplan enthält i.Allg. folgende Abschnitte:
- genaue Beschreibung des angenommenen Notfalls,
- Geltungs- und Wirkungsbereich des Notfalldurchführungsplans,
- Inventarisierung der im Notfall betroffenen Komponenten,
- Übersicht spezieller Vorsorgemaßnahmen,
- Übersicht möglicher Fehlerszenarien,
- Maßnahmenkataloge für alle möglichen Fehlerszenarien,
- Eskalationsregeln bei Eintritt eines Notfalls.

Notfallhandbuch

Das Notfallhandbuch dokumentiert die gesamte Notfallplanung

Das Notfallhandbuch ist die zentrale Planungsunterlage einer durchgängigen Notfallvorsorge. Im Notfallhandbuch wird zum einen festgelegt, wie die Zuständigkeiten und Verantwortungen bei einem eingetretenen Notfall geregelt sind, ab wann ein Notfall eintritt und mit welcher Priorität Systeme und Anlagen im Notfall zu behandeln sind, und zum anderen enthält das Notfallhandbuch alle durchgeführten Notfallvorsorgemaßnahmen und erstellten Notfalldurchführungspläne.

Ein Notfallhandbuch umfasst damit folgende Kapitel:
▷ Notfallkonzept (u.a. Geltungs- und Wirkungsbereich, Risikoanalyse, priorisierte Notfälle),
▷ Notfallorganisation (u.a. Verantwortlichkeiten, Personenkreis, Kommunikationswege),
▷ Zusammenstellung aller Notfallvorsorgemaßnahmen,
▷ Notfalldurchführungspläne aller definierter Notfälle,
▷ Anlagen zum Handbuch (Formulare, Adressverzeichnisse, Org-Pläne, Einsatzpläne etc.).

Das Notfallhandbuch muss im Notfall leicht zugänglich und immer auf aktuellem Stand sein, deshalb ist es wichtig, einen offiziellen Pflegeverantwortlichen zu benennen. Auch sollte es unbedingt in Papierform vorliegen, da im Notfall die verwendeten elektronischen Geräte nicht funktionsfähig sein könnten.

Krisenmanagement

Nicht alle möglichen Krisen können vorhergesehen werden

Ist eine Krise bereits eingetreten und liegt für diesen Notfall ein Notfallhandbuch sowie ein Notfalldurchführungsplan vor, so wird nach dem dort niedergelegten Vorgehen gehandelt. Trotz aller gewissenhaften Notfallplanung können aber immer wieder nicht vorherzusehende Krisen auftreten, die sich entweder schleichend abzeichnen oder plötzlich offenbar werden.

Zu den sich langsam entwickelnden Krisen zählen:
▷ falsches Produkt kommt am Markt nicht an (zu teuer, mangelnde Funktionalität, etc.),
▷ verändertes Kundenverhalten (neue Modetrends, veränderter „Mainstream"),

▷ Anstieg von Billigangeboten aus fernen Schwellenländern,
▷ Änderungen in den politisch vorgegebenen Rahmenbedingungen.

Als plötzlich auftretende Krisensituationen sind zu nennen:

▷ Totalausfall einer Fertigungsanlage aufgrund eines Brandes,
▷ wichtiger Lieferant ist in die Insolvenz gegangen,
▷ Naturkatastrophe in einem ausländischen Markt,
▷ politischer Umsturz in einem Auftraggeberland.

Sollte ein solch nicht vorhergesehener Krisenfall eingetreten sein, so muss umgehend ein Krisenmanagement mit einer umfangreichen Krisenanalyse aktiv werden. Am Anfang einer solchen Krisenanalyse steht eine genaue Situations- und Problemanalyse mit dem Ziel, mögliche Lösungsalternativen herauszuarbeiten. Mittels einer entsprechenden Bewertung und Risikoabwägung sind die geeigneten Lösungsansätze für eine Krisenbewältigung auszuwählen.

Für einen Projektleiter, der eine Krise in seinem Projekt zu bewältigen hat, ist eine solche Krisensituation eine besondere Herausforderung. Er muss dann „wie ein Fels in der Brandung" stehen, während um ihn herum häufig Angst und vielleicht auch Panik herrscht. Mit ruhiger Hand muss er die Maßnahmen zur Krisenbewältigung vorantreiben; dies erfordert ein hohes Maß an Sozialkompetenz bezüglich seiner Mitarbeiter und den anderen Projektbeteiligten.

3.7 Projektpläne

Die gesamte Planung eines Projekts schlägt sich letztendlich in Projektplänen nieder; sie dokumentieren die Projektplanung. Da Projektpläne stets den aktuellen und gültigen Planungsstand des Projekts widerspiegeln müssen, unterliegen sie einem unterschiedlich starken Änderungsgeschehen.

Projektpläne dokumentieren die Projektplanung

In Tabelle 3.10 sind die wichtigsten Projektpläne mit Angabe der jeweils betrachteten Plangrößen sowie den möglichen Darstellungsformen alphabetisch aufgeführt. (Reine *Produktpläne*, wie Anforderungskatalog, Spezifikation, etc. sind nicht mit aufgenommen worden.)

Als Varianten der Darstellungsform werden hier gesehen:

▷ Liste (auch Tabelle)
▷ Diagramm (auch Kurvenverlauf)
▷ Balkendarstellung (bzw. Balkendiagramm)
▷ Baum(-struktur)
▷ Netz(-struktur)
▷ Matrixdarstellung
▷ Relationengitter
▷ Graph (freie grafische Darstellung)
▷ Text (verbale Beschreibung).

In [10] sind diese Projektpläne ausführlich erläutert.

Tabelle 3.10 Projektpläne

Bezeichnung	Plangrößen	Darstellung	Beschreibung
Ablaufplan			Überbegriff für Projektablaufpläne wie Balkenplan, Balkendiagramm, Netzplan etc.
Anlagenstrukturplan	Anlagenteile Anzahlen	Liste Matrix Baum	Enthält alle Teile einer Anlage in hierarchischer Anordnung; entspricht etwa der Produktstruktur.
Arbeitsplan	Mitarbeiter Aufgaben	Liste Baum	Umfasst alle Mitarbeiter in ihrer linienorganisatorischen Einordnung mit ihren Aufgabenverantwortlichkeiten; ähnlich einem Organisationsplan.
Auditplan	Audits Termine Teilnehmer	Liste	Aufstellung aller in einem festen Zeitraum geplanten Audits (auch Inspektionsplan genannt).
Aufgabenplan	Aufgaben Mitarbeiter Aufwände Termine	Liste	Zählt alle Aufgaben mit den zugehörigen Projektdaten auf.
Aufwandsplan	Aufwände Arbeitspakete Organisationseinheiten	Liste Diagramm	Enthält arbeitspaket- oder organisationsbezogen die einzelnen Planaufwände.
Ausbildungsplan	Mitarbeiter Kurse Termine	Liste Balken	Enthält die für die einzelnen Mitarbeiter vorgesehenen Ausbildungsmaßnahmen mit Zeitangaben.
Balkenplan/-diagramm	Mitarbeiter Arbeitspakete Zeitangaben	Diagramm	Enthält über die Zeit aufgetragen die einzelnen Mitarbeiter oder Arbeitspakete.
Bedarfsplan			(siehe Einsatzmittelplan)
Berichtsplan	Projektberichte Verteiler Termine	Liste	Legt die Informationswege der Projektberichterstattung fest.
Dokumentationsplan	Dokumente Termine Verfasser	Liste	Legt die geplanten Projekt- und Produktdokumente mit Terminangaben fest.
Einsatzmittelplan	Mitarbeiter Maschinen Zeit	Liste Diagramm	Enthält über die Zeit aufgetragen alle für das Projekt notwendigen Einsatzmittel.
Erfahrungssicherungsplan	Erfahrungen Erfahrungsträger Adressaten	Liste Text	Zeigt die zu dokumentierenden Erfahrungen mit den Erfahrungsträgern und den künftigen Adressaten auf.
Inbetriebnahmeplan	Maßnahmen Kümmerer Termine	Liste Text	Umfasst die Betriebsplanung und listet alle erforderlichen Maßnahmen für die Inbetriebnahme auf.

Tabelle 3.10 Projektpläne (Forts.)

Bezeichnung	Plangrößen	Darstellung	Beschreibung
Inspektionsplan	Inspektionsobjekte Termine Teilnehmer	Liste Balken	Enthält mit Angabe der Termine und der Teilnehmer alle zu inspizierenden Objekte (=Reviewplan).
Kapazitätsplan			(siehe Einsatzmittelplan)
Katastrophen-plan	Katastrophen Maßnahmen Kümmerer	Liste Text	Ein dem Krisenplan benachbarter Projektplan, mit dem die bei Katastrophen durchzuführenden Maßnahmen untersucht werden.
Know-how-Sicherungsplan			(siehe Erfahrungssicherungsplan)
Kommunika-tionsplan	Projektbeteiligte Kommunikations-arten	Liste Relationen-gitter Graph	Zeigt die Kommunikationsbeziehungen der am Projekt Beteiligten auf.
Konfigurations-management-plan	KM-Methoden KM-Verfahren Maßnahmen	Matrix Text	Zeigt alle Methoden, Verfahren und Maßnahmen auf, die für das Konfigurationsmanagement geplant sind.
Kontenplan	Konten Unterkonten Verantwortliche	Liste Baum	Enthält in geordneter Form alle Konten und Unterkonten eines Projekts oder mehrerer Projekte.
Kostenplan	Kostenelemente Kosten Zeit	Liste Diagramm	Zeigt über die Zeit aufgetragen die geplanten Kosten für bestimmte Kostenelemente geordnet nach Arbeitspaketen, Verursachern, Organisationseinheiten etc.
Krisenplan	Krisen Maßnahmen	Liste Text	Weist bei angedachten Krisen die durchzuführenden Maßnahmen aus.
Meilensteinplan	Meilenstein Termine Verantwortliche	Liste Balken Netz	Enthält die Projektmeilensteine mit deren Terminen.
Mitarbeiter-einsatzplan	Mitarbeiter Arbeitspakete	Liste Matrix	Zeigt den Einsatz der einzelnen Mitarbeiter bezogen auf die Arbeitspakete auf.
Netzplan	Vorgänge Abhängigkeiten Termine	Liste Netz	Enthält alle Vorgänge und deren Abhängigkeiten im zeitlichen Ablauf.
Notfallplan	Notfälle Maßnahmen Beteiligte	Liste Text	Enthält Angaben zur Notfalldefinition, -organisation, -vorsorge und -durchführung
Personal-einsatzplan	Personal Teilprojekte Zeit	Liste Diagramm Balken Matrix	Zeigt – bezogen auf die Teilprojekte – den Personaleinsatz über die Projektzeit auf und ist damit ein Einsatzmittelplan.

Tabelle 3.10 Projektpläne (Forts.)

Bezeichnung	Plangrößen	Darstellung	Beschreibung
Phasenplan			Überbegriff für alle Planungsinformationen, die zu einer bestimmten Phase vorliegen.
Produktstrukturplan	Produktteile	Liste Baum	Enthält alle Teile des geplanten Produkts bzw. Systems in einer hierarchischen Anordnung.
Projektdurchführungsplan			Überbegriff für alle der Projektdurchführung dienenden Planungsinformationen.
Projektorganisationplan	Organisationseinheiten Projektbeteiligte Gremien	Liste Baum Matrix	Enthält alle Projektbeteiligten bzw. am Projekt beteiligten Organisationsstellen in einer (meist) hierarchischen Anordnung.
Projektplan			Überbegriff für alle Planungsinformationen, die über das gesamte Projekt bzw. Teile des Projekts vorliegen.
Projektsteckbrief	Aufwände Kosten Termine	Text	Enthält alle wesentlichen Projektdaten mit einer Projektkurzbeschreibung in Kurzform.
Projektstrukturplan	Arbeitspakete	Liste Baum	Enthält alle Arbeitspakete eines Projekts in einer hierarchischen Anordnung.
Prozessorganisationsplan	Phasen Meilensteine Tätigkeitsarten Baselines	Liste Graph	Gliedert den Entwicklungsablauf in einzelne Phasen und Prozessschritte mit Definition von Tätigkeitsarten und Standard-Meilensteinen.
Prozessplan			(siehe Prozessorganisationsplan, wird teilweise auch synonym zum Ablaufplan verwendet)
Qualifikationsplan	Personal Qualifikationen	Liste Balken Matrix	Stellt eine Erweiterung zum Personaleinsatzplan dar, der zu dem benötigten Personal noch die jeweils benötigten Qualifikationen aufzeigt.
Qualitätsmanagementplan	Organisation Methoden Prozesse	Text Liste	Beschreibt die Organisation, die Standards, Verfahren und Werkzeuge, die Prozesse und Indikatoren des Qualitätsmanagements.
Qualitätssicherungsplan	Maßnahmen Termine	Liste	Aufstellung aller qualitätssichernden Maßnahmen mit Terminen
Reviewplan			(siehe Inspektionsplan)
Risikomanagementplan	Risiken Bewertung Maßnahmen	Liste	Auflistung aller möglichen Projektrisiken mit Nennung geeigneter Vorsorgemaßnahmen
Schulungsplan	Anwender Kurse Termine Orte	Liste Balken Matrix	Enthält die für die Anwender vorgesehenen Schulungsmaßnahmen (z.B. Kurse) mit Zeitangaben.

Tabelle 3.10 Projektpläne (Forts.)

Bezeichnung	Plangrößen	Darstellung	Beschreibung
Terminplan	Arbeitspakete Termine Verantwortliche	Liste Balken	Enthält die durchzuführenden Arbeitspakete mit Angaben von Termin, Zeitdauer und Zuständigkeit.
Testplan	Testfälle Termine	Liste Balken	Enthält mit Angabe der Termine alle geplanten Testfälle.
Vertragsmanagementplan	Verträge Änderungen Lieferungen	Formell Informell	Umfasst alle Vorgänge zur Vertragsabwicklung während der gesamten Vertragslaufzeit.
Zulieferungsplan	Leistungen Zulieferer Zeit	Liste Balken Matrix	Zeigt über die Zeit aufgetragen alle geplanten Projektzulieferungen (z.B. Consultant-Leistungen).
Zuordnungsplan	Objekte	Matrix Relationengitter	Mit ihm können beliebige Objekte in ihrer gegenseitigen Zuordnung dargestellt werden.

4 Projektkontrolle

Ziel der Projektkontrolle ist das frühzeitige Erkennen von Planabweichungen

Im Rahmen der Projektkontrolle werden die einzelnen Projektparameter in ihren *Istwerten* den durch die Projektplanung vorgegebenen *Planwerten* – in einem regelmäßigen Beobachtungsturnus – gegenübergestellt und unter Berücksichtigung der abgelaufenen Projektzeit beurteilt. In die Kontrolle sind alle quantifizierbaren Projektgrößen wie Zeit, Aufwand und Kosten (z.T. auch die Leistung) einzubeziehen. Je kleiner dabei die zu betrachtenden Arbeitseinheiten sind, desto größer wird wohl der Kontrollaufwand, aber desto gezielter – und damit frühzeitiger – kann eine Abweichung von bestehenden Planvorgaben erkannt werden.

Bild 4.1 veranschaulicht die Bedeutung des rechtzeitigen Erkennens einer sich abzeichnenden Planabweichung der jeweiligen Kontrollgröße; es zeigt: Je früher man Planabweichungen erkennt und steuernde Maßnahmen einleitet, desto größer sind die Chancen, dass diese Maßnahmen noch rechtzeitig, d.h. ohne Plankorrekturen, wirksam werden.

Mit der Projektplanung wurde die Plandatenbasis für alle Abschnitte der Projektkontrolle geschaffen; adäquat hierzu muss nun die Istdatenbasis gestaltet werden. So ist für die Terminkontrolle ein umfassendes *Rückmeldewesen* und für die Aufwands- und Kostenkontrolle eine detaillierte *Stundenkontierung* und *Kostenerfassung* notwendig. Innerhalb der *Sach-*

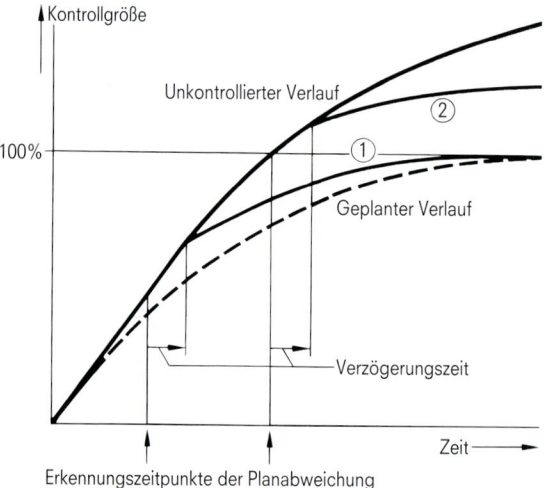

Bild 4.1 Rechzeitiges Erkennen einer Planabweichung: ① rechtzeitig, ② zu spät

fortschrittskontrolle steht das Ermitteln des Fertigstellungsgrads im Vordergrund. Das anforderungsgerechte Einhalten des technischen Inhalts einer Entwicklung erreicht man durch eine projektbegleitende *Qualitätssicherung*. Eine allgemeine Absicherung der Projektkontrolle wird durch Systematik und Durchgängigkeit der *Projektdokumentation* erreicht. Voraussetzung für eine erfolgreiche Projektdurchführung ist natürlich das Vorhandensein des „richtigen" Personals. Dem *Personalmanagement* zur Auswahl des geeigneten PM-Personals (einschließlich eines fähigen Projektleiters), zur Förderung der Teamarbeit sowie zur rechtzeitigen Lösung von Konflikten kommt eine große Bedeutung für das Gelingen eines Projekts zu.

Die Analyse der durch die Projektkontrolle aufgedeckten Abweichungen bzw. erkannten Abweichungstendenzen führt zum Ausarbeiten geeigneter Maßnahmen für die Projektsteuerung; diese können sehr unterschiedlich sein. Die einfachste – für das Erreichen des Projektziels aber immer ungünstigste – Maßnahme ist das simple Anpassen der Planvorgaben an die neue Projektsituation, also z.B. Verschieben der Termine, Heraufsetzen des Budgets, Ausweiten des Mitarbeiterstandes oder Reduzieren des Aufgaben- bzw. Leistungsvolumens. Es muss aber innerhalb der Projektsteuerung dem allgemeinen Gesetz von Parkinson „Work expands to fill the available volume" entgegengewirkt werden. Anzustreben sind daher immer Steuerungsmaßnahmen, die die Planerreichung ohne Änderung der Planeckdaten sichern. Dies ist z.B. durch verbesserte Motivation der Mitarbeiter, durch Anheben der Qualifikation oder durch Ändern der Prozessablauffolgen möglich.

Simple Plananpassung ist der schlechteste Weg einer Projektsteuerung

4.1 Terminkontrolle

Innerhalb der Projektplanung zeigt der *Terminplan* den gesamten Terminaufriss des Projekts; dort hat er die Aufgabe, alle Einzelaktivitäten eines Entwicklungsvorhabens im terminlichen Zusammenwirken transparent und konsistent darzustellen.

Terminkontrolle ist wichtigstes Element der Projektkontrolle

Der Terminplan hat aber auch in dem darauffolgenden Projektabschnitt, in der Projektdurchführung, eine weitere entscheidende Aufgabe, und zwar für die *Terminkontrolle*. Durch laufendes Beobachten der Terminsituation und Vergleichen der Planwerte mit den Istwerten wird die Entscheidungsgrundlage für eine wirksame terminliche Projektsteuerung geschaffen. Voraussetzung für eine wirkungsvolle Terminkontrolle ist aber die konsequente Aktualisierung der Plantermine.

4.1.1 Terminrückmeldung

Im Rahmen eines (Termin-)Rückmeldewesens sollen die Entwickler dem Projektmanagement den unmittelbaren, aktuellen Terminstand der laufenden Entwicklungsaktivitäten berichten. Für jedes noch nicht abgeschlossene Arbeitspaket muss in einem festen Turnus angegeben werden, ob

Ohne regelmäßige Rückmeldung von Zwischenterminen ist keine Terminkontrolle möglich

- der Termin gehalten wird,
- der Termin nicht gehalten werden kann oder
- der Termin vorverlegt werden kann.

Solche Aussagen dürfen natürlich noch nicht automatisch zu einer Terminkorrektur führen, sondern das Projektmanagement kann erst aufgrund der Gesamtsicht der Einzelterminaussagen aller Arbeitspakete des Projekts zu einer Terminentscheidung gelangen. Meist können Terminverzögerungen *einzelner* Arbeitspakete leicht aufgefangen werden, ohne dass der Termin des gesamten Projekts gefährdet wird. Auch kann man Terminengpässe häufig noch durch zusätzliches Personal mildern, so dass die Plantermine nicht verändert werden müssen. Nur wenn alle Möglichkeiten einer *termininvarianten* Projektsteuerung ausgeschöpft sind, muss – als letztes Mittel – zu einer Terminanpassung, d.h. meist zu einer Terminverschiebung für das Gesamtprojekt, gegriffen werden.

Rückmeldeablauf

Das Rückmeldewesen muss sicherstellen, dass *alle* Tätigkeitsbereiche eines Projekts erfasst werden und keine Lücken in der Terminberichterstattung entstehen. Als wesentliche Punkte müssen in einem Rückmeldewesen definiert sein:

- Wer meldet wem?
- In welchem Zeitrhythmus muss gemeldet werden?
- Welche Daten zu welchen Arbeitspaketen müssen gemeldet werden?
- Wie werden die gemeldeten Daten aufbereitet?

Die Rückmeldeliste vereinfacht das Berichtswesen

Es liegt nahe, das Berichtswesen – z.B. durch Formulare – zu „institutionalisieren", so dass auf persönliche und telefonische Abfragen, die nur selten vollständig sind, verzichtet werden kann. Eine solche *Rückmeldeliste* sollte folgende Angaben enthalten:

- Projekt- bzw. Teilprojektbezeichnung,
- Arbeitspakete (Benennung, Identifikation),
- Dienststelle und Verantwortlicher,
- Berichtsdatum,
- aufgetretene Terminänderungen,
- Grund der Terminänderungen,
- evtl. Restaufwandsschätzungen.

Es bietet sich an, in die Liste die notwendigen Fertigmeldungen und angefallenen Aufwände der Arbeitspakete aufzunehmen.

Aktualisierung des Netzplans

Ohne laufende Aktualisierung ist ein Netzplan nur Makulatur

Wenn in einem Projekt die Netzplantechnik eingesetzt wird, dann darf das Projekt nicht *neben* dem Netzplan, sondern muss *mit* ihm geführt werden. Grundvoraussetzung ist hierfür, dass der Netzplan für das gesamte Projekt immer aktuell gehalten wird; d.h., möglichst in einem festen Rhythmus (z.B. monatlich) sollte man die Daten des Netzplans auf den neuesten Stand bringen. So wie es in allen Entwicklungsbereichen bereits selbstverständlich geworden ist, monatlich eine Stundenaufschreibung durchzuführen, so sollte es auch selbstverständlich sein, die Terminerfassung in einen festen Turnus einzubinden. Nicht-aktuelle Netzpläne sind Makulatur und haben keinen Wert als Führungsinstrumentarium.

Liegen alle Änderungswünsche der Entwickler zum Netzplanstand vor, so sind diese in einen Gesamtzusammenhang zu bringen und in Projektstatusbesprechungen zu diskutieren. Nicht jeder Wunsch – besonders dem nach Terminverschiebung – darf automatisch entsprochen werden, da sonst der Endtermin des gesamten Projekts schnell umgestoßen ist.

Schlüsselfrage bei Terminbesprechungen ist immer die Überlegung bzw. Entscheidung, ob ein Einzeltermin in jedem Fall gehalten werden muss oder aber verschoben werden *kann*. Ein gefährdeter Termin kann gehalten werden z.B. durch

▷ Einsatz von zusätzlichem Personal,
▷ temporäres Erhöhen der Arbeitszeit (Mehr- oder Überstunden, Urlaubsverschiebung),
▷ verbesserten Tool- und Methodeneinsatz,
▷ Optimieren der Arbeitsabläufe oder
▷ Abstriche im Leistungsumfang.

Aktionen zur Termineinhaltung

Das Verschieben eines Termins wird entweder durch Verlängern von Vorgangsdauern oder durch unmittelbares Verlegen von gesetzten Terminen erreicht und kann notwendig sein, wenn

▷ Personalmangel (Krankheit, Fluktuation) entstanden ist,
▷ sich qualitative Schwächen des Entwicklungspersonals zeigen,
▷ unvorhergesehene Schwierigkeiten bei der Lösung der Entwicklungsaufgabe aufgetreten sind,
▷ sich die Aufwandsschätzung als unrealistisch herausgestellt hat,
▷ neue, nicht bedachte Abhängigkeiten zu berücksichtigen sind oder
▷ zusätzliche Funktions- und Leistungsanforderungen zu erfüllen sind.

Ursachen von Terminverschiebungen

Ergebnis solcher regelmäßig abzuhaltenden Terminbesprechungen ist schließlich das Herausstellen derjenigen Arbeitspakete, deren Planvorgaben in irgendeiner Weise zu ändern sind. Zu derartigen Planänderungen, die eine terminliche Auswirkung haben können, zählen bei einem Netzplanvorgang die Änderung

▷ des Beginn- und Endtermins,
▷ der Vorgangsdauer,
▷ des Personalaufwands,
▷ der Personalzuordnung,
▷ der Zuordnung von Betriebsmitteln,
▷ der Abhängigkeiten und
▷ der Zuständigkeit und Verantwortung.

Mögliche Änderungen im Netzplan

Sind alle verabschiedeten Planänderungen und Vorgangsreorganisationen (Splitten, Reduzieren) in den Netzplan eingebracht, so ergibt sich aufgrund einer Netzplandurchrechnung die neue Terminsituation des Projekts. Für die weitere Terminkontrolle ist es nun sehr vorteilhaft, wenn das Netzplanverfahren einen automatischen Vergleich des alten mit dem neuen Netzplanstand ermöglicht und in einer transparenten Darstellung die relevanten Plandifferenzen ausweist.

Es hat sich für das Projektmanagement als opportun gezeigt, auch mit *negativen* Puffern zu arbeiten. Durch das Bestehenlassen von derartigen (irrealen) Negativpuffern bleibt für die betroffenen Entwicklungsgruppen ein erhöhter *Termindruck* bestehen, der die Wahrscheinlichkeit erhöht, dass ein gefährdeter Termin doch noch – zumindest teilweise – gehalten wird.

4.1.2 Terminlicher Plan/Ist-Vergleich

Grundlage jeder effizienten Terminkontrolle ist der laufende Plan/Ist-Vergleich der Termine, d.h. die Gegenüberstellung der Plantermine mit den eingetretenen bzw. mit den voraussichtlichen Fertigstellungsterminen (Fertigtermine).

Terminübersichten

Neben allgemeinen Terminübersichten sind Rückstandsübersichten empfehlenswert

Da eine detaillierte Projektstruktur zwangsläufig dazu führt, dass in einem Projekt sehr viele Einzeltermine (der einzelnen Arbeitspakete) zu überwachen sind, müssen für eine praktikable Terminkontrolle klare Terminübersichten mit den für die Projektleitung relevanten Terminen zur Verfügung stehen. Neben allgemeinen Terminübersichtslisten, die die Termine aller Arbeitspakete enthalten, sind daher *Rückstandsübersichten* bzw. *Negativlisten* sehr vorteilhaft, die nur Arbeitspakete mit kritischen Terminen enthalten. Zu diesen zählen:

▷ Termine, die bereits überschritten sind und
▷ Termine, die wahrscheinlich nicht eingehalten werden können.

Bei einer „manuellen" Terminüberwachung ist es kaum zu vermeiden, dass man kritische Terminsituationen zu spät als solche erkennt und dann nicht mehr rechtzeitig in das Projektgeschehen steuernd eingreifen kann.

Liegt kein Netzplan zur Terminkontrolle vor, so müssen zumindest in einem regelmäßigen Berichtsturnus die voraussichtlichen Fertigstellungstermine aller Arbeitspakete systematisch notiert und aufmerksam beobachtet werden. Nur auf diese Weise besteht eine Chance, sich anbahnende Terminverzüge noch so rechtzeitig zu erkennen, dass diese durch geeignete Steuerungsmaßnahmen (Personalaufstockung, Überstunden, Funktionsabstriche etc.) wirkungsvoll eingeschränkt werden können.

Plantreue

Bekanntlich wird im Rahmen einer Entwicklungsplanung und -steuerung für die „Leistungsgrößen", d.h. für Ergebnisgrößen wie Funktionsumfang,

Verfügbarkeit, Qualität etc. eine *Maximierung* angestrebt, wogegen man für die „Lastgrößen", wie Termin, Kosten und Aufwand eine *Minimierung* erreichen möchte. Für die aktuelle Planerfüllung dieser Größen während des Projektablaufs bieten sich zwei unterschiedliche Kennzahlen beim Gegenüberstellen der Istwerte (bzw. voraussichtlichen Istwerte) zu den Planwerten an.

Bei *Leistungsgrößen* (Maximierung):   Plantreue bei Leistungsgrößen

$$PT_{\text{Leistung}} = \frac{Y_{\text{V'Ist}}}{X_{\text{Plan}}} \times 100 \qquad (20)$$

PT_{Leistung} Plantreue einer Leistungsgröße in %
$Y_{\text{V'Ist}}$ Voraussichtlicher Istwert
Y_{Plan} Planwert

bei *Lastgrößen* (Minimierung):   Plantreue bei Lastgrößen

$$PT_{\text{Last}} = \left(2 - \frac{Y_{\text{V'Ist}}}{X_{\text{Plan}}}\right) \times 100 \qquad (21)$$

PT_{Last} Plantreue einer Lastgröße in %

Erreicht wird durch diese unterschiedliche Quotientenbildung, dass angestrebte Planüberschreitungen bei zu maximierenden Leistungsgrößen und angestrebte Planunterschreitungen bei zu minimierenden Lastgrößen in beiden Fällen zu „Plantreue"-Werten von über 100% führen; entsprechend umgekehrte Plannichterfüllungen führen zu Werten unter 100%.

Termintreue

Als hilfreicher Kontrollindex zum Beurteilen der Terminsituation eines Projekts eignet sich daher der arithmetische Durchschnittswert der terminlichen Plantreue-Quotienten aller Aufgabenkomplexe bzw. Teilprojekte. Dieser Index wird als *Termintreue* des Gesamtprojekts bezeichnet und leitet sich ab wie folgt:

$$TT_{\text{TP}} = \frac{T_{\text{Plan}} - T_{\Delta}}{T_{\text{Plan}}} \times 100 \qquad (22)$$

                                                                    Termintreue eines Teilprojekts

TT_{TP} Termintreue eines Teilprojekts in %
T_{Plan} Geplante Dauer
T_{Δ} Terminverzug

und damit

$$TT_{\text{ges}} = \frac{\sum TT_{\text{TP}}}{n_{\text{TP}}} \qquad (23)$$

                                                                    Termintreue eines Projekts

TT_{ges} Termintreue des Gesamtprojekts in %
n_{TP} Anzahl Teilprojekte

4 Projektkontrolle

Terminverzug eines Projekts

hierbei gilt für den Terminverzug:

$$T_\Delta = T_{V'\text{Ist}} - T_{\text{Plan}} \tag{24}$$

$T_{V'\text{Ist}}$ Voraussichtliche Dauer

In Bild 4.2 ist der Verlauf der Termintreue, bezogen auf das Verhältnis der voraussichtlichen Dauer zur geplanten Dauer, aufgetragen. Nimmt die voraussichtliche Dauer Werte in Richtung einer Verdoppelung an, so verliert diese Darstellung ihre Aussagekraft.

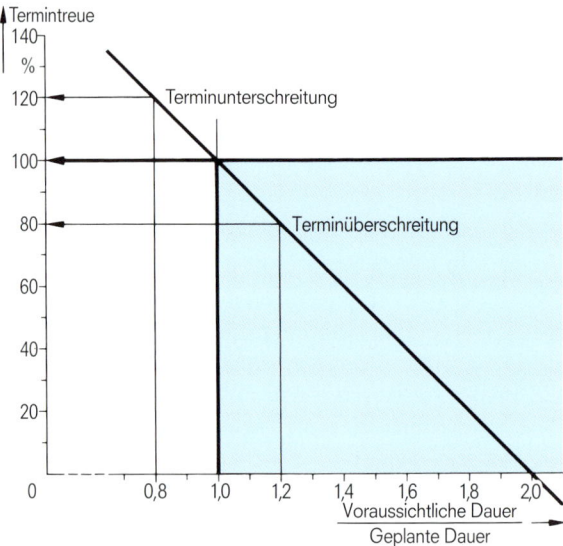

Bild 4.2 Diagramm Termintreue

4.1.3 Termintrendanalysen

Der Plan/Ist-Vergleich von Projektterminen darf besonders bei mehrjährigen Entwicklungsvorhaben nicht das alleinige Hilfsmittel zur Terminkontrolle bleiben. Das statisch betrachtete Ereignis einer einmaligen Terminverzögerung eines bestimmten Arbeitspakets ist häufig nicht sehr aussagekräftig, da bei mehrjährigen Vorhaben eine singuläre Terminverschiebung i.Allg. den Gesamttermin nicht gefährden sollte. Anderenfalls ist von Anbeginn terminlich zu eng geplant und es sind zu kleine Zeitpuffer in den Terminplan eingebaut worden.

Termintrendanalysen sind Plan/Plan-Vergleiche

Handelt es sich dagegen um ein Arbeitspaket, das bereits häufiger in seinem Plantermin verschoben werden musste, so ist mit Recht zu befürchten, dass weitere Terminverzögerungen folgen werden, die in ihrer Kumulierung tatsächlich zu einem Gesamtterminverzug führen können. Es ist also sehr wichtig, einen *Plan/Plan-Vergleich* einzelner Arbeitspakettermine vorzunehmen, um so zu einer allgemeinen Termintrendaussage zu gelangen.

Meilenstein-Trendanalyse

Trendanalysen lassen sich im Grunde für jedes mit einem Termin belegte Arbeitspaket durchführen; am besten eignen sich hierfür hervorhebenswerte und projektentscheidende Arbeitsvorgänge bzw. -ereignisse, wie z.B. die Meilensteine in einem Entwicklungsablauf. Solche „Meilenstein-Trendanalysen" (MTA) setzt man bereits in vielen Entwicklungsbereichen sehr erfolgreich ein. Als sehr übersichtliche grafische Form hat sich die in Bild 4.3 gezeigte Darstellungsart durchgesetzt.

Auf der waagerechten Achse des Dreiecksrasters wird der Berichtszeitraum von links nach rechts aufgetragen, der mindestens die Zeitspanne von Aufgabenbeginn bis einiges über den spätesten Endtermin der zu betrachtenden Arbeitspakete umfassen muss. Die senkrechte Achse enthält dieselbe Zeiteinteilung von unten nach oben als Planungszeitraum. Wie aus dem Bild zu erkennen ist, werden nun die Termine für bestimmte Meilensteine, die durch Symbole unterschieden sind, laufend und möglichst in periodischer Folge aktualisiert. Jede Aktualisierung führt zu einer neuen Eintragung, so dass für jeden betrachteten Meilenstein ein Polygonzug entsteht, der so zu bewerten ist:

Die MTA ist das aussagekräftigste Terminkontrollinstrument

Waagerechter Verlauf:	Termin wird eingehalten
Ansteigender Verlauf:	Termin wird überschritten
Fallender Verlauf:	Termin wird unterschritten

Jede Abweichung vom waagerechten Verlauf stellt eine Terminabweichung dar, die in einem Beiblatt näher zu erläutern und zu begründen ist.

Hat der Kurvenzug die 45°-Begrenzungslinie erreicht, so ist das Arbeitspaket abgeschlossen und der entsprechende Meilenstein damit erreicht.

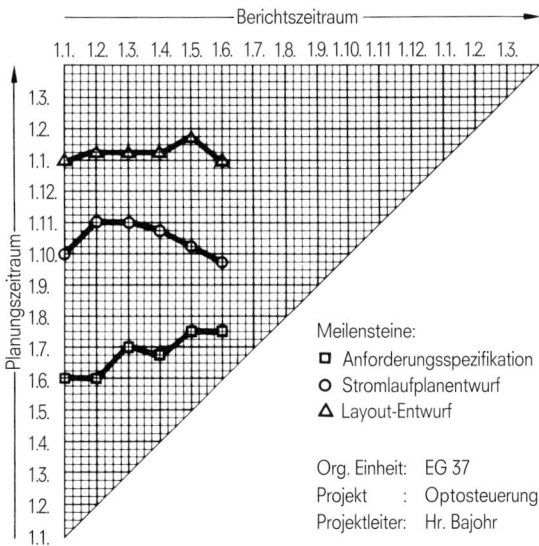

Bild 4.3 Meilenstein-Trendanalyse als Dreiecksraster

4 Projektkontrolle

Kurvenverläufe
von Meilenstein-
Trendanalysen
charakterisieren
den Projektverlauf

Beispiele von MTA-Kurvenverläufen

Im praktischen Einsatz der MTA-Diagramme können typische Kurvenverläufe beobachtet werden, die gewisse Grundaussagen zur Terminsituation eines Projekts zulassen. In Bild 4.4 sind einige solche markante MTA-Kurvenverläufe dargestellt:

a) *Normaler Verlauf*: Dies ist ein typischer Kurvenverlauf bei „normaler" Projektdurchführung. Geringen Terminverschiebungen nach oben stehen auch solche nach unten gegenüber. Mit großer Wahrscheinlichkeit wird der Gesamttermin gehalten.

b) *Extrem ansteigender Verlauf*: Hier wurden laufend viel zu optimistische Terminaussagen gemacht – sei es bewusst oder aufgrund einer generellen Unterschätzung des Aufgabenvolumens. Der Endtermin des Projekts wird sich ganz erheblich verzögern.

c) *Trendwende-Verlauf*: Bis kurz vor den jeweils geplanten Fertigstellungsterminen wurde bei allen Aufgaben eine Terminerfüllung prognostiziert. Erst gegen Ende werden fast schlagartig erhebliche Termin-

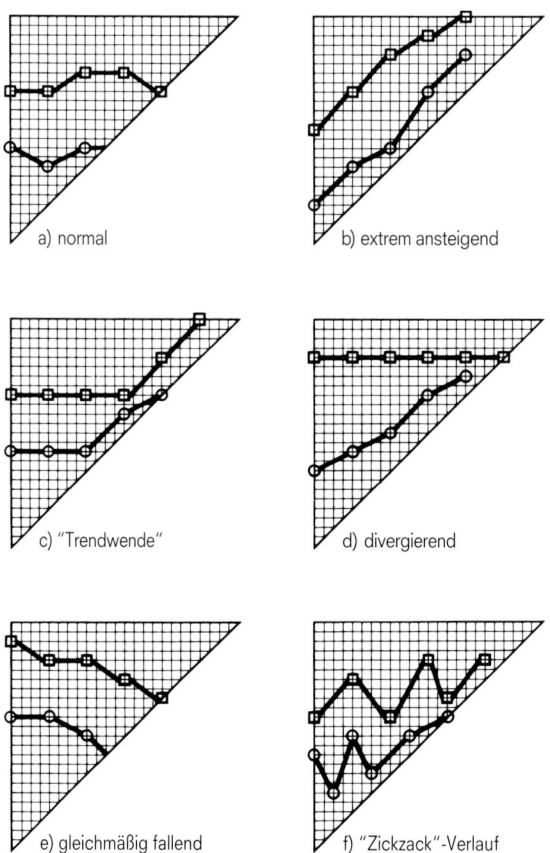

Bild 4.4 Beispiele von MTA-Kurvenverläufen

verschiebungen angekündigt. Es mangelt hier an einer frühzeitigen realistischen Terminaussage; ein rechtzeitiger Steuerungseingriff wurde damit unmöglich gemacht.

d) *Divergierender Verlauf*: Verlaufen unterschiedliche, aber fachlich voneinander abhängige Arbeitspakete in ihren Terminaussagen stark divergierend, so liegt der Verdacht nahe, dass eine der Tendenzen nicht realistisch ist. Die Trendanalyse muss daher insgesamt überarbeitet werden.

e) *Gleichmäßig fallender Verlauf*: Weisen alle Arbeitspakete laufend eine Terminvorverlegung auf, so muss angenommen werden, dass von Anbeginn mit zu großen Sicherheitspuffern geplant wurde. Die zuständigen Terminplaner müssen angehalten werden, künftig realistischere Aussagen zu machen.

f) *Zickzack-Verlauf*: Verlaufen alle Kurvenzüge in einem sich wiederholenden Zickzack, so zeugt dies von einer erheblichen Unsicherheit in den jeweiligen Terminaussagen. Damit ist auch die Aussage zum Gesamttermin als äußerst unsicher anzusehen.

Aus dem Verlauf der MTA-Kurvenzüge kann also ein *Trend* für die weitere Terminentwicklung abgelesen werden, der im Rahmen der Terminkontrolle ein rechtzeitiges Eingreifen des Projektmanagements ermöglicht.

4.2 Aufwands- und Kostenkontrolle

Neben der Terminkontrolle ist innerhalb der Projektkontrolle das Überwachen der Personalaufwände und der Entwicklungskosten von großer Bedeutung. Hierbei richtet der Projektleiter sein Augenmerk mehr auf den Aufwand, der Entwicklungskaufmann dagegen mehr auf die Kosten. Beide Kontrollfunktionen müssen sich ergänzen. Voraussetzung dafür ist ein gemeinsames Erfassen der Aufwände und der Kosten.

4.2.1 Aufwandserfassung

Voraussetzung für jede Aufwands- und Kostenkontrolle ist das „entwicklungsadäquate" Erfassen des Personalaufwands, d.h. eine regelmäßige und vollständige Stundenaufschreibung entsprechend der Produkt- und Projektstruktur und – wenn möglich – auch entsprechend der Prozessstruktur. Wegen des großen Datenumfangs, der insgesamt bei einer Stundenkontierung anfällt, ist eine praktikable Aufwandserfassung eigentlich nur mit Hilfe eines DV-Verfahrens machbar.

Aufwände und Kosten müssen analog der Projektstruktur erfasst werden

Aufgabe eines jeden Stundenkontierungsverfahrens ist das Erfassen des Personalaufwands, bezogen auf ein bestimmtes Arbeitspaket. Kontieren müssen i.Allg. alle Entwickler und projektzuarbeitenden Hilfskräfte, die in einem Angestelltenverhältnis stehen. Fremdkräfte, wie Consultants, Praktikanten etc., können unter gewissen Voraussetzungen und unter Berücksichtigung des Arbeitnehmerüberlassungsgesetzes (AÜG) auch in die

4 Projektkontrolle

Stundenaufschreibung einbezogen werden; sie sind allerdings getrennt auszuweisen.

Mitkalkulation erfordert eine Detaillierung der Stundenaufschreibung

Für eine aussagekräftige *Mitkalkulation* besteht zudem die Forderung einer Detaillierung des Personalaufwands nach

▷ Arbeitspaketen,
▷ Entwicklungsphasen (oder Meilensteinen) und
▷ Tätigkeitsarten.

Auch sollte über die Zuordnung der Arbeitspakete einerseits im Projektstrukturplan bzw. – falls ein solcher eingesetzt wird – im Netzplan und andererseits im Produktstrukturplan eine Differenzierung des Aufwands möglich sein nach

▷ Organisationseinheiten (ausführende und verantwortliche Stellen),
▷ Projekten bzw. Teilprojekten,
▷ Konten bzw. Unterkonten sowie
▷ Produktteilen.

Stundenkontierungsbeleg

Unabhängig vom verwendeten DV-Verfahren kann ein allgemein gültiger Stundenkontierungsbeleg definiert werden, der alle o.a. Anforderungen erfüllt und noch Raum für weitere Projektinformationen lässt (Bild 4.5).

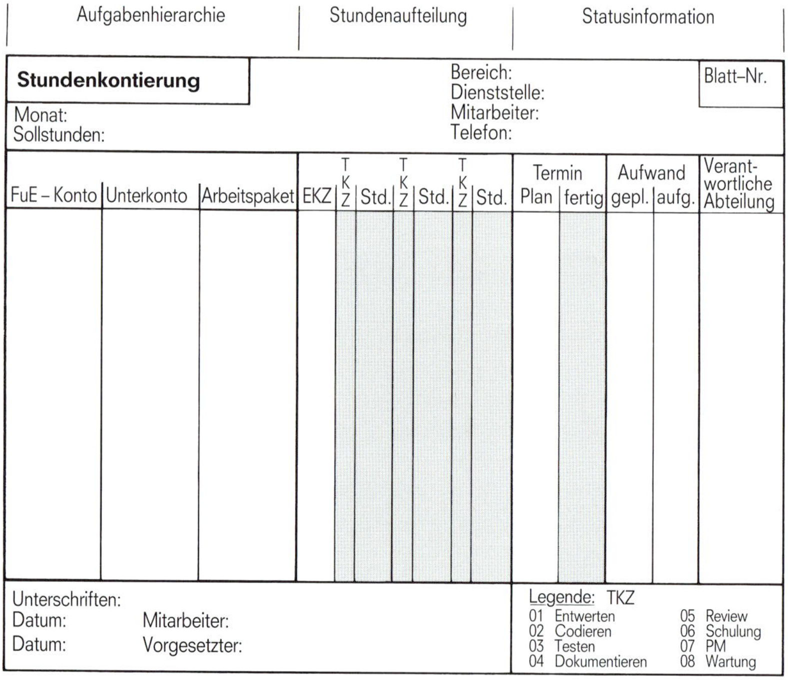

Bild 4.5 Stundenkontierungsbeleg

Der dargestellte Beleg enthält – neben den im Kopf und Fuß enthaltenen administrativen Angaben – Kontierungsdaten in der Gruppierung

▷ Aufgabenhierarchie,
▷ Stundenaufteilung und
▷ Statusinformationen.

Die Aufgabenhierarchie umfasst die meist monohierarchische Unterteilung der Entwicklungsobjekte in mehrere Ebenen wie z.B. in

▷ FuE-Konten,
▷ Unterkonten und
▷ Arbeitspakete.

Bezogen auf das einzelne Arbeitspaket müssen die Stunden in einem festen Berichtsrhythmus notiert werden. Hierbei ist die Stundenaufteilung nach Entwicklungsphasen (EKZ) und Tätigkeitsarten (TKZ) für eine tragfähige Erfahrungssicherung sehr vorteilhaft. Zur allgemeinen Information der einzelnen Entwickler bietet es sich schließlich an, jeder Aufgabenposition in dem Stundenkontierungsbeleg gezielt einige Projektdaten als Zusatzinformationen beizugeben, z.B.

Phasen- und tätigkeitsbezogene Stundenaufschreibung dient der Erfahrungssicherung

▷ Plantermin,
▷ Planaufwand und
▷ (aufgelaufener) Istaufwand.

Dialogstundenkontierung

In Bereichen mit hoher Durchdringung an vernetzten Endgeräten (PC) bietet sich eine *dialogorientierte* Stundenkontierung an. Nicht mehr das Belegformular, sondern die Bildschirmmaske eines entsprechenden DV- bzw. PC-gestützten Verfahrens ist dann das Eingabemedium für die Aufwandserfassung (siehe auch Bild 6.4).

Im Gegensatz zur *Belegkontierung*, die normalerweise in einem wöchentlichen oder monatlichen Rhythmus abgewickelt wird, ist eine *Dialogkontierung* täglich möglich. Hierbei muss allerdings durch das Verfahren gesichert sein, dass möglichst keine fehlerhaften und unsinnigen Daten aufgenommen werden – eine leistungsfähige „Sofortplausibilitierung" ist daher für eine solche (permanente) Dialogkontierung Grundvoraussetzung.

Eine Dialogkontierung ermöglicht eine Sofortplausibilitierung

Der Übergang von der Belegkontierung zur Dialogkontierung hat wesentliche Vorteile:

▷ genauere Stundenkontierung aufgrund täglicher Eingabemöglichkeiten,
▷ kürzere Durchlaufzeiten und damit aktuellere Projektinformationen,
▷ weniger Rückfragen durch das Projektbüro wegen der Sofortplausibilitierung bei der Eingabe,
▷ allgemeine Entlastung des Projektbüros aufgrund vereinfachter Kontierungsabläufe sowie
▷ bessere Einbindung der Entwickler in die Projektberichterstattung.

Auch in Entwicklungsbereichen, in denen – aus rechtlichen Gründen (z.B. Preisprüfung bei öffentlichen Auftraggebern) – der *unterschriebene* Stundenbeleg unverzichtbar ist, kann man eine dialogorientierte Stundenkontierung einführen, wenn vom Verfahren in einem festgelegten Turnus mitarbeiter- oder gruppenbezogene Stundenbelege mit den im Dialog erfassten Kontierungen automatisch erzeugt und den Zuständigen zur Unterschrift vorgelegt werden können.

4.2.2 Kostenerfassung

Kosten des eigenen Personals

In einem weiteren Verfahrensschritt werden in dem DV-Verfahren die kontierten Stunden mit *internen Stundenverrechnungssätzen* multipliziert; man nennt diesen Vorgang auch „Bewertung". Auf diese Weise werden die Kosten des eigenen Personals gebildet.

Interner Stundenverrechnungssatz

> **Kontierte Stunden werden mit Stundenverrechnungssätzen bewertet**

Kostenstellen sind strukturell an die Organisation angepasste „Abrechnungsbezirke", auf denen man die Kosten des Eigenpersonals einschließlich deren Arbeitsplatzkosten sammelt (siehe auch Kapitel 3.5.1).

Kostenstellen der Entwicklung enthalten z.B. folgende Kostenarten:

▷ Personalkosten,
▷ Sozialkosten (Urlaubsgeld, Sozialbeiträge etc.),
▷ Arbeitsplatzkosten inkl. Abschreibungen für Investitionen (Räume, Geräte etc.),
▷ Reisekosten,
▷ Kommunikationskosten (Telefon, Postdienstumlage etc.) und
▷ arbeitsplatzbezogene Dienstleistungskosten (Instandhaltung, Reinigung etc.).

> **Je Kostenstelle ist ein Stundenverrechnungssatz zu bilden**

Diese Kosten der Kostenstellen, sie werden auch Dienststellengemeinkosten (DGK) genannt, müssen nun möglichst verursachungsgerecht den einzelnen Projekten zugeordnet werden. Als einfachste Lösung hat sich hier eine statistische *Überrechnung* mit Hilfe der geleisteten Stunden ergeben, mit der man die Kosten der Kostenstellen in die *Kostenträgerrechnung* überträgt, ohne die Kosten auf den Kostenstellen zu verändern. Für die Überrechnung ist je Kostenstelle – oder für mehrere Kostenstellen gemeinsam – ein Stundenverrechnungssatz zu bilden. Manchmal bildet man auch, um unterschiedliche Personalqualifikationen vor allem beim Verkauf von Ingenieurleistungen berücksichtigen zu können, mehrere Stundenverrechnungssätze. Bei einer internen Verrechnung entspricht i.Allg. der für die Kostenstelle gemeinsame Stundenverrechnungssatz dem Plankostensatz (siehe hierzu auch Kapitel 4.2.6).

4.2 Aufwands- und Kostenkontrolle

Kalkulationsschema

Die mittlere Kopfzahl der kontierenden Mitarbeiter (ausgedrückt in Mann-Jahren) errechnet sich aus der geplanten durchschnittlichen Angestelltenzahl abzüglich dem Anteil von nicht kontierenden Mitarbeitern, z.B. Führungskräfte und Sekretariatskräfte.

Stundenverrechnungssätze werden mit einem Kalkulationsschema ermittelt

Die durchschnittlich geleisteten Stunden/Jahr ohne Ausfallzeiten und allgemeine Arbeiten errechnen sich unter Berücksichtigung tarif- und arbeitsvertraglicher Regelungen aus den kalendarisch möglichen Jahresarbeitsstunden nach dem im Bild 4.6 angegebenen Kalkulationsschema.

Aufgrund der unterschiedlichen tarifvertraglichen Regelungen variieren die auf Projekte verrechenbaren Stunden/Jahr in einzelnen Ländern ganz beachtlich; so ist bei Entwicklungsaufträgen im Ausland von folgender

Stand Januar 2013	Vorraussichtliches Ist 2013	Plan 2014
Kalendertage	366 Tage	365 Tage
– Sonntage und Samstage	104 Tage	104 Tage
– Feiertage	10 Tage	10 Tage
Vertragliche Arbeitszeit	252 Tage	251 Tage
– Fehlzeiten (Urlaub)	30 Tage	30 Tage
Anwesenheitszeit netto	222 Tage	221 Tage
Anwesenheitszeit netto [1]	1643 Std.	1635 Std.
+ Überstunden/Jahr	16 Std.	14 Std.
Anwesenheitszeit brutto	1659 Std.	1649 Std.
– Ausbildung	40 Std.	38 Std.
– Weiterbildung	40 Std.	40 Std.
– Sonstiges (Krankheit, Gemeinkosten-Aufträge)	100 Std.	100 Std.
Produktivzeit/kont. Mitarbeiter	1479 Std.	1471 Std.
x durchschnittlich kontierende Mitarbeiter	1000 Ang.	1000 Ang.
Produktivzeit gesamt	1479000 Std.	1471000 Std.
Brutto-Gemeinkosten des Kalkulationsbereichs	145 Mio. EUR	150 Mio. EUR
– direkt verrechenbare Kosten	14 Mio. EUR	17 Mio. EUR
+ Risikozuschlag (3% der Netto-Gemeinkosten)	4 Mio. EUR	4 Mio. EUR
Im Stundensatz abzudeckende Kosten	135 Mio. EUR	137 Mio. EUR
Im Stundensatz abzudeckende Kosten / Produktivzeit gesamt	= 85 EUR	93 EUR
	Stundenverrechnungssätze	

[1] Bei einer 37-Stunden-Woche

Bild 4.6 Kalkulationsschema für Stundenverrechnungssätze (Beispiel)

4 Projektkontrolle

durchschnittlicher *Produktiv-Jahrsstundenanzahl* je kontierender Mitarbeiter auszugehen (Quelle: OECD, Stand 2008):

Produktiv-Jahresstundenanzahl

- Griechenland   2120 Stunden/Jahr
- Italien   1802 Stunden/Jahr
- USA   1792 Stunden/Jahr
- UK   1653 Stunden/Jahr
- Schweden   1625 Stunden/Jahr
- Frankreich   1544 Stunden/Jahr

Zum Vergleich:

- Deutschland   1430 Stunden/Jahr
- OECD-Durchschnitt   1764 Stunden/Jahr

Tabelle 3.9 in Kapitel 3.4.3 enthält in Abhängigkeit der Wochenarbeitszeit die unterschiedlichen Gesamt- und Produktiv-Jahresstundenanzahlen für Deutschland.

Kosten des fremden Personals

Kosten für fremdes Personal werden durch Rechnungen belegt

Kosten für fremdes Personal werden i.Allg. durch eingehende Rechnungen wirksam, diese müssen einer genauen Prüfung unterzogen werden. Man unterscheidet dabei die sachliche und die rechnerische Prüfung. Die rechnerische bzw. kaufmännische Prüfung der Rechnungsbeträge, die heute überwiegend nur noch stichprobenartig gemacht wird, ist eine einfache Nachrechnung. Bei der sachlichen Prüfung müssen alle eingehenden Rechnungen vom Auftraggeber inhaltlich geprüft werden, ob die Verrechnungshöhe – verglichen mit den erbrachten Leistungen – angemessen, plausibel und auftragsgemäß ist.

Die zu prüfenden Rechnungen unterscheiden sich nach der Art des zugrunde liegenden Vertragsverhältnisses:

- Abrechnung nach Aufwand (Stunden- oder Aufwandsabrechnung) oder
- Abrechnung aufgrund von Werkverträgen.

Abrechnung nach Aufwand

Bei der Abrechnung nach Aufwand wird der Stundenverbrauch des Auftragnehmers, so wie er durch Stundenschreibung der dortigen Mitarbeiter anfällt, direkt (meist monatlich) dem Auftraggeber in Rechnung gestellt. Reisekosten und die Kosten für die Nutzung von Rechnern werden ebenso an den Auftraggeber verrechnet.

Der Stand der vom Auftragnehmer erbrachten Leistungen kann dabei zu den entstandenen Kosten nicht immer in Beziehung gebracht werden; jedoch ist eine Aussage zur Plausibilität meist möglich. Eine gesicherte Sachfortschrittskontrolle (siehe Kapitel 4.3) ist hier besonders schwierig, weil es dem Auftraggeber kaum möglich ist, gezielt in die beim Auftragnehmer laufenden Projektarbeiten Einblick zu nehmen.

Diese Methode der Abrechnung nach Aufwand wird deshalb vor allem innerbetrieblich und zwischen verbundenen Unternehmen praktiziert.

Abrechnung aufgrund von Werkverträgen

Bei dieser Abrechnungsform wird eine vorher definierte Leistung zu einem Festpreis oder auch nach Aufwand im Rahmen eines *Werkvertrags* abgerechnet. Unter „Werk" versteht man in diesem Zusammenhang die zu liefernde Leistung.

Entwicklungsarbeiten kann man heute über Unternehmensgrenzen hinweg nur noch in Form von Werkverträgen vergeben, weil die max. 12-monatige erlaubte Beschäftigung aufgrund des Arbeitnehmerüberlassungsgesetzes (AÜG), gemessen an der Einarbeitungszeit, häufig zu kurz wäre.

Zusätzliche Entwicklungskosten

Unter den zusätzlichen Entwicklungskosten sind alle „Nicht-Personalkosten" zu verstehen; zu ihnen zählen Kosten für Rechner- und Maschinennutzung, Formen- und Musterbau, Materialbezüge und sonstige Dienstleistungen.

Auch die sonstigen Entwicklungskosten müssen abgerechnet werden

Kosten für Rechner- und Maschinennnutzung

Für technische Entwicklungen werden zahlreiche maschinelle Einrichtungen eingesetzt, deren Nutzung man häufig mit einer entsprechenden Miete abgelten kann. Vor allem bei der Entwicklung von HW/SW-Systemen ist der intensive Einsatz von Rechnern und Testanlagen notwendig. Diese Anlagen besitzen meist bereits technische Hilfsmittel (sogenannte Account-Routinen), mit deren Hilfe die verbrauchte Rechenleistung benutzerbezogen automatisch erfasst wird.

Kosten für Formen- und Musterbau

Der Aufwand für Formen- und Musterbau ist gerade in der Entwicklung hochwertiger Produkte zu einem wesentlichen Kostenfaktor geworden. Als Aufwand fallen vor allem Lohn- und Maschinenkosten ins Gewicht. Sie werden, wie in Werkstätten üblich, durch Lohn- und Abrechnungsbelege, die mit entsprechenden Gemeinkostenzuschlägen noch beaufschlagt sind, erfasst.

Kosten für Materialbezüge

Bei der Entwicklung elektronischer Komponenten werden sowohl Materialien benötigt, die direkt in das Produkt eingehen, als auch Hilfsmaterialien, damit Programme, Daten und die Dokumentation gespeichert werden können.

Kosten für sonstige Dienstleistungen

Hierzu gehören z.B. Kosten für die Nutzung von Testlabors und sonstige Erprobungsstellen.

4.2.3 Weiterverrechnung von Kosten

Kosten werden unternehmensintern verursachergerecht weiterverrechnet

In der Entwicklung von hochtechnologischen Produkten und Systemen ist ein hohes Maß an Arbeitsteilung erforderlich. Ingenieure und Naturwissenschaftler unterschiedlicher Fachrichtungen müssen kooperieren, damit neue Technologien und die darauf basierenden Produkte und Systeme entwickelt werden können. Um diese breitgefächerte Zusammenarbeit effizient zu gestalten, müssen die Kosten für die einzelnen Arbeitsbeiträge den Projekten verursachungs- bzw. nutzungsgerecht belastet werden. Hierzu wird in größeren Unternehmen – als Teil des Rechnungswesens – eine Weiterverrechnung von Kosten über Organisationsgrenzen vorgenommen.

Die auf einem Konto originär auflaufenden Kosten – z.B. Gehälter der Angestellten – werden durch die Weiterverrechnung entlastet und den Projekten, für die die Leistung erbracht wurde, in gleicher Höhe wieder belastet.

Ertragszentren verrechnen „echte" – meist beaufschlagte – Kosten an den jeweiligen Auftraggeber; es handelt sich hier um eine Umsatzverrechnung, bei der möglichst ein Ergebnis auf der Auftragnehmerseite erzielt werden muss.

Kostenzentren werden von den auf einen Entwicklungsauftrag aufgelaufenen Kosten durch Weiterverrechnung entlastet und die Projekte, für die die Leistung erbracht wurde, werden in gleicher Höhe wieder belastet; es handelt sich hier also um eine reine Weiterverrechnung von Kosten, bei der kein Ergebnis zu erwirtschaften ist.

In beiden Fällen werden im Rahmen der Verrechnung bzw. Weiterverrechnung Kosten nach bestimmten Verrechnungsmodalitäten von einer abgebenden Auftragsnummer auf eine oder mehrere empfangende Auftragsnummern umgebucht. Hierbei handelt es sich nicht um eine Buchung im Sinne des Rechnungswesens; letztere erfolgt erst durch Weitergabe der Daten an die zuständigen Rechnungswesen-Verfahren.

Verrechnungsarten

Es gibt mehrere Arten von Verrechnungen

Folgende Verrechnungsarten kann man unterscheiden:

▷ die Verrechnung fester Kostenbeträge (Einzel- oder Festpreisverrechnung),
▷ die Verrechnung nach angefallenen Aufwänden (Aufwandsverrechnung),
▷ die Verrechnung nach anteiligen Planwerten (Planverrechnung).

Einzelverrechnung

Bei einer *Einzelverrechnung* wird ein einzelner EUR-Betrag, der unabhängig vom angefallenen Aufwand ist, gezielt an einen Kostenempfänger verrechnet. Einzelverrechnungen können zusätzlich zu einer Aufwands-, Plan- bzw. Festpreisverrechnung vorgenommen werden.

Aufwandsverrechnung

Bei einer *Aufwandsverrechnung* werden den einzelnen Kostenempfängern in einem regelmäßigen – meist monatlichen – Turnus die jeweils angefallenen Kosten (Personal- und sonstige Kosten) verrechnet.

4.2 Aufwands- und Kostenkontrolle

Die vorgenannten Verrechnungsarten können als *Saldenverrechnung* durchgeführt werden. Im Rahmen einer Saldenverrechnung werden hierbei immer gemäß der seit dem letzten Verrechnungslauf angefallenen Aufwände verrechnet, d.h. bei der monatlichen Weiterverrechnung wird jedes Mal geprüft, was der jeweilige Empfänger gemäß Verteilungsschlüssel zu diesem Zeitpunkt insgesamt zu tragen hat und wie viel ihm bereits verrechnet worden ist; nur der Differenzbetrag zu diesem Saldo – und das kann ggf. auch eine Gutschrift sein – wird dem Empfänger belastet bzw. gutgeschrieben. Die Saldenverrechnung erlaubt es daher, dass der zugrunde liegende Verteilungsschlüssel während des Geschäftsjahres in seiner Zusammensetzung bzw. Aufteilung geändert und mit Gültigwerden des neuen Schlüssels eine Verrechnung mit veränderten Modalitäten durchgeführt wird.

Saldenverrechnung

Eine *Planverrechnung* ist nur in Organisationseinheiten sinnvoll, die als Kostenzentren und nicht als Ertragszentren geführt werden. Bei einer Planverrechnung wird nicht nach dem angefallenen Aufwand und den aufgetretenen Kosten verrechnet, sondern der jeweilige Verrechnungsbetrag wird nach einem anteiligen Planwert ermittelt. Die Planverrechnung kann sich wie bei der Aufwandsverrechnung über einen Kostenverteilungsschlüssel (KVS) auf mehrere Empfänger beziehen; auch hier wird eine Saldenverrechnung durchgeführt.

Planverrechnung

Bei einer *Festpreisverrechnung* werden den einzelnen Kostenempfängern in einem regelmäßigen – meist monatlichen – Turnus der monatliche Anteil des vereinbarten Gesamt-Festpreises verrechnet. Die Festpreisverrechnung wird als Saldenverrrechnung durchgeführt.

Festpreisverrechnung

Verrechnungsschlüssel

Werden die angefallenen Projektkosten nur an einen Auftraggeber verrechnet, spricht man von einer *direkten* Weiterverrechnung; werden sie dagegen mittels eines bestimmten Verteilungsschlüssels an mehrere Auftraggeber bzw. Kostenverursacher verrechnet, so handelt es sich um eine *anteilige* (indirekte) Weiterverrechnung.

Bei einem Auftraggeber-Konsortium wird nach einem Verteilungsschlüssel verrechnet

Ein solcher Verteilungsschlüssel wird entsprechend ausgewählter Nutzungskriterien (Anzahl Benutzer, Anzahl Terminals, Größe des Datenvolumens, Wertschöpfungsanteil etc.) festgelegt. Auf diese Weise wird der größte „Beansprucher" mit den meisten Kosten belegt.

Verrechnungswege

Der schematische Ablauf der Weiterverrechnung ist im Bild 4.7 dargestellt. In der Praxis ist es so, dass Kostenpositionen, die weiterzuverrechnen sind, in Form von Datensätzen in einem zentralen „Pool" (das ist ein Teil des Buchhaltungsverfahrens) abgelegt werden. Sobald der Pool von den Kosten abgebenden Stellen vollständig geladen ist, werden die Daten nach Empfängern sortiert und anschließend in einem „Belastungslauf" an die Kostenempfänger verteilt. Die Belastungsdatensätze gelangen nun in

4 Projektkontrolle

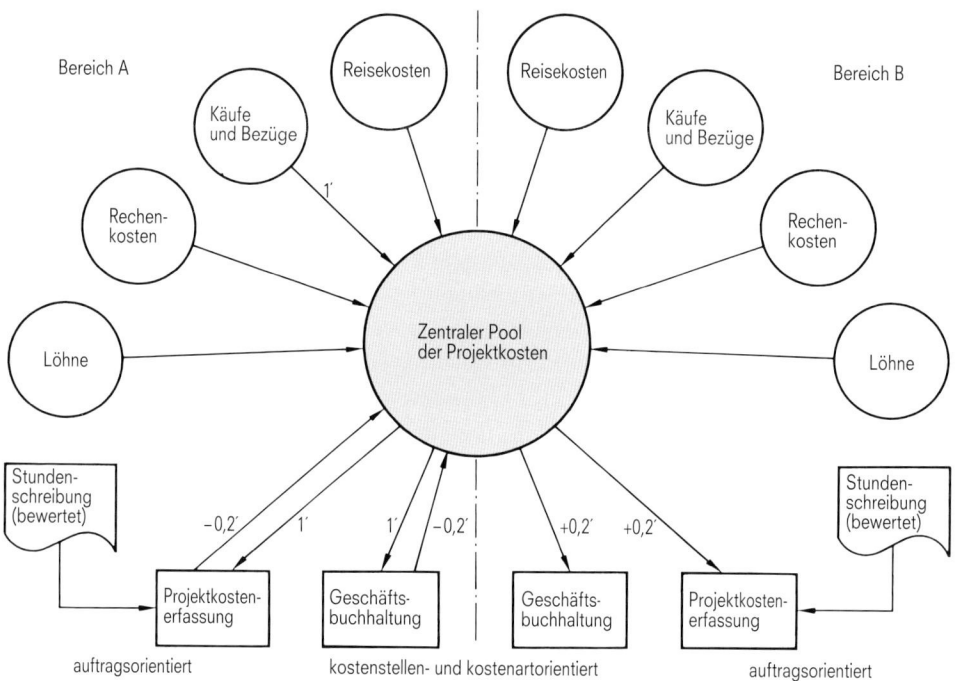

Bild 4.7 Schematischer Ablauf der Weiterverrechnung (mit Zahlenbeispiel)

Projektkosten-
erfassung entspricht
einer „Projekt-
buchhaltung"

die Abrechnungsverfahren der empfangenden Bereiche. Jeder Belastungsdatensatz wird parallel

▷ der *Geschäftsbuchhaltung* nach Kostenarten, Geschäftszweigen und z.T. nach Kostenstellen sowie
▷ der *Projektkostenerfassung* und dort den entsprechenden Projektkonten

belastet.

Eine Geschäftsbuchhaltung ist kostenstellen- und kostenartenorientiert; dagegen ist die Projektkostenerfassung im Wesentlichen auftragsorientiert und nach Kostenelementen gegliedert.

Dieser Prozess der Weiterverrechnung im Unternehmen mithilfe von zentralen Pools läuft in monatlichen Abständen. Der Abrechnungszyklus fällt mit dem Abschluss der Geschäftsbuchhaltungen zusammen, so dass die beiden o.g. Buchungskreise zu diesem Zeitpunkt aufeinander abgestimmt werden können.

Im Bild 4.7 sind zwei Verrechnungsvorgänge dargestellt, die den Ablauf anhand eines Beispiels erläutern:

Im ersten Vorgang wird eine Entwicklungsleistung eines externen Auftragnehmers in Höhe von 1 Mio. Euro dem Bereich A belastet. Die Belastung kommt in diesem Fall in Form einer Rechnung, die mehrere Kostenelemente enthalten kann. Innerhalb des Unternehmens wird die Rechnung automatisch über den Pool belastet. Gehört der Auftragnehmer nicht dem Unternehmen an, so läuft diese „Belastung" in Form einer Rechnung ein, die nach Überprüfung der „Zahlung angewiesen" wird.

Der zweite Verrechnungsvorgang zeigt eine Belastung von 0,2 Mio. Euro des Bereichs A an den Bereich B. Die Belastung kann beispielsweise deshalb nötig sein, weil der Bereich A für den Bereich B Entwicklungsleistungen erbracht hat, die 0,2 Mio. Euro gekostet haben. In diesem Fall erfolgt die Weiterverrechnung beleglos über den zentralen Pool. Der weiterzuverrechnende Betrag wird auf der Seite des Bereichs A sowohl innerhalb der Projektkostenerfassung als auch der Geschäftsbuchhaltung ausgebucht und auf der Seite des Bereichs B entsprechend belastet.

4.2.4 Plan/Ist-Vergleich für Aufwand/Kosten

Tragendes Element einer jeden Aufwands- und Kostenkontrolle ist das Gegenüberstellen der *geplanten* Aufwands- und Kostenwerte zu dem *angefallenen* Aufwand bzw. den *aufgelaufenen* Kosten. Mit diesem Vergleich sollen die kostenkritischen Teile des Projekts aufgezeigt werden, deren nähere Untersuchung dann zu entsprechenden Steuerungsmaßnahmen durch das Projektmanagement führt (Bild 4.8).

> Der Plan/Ist-Vergleich ist das tragende Element der Projektkontrolle

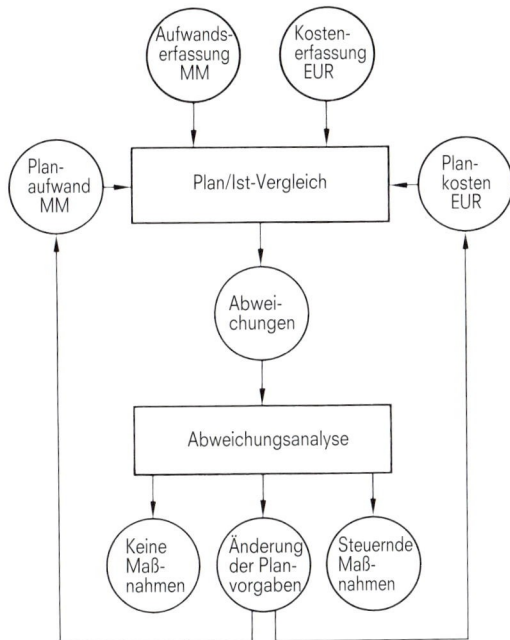

Bild 4.8 Ablauf der Aufwands- und Kostenkontrolle

4 Projektkontrolle

Der Projektleiter trägt i.Allg. nicht die unmittelbare Verantwortung für das (gesamte) FuE-Budget; für ihn spielt die Budgetkontrolle deshalb nur eine sekundäre Rolle. Primär interessiert er sich für den Plan/Ist-Vergleich der (Personal-)Aufwände und Projektkosten auf Projektebene, weil dieser in seiner unmittelbaren Verantwortung liegt.

Vergleichsmöglichkeiten

Die Art des Plan/Ist-Vergleichs beeinflusst den Zeitpunkt des Erkennens einer Abweichung

Im Projektverlauf werden die Istwerte üblicherweise in einem gleichmäßigen Turnus registriert – nicht täglich, sondern in 14-tägigem oder monatlichem Abstand; sie kennzeichnen den augenblicklichen Zustand des Projekts. Die Planwerte dagegen sind vorab festgelegt und beziehen sich auf den geplanten Endzustand des Projekts. Daraus ergibt sich eine Diskrepanz im direkten Größenvergleich des angefallenen Ist und des zu erreichenden Plans. Für den Plan/Ist-Vergleich der Aufwands- bzw. Kostenwerte bieten sich nämlich mehrere Möglichkeiten der Gegenüberstellung an:

▷ Absoluter Plan/Ist-Vergleich
▷ Linearer Plan/Ist-Vergleich
▷ Aufwandskorrelierter Plan/Ist-Vergleich
▷ Plankorrigierter Plan/Ist-Vergleich.

Absoluter Plan/Ist-Vergleich

Beim absoluten Plan/Ist-Vergleich wird der aktuelle Istwert dem (absoluten) Endplanwert gegenübergestellt, also der aktuelle Istwert mit den 100% des geplanten Endzustandes verglichen. Man liegt damit naturgemäß über einen längeren Zeitraum grundsätzlich unter dem 100%-Plan. Dieses „unter Plan" kann aber irrtümlich sein, da ein eventuelles Überschreiten der 100%-Planlinie immer erst gegen Projektende eintritt und die Planüberschreitung kurvenmäßig erst dann erkennbar wird (Bild 4.9 a).

Linearer Plan/Ist-Vergleich

Man kommt zu einem linearen Plan/Ist-Vergleich, wenn der anteilige Planwert in einem linearen Verlauf über die Zeit dargestellt wird (Bild 4.9 b). Dies ist dann möglich, wenn man davon ausgehen kann, dass die Kosten gleichmäßig über die Zeit verteilt anfallen werden. Treten aber die Kosten vermehrt erst in der zweiten Projekthälfte auf – wie es häufig in der Praxis wegen des verstärkten Personaleinsatzes in der Realisierungsphase und wegen der zeitverschobenen Rechnungsschreibung der Fall ist –, so sieht der Plan/Ist-Vergleich auch in dieser Form in der Anfangszeit des Projekts viel positiver aus, als er in Wirklichkeit ist.

Aufwandskorrelierter Plan/Ist-Vergleich

Liegt ein Netzplan vor, so ist eine „Aufwandskorrelierung" des Plan/Ist-Vergleichs möglich. Hierbei wird – angelehnt an eine aus dem Netzplan errechenbare Aufwandsverteilung – der Gesamtplanwert über die Zeit verteilt (Bild 4.9 c). Man erhält so eine realistische Plankostenverteilung, die häufig nach einer leichten S-Kurve verläuft, da zu Projektbeginn – während der Planungsphase – noch nicht so viel Aufwand beansprucht wird, mit Projektfortschritt aber ein überproportionaler Anstieg des Aufwands zu verzeichnen ist.

4.2 Aufwands- und Kostenkontrolle

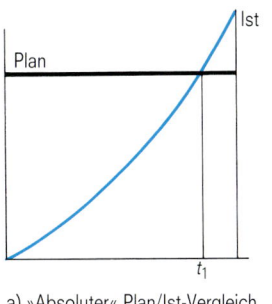
a) »Absoluter« Plan/Ist-Vergleich

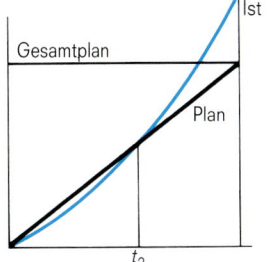
b) »Linearer« Plan/Ist-Vergleich

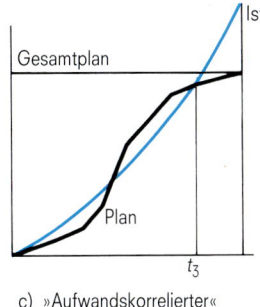
c) »Aufwandskorrelierter« Plan/Ist-Vergleich

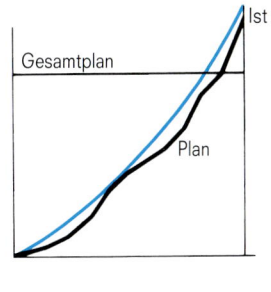
d) »Plankorrigierter« Plan/Ist-Vergleich

▷ Bis zum Zeitpunkt t_1 hat man das sichere Gefühl, dass man „im Plan" ist, da man ja unter 100% liegt.

▷ Bis zum Zeitpunkt t_2 glaubt man, auch anteilig „unter Plan" zu sein – und fängt eventuell an, großzügiger zu werden.

▷ Bis zum Zeitpunkt t_3 glaubt man, dass man den Plan eingefangen hat, und übersieht den großen Nachlauf der Rechnungsstellungen.

Bild 4.9 Formen des Plan/Ist-Vergleichs

Beim plankorrigierten Plan/Ist-Vergleich werden nicht nur die Istwerte laufend erfasst, sondern auch die Planwerte durch eine laufende Restaufwands- bzw. Restkostenschätzung korrigiert (Bild 4.9 d). Zu jedem Istwert sind die geschätzten Restkosten in Differenz zu dem ursprünglichen Gesamtplan aufzutragen. Auf diese Weise erhält man den besten Überblick über die tatsächliche Kostensituation des Projekts.

Plankorrigierter Plan/Ist-Vergleich

Bestellwertfortschreibung

In den bestehenden Kostenüberwachungs- und verrechnungsverfahren werden die Kosten vornehmlich aus der Stundenkontierung, der Rechnungsschreibung und der Kostenübernahme (z.B. Reisekosten, Rechenzeitkosten) aus vorgelagerten Verfahren ermittelt. Sowohl die Stundenkontierung als auch das „Accounting" der Rechenzeiten geschieht in einem relativ aktuellen Rhythmus; dagegen unterliegt die Sammlung von Kosten, die durch die Abrechnung externer Entwicklungsleistungen ent-

Rechnungsschreibung hat immer eine verzögernde Kostendarstellung zur Folge

4 Projektkontrolle

Die Bestellwertfortschreibung ermöglicht eine wirklichkeitsnahe Kostenbetrachtung

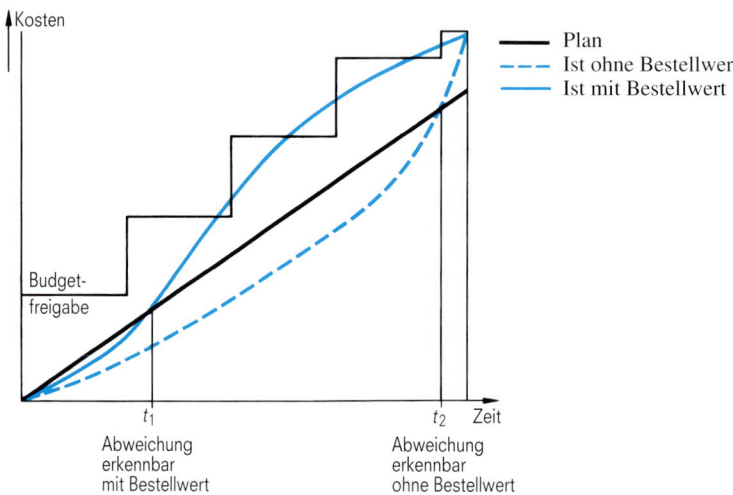

Bild 4.10 Bestellwertfortschreibung

stehen, häufig einer erheblichen Zeitverschiebung. Finanzielle Verpflichtungen, die bei einem Projekt bereits eingegangen worden sind, für die aber noch keine Rechnungen vorliegen, bleiben in den meisten Kostenüberwachungsverfahren bis zum endgültigen Rechnungseingang unberücksichtigt. Ergebnis dieses verspäteten Einbuchens von Rechnungen ist, dass häufig in der ersten Projekthälfte schon beachtliche Kosten durch entsprechende Auftragsvergaben verursacht werden, diese aber in den aktuellen Plan/Ist-Kostenvergleichen überhaupt nicht erscheinen. Erst gegen Projektende gehen die einzelnen Rechnungen vermehrt ein und zum Schluss entsteht ein „Rattenschwanz" von Kostenbelastungen. Der Projektleitung wird zu Beginn eine zu positive Kostensituation vorgetäuscht, so dass der übliche Plan/Ist-Vergleich zu einer Farce werden kann.

Bestellwertfortschreibung ermöglicht ein frühzeitiges Beurteilen der wahren Kostensituation

Abhilfe kann eine *Bestellwertfortschreibung* – häufig auch Obligo-Fortschreibung genannt – schaffen. Bei dieser registriert man die einzelnen Aufträge kostenmäßig nicht erst nach Eingang der Rechnung, sondern notiert sie bereits zum Zeitpunkt der Vergabe als „Obligo", d.h. als Kosten, die eigentlich schon aufgetreten sind.

In Bild 4.10 ist ein Kostenverlauf mit und ohne Bestellwertfortschreibung vereinfacht dargestellt. Das gemeinsame Aufzeigen der Plan- und Istkosten mit dem Bestellwert und dem freigegebenen Budget führt dabei zu einer erheblich besseren Transparenz der Kostenkontrolle.

Terminorientierte Kostenkontrolle

Eine Kostenkontrolle muss immer die Terminsituation miteinbeziehen

Der Kostenverlauf darf in einem Projekt nicht isoliert von den anderen Projektparametern betrachtet werden, d.h. er ist im Zusammenhang mit der gesamten Terminsituation und dem Fertigstellungsgrad zu sehen. Eine von der Terminsituation losgelöste Kostenkontrolle kann nämlich

PUBLICIS

Management *2013*

Christian Holzer
Unternehmenskonzepte zur Work-Life-Balance
Ideen und Know-how für Führungskräfte, HR-Abteilungen und Berater

2013, 247 Seiten
ISBN 978-3-89578-424-8, € 34,90

Ein Buch, das Unternehmen sagt, was sie für ihre Mitarbeiter tun können!

Ulf Pillkahn
Die Weisheit der Roulettekugel
Innovation durch Irritation

Juli 2013, ca. 224 Seiten,
ca. 30 Abbildungen
ISBN 978-3-89578-393-7, ca. € 29,90

Eine Pflichtlektüre für alle, die Innovationen schaffen oder verkaufen wollen

Marco Esser; Bernhard Schelenz
Zukunftssicherung durch HR Trend Management
Personalarbeit auf den richtigen Kurs bringen

Mai 2013, ca. 192 Seiten
ISBN 978-3-89578-426-2, € 29,90

Personalmanager und Führungskräfte brauchen diese Informationen, um dauerhafte Konkurrenzfähigkeit ihrer Unternehmen zu sichern.

Nicolai Andler
Tools für Projektmanagement, Workshops und Consulting
Kompendium der wichtigsten Techniken und Methoden

5., überarb. u. erw. Auflage, Juni 2013,
ca. 480 Seiten, ca. 150 Abb., 55 Tab.
ISBN 978-3-89578-430-9, € 49,90

Das Buch ist eine Fundgrube zum Thema „systematisches Arbeiten"; große Beratungsfirmen nutzen das Buch für Schulungszwecke.

Manfred Burghardt
Projektmanagement
Leitfaden für die Planung, Überwachung und Steuerung von Projekten

9., überarb. u. erw. Auflage, 2013,
839 Seiten + 56 S. Beiheft,
374 Abbildungen, 115 Tabellen
ISBN 978-3-89578-399-9, € 119,00

Hervorragende Struktur, präzise Inhalte, brillanter Index.

Klaus M. Kohlöffel,
Hans-Jürgen August
Veränderungskonzepte und Strategische Transformation
Trends, Krisen, Innovationen als Chancen nutzen

2012, 396 Seiten, 80 Abbildungen
ISBN 978-3-89578-409-5, € 49,90

Durch seine Prozessorientierung ist das Buch perfekt auf die praktische Umsetzung ausgerichtet!

PROJEKT- UND PROZESSMANAGEMENT

Ralph Erik Hartleben
Werbekonzeption und Briefing
Ein praktischer Leitfaden zum Erstellen zielgruppenspezifischer Werbekonzepte

3., überarb. u. erw. Auflage, Juli 2013, ca. 344 Seiten, ca. 200 Abbildungen
ISBN 978-3-89578-401-9, ca. € 39,90

Das Standardwerk für Unternehmen, Agenturen und Ausbildung.

Christian Zich
Intelligente Werbung, Exzellentes Marketing
Ein praktischer Leitfaden zu Kundenpsychologie und Neuromarketing, Prozessen und Partnermanagement

2012, 340 Seiten, 52 Abbildungen
32 Tabellen, 10 Templates
ISBN 978-3-89578-377-7, € 39,90

Das Buch schließt eine Lücke zwischen Kreativität, Marketing-Lehrbüchern und Büchern zu Kundenverhalten und -psychologie.

Günter Hofbauer, Sabine Bergmann
Professionelles Controlling in Marketing und Vertrieb
Ein integrierter Ansatz
Mit Kennzahlen und Checklisten

2013, 366 Seiten, 208 Tabellen
ISBN 978-3-89578-417-0 € 49,90

Klar strukturiert, verständlich, praxisorientiert.

Günter Hofbauer, Claudia Hellwig
Professionelles Vertriebsmanagement
Der prozessorientierte Ansatz
aus Anbieter- und Beschaffersicht

3., aktual. u. erw., Auflage, 2012,
567 S., 165 Abb., 127 Tab.
ISBN 978-3-89578-402-6, € 59,90

Das Buch hat sich als Standardwerk zum Thema Vertriebsmanagement etabliert.

Günter Hofbauer, Anita Sangl
Professionelles Produktmanagement
Der prozessorientierte Ansatz,
Rahmenbedingungen und Strategien

2., aktual. u. erw. Auflage, 2011,
578 Seiten, 281 Abbildungen
ISBN 978-3-89578-376-0, € 59,90

Absolut anwenderfokussiert: vollständig und ohne Ballast.

Günter Hofbauer, Daniela Rau
Professionelles Kundendienstmanagement
Strategie, Prozess, Komponenten

2011, 240 Seiten, 68 Abb., 63 Tab.
ISBN 978-3-89578-373-9, € 49,90

Als erstes Buch, das dieses Thema umfassend behandelt, garantiert das Buch besonders hohen Nutzen!

Günter Hofbauer, Barbara Schöpfel
Professionelles Kundenmanagement
Ganzheitliches CRM und seine Rahmenbedingungen

2010, 383 Seiten, 100 Abb., 89 Tab.
ISBN 978-3-89578-331-9, € 49,90

Vollständig, gut strukturiert, leicht lesbar!

ALLGEMEINES MANAGEMENT

Peter Körner
Bachelor 40plus
Plädoyer für ein neues Bildungskonzept
2012, 197 Seiten
ISBN 978-3-89578-419-4, € 29,90

Das Buch ist hochbrisant, hochaktuell und richtet sich an Tausende Adressaten in Hochschulen, Wirtschaft und Politik.

Michael Müller
Ideenfindung, Problemlösen, Innovation
Das Entwickeln und Optimieren von Produkten, Systemen und Strategien

2011, 282 Seiten, 82 Abbildungen
ISBN 978-3-89578-363-0, € 34,90

Das Buch bietet einen hohen praktischen Nutzen für Einzelkämpfer und Teams!

Jochen May
Schwarmintelligenz im Unternehmen
Wie sich vernetzte Intelligenz für Innovation und permanente Erneuerung nutzen lässt

2011, 257 Seiten, 62 Abbildungen
ISBN 978-3-89578-391-3, € 34,90

Das Buch liefert praxisnahe, sofort einsetzbare Führungstechniken, mit denen sich der Unternehmensgeist der Beschäftigten fördern lässt.

Ulf Pillkahn
Trends und Szenarien als Werkzeuge zur Strategieentwicklung
Wie Sie die unternehmerische und gesellschaftliche Zukunft planen und gestalten

2007, 460 Seiten, 167 farb. Abb.
ISBN 978-3-89578-286-2, € 59,90

Jedes Unternehmen braucht Zukunftsstrategien. Wie man sie entwickelt, zeigt dieses Buch.

Richard Pircher (Hrsg.)
Wissensmanagement, Wissenstransfer, Wissensnetzwerke
Konzepte, Methoden und Erfahrungen

2010, 334 Seiten, 86 Abbildungen
ISBN 978-3-89578-360-9, € 39,90

Das erste Buch, das Wissensmanagement der dritten Generation umfassend darstellt.

MARKETING, KOMMUNIKATION UND WERBUNG

Antonio Schnieder,
Tom Sommerlatte (Hrsg.)
Die Zukunft der deutschen Wirtschaft
Visionen für 2030

2010, 332 Seiten
ISBN 978-3-89578-350-0, € 24,90

Ein Buch mit hoher Inspirationskraft und Kulturpotenzial.

Cyrus Achouri
Modern Systemic Leadership
A Holistic Approach for Managers, Coaches, and HR Professionals

2010, 211 pages, 45 illustrations
ISBN 978-3-89578-362-3, € 34,90

Insbesondere in Zeiten radikaler wirtschaftlicher Veränderungen, wie eben jetzt, sind neue Denkansätze wie dieser sehr gefragt.

Bestellschein / Order Form

Bitte liefern Sie mir folgende Titel / Please send me the following titles:

Expl./Qty.	ISBN/Kurztitel/Short title
Expl./Qty.	ISBN/Kurztitel/Short title
Expl./Qty.	ISBN/Kurztitel/Short title

Zahlungsweise / Terms of payment

☐ Bitte senden Sie mir eine Rechnung / Please send an invoice

☐ Bitte belasten Sie meine Kreditkarte / Please charge to my credit card

☐ dienstlich / business   ☐ AMERICAN EXPRESS   ☐ VISA   ☐ MasterCard
☐ privat / private

gültig bis / valid until: ☐☐ ☐☐ (M M Y Y)

Kartennr. / Card no.: ☐☐☐☐☐☐☐☐☐☐☐☐☐☐☐☐

Meine Anschrift / My address:

☐ geschäftlich / business   ☐ privat / private

Name / Name

Firma / Company

Abteilung / Department

Straße / Street

PLZ, Ort / City, ZIP code

Land / Country

Telefon / Phone

E-Mail / E-mail

Datum, Unterschrift / Date, signature

Wiley-VCH
Customer Service Department
Boschstraße 12
69469 Weinheim

Tel.: +49 6201 606 400 · Fax: +49 6201 606 184
E-Mail: service@wiley-vch.de

Internet Bestellung / Internet ordering:
www.wiley-vch.de   www.publicis-books.de

Alle Preise enthalten die gesetzliche Mehrwertsteuer. Die Lieferung erfolgt zuzüglich Versandkosten. Die angegebenen EURO-Preise gelten ausschließlich für Deutschland. / In EU countries the local VAT is effective. Postage will be charged. The prices in EURO applies exclusively for Germany.

PROJEKT- UND PROZESSMANAGEMENT

Nicolai Andler
Tools for Project Management, Workshops and Consulting

A Must-Have Compendium of Essential Tools and Techniques

2nd revised and enlarged edition, 2011, 382 pages, 136 ill., 55 tables
ISBN 978-3-89578-370-8, € 39,90

Das Buch ist eine Fundgrube zum Thema „systematisches Arbeiten"; große Beratungsunternehmen nutzen das Buch für Schulungszwecke.

Nicolai Andler
Tools for Coaching, Leadership and Change Management

A Most Complete Compendium of Tools and Techniques for Working Smarter with People

October 2013, ca. 280 pp., ca. 80 ill.
ISBN 978-3-89578-369-2, ca. € 49,90

Das Buch bietet Führungskräften, Managern, Trainern, Coachs und Change Agents eine einfache, praktisch verwendbare Toolbox.

Mark Reuter
Psychologie im Projektmanagement

Eine Einführung für Projektmanager und Teams

2011, 293 Seiten, 12 Abbildungen
ISBN 978-3-89578-361-6, € 34,90

Immer mehr Projektmanager entdecken Psychologie als wesentlichen Erfolgsfaktor.

Elisabeth Bittner, Walter Gregorc (Hrsg.)
Abenteuer Projektmanagement

Projekte, Herausforderungen und Lessons Learned

2010, 239 Seiten, 88 farb. Abbildungen
ISBN 978-3-89578-375-3, € 24,90

Das erste Projektmanagementbuch mit locker geschriebenen Erfahrungen.

Manfred Burghardt
Einführung in Projektmanagement

Definition, Planung, Kontrolle, Abschluss

6., aktualisierte und erweiterte Auflage, August 2013, ca. 384 Seiten, ca. 130 Abbildungen, 30 Tabellen
ISBN 978-3-89578-400-2, ca. € 39,90

Hervorragendes Preis-Leistungs-Verhältnis.

Walter Gregorc, Karl-Ludwig Weiner
Claim Management

Ein Leitfaden für Projektmanager und Projektteam

2. Auflage, 2009, 365 Seiten, 40 Grafiken und Beispiele
ISBN 978-3-89578-335-7, € 49,90

Über Claim Management muss jeder Projektverantwortliche Bescheid wissen.

Jens Kiesel
Fachwörterbuch Logistik und Supply Chain Management

Deutsch-Englisch, Englisch-Deutsch

16. Auflage, 2010, 739 Seiten
ISBN 978-3-89578-365-4, € 39,90

Bietet das deutlich beste Preis-Leistungs-Verhältnis aller Logistik-Wörterbücher!

PERSÖNLICHE ARBEITSTECHNIKEN, TRAINING, CONSULTING

Elke Meyer, Stefanie Widmann
FlipchartArt
Ideen für Trainer, Berater und Moderatoren

3., überarbeitete und erweiterte Auflage, 2011, 204 Seiten, viele farbige Abbildungen
ISBN 978-3-89578-396-8, € 34,90

Mit diesem Buch wird aus Arbeit Spaß!.

Stefanie Widmann, Andreas Wenzlau (Hrsg.)
Moderne Parabeln
Eine Fundgrube für Trainer, Coachs und Manager

2008, 189 Seiten
ISBN 978-3-89578-306-7, € 19,90

Parabeln, Fabeln, Kurzgeschichten sind die idealen Wachmacher für Vorträge, Seminare oder Workshops.

Angélique Werner
Communication2Win
Praxishandbuch für innovative Marketingkommunikation im Zeitalter sozialer Netzwerke

2012, 251 Seiten, 28 Abbildungen
ISBN 978-3-89578-405-7, € 29,90

Hoher praktischer Nutzen, mit Do's und Don'ts.

Hans-Jürgen Borchardt
Dezentrales Marketing und Crowdsourcing
Warum und wie sich das Marketing neu erfinden muss

2012, 188 Seiten
ISBN 978-3-89578-413-2, € 27,90

Das erste Buch zum Erfolgskonzept „dezentrales Marketing"!

Monika Weissgerber
Schreiben in technischen Berufen
Der Ratgeber für Ingenieure und Techniker: Berichte, Dokumentationen, Präsentationen, Fachartikel, Schulungsunterlagen

2., überarbeitete und erweiterte Auflage, 2011, 376 Seiten
ISBN 978-3-89578-392-0, € 29,90

Gutes Schreiben ist ein Baustein auf dem Weg zu beruflichem Erfolg.

Sven Voelpel, Ralf Lanwehr
Management für die Champions League
Was wir vom Profifußball lernen können. Mit einem Geleitwort von Dr. Roland Berger und Interviews von Jörg Wontorra

2009, 259 Seiten, 68 farb. Abbildungen
ISBN 978-3-89578-290-9, € 24,90

Das Buch ist fundiert und relevant, gleichzeitig vergnüglich und spannend.

Michael Schmitz
Elitestudent
Wie werde ich besser als der Durchschnitt?

2012, 221 Seiten
ISBN 978-3-89578-418-7, € 19,90

Das bisher einzige Werk, das alle individuellen Kernfähigkeiten fürs Studium vermittelt!

Publicis Publishing Books, Erlangen
E-Mail: publishing-distribution@publicis.de

leicht zu falschen Aussagen führen, z.B. wenn eine Kostenüberschreitung (durch einen vorgezogenen Sachfortschritt) bewusst in Kauf genommen wurde, um eine Terminunterschreitung zu erreichen, oder wenn eine Kostenunterschreitung durch definierten Wegfall von Leistungsmerkmalen entstanden ist. Deshalb sollte sich die Kostenüberwachung auch an den *Terminen* und dem erreichten *Sachfortschritt* orientieren.

Kosten-Termin-Diagramm

Für eine solche „kombinierte" Kostenkontrolle, die also terminorientiert vorgeht, bietet sich das in Bild 4.11 dargestellte „Kosten-Termin-Diagramm" an, welches eine *Kosten-Termin-Analyse* zu ausgewählten Meilensteinen und damit zu definierten Sachfortschrittspunkten ermöglicht.

Das Kosten-Termin-Diagramm bringt den Kostenverlauf in Zusammenhang mit den Meilenstein-Terminen

Folgende „Wanderungsrichtungen" der Meilensteine sind beim Kosten-Termin-Diagramm möglich:

1. Planmäßige Kosten bei Terminunterschreitung
2. Kosten über Plan bei Terminunterschreitung
3. Kosten über Plan bei Termineinhaltung
4. Kosten unter Plan bei Termineinhaltung
5. Kosten unter Plan bei Terminverzug
6. Kosten und Termin plangerecht
7. Kosten unter Plan bei Terminunterschreitung
8. Planmäßige Kosten bei Terminverzug
9. Kosten- und Terminüberschreitung.

Das Kosten-Termin-Diagramm muss normalerweise manuell auf der Basis von Daten erstellt werden, die aus den projektunterstützenden Verfahren abzuleiten sind. Wird allerdings ein integriertes Projektführungssystem eingesetzt, bei dem also Termin *und* Kostenüberwachung verfahrenstech-

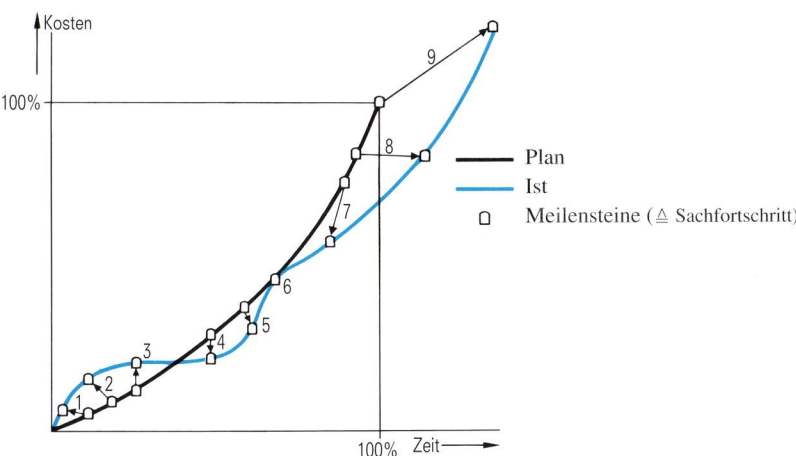

Bild 4.11 Kosten-Termin-Diagramm

4 Projektkontrolle

nisch gemeinsam ablaufen, dann ist auch das automatische Erstellen einer Kosten-Termin-Analyse in der aufgezeigten Form möglich.

Sachfortschrittsorientierte Kostenkontrolle

Eine Kostenkontrolle sollte auch den Sachfortschritt mit einbeziehen

Soll der Sachfortschritt in die Kostenkontrolle einbezogen werden, so ist eine Bewertung des jeweils erreichten Fortschrittstands erforderlich.

Der Wert einer erbrachten Arbeit wird durch den „Arbeitswert" – in Kapitel 4.3.2 näher erläutert – ausgedrückt. Unter dem Arbeitswert versteht man den geplanten Kostenwert für die tatsächlich erbrachte Arbeitsleistung; d.h., definierten Arbeitsergebnissen (z.B. zu einem bestimmten Meilenstein) ordnet man die äquivalenten Plankosten zu. Wird diese Größe in den Plan/Ist-Vergleich einbezogen, so erhält man eine Bewertungsgrundlage für die jeweils angefallenen Istkosten (Bild 4.12).

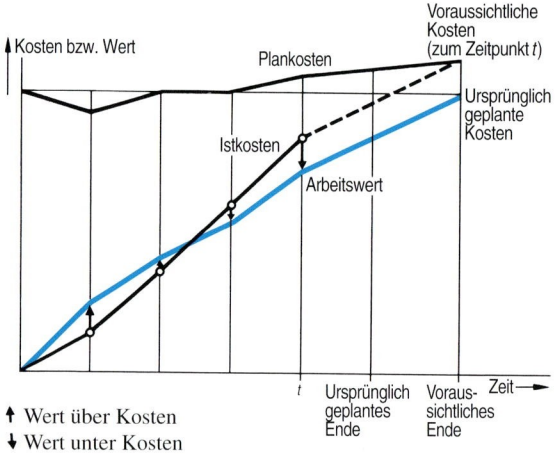

Bild 4.12 Arbeitswert-Kosten-Verlauf

Steuernde Maßnahmen und Planänderungen

Werden beim Plan/Ist-Vergleich von Aufwand und Kosten eines Projekts Abweichungen festgestellt, so kann man zunächst über steuernde Maßnahmen versuchen, die Projektsituation zu verbessern. Auf die möglichen *korrektiven Maßnahmen*, wie z.B. Erhöhen der Motivation, Beseitigung von Konflikten oder Verbessern der Qualifikation, soll an dieser Stelle nicht näher eingegangen werden, da sie bei fast jedem Projekt anders zu gestalten sind.

Greifen korrektive Maßnahmen im Projektablauf nicht, dann besteht als letzte Möglichkeit zum Korrigieren einer Plan/Ist-Abweichung nur das *Ändern der Planwerte* selbst. Hierdurch können allerdings die ursächlichen Probleme, die zur Abweichung führten, nicht gelöst werden.

4.2.5 Trendanalysen für Aufwand/Kosten

Wie weiter oben bereits erläutert, werden bei der Aufwands- und Kostenkontrolle mit Hilfe eines Plan/Ist-Vergleichs den ursprünglichen oder auch den aktualisierten Planwerten die angefallenen Istaufwände bzw. Istkosten gegenübergestellt. Ziel dieses Vergleichs ist, Rückschlüsse hinsichtlich der Aufwands- und Kostensituation des Projekts zu ziehen. Im Gegensatz zu einem solchen mehr *statischen* Vergleich stehen die Trendanalysen, die einem „Plan/Plan-Vergleich" entsprechen und damit einen mehr *dynamischen* Vergleich darstellen. Nicht die momentane Istgröße ist hier das entscheidende Vergleichskriterium, sondern aus dem wertmäßigen Verlauf der regelmäßig aktualisierten Plangrößen wird eine Extrapolation in die Projektzukunft unternommen, die Antwort auf die Frage „Wohin geht das Projekt?" geben soll.

Mit einem Plan/Plan-Vergleich kann der Trend von Abweichungen festgestellt werden

Daher sollte man neben einem Plan/Ist-Vergleich immer auch eine *Trendanalyse*, also einen Plan/Plan-Vergleich der relevanten Projektgrößen vornehmen. Für eine Trendanalyse sind allerdings zwei Voraussetzungen notwendig:

▷ Alle Planstände in einem Projektablauf müssen aufbewahrt und
▷ die Planwerte müssen laufend – möglichst in periodischer Folge – aktualisiert werden.

Im letzteren Fall ist also in regelmäßigen Abständen eine *Restaufwands-* bzw. *Restkostenschätzung* durchzuführen.

Da die eigentliche Analyse des Trends, d.h. die Extrapolation in die Zukunft naturgemäß der Mensch selbst übernehmen muss, ist es am besten, den Verlauf der einzelnen Planwerte grafisch darzustellen. Verbreitet ist die Matrixform nach Bild 4.13, die sowohl für eine *Aufwands-* (ATA) als auch für eine *Kostentrendanalyse* (KTA) verwendet werden kann.

Eine Trendanalyse ist am besten grafisch möglich

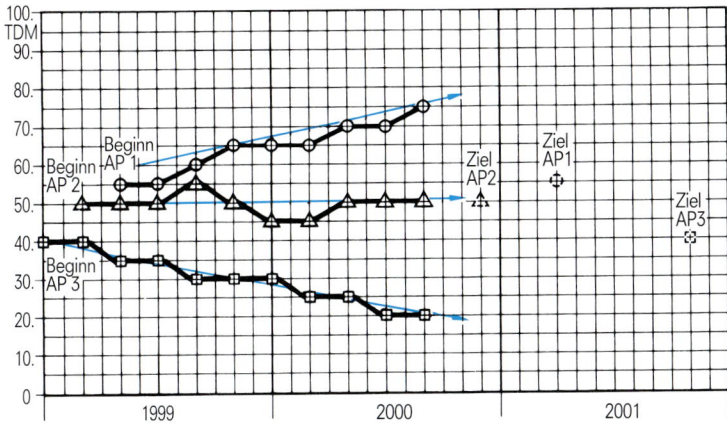

Bild 4.13 Matrixform einer Kostentrendanalyse

Wie in dem Bild zu erkennen ist, gibt es drei grundsätzliche Trendaussagen, die aus dem extrapolierten Kurvenverlauf einer Aufschreibung laufend aktualisierter Planwerte abgeleitet werden können:

Ansteigender Trend, d.h. mit einem weiteren Anstieg des Aufwands bzw. der Kosten ist im weiteren Projektverlauf zu rechnen (○),

Haltender Trend, d.h., die Aufwands- bzw. die Kostenziele werden im weiteren Projektverlauf wahrscheinlich eingehalten werden (△),

Abfallender Trend, d.h. die ursprünglich gemachten Plansätze für Aufwand bzw. Kosten werden voraussichtlich unterschritten werden (□).

4.2.6 Ergebnisermittlung

Projekte müssen ein Ergebnis erbringen

Große Entwicklungsprojekte werden meist im Rahmen eines FuE-Budgets des Entwicklungsbereichs eines Unternehmens abgewickelt und nach den Vorgaben eines *Kostenzentrums* geführt. Hier werden, wie in Kapitel 2.3.1 bereits erläutert, allein die Kosten gemäß ihren Plan- und Istwerten betrachtet und auf Planerfüllung überwacht. Der Gewinn der erbrachten Produkte, Systeme oder Anlagen wird in den Vertriebsabteilungen (z.B. im Account Management) ausgewiesen, die dafür die in den Entwicklungsabteilungen entstandenen Kosten zu tragen haben.

In verstärktem Maße, besonders im IT-Geschäft, werden die Entwicklungsabteilungen bereits als eigene *Ertragszentren* (Profit Center) organisiert. Hier wird jede organisatorisch eigenständige Entwicklungsabteilung betriebswirtschaftlich als separate Kostenstelle mit einer Haben- und einer Sollseite geführt. Da die Projekte aber meist wegen des verteilten Know-hows über mehrere Abteilungen und damit über mehrere Kostenstellen abgewickelt werden, arbeiten Mitarbeiter, die zu verschiedenen Kostenstellen gehören, häufig an ein und demselben Projekt. Aus diesem Grund wird die Kosten-/Ergebnisdarstellung „zweidimensional" vorgenommen (siehe Bild 4.14).

Einerseits werden die Gemeinkosten (GK) der Abteilungen auf deren Kostenstellen-Konten zusammengeführt und andererseits werden die projektbezogenen Kosten auf „Projektkonten", z.B. den Elementen der Projektstrukturen, gesammelt. Zu den Gemeinkosten zählen die Gehälter und die damit verbundenen Sozialkosten aller zur Abteilung bzw. Kostenstelle gehörenden Mitarbeiter, unabhängig davon, in welchem Projekt sie mitarbeiten, sowie die „materiellen" Kosten der Abteilung, wie Raummieten, Telefon, Investitionen, Umlagen etc. Als Projektkosten gelten alle für dieses Projekt angefallenen Personalleistungen, unabhängig von der Kostenstellenzugehörigkeit der Projektmitarbeiter sowie alle sonstigen auf das Projekt beziehbaren Kosten, wie Consultant-Kosten, RZ-Kosten, Reisekosten.

GK-Konten entlasten sich durch interne Verrechnung auf die Projektkonten

Der projektbezogene Personalaufwand wird durch die mitarbeiterbezogene Stundenkontierung ermittelt, indem die Stundenanzahl mit dem sogenannten Plankostensatz multipliziert wird. Mit diesem Wert wird nun nicht nur das jeweilige Projektkonto *belastet*, sondern auch die Kosten-

4.2 Aufwands- und Kostenkontrolle

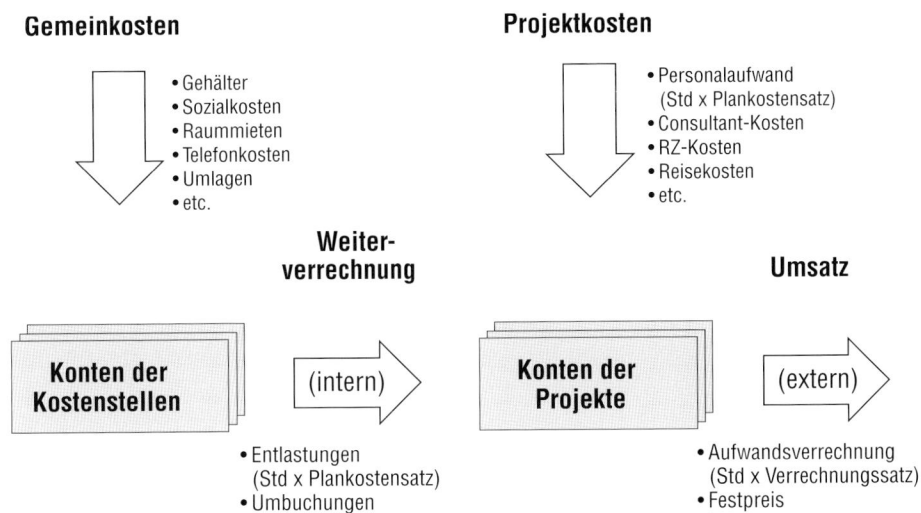

Bild 4.14 Gemeinkosten und Projektkosten

stelle des betreffenden Mitarbeiters *entlastet*. Auf diese Weise der internen Weiterverrechnung werden alle Kosten, die einen „produktiven Gegenwert" haben, von den Kostenstellen auf die Projekte übergerechnet. Kostenstellen von Abteilungen, deren Mitarbeiter alle gemäß ihrer Sollstundenzahl produktiv in Projekten – egal ob in Projekten der eigenen Abteilung oder fremder Abteilungen – arbeiten, entlasten sich damit auf Null; es bleiben dann keine Kosten auf der Kostenstelle stehen. Teilweise können auch Kostenumbuchungen von einer Kostenstelle auf andere Kostenstellen stattfinden, wie z.B. bei der gemeinsamen Nutzung von Räumen und Sekretariaten. Entlastet sich die Kostenstelle insgesamt höher, kann dies sogar zu einem Ergebnis der Kostenstelle führen, dem GK-Ergebnis.

Der Plankostensatz einer Kostenstelle wird im Allgemeinen zu Beginn eines Geschäftsjahres ermittelt, und zwar mittels Division der geplanten Gemeinkostensumme der Kostenstelle einer Abteilung mit den geplanten produktiven Stunden der zur Abteilung gehörenden Mitarbeiter:

Der Plankostensatz ist Basis für die Weiterverrechnung

$$KS_{\text{Plan}} = \frac{\sum K_{\text{GK}}}{S_{\text{Prod}}} \qquad (25)$$

KS_{Plan} Plankostensatz
$\sum K_{\text{GK}}$ Summe Gemeinkosten einer Kostenstelle
S_{prod} Produktivstunden aller Mitarbeiter

Die Verrechnung an den externen Auftraggeber, die *Umsatzlegung*, wird direkt von den Projektkonten vorgenommen; dies geschieht entweder über eine Aufwandsverrechnung oder über einen vorab vereinbarten Festpreis. Bei der Aufwandsverrechnung werden die auf das Projekt kontierten Stunden, unabhängig der Kostenstellenzugehörigkeit mit einem

4 Projektkontrolle

Verrechnungssatz, der normalerweise über dem (gemittelten) Plankostensatz der beteiligten Kostenstellen liegt, multipliziert und dem Auftraggeber mit eventuellen Zusätzen, wie RZ-Kosten und Reisekosten in Rechnung gestellt. Auch ein Festpreis muss so kalkuliert sein, dass er höher liegt als die angefallenen Projektkosten. Die Differenz zwischen dem in Rechnung gestellten Umsatzwert und den Projektkosten bildet dann das Projektergebnis. Sowohl die Plankostensätze als auch die Verrechnungssätze können je nach Leistungskategorie (Assistenzkraft, Sachbearbeiter, Projektleiter, Berater etc.) unterschiedlich hoch kalkuliert werden, was natürlich die Ergebnisermittlung etwas komplizierter macht.

Gesamtergebnis = Projektergebnis plus GK-Ergebnis

Für die Ergebnisermittlung einer Abteilung werden deren GK-Ergebnis und die Projektergebnisse aller zur Abteilung gehörenden Projekte zum Gesamtergebnis der Abteilung addiert. Liegt der ehemals ermittelte Plankostensatz nahe bei dem letztendlich vorhandenen Personalkostensatz, so wird das Abteilungsergebnis im Wesentlichen auf den Projekten ausgewiesen.

$$\begin{aligned} E_{GK} &= U_{int} - K_{GK} \\ E_P &= U_{ext} - K_P \\ E_{ges} &= E_{GK} + E_P \end{aligned} \qquad (26)$$

E_{GK} Gemeinkosten-Ergebnis
E_P Projektergebnis
E_{ges} Gesamtergebnis
K_{GK} Gemeinkosten
K_P Projektkosten
U_{int} Weiterverrechnung (intern)
U_{ext} Umsatz (extern)

Der Grundgedanke dieser „zweidimensionalen" Kosten-/Ergebnisausweisung ist der, einerseits die *Produktivität* einer Kostenstelle und andererseits die *Profitabilität* der Projekte transparent darzustellen. Es ist also zum einen klar zu erkennen, ob in einer Kostenstelle alle Mitarbeiter produktiv in Projekten, d.h. kontierend mitarbeiten, und zum anderen zeigt sich sehr deutlich, welche Projekte gewinnbringend sind und welche nicht.

Für einen Projektleiter, der Projekte in einem ertragsorientierten Entwicklungsbereich zu leiten hat, entsteht damit eine zusätzliche wichtige Projektmanagement-Aufgabe, die Aufgabe des Ergebnis-Controllings. Projekte müssen hier nicht nur in dem vorgesehenen Kostenrahmen liegen, die geplanten Termine einhalten, die vereinbarte Leistung und Qualität bringen, sondern die Projekte müssen auch ein ausreichendes Ergebnis erwirtschaften.

4.3 Sachfortschrittskontrolle

Im Gegensatz zur Termin-, Aufwands- und Kostenkontrolle liegen für die Sachfortschrittskontrolle keine geeigneten Messgrößen vor. Eine Überwachung des Sachfortschritts ist daher auch nur auf *mittelbarem* Weg möglich. Kernfrage bei einer Sachfortschrittskontrolle ist immer, ob zu den aufgewendeten Kosten die äquivalente Leistung vorliegt, also ob z.B. bei 50% Kosten- bzw. Aufwands-„Verbrauch" auch 50% Leistung erbracht worden ist.

Bei einer Sachfortschrittskontrolle ist – streng genommen – zu unterscheiden zwischen der Kontrolle des *Produkt*fortschritts und der Kontrolle des *Projekt*fortschritts.

<small>Sachfortschritt = Produktfortschritt und Projektfortschritt</small>

4.3.1 Produktfortschritt

Das Überwachen des Produktfortschritts stellt im Gegensatz zur Projektfortschrittsüberwachung und Qualitätssicherung eine inhaltliche Kontrolle des erreichten Entwicklungsstandes dar. Das Feststellen des Produktfortschritts, d.h. des Entwicklungsfortschritts, ist damit nur auf Basis des genauen technischen Wissens der bestehenden Leistungs- und Funktionsanforderungen und der inneren Struktur des zu entwickelnden Produkts bzw. Systems möglich; sie liegt deshalb i.Allg. auch nicht im direkten Aufgabenbereich des Projektmanagements, sondern in der Entwicklung selbst.

Messbare Produktgrößen

Wie bei jeder Sachfortschrittskontrolle ist auch beim Überwachen des Produktfortschritts die *Messbarkeit* aussagerelevanter Produktgrößen entscheidend. Leistungsmerkmale können sich einerseits in eindeutigen physikalischen oder statistisch bestimmbaren Größen niederschlagen, wie z.B.

<small>Produktgrößen müssen messbar sein</small>

- Frequenzbandbreite von Funk- und Radargeräten,
- elektrische Leistung von Motoren,
- Verlustleistung bei elektronischen Schaltungen,
- Durchsatzrate bei Schaltgeräten,
- Zugriffszeiten bei SW-Programmen,
- „Fehlerfreiheit" einer Software,
- Durchsatzrate bei Datenbanksystemen,
- Verfügbarkeit von HW/SW-Systemen usw.

Andererseits drücken sich Leistungsmerkmale auch in nicht exakt bestimmbaren Eigenschaften aus, wie z.B.

- Ergonomie,
- Wartbarkeit,
- Portabilität,
- Langlebigkeit,
- Sicherheit usw.

4 Projektkontrolle

Die Letzteren können natürlich nicht in ihrem „Fortschritt" gemessen werden; sie sind im Rahmen der Qualitätssicherung auf ihren *Erfüllungsgrad* zu prüfen.

Produktgrößen konkurrieren häufig

Leistungsmerkmale, die als Produktgrößen eindeutig messbar sind, können also hinsichtlich ihres technischen Fortschritts projektbegleitend kontrolliert werden. Ein sehr einprägsames Beispiel kann die Raumfahrt liefern; so stellen bei der Entwicklung einer Rakete die Größen Schubkraft und Nutzlast wichtige, aber konkurrierende Leistungsmerkmale dar (Bild 4.15).

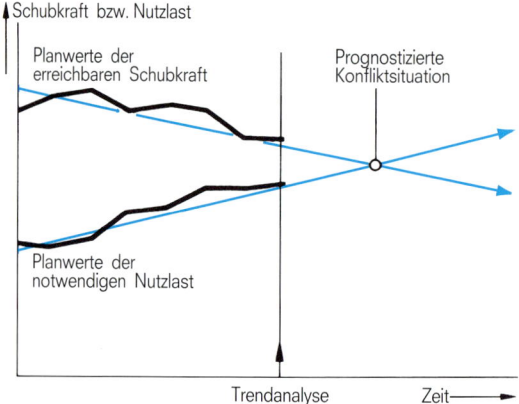

Bild 4.15 Produktfortschritt-Diagramm (Beispiel Raketenentwicklung)

In ähnlicher Weise können auf anderen Entwicklungsgebieten technische Größen, die das Produkt „diametral" bestimmen, einer vergleichenden Fortschrittsüberwachung in Form eines *Produktfortschritt-Diagramms* unterzogen werden. Beispiele für solche gegenläufigen (messbaren) Leistungsmerkmale sind:

Benutzeradressraum – Systemadressraum
Anzahl Bauelemente – Leiterplattenfläche
Anzahl Teilnehmer – Antwortzeiten
Zugriffszeiten – Speichervolumen.

4.3.2 Projektfortschritt

Beim Überwachen des Projektfortschritts steht an zentraler Stelle die Frage nach dem jeweiligen *Fertigstellungsgrad* der durchzuführenden Entwicklungsarbeiten. So wichtig diese Frage für das Projektmanagement ist, so schwierig ist deren Beantwortung.

Ganz allgemein definiert sich der Fertigstellungsgrad

$$FG = \frac{A_{\text{fertig}}}{A_{\text{ges}}} \qquad (27)$$

Fertigstellungsgrad: Welcher Anteil des Arbeitsvolumens ist fertig?

FG Fertigstellungsgrad
A_{fertig} fertiges Arbeitsvolumen
A_{ges} gesamtes Arbeitsvolumen

Das Problem beim Bestimmen des Fertigstellungsgrades liegt im Fixieren des fertigen Arbeitsvolumens, dem Bestimmen also, was nun *tatsächlich* fertig ist. Allein das subjektive Beantworten durch die einzelnen Entwickler führt kaum zu brauchbaren Aussagen (Bild 4.16).

Der Entwickler bewertet nämlich den erreichten Fertigstellungsgrad seiner Aufgaben oft zu hoch. Bis kurz vor Erreichen des geplanten Endtermins wird dadurch eine Planerfüllung suggeriert, obwohl in Wirklichkeit der Plan bereits überschritten ist. Nicht selten sind dann für die restlichen 10% Arbeit mehr als 40% Zeit notwendig. Die Gründe für solche Fehleinschätzungen sind vielfältig:

„Fast-schon-fertig"-Syndrom

▷ Der Aufwand für die noch zu leistende Arbeit wird erheblich unterschätzt.
▷ Der Anteil der bereits erbrachten Leistung wird überschätzt.
▷ Schwierigkeiten in der Zukunft werden entweder nicht erkannt oder verharmlost.
▷ Bereits eingetretene (terminliche) Planüberschreitungen werden verdrängt.
▷ Drängen der Leitung beeinträchtigt die „Realitätstreue" der Entwickleraussagen.

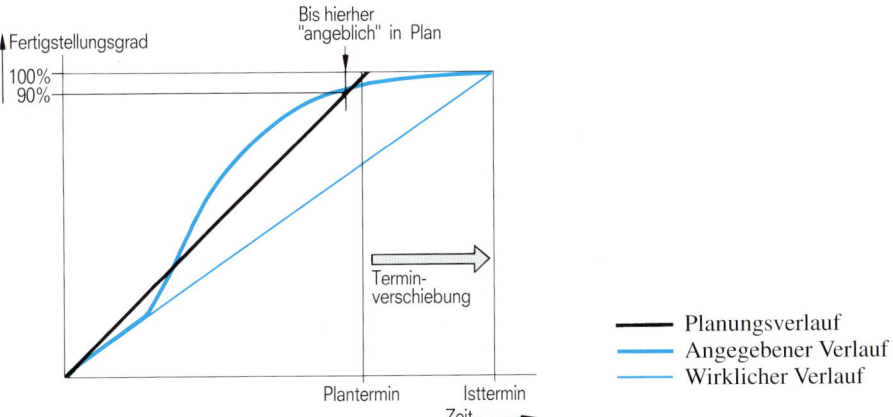

Bild 4.16 „Fast-schon-fertig"-Syndrom

Bestimmen des Fertigstellungsgrades

Für das Bestimmen des Fertigstellungsgrades eines Projekts und damit für die Kontrolle des Projektfortschritts sind weitere objektivierbare Sachverhalte heranzuziehen. Hierbei gibt es mehrere Vorgehensweisen, die jeweils ihre Vor- und Nachteile haben.

Relativer Fertigstellungsgrad

Relativer Fertigstellungsgrad: Zu wie viel Prozent ist ein Arbeitspaket fertig?

Wird der Fertigstellungsgrad eines Arbeitspakets allein durch Beantworten der Frage „zu welchem Prozentsatz ist das Arbeitspaket fertig" bestimmt, so handelt es sich um einen *relativen* Fertigstellungsgrad. Setzt man die mit dieser Fragestellung ermittelten Prozentwerte der einzelnen Arbeitspakete in Relation zu deren Arbeitsvolumina, so kann hieraus ein prozentualer Gesamt-Fertigstellungsgrad des Projekts errechnet werden (Beispiel a).

Beispiel a	Arbeitspaket 1	3 MM	30% fertig → 0,9 MM
	Arbeitspaket 2	4 MM	70% fertig → 2,8 MM
	Arbeitspaket 3	7 MM	40% fertig → 2,8 MM
	Projekt	14 MM	46% fertig ← 6,5 MM

Die entscheidende Unsicherheit in dieser relativen Bestimmung des Fertigstellungsgrades liegt in dem oben angeführten „Fast-schon-fertig"-Syndrom.

Absoluter Fertigstellungsgrad

Absoluter Fertigstellungsgrad: Ist das Arbeitspaket fertig oder nicht fertig?

Zum Bestimmen des *absoluten* Fertigstellungsgrades wird nicht mehr die „analoge" Fragestellung „wieviel Prozent", sondern die „binäre" Fragestellung „fertig oder nicht fertig" verwendet. Es gilt also nur noch die (objektive) Aussage, ob ein Arbeitspaket ganz fertig – eventuell durch ein offizielles Abnahmeverfahren bestätigt – oder noch nicht fertig ist. Ist das Projekt in genügend kleine Arbeitspakete unterteilt und verfügen diese in etwa über gleich große Arbeitsvolumina, so kann durch Gegenüberstellen der (ganz) fertigen und der noch nicht fertigen Arbeitspakete ein absoluter Fertigstellungsgrad des Projekts ermittelt werden (Beispiel b).

Beispiel b	*n* Arbeitspakete insges.	20 MM	fertig → 29%
	m Arbeitspakete insges.	50 MM	nicht fertig → 71%
	Projekt	70 MM	29% fertig ←

Liegt ein Netzplan vor, in welchem die Arbeitspakete als Vorgänge definiert sind, so kann der absolute Fertigstellungsgrad auch automatisch vom Netzplanverfahren ermittelt werden. Da ein Netzplanverfahren zwischen abgeschlossenen, in Arbeit befindlichen und noch nicht begonnenen Vorgängen unterscheiden kann, ist darüber hinaus auch eine gemischte Bestimmung des Fertigstellungsgrades möglich, wie Beispiel c zeigt.

Beispiel c	n Arbeitspakete insges.	50 MM	100% fertig → 33%
	m Arbeitspakete insges.	20 MM	32% fertig → 4%
	l Arbeitspakete insges.	80 MM	0% fertig → 0%
	Projekt	150 MM	37% fertig ←

Hierin ist der Fertigstellungsgrad für die in Arbeit befindlichen Vorgänge relativ bestimmt und dem Prozentwert der bereits fertigen Arbeitspakete hinzugerechnet worden.

Prozessbezogener Fertigstellungsgrad

Ein *prozessbezogener* Fertigstellungsgrad wird nicht durch einen Prozentwert ausgedrückt, sondern durch eine prozessbezogene Aussage hinsichtlich der erreichten und offiziell abgenommenen Meilensteine. Bei dieser Vorgehensweise ist es allerdings unerlässlich, den gesamten Entwicklungsprozess in klar definierte Standard-Meilensteine zu untergliedern.

Prozessbezogener Fertigstellungsgrad: Ist der Meilenstein erreicht?

Im Projektfortschrittsbericht ist dann nicht mehr der numerische Wert für den Fertigstellungsgrad von Bedeutung, sondern die Auflistung der erreichten (und abgenommenen) Meilensteine des Entwicklungsprozesses.

Als ein sehr praktisches und doch einfaches Hilfsmittel hat sich bei einer meilensteinorientierten Sachfortschrittskontrolle die Meilenstein-Trendanalyse erwiesen (siehe hierzu Kapitel 4.1.3).

Grafische Darstellung

Für das grafische Darstellen des Fertigstellungsgrades einzelner Arbeitspakete bietet sich das Balkendiagramm an, in dem die einzelnen Balken für die Arbeitspakete entsprechend ihrer Fertigstellung z.B. „geschwärzt" sind. So erhält man mit Orientierung an einer aktuellen Tageslinie (Stichtag, Zeitlot) einen guten Überblick über den Projektfortschritt. Solche Balkendiagramme lassen sich mit dem Projektsteuerungsverfahren MS Project (Kapitel 6.2.2) anschaulich darstellen.

Arbeitswertbetrachtung

Der Sachfortschritt in einem Projekt lässt sich sehr gut durch die Betrachtung des „Wertes" einer geleisteten Arbeit, den *Arbeitswert* beurteilen; rechnerisch entspricht er den geplanten Kosten der bis zum Stichtag tatsächlich erbrachten Arbeitsleistung, das sind die Kosten, die z.B. beim Erreichen eines bestimmten Meilensteins laut Plan dafür hätten anfallen dürfen.

Der Arbeitswert kann als Basis zur Beurteilung des Projektfortschritts dienen

Der Verlauf des Arbeitswerts wird am besten durch das definierte Erreichen einzelner Meilensteine oder durch die Fertigstellung einer festgelegten Anzahl Arbeitspakete bestimmt. Der Schnittpunkt der Horizontalen durch die Planposition eines Meilensteins bzw. einer Arbeitspaketmenge mit der Vertikalen durch den Fertigstellungszeitpunkt des Meilen-

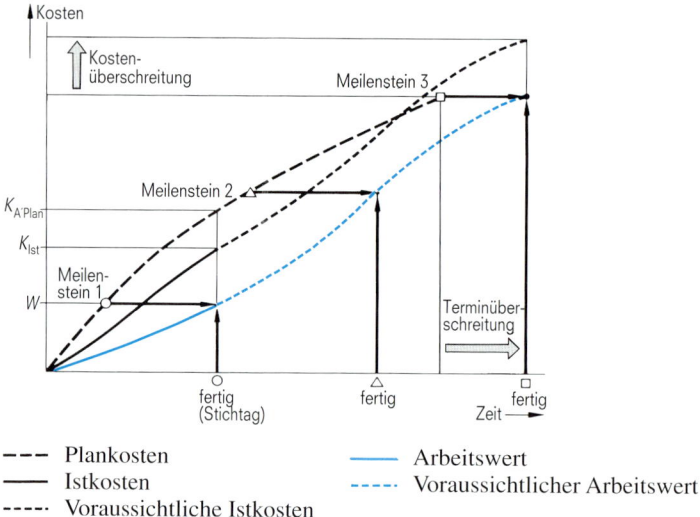

Bild 4.17 Bestimmen des Arbeitswertes

steins bzw. der Arbeitspaketmenge ergibt den zugehörigen Arbeitswert (Bild 4.17).

Hierbei sind die einzelnen Größen wie folgt definiert:

Anteilige Plankosten $K_{A'Plan}$ =
  geplante Kosten für die geplante Arbeitsleistung

Aufgelaufene Istkosten K_{Ist} =
  angefallene Kosten für die tatsächliche Arbeitsleistung

Arbeitswert W =
  geplante Kosten für die tatsächliche Arbeitsleistung.

Beim gezeigten Kurvenverlauf des Arbeitswerts wird davon ausgegangen, dass keine neuen Aufgaben aufgrund zusätzlicher Anforderungen hinzugekommen sind und der angesetzte Gesamtplanwert realistisch erscheint. Der Arbeitswert überschreitet daher auch nicht den Wert des Gesamtplans (Budget); der Endpunkt des voraussichtlichen Arbeitswertverlaufs kann allerdings den geplanten Endtermin sowohl unter- als auch überschreiten.

Der Arbeitswert wird also allein von der terminlichen Situation, d.h. vom Fertigstellungsgrad definierter Arbeitsmengen, bestimmt.

Der in Bild 4.17 gezeigte Kurvenverlauf führt an dem eingetragenen Stichtag zu folgender Aussage: Bezogen auf den geplanten Kostenverlauf liegt eine (momentane) Kostenunterschreitung vor; bezogen auf den Arbeitswert dagegen eine Überschreitung.

4.3.3 Restschätzungen

Drei Möglichkeiten von Restschätzungen im Rahmen der Sachfortschrittskontrolle gibt es:

▷ Restaufwandsschätzung
▷ Restkostenschätzung
▷ Restzeitschätzung.

Restschätzungen untermauern Aussagen hinsichtlich der Zielerreichung

Restaufwands-/Restkostenschätzung

Mit einer Rest*aufwands*schätzung soll während des Projekts der am Ende des Projekts zu erwartende Gesamtaufwand prognostiziert werden. Kaum zu trennen von einer Restaufwandsschätzung ist die Rest*kosten*schätzung, da – bei sonst unveränderten Projektparametern – Aufwandsänderungen i.Allg. unmittelbar in Kostenänderungen übertragbar sind; deshalb werden diese beiden Restschätzungen hier gemeinsam behandelt.

Zukunftsbezogene Aufwands- bzw. Kostenbestimmung

Bei der *zukunftsbezogenen* Bestimmung werden ohne unmittelbare Berücksichtigung der vergangenen Gegebenheiten und Vorkommnisse die Aufwände bzw. Kosten für die noch nicht erledigten, in der Zukunft liegenden Entwicklungsaufgaben ermittelt. Voraussetzung ist hierbei das klare und eindeutige Definieren des *noch abzuarbeitenden* Arbeitsvolumens; dieses ist naturgemäß am genauesten an Zäsurpunkten, wie Phasen- und Meilensteinabschlüssen einzugrenzen.

Definition des noch abzuarbeitenden Auftragsvolumens

Beim Einsatz von Aufwandsschätzverfahren ist es allerdings für das Bestimmen des Restaufwands meist praktischer, die Schätzung auf das Gesamtvolumen auszudehnen und von dem ermittelten Gesamtaufwand einfach den bisher aufgelaufenen Aufwand abzuziehen, als die Schätzung allein auf die noch nicht fertigen Aufgabenkomplexe anzusetzen.

Vergangenheitsbezogene Aufwands- bzw. Kostenbestimmung

Bei der *vergangenheitsbezogenen* Bestimmung wird nicht das künftige, sondern das *vergangene* Arbeitsvolumen betrachtet und von diesem auf das noch zu bewältigende Volumen extrapoliert. Hier steht die Frage im Vordergrund: Welchen „Wert" stellt die bisher erbrachte Arbeit dar?, also die Bestimmung des Arbeitswertes.

Extrapolation von den bereits fertiggestellten Aufgaben

In der Praxis geht man von den in Bild 4.18 gezeigten, vereinfachten Kostenverläufen aus, d.h., sowohl für die Plan- und Istkosten als auch für den Arbeitswert wird ein linearer Anstieg angenommen.

In dem gezeigten Kosten-Zeit-Diagramm sind zum Stichtag drei kumulierte Kostenwerte eingetragen:

▷ aufgelaufene Istkosten K_{Ist},
▷ anteilige Plankosten $K_{A'Plan}$ sowie
▷ der bisher erbrachte Arbeitswert W.

4 Projektkontrolle

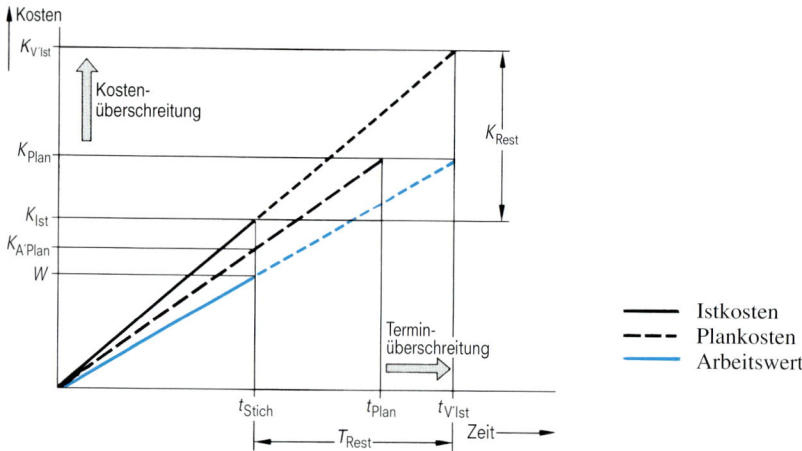

Bild 4.18 Restschätzung bei linearem Kostenverlauf

Wie leicht nachvollziehbar ist, kann für die (voraussichtlichen) Restkosten folgender Zusammenhang abgeleitet werden:

$$\frac{K_{Rest} + K_{Ist}}{K_{Ist}} = \frac{K_{Plan}}{W}$$

$$K_{Rest} = \frac{K_{Ist}}{W} \times K_{Plan} - K_{Ist}$$

$$K_{Rest} = I_{KW} \times (K_{Plan} - W) \tag{28}$$

Der Kosten-Leistungsindex dient zur Ermittlung der Restkosten

wobei I_{KW} der *Kosten-Leistungsindex* ist:

$$I_{KW} = \frac{K_{Ist}}{W}$$

Die Differenz aus Gesamtplankosten und dem zum Stichtag vorliegenden Arbeitswert, multipliziert mit dem Kosten-Leistungsindex, ergibt somit die Restkosten. Durch weitere Addition der aufgelaufenen Istkosten erhält man die voraussichtlichen Istkosten (Estimated Cost at Completion):

$$K_{V'Ist} = K_{Ist} + K_{Rest}$$

$$K_{V'Ist} = K_{Ist} + I_{KW}(K_{Plan} - W)$$

$$K_{V'Ist} = I_{KW} \times K_{Plan} \tag{29}$$

Die voraussichtlichen Gesamtkosten ergeben sich damit aus den (ursprünglichen) Gesamtplankosten, multipliziert mit dem Kosten-Leistungsindex. Nimmt z.B. der Kosten-Leistungsindex Werte > 1 an – sind also die Istkosten zum Stichtag größer als der zugehörige Arbeitswert –, so ist mit einer Kosten*über*schreitung zu rechnen; bei Werten < 1 tritt voraussichtlich eine Kosten*unter*schreitung ein.

Restzeitschätzung

Für *Restzeitschätzungen* gilt Ähnliches wie für Restaufwands- und Restkostenschätzungen, weil in den meisten Fällen beide Projektgrößen eng zusammenhängen. So führt z.B. das Nichtausschöpfen eines vorgegebenen Budgets – bei sonst unveränderten Projektparametern – zwangsläufig zu einer Terminverschiebung. Auch kann bekanntlich eine Terminverkürzung durch einen vermehrten Geldmitteleinsatz erzwungen werden. Allerdings gibt es keinen generellen Zusammenhang zwischen diesen beiden Projektgrößen. Deshalb muss man i.Allg. eine Restzeitschätzung getrennt von der Restkosten- bzw. Restaufwandsschätzung vornehmen.

Linearer Kostenverlauf

Bei entsprechenden Annahmen der künftigen Kostenverläufe in einem Projekt kann ein formelmäßiger Zusammenhang für die restliche Entwicklungszeit eines definierten Aufgabenkomplexes abgeleitet werden. Bei gleichen Annahmen, wie sie dem Bild 4.18 zugrunde liegen, ergibt sich die voraussichtliche Restzeit T_{Rest} aus den folgenden beiden Beziehungen

$$\frac{K_{Rest} + t_{Stich}}{t_{Stich}} = \frac{K_{Plan}}{W}$$

$$\frac{t_{Plan}}{t_{Stich}} = \frac{K_{Plan}}{K_{A'Plan}}$$

und dem *Termin-Leistungsindex*

$$I_{TW} = \frac{K_{A'Plan}}{W}$$

$$T_{Rest} = I_{TW} \times t_{Plan} - t_{Stich} \quad (30)$$

Restzeit bei linearem Kurvenverlauf

Die voraussichtliche Restzeit T_{Rest} ist also die Differenz aus dem geplanten, mit dem Termin-Leistungsindex multiplizierten Endtermin und dem Stichtag.

Bei Addition der bisher vergangenen Zeit erhält man den voraussichtlichen Endtermin $T_{V'Ist}$:

$$t_{V'Ist} = t_{Stich} + T_{Rest} = I_{TW} \times t_{Plan} \quad (31)$$

Voraussichtlicher Endtermin bei linearem Kurvenverlauf

Nimmt der Termin-Leistungsindex Werte > 1 an – sind also die anteiligen Plankosten zum Stichtag größer als der zugehörige Arbeitswert –, so ist mit einem Terminverzug zu rechnen; bei Werten < 1 stellt sich wahrscheinlich eine Terminunterschreitung in entsprechender Höhe ein.

4 Projektkontrolle

Beliebiger Kostenverlauf

Kann man für den bisherigen Verlauf nicht von den in Bild 4.18 gemachten (linearisierenden) Voraussetzungen ausgehen, sondern liegt ein unbekannter Verlauf der Plan- und Istkosten sowie der Arbeitswerte bis zum Stichtag vor, dann bietet sich die in Bild 4.19 dargestellte Betrachtungsweise an.

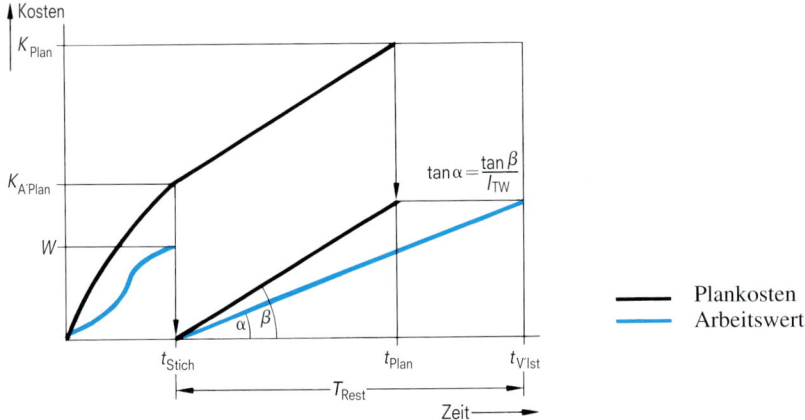

Bild 4.19 Restzeitbestimmung bei (bisher) beliebigem Kostenverlauf

Hier ermittelt man zum Stichtag einen Termin-Leistungsindex, ohne eine Aussage über den bisherigen Verlauf der den Index bestimmenden Arbeitswerte machen zu müssen. Für den weiteren Verlauf der anteiligen Plankosten und des Arbeitswerts wird ein linearer Verlauf mit gleich bleibendem Termin-Leistungsindex angenommen, so dass für diesen Teil derselbe formelmäßige Ansatz wie im Vorangegangenen gemacht werden kann. Es ergibt sich daher:

Restzeit bei beliebigem Kurvenverlauf

$$T_{\text{Rest}} = I_{\text{TW}}(t_{\text{Plan}} - t_{\text{Stich}}) \tag{32}$$

und für den voraussichtlichen Endtermin:

Voraussichtlicher Endtermin bei linearem Kurvenverlauf

$$t_{\text{V'Ist}} = t_{\text{Stich}} + T_{\text{Rest}} = t_{\text{Stich}} + I_{\text{TW}}(t_{\text{Plan}} - t_{\text{Stich}}) \tag{33}$$

Im Vergleich zu den Formeln (28) und (29) bei von Anbeginn linearem Verlauf ergeben sich hier kleinere Werte für die voraussichtliche Restzeit und den Endtermin.

Pauschalierte Schätzung des Fertigstellungsgrades

Vereinfachte Methoden zur Restaufwandsschätzung bei stark untergliederten Projektvolumen

Ist das Projektvolumen in genügend viele, möglichst gleich große Arbeitspakete zerlegt, kann man auch eine sehr einfache Methode zur Ermittlung des ungefähren Fertigstellungsgrades anwenden:

▷ 20/80-Methode
Für das fertig erstellte Gesamt-Arbeitsvolumen werden die abgeschlossenen Arbeitspakete zu 100% angesetzt und die angefangenen Arbeitspakete zu jeweils 20%. Erst wenn angefangene Arbeitspakete als fertig gemeldet sind, werden sie zu 100% in die Gesamtrechnung einbezogen. Die 20/80-Methode eignet sich besonders bei SW-Entwicklungsprojekten.

▷ 50/50-Methode
Für das fertig erstellte Gesamt-Arbeitsvolumen werden die abgeschlossenen Arbeitspakete zu 100% angesetzt und die angefangenen Arbeitspakete zu jeweils 50%. Wenn angefangene Arbeitspakete als fertig gemeldet sind, werden sie zu 100% in die Gesamtrechnung einbezogen. Die 50/50-Methode wird gerne bei kleineren Projekten angewendet.

▷ 0/100-Methode
Das fertig erstellte Gesamt-Arbeitsvolumen ermittelt sich aus 100% der abgeschlossenen Arbeitspakete, angefangene Arbeitspakete werden nicht berücksichtigt. Diese Methode ist anzuwenden, wenn die Vorgänge in ihrem Fertigstellungsgrad nur schwer zu beurteilen sind.

Zeitpunkt für Restschätzungen

Restaufwands-, Restkosten- und Restzeitschätzungen greifen in ihrer Kontrollwirkung erst im fortgeschrittenen Stadium eines Projekts, sie sollten deshalb erst dann vorgenommen werden, wenn entweder bereits

▷ 50% des Gesamtaufwands oder
▷ 50% der Gesamtkosten oder
▷ 50% der Projektdauer

erreicht sind. Zu einem wesentlich früheren Zeitpunkt wäre der notwendige Aufwand für eine Restschätzung im Hinblick auf die dann noch geringe Aussagekraft nicht zu rechtfertigen.

In [10] sind unterschiedliche Kontrollindizes für die Sachfortschrittskontrolle angegeben.

4.3.4 Earned-Value-Analyse

Die „Earned-Value-Analyse" (EVA) zur Ermittlung des Arbeitswerts wurde in den 60er-Jahren vom US-Verteidigungsministerium parallel zu dem Netzplanverfahren PERT entwickelt und wird seitdem in den USA als bevorzugtes Controllingwerkzeug bei Projekten im öffentlichen Bereich eingesetzt. Inzwischen ist diese Analysemethode auch in den PMBoK-Guide (Project Management Body of Knowledge, siehe Kapitel 2.5.1) aufgenommen worden. Als deutscher Begriff wird häufig „Fertigstellungswertanalyse" verwendet.

Ein methodisches Vorgehen der Restaufwands- und Restzeitschätzung

Kennzahlen der Earned-Value-Analyse

Für die Bewertung des wahren Arbeitsfortschritts werden ähnliche Kennziffern genutzt, wie sie im vorangegangenen Kapitel beschrieben wurden.

Nachfolgend wird allerdings die Nomenklatur der Kenngrößen so verwendet, wie sie von der PMI in den PMBoK-Guide aufgenommen wurde.

Folgende Projektgrößen bilden die Grundlage der Earned-Value-Analyse:

- BAC (Budget at Completion)
  Gesamtbudget, ursprünglich geplante Gesamtkosten eines Projekts.
- PV (Planned Value)
  Plankosten, Planwert zum gegenwärtigen Zeitpunkt,
  weitere Bezeichnung: BCWS (Budgeted Cost of Work Scheduled).
- AC (Actual Cost)
  Istkosten, zum Stichtag angefallene Kosten,
  weitere Bezeichnung: ACWP (Actual Cost of Work Performed).
- EV (Earned Value)
  Arbeitswert, Wert der aufgrund des Fertigstellungsgrads geleisteten Arbeit,
  weitere Bezeichnung: BCWP (Budgeted Cost of Work Performed).

Der Earned Value ist der zeitbezogene Arbeitswert

Der Earned Value errechnet sich aus der Multiplikation des gesamten (geplanten) Projektbudgets mit dem prozentualen Fertigstellungsgrad PC (Percent Complete) zum Berichtszeitpunkt TN (Time Now) und kann maximal nur den Wert von BAC erreichen:

$$EV = BAC \times PC$$

Mit diesem Wert für den Earned Value werden folgende EVA-Kennzahlen abgeleitet:

1. Planabweichung SV (Schedule Variance)	$SV = EV - PV$
2. Kostenabweichung CV (Cost Variance)	$CV = EV - AC$
3. Zeiteffizienz-Index SPI (Schedule Performance Index)	$SPI = EV / PV$
4. Kosteneffizienz-Index CPI (Cost Performance Index)	$CPI = EV / AC$
5. Kostenplanindex API (Actual Performance Index)	$API = AC / PV$
6. Entwicklungsindex TCPI (To Complete Performance Index)	$TCPI = (BAC - EV) / (BAC - AC)$

Projektbeispiel

Ein kleines Beispiel soll das Zusammenspiel dieser Kennzahlen verdeutlichen:

EVA-Kennzahlen anhand eines Beispiels

Ein Projektvorhaben mit einem Personalaufwand von 100 Manntagen und einem Gesamtbudget von 100.000 Euro hat nach der Hälfte der Projektdauer 55.000 Euro an Kosten verbraucht. Die Abschätzung der erbrachten Arbeit hat einen Fertigstellungsgrad von 40 % ergeben.

Folgende Kennzahlen lassen sich daraus errechnen:

Earned Value EV	EV = BAC · PC = 100.000 · 0,4 = 40.000 Euro
Planabweichung SV	SV = EV − PV = 40.000 − 50.000 = −10.000 Euro
Kostenabweichung CV	CV = EV − AC = 40.000 − 55.000 = −15.000 Euro
Zeiteffizienz-Index SPI	SPI = EV / PV = 40.000 / 50.000 = 0,80
Kosteneffizienz-Index CPI	CPI = EV / AC = 40.000 / 55.000 = 0,73
Kostenplanindex API	API = AC / PV = 55.000 / 50.000 = 1,10
Entwicklungsindex TCPI	TCPI = (BAC − EV) / (BAC − AC) = = (100.000 − 40.000) / (100.000 − 55.000) = 1,33

Sowohl die Planabweichung SV als auch die Kostenabweichung CV ergeben einen negativen Wert, was eine voraussichtliche Terminverschiebung als auch eine Kostenüberschreitung des Projektvorhabens prognostiziert. In Bild 4.20 ist dieser Sachverhalt grafisch dargestellt.

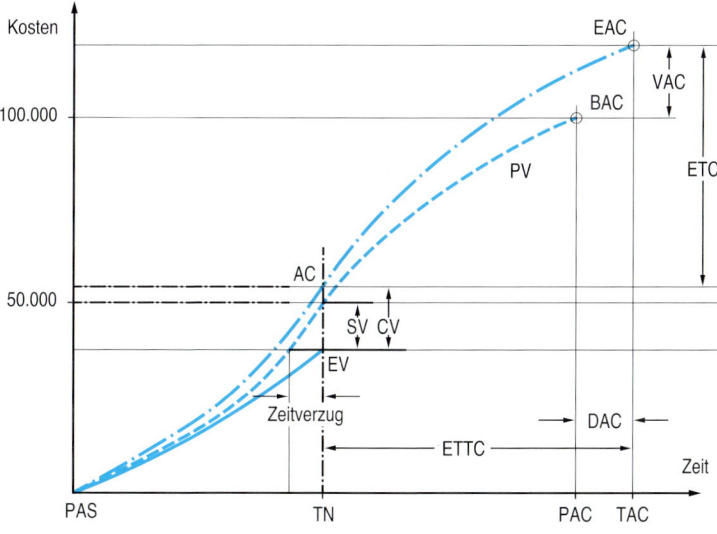

Bild 4.20 Earned-Value-Analyse (Beispiel). Die Abkürzungen sind im Text erläutert.

Neben den beiden Abweichungsindizes SV und CV in dem in Bild 4.20 gezeigten Kostenverlauf geben die beiden Kontrollindizes SPI und CPI Aufschluss über den weiteren Verlauf des Projekts.

Der SPI (Schedule Performance Index) beschreibt, inwieweit das Projekt zeitlich im Plan ist.

SPI > 1 bedeutet: Der Projektfortschritt ist schneller als geplant.
SPI < 1 bedeutet: Es gibt einen zeitlichen Verzug im Projekt.

Der CPI (Cost Performance Index) beschreibt, inwieweit das Projekt aus Kostensicht im Plan ist.

CPI > 1 bedeutet: Das Projekt verläuft kostengünstiger als geplant.
CPI < 1 bedeutet: Das Projekt wird vermutlich teurer als geplant.

Ist das Projekt sowohl in der Kosten-, als auch in der Terminbetrachtung in Plan, liegen beide Indizes bei 1. Dadurch weiß der Projektleiter, wann zusätzliche Mittel (CPI < 1) erforderlich sind oder freiwerdende Mittel (CPI > 1) bzw. Ressourcen (SPI > 1) zur Disposition stehen.

Es bietet sich an, in regelmäßigen Abständen die beiden Kontrollindizes SPI und CPI auf Basis einer Restaufwandsschätzung zu ermitteln, um so immer eine aktuelle Aussage zu dem Status des Projekts machen zu können. Man erreicht auf diese Weise eine Trendanalyse hinsichtlich der Kosten- und Terminsituation.

Der Entwicklungsindex TCPI (To Complete Performance Index) ist ein Maß, wie hoch die Effizienz der Projektarbeit für den Rest der Projektlaufzeit sein muss, um das Projektergebnis innerhalb des geplanten Budgets zu erreichen. Rechnerisch ergibt sich der TCPI-Wert aus dem Verhältnis des noch zu erbringenden Fertigstellungswerts (Earned Value) zu dem zur Verfügung stehenden Restbudget.

Weitere Kennzahlen der Earned-Value-Analyse

In Tabelle 4.1 sind weitere Prognose-Kennzahlen, die in der Earned-Value-Analyse Anwendung finden, mit ihrer Berechnungsgrundlage aufgeführt.

Tabelle 4.1 Kennzahlenübersicht der Earned-Value-Analyse

EVA-Kennzahl		Bedeutung	Berechnung
BAC	Budget At Completion	ursprünglich geplantes Projektbudget	
EAC	Estimate At Completion	prognostizierte Endkosten am Projektende	EAC = AC + (BAC − EV) / CPI
ETC	Estimate To Completion	geschätzte Restkosten ab Stichtag	ETC = EAC − AC
VAC	Variance At Completion	Kostenabweichung am Projektende	VAC = BAC − EAC
PAC	Plan At Completion	ursprünglich geplantes Projektende	
PAS	Plan At Start	geplanter Projektstart	
TN	Time Now	aktueller Berichtszeitpunkt	
TAC	Time At Completion	prognostizierter Projekt-Fertigstellungszeitpunkt	TAC = PAS + (PAC − PAS) / SPI
DAC	Delay At Completion	zeitliche Abweichung am Projektende	DAC = TAC − PAC
ETTC	Estimated Time to Completion	prognostizierte Restlaufzeit	ETTC = TAC − TN

Für das obige Beispiel ergeben sich damit folgende Schlussfolgerungen.
▷ Der prognostizierte Projekt-Fertigstellungszeitpunkt TAC verschiebt sich nach vorne.
▷ Die Projektdauer (PAC – PAS) weitet sich bei einem SPI = 0,8 um 25 %.
▷ Die Kennzahl DAC ist größer als Null und signalisiert eine Projektverzögerung.
▷ Die Kennzahl VAC ist negativ und signalisiert damit eine Kostenüberschreitung.

Vorgehensweise bei der Earned-Value-Analyse

Damit man die Earned-Value-Analyse sinnvoll einsetzen kann, müssen bestimmte Voraussetzungen erfüllt sein. Im Rahmen einer durchgängigen Aufgaben-, Aufwands- und Zeitplanung sind folgende Aktivitäten vorab durchzuführen:

Eine Earned-Value-Analyse setzt eine detaillierte Arbeitspaketplanung voraus

▷ Projektumfang genau festlegen,
▷ Projektstrukturplan detailliert in Arbeitspakete untergliedern,
▷ Aufwand und Ergebnisse der Arbeitspakete bestimmen,
▷ Abhängigkeiten und Abfolge der Arbeitspakete ermitteln,
▷ Kosten- und Terminplan erstellen.

Weiterhin ist es während der Projektdurchführung erforderlich, dass die Projektmitarbeiter ihre Aufwände regelmäßig und bezogen auf die Arbeitspakete melden; auch dürfen die Arbeitspakete nicht zu umfangreich sein und sich z.B. nicht über die gesamte Projektlaufzeit erstrecken.

In folgenden Schritten wird dann eine Earned-Value-Analyse durchgeführt:

1. Stichtag TN anhand eines Meilenplans festlegen,
2. Planwert PV zum aktuellen Stichtag aus dem Kostenplan entnehmen,
3. Zum Stichtag angefallene Kosten AC (Zahlungsplan, Aufwandserfassung) ermitteln,
4. Fertigstellungsgrad PC (Restaufwandsschätzung) ermitteln,
5. Earned Value EV errechnen.

Entscheidendes Glied in der Earned-Value-Analyse ist eine genaue Restaufwandsschätzung, die nur möglich ist, wenn das Projektvolumen in genügend viele Arbeitspakete untergliedert ist und damit einer genauen Restaufwandsschätzung zugängig wird. Es gibt mehrere Vorgehensweisen zur Schätzung des Restaufwands (siehe Kapitel 4.3.3), wobei bei der Earned-Value-Analyse häufig die pauschalierte Methode nach dem Muster 20/80 oder 50/50 vorgezogen wird.

Pauschalierte Restaufwandsschätzung nach dem Muster 20/80 oder 50/50

Die Earned-Value-Analyse sollte immer „projektbegleitend" eingesetzt werden, d.h. in regelmäßigen Zeitabständen sind die EVA-Kennzahlen zu ermitteln, damit sie in das Projekt-Controlling einfließen können. Wird das Projektplanungsverfahren MS Project eingesetzt, kann dort die Earned-Value-Berechnung sogar unterstützt werden.

Der entscheidende Vorteil der Earned-Value-Analyse liegt darin, dass sie die drei elementaren Elemente des PM-Dreiecks, nämlich Kosten, Zeit und Leistung (Bild 1.5), miteinander verknüpft. Zudem zwingt die Anwendung zu einer strukturierten Vorgehensweise in der Projektplanung und -verfolgung.

4.4 Qualitätssicherung

Die Effizienz der Qualitätssicherung gilt als Bewertungskriterium für die Produktqualität

Bei der Entwicklung von HW- und SW-Produkten mit hohen Zuverlässigkeitsanforderungen ist die *Sicherung der Produktqualität* über den ganzen Entwicklungsprozess hinweg nicht mehr wegzudenken und zählt als wichtiger Bestandteil des Projektmanagements.

Jedes Produkt besitzt entsprechend seinem Verwendungszweck, seinen Anforderungen und seinem Einsatzrisiko Qualitätsmerkmale mit entsprechender Ausprägung. Für technische Produkte gelten folgende wichtige Qualitätsmerkmale:

▷ Zuverlässigkeit
▷ Funktionserfüllung
▷ Benutzungsfreundlichkeit
▷ Wartungsfreundlichkeit
▷ Umweltfreundlichkeit
▷ Übertragbarkeit
▷ Effizienz.

Diese Qualitätsmerkmale kann man zu bestimmten Ausprägungen weiter untergliedern; z.B. kann das Qualitätsmerkmal Zuverlässigkeit unterteilt werden in

▷ Korrektheit,
▷ Robustheit,
▷ Verfügbarkeit usw.

Aus dieser Betrachtung ist ersichtlich, dass je Produkt entsprechende Qualitätsmerkmale und ihre Ausprägungen festzulegen sind. Unterstützend wirken dabei die Standarddefinitionen nach DIN 55350, Teil 11 [60], und weitere betrieblich orientierte Festlegungen.

Der Begriff Qualität bezieht sich daher nicht nur auf einsetzbare Produkte, sondern auch auf Zwischenprodukte. DIN 55350, Teil 11, definiert den Begriff Qualität wie folgt:

 Beschaffenheit einer Einheit bezüglich ihrer Eignung, festgelegte und vorausgesetzte Erfordernisse zu erfüllen.

Bild 4.21 verdeutlicht die Bestandteile der Qualitätssicherung in ihrer Gesamtheit.

4.4 Qualitätssicherung

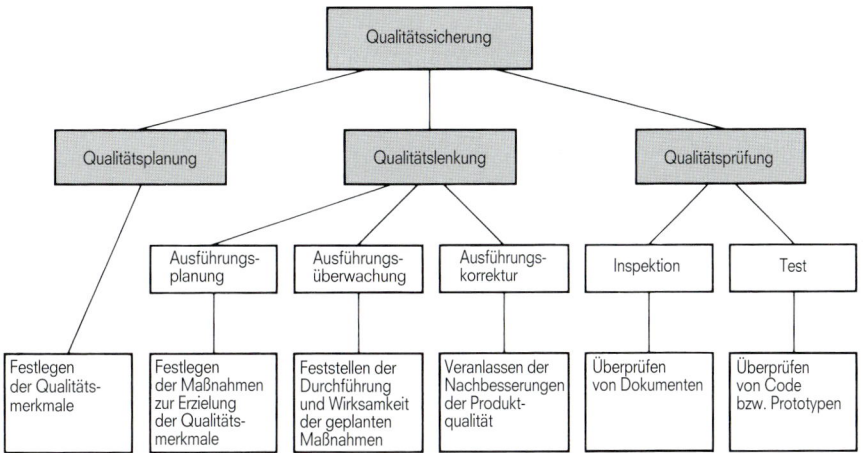

Bild 4.21 Bestandteile der Qualitätssicherung

4.4.1 Qualitätsplanung und -lenkung

Qualitätsplanung

Die Qualitätsplanung umfasst das Festlegen von Qualitätsmerkmalen für das Produkt bzw. System; sie ist Voraussetzung für die Qualitätsprüfung.

Die Qualitätsplanung legt die Qualitätsmerkmale fest

Die Tätigkeit üben im Allgemeinen die Produkt- bzw. Systementwickler aus. Bei der Anforderungsdefinition für ein Produkt sind die Qualitätsmerkmale mit ihren Ausprägungen gleichberechtigt mitzubetrachten und im Pflichtenheft aufzuführen.

Für das Festlegen der Qualitätsziele sind zu den vorgenannten Qualitätsmerkmalen entsprechende quantitative Aussagen zu ermitteln. Wo dies nicht exakt möglich ist, müssen qualitative Erläuterungen gegeben werden, die eine klare Aussage über das Verhalten wiedergeben. Die Unterschiede zwischen *qualitativen* und *quantitativen* Qualitätsmerkmalen sollen zwei Beispiele verdeutlichen:

Quantitatives Qualitätsmerkmal, z.B. „Zuverlässigkeit"

– Verfügbarkeit: max. Ausfallzeit 30 min/Jahr
– Prozessdauer je Aufgabe: max. 2 s
– automatische Wiederanlaufdauer: max. 30 s.

Qualitatives Merkmal, z.B. „Übertragbarkeit"

Es ist geplant, das SW-System auf den drei Betriebssystemen A, B und C sowie in verschiedenen Sparten einzusetzen.

– Betriebsspezifische Anteile sind in eigenen Modulen unterzubringen.
– Die spartenorientierten Aufgaben sind herauszuarbeiten und in jeweils spezifischen SW-Anteilen zu realisieren.

Qualitätslenkung

Die Qualitätslenkung legt die organisatorischen Maßnahmen zum Erreichen der Qualitätsziele fest

Die Qualitätslenkung befasst sich mit den organisatorischen Festlegungen für das Erreichen qualitativ hochwertiger Produkte. Es handelt sich hierbei um die drei Abschnitte Ausführungsplanung, Ausführungsüberwachung und Ausführungskorrektur (Bild 4.21):

Ausführungsplanung

Die Ausführungsplanung umfasst eine Vielfalt von Entwicklungskonventionen, z.B. für

- Prozessorganisation
- Produktdokumentation,
- Inspektionen (Reviews),
- Audits,
- Konfigurationsmanagement,
- Fehlermeldungswesen,
- Änderungsverfahren,
- Qualitätsbericht-Erstellung,
- Werkzeuge und Entwicklungsmethoden.

Je nach Größe der Entwicklungsabteilungen und -bereiche sind dafür ausführliche Richtlinienwerke nötig. Häufig existieren in der Regel für den Gesamtbereich Rahmenrichtlinien für die Qualitätssicherung, die durch spezifische Richtlinien für die einzelnen Entwicklungsprojekte zu detaillieren und zu ergänzen sind (QS- bzw. QMS-Handbuch).

Darüber hinaus sind in der Projektdokumentation alle wichtigen Festlegungen und QS-Informationen projektspezifisch zu führen.

Ausführungsüberwachung

Wie bei den übrigen Projektvorgängen ist auch für die Qualitätsprüfung eine Überwachung nach folgenden Gesichtspunkten vorzunehmen:

- Sind die qualitätssichernden Maßnahmen durchgeführt worden?
- Sind bei der Durchführung der QS-Maßnahmen Probleme entstanden, die noch eine Leitungsentscheidung erfordern?
- Haben sich in der Durchführung der qualitätssichernden Maßnahmen Schwächen gezeigt, die für die Zukunft beseitigt werden sollen?

Ausführungskorrektur

Als Reaktion der Überwachungsergebnisse sind bei Bedarf Korrekturen einzuleiten. Solche können z.B. sein:

- Es ist für die konsequentere Durchführung der QS-Maßnahmen zu sorgen bzw. sind ausstehende nachzuholen.
- Ausstehende Leitungsentscheidungen müssen herbeigeführt werden.
- Für ein bestimmtes Thema ist eine „Qualitätsgruppe" mit definierten Zielen einzurichten.

Nachhaltigkeit

Das Thema Nachhaltigkeit gewinnt in einem Unternehmen im Rahmen der Qualitätssicherung immer mehr an Bedeutung. Wer nachweisen kann, dass seine Entwicklungs-, Produktions- und Vertriebsprozesse *umweltschonend* und *nachhaltig* geführt werden, gewinnt bei Kunden, Lieferanten und staatlichen Stellen großes und damit geschäftsförderndes Vertrauen.

Nachhaltigkeit ist ein Gebot der Stunde

Nachhaltigkeitsbetrachtungen basieren auf den drei Säulen:

▷ ökonomische Nachhaltigkeit,
▷ ökologische Nachhaltigkeit und
▷ soziale Nachhaltigkeit.

Die Gewichtung dieser drei Dimensionen von Nachhaltigkeit wird in den verschiedenen Weltregionen allerdings sehr unterschiedlich gesehen. So steht die wirtschaftliche Dimension von Nachhaltigkeit in China weit vorne, dagegen tritt in Deutschland die ökologische Dimension mehr in den Vordergrund. Zwangsläufig muss ein weltweit agierendes Unternehmen hierauf seine Geschäftsstrategie ausrichten.

Mit der Einrichtung eines Umweltmanagementsystems (UMS) soll sichergestellt werden, dass in allen Bereichen des Unternehmens und damit auch in allen Projekten „nachhaltig" geplant und gearbeitet wird. Ein vorsorgender, betriebsspezifischer Umweltschutz trifft z.B. Vorkehrungen zur Reduktion von Abfällen, Abwasser und Emissionen.

Das Umweltmanagement hat für eine Nachhaltigkeit der Geschäftstätigkeit zu sorgen

Mit der Norm ISO 14001 wurden weltweit gültige Kriterien zum Umweltmanagement festgelegt. Anwendbar ist die Norm für alle Organisationen unabhängig von deren Größe und Branchenzugehörigkeit und sie kann auf allen Gebieten der Industrie und der Wirtschaft sowie bei sozialen Einrichtungen und öffentlichen Verwaltungen eingesetzt werden. Wie die ISO 9001 legt die ISO 14001 ihren Schwerpunkt auf einen „Kontinuierlichen Verbesserungsprozess", der mit den folgenden vier Prozessschritten beschrieben werden kann:

▷ Planen (Festlegen der Zielsetzungen und Prozesse)
▷ Ausführen (Umsetzen der Prozesse)
▷ Kontrollieren (Überwachen der Prozesse)
▷ Optimieren (eventuelles Anpassen der Prozesse).

Die Zertifizierung nach der ISO 14001 erfolgt durch akkreditierte Zertifizierer. Das erteilte Zertifikat gilt für drei Jahre, anschließend muss die Organisation neu überprüft werden.

Zertifizierung der Nachhaltigkeit nach ISO 14001

In einem Projekt übernimmt in der Regel der Qualitätsbeauftragte die Verantwortung für die Sicherung der Nachhaltigkeit im eigenen Projektvorhaben. Im Unternehmen selbst sollte möglichst ein eigener „Umweltschutzbeauftragter" installiert sein, der für das einwandfreie Funktionieren des gesamten Umweltmanagementsystems verantwortlich ist.

4.4.2 Qualitätsprüfung

Prüfung der Entwurfsdokumente

Entwurfsdokumente sind auf Richtigkeit und Vollständigkeit zu prüfen

Voraussetzung für das Vermeiden von Realisierungsfehlern sind naturgemäß fehlerfreie Entwurfsunterlagen. Diese auf Richtigkeit und Vollständigkeit zu prüfen, ist die erste Aufgabe der Qualitätsprüfung. Bild 4.22 zeigt z.B. das rapide Ansteigen von SW-Fehlerkosten, wenn Fehler nicht frühzeitig genug entdeckt werden. Ein analoger Verlauf gilt naturgemäß auch bei HW-Fehlerkosten.

Die Wirksamkeit der Inspektionen z.B. bei einer SW-Entwicklung zeigt Bild 4.23. Hiernach können 2/3 der Fehler durch konsequente Inspektionen gefunden werden.

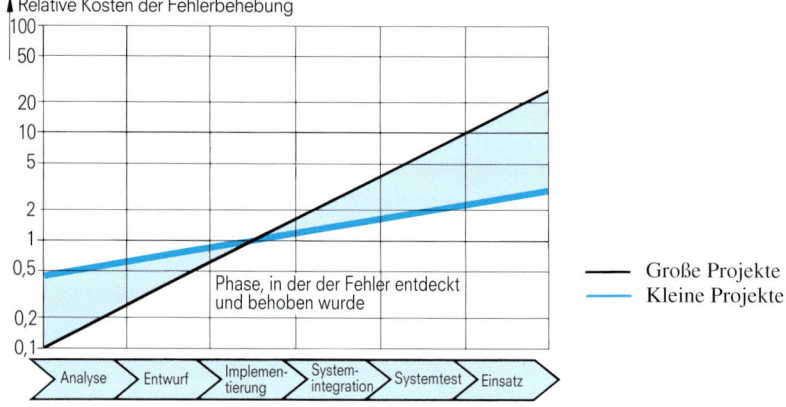

Bild 4.22 SW-Fehlerkosten, abhängig vom Entdeckungszeitpunkt (nach Boehm)

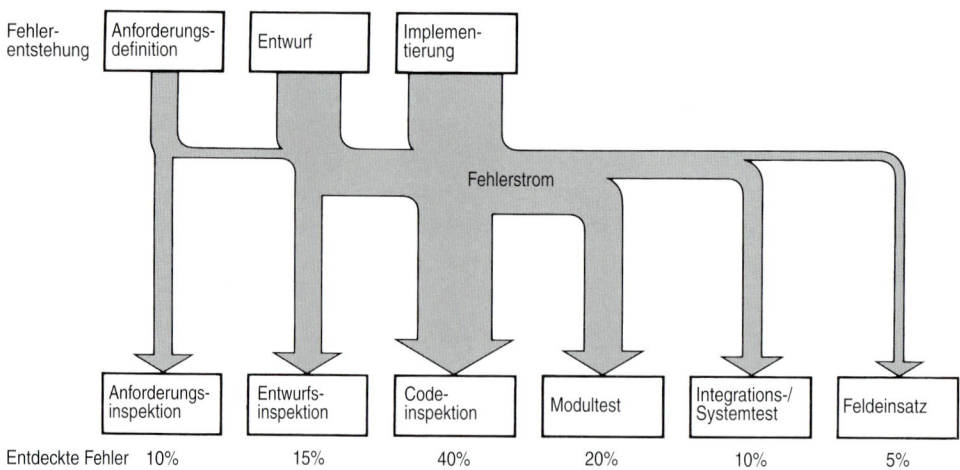

Bild 4.23 Entdeckung von Fehlern durch Inspektionen

4.4 Qualitätssicherung

Es gibt unterschiedliche Formen der Prüfung von Entwurfsdokumenten.

Die Begriffe *Inspektion* und *Review* sind weitgehend synonym und in der Vorgehensweise gleich. Gegebenenfalls verbirgt sich hinter dem Begriff Review eine geringere Teilnehmerzahl, wie z.B. beim „Code Review".

Inspektion, Review

Ausschlaggebend ist dabei, dass die Inspektion eine offizielle Bestätigung des Inhalts des Prüfobjekts darstellt, die sowohl für den zuständigen Entwickler als auch für dessen Projektleiter gilt.

Structured Walk Through oder *Walk Through* sollen dem Entwickler ein Gespräch unter gleichgestellten Kollegen, womöglich auch aus anderen Dienststellen ermöglichen. Dabei wird betont, dass sich bei diesem Gespräch aus psychologischen Gründen keine Vorgesetzten beteiligen sollen.

Structured Walk Through

Ein *Development Design Control* ist eine Vorgehensweise, in der Prüfergebnisse in Form von Kommentaren eingeholt werden; sie wird daher auch „Inspektion in Kommentartechnik" genannt. Der Vorteil dieser Form einer Inspektion liegt in der erweiterten Teilnehmerzahl, von der Kommentare eingeholt werden können. Das Inspektionsgespräch entfällt hierbei.

Development Design Control

Durchführen von Reviews, Inspektionen

Reviews laufen nach einem festgelegten Schema ab mit folgenden Schritten:

Reviews müssen gut vorbereitet werden

▷ Einladung
▷ Vorbereitungsgespräch
▷ Vorbereitungszeitraum
▷ Reviewgespräch
▷ Nachbearbeitung.

Bei einer Inspektion in Kommentartechnik ist statt dem Reviewgespräch die Auswertung der eingegangenen Kommentare durch den Entwickler und den verantwortlichen Veranstalter (Moderator) des Reviews durchzuführen.

Einladung

Der Entwickler bestimmt mit seinem Projekleiter bzw. dem zuständigen Qualitätsbeauftragten den Moderator, die Teilnehmer des Reviews sowie Ort, Zeit und Prüfobjekt. Die zu überprüfenden Unterlagen werden dem Einladungsschreiben beigefügt.

Vorbereitungsgespräch

Bei Einladung von Reviewteilnehmern, die wenig Kenntnisse von dem Sachthema des Prüfobjekts haben, ist eine Einweisung in das Thema zu empfehlen.

Vorbereitungszeitraum

Die eingeladenen Teilnehmer untersuchen das Prüfobjekt nach den Prüfkriterien. Fehler oder mögliche Missinterpretationen sind dabei zu kennzeichnen und mit den nötigen Anmerkungen oder Korrekturen zu versehen.

Reviewgespräch

Ein Review muss „konstruktiv" geführt werden

Der Entwickler oder Moderator erläutert zu Beginn des Gesprächs kurz die wesentlichen Aspekte des Prüfobjekts und versucht, darüber mit den Teilnehmern Einverständnis herbeizuführen. Anschließend wird das zu prüfende Entwicklungsdokument Seite für Seite nach wesentlichen Anmerkungen der Teilnehmer abgefragt. Diese Anmerkungen werden bei Bedarf kurz auf Relevanz diskutiert und ggf. in das Reviewprotokoll aufgenommen.

Werden in der Reviewsitzung aufgrund besonderer Vorschläge neue Untersuchungen von Lösungen gefordert, so kann eine Wiederholung des Reviews notwendig sein.

Bei einem *Structured Walk Through* erläutert der Entwickler den Inhalt des Prüfobjekts durchgehend, und die Teilnehmer stellen dazu kritische Fragen. Ansonsten gilt das für Reviews Ausgeführte.

Bei einer *Inspektion in Kommentartechnik* sind durch den Entwickler und den Quasi-Moderator die eingegangenen Stellungnahmen auszuwerten. Dabei muss wiederum zwischen wesentlichen und unwesentlichen Kommentaren unterschieden werden. Die wesentlichen Kommentare sind in einem Protokoll niederzulegen, und es ist jeweils anzugeben, wie dieser Kommentar in das Prüfobjekt einfließt. Den Prüfern ist dieses Protokoll als Ergebnis der Inspektion zukommen zu lassen.

Nachbearbeitung

Aufgrund der im Reviewprotokoll festgehaltenen Fehler und Anmerkungen überarbeitet der Entwickler die geprüften Unterlagen. Diese Überarbeitung ist durch den Projektleiter oder einen anderen Verantwortlichen zu prüfen. Danach muss die Unterlage durch Unterschrift des Verantwortlichen freigegeben werden.

Qualitätssicherung senkt den Entwicklungsaufwand

Das Bild 4.24 zeigt, dass der gesamte Entwicklungsaufwand für ein SW-Projekt bei einer systematischen Qualitätssicherung niedriger bleibt als bei fehlender. Für ein HW-Projekt gilt ein ähnlicher Sachverhalt.

Prüfen der Realisierungsergebnisse

Das dynamische Testen – Prüfen des Objekts unter Simulations- oder realer Umgebung – dient zum Aufdecken von Fehlern und zum Nachweis für das richtige Einbringen der Anforderungen in das System.

Bei größeren Produkt- und Systementwicklungen gibt es mehrere Testabschnitte: Komponententest, Integrationstest, Systemtest und Akzeptanztest (Abnahmetest).

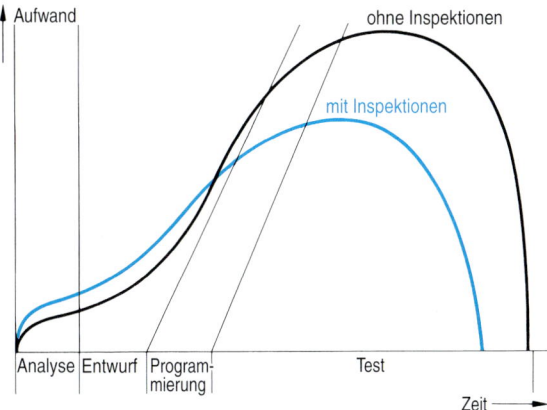

Bild 4.24 Verlauf des Entwicklungsaufwands mit und ohne Inspektionen

Komponententest

Im Komponententest gilt es für Software, die Funktionen der ausgewählten Einheiten zu testen. Als Qualitätsmaße für den Modultest gelten die Grade der Testabdeckung bezüglich *Ablauftest* (Anweisungs-, Zweig-, Pfadtest), *Bedingungstest* und *Datentest* (Normal-, Grenz- und Falschwerte).

Ablauftest,
Bedingungstest,
Datentest

In der Hardware umfasst der Komponententest meist eine Baugruppe und beim Chip-Entwurf einen Baustein. Eine solche Einheit wird bei Einsatz von CAD/CAE in zwei Stufen getestet, nämlich durch Simulation auf dem CAD-Arbeitsplatz und später mit der realen Einheit. Für die Simulation der Baugruppe liegt der Stromlaufplan zugrunde.

Zum Test der Belastbarkeit werden die Bauelemente entsprechenden *Stresstests* (auch *Qualifikationstests* genannt) unterzogen, mit denen mechanische und thermische Grenzwerte des Bauteils ermittelt werden (Burn-In). Systematische Fehler von Bauteilen müssen dadurch mit einem i.Allg. zerstörenden Qualifikationstest erkannt werden. Um zufälligen Fertigungsschwankungen bei Bauteilen vorzubeugen, müssen solche Tests stichprobenweise wiederholt werden.

Stresstest

Integrationstest

Beim Integrationstest werden die einzelnen Module, Modulgruppen und HW-Funktionseinheiten zu einem Gesamtsystem zusammengebaut. Der Integrationstest erfolgt auf dem Zielsystem. Ist das Zielsystem nicht gleichzeitig Entwicklungssystem, so ist bis zu einem gewissen Grad eine Vorintegration auf dem „Host-System" ratsam.

Bei größeren Systemen empfiehlt es sich, den Integrationstest in mehreren festgelegten Schritten mit einem jeweils zugeordneten Funktionsumfang vorzunehmen.

4 Projektkontrolle

Funktionstest	Nach den jeweiligen *Funktionstests* der Normalfälle für einen Integrationsschritt können die Tests für den nächsten Integrationsschritt eingeleitet werden. Parallel dazu ist die Durchführung der *Regressionstests* und der Tests für die Sonderfälle möglich. Regressionstests dienen zum Funktionsnachweis nicht geänderter Funktionen.
Nachweistest	Nach vollständiger Integration des Systems und mit hinreichenden Funktions- und Aufgabentests wird das System an die Systemtestmannschaft – durch *Nachweistests* über hinreichende Funktionserfüllung und Stabilität – übergeben. Solche Nachweistests gibt die Systemtestmannschaft vor und führt sie zusammen mit den Entwicklern durch. Die Software und Hardware wird dann in den Systemtest übernommen, wenn die Übernahmetests erfolgreich verlaufen sind.

Systemtest

Im Systemtest wird das System vornehmlich aus Anwendersicht getestet. Die Testkonfiguration muss qualitativ der HW/SW/FW entsprechen, wie sie beim Kunden zum Einsatz gelangt.

Der Systemtest umfasst vom Ziel her alle Leistungsmerkmale aus Anwendersicht mit den Schwerpunkten Funktionen, Leistungsmerkmale, Betreibbarkeit, Wartbarkeit, Stabilität und Dokumentation.

Das Ergebnis des Systemtests ist die hinreichende Funktionsfähigkeit des Systems für die Freigabe an den Anwender für den *Akzeptanztest*. Der Akzeptanztest kann sich aus zeitlichen Gründen mit dem fortgeschrittenen Systemtest überlappen.

Im Idealfall sollten beim Systemtest die gefundenen Fehler bei der Software auf Primärprogrammebene alle beseitigt werden. Bei der HW kann man in diesem Zeitrahmen nur vorübergehende Änderungen einbringen. Bei der SW lässt sich die Fehlerbeseitigung auf Programmebene leider in der Praxis aus zeitlichen Gründen nicht vollständig erreichen. Es muss daher eine mindestens zweistufige Fehlerqualifizierung für in jedem Fall sofort zu beseitigende und später zu beseitigende Fehler stattfinden.

Run-In-Test	Zur besonderen Prüfung von Baugruppen und Geräten über ihre Einhaltung der Spezifikation bezüglich Umweltbelastung sind zusätzliche Testaufwendungen unter Stressbedingungen (Run-In) nötig. Diese Tests können umfassen: mechanische Beanspruchungen, elektromagnetisches Verhalten (EMV), Klimatests (Verändern der Umgebungstemperatur), Verhalten bei Erdbeben u.ä.

Akzeptanztest (Abnahmetest)

Der *Akzeptanztest* liegt zeitlich in der Projektabschlussphase und wird vom Anwender verantwortet. Die Vorbereitung des Akzeptanztests unterstützt der Hersteller, der auch für eine schnelle Behebung kritischer Fehler sorgt.

Testfälle und Testdaten sind im Allgemeinen vom Anwender zu erstellen; dasselbe gilt für die Testplanung.

Nach Abschluss des Akzeptanztests ist vom Anwender ein Testbericht zu erstellen; dieser enthält auch Aussagen über die Übernahme durch den Anwender und ggf., mit welchen Auflagen für den Hersteller dies möglich ist (siehe hierzu auch Kapitel 5.1).

4.4.3 Überprüfung der Qualitätssicherung

Das Durchführen der organisatorischen Festlegungen zur Qualitätssicherung und ihre Wirksamkeit auf die Produktqualität sind von Zeit zu Zeit durch *Qualitätsaudits* zu prüfen. Mit einem Qualitätsaudit wird das ordnungsgemäße Anwenden der eingesetzten Qualitätsverfahren überprüft; es dient also *nicht* zum Nachweis der Produktqualität, sondern allein der Überprüfung des Qualitätssicherungssystems (QSS).

Zertifizierung nach ISO 9001

Im Rahmen der EU ist mit der Normengruppe ISO 9001 bis 9003 vor rund 20 Jahren eine Richtlinie entstanden, die eine Vorgabe für die zu prüfenden Qualitätsmerkmale gibt. Diese Normengruppe wurde im Dez. 2000 zur Norm EN ISO 9001:2000 zusammengefasst und aktualisiert (die Normen ISO 9000 und ISO 9004 blieben davon unberührt).

Ein ISO-Zertifikat bestätigt, dass ein Lieferant die vertraglich festgelegte Qualität seiner Produkte sicherstellen kann

Entspricht das Qualitätssicherungssystem eines Unternehmens diesen Vorgaben und wird dieses durch einen unabhängigen Prüfer, z.B. durch die DQS (Deutsche Gesellschaft zur Zertifizierung von Qualitätssicherungssystemen), bestätigt, erhält das betreffende Unternehmen ein entsprechendes „ISO-Zertifikat". Mit einem Zertifikat nach ISO 9001 wird bestätigt, dass ein Lieferant die vertraglich festgelegte Qualität seiner Produkte sicherstellen kann.

Für ein Unternehmen ist der Besitz eines solchen Zertifikats von größter Bedeutung. So verpflichtet eine Richtlinie der EU-Kommission die öffentlichen Auftraggeber, in bestimmten Marktsektoren von ihren Lieferanten einen solchen Nachweis zu verlangen. Da die Norm die Lieferanten verpflichtet, von ihren Zulieferern den gleichen Nachweis zu fordern, wird der Besitz eines Zertifikats zur Vorbedingung für eine Vielzahl von Aufträgen und damit zur Voraussetzung, als Anbieter am Markt tätig sein zu können.

Die Norm ISO 9001 legt Anforderungen an das Qualitätssicherungssystem bzw. Qualitätsmanagementsystem (QM-System, QMS) eines Lieferanten von Produkten fest, deren Erfüllung der Lieferant gegenüber seinem Auftraggeber oder einem Dritten (z.B. Zertifizierungsstelle) nachweisen können muss. Die inzwischen revidierte Norm ISO 9001:2000 [69] hat die Forderungen an das Qualitätsmanagementsystem in eine andere, hierarchisch aufgebaute Ordnung gebracht, wobei die *Prozessbezogenheit* und der *Bezug zum Kunden* stärker herausgearbeitet worden ist.

4 Projektkontrolle

Die revidierte ISO-Norm betont die Prozessorientierung und die Kundenzufriedenheit

Die neue ISO 9001:2000 gliedert sich in die folgenden 5 Hauptpunkte und 23 Unterpunkte:

1. Qualitätsmanagementsystem
   1.1 Allgemeine Anforderungen
   1.2 Dokumentationsanforderungen
2. Verantwortung der Leitung
   2.1 Verpflichtung der Leitung
   2.2 Kundenorientierung
   2.3 Qualitätspolitik
   2.4 Planung
   2.5 Verantwortung, Befugnis und Kommunikation
   2.6 Managementbewertung
3. Management von Ressourcen
   3.1 Bereitstellung von Ressourcen
   3.2 Personelle Ressourcen
   3.3 Infrastruktur
   3.4 Arbeitsumgebung
4. Produktrealisierung
   4.1 Planung der Produktrealisierung
   4.2 Kundenbezogene Prozesse
   4.3 Entwicklung
   4.4 Beschaffung
   4.5 Produktion und Dienstleistungserbringung
   4.6 Lenkung von Überwachungs- und Messmitteln
5. Messung, Analyse und Verbesserung
   5.1 Allgemeines
   5.2 Überwachung und Messung
   5.3 Lenkung fehlerhafter Produkte
   5.4 Datenanalyse
   5.5 Verbesserung

Die vorgenannten Aspekte behandeln – in verkürzter und teilweise vereinfachter Form beschrieben – die im Folgenden aufgeführten Aktivitäten und Maßnahmen. Der in der ISO-Norm häufig verwendete Begriff Organisation umfasst alle mit der Erstellung von Produkten, Systemen und Anlagen sowie mit der Erbringung von Dienstleistungen befassten Bereiche eines Unternehmens. Des Weiteren stehen besonders die Aktivitäten Aufbau, Verwirklichung, Lenkung, Aufrechterhaltung, Verbesserung und Dokumentation im Vordergrund.

Anforderungen an das Qualitätsmanagementsystem

1. Qualitätsmanagementsystem

1.1 Allgemeine Anforderungen

Die Organisation muss entsprechend den Anforderungen der ISO-Norm ein Qualitätsmanagementsystem (QM-System) aufbauen, dokumentieren, verwirklichen, aufrechterhalten und dessen Wirksamkeit ständig verbessern; hierbei muss sie die für das QM-System erforderlichen Prozesse und deren Anwendung festlegen, absichern, überwachen und ständig verbessern.

1.2 Dokumentationsanforderungen

Die Organisation muss einerseits ein QM-Handbuch erstellen und aktuell halten und andererseits müssen vom QM-System geforderte Dokumente sowie alle sonstigen Q-Aufzeichnungen gelenkt, d.h. gesichert verwaltet werden. Die Dokumentation muss die Qualitätspolitik, die Qualitätsziele, das QM-Handbuch, alle prozessbestimmenden Dokumente sowie alle weiteren von dieser Norm geforderten Dokumente und Aufzeichnungen enthalten. Zudem ist ein Verfahren zur Dokumentationsverwaltung festzulegen, damit der fehlerfreie Umgang mit den Dokumenten und Aufzeichnungen (Kennzeichnung, Freigabe, Aktualität, Änderungen, Lesbarkeit, Verfügbarkeit, Verteilung etc.) sichergestellt ist.

2. Verantwortung der Leitung

Zu verantwortende Aufgaben der Unternehmensführung

2.1 Verpflichtung der Leitung

Die oberste Leitung muss ihre Verpflichtung zur Entwicklung und Realisierung des QM-Systems und zur ständigen Verbesserung der Wirksamkeit des QM-Systems nachweisen, indem sie die Wichtigkeit der Kundenzufriedenheit der Belegschaft vermittelt, eine einheitliche Qualitätspolitik vorgibt, die Festlegung von Qualitätszielen sicherstellt, Bewertungen und damit Verbesserungen des QM-Systems initiiert und für ausreichende Ressourcen sorgt.

2.2 Kundenorientierung

Die oberste Leitung muss sicherstellen, dass die Kundenanforderungen – mit dem Ziel der Steigerung der Kundenzufriedenheit – ermittelt und erfüllt werden (z.B. über Kundenbefragungen).

2.3 Qualitätspolitik

Die oberste Leitung muss sicherstellen, dass die Qualitätspolitik der Organisation angemessen ist, zur Erfüllung der Anforderungen und ständigen Verbesserung des QM-Systems verpflichtet, einen Rahmen zum Festlegen und Bewerten von Qualitätszielen vorgibt, der Organisation verständlich vermittelt wird und ständig auf ihre Angemessenheit überprüft wird.

2.4 Planung

Die oberste Leitung muss sicherstellen, dass einerseits messbare und mit der Qualitätspolitik übereinstimmende Qualitätsziele festgelegt werden und andererseits eine Planung des QM-Systems gemäß der ISO-Norm erfolgt und dessen Funktionsfähigkeit bei Änderungen aufrechterhalten wird.

2.5 Verantwortung, Befugnis und Kommunikation

Die oberste Leitung muss sicherstellen, dass die Verantwortungen und Befugnisse innerhalb der Organisation festgelegt und kommuniziert werden. Des Weiteren muss ein Mitglied der Leitung zum QM-Beauftragten ernannt werden, der für die Realisierung der vom QM-System vorgegebenen Prozesse sorgt, die oberste Leitung ausreichend über den aktuellen Stand des QM-Systems (Verbesserungsmaßnahmen) informiert, das Bewusstsein hinsichtlich der Kundenzufriedenheit in der Organisation fördert und eine dauerhafte betriebsinterne Kommunikation hinsichtlich des QM-Systems anregt.

2.6 Managementbewertung

Die oberste Leitung muss das QM-System regelmäßig bewerten, um dessen fortdauernde Eignung, Angemessenheit und Wirksamkeit sicherzustellen. Bewertungseingaben sind Audit-Ergebnisse, Kundenrückmeldungen, Prozessleistung und Produktkonformität, Stand der Vorbeugungs- und Korrekturmaßnahmen, Verbesserungsvorschläge und Änderungen am QM-System sowie Folgemaßnahmen aus vorangegangenen Managementbewertungen.

3. Management von Ressourcen

Bereitstellung ausreichender Ressourcen, qualifizierten Personals und geeigneten Arbeitsumfelds

3.1 Bereitstellung von Ressourcen

Die Organisation muss die erforderlichen Ressourcen ermitteln und bereitstellen, um das QM-System zu realisieren und zu verbessern sowie die Kundenanforderungen zufriedenstellend zu erfüllen.

3.2 Personelle Ressourcen

Personal, das die Produktqualität beeinflussende Tätigkeiten ausführt, muss auf Grund einer angemessenen Ausbildung und Schulung dazu befähigt sein sowie über ausreichende Fertigkeiten und Erfahrungen verfügen. Hierzu muss die Organisation für eine genaue Bedarfsermittlung, für ausreichende Schulung und Weiterbildung und für entsprechende Kontrollmaßnahmen hinsichtlich der Wirksamkeit sorgen.

3.3 Infrastruktur

Die Organisation muss die zur Erfüllung der Produktanforderungen notwendige Infrastruktur (Gebäude, Versorgungseinrichtungen, Hard- und Software, unterstützende Dienstleistungen) in ausreichendem Maße zur Verfügung stellen.

3.4 Arbeitsumgebung

Die Organisation muss die zur Erfüllung der Produktanforderungen notwendige Arbeitsumgebung bereitstellen.

4. Produktrealisierung

4.1 Planung der Produktrealisierung

Anforderungen an Produktion und Entwicklung

Die Organisation muss die Prozesse planen und entwickeln, die für die Produktrealisierung erforderlich sind. Hierbei müssen die Qualitätsziele, die Produktanforderungen, projekt- und prozessspezifische Notwendigkeiten, produktspezifische Kontroll- und Prüfkriterien sowie erforderliche Nachweisaufzeichnungen festgelegt werden.

4.2 Kundenbezogene Prozesse

Die Organisation muss alle Anforderungen an das Produkt ermitteln; hierzu zählen neben den primären Anforderungen seitens des Kunden auch solche, die aus anderen Gründen (Sicherheit, Vorschriften, Gesetzen etc.) notwendig sind. Weiterhin müssen diese Anforderungen vor dem Eingehen einer Lieferverpflichtung bewertet werden, um sicherzustellen, dass die Produktanforderungen eindeutig definiert sind, kein Dissens zwischen Vertragstext und vorher gemachten Vereinbarungen besteht und die Organisation auch in der Lage ist, alle Anforderungen zu erfüllen. Diese Vertragsprüfung muss dokumentiert sein. Schließlich muss die Organisation wirksame Regeln für die Kommunikation mit dem Kunden festlegen.

4.3 Entwicklung

Die Organisation muss die Entwicklung des Produkts planen und lenken (Entwicklungsphasen, prozessbezogene Kontrollmaßnahmen, Verantwortungen etc.). Des Weiteren müssen die Entwicklungseingaben (Funktions-, Leistungs- und andere wesentliche Anforderungen) geprüft und dokumentiert werden, die Entwicklungsergebnisse zu deren Verifizierung geeignet bereitgestellt werden, systematische Entwicklungsbewertungen vorgenommen werden und es muss eine Entwicklungsverifizierung (entsprechen die Entwicklungsergebnisse den Entwicklungsvorgaben?) sowie eine Entwicklungsvalidierung (erfüllt das Produkt die Kundenanforderungen?) durchgeführt werden. Bewertungen, Verifizierungen und Validierungen müssen dokumentiert werden, auch müssen Entwicklungsänderungen gekennzeichnet, beurteilt und aufgezeichnet werden.

4.4 Beschaffung

Die Organisation muss sicherstellen, dass die beschafften Produkte die festgelegten Beschaffungsanforderungen erfüllen, dazu muss sie die Lieferanten nach deren Fähigkeiten auswählen und eine Verifizierung der beschafften Produkte festlegen und durchführen. Beschaffungsangaben müssen das zu beschaffende Produkt beschreiben hinsichtlich der Anforderungen an die Prozesse beim Lieferanten, an die Qualifikation des Lieferantenpersonals sowie an das beim Lieferanten eingesetzte QM-System (siehe hierzu auch Kapitel 3.4.4).

4.5 Produktion und Dienstleistungserbringung

Die Organisation muss die Produktion und die Dienstleistungserbringung planen und durchführen (Produktmerkmale, Arbeitsanweisungen, Ausrüstung, Überwachungs- und Messmittel, Produktfreigabe) sowie die hierfür notwendigen Prozesse validieren. Die Prozessvalidierung muss die Fähigkeit der Prozesse zur Erreichung der geplanten Ergebnisse darlegen. Weiterhin muss das Produkt während der gesamten Produktrealisierung für Kontrollzwecke und zur Rückverfolgbarkeit mit geeigneten Mitteln (z.B. mit einem Konfigurationsmanagement) gekennzeichnet werden. Schließlich muss die Organisation sorgfältig mit dem in ihrem Lenkungsbereich befindlichen Eigentum des Kunden (hierzu zählt auch geistiges Eigentum) umgehen; sie muss für die Produkterhaltung bis zum Einsatz beim Bestimmungsort des Kunden sorgen.

4.6 Lenkung von Überwachungs- und Messmitteln

Die Organisation muss Prozesse einführen um sicherzustellen, dass Überwachungen und Messungen durchgeführt werden können. Die Messmittel müssen regelmäßig kalibriert, verifiziert, ggf. nachjustiert und gegen Verstellungen und Beschädigungen gesichert werden; hierüber sind entsprechende Aufzeichnungen zu führen.

Planung und Durchführung der Mess-, Analyse- und Verbesserungsprozesse

5. Messung, Analyse und Verbesserung

5.1 Allgemeines

Die Organisation muss die Überwachungs-, Mess-, Analyse- und Verbesserungsprozesse planen und verwirklichen, die für die Darlegung der Konformität des Produkts, für die Sicherstellung der Konformität des QM-Systems und für die ständige Verbesserung der QM-Systems notwendig sind.

5.2 Überwachung und Messung

Die Organisation muss die Kundenzufriedenheit als ein Maß für die Leistung des QM-Systems ständig überwachen. Hierzu müsssen in geplanten Abständen interne Audits zur Feststellung der Konformität des QM-Systems stattfinden; weiterhin müssen geeignete Maßnahmen zur Überwachung und Messung der Prozesse und der Produktmerkmale durchgeführt werden. Gegebenenfalls müssen angemessene Korrekturmaßnahmen ergriffen werden.

5.3 Lenkung fehlerhafter Produkte

Die Organisation muss sicherstellen, dass ein Produkt, das die Anforderungen nicht erfüllt, entsprechend gekennzeichnet und gelenkt wird, um seinen unbeabsichtigten Gebrauch oder seine Auslieferung zu verhindern. Bei fehlerhaften Produkten müssen die Fehler entweder beseitigt oder es muss eine Sonderfreigabe vorgenommen werden. Aufzeichnungen über die Art von Fehlern und die erfolgten Behebungs- bzw. Folgemaßnahmen sind zu führen.

5.4 Datenanalyse

Die Organisation muss geeignete Daten ermitteln, erfassen und analysieren, um die Eignung und Wirksamkeit des QM-Systems nachzuweisen. Die Datenanalyse muss Angaben liefern über Kundenzufriedenheit, Erfüllung der Produktanforderungen, Prozess- und Produktmerkmale, Vorbeugungsmaßnahmen und Lieferanten.

5.5 Verbesserung

Die Organisation muss die Wirksamkeit des QM-Systems durch Einsatz der Qualitätspolitik, Qualitätsziele, Auditergebnisse, Datenanalyse, Korrektur- und Vorbeugungsmaßnahmen sowie Managementbewertung ständig verbessern. Hierzu ist ein Verfahren notwendig, welches die Bewertung aufgetretener Fehler, die Ermittlung von Fehlerursachen und potentiellen Fehlern, die Verhinderung eines neuen bzw. wiederholten Fehlerauftretens, die Ergebnisaufzeichnung und die Bewertung der ergriffenen Vorbeugungs- und Korrekturmaßnahmen ermöglicht.

Als weitere wichtige Aspekte können folgende beiden QS-Themen gesondert herausgestellt werden:

Qualitätskosten

Der Lieferant muss eine durchgehende Registrierung und Aufzeichnung der für die Qualitätssicherung angefallenen Qualitätskosten vornehmen. Dabei ist auch eine Zuordnung der Kosten zu jeweiligen Maßnahmen nötig.

Produktsicherheit und Produkthaftung

Der Lieferant muss Richtlinien erstellen und Vorsorgemaßnahmen treffen, um die Produktsicherheit zu gewährleisten. Des Weiteren sind ausreichende Absicherungen für eine vollständige Produkthaftung vorzusehen.

Die Norm verlangt von einem Lieferanten das Einrichten und Pflegen eines QMS. Im Rahmen des QMS hat die Unternehmensleitung des Lieferanten die Qualitätsstrategie sowie die Aufbau- und Ablauforganisation zur Erfüllung aller der Aufgaben festzulegen, die sich auf die Qualität der Produkte dieses Lieferanten auswirken. Strategie, Aufbau- und Ablauforganisation müssen schriftlich in einem Regelwerk, d.h. in einem Qualitätsmanagementhandbuch (QMH), niedergelegt sein. Die Unternehmensleitung hat dafür zu sorgen und sich davon zu überzeugen, dass bei der Produkterstellung nach diesem Regelwerk vorgegangen wird. Das QMH enthält – strukturiert nach den o.a. 23 Themen – alle Anforderungen an das eingeführte QMS.

> Die ISO-Norm fordert die Erstellung eines QM-Handbuchs

Qualitätsaudits

Qualitätsaudits müssen regelmäßig wiederholt werden

Das Qualitätsaudit dient dem Beurteilen der Einhaltung organisatorischer Festlegungen zur Qualitätssicherung sowie der Wirksamkeit dieser Festlegungen anhand objektiver Nachweise. Man unterscheidet hierbei zwischen *internen* Audits und *externen* Audits.

Internes Audit

Das interne Audit ist ein Qualitätsaudit, das in Organisationseinheiten eines Betriebs für ein Prüfobjekt von Mitarbeitern anderer Organisationseinheiten vorgenommen wird; es soll den objektiven Nachweis bringen, dass nach den gültigen Richtlinien des vorliegenden QMH gearbeitet wird, und vorhandene Schwachstellen aufzeigen. Die Behebung der erkannten Mängel muss terminiert und dokumentiert werden.

Die ISO-Norm schreibt als Teil des QMS die Durchführung solcher unternehmensinterner Audits vor; sie sind daher in regelmäßigen Abständen durchzuführen.

Externes Audit

Ein externes Qualitätsaudit wird in der Regel durch einen neutralen Prüfer einer unternehmensexternen Zertifizierungsstelle vorgenommen. Die Vorgehensweise ähnelt der eines internen Audits mit dem Unterschied, dass der Prüfer die zu auditierenden Projekte stichprobenweise selbst auswählt. Der Schwerpunkt je Projekt liegt dabei auf ebenfalls von dem Auditor ausgewählten Themen der Norm. Die Arbeitsweise im Rahmen der Qualitätssicherung wird von dem Auditor im Gespräch mit Vorgesetzten und Mitarbeitern erfragt; sie muss auf Anforderung stets durch Projektunterlagen, z.B. Pläne, Berichte, Protokolle, belegt werden können. Von Vorgesetzten und Mitarbeitern wird außerdem die Kenntnis der Qualitätsstrategie des Unternehmens, des für die jeweiligen Aufgaben relevanten Teiles des Regelwerks und der Voraussetzungen und Auswirkungen der eigenen Tätigkeit erwartet. Abweichungen und Unkenntnisse werden von den Auditoren für den Auditbericht dokumentiert und bewertet. Gravierende Mängel führen zur Verweigerung des Zertifikats.

Die Erteilung eines ISO-Zertifikats ist zeitlich begrenzt

Das ISO-Zertifikat wird i.Allg. für drei Jahre erteilt. Nach Ablauf dieser Zeit ist durch ein erneutes externes Audit die Ordnungsmäßigkeit des QMS nachzuweisen.

4.4.4 EFQM-Bewertungsmodell

EFQM hat einen Qualitätsmaßstab für Unternehmen in Europa definiert

Zur Würdigung und Auszeichnung der Leistungen von Unternehmen, die sich in ihrer Unternehmensführung besonders für die Förderung der Qualität engagieren, hat die EFQM (European Foundation for Quality Management) 1991 einen Europäischen Qualitätspreis – ähnlich dem Malcom Baldridge Award in den USA – geschaffen; mit diesem „European Quality Award" (EQA) werden sich bewerbende europäische Unternehmen ausgezeichnet, die entsprechend dem EFQM-Bewertungsmodell die höchste Qualitätsbewertung erreichen [http://www.efqm.org].

In dem EFQM-Bewertungsmodell (EFQM Excellence Model) sind Kriterien zur „Messung" der Qualität definiert worden, die die Effizienz des im Unternehmen eingesetzten Qualitätsmanagementsystems (QMS) im Sinne eines „Total Quality Management" (TQM) bewerten.

TQM wird in der ISO 8402 wie folgt definiert: Total Quality Management ist eine auf der Mitwirkung aller ihrer Mitglieder beruhende Führungsmethode einer Organisation, die Qualität in den Mittelpunkt stellt und durch Zufriedenstellung der Kunden auf langfristigen Geschäftserfolg sowie auf Nutzen für die Mitglieder der Organisation und für die Gesellschaft zielt.

TQM als ganzheitliche QS-Methode

TQM ist damit auf die Gesamtheit eines Unternehmens ausgerichtet, d.h. in das Qualitätsmanagement sind sowohl die einzelnen Unternehmensprozesse als auch die Mitarbeiter und Kunden einschließlich aller Interessenpartner eingebunden.

Überarbeitete Grundprinzipien

Seit 2010 gilt ein leicht überarbeitetes EFQM-Modell. Die grundlegenden Konzepte und die acht Grundprinzipien wurden umformuliert:

▷ Ausgewogene Ergebnisse erzielen,
▷ Nutzen für Kunden schaffen,
▷ mit Vision, Inspiration und Integrität führen,
▷ mit Prozessen managen,
▷ durch Mitarbeiter erfolgreich sein,
▷ Innovation und Kreativität fördern,
▷ Partnerschaften aufbauen,
▷ Verantwortung für eine nachhaltige Zukunft übernehmen.

Bewertungsmodell

Das EFQM-Bewertungsmodell gliedert sich in neun Bewertungsbereiche, die in 32 Unterkriterien unterteilt sind und mit unterschiedlicher Gewichtung den Qualitätsmaßstab für ein Unternehmen setzen (siehe Bild 4.25).

Die fünf Kriterien Führung, Politik/Strategie, Mitarbeiter, Partner/Ressourcen und Prozesse bilden die „Befähiger"-Kriterien und befassen sich damit, WIE das Unternehmen im Rahmen seines Qualitätsmanagements bei jedem Unterpunkt eines Kriteriums vorgeht; dagegen bilden die vier Kriterien kundenbezogene Ergebnisse, mitarbeiterbezogene Ergebnisse, gesellschaftsbezogene Ergebnisse und wichtige Ergebnisse der Organisation die „Ergebnisse"-Kriterien und betrachten, WAS das Unternehmen mit seinen QM-Aktivitäten erreicht hat bzw. gegenwärtig erreicht. Zu den Unterpunkten der Befähiger-Kriterien sind Angaben über die Exzellenz des Vorgehens und das Ausmaß der Umsetzung des Vorgehens sowohl vertikal, d.h. quer durch alle Ebenen des Unternehmens, als auch horizontal, in allen Bereichen und Tätigkeiten zu machen. Für die Ergebnis-Kriterien sind Trend-Informationen zu den Leistungen und Ergebnissen des eigenen Unternehmens und denen der Konkurrenten sowie zu den eigenen Zielen anzugeben.

4 Projektkontrolle

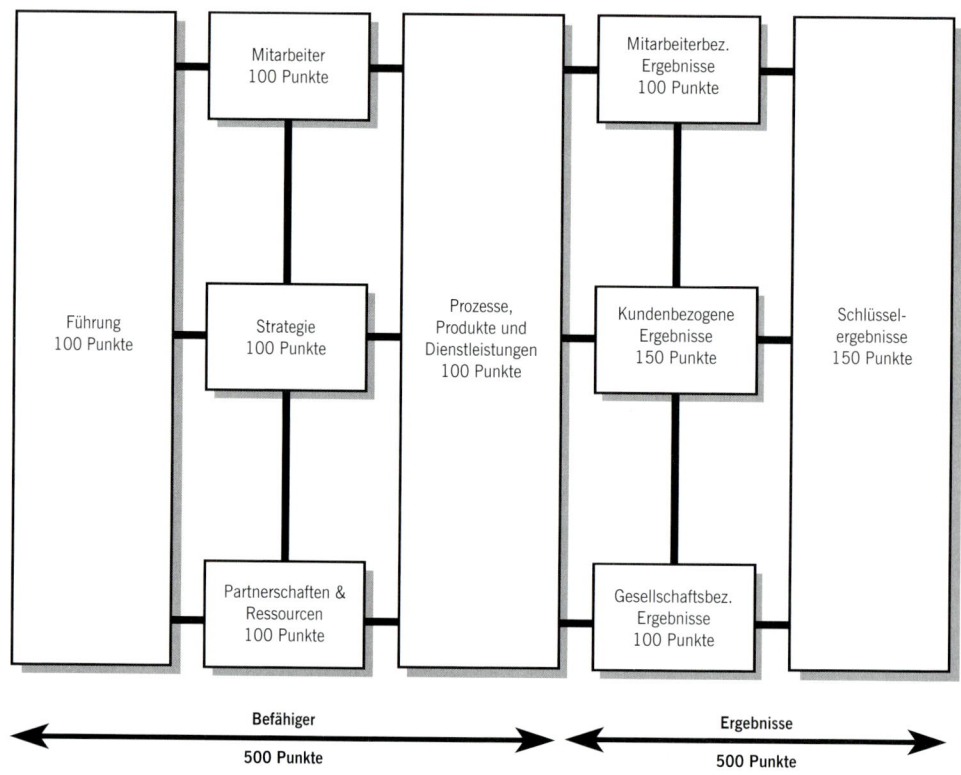

Bild 4.25 EFQM-Bewertungsmodell

BEFÄHIGER-Kriterien

Kriterium 1: Führung (Leadership)

Bei diesem Bewertungskriterium wird die Frage gestellt, wie Führungskräfte die Mission und die Vision erarbeiten und deren Erreichen fördern, die für den langfristigen Erfolg erforderlichen Werte erarbeiten und diese durch entsprechende Massnahmen und Verhaltensweisen einführen und durch persönliche Mitwirkung sicherstellen, dass das Managementsystem des Unternehmens entwickelt und eingeführt wird.

Kriterium 2: Strategie (Strategy)

Hier steht die Frage im Vordergrund, wie die Organisation ihre Mission und Vision durch eine klare, auf die Interessengruppen ausgerichtete Strategie einführt und diese durch entsprechende Politik, Pläne, Ziele, Teilziele und Prozesse unterstützt wird.

Kriterium 3: Mitarbeiter (People)

Hier wird der Umgang des Unternehmens mit seinen Mitarbeitern betrachtet, d.h. wie die Organisation das Wissen und das gesavmte Potential seiner Mitarbeiter auf individueller, teamorientierter und organisationsweiter Ebene managt, entwickelt und freisetzt und wie sie diese Aktivitäten plant, um ihre Politik und Strategie und das effektive Funktionieren ihrer Prozesse zu unterstützen.

Kriterium 4: Partnerschaften und Ressourcen
(Partnerships and Resources)

Bei diesem Bewertungskriterium wird betrachtet, wie die Organisation ihre unternehmensexternen Partnerschaften und internen Ressourcen plant und managt, um ihre Politik und Strategie und das effektive Funktionieren ihrer Prozesse zu unterstützen.

Kriterium 5: Prozesse, Produkte und Dienstleistungen
(Processes, Product and Services)

Bei diesem Kriterium wird bewertet, wie die Organisation ihre Prozesse gestaltet, managt und verbessert, um ihre Politik und Strategie zu unterstützen und ihre Kunden und andere Interessengruppen vollumfänglich zufriedenzustellen und die Wertschöpfung für diese zu steigern.

Kriterium 6: Mitarbeiterbezogene Ergebnisse (People Results)

Hier wird betrachtet, was das Unternehmen im Hinblick auf seine Mitarbeiter erreicht. Ansatzpunkte sind in den Bereichen Motivation (Aufstiegsmöglichkeiten, Mitwirkung, Anerkennung etc.) und Zufriedenheit (Zufriedenheit mit der Unternehmensführung, der Entlohnung, des Betriebsklimas etc.) zu sehen. Auch hier stehen die Beurteilung durch die Mitarbeiter und die Anwendung von Messgrößen im Vordergrund.

ERGEBNISSE-Kriterien

Kriterium 7: Kundenbezogene Ergebnisse (Customer Results)

Bei diesem Kriterium wird untersucht, welche kundenbezogenen Ergebnisse mit den Leistungen des Unternehmens erreicht wurden. Ansatzpunkte ergeben sich hierbei einerseits durch die Beurteilung durch die Kunden selbst sowie andererseits durch die Anwendung von Messgrößen zu Aspekten wie allgemeines Image, Loyalität, Produkte und Dienstleistungen, Verkaufs- und Serviceleistungen.

Kriterium 8: Gesellschaftsbezogene Ergebnisse (Society Results)

Bei diesem Kriterium wird betrachtet, was die Organisation in Bezug auf die lokale, nationale und internationale Gesellschaft, sofern angemessen, leistet. Ansatzpunkte sind hier z.B. das Verhalten als verantwortungsbewusster „Mitbürger", die Mitwirkung in der Gemeinschaft des Standorts, Maßnahmen zur Vermeidung von Belästigungen und Schäden infolge der Geschäftstätigkeit sowie Maßnahmen zur Schonung von Ressourcen.

Kriterium 9: Schlüsselergebnisse (Key Results)

Bei diesem Kriterium wird betrachtet, was die Organisation in Bezug auf ihre geplanten Leistungen erreicht. Messgrößen für die finanziellen und nichtfinanziellen Ergebnisse des Unternehmens sind z.B. Aktienpreis, Umsatz, Reingewinn, Marktanteil etc. Weitere leistungsbezogene Indikatoren könnten gebildet werden für den Fertigungsbereich, für das Informationsmanagement, für das Lieferanten- und Materialwesen, für die Vermögensverwaltung oder für die Technologieförderung.

Dem EFQM-Bewertungsmodell unterliegt ein logisches Konzept, welches mit RADAR bezeichnet wird (R = Results, A = Approach, D = Deployment, A = Assessment und R = Review). Dieses Konzept besagt, dass ein Unternehmen die zu erreichenden Ergebnisse (Results) bestimmen muss, fundierte Vorgehensweisen (Approach) zum Erreichen dieser Ergebnisse planen muss, deren Umsetzung (Deployment) gewährleisten muss und deren Bewertung und Überprüfung (Assessment and Review) veranlassen muss.

Durchführung der Bewertung:

Die Bewertungskriterien von EFQM sind unterschiedlich in ihrer Wertigkeit

Wie in Bild 4.25 zu erkennen ist, werden den einzelnen Bewertungskriterien gemäß ihrem jeweiligen Erfüllungsgrad Punkte zugeteilt; wobei für die Befähiger-Kriterien insgesamt max. 500 Punkte und für die Ergebnisse-Kriterien ebenfalls max. 500 Punkte vergeben werden können, insgesamt also 1000 Punkte.

Das unterschiedliche Punktekontingent der einzelnen Kriterien bestimmt deren Wichtigkeit. So wird also den kundenbezogenen Ergebnissen mit max. 150 Punkten die größte Bedeutung beigemessen, demgegenüber ist das Kriterium Strategie mit maximal 100 Punkten von geringerer Bedeutung, wenngleich seine Bedeutung höher bewertet wird als früher.

Zur Unterstützung bei der Bewertung eines Kriteriums stehen Bewertungstabellen (Scoring Guideline) zur Verfügung; aus diesen kann man entnehmen, welche inhaltlichen Voraussetzungen gegeben sein müssen, damit für ein betrachtetes Kriterium ein bestimmter Erfüllungsgrad, d.h. Prozentwert anzusetzen ist. Bei der offiziellen Punktebewertung für den EQA wird die *RADAR-Bewertungsmatrix* als Beurteilungsmethode verwendet, deren Gewichtungen in einem breit angelegten Abstimmungsprozess für ganz Europa festgelegt wurden.

Die Bewertung wird im Allgemeinen durch speziell ausgebildete Assessoren und/oder einem Team von einzelnen Bewertern durchgeführt. Nehmen mehrere Personen getrennte Bewertungen vor, so werden diese Bewertungen in einem *Konsensgespräch* gemittelt.

Selbstbewertung (Self Assessment)

Eine Selbstbewertung nach EFQM ist Voraussetzung für eine Bewerbung um den EQA

Eine EFQM-Bewertung kann auch unternehmensintern durch eigene entsprechend qualifizierte Kräfte im Rahmen eines „Self Assessment" durchgeführt werden. Dazu wird eine Ist-Aufnahme des Unternehmens durchgeführt, die den Stand der Qualität an den EFQM-Kriterien misst und eventuelle Defizite aufzeigt.

Das wichtigste Element einer Selbstbewertung ist das Herausarbeiten der Stärken und Schwächen in den durch das EFQM-Modell angesprochenen Geschäftsprozessen und den daraus abgeleiteten Korrektur- und Verbesserungsmaßnahmen. EFQM zur Selbstbewertung ist damit eine Analysemethode, um herauszufinden, wo ein Unternehmen steht, inwieweit es seine Ziele erreicht hat, wo seine Stärken liegen und was noch verbessert werden muss. Bei einer Bewerbung um den EQA werden derartige Selbstbewertungen durch die EFQM-Assessoren zur weiteren Analyse und Bewertung herangezogen.

Der Aufwand für die Durchführung einer regelmäßigen Selbstbewertung ist nicht unerheblich; die erreichbaren Leistungssteigerungen durch die abgeleiteten Verbesserungen für die Geschäftsprozesse des Unternehmens wiegen diesen investierten Aufwand aber meistens voll auf. Für eine Bewerbung um den europäischen Qualitätspreis EQA ist die erfolgreiche Durchführung von solchen Selbstbewertungen unbedingte Voraussetzung.

Es bieten sich mehrere Methoden der Selbstbewertung an, die sich in dem zu erbringenden Arbeitsaufwand, der Gesamtdauer und dem Ergebnis unterscheiden:

▷ Selbstbewertung mittels Simulation einer Bewerbung um den EQA,
▷ Selbstbewertung mittels Standardformularen,
▷ Selbstbewertung mittels Matrixdiagrammen,
▷ Selbstbewertung in einem Workshop,
▷ Selbstbewertung mit Fragebögen oder
▷ Selbstbewertung unter Einbezug von Kollegen.

Bewerbung um den EQA

Ein Unternehmen, welches sich um den Qualitätspreis EQA bewirbt, muss eine schriftliche Ausarbeitung (max. 75 Seiten) einreichen, welche u.a. eine Selbstbeurteilung nach den neun Kriterien des EFQM-Modells beinhaltet. Dieses Bewerbungsdokument wird der EFQM vor dem offiziellen Abgabetermin (gegen Ende März jeden Jahres) übergeben.

EQA ist der europäische Qualitätspreis

Die Bewertung, d.h. die Prozentvergabe wird von Managern und Qualitätsexperten aus ganz Europa, die durch die EFQM entsprechend ausgebildet worden sind, vorgenommen. Es werden Teams von ca. sechs Assessoren gebildet, wobei sehr darauf geachtet wird, dass keine Interessenkonflikte zwischen den Assessoren und der einem bestimmten Team zugewiesenen Bewerbung auftreten. Innerhalb von 2 bis 3 Wochen wird die Bewerbung nach dem EFQM-Modell bewertet; die Assessoren berücksichtigen das Vorgehen des Bewerbers bei jedem Kriterium im Hinblick auf Stärken und Verbesserungspotentiale und vergeben schließlich eine Prozentpunktezahl. Während einer eintägigen Sitzung wird eine Team- und Konsens-Sichtweise bezüglich der Bewertung erarbeitet. Basierend auf dieser Konsens-Sichtweise entscheidet ein weiteres Team von sieben *Juroren* über die Besten unter den Bewerbern, den *Finalisten*. Die Juroren sind herausragende Persönlichkeiten aus allen Bereichen der europäischen Wirtschaft: ehemalige Generaldirektoren, Vorstandsdirektoren, Abteilungsleiter und Wirtschaftsprofessoren.

Drei Rangstufen
- Finalist
- Qualitätsauszeichnung
- Award

Bei den Finalisten unter den Bewerbern erfolgt dann ein Vor-Ort-Besuch, bei dem geprüft wird, ob die Arbeitsvorgänge und deren Umsetzung innerhalb des Unternehmens mit dem Bewerbungsdokument übereinstimmt. Zudem will man die „Atmosphäre" in dem Unternehmen kennenlernen; dies ist von großer Bedeutung, falls diese Organisation als künftiger Modellbetrieb angesehen werden soll. Nach Abschluss des Vor-Ort-Besuchs erstellt das Team einen Abschlussbericht, auf dessen Basis die Juroren die endgültige Entscheidung treffen, wem eine Europäische Qualitätsauszeichnung (Prize) vergeben werden soll. Der Beste unter diesen erhält dann den Europäischen Qualitätspreis (EQA); man unterscheidet also drei „Rangstufen" der Auszeichnung: *Finalist*, *Qualitätsauszeichnung* und *Award*.

Jeder Bewerber erhält einen „Feedback-Bericht", der die vom Team identifizierten Stärken und Verbesserungspotentiale priorisiert auflistet. Dieser Bericht ist für das jeweilige Unternehmen ein wertvoller Beitrag für anstehende Verbesserungsmaßnahmen, da er uneigennützig und von unabhängiger Seite erstellt worden ist.

4.4.5 Qualitätskosten

Exakt erfasste Qualitätskosten sind eine wichtige Grundlage für eine Schwachstellenanalyse

Die Qualitätskosten werden in Fehlerverhütungskosten, Prüfkosten sowie Fehler- und Ausfallkosten unterteilt. Bild 4.26 zeigt den typischen Verlauf der einzelnen Qualitätskosten, bezogen auf den Vollkommenheitsgrad eines Produkts.

Je mehr in die Fehlerverhütung investiert wird, desto geringer fallen die (späteren) Fehler- und Ausfallkosten aus. Wegen ihres gegenläufigen Kostenverlaufs ergibt sich ein Minimum in den Gesamtkosten.

Qualitätskosten =
Fehlerverhütungskosten
+ Prüfkosten
+ Fehler-/Ausfallkosten

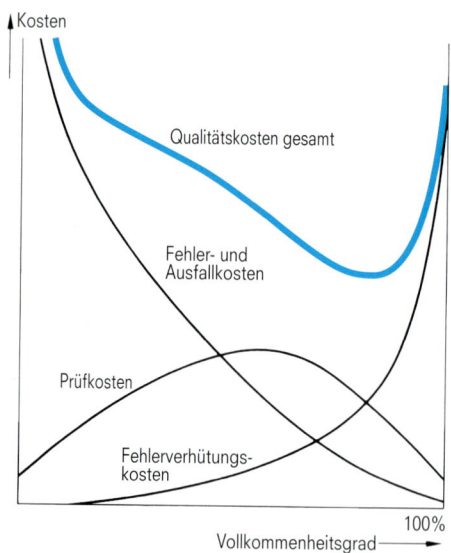

Bild 4.26 Aufteilung und Verlauf der Qualitätskosten

4.4 Qualitätssicherung

Fehlerverhütungskosten

Unter Fehlerverhütungskosten fallen alle *fehlerverhütenden* und *vorbeugenden* Maßnahmen zur Sicherung der Produktqualität. Die Kosten entstehen im gesamten Betrieb, angefangen von der Entwicklung über Fertigung und Vertrieb bis hin zur Inbetriebnahme. Folgende Kostenelemente können der Fehlerverhütung üblicherweise zugeordnet werden:

▷ Qualitätsplanung,
▷ Qualitätslenkung,
▷ Reviews von Dokumenten,
▷ Prüfplanung,
▷ Lieferantenbeurteilung,
▷ Erstellung technischer Liefer- und Abnahmebedingungen,
▷ Qualitäts-Audits,
▷ Qualitätsvergleiche mit Wettbewerbern,
▷ Maßnahmen zur Qualitätsförderung.

QS-Aufwendungen für Fehlerverhütung

Prüfkosten

Prüfkosten fallen beim *Durchführen von Qualitätsprüfungen* an Produkten an. Im Fertigungsbereich ist diese Zuordnung weitgehend eindeutig, anders ist dies in der Entwicklung. Hier herrscht z.T. Unsicherheit, inwieweit das Testen von HW-Prototypen oder von Software zu den Prüfkosten und damit zu den Qualitätskosten zu rechnen ist. Alle Tests, die vor dem Systemtest durchgeführt werden, zählen eigentlich nicht zu den Qualitätskosten. Den Prüfkosten sind somit folgende Kostenelemente zuzuordnen:

▷ Systemtests,
▷ Akzeptanztests,
▷ Wareneingangsprüfungen,
▷ Fertigungsprüfungen,
▷ Kundenabnahmeprüfungen,
▷ Qualitätsgutachten,
▷ Mess- und Prüfmittelkosten,
▷ Dauer-, Last- und Wärmetests.

QS-Aufwendungen für Qualitätsprüfungen

Fehler- und Ausfallkosten

Fehler- und Ausfallkosten entstehen durch Aufwendungen für das *Beseitigen von Fehlern*, für *Gewährleistungen* und *Erlösschmälerungen*. Neben den Aufwendungen in Entwicklung und Fertigung gehören dazu auch die zuordenbaren Aufwendungen in Vertrieb und Service. Zu den Fehler- und Ausfallkosten sind folgende Kostenelemente zu rechnen:

▷ Fehlerbeseitigungen mit Beginn der Systemtestphase,
▷ Fehleranalysen,
▷ Einbringen von Korrekturversionen,
▷ Wiederholungsprüfungen,
▷ Gewährleistungskosten,
▷ Ausschusskosten,

QS-Aufwendungen für Fehlerbeseitigung

▷ Nacharbeitskosten,
▷ Verwürfe,
▷ qualitätsbedingte Produktionsausfallzeiten.

Bei den Fehlerbeseitigungskosten muss noch unterschieden werden zwischen der Fehlerbehebung *vor* Auslieferung und der Fehlerbehebung *nach* Auslieferung.

4.5 Projektdokumentation

Voraussetzung für ein zielorientiertes Nutzen der Projektdokumentation ist eine praktikable *Dokumentationsordnung*. Neben dem Führen eines *Projekttagebuchs* bieten sich hierbei für den Aufbau von *Projektakten* – je nach Projektgröße und Einsatzbreite der Dokumentation – sehr unterschiedliche Ordnungsschemata an.

4.5.1 Entwicklungsdokumentation

Entwicklungsdokumentation = Produktdokumentation plus Projektdokumentation

Das Ergebnis einer Entwicklung umfasst neben dem Erstellen von Prinzipmustern, Funktionsmustern und Prototypen auf der HW-Seite sowie von fertig ausgetesteten Programmen und Modulen auf der SW-Seite auch das Dokumentieren dieser Entwicklungsobjekte. Hierbei ist zu unterscheiden zwischen der *Produkt*dokumentation und der *Projekt*dokumentation.

Produktdokumentation

Die Produktdokumentation präsentiert die gesamten Arbeitsergebnisse einer Entwicklung

Die Produktdokumentation enthält alle technischen Unterlagen des herzustellenden Produkts, die zur Entwicklung und Fertigung sowie zum Einsatz und zur Betreuung des Erzeugnisses notwendig sind. Bei den technischen Unterlagen kann unterschieden werden, ob sie mehr *definierenden* oder mehr *beschreibenden* Charakter haben. Definierende technische Unterlagen dokumentieren das noch nicht existente Erzeugnis; hierzu zählen z.B. alle Entwicklungsunterlagen, die mit CAD-Verfahren erstellt worden sind. Beschreibende technische Unterlagen dokumentieren dagegen das mehr oder weniger bereits existente Erzeugnis. Zur Produktdokumentation gehören Pflichtenhefte, Leistungsbeschreibungen, Spezifikationen, Programmlistings, Stromlaufpläne, Prüfunterlagen, Bauunterlagen, Arbeitsanweisungen, Bedienungsanleitungen und ähnliche von der Entwicklung erstellte Unterlagen.

Projektdokumentation

Die Projektdokumentation spiegelt das gesamte Projektgeschehen wider

Zur Projektdokumentation gehören demgegenüber Unterlagen für die Projektdefinition, für die Projektplanung, für die Projektkontrolle sowie für den Projektabschluss – also Unterlagen, die mehr das Projektgeschehen und den Projektablauf als das zu entwickelnde Produkt beschreiben. Wie in Bild 4.27 angedeutet, umfasst die Projektdokumentation alle erstellten Projektpläne und Projektberichte.

4.5 Projektdokumentation

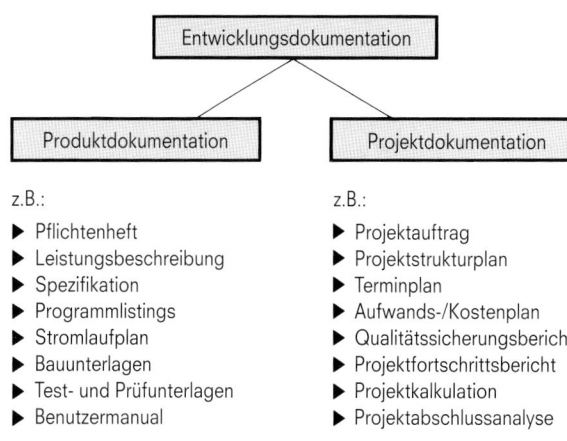

Bild 4.27 Entwicklungsdokumentation

Dokumentationsnormen

Für die Entwicklungsdokumentation, besonders für den SW-Entwicklungsbereich hat der Normenausschuss Informationsverarbeitung (NI) im DIN bereits einige Dokumentationsnormen verabschiedet und herausgebracht. Hierzu zählen:

DIN legt Dokumentationsnormen fest

DIN 66230	Programmdokumentation
DIN 66231	Programmentwicklungsdokumentation
DIN 66232	Datendokumentation
DIN 6789	Dokumentationssystematik, Aufbau Technischer Erzeugnis-Dokumentationen.

DIN 66230 [61] beschreibt den Inhalt der Dokumentation von SW-Programmen. In sehr ausführlicher Form werden hier die einzelnen Positionen einer Programmdokumentation definiert und durch Beispiele erläutert. Die Programmdokumentation nach dieser Norm entspricht damit einer vollständigen SW-*Produkt*dokumentation.

Demgegenüber enthält die in DIN 66231 [62] beschriebene Programmentwicklungsdokumentation auch Teile aus einer *Projekt*dokumentation. In dieser Norm werden Aufbau und Inhalt der einzelnen Bestandteile einer Programmentwicklungsdokumentation aufgezeigt.

DIN 66232 [63] beschreibt den Aufbau und Inhalt einer Datendokumentation in Ergänzung zu den beiden vorstehenden Normen.

DIN 6789 [64] hat das Ziel, den formalen Aufbau technischer Dokumentationen für Erzeugnisse zu vereinheitlichen. Darin werden die einzelnen Teile einer Erzeugnisdokumentation definiert und ausführlich erläutert.

Die einzelnen Bestandteile einer Projektdokumentation können nach mehreren Gesichtspunkten geordnet werden. So bietet sich für die freie Beschreibung des Projektgeschehens das Führen eines „Projekttagebuchs" an; andererseits sind für die mehr formale Beschreibung in Form einer „Projektakte" zwei grundsätzlich verschiedene Ordnungsprinzipien möglich, die *hierarchische* Ordnung sowie die *Auswahl*ordnung. Bei einem hierarchischen Ordnungsschema kann das Nummernsystem entweder frei gewählt werden oder fest vorgegeben sein.

4.5.2 Projektakte

Kein Projekt ohne Projektakte!

Die Projektakte nimmt alle Projektpläne und Projektberichte in ihrem jeweils aktuellen Stand gemäß einem festen Ordnungsschema auf. Hierbei kann die Projektakte in Form von Büroordnern vorliegen oder als Datenbank auf einem PC bzw. Server gespeichert sein. Nicht die Aufbewahrungsform ist ausschlaggebend, sondern das klar vorgegebene Ordnungsschema, nach dem die einzelnen Projektdokumente eindeutig abgelegt und schnell wiederauffindbar gemacht werden können. Natürlich ist auch die leichte Reproduzierbarkeit abgelegter bzw. abgespeicherter Projektdokumente sehr wichtig.

Für das Festlegen eines Ordnungsschemas gibt es zwei Vorgehensweisen: Entweder wird das Nummernsystem für die Dokumentationsordnung projektspezifisch frei gewählt oder es ist ein (hierarchisch aufgebautes) Nummernsystem vorgegeben, in das die Dokumente einzuordnen sind.

Bei einer fest vorgegebenen Dokumentationsstruktur sind die einzelnen Kapitel bzw. Register *vorab* – häufig in einer eigenen Dokumentationsrichtlinie – festgelegt und dabei auf einen theoretisch möglichen Maximalausbau ausgerichtet.

Hierbei kommt es natürlich vor, dass ein Register ($\triangleq$ Klassifikationsnummer) keine Dokumente enthält und leer bleibt. Durch den Maximalanspruch kann ein solches Nummerngebäude leicht überladen und damit unübersichtlich werden, da viele Nummern wegen des Ordnungsprinzips „mitgeschleppt" werden müssen.

Dokumentations-richtlinien sichern die Vollständigkeit einer Dokumentation

Die wesentlichen Vorteile einer fest vorgegebenen Dokumentationsstruktur sind einerseits die Möglichkeit der *unmittelbaren Anwendung* – irgendein zusätzlicher Anpassungsaufwand ist also nicht notwendig – und andererseits die Gewähr der *Vollständigkeit* in der Dokumentation. In Entwicklungsbereichen mit vielen gleichartigen und gleichgroßen Projekten ist daher eine solche Dokumentationsstruktur empfehlenswert, da bei einer gleichförmigen Projektewelt nur vereinzelt überflüssige Kapitalnummern mitgeschleppt werden müssen.

Häufig bietet es sich an, das Nummernsystem projektbezogen zu wählen, d.h., projektspezifisch nur die wirklich benötigten Dokumentationskapitel zu definieren und dann in eine eigene hierarchische Ordnung zu bringen. Für diese Vorgehensweise ist in Bild 4.28 ein Beispiel wiedergegeben.

4.5 Projektdokumentation

```
1     Projektdefinition                        3     Projektkontrolle
1.1   Projektsteckbrief                        3.1   Aufwands- und Kostenüberwachung
1.2   Produktblatt                             3.2   Terminüberwachung
1.3   Projektorganisation                      3.3   Qualitätsüberwachung
1.4   Antragsunterlagen
      1.4.1  Projektauftrag                    4     Projektdurchführung
      1.4.2  Aufwandsschätzung                 4.1   Projektberichte
      1.4.3  Wirtschaftlichkeitsnachweis             4.1.1  Monatsberichte
      1.4.4  Änderungsanträge                       4.1.2  Projektstatusberichte
1.5   Entscheidungsunterlagen                        4.1.3  Inspektions-/Testberichte
      1.5.1  EI-Präsentationsunterlagen        4.2   Aufgabenbeschreibungen
      1.5.2  EI-Protokolle                           4.2.1  Mitarbeiterbezogene Aufgabenbeschreibungen
      1.5.3  Prioritätenliste                        4.2.2  Unteraufträge
                                               4.3   Projektunterlagen
2     Projektplanung                                 4.3.1  Präsentationsunterlagen
2.1   Arbeitspaketplanung                            4.3.2  Aufwandserfassungsbelege
      2.1.1  Projektstrukturplan                     4.3.3  Rechnungen
      2.1.2  Arbeitspaketbeschreibung                4.3.4  Projekttagebuch
      2.1.3  Phasen-/Meilensteinplanung              4.3.5  Bibliotheksverzeichnis
2.2   Terminplanung                                  4.3.6  Verteilerkreise
2.3   Kostenplanung                            4.4   Schriftwechsel
      2.3.1  Kostenstruktur                          4.4.1  Entscheidungsinstanz
      2.3.2  Kostenverteilung                        4.4.2  Beraterausschuss
2.4   Personalplanung                                4.4.3  Anwender
      2.4.1  Mitarbeitereinsatzplanung               4.4.4  Sonstiger Schriftwechsel
      2.4.2  Aus- und Weiterbildung
2.5   Betriebsmittelplanung                    5     Projektabschluss
      2.5.1  Investitionen                    5.1   Abnahme
      2.5.2  Test-/Prüfanlagen                       5.1.1  Freigabemitteilung
      2.5.3  Eingesetzte Werkzeuge/Verfahren         5.1.2  Betreuungsvereinbarung
      2.5.4  Richtlinien/Auflagen             5.2   Abweichungsanalyse
2.6   Qualitätsplanung                         5.3   Erfahrungsdaten
2.7   Krisenplanung                            5.4   Projektauflösung
```

Bild 4.28 Dokumentationstruktur (Beispiel)

Projekttagebuch

Bei vielen durchgeführten Projekten hat es sich als sehr vorteilhaft erwiesen, das gesamte Projektgeschehen in einem „Projekttagebuch" festzuhalten. Hierbei ist das Aufschreiben relevanter Projektereignisse an keine äußere Form gebunden.

Ein Projekttagebuch sollte als „Logbuch" geführt werden

Die Eintragungen in das Projekttagebuch geschehen handschriftlich. Es sollte alles, was für das Projekt irgendwie erwähnenswert ist, enthalten. Das Projekttagebuch hat die Funktion eines „Projektlogbuchs".

Im Wesentlichen sollte eine Eintragung enthalten:

▷ Thema bzw. Ereignis als Stichwort und Überschrift,
▷ Datum (mit Wochentag),
▷ Uhrzeit (falls sinnvoll),
▷ Ortsangabe (falls sinnvoll),
▷ Namen von Beteiligten,
▷ ausführliche Beschreibung sowie
▷ eventuell Skizzen.

Das Projekttagebuch muss aber auch einige formale Grundvoraussetzungen erfüllen: So sollte es gebunden (als Buch) vorliegen, um das Herausnehmen oder spätere Einfügen von Seiten zu verhindern. Zusätzlich bietet es sich an, die Seiten durchzunummerieren. Das Projekttagebuch soll also „nicht löschbare" Informationen enthalten, auch wenn sie sich später als wenig relevant, nicht aussagekräftig oder sogar unzutreffend erweisen sollten.

Vieles, was zwischen Auftraggeber und Auftragnehmer abgesprochen werden muss und seinen Niederschlag nicht in irgendwelchen formalen Projektdokumenten und Protokollen findet, kann man in einem derartigen Projekttagebuch aufnehmen. Wenn später Unklarheiten oder Missverständnisse beim Beurteilen bestimmter Projektgegebenheiten auftreten, so kann das Projekttagebuch eine gute Unterstützung bieten beim Klären früher gemachter Vereinbarungen, die z.B. nur mündlich und telefonisch getroffen worden sind.

4.5.3 PM-Berichtswesen

PM-Berichtswesen = Informationsmanagement im Projekt

Das PM-Berichtswesen regelt und sichert den nutzungsgerechten Informationsfluss während der gesamten Projektdurchführung; in diesen sind alle Projektbeteiligten gemäß ihrer individuellen Informationsbedürfnisse einzubeziehen. Dieses Informationsmanagement muss damit

▷ Informationswege aufzeigen,
▷ Informationsbedürfnisse feststellen und
▷ Berichtszeiträume bestimmen.

Informationswege

Es gibt interne und externe Projektbeteiligte, die als Informationsempfänger auf jeweils unterschiedliche Art an den Projektinformationen partizipieren wollen.

Zu den *projektinternen* Informationsempfängern gehören die Projektleitung und die Projektmitarbeiter, wobei die Letzteren nicht nur über ihren eigenen Projektausschnitt, sondern auch über den Gesamtprojektstand informiert werden sollten.

Den *projektexternen* Projektbeteiligten gegenüber besteht eine besondere Informationspflicht, da einerseits beim Auftraggeber und bei der Bereichsleitung die endgültige Projektentscheidung liegt und andererseits die Partner und Unterauftragnehmer sowie die zentralen Dienstleistungsstellen nur aufgrund ausreichender Information dem Projekt effizient zuarbeiten können.

Informationsbedürfnisse

Die Projektbeteiligten haben unterschiedliches Informationsbedürfnis

Das Informationsbedürfnis der Empfänger unterscheidet sich entsprechend ihrer Funktion im Projekt ganz erheblich voneinander, und zwar in der Detaillierung, Vollständigkeit, Aktualität, Häufigkeit und Darstellungsform.

4.5 Projektdokumentation

Zu Projektbeginn muss für ein PM-Berichtswesen das jeweilige Informationsbedürfnis in einem *Berichtsplan* untersucht und festgelegt werden. Hierbei sind folgende Fragen zu klären:

▷ Wer benötigt Informationen?
▷ Welche Informationen werden benötigt?
▷ Wann werden diese benötigt?

Anhand eines solchen Berichtsplans wird festgehalten, wer welche Projektberichte in welcher Zeitfolge erhalten soll. Ein Berichtsplan muss allerdings, wie jeder andere Verteilerkreis auch, regelmäßig aktualisiert werden. Das Informationsbedürfnis der einzelnen Projektbeteiligten kann einem Wandel während der Projektabläufe unterliegen, sowohl hinsichtlich der Berichtsart als auch der Berichtszeiträume.

Im Rahmen eines offiziellen PM-Berichtswesens hat es sich als vorteilhaft gezeigt, zur Information der Bereichsleitung fest vorgegebene Projektzusammenfassungen zu erstellen. Ein solches „Standardpaket" von Projektberichten kann z.B. folgende Berichtsteile umfassen:

Projektberichtszusammenfassung

▷ Monatsbericht(e)
▷ Personalstand und -veränderungen
▷ Teilprojektliste
▷ Projektorganigramm
▷ Terminliste
▷ Plan/Ist-Vergleich für Aufwand/Kosten
▷ Trendanalysen
▷ Qualitätsbericht
▷ Zulieferungsplan
▷ Einsatzmittelplan
▷ Abweichungsanalyse.

Dadurch, dass die Bereichsleitung eine immer wiederkehrende, gleiche Zusammenstellung definierter Projektberichte erhält, wird eine erstrebenswerte Kontinuität in der Berichterstattung erreicht. Der Informationsnutzer kann sich in die (immer gleiche) Form und Struktur der unterschiedlichen Projektberichte mit der Zeit so gut einlesen, dass dann projektkritische Teile kaum mehr übersehen werden.

PM-Intranet-Portal

Für eine allumfassende Projektberichterstattung bietet sich im besonderen Maße auch der Einsatz eines „PM-Intranet-Portals" innerhalb eines unternehmensweiten Intranets an. Über solch ein *Informationsportal* erhalten die Projektbeteiligten aller Hierarchieebenen – von der höchsten Management-Ebene bis hin zur untersten Ebene der einzelnen Sachbearbeiter – vollständigen Zugang zu den für ihren jeweiligen Aufgaben- und Verantwortungsbereich notwendigen Informationen.

Intranet-Portal als unternehmensweite Informationsdrehscheibe

Dabei können mittels entsprechender Befugnisse und Einteilung in Nutzerklassen unterschiedliche Funktions- und Informationsbereiche abhängig von den vorhandenen hierarchischen Organisationsstrukturen abgedeckt werden; folgende sind denkbar:

- Regeln/Vorgaben des Entwicklungshandbuchs
- Eingabe/Pflege der Projektstammdaten
- Projektpläne
- Projektübersichten, -berichte
- Eingabe/Pflege/Auskunft Projektdatenbank
- Eingabe/Kontrolle der Stundenkontierungen
- Bestellungen
- Aufstellung der Telefon-/PC-Kosten
- Eingabe/Recherche Skills-Datenbank
- Personalbörse (freie Stellen)
- Reiseanmeldungen, -abrechnungen
- Urlaubsanmeldungen
- Ausgabe von Formularen
- Rundschreiben, Bekanntmachungen.

Eine Intranet-gestützte Projektberichterstattung ist damit ein wichtiger Beitrag zu einem effizienten und flexiblen Wissensmanagement in einem projektorientierten Unternehmen.

4.5.4 Projektberichte

Projektberichte dokumentieren den Projektstatus

Erst mit dem vollständigen Dokumentieren des gesamten Projektgeschehens kann die Projektleitung das Projekt im Sinn einer optimalen Zielerreichung planen, kontrollieren und steuern. Entsprechend den beiden großen Abschnitten in einem Entwicklungsprojekt, Projektplanung und Projektkontrolle, werden die zugehörigen Projektunterlagen in *Projektpläne* und *Projektberichte* unterschieden.

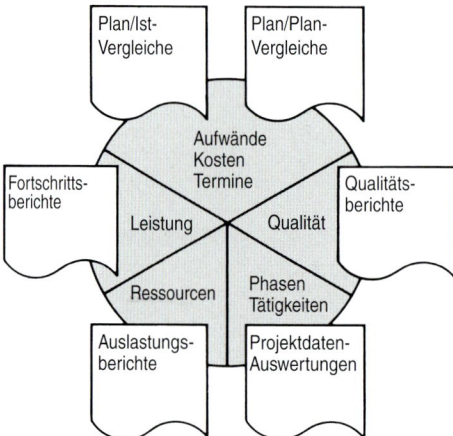

Bild 4.29 Arten von Projektberichten

Im Gegensatz zu den Projektplänen, für die sich teilweise schon allgemeingültige Bezeichnungen und Ausprägungen durchgesetzt haben (siehe Kapitel 3.7), existieren für die Projektberichte zahlreiche Erscheinungsbilder mit beliebigen Aggregierungsstufen der angefallenen Projektdaten. Es ist aber, wie in Bild 4.29 dargestellt, eine gewisse Systematik entsprechend ihren hauptsächlichen Betrachtungsgrößen möglich.

Plan/Ist-Vergleiche

Plan/Ist-Vergleiche als *Statusberichte* sind sicher die wichtigsten Projektunterlagen zur Projektkontrolle. Plan/Ist-Vergleiche beziehen sich auf alle messbaren Projektdaten, im Wesentlichen aber auf:

▷ Termine   (Terminberichte),
▷ Aufwände   (Aufwandsberichte) und
▷ Kosten   (Kostenberichte).

Statusberichte sind wichtig zur Projektkontrolle

Wie im Kapitel 4.2.4 erläutert, kann man den Plan/Ist-Vergleich

▷ absolut,
▷ linear,
▷ aufwandskorreliert oder
▷ plankorrigiert

durchführen. Beim *absoluten* Vergleich werden die anfallenden Istwerte dem Gesamtplanwert, bei den anderen Vergleichsarten dagegen jeweils anteiligen Planwerten gegenübergestellt. Hierbei ergeben sich die anteiligen Planwerte beim *linearen* Vergleich aus der linearen Aufteilung des Gesamtplanwerts auf die Projektlaufzeit; beim *aufwandskorrelierten* Vergleich werden die anteiligen Plankosten gemäß der zeitlichen Verteilung des Planaufwands angenommen; beim *plankorrigierten* Vergleich schließlich sind regelmäßig in festen Abständen Restaufwands- und -kostenschätzungen für das Festlegen des anteiligen Plans notwendig.

Plan/Plan-Vergleiche (Trendanalysen)

Plan/Plan-Vergleiche dienen einer *Trendanalyse* ausgewählter Projektparameter, bei der die im Projektverlauf abgegebenen Plankorrekturen in einer transparenten (meist grafischen) Darstellung aufgezeigt werden. Durch Extrapolieren von Planzuständen aus der Vergangenheit in die Zukunft ist eine Trendaussage über die weitere Entwicklung der betrachteten Plangrößen möglich (siehe auch Kapitel 4.1.3 und 4.2.5).

Trendanalysen ermöglichen Aussagen über die künftige Entwicklung

Wie bei den Plan/Ist-Vergleichen sind die hauptsächlichen Betrachtungsgrößen von Plan/Plan-Vergleichen:

▷ Termine   (Termintrendanalysen),
▷ Aufwände   (Aufwandstrendanalysen) und
▷ Kosten   (Kostentrendanalysen).

Fortschrittsberichte

Fortschrittsberichte dienen der regelmäßigen Information der Beteiligten

In Fortschrittsberichten wird der allgemeine Sachfortschritt von Projekten festgehalten. In seiner einfachsten Form liegt ein Fortschrittsbericht als Monatsbericht vor; er ist in vielen Entwicklungsbereichen heute bereits Routine und umfasst normalerweise die Rubriken:

▷ Erreichte Ergebnisse
▷ Besondere Vorkommnisse
▷ Kritische Probleme
▷ Personalsituation.

Fortschrittsberichte haben – neben ihrer Hauptaufgabe der Projektberichterstattung – auch die Aufgabe der Querinformation in einem Entwicklungsbereich, welche wiederum zum Einschränken von Parallel- und Fehlentwicklungen aufgrund mangelnden Informationsstands notwendig ist.

Qualitätsberichte

Qualitätsberichte dienen dem Nachweis der QS-Maßnahmen und der Einhaltung von Qualitätsmerkmalen

In Qualitätsberichten, auch Qualitätssicherungsberichte (QS-Bericht) genannt, werden alle durchgeführten Maßnahmen zur Qualitätsprüfung sowie die Ergebnisse zur Qualitätssicherung aufgeführt; sie enthalten einerseits eine Aufstellung aller Reviews und qualitätsorientierten Tests und Prüfungen sowie andererseits die hierbei gefundenen Erkenntnisse und die beschlossenen Abhilfen und Verbesserungen.

Qualitätsberichte dienen also dem Management und den projektbeteiligten Entwicklungsstellen zum Nachweis einer wirkungsvoll durchgeführten Qualitätssicherung und der Einhaltung von Qualitätsmerkmalen.

Auslastungsberichte

Auslastungsberichte helfen, Über- oder Unterkapazitäten frühzeitig zu erkennen

Auslastungsberichte zeigen die aktuelle und künftige Auslastung der für das Entwicklungsprojekt in Anspruch genommenen Einsatzmittel (Personal, Maschinen etc.) bzw. Ressourcen auf.

Unter Auslastung ist in diesem Zusammenhang das Gegenüberstellen von Bedarf und Vorrat eines betimmten Einsatzmittels zu verstehen; dabei kann der Bedarf größer (Überlastung, -deckung) oder kleiner (Unterlastung, -deckung) als der Vorrat sein.

Mit einem im festen Turnus erstellten Auslastungsbericht will man erreichen, dass Überkapazitäten an Personal und mangelnde Auslastungen an Maschinen bzw. Überlastungen des Personals und der Maschinen frühzeitig erkannt werden.

Projektdaten-Auswertungen

Projektdaten lassen sich je nach Bedarf PM-spezifisch auswerten

Die in einer Projektdatenbasis niedergelegten Projektdaten können nach den unterschiedlichsten Gesichtspunkten ausgewertet werden. Das Aufzeigen aller Möglichkeiten würde den Umfang dieses Kapitels allerdings sprengen; deshalb seien hier nur ein paar besonders interessante Auswertungen aufgezählt, die sich auf die phasen- und tätigkeitsbezogene Aufwandsdarstellung beziehen:

▷ Personalaufwand je Entwicklungsphase,
▷ Kosten je Entwicklungsphase,
▷ Personalaufwand je Tätigkeitsart,
▷ Qualitätskosten prozessbezogen.

Aus den Projektdaten können Kennzahlen für die prozentuale Aufwandsverteilung auf die Entwicklungsphasen abgeleitet werden, die wiederum innerhalb eines Aufwandsschätzverfahrens auf Basis der Prozentsatzmethode (siehe Kapitel 3.2.3) verwendbar sind.

Grafische Informationsdarstellung

Zur Informationsdarstellung im Rahmen der Projektberichterstattung bieten sich bekanntlich zwei Formen an, die *grafische* und die *tabellarische* Darstellung. Beide Arten haben Vor- und Nachteile, so dass sie nicht konkurrieren, sondern sich ergänzen.

Projektinformationen möglichst grafisch darstellen

Die tabellarische Informationsdarstellung hat einerseits die Vorteile der exakten Werteaufstellung, die einfache Aufbereitung sowie die leichte Änderbarkeit – andererseits sind als Nachteile die Gefahr des „Zahlenfriedhofs", die schwere Trennung zwischen Wichtigem und Unwichtigem so-

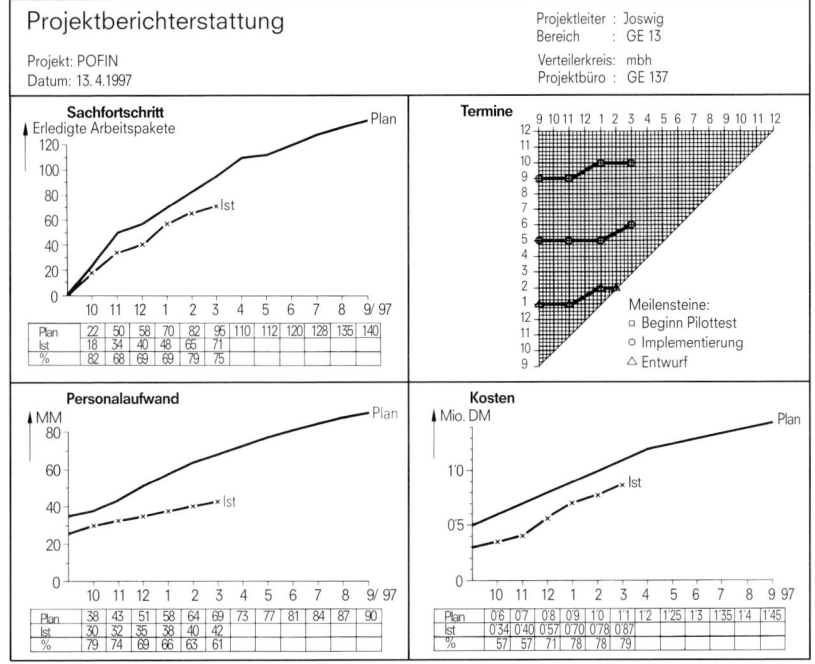

Bild 4.30 Grafischer Projektbericht

wie die schlechte Erkennbarkeit von Abweichungen zu nennen. Entsprechend invers sind die Vor- und Nachteile bei der grafischen Informationsdarstellung: auf der einen Seite transparent, informativ und aussagekräftig, auf der anderen Seite ungenaue Wertangaben, begrenzte Informationsmenge und problematische Informationskomprimierung.

Bild 4.30 zeigt einen kombinierten grafischen Projektbericht mit tabellarischen Wertangaben, der für die Hauptprojektparameter Sachfortschritt, Zeit, Aufwand und Kosten jeweils den Plan/Ist-Verlauf zeigt.

4.5.5 Balanced Scorecard

Balanced Scorecards sind Kennzahlen von strategischer Bedeutung

Das Konzept der Balanced Scorecard (BSC) stellt ein modernes Bewertungs- und Management-Instrumentarium dar. Eine direkte Übersetzung bietet sich kaum an; in etwa „Ausgewogenes Kennzahlensystem". Vereinfacht ausgedrückt sind Balanced Scorecards unternehmensweite Kennzahlen, die von strategischer Bedeutung für das Unternehmen sind.

Grundgedanke der Balanced Scorecard ist das Definieren von essentiellen Bewertungkriterien und Leistungsindikatoren für die Hauptwirkungsbereiche eines Unternehmens, wobei meist eine Ausrichtung auf die folgenden vier Perspektiven vorgenommen wird:

▷ Finanzperspektive (kaufmännischer Bereich)
▷ Kundenperspektive (vertrieblicher Bereich)
▷ Prozessperspektive (interne Geschäftsprozesse)
▷ Potentialperspektive (Schulung und Weiterbildung).

Balanced Scorecards können in allen Bereichen eines Unternehmens definiert werden

Für den *kaufmännischen Bereich* (Financial Focus) kommen in erster Linie Finanzkennzahlen in Betracht, die für das Unternehmen von strategischer Bedeutung sind; hierzu zählen Kapitalrendite, EBIT, Quartalsgewinn, Cashflow, Umsatzsteigerung etc.

Im *vertrieblichen Bereich* (Customer Focus) sind einerseits Kennzahlen mit Bezug zur Konkurrenz von Bedeutung (Marktposition, Rentabilitätsvergleich, Benchmark-Zahlen u.ä.) und andererseits solche, die die Kundenzufriedenheit und Kundenbetreuung ansprechen und bewerten.

Intern sind die *Geschäftsprozesse* (Process Focus) von Bedeutung; sie sind zum einen für die Kundenzufriedenheit und zum anderen für den unternehmerischen Erfolg strategisch wichtig; hierzu zählen Qualitäts- und Produktivitätskennzahlen.

Kennzahlen für den letzten Bereich *Schulung und Weiterbildung* (Learning Focus) sind von größter Bedeutung für das Beurteilen der Lern- und Innovationsfähigkeit des Unternehmens; hierzu gehören Kennzahlen wie Verhältnis neue zu alte Produkte sowie Fluktuationsrate von Leistungsträgern.

In Bild 4.31 ist die Vorgehensweise bei der Einführung von Balanced Scorecards in einem Unternehmen vereinfacht dargestellt. Ausgehend von einer Vision (Leitbild des Unternehmens) wird die Unternehmens-

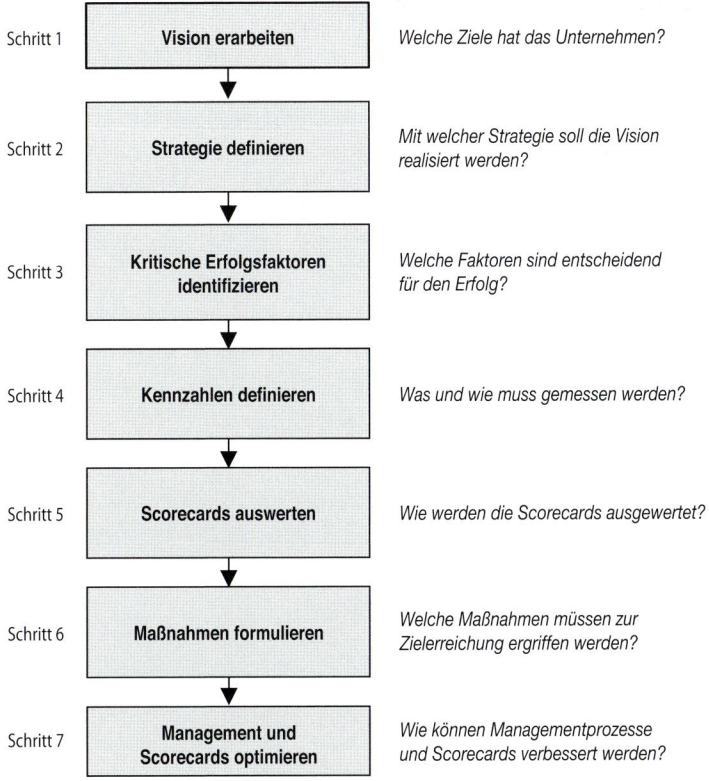

Bild 4.31 Vorgehensweise Balanced Scorecard

strategie definiert, mit der das gesteckte Ziel erreicht werden soll. Anschließend werden in den ausgewählten Perspektiven des Unternehmens die kritischen Faktoren ausgemacht, die für den Erfolg von entscheidender Bedeutung sind, und wie sie gemessen werden können. Auf Basis der ausgewerteten Scorecards sind geeignete Maßnahmen und Aktivitäten festzulegen und durchzuführen. Abschließend muss angestrebt werden, die Managementprozesse zu verbessern und die vorhandenen Scorecards weiter zu optimieren.

Durch das Belegen der strategischen Ziele eines Unternehmens mit quantifizierbaren Kennzahlen wird eine „Operationalisierung" dieser Ziele erreicht, d.h. die Unternehmensstrategien können anhand von Messkriterien laufend überwacht und kontrolliert werden. Anders als bei klassischen monetären Kennzahlensystemen, wie z.B. dem Du-Pont-Kennzahlensystem (siehe Kapitel 5.3.2), werden in einem Balanced Scorecard auch „weiche" Faktoren aufgenommen, wie Mitarbeiterzufriedenheit, Erfahrungsstand, Fehlerquote, Änderungsquote, Durchlaufzeiten etc.

Scorecards ermöglichen eine Kontrolle der Zielerreichung eines Unternehmens

Bei größeren Unternehmen können Scorecards auf unterschiedlichen Ebenen definiert werden, so dass man zu einer Kaskadierung von Scorecards kommt, d.h. mehrere Kennzahlen einer tieferen Ebene werden auf einer höheren Ebene zusammengeführt.

Balanced Scorecards auch zur Bewertung im Projektmanagement

Neben den Balanced Scorecards, die die strategischen Ziele eines Unternehmens ansprechen, können Scorecards auch in anderen Unternehmensbereichen für Steuerungs- und Controllingaufgaben gebildet werden. So können z.B. für die Durchführung von Projekten oder von Entwicklungs- und Investitionsprogrammen unternehmensspezifische Zielerreichungskennzahlen definiert werden, an denen sich die Steuerungsmechanismen des Projektmanagements ausrichten.

Innerhalb der gewaltigen Informationsflut, die zwangsläufig durch die heutigen IT-Systeme erzeugt wird, helfen die Balanced Scorecards dem Management bei der Ausrichtung auf die essentiellen Kennzahlen und Erfolgsfaktoren des Unternehmens.

4.6 Personalmanagement

4.6.1 Personalführung

Personalauswahl

Die richtige Personalauswahl entscheidet über Erfolg oder Misserfolg eines Projekts

Da Projekte in der Regel immer nur für einen definierten Zeitraum angelegt sind, wird das Projektteam meist auch nur für eine begrenzte Zeit zusammengestellt. Neben der Benennung eines geeigneten Projektmanagers bzw. -leiters (siehe hierzu Kapitel 2.3.3) kommt der richtigen Auswahl des Projektpersonals eine große Bedeutung zu. Hierbei spielen vielschichtige Faktoren eine entscheidende Rolle: Qualifikation und Fachkompetenz, Berufs- und Projekterfahrung, Motivation und Leistungsbereitschaft, Team- und Kommunikationsfähigkeit.

Die Beschaffung des notwendigen Personals wird üblicherweise zu allererst unternehmensintern angestrebt; häufig kann aber in Teilbereichen auch eine externe Beschaffung erforderlich sein. Man muss dann allerdings berücksichtigen, dass der Betriebsrat das Recht hat, stets zuerst eine innerbetriebliche Ausschreibung zu verlangen. In beiden Fällen ist es sinnvoll, für die einzelnen Projektpositionen aussagekräftige Stellenbeschreibungen aufzustellen, die die geforderten Qualifikationen genau aufzeigen. Stellenbeschreibungen müssen geschlechtsneutral und neuerdings auch EU-nationalitätsneutral formuliert sein; sie umfassen folgende Aspekte:

▷ Beschreibung der Aufgabenstellung
▷ Art und Funktion der Tätigkeit
▷ Anforderungen (Kenntnisse, Berufserfahrung)
▷ gehaltliche Eingruppierung.

Das Vorstellungsgespräch sollte immer von der Projektleitung selbst durchgeführt werden, wobei es empfehlenswert ist, dass bereits vorhandene Projektmitglieder beim Gespräch mit anwesend sind, um so die Personalentscheidung auf eine breitere Basis zu stellen.

Häufig wird die Personalauswahl im Rahmen eines *Assessment Centers* (AC) vorgenommen. In einem solchen Personalauswahlverfahren wird der Bewerber oder werden die Bewerber von mehreren Beobachtern anhand von Verhaltensausprägungen beobachtet und beurteilt. Entscheidend ist hierbei, dass die Kandidaten nicht in einem klassischen Bewerbungsgespräch eingeschätzt und bewertet werden, sondern über einen längeren Zeitraum werden ihre Fähigkeiten, Fertigkeiten und Kompetenzen mit den gewünschten Anforderungen verglichen und beurteilt.

Assessment Centers als Mittel zur richtigen Personalauswahl

Führungsprinzipien

Die Führung eines Projektteams unterliegt in Abhängigkeit der Komplexität und Größe des Projekts sowie der Qualifikation und Projekterfahrung des Projektteams unterschiedlichen Führungsprinzipien. Führungsstile können mehr autoritär oder mehr demokratisch ausgerichtet sein, sie können patriarchalisch sein oder nach dem Prinzip „Laissez-faire" funktionieren. Modernes Projektmanagement tendiert natürlich zu mehr demokratischen Führungsstilen, allerdings können besondere Ausnahmesituationen, wie Krisen oder Notfälle, andere, strengere Führungsformen erfordern. Das Führungsverhalten des Projektleiters kann mehr beziehungsbezogen oder mehr aufgabenbezogen sein. *Beziehungsbezogenes* Verhalten ist charakterisiert durch Delegation von Kompetenzen und Zuständigkeiten sowie durch ein ausgeprägtes Handeln im Team. Dagegen wird ein *aufgabenbezogenes* Verhalten durch klare Anweisungen und statische Vorgaben des Projektleiters gekennzeichnet.

Der Führungsstil hängt auch von der Art des Projekts ab

Bekannte Führungskonzepte sind z.B.:

▷ Management by Objectives
▷ Management by Decision Rules
▷ Management by Exception
▷ Management by Delegation
▷ Management by Systems
▷ Management by Results.

Während eines langjährigen Projekts kann sich die Führungsform der Projektleitung auch ändern, da sich im Laufe der Zeit die Projekterfahrung der Mitarbeiter steigern und sich die Zusammenarbeit zwischen Projektleitung und Projektteam erheblich verbessert haben kann, so dass in einem höheren Maße Projektarbeiten in die Eigenverantwortung der Projektmitarbeiter übertragen werden können und nur noch Kontrollen in der jeweiligen Zielerreichung vorgenommen werden müssen. Das aufgabenbezogene Führungsverhalten des Projektleiters kann dann zu einem mehr beziehungsbezogenen Verhalten übergehen.

Die Führungsform in einem Projekt kann im Laufe des Projekts wechseln

Coaching

Die personenbezogene fachliche und organisatorische Betreuung von neuen Projektmitarbeitern und deren reibungslose Einbindung in ein Projektteam ist für das Gelingen einer erfolgreichen und effizienten Projektarbeit von zentraler Bedeutung. Daher hat sich in Anlehnung sportli-

4 Projektkontrolle

Durch ein Coaching wird ein Anfänger schneller zu einem produktiven Mitarbeiter

cher Trainingsmethoden das so genannte *Coaching* im Projektmanagement etabliert. Unter Coaching versteht man in diesem Zusammenhang die professionelle Beratung und Begleitung eines neuen Mitarbeiters (*Coachee*) durch einen erfahrenen Projektexperten (*Coach*) bei der Übernahme und Durchführung von Projektarbeiten mit dem Ziel, dass der Mitarbeiter möglichst schnell optimale Ergebnisse hervorbringt. Ein Coaching wird auch bei der Einführung von neuem Führungspersonal, also z.B. von Teilprojektleitern oder Projektmanagern, in ihre neuen Aufgaben vorgenommen. Häufig kann auch der direkte Vorgesetzte die Aufgabe des Coachs übernehmen. Das Coaching-Konzept als zielgerichtete und entwicklungsorientierte Mitarbeiterförderung ist neben den bekannten Führungsseminaren zu einem weiteren Instrument der Personalentwicklung von Mitarbeitern und Führungskräften geworden.

Schulung und Weiterbildung

Personalführung heißt auch gezielte Verbesserung der Qualifikation der Mitarbeiter durch Schulung und Weiterbildung.

Hierbei wirken Wissenszuwachs (durch Erfahrung, Schulung, Wissenstransfer) und Wissensverlust (Vergessen, veraltetes Wissen, Weggang von Wissensträgen) konträr zueinander.

Schulung ist ein andauernder Prozess

Dem unweigerlichen Wissensverlust muss also konsequent durch gezielten Wissenszuwachs entgegen gearbeitet werden; so konsequent, dass auf keinen Fall eine Minderung des Wissensbestands auftritt, sondern vielmehr eine Steigerung erreicht wird (siehe hierzu auch Kapitel 3.4.5). Auch im Rahmen der Personalführung muss die Schulung und Weiterbildung der Mitarbeiter aktiv vorangetrieben werden, wobei der PM-Schulung eine besondere Bedeutung zukommt.

Personalförderung

Da die Tätigkeit der Projektmitarbeiter in einem Projekt zwangsläufig zeitlich immer terminiert ist, gibt es natürlich gravierende psychologische Probleme, gutes Personal für Projektarbeiten zu bekommen bzw. zu halten. Besonders gegen Ende eines Projekts kann die Motivation erheblich zurückgehen, weil die weitere Zukunft häufig für den Einzelnen noch unklar ist. Die Angst vor einem „Karriereknick" ist dann sehr groß. Ein Job in einer normalerweise recht dauerhaften Linienorganisation ist eben viel sicherer und berechenbarer als ein Job in einer stark fluktuierenden Projektorganisation. Deshalb ist es wichtig, neben einer guten Bezahlung auch ausreichende Möglichkeiten einer individuellen Personalförderung zu schaffen.

Projektmitarbeitern muss man eine Perspektive für die Zeit „nach dem Projekt" geben

In projektorientierten Unternehmen mit ihren vielen, unterschiedlich großen und unterschiedlich komplexen Projekten werden inzwischen Karrieremodelle entwickelt, die einen beachtlichen Anreiz für den Einstieg ins Projektmanagement geben und damit eine echte Alternative zu einer Linien-Karriere bieten.

Wie in Bild 4.32 schematisch dargestellt ist, beginnt die PM-Karriere mit der Übernahme einer Leitungsverantwortung als *Projektleiter* oder *Team-*

leiter innerhalb eines kleinen Projekts. Bei ausreichender Qualifizierung kann dieser nach Erreichen eines breiteren Erfahrungsstandes als *Projektmanager* die Gesamtverantwortung für ein eigenständiges größeres Projekt von komplexer Struktur übernehmen. Bei weiterer erfolgreicher Tätigkeit ist der Aufstieg zu einem *Senior-Projektmanager* mit der Führung von Großprojekten mit mehreren Teilprojekten möglich, bei denen die Ergebnisverantwortung wesentlicher stärker in den Vordergrund tritt. Hat ein solcher Senior-Projektmanager im Laufe der Zeit mehrere Großprojekte sowohl in fachlicher als auch in betriebswirtschaftlicher Hinsicht erfolgreich durchgeführt, ist der Aufstieg zu einem *Projekt-Direktor* möglich, dem dann überbereichliche Großprojekte bzw. ganze Projektprogramme, die für das Unternehmen von großer strategischer Bedeutung sind, übertragen werden.

Die in Bild 4.32 dargestellten vier Projektmanagement-Stufen entsprechen den in der ICB (IPMA Competence Baseline) definierten vier Levels, nach denen das PM-Personal zertifiziert werden kann (siehe hierzu Kapitel 4.6.4).

Mit einer Zertifizierung nach der ICB wird eine Objektivierung der Projektleiter-Hierarchie erreicht

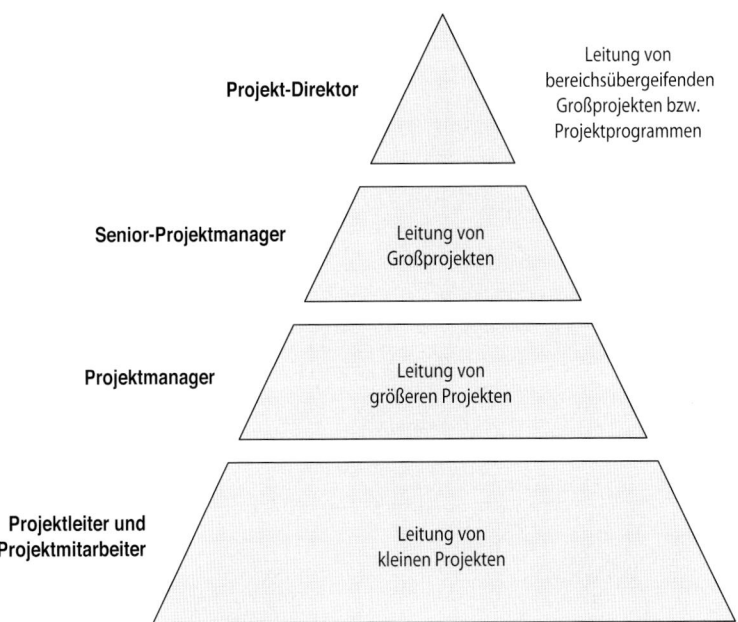

Bild 4.32 PM-Karrieremodell

4.6.2 Arbeiten im Team

Komplexe Problemlösungen, technologisch schwierige Konzipierungen, innovative Planungen werden in der Regel in einem interdisziplinär zusammengestellten Projektteam durchgeführt. In einem solchen Team finden sich Mitarbeiter zu einer einmaligen Aufgabe mit unterschiedlichem

Ein Team ermöglicht die Bündelung von Know-how und Kompetenz

Wissen, unterschiedlicher Erfahrung und unterschiedlicher Sichtweise zusammen. Häufig kennen sich die Mitglieder nur sehr wenig oder gar nicht, da sie meist aus unterschiedlichen Abteilungen und Standorten stammen. Weil jedes Teammitglied seine speziellen Stärken hat und seine eigenen Ideen einbringt, kommt man auf bessere Lösungen. Zudem zeigt die Erfahrung, dass Entscheidungen, die im Team getroffen werden, von den Einzelnen überzeugter getragen werden. Von einem Team getroffene Entscheidungen werden auch von Außenstehenden viel eher akzeptiert, weil hinter diesen eben eine ganze Gruppe steht; sie lassen sich damit wirkungsvoller durchsetzen.

Die Vorzüge einer Teamarbeit zeigen sich in

- breiterer Wissensbasis (Know-how-Vorteil),
- Nutzung von Synergien,
- gesichertem Informationsfluss,
- stärkerer Leistungsbereitschaft (Motivation),
- besserer Durchsetzungsfähigkeit,
- tragfähigeren Entscheidungen.

Voraussetzung für ein effektives Arbeiten in einem Team ist das Schaffen einer gemeinsamen Beziehungswelt. Bevor Menschen zum Team werden, müssen sie Erfahrungen im Umgang miteinander machen: Das Team muss erst „zusammenwachsen". Das erfordert eine gewisse Zeit; aber diese Zeit ist nicht verloren, sondern eine notwendige Entwicklungsphase.

Ein Team muss zusammenwachsen

Das Zusammenwachsen eines Teams verläuft im Wesentlichen in vier typischen Phasen (siehe Bild 4.33):

▷ Abtastphase (Forming)
▷ Konfrontationsphase (Storming)
▷ Organisationsphase (Norming)
▷ Arbeitsphase (Performing).

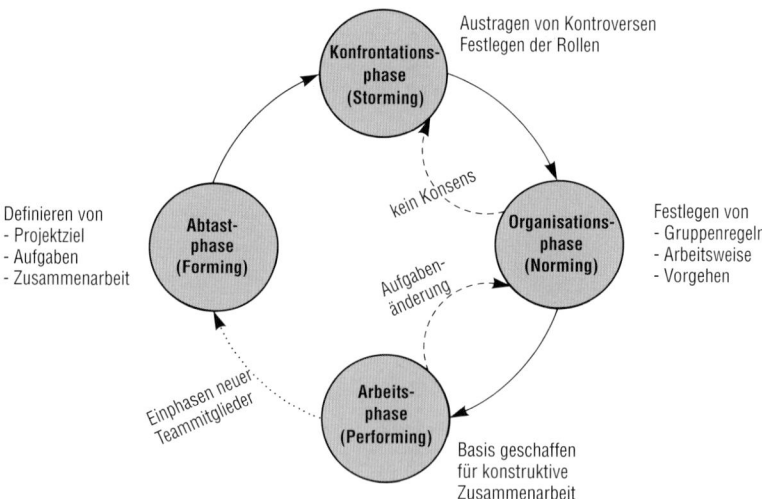

Bild 4.33 „Phasenkreis" einer Teamarbeit

In der *Abtastphase* tasten sich die Teammitglieder erst einmal gegenseitig ab; man ist höflich zueinander, vorsichtig beim Argumentieren, aber auch sehr gespannt auf die Meinungen der neuen Partner. In dieser ersten Phase sollten das Aufgabenziel klar definiert und die eigenen Aufgaben einvernehmlich festgelegt werden, außerdem ist die Zusammenarbeit (Termine, Örtlichkeiten, Kommunikation etc.) untereinander abzusprechen. In der Abtastphase werden die Beziehungen zwischen den Teilnehmern aufgebaut; hierbei ist es wichtig, dass jeder seinen Platz innerhalb der Gruppe findet. In dieser Phase ist meist ein hoher Grad an Begeisterung und Kreativität des Teams vorhanden.

Aufgabenziel und Zusammenarbeit müssen zuerst festgelegt werden

Nach den ersten Diskussionen und Durchsprachen treten im Allgemeinen die ersten unterschwelligen Konflikte auf und können sich zu offenen Konfrontationen aufbauen. Das Team befindet sich jetzt in der *Konfrontationsphase*. Die unterschiedlichen Sicht- und Vorgehensweisen der Mitglieder prallen mehr oder weniger hart aufeinander. Häufig probieren einige Mitglieder sogar aus, wie weit sie gehen können; so schafft sich der Einzelne seinen Raum in der Gruppe. In der Konfrontationsphase werden die Rollen im Team geklärt. Es ist wichtig, dass die zwangsläufig bestehenden Unterschiede in den Einstellungen und Meinungen der Teilnehmer klar hervortreten und Kontroversen – ohne falsche Kompromisse – ausdiskutiert werden können. Große Gefahr besteht, dass die Teammitglieder ihre anfängliche Begeisterung verlieren und sich ein allgemeiner Frust breit macht und die Erreichbarkeit des gesteckten Ziels angezweifelt wird.

Kontroversen müssen ausdiskutiert werden

In der anschließenden *Organisationsphase* entwickelt die Gruppe zur gestellten Aufgabe gemeinsam akzeptierte Standpunkte, Betrachtungsweisen und Begriffswelten; sie legt weiterhin allgemeine Umgangsformen, Sprachregeln und Informationswege für das weitere Arbeiten im Team fest. In der Organisationsphase werden die Gruppenregeln festgelegt und eine gemeinsame Arbeitsphase verabredet. Jetzt wird erkennbar, wie gut und zielorientiert das Team zusammenarbeiten wird. Werden vereinbarte Gruppenregeln – z.B. durch äußere Einflüsse – in Frage gestellt, dann tritt die Gruppe eventuell wieder in die Vorphase, die Konfrontationsphase ein. Auf jeden Fall muss vermieden werden, dass es zu einer Cliquenbildung kommt.

Die Gruppe muss sich Regeln geben

Ist schließlich ein allgemeiner Konsens hinsichtlich des Arbeitsziels und der Vorgehensweise erreicht worden, beginnt die *Arbeitsphase*. Man hat inzwischen Erfahrungen gesammelt, wie man am besten miteinander umgeht, so dass eine gute Basis für eine konstruktive Zusammenarbeit geschaffen worden ist. Im Idealfall ist das Team *offen* gegenüber neuen Gedanken und Ideen, *flexibel* gegenüber auftretenden Schwierigkeiten, *leistungsfähig* im Hinblick auf das gesteckte Ziel und *solidarisch* in der Zusammenarbeit. Treten neue Mitglieder in das Team ein oder ändert sich die Aufgabenstellung, so kann es erforderlich werden, die Organisationsphase (oder sogar die Konfrontationsphase) noch einmal zu durchlaufen. Im Allgemeinen hat das Team mit Eintritt in diese Phase einen hohen Grad der Reife und Produktivität erreicht.

Nur im Konsens kann ein Team erfolgreich arbeiten

4 Projektkontrolle

Der Erfolg eines Teams ist abhängig von der „Teamfähigkeit" der Teammitglieder

Für eine konstruktive Teamarbeit gelten folgende acht Grundregeln:

1. Anerkennung geben!
2. Beiträge fordern!
3. Gemeinsam handeln!
4. Eigene Meinung offen äußern!
5. Ziel im Auge behalten!
6. Konflikte ausdiskutieren!
7. Aufmerksam zuhören!
8. Kritik akzeptieren!

Als Anregungen sind hierzu im Einzelnen zu nennen:

Man sollte öfters mal seine Anerkennung gegenüber einem Teamkollegen zum Ausdruck bringen; derartige Wertschätzungen verbessern das Klima ganz entscheidend.

Schweigsame Teammitglieder sollten gezielt angesprochen werden; häufig haben die Ruhigen die besten Ideen und können einen wichtigen Beitrag zur Teamarbeit leisten.

Auf jeden Fall sollte eine Cliquenbildung oder eine Gruppenspaltung innerhalb des Teams verhindert werden; dies führt meist nur zu unnötigen und unproduktiven Auseinandersetzungen.

Jedes Teammitglied sollte seine Meinung klar und direkt vertreten können; ein Taktieren sollte unbedingt vermieden werden.

Jedes Teammitglied sollte bestrebt sein, sich voll auf das Ziel der Arbeitsgruppe zu konzentrieren und davon ablenkende Beiträge zu vermeiden.

Über alle Themen ist ein Konsens zu erzielen; ist kein Konsens möglich, ist ein Externer (Berater oder Vorgesetzter) hinzuzuziehen.

Genaues Zuhören ist die beste Grundlage für eine erfolgreiche Teamarbeit; alle Teilnehmer sollen sich äußern können, aber eben nicht alle auf einmal.

Kritik sollte nicht als Angriff, sondern als etwas Positives angesehen werden; konstruktive Kritik ist schließlich der direkte Weg zum Besseren.

Eine erfolgsorientierte Arbeitsweise des Projektteams ist wegen des Nichtvorhandenseins einer hierarchischen Ordnung nur dann zu erwarten, wenn die Teammitglieder ein stark ausgeprägtes kooperatives Verhalten zeigen. Erfahrungen, Einstellungen und Engagement des Einzelnen sind entscheidende Erfolgsfaktoren.

Kein Team ohne einen Teamsprecher

In jedem Fall empfiehlt es sich, einen Teamsprecher (Primus inter Pares) auszuwählen, der als Moderator kraft seiner Persönlichkeit und Fachkompetenz eine Führung des Teams schafft. Zu seinen Aufgaben gehört es, das gesteckte Ziel nicht aus den Augen zu verlieren und das Team entsprechend zu lenken; er muss in der Lage sein, die Mitarbeiter zu motivieren und zu inspirieren. Von seinen Führungsqualitäten hängt es im entscheidenden Maße ab, wie gut die Gruppe zu einem Team geformt wird.

Mit Hilfe der verschiedenen Kommunikationsmöglichkeiten moderner IT-Technologien können auch Teams als *virtuelle Teams* gebildet werden. Diese virtuellen Teams setzen sich aus Personen zusammen, die meist an weit entfernten Arbeitsplätzen tätig sind, aber an gemeinsamen Aufgaben arbeiten. Über E-Mails im Internet mit entsprechendem Team-Verteilerkreis und/oder über Telefonkonferenzen mit Videowiedergabe kann sich ein fester Kreis von Experten „zusammensetzen", um so gemeinsam an Problemlösungen und Entwicklungen zu arbeiten. Kostenintensive und zeitaufwändige Reisen kann man sich dadurch ersparen. Die internationale Zusammenarbeit von an verschiedenen Universitäten und Forschungsinstituten in aller Welt tätigen Wissenschaftlern war ja bekanntlich ursprünglich die Keimzelle für das heutige weltweite World Wide Web (WWW).

Virtuelle Teams über das Internet

4.6.3 Konfliktmanagement

Konflikte gehören bekanntlich zu den größten Problemen im menschlichen Miteinander; sie sind im Umfeld eines Projekts niemals ganz zu vermeiden. Neben vorbeugenden Maßnahmen ist es daher für die Projektleitung sehr wichtig, entstehende bzw. sich anbahnende Konflikte rechtzeitig zu erkennen, um den richtigen Weg zur Konfliktlösung zu beschreiten.

Konflikte im Projekt müssen rechtzeitig gelöst werden

Die Vorgehensweise in einem *Konfliktmanagement* lässt sich in folgende drei Schritte beschreiben:

1. Welcher Art ist der Konflikt?
2. Welche Strategie soll zur Konfliktlösung eingeschlagen werden?
3. Welche Maßnahmen sind zur Konfliktlösung zu ergreifen?

Also steht am Anfang der vorliegenden Konfliktsituation die Analyse.

Konfliktarten

Konflikte treten sowohl innerhalb eines Projektteams oder zwischen Projektleitung und dem Team als auch zwischen der Projektleitung und dem personellen Umfeld des Projekts (Bereichsleitung, Partnerstellen, Kunden etc.) auf. Die Ursachen für solche Konflikte und deren Intensität können sehr unterschiedlich sein:

▷ Ressourcenkonflikt
▷ Kostenkonflikt
▷ Zielkonflikt
▷ Prioritätenkonflikt
▷ Vorgehenskonflikt
▷ Zuständigkeitskonflikt
▷ Persönlichkeitsbedingter Konflikt.

Konflikte können sehr unterschiedliche Ursachen haben

Fehlendes Personal oder Überforderung des vorhandenen Personals führen häufig zu einem *Ressourcenkonflikt*, auch mangelndes Equipment

(Räumlichkeiten, Testgeräte) kann zu einem solchen Konflikt führen. Zu geringe Geldmittel oder nicht vorhergesehene Kostenüberschreitungen können einen *Kostenkonflikt* zur Folge haben. Ein *Zielkonflikt* entsteht, wenn unterschiedliche Zielsetzungen und Erwartungen zwischen Projektleitung und Projektteam bestehen. *Prioritäten- und Vorgehenskonflikte* werden verursacht durch unterschiedliche Ansichten in der richtigen Reihenfolge und Vorgehensweise bei der Abarbeitung der Projektaufgaben. Inkonsistente Projektpläne sind meist hierfür der Grund. *Zuständigkeitskonflikte* treten vielfach zwischen verschiedenen Führungsebenen oder zwischen Zuständigkeiten auf derselben Ebene auf, wenn also die Verantwortlichkeiten nicht klar und unmissverständlich definiert sind. Und schließlich sind oft innerhalb des Teams *persönlichkeitsbedingte Konflikte* der Grund für das Misslingen einer harmonischen und effizienten Teamarbeit.

Konfliktlösungsstrategien

Ist ein Konflikt ausgebrochen, muss umgehend versucht werden, einen adäquaten Weg zu finden, diesen zu lösen. Hierbei können sehr unterschiedliche Vorgehensweisen zur Konfliktlösung eingeschlagen werden:

▷ Konfrontation
▷ Einigung
▷ Kompromiss
▷ Hierarchieentscheidung
▷ Deeskalation.

Zur Lösung von Konflikten gibt es sehr unterschiedliche Vorgehensweisen

Bei einer *Konfrontation* werden die gegensätzlichen Meinungen und Ansichten aggressiv einander gegenüber gestellt; jede Seite versucht mit argumentativen Beweisen den eigenen Standpunkt überzeugend darzustellen. Ziel ist, einen der beiden Lösungsansätze durch anschließenden Mehrheitsentscheid auszuwählen, also kein Kompromiss, sondern klare Entscheidung für eine einzige Lösung.

Bei einer *Einigung* kann auch eine Konfrontationsbesprechung vorangegangen sein; hier wird allerdings eine einvernehmliche Entscheidung angestrebt, sei es durch eine allgemein akzeptierte Wahl der besten Lösung oder durch eine Überarbeitung eines der beiden Lösungsansätze durch Aufnahme von Aspekten der anderen Lösung.

Bei einem *Kompromiss* werden im Rahmen einer Schlichtung Teile aus beiden Lösungsvorschlägen zu einer gemeinsamen Lösung zusammengefasst; für beide Seiten ist es ein Nehmen und Geben. Häufig besteht hier allerdings die Gefahr der Einigung auf den „gemeinsamen kleinsten Nenner", so dass der wahre Konflikt nicht wirklich gelöst, sondern nur durch einen teilweise faulen Kompromiss verdrängt wird.

Greift eine übergeordnete Hierarchie auf die Konfliktparteien ein, weil diese sich nicht einigen können, so kann eine Einigung auch durch entsprechenden Druck von oben herbeigeführt werden. Hinsichtlich der Akzeptanz in einer Projektgruppe ist eine solche *Hierarchieentscheidung* natürlich die schlechteste, aber in einer Notsituation die wirksamste Methode einer Konfliktlösung.

Besteht keine Aussicht auf eine einvernehmliche Lösung und soll auch keine einseitige Entscheidung getroffen werden, so bleibt nur der Ausweg einer *Deeskalation,* d.h. die Problemlösung wird offen gelassen und auf eine spätere Zeit vertagt, in der Hoffnung, dass sich das Problem vielleicht von selbst löst.

Konfliktbereinigung

Natürlich sollte bereits im Vorfeld angestrebt werden, dass Konflikte gar nicht erst auftreten. So sollte in einem Projekt eine dauernde Beurteilung möglicher Konfliktpotentiale durch die Projektleitung wahrgenommen werden. Eine durchgehend transparente Kommunikations- und Informationskultur ist eine der besten Vorbeugungsmaßnahmen gegen das Auftreten von Konflikten. Allerdings kann ein Konflikt auch die Chance einer grundsätzlichen Verbesserung in sich bergen. Häufig kommen erst durch ein „klärendes Gewitter" markante Projektmängel an die Oberfläche und können so beseitigt werden.

Konflikte sollten möglichst bereits im Vorfeld bereinigt werden

Nachdem die Ursachen, die zu einem Konflikt geführt haben, klar identifiziert und analysiert worden sind und daraufhin die richtige Vorgehensweise zur Konfliktlösung eingeschlagen worden ist, sind in jedem Fall behandelnde Maßnahmen zur Konfliktbereinigung zu ergreifen, um einerseits die eingetretene Situation umgehend zu verbessern und andererseits einer späteren Wiederholung des Konflikts entgegenzuwirken. Solche zu ergreifende Maßnahmen sind z.B.:

– Personal aufstocken,
– Aufgabenvolumen reduzieren,
– Termindruck verringern,
– Arbeitsabläufe optimieren,
– Zuständigkeiten eindeutiger definieren,
– Arbeitsbedingungen verbessern,
– Arbeitsklima im Team harmonisieren.

Die Durchführung von Konfliktseminaren im Rahmen von Personalförderungsmaßnahmen stärkt das Wirken eines Konfliktmanagements. In solchen

Seminaren werden anhand von Fallstudien und Rollenspielen verschiedene Konfliktsituationen durchgearbeitet, um insgesamt zu einem besseren Konfliktverhalten der Beteiligten zu gelangen. Auch hat es sich bewährt, bei komplizierten Konfliktsituationen externe Coaches bzw. Mediatoren in eine Konfliktlösung einzubeziehen.

Konfliktseminare dienen zur Prävention und verringern das Konfliktpotential

Mediation

Mediation ist eine bewährte Methode zur gewaltfreien Konfliktbearbeitung und führt mittels eines strukturierten Vorgehens zu einer konstruktiven Beilegung eines Konfliktes. Zur Mediation wird eine neutrale Person

Mediation hilft bei der Konfliktlösung

benötigt, die zwischen den streitenden Personen bzw. Personengruppen vermittelt, um zu einer gemeinschaftlich akzeptierten Lösung zu kommen. Der Mediator macht normalerweise keine Vorschläge und darf auch für keine Konfliktseite und deren Meinung Partei ergreifen.

Mediation ist vornehmlich eine verbale Methode. Das bedeutet, dass das „Sich-Mitteilen" von Fakten und Meinungen sowie das gegenseitige Zuhören im Vordergrund stehen. Mediatoren müssen darauf achten, dass dies in richtiger Weise geschieht und dabei die relevanten Konfliktpunkte klar herausgearbeitet werden.

Während der Mediation können alle Techniken und Hilfsmittel der Kommunikation und Problemlösung, wie sie im Kapitel 6.5 Arbeitstechniken beschrieben sind, eingesetzt werden. Voraussetzung einer erfolgreichen Mediation sind die vier Grundprinzipien:

▷ Freiwilligkeit der Konfliktparteien
▷ Ergebnisoffenheit der Mediation
▷ Verschwiegenheit des Mediators
▷ Meinungsneutralität des Mediators.

Mediation prägt eine neue Konfliktkultur in unserer Gesellschaft; so wird sie in allen Bereichen des gesellschaftlichen Lebens zunehmend angewandt, sowohl in engen Bereichen (Berufs- und Privatleben) als auch auf größeren Gebieten (Gerichtsverfahren, Bürgerproteste).

4.6.4 Zertifizierung von PM-Personal

Erfolgreiches Projektmanagement stellt hohe Anforderungen an die PM-Kompetenz des eingesetzten PM-Personals, wobei die geforderte „Kompetenzstärke" natürlich sehr stark von der Projektgröße und der Projektkomplexität abhängt. Zur Bewertung der Kompetenz von Projektmitarbeitern bzw. -leitern hat die IPMA (International Project Management Association) einen Beurteilungsrahmen geschaffen. Die IPMA ist eine internationale Vereinigung für Projektmanagement von mehr als 40 nationalen PM-Vereinigungen. Deutschland ist durch die GPM (Gesellschaft für Projektmanagement) vertreten.

Kompetenz-Level

Die ICB definiert die erforderlichen PM-Kompetenzen

In Zusammenarbeit mit den nationalen Vereinigungen hat die IPMA einen englischsprachigen Leitfaden zur Zertifizierung von PM-Personal erstellt; diese IPMA Competence Baseline (kurz ICB genannt) unterscheidet vier Kompetenzstufen im PM-Personal (siehe auch Bild 4.32):

Level A	Projekt-Direktor
Level B	Senior-Projektmanager
Level C	Projektmanager
Level D	Projektmanagement-Fachmann/-frau

Folgende Voraussetzungen werden für diese Zertifizierungslevel verlangt:

Level A	mindestens 5-jährige Erfahrung im Portfolio-, Programm- oder Multiprojektmanagement, davon 3 Jahre in verantwortlicher Führungsposition strategisch wichtiger Projekte
Level B	mindestens 5-jährige Erfahrung im Projektmanagement, davon mindestens 3 Jahre in verantwortlicher Führungsposition bei komplexen Projekten
Level C	mindestens 3-jährige Erfahrung im Projektmanagement, dabei in verantwortlicher Führungsposition in begrenzt komplexen Projekten
Level D	Erfahrung im Projektmanagement ist keine Voraussetzung, aber Kenntnisse in allen Kompetenzelementen des Projektmanagements

Vier Qualifikationsstufen von Projektleitern legt die ICB fest

Diese PM-Level der ICB können von den nationalen Vereinigungen im Rahmen eines eigenen Projektmanagement-Kompetenzmodells auf die jeweilige Landeskultur und die gegebenen PM-Praktiken in einem Land angepasst werden.

Kompetenz-Definitionen

PM-Kompetenz basiert auf dem Wissen und den Kenntnissen im Projektmanagement, auf der allgemeinen Anwendungserfahrung und auf dem persönlichen Verhalten im Projektgeschehen. In der ICB sind dazu grundlegende PM-Aufgaben und Fähigkeiten, Prozesse und Funktionen, Methoden und Techniken aufgeführt und näher erläutert. Das gesamte Kompetenz-Spektrum des Projektmanagements wird in die drei folgenden ICB-Bereiche gegliedert:

▷ Technische Kompetenzen (Technical Competences)
▷ Kontextbezogene Kompetenzen (Contextual Competences)
▷ Verhaltensbezogene Kompetenzen (Behavioural Competences)

Gliederung in drei Kompetenzbereiche

In Tabelle 4.2 sind die in der ICB behandelten Einzelkompetenzen in ihrer englischen Benennung und deren deutscher Entsprechung aufgeführt.

Zertifizierung und Selbstbewertung

Das Projektmanagement-Kompetenzmodell der IPMA kann neben einer von unabhängigen Assessoren durchgeführten Zertifizierung von PM-Personal gleichermaßen auch für eine Selbstbewertung genutzt werden. Für den einzelnen Projektleiter bzw. -mitarbeiter bedeutet der Besitz eines entsprechenden Zertifikats einen großen Vorteil in dessen persönlicher Karriereplanung, da sein Wissen und seine Erfahrung auf dem Gebiet des Projektmanagements mit dem Zertifikat in einer objektiven Form dokumentiert wird.

ICB-Zertifizierung durch Assessoren oder als Selbstbewertung

Die Beurteilung der Projektmanagement-Kompetenz wird in der Gegenüberstellung von Soll-Werten der einzelnen Kompetenzen zu den zugehörigen Ist-Werten vorgenommen:

▷ Die Mindestanforderungen der ICB-Zertifizierung legen für die einzelnen Level die Soll-Werte fest.
▷ Die Ist-Werte werden für die Beurteilung eines Kandidaten durch die Assessoren bzw. durch eine Selbstbewertung ermittelt.

Die Selbstbewertung der Kandidaten erfolgt dabei durch den Vergleich ihres Wissens und ihrer Erfahrung mit den in dem IPMA-Kompetenzmodell aufgeführten Anforderungen. Die Assessoren beurteilen die Kandidaten aufgrund der Projektmanagement-Kompetenz, die diese in Prüfungen, Workshops, Projektberichten und Interviews zeigen.

Aufgeteilt nach Wissen und Erfahrung, wird auf einer elfwertigen Skala für jede der in der Tabelle 4.2 aufgeführten Einzelkompetenzen eine entsprechende Bewertung vorgenommen:

10	außerordentlicher Experte
9 – 7	große Kompetenz
6 – 4	mittlere Kompetenz
3 – 1	kleine Kompetenz
0	keine Kompetenz

Bezogen auf die ICB-Zertifizierungslevel A bis D ist für jede Einzelkompetenz ein Soll-Wert vorgegeben, der mindestens auf dieser Kompetenzstufe erreicht werden sollte.

ICB-Zertifizierung ist ein PM-Fähigkeitsnachweis

Zur Vereinfachung können mehrere Einzelkompetenzen zu Kompetenzbereichen zusammengefasst werden, die dann als Ganzes bewertet werden. Bei mehreren Assessoren werden die Einzelbewertungen in einem abschließenden Abstimmungsgespräch zu einer gemeinsamen Bewertung zusammengeführt. Abschließend ist lediglich zu entscheiden, ob das Zertifikat erteilt werden soll oder nicht. Voraussetzung zur Erteilung des Zertifikats ist das Erreichen der Mindestanforderungen des zu zertifizierenden Levels.

Eine PM-Zertifizierung nach dem Muster der IPMA sollte zumindest für die Zertifizierungslevel A (Projektdirektor) und B (Projektmanager) alle 3 bis 5 Jahre wiederholt werden; für die beiden anderen Levels sollte eine Zeitbegrenzung in dem vergebenen Zertifikat notiert sein.

GPM-Baseline

Die Gesellschaft für Projektmanagement hat mit einem Autorenkollektiv eine umfangreiche Projektmanagement-Baseline geschaffen, die alles notwendige Projektmanagement-Wissen zusammenfasst, das für eine Zertifizierung nach den ICB-Kompetenzanforderungen notwendig ist [88].

PMP-Zertifizierung nach PMBoK

Neben der IPMA hat auch das Project Management Institute (PMI) mit Hauptsitz in den USA ein weltweit anerkanntes Zertifizierungsprogramm zur Professionalisierung im Projektmanagement entwickelt. Als Grundlage für die Zertifizierungsprüfung zum PMP (Project Management Professional) hat die PMI den PM-Leitfaden PMBoK (Project Management Body of Knowledge) veröffentlicht (siehe Kapitel 2.5.1).

4.6 Personalmanagement

Tabelle 4.2 Übersicht der Beurteilungselemente ICB 3.0

Beurteilungselement ICB 3.0	entspricht folgender Kompetenz
Technical competences	
Project management success	Projekterfolgsfaktoren
Interested parties	Interessengruppen, Projektbeteiligte
Project requirements & objectives	Projektziele und Anforderungen
Risk & opportunity	Projektrisiken und Projektchancen
Quality	Projektqualität
Project organisation	Projektorganisation
Teamwork	Arbeiten im Team
Problem resolution	Problemlösung
Project structures	Projektstrukturen
Scope & deliverables	Leistungsumfang und Lieferobjekte
Time & project phases	Termine und Projektphasen
Resources	Einsatzmittel
Cost & finance	Kosten und Finanzmittel
Procurement & contract	Beschaffung und Vertragswesen
Changes	Änderungswesen
Control & reports	Controlling und Reporting
Information & documentation	Information und Dokumentation
Communication	Kommunikation
Start-up	Projektstart
Close-out	Projektabschluss
Behavioural competences	
Leadership	Führungseigenschaften
Engagement & motivation	Engagement und Motivation
Self-control	Selbststeuerung
Assertiveness	Durchsetzungsvermögen
Relaxation	Stressbewältigung und Entspannung
Openness	Offenheit
Creativity	Kreativität
Results orientation	Ergebnisorientierung
Efficiency	Leistungsfähigkeit
Consultation	Beratungsbereitschaft
Negotiation	Verhandeln
Conflict & crisis	Konflikt und Krisenbewältigung
Reliability	Verlässlichkeit
Values appreciation	Wertschätzungsfähigkeit
Ethics	Ethische Aspekte (Loyalität, Solidarität etc.)
Contextual competences	
Project orientation	Projektorientierung
Programme orientation	Programmorientierung
Portfolio orientation	Portfolioorientierung
Project, programme & portfolio implementation	Projektmanagement-Einführung
Permanent organisation	Linienorganisation
Business	Geschäftsprozesse
Systems, products & technology	Produkt und Systemmanagement
Personnel management	Personalmanagement
Health, security, safety & environment	Sicherheits- und Umweltbewusstsein
Finance	Finanz- und Rechnungswesen
Legal	Rechtliche Aspekte

Der PMBoK-Guide ist die Grundlage für die PMP-Zertifizierung

Das PMI hat zwei Kategorien von Prüfungskandidaten definiert, die sich hinsichtlich Bildungsgrad und Erfahrung im Projektmanagement unterscheiden. Die Kategorie 1 zielt auf Kandidaten mit einer akademischen Ausbildung, wogegen die Kategorie 2 für Kandidaten steht, die keine solche Ausbildung haben, dafür aber über eine entsprechend größere Praxiserfahrung im Projektmanagement verfügen. Grundvoraussetzung für eine erfolgreiche Beantwortung der Prüfungsfragen ist natürlich das im PMBoK-Guide niedergelegte Wissen.

Die Prüfung für die PMP-Zertifizierung wird von der PMI als Computertest durchgeführt und dauert vier Stunden, während denen die Kandidaten nach dem Multiple-Choice-Verfahren 200 Fragen zu beantworten haben. Zu jeder Frage gibt es vier mögliche Antworten, von denen genau eine richtig ist; es gibt keine Mehrfachantworten.

Nach erfolgreicher Durchführung des Tests sind die Absolventen berechtigt, das Kürzel PMP hinter ihrem Namen zu tragen. Zertifizierte PMPs unterwerfen sich einem beruflichen „Verhaltenskodex" des PMI (Code of Ethics and Professional Conduct). Dieser Verhaltenskodex spricht die ethischen Werte Verantwortung, Respekt, Fairness und Ehrlichkeit an und legt die Pflichten des PMP gegenüber seinem Berufsstand und gegenüber den Kunden und der Öffentlichkeit fest.

Der Status als PMP wird für einen Zeitraum von 3 Jahren verliehen; danach verliert das PMP-Zertifikat seine Gültigkeit. Zur Re-Zertifizierung ist es notwendig, entweder die PMP-Prüfung zu wiederholen oder nachzuweisen, dass man sich kontinuierlich weitergebildet bzw. entsprechende Projekte geleitet hat. Das letztere erreicht man durch das Sammeln von so genannten PDUs (Professional Development Units). PDUs erwirbt man durch den Besuch von speziellen, von der PMI anerkannten Seminaren oder auch mit entsprechenden Publikationen auf dem Gebiet des Projektmanagements. Mit einer erfolgreichen Re-Zertifizierung verlängert sich die Gültigkeit der PMP-Zertifikats um weitere drei Jahre.

5 Projektabschluss

Mit dem Projektabschluss tritt das Projekt in seine Endphase. So wie es wichtig war, dass das Projekt in einer *definierten* Form begonnen und systematisch in der Projektplanung angegangen wurde, so wichtig ist auch ein geregelter und eindeutiger *Abschluss* des Projekts.

Folgende Aktivitäten sind bei Abschluss eines Entwicklungsprojektes erforderlich:

▷ Übergeben des Produkts an den Auftraggeber,
▷ Durchführen einer Projektabschlussanalyse,
▷ Absichern der gesammelten Erfahrungen sowie
▷ Auflösen der Projektorganisation.

5.1 Produktabnahme

Am Ende einer Entwicklung steht die Produktabnahme. Als Produkt ist das im Projektauftrag formulierte Entwicklungsergebnis zu verstehen; dieses kann z.B. sein:

▷ ein ausgetestetes Anwender-SW-Programm,
▷ ein pilotzutestendes DV-Verfahren,
▷ eine integrierte, ausgetestete Betriebssystem-Version,
▷ ein Anlagenprogrammsystem für ein landesspezifisches Vermittlungssystem,
▷ ein fertigungsreifer HW-Prototyp,
▷ ein abgeschlossener Untersuchungsbericht,
▷ eine in Betrieb gehende Anlage,
▷ eine durchgeführte Projektierung oder
▷ ein dokumentierter Forschungsbericht.

Die Produktabnahme findet im Rahmen einer formellen Übergabeprozedur statt

Der erste Schritt der Produktabnahme ist der *Abnahmetest*.

Nach dem Abnahmetest wird die Übergabe durch den Auftragnehmer und die Übernahme vom Auftraggeber durch einen *Produktabnahmebericht* geregelt.

Schließlich sind Vorkehrungen und Vereinbarungen zu treffen, um eine eventuelle *technische Betreuung* des zu übergebenden Produkts während der künftigen Einsatzphase durch einzelne Entwicklungsstellen sicherzustellen.

5.1.1 Abnahmetest

Abnahmetest:
Ist bzw. wie weit ist das Entwicklungsziel erreicht?

Mit dem Abnahmetest stellt man fest, ob bzw. wie weit das geplante Entwicklungsziel erreicht worden ist. Entsprechend den sehr unterschiedlichen Entwicklungsvorhaben und ihrer unterschiedlichen Anbindung an Vertrieb und Fertigung kann man vier Formen des Abnahmetests unterscheiden:

Produkttest

Abnahmetest bei SW-Produktentwicklungen *ohne* anschließende Fertigung

Abschlusstest

Abnahmetest bei HW-Produktentwicklungen *mit* anschließender Fertigung

Akzeptanztest

Abnahmetest für fertig entwickelte *und* gefertigte HW/SW-Systeme bzw. Anlagen

Pilottest

Abnahmetest bei DV-Verfahrensentwicklungen

In Bild 5.1 ist – stark vereinfacht – bei den o.a. Arten von Abnahmetests die Anbindung der Entwicklung an den Vertrieb und an die Fertigung sowie den Einsatzpunkt des Abnahmetests dargestellt.

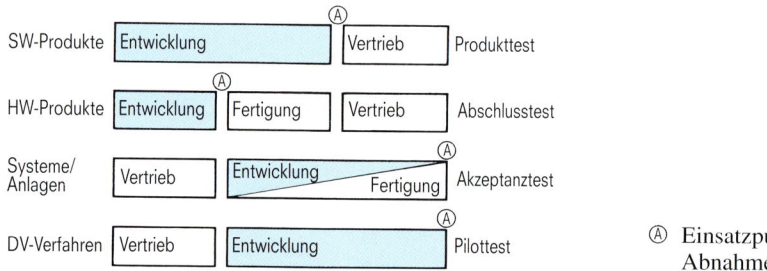

Bild 5.1 Arten von Abnahmetests

Produkttest

Produkttest zur Abnahme einer SW-Entwicklung

Bei Entwicklungen von SW-Produkten ist eine anschließende Fertigung nicht notwendig, da das Entwicklungsergebnis selbst das verkaufbare Erzeugnis darstellt. Meist ist ein vielfacher Einsatz des Produkts bei unterschiedlichen Kunden beabsichtigt – bei Kunden, deren spezifische Einsatzumgebung man oft gar nicht kennt. Daher sind für den Produkttest – als letzten Test in der langen Reihe vorausgegangener Tests (Modultest, Komponententest, Integrationstest) mit unterschiedlichen Testumgebungen – besonders strenge Maßstäbe anzusetzen. Im Produkttest müssen alle erdenklichen Kombinationen von Datentransfers und Transaktionen, die später irgendwo bei irgendeinem Anwender auftreten können, erprobt und geprüft werden.

Folgende Fehlerbereiche müssen z.B. bei einem SW-Produkttest angesprochen werden:

▷ Funktionsvollständigkeit
▷ Belastbarkeit
▷ Ausfallsicherheit
▷ Erfüllung der SW-Qualitätsmerkmale
▷ Plausibilitierungsvollständigkeit
▷ Dokumentationsvollständigkeit
▷ Datenkonsistenzsicherheit.

Abschlusstest

Der Abschlusstest – auch als Device Verification Test (DVT) bezeichnet – ist am Ende einer Entwicklung durchzuführen, wenn ein HW-Produkt (eventuell mit SW-Anteilen) als *Prototyp* fertig ist und in die Serienfertigung übergeleitet werden soll; er stellt den *Produkteignungstest* dar und entscheidet über die Fertigungsüberleitung, d.h. die Fertigungsfreigabe. Nachstehende Einzeltests werden dabei durchgeführt:

Abschlusstest zur Abnahme einer HW-Entwicklung

Leistungsmerkmaltest

Es wird geprüft, ob das Produkt die spezifizierten Leistungsmerkmale erbringt.

Geräteanschlusstest

Es wird untersucht, ob das Produkt an seinen Nahtstellen mit fremden anzuschließenden Produkten bzw. Systemen einwandfrei arbeitet.

Umwelttest

Es wird der gegenseitige Einfluss zur Umwelt auf der Basis von klimatischen, elektrischen, mechanischen, akustischen u.ä. Prüfungen untersucht und geprüft, ob die Umwelt nicht über zulässige Werte hinaus sowie umgekehrt das Produkt von der Umwelt nicht funktionsstörend beeinflusst wird.

Stresstest

Durch einen „Stresstest" werden die Leistungsgrenzen des Produkts ermittelt, um den Sicherheitsabstand zu den spezifizierten Werten erkennbar zu machen (Schockprüfung).

Typtest

Anhand des ersten Geräts, welches nach Serienunterlagen gefertigt wurde, wird der gesamte geplante Fertigungsprozess überprüft.

Fertigungsfreigabetest

Es wird überprüft, ob das Produkt überhaupt in der geforderten Funktions- und Fertigungsqualität wirtschaftlich gefertigt werden kann.

Akzeptanztest

<small>Akzeptanztest zur Abnahme eines HW/SW-Systems bzw. einer Anlage</small>

Der Akzeptanztest wird dann durchgeführt, wenn es sich um ein HW/SW-System handelt, das in seiner spezifischen Ausprägung „einmalig" ist, d.h. für einen einzelnen Kunden entwickelt und gefertigt wurde oder durch geringe Anpassungen auch bei verschiedenen Kunden eingesetzt werden kann.

Bei diesem Test handelt es sich um den Abnahmetest eines fertigen Systems bzw. einer fertigen Anlage unter *kundenspezifischen* Bedingungen; der Akzeptanztest liegt in der Verantwortung des Kunden bzw. künftigen Anwenders (Auftraggeber); er wird natürlich mit Unterstützung des Herstellers (Entwickler oder Kundendienstabteilung) vorbereitet; hierbei hat der Kundendienst die besondere Aufgabe der direkten Betreuung des Kunden und der schnellen Behebung kritischer Fehler.

Pilottest

<small>Pilottest zur Abnahme eines DV-Verfahrens</small>

Unter dem Pilottest versteht man vornehmlich einen Gesamttest bei größeren DV-Verfahren unter (echten) Einsatzbedingungen, der die volle Einsatzreife des Verfahrens bestätigen soll. Der Pilottest stellt den Probebetrieb und damit den *ersten Produktivlauf* des Verfahrens dar.

Für diesen ersten Einsatz muss ein Anwender ausgewählt werden, dessen Einsatzumfeld einerseits repräsentativen Charakter hat und andererseits auch möglichst viele Funktionsteile des zu „pilotierenden" Verfahrens anspricht.

Der Pilottest dient weniger zum Aufzeigen von Programm- und Systemfehlern – diese sollten ja bereits im vorausgegangenen Systemtest eliminiert worden sein; er hat vielmehr die wichtige Aufgabe, das Verfahren in seiner künftigen Umwelt unter realistischen Bedingungen auf seine allgemeine „Performance" zu testen.

Zuständigkeit für den Abnahmetest

<small>Niemand sollte für die Abnahme seiner eigenen Arbeit zuständig sein</small>

Der Abnahmetest für ein Entwicklungsergebnis sollte möglichst von einer *entwicklungsunabhängigen* Stelle durchgeführt werden. Nur eine solche Stelle kann – neutral genug – das Entwicklungsergebnis auf seine Zielerfüllung ausreichend prüfen.

Zu den Aufgaben einer *Abnahmeteststelle* gehören neben dem ordnungsgemäßen Durchführen der o.a. Tests auch die daraus sich ergebenden Aktivitäten wie z.B. das systematische Dokumentieren aller aufgetretenen Fehler. Folgende Tätigkeiten müssen hierbei wahrgenommen werden:

▷ Erfassen aller Fehler,
▷ Bewerten aller Fehler bez. ihrer Funktionsbeeinflussung,
▷ ausführliches Erläutern aller Fehler,

5.1 Produktabnahme

▷ Einleiten von Maßnahmen zur Fehlerursachenbeseitigung sowie
▷ Kontrolle der Fehlerbeseitigung.

Abnahmetest-Protokoll

Nach Durchführung des Abnahmetests ist ein *Protokoll* über die durchgeführten Einzeltests und die dabei gewonnenen Ergebnisse zu erstellen. Neben der ausführlichen Beschreibung der installierten Testumwelt und der vorgenommenen Testläufe müssen die aufgezeigten Fehler mit Ursachenanalyse vollständig aufgezählt werden. Dort werden die erkannten Fehler ($\triangleq$ Probleme) nach ihrer Bedeutung gruppiert, und zwar nach

Testumwelt, Testläufe und Fehler sind vollständig zu dokumentieren

▷ bereits korrigierten Fehlern,
▷ bestehenden Fehlern der höchsten Priorität sowie
▷ bestehenden Fehlern geringerer Priorität.

Mit dieser Klassifizierung ist ein gezielteres Abarbeiten bei der anschließenden Fehlerbehebung möglich.

5.1.2 Produktabnahmebericht

Für die Produktabnahme ist ein Produktabnahmebericht zu erstellen; er regelt die *Übergabe* des Produkts durch den Auftragnehmer sowie die *Übernahme* durch den Auftraggeber. Im Allgemeinen gliedert sich der Produktabnahmebericht daher in zwei Teile:

Produktübergabe und Produktübernahme zwischen Auftragnehmer und Auftraggeber sind zu dokumentieren

▷ Produktübergabe und
▷ Produktübernahme.

Mit dem *Übergabeprotokoll* übergibt der Auftragnehmer das Produkt dem Auftraggeber; dieser überprüft es daraufhin nach seinen Erfordernissen auf Auftragserfüllung in Form einer Produktbegutachtung. Bei positivem Ergebnis dokumentiert der Auftraggeber dies mit einem *Übernahmeprotokoll*. Übergabe- und Übernahmeprotokoll können dabei jeweils in getrennten Papieren oder auch in einem gemeinsamen Papier enthalten sein. So wie der Projektantrag quasi den „juristischen Anfang" des Entwicklungsvorhabens darstellt, so ist der Produktabnahmebericht als das „juristische Ende" des Projekts anzusehen (Bild 5.2).

Übergabeprotokoll

Mit dem Übergabeprotokoll werden die Inhalte und Modalitäten der Produktübergabe für beide Auftragspartner verbindlich dokumentiert.

Das Übergabeprotokoll erstellt der Auftragnehmer

Das Übergabeprotokoll enthält Angaben zu den Punkten:

Übergabeobjekte wie

▷ Programme, Module,
▷ Prototypen, Funktionsmuster,
▷ Baugruppen, Schaltkreise,
▷ CAD-Dateien mit Angaben zu Versionen bzw. Varianten.

5 Projektabschluss

Die Produktübergabe stellt einen geregelten Prozess dar

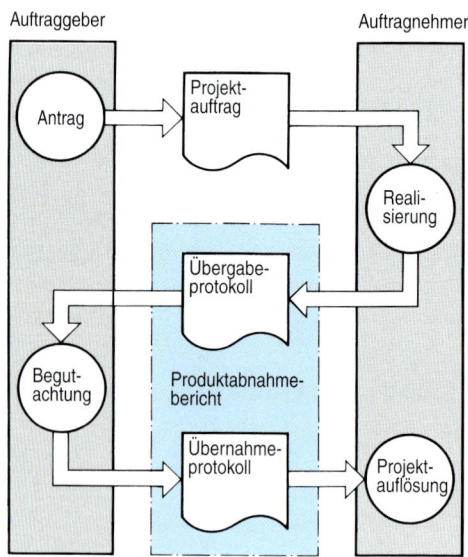

Bild 5.2 Produktübergabe

Dokumentation wie

▷ Entwurfs- und Konstruktionsunterlagen,
▷ Bau- und Fertigungsunterlagen
▷ Verfahrens- und Systembeschreibungen,
▷ Benutzerbeschreibungen sowie
▷ Wartungsunterlagen.

Leistungsmerkmale hinsichtlich

▷ Funktionsumfang,
▷ Qualitätseigenschaften,
▷ Einsatzumwelt und
▷ Prüfmöglichkeiten.

Übergabemodalitäten, d.h.

▷ Form der Produktübergabe,
▷ Verantwortlichkeiten,
▷ Abnahmefristen,
▷ Abnahmeunterstützung.

Produktbegutachtung

Mit der Produktbegutachtung nimmt der Auftraggeber das Produkt ab

Mit Vorliegen des Übergabeprotokolls muss vom Auftraggeber das entwickelte Produkt begutachtet, d.h. es muss festgestellt werden, ob das gelieferte Produkt den im Projektauftrag formulierten Anforderungen entspricht.

Der Inhalt solcher Produktbegutachtungen hängt natürlich von der Art des Entwicklungsobjekts ab. Bei der Prüfung von SW-Programmen sind völlig andere Kriterien von Bedeutung als bei reinen HW-Produkten. So werden in Produktbegutachtungen Untersuchungsfelder einbezogen wie:

▷ Vollständigkeit des Leistungsumfangs,
▷ Zweckmäßigkeit des konstruktiven Aufbaus,
▷ Zweckmäßigkeit der Bedienoberfläche,
▷ Fragen der Wartbarkeit,
▷ Qualität der Dokumentation.

Alle nicht voll erfüllten Leistungsmerkmale werden in einer „Liste offener Mängel" festgehalten und bilden die Basis für vorzunehmende Korrekturen und Nachbesserungsarbeiten.

Auch hier zeigt es sich als sehr vorteilhaft, wenn der Auftraggeber (z.B. der Kunde oder der Vertrieb) möglichst eng in die Produktdefinition eingebunden war und laufend die Produktrealisierung verfolgen konnte. So ist er mit dem fertiggestellten Produkt bereits vertraut, wodurch die Produktbegutachtung zügig und sachbezogen ablaufen kann.

Übernahmeprotokoll

Zeigt die Produktbegutachtung keine gravierenden Mängel (Blocking Points) auf, so wird vom Auftraggeber bzw. von der abnehmenden Stelle (z.B. QS-Stelle) ein gesondertes Übernahmeprotokoll erstellt, welches die Funktion eines Freigabeprotokolls hat. Das Übernahmeprotokoll sollte folgende Punkte ansprechen:

Das Übernahmeprotokoll erstellt der Auftraggeber

Übernahmeobjekte wie

▷ Programme, Module,
▷ Prototypen, Funktionsmuster,
▷ Baugruppen, Schaltkreise,
▷ CAD-Dateien,
▷ Bauunterlagen, Schaltpläne,
▷ allgemeine Beschreibungen usw.

Durchgeführte Prüfungen an

▷ Produktteilen und
▷ Dokumentationsteilen.

Festgestellte Mängel bei

▷ Produktteilen und
▷ Dokumentationsteilen.

Nachforderungen an den Auftragnehmer, z.B.

▷ offene Mängel,
▷ Fehlerbereinigungen,

▷ technische Änderungen,
▷ Dokumentationserweiterungen,
▷ Preiskorrekturen.

Abnahmeentscheidung mit

▷ Abnahmekommentar und
▷ Nachbesserungsfristen.

Je eindeutiger die Produktübergabe und -übernahme in den begleitenden Protokollen beschrieben ist, desto geringer ist später die Gefahr von Missverständnissen und gegenseitigen Forderungserhebungen.

Nach gängiger Rechtsprechung gilt ein Vertragsgegenstand bereits als abgenommen, sobald der Kunde diesen *produktiv* nutzt – auch wenn der Kunde das Abnahmeprotokoll noch nicht unterschrieben hat.

5.1.3 Technische Betreuung

Mit Abschluss der Entwicklung ist der Lebenszyklus eines Produkts nicht zu Ende

Rechtzeitig vor Projektende sind Überlegungen anzustellen, welche speziellen Vorkehrungen für die technische Betreuung des fertiggestellten Entwicklungsprodukts nach der Projektauflösung getroffen werden müssen. Neben einer Einsatzunterstützung, einer Schulung des künftigen Einsatzpersonals oder der Einführung einer Beratungsstelle (Hotline) werden die nachfolgenden Betreuungsaufgaben durch die Art des Projektergebnisses bestimmt.

SW-Produktentwicklung

Bei Abschluss einer SW-Produktentwicklung liegt i.Allg. ein ausgetestetes, weitgehend fehlerfreies SW-Produkt vor, das nun auf den Markt gebracht wird.

Für SW-Produkte empfiehlt sich ein Wartungsvertrag

Die primäre Verantwortung geht daher auf eine Serviceabteilung über, die häufig über eigene SW-Fachleute verfügt. Allerdings können diese oft die technische Verantwortung nicht voll übernehmen. Deshalb wird in vielen Fällen mit der (früheren) Entwicklungsabteilung ein (entgeltpflichtiger) *Wartungsvertrag* abgeschlossen. Hierin ist genau geregelt, welche Aufgaben im Vertragsfall zu übernehmen sind, also z.B.:

▷ Fehlerbehebung nach Ablieferung,
▷ Anpassung an neue Betriebssystemversionen,
▷ Einbindung neuer Versionen von implementierter Standard- und Basissoftware,
▷ Optimierung der Benutzeroberfläche,
▷ Verbesserung der Ablaufeigenschaften.

HW-Produktentwicklung

Eine reine HW-Produktentwicklung schließt im Gegensatz zur SW-Produktentwicklung mit einem ausgereiften Prototyp ab, der nun in die *Serienfertigung* übergeleitet werden muss. Zwischen Prototypenentwicklung und Serienfertigung liegt meist noch die *Vorserienfertigung*; sie stellt den eigentlichen Übergang von Entwicklung zur Fertigung dar. In der Vorserie werden alle fertigungstechnischen Abläufe und Verfahren festgelegt und erprobt.

Der Übergang von der Entwicklung in die Fertigung kann nicht nur von Fertigungsfachleuten getragen werden; hier muss auch der Entwickler helfend mit eingreifen. Für den Entwickler war das primäre Ziel das Erreichen der *Funktionsfähigkeit* des geplanten Produkts; beim Fertigungsfachmann dagegen steht die *Reproduzierbarkeit* des Produkts im Vordergrund. Der Prototyp muss daher häufig noch in einigen Punkten geändert werden. Dabei verändert er wohl nicht seine Funktion, er wird aber „fertigungsgerechter" gestaltet. Diese (notwendige) Zuarbeit durch die Entwicklung ist ebenfalls vertraglich klar zu regeln.

An der Überleitung in die Serienfertigung ist auch der Entwickler beteiligt

System- bzw. Anlagenentwicklung

Eine System- bzw. Anlagenentwicklung enthält i.Allg. sowohl HW- als auch SW-Anteile und ist – bis auf bestimmte Basiskomponenten – kundenspezifisch. Besonders der SW-Teil ist in seiner Endausprägung auf einen ganz bestimmten Anwender ausgerichtet.

Die Feldeinführung eines Systems bzw. einer Anlage ist vorher vertraglich zu vereinbaren

Gerade bei solchen anwenderspezifischen Entwicklungen sind die Entwicklungsarbeiten mit Abschluss des Projekts keineswegs zu Ende. Einerseits muss das Entwicklungspersonal die Feldeinführung intensiv unterstützen, andererseits ergeben sich nach einer gewissen Einsatzzeit weitergehende Modifikationsentwicklungen aufgrund neuer Anforderungen und Erweiterungswünsche des Anwenders.

Auch diese unerlässliche Einsatzunterstützung durch Personal der Entwicklung muss in Umfang, Aufwand und Dauer zwischen Vertrieb und Entwicklung vertraglich vor Auflösung des Projekts vereinbart werden und z.B. in einen Inbetriebnahmeplan einmünden.

DV-Verfahrensentwicklung

Bei dieser Entwicklungsart handelt es sich um die Entwicklung von DV-Verfahren vornehmlich für den internen Einsatz im Rahmen von Rationalisierungsprojekten. Gerade die in einem Unternehmen intern eingesetzten DV-Verfahren unterliegen einem steten Wandel, der immer wieder Anpassungsentwicklungen zur Folge hat.

Interne DV-Verfahren unterliegen einem steten Wandel

Bei der Verfahrensbetreuung ist zu unterscheiden zwischen

▷ Wartung,
▷ Weiterentwicklung und
▷ Anwenderunterstützung.

Zur *Wartung* eines Verfahrens – d.h. zur Verfahrenspflege – gehören im Wesentlichen die Tätigkeitsfelder Fehlerbehebung und Umweltanpassung. Hierbei umfasst die Fehlerbehebung das unmittelbare Beseitigen von Programmfehlern, Hantierungs- und Dokumentationsmängeln. Zur Umweltanpassung gehören einerseits die Verfahrensanpassung an neue

Versionen des Betriebssystems sowie der implementierten Standardsoftware und andererseits geringfügige Funktionsanpassungen, die durch Veränderungen in der Ablauforganisation des jeweiligen Anwenders notwendig geworden sind.

Eine umfassende *Weiterentwicklung* ist durchzuführen, wenn das Verfahren insgesamt ablauftechnisch oder technologisch verbessert werden soll oder gewichtige zusätzliche Anforderungen seitens der Anwender entstanden sind.

Zur *Anwenderunterstützung* zählen sowohl eine „Hotline" oder ein „Help Desk" bei auftretenden Problemen im Verfahrenseinsatz als auch die Unterstützung „vor Ort".

Schätzung des Wartungsaufwands

Wartungsarbeiten sollten nach Aufwand verrechnet werden

Da der erforderliche Wartungsaufwand nur schwer zu schätzen ist, können häufig Wartungsverträge nur nach *Auftragsverrechnung* und nicht auf der Basis eines *Festpreises* abgeschlossen werden.

Bei repräsentativen Untersuchungen in amerikanischen Firmen verschiedener Branchen wurden für den „Wartung/Entwicklungs-Quotienten", d.h. für das Verhältnis der gesamten, im Lebenszyklus anfallenden Wartungskosten zu den ursprünglichen Entwicklungskosten die in Bild 5.3 aufgeführten Durchschnittswerte ermittelt.

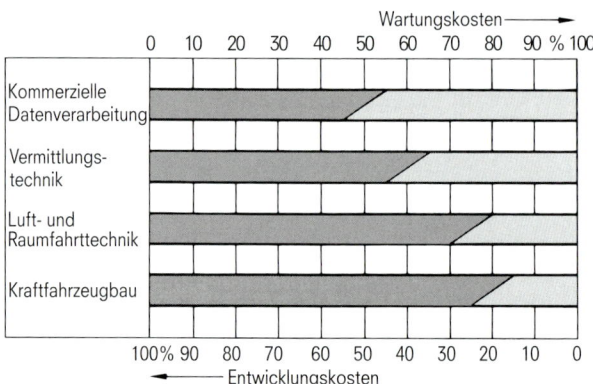

Bild 5.3 Wartung/Entwicklungs-Quotient

5.2 Projektabschlussanalyse

Kein Projektabschluss ohne Abschlussanalyse

Mit Projektende sollte immer eine Projektabschlussanalyse vorgenommen werden, um den Erfahrungszuwachs für künftige Projektvorhaben zu sichern (Learning Community). Im Rahmen dieser Analyse werden die ursprünglichen und die während des Projektablaufs aktualisierten Planvorgaben sowie die am Projektende erreichten Ergebnisse einander gegenübergestellt. Zu betrachten und zu bewerten sind hierbei im Wesentlichen die folgenden Projekt- und Produktgrößen:

▷ Aufwände und Kosten
▷ Termine und Zeiten (Dauern)
▷ technische Leistungsgrößen
▷ Wirtschaftlichkeitszahlen
▷ Funktionsanforderungen
▷ Qualitätsmerkmale.

Alle zahlen- und mengenmäßigen Größen sind innerhalb einer *Nachkalkulation* zu behandeln, die Wirtschaftlichkeitszahlen sollten in einer *Wirtschaftlichkeitsanalyse* auf ihre Zielerreichung geprüft werden und alle technischen und kaufmännischen Ergebnisse sind in einer *Abweichungsanalyse* einem Soll/Ist-Vergleich zu unterziehen.

5.2.1 Nachkalkulation

In der Nachkalkulation werden alle wesentlichen kaufmännischen Istdaten des Projekts zusammengetragen und den in der Vorkalkulation geschätzten Plandaten sowie den erreichten Produktergebnisgrößen gegenübergestellt.

Die Nachkalkulation dient primär zur Prüfung der Wirtschaftlichkeit

Kalkulationsstruktur

Insgesamt sollte man die Nachkalkulation analog der bei der Vorkalkulation verwendeten Kalkulationsstruktur erstellen. Die Unterteilung der dem Projekt direkt zuordenbaren Kostenelemente, wie

▷ Personalaufwände (eigen/fremd),
▷ Testanlagenkosten,
▷ Musterbaukosten,
▷ Consultantkosten und
▷ sonstige Käufe/Bezüge,

sollte daher die gleiche sein. Bei den zusätzlichen Kostenelementen, besonders den durch Gemeinkosten-Umlagen hinzukommenden Kostenanteilen, kann eine abweichende Gliederung sinnvoll sein. Zu ihnen gehören

▷ Reisekosten,
▷ Fehlerbehebungskosten nach Ablieferung,
▷ Kosten für allg. Tool- und Supportentwicklung,
▷ Kosten für Grundlagenentwicklung und
▷ Verwaltungskosten.

Aufgaben der Nachkalkulation

Bild 5.4 zeigt die der Nachkalkulation vorgelagerten und nachgelagerten Aufgabenbereiche.

5 Projektabschluss

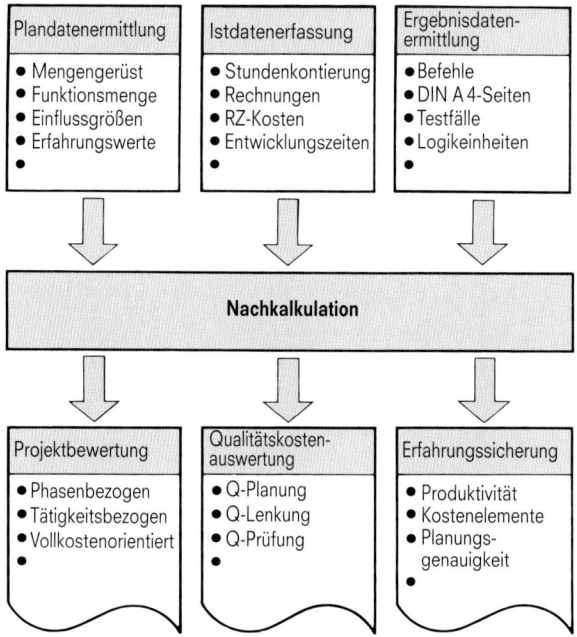

Bild 5.4 Umfeld der Nachkalkulation

Die primäre Aufgabe von Nachkalkulationen liegt im Liefern von Daten für

▷ die *Projektbewertung* anhand der Plan/Ist-Vergleiche,
▷ die *Qualitätskostenauswertung* zum Bestimmen der einzelnen QS-Positionen und
▷ die *Messdatenermittlung* zur Erfahrungssicherung.

Nachkalkulationen abgeschlossener Entwicklungsvorhaben sind vor allem für das Überprüfen der wirtschaftlichen Tragfähigkeit der entwickelten Produkte notwendig. Nur durch ein vollständiges Einbeziehen aller Entwicklungskosten im Rahmen einer *Vollkostenrechnung* kann festgestellt werden, ob ein angebotener Produktpreis zu einer Unter- oder Überdeckung der Entwicklungskosten geführt hat.

Mit Hilfe *prozessbezogener* Nachkalkulationen ist darüber hinaus auch leicht zu analysieren, in welchen Phasen und bei welchen Tätigkeiten der Entwicklung Ressourcen und Kapazitäten in starkem Maße gebunden waren. Die Daten der Nachkalkulation machen es dann möglich zu erkennen, an welchen Stellen durch verbesserte Werkzeuge oder durch vermehrte Geräteinvestitionen die Entwicklungsleistung bei künftigen Projekten gesteigert werden kann, ohne den Mitarbeitern dabei ein größeres Arbeitsvolumen aufzubürden.

5.2.2 Abweichungsanalyse

Meist ergeben sich bei jeder Projektdurchführung Abweichungen von den ursprünglichen Annahmen. Untersuchungen von Planabweichungen dürfen nicht allein unter dem Gesichtspunkt der Projektqualität gesehen werden, sondern vor allem auch als Lerneffekt, als Anregung zum „Bessermachen beim nächsten Mal".

Die Abweichungsanalyse bewirkt einen Lerneffekt

Deshalb sollte jeder Projektabschluss eine umfassende *Abweichungsanalyse* enthalten; in dieser werden alle aufgetretenen Plan/Ist-Abweichungen der relevanten Projekt- und Produktparameter festgestellt, untersucht und entsprechend bewertet.

Analyseablauf

Der Ablauf einer systematischen Abweichungsanalyse gliedert sich in fünf Hauptschritte:

▷ Aufschreiben des Soll
▷ Aufschreiben des Ist
▷ Feststellen von Abweichungen
▷ Ermitteln der Ursachen
▷ Ausarbeiten von Maßnahmen.

Dabei erstreckt sich die Abweichungsanalyse im Wesentlichen auf die Parameter Termine, Aufwände, Kosten, Leistungs- und Qualitätsmerkmale.

Nach Aufschreiben der Soll- und Ist-Werte der in die Abweichungsanalyse einbezogenen Projekt- und Produktparameter und nach Feststellen markanter Abweichungen muss untersucht werden, welche personellen, technischen und organisatorischen Ursachen hierfür ausschlaggebend waren. Außerdem ist zu prüfen, inwieweit die jeweilige Abweichung ver-

	Personelle Ursachen	Technische Ursachen	Organisatorische Ursachen
Vermeidbar	▶ Demotivation ▶ Mangelnde Ausbildung ▶ Missverständnisse ▶ Überlastung	▶ Planungsfehler ▶ Fehleranfälligkeit ▶ Unvollständige Testdaten ▶ Mangelnde Toolnutzung	▶ Engpässe bei RZ und Testanlagen ▶ Kompetenzgerangel ▶ Personelle Engpässe ▶ Probleme bei der Fertigungseinführung
Kaum vermeidbar	▶ »Problemfälle« ▶ Fluktuation ▶ Mangelnde Fähigkeiten	▶ Performance-Probleme ▶ Überforderte Prüftechnik ▶ Neue Anforderungen ▶ Unsichere Systembasis (z. B. Betriebssystemmängel) ▶ Fehlender Support	▶ Wechselnder Zulieferant ▶ Prioritätenveränderungen ▶ Räumliche Aufteilung ▶ Termindruck
Nicht vermeidbar	▶ Krankheit ▶ Schwangerschaft ▶ Kündigung	▶ Technologische Grenzen ▶ Fehlerhafte Fremdteile ▶ Fehlende Bauteile	▶ Umorganisation auf höheres Geheiß ▶ Änderung der Verträge ▶ Konkurs eines Lieferanten

Bild 5.5 Ursachen für Planabweichungen

meidbar oder nicht vermeidbar gewesen wäre. Hierbei muss man unterscheiden zwischen singulär aufgetretenen Abweichungen und solchen, die aufgrund eines grundsätzlichen Mangels im Projektablauf entstanden sind. Im ersten Fall hätte der Abweichung mit einer einzigen Maßnahme begegnet werden können; im zweiten Fall wären eventuell generelle Veränderungen in der Prozess- oder Projektorganisation notwendig gewesen.

Die Übersicht nach Bild 5.5 enthält – gegliedert nach den vorgenannten Kriterien – einige typische Ursachen für Abweichungen von Projekt- und Produktparametern.

Abweichungsanalysebericht

Die Frage nach Vermeidbarkeit ist erster Ansatz für verbesserte Qualität bei künftigen Projekten

Alle bei einer Abweichungsanalyse festgestellten Abweichungen werden mit ihren Ursachen und möglichen Vermeidungsmaßnahmen in einem *Abweichungsanalysebericht* zusammengefasst. Dieser sollte wie folgt aufgebaut sein:

Festgestellte Abweichungen, gegliedert nach

▷ projektbezogenen Parametern und
▷ produktbezogenen Parametern.

Ermittelte Ursachen, unterteilt nach

▷ personellen Ursachen,
▷ technischen Ursachen und
▷ organisatorischen Ursachen.

Abgeleitete Maßnahmen (Vorschläge), begründet durch

▷ falsche Vorgaben (d.h. Ist-Werte sind berechtigt) bzw.
▷ mangelnde Erfüllung (d.h. Soll-Werte sind berechtigt).

Der Abweichungsanalysebericht bildet ein wichtiges Beurteilungsdokument bei der Projektabschlusssitzung für die Projektauflösung; ggf. können aus diesem noch erforderliche Abschlussarbeiten abgeleitet werden.

Kundenbefragung

Das Kundenurteil bestimmt den Projekterfolg

Im Rahmen von qualitätssichernden Maßnahmen gemäß der ISO-Zertifizierung oder einer Selbstbewertung nach dem EFQM-Modell wird immer mehr die Befragung der Kunden hinsichtlich ihrer Kundenzufriedenheit gefordert. Eine solche Kundenbefragung sollte spätestens zum Projektabschluss durchgeführt werden.

Einer möglichst repräsentativen Auswahl aus dem Kundenkreis werden allgemeine und projektbezogene Fragen zur Kundenzufriedenheit gestellt. Solche Fragen können z.B. sein:

▷ Wie zufrieden sind Sie mit der Leistungserbringung?
▷ Wie zufrieden sind Sie mit der Einhaltung des vereinbarten Kostenrahmens?
▷ Wie zufrieden sind Sie mit der Einhaltung der vereinbarten Termine?

▷ Wie zufrieden sind Sie mit der Kompetenz unserer Mitarbeiter?
▷ Wie zufrieden sind Sie mit der Freundlichkeit unserer Mitarbeiter?
▷ Wie zufrieden sind Sie mit der Qualität?
▷ Werden Sie uns weiterempfehlen?
▷ Würden Sie uns wieder einen Auftrag erteilen?

Die Beantwortung der Befragung geschieht i.Allg. nach einer Bewertungsskala von 5 bis 10 Stufen („trifft voll zu" bis „trifft nicht zu" oder „sehr zufrieden" bis „sehr unzufrieden").

Die Ergebnisse der Einzelbefragungen sind dann zusammenzuführen und einer kritischen Analyse zu unterziehen. Hierbei sind zum einen die Durchschnittswerte von Bedeutung und zum anderen müssen die „Ausreißer" einer genauen Analyse unterzogen werden.

Wichtig ist es, herauszufinden, worin die Ursachen für weniger zufriedene Meldungen begründet sind; dies kann beim Kunden oder bei einem selbst liegen. Für Verbesserungspotentiale, die in die eigene Zuständigkeit fallen, sind zielorientierte Maßnahmenkataloge zu erstellen, deren Abarbeitung auf eine Verbesserung der Kundenzufriedenheit abzielen. Dies ist in einer späteren Wiederholung der Kundenbefragung zu verifizieren.

5.2.3 Wirtschaftlichkeitsanalyse

Die Wirtschaftlichkeitsbetrachtung zu Beginn eines Projekts ist in vielen Bereichen schon ein fester Bestandteil der Projektdefinition geworden. Eine Kontrolle der dort gemachten Angaben – im Rahmen einer offiziellen Wirtschaftlichkeitsanalyse bei Projektabschluss – fehlt dagegen in den meisten Fällen.

Ein Projekt ist bekanntlich dann wirtschaftlich, wenn die Finanzrückflüsse, also die gesamten durch den Projektgegenstand herbeigeführten Einnahmen, größer sind als der Finanzmitteleinsatz, d.h. die für die Projektdurchführung notwendigen Aufwendungen. Die Art und Weise des Finanzrückflusses und des Finanzmitteleinsatzes unterscheiden sich natürlich bei den verschiedenen Projektarten (siehe Tabelle 5.1).

Ein Projekt ist dann wirtschaftlich, wenn der Finanzmittelrückfluss größer als der Finanzmitteleinsatz ist

Abweichungen von Wirtschaftlichkeitsprognosen haben sehr vielfältige Ursachen:

▷ erhöhte Entwicklungskosten aufgrund zusätzlicher Änderungswünsche,
▷ unvorhergesehene Preissteigerungen bei den Investitionen,
▷ gestiegene Zulieferungspreise,
▷ geringer ausgefallene Materialeinsparungen,
▷ nicht erreichter Umsatz wegen erhöhten Konkurrenzdrucks,
▷ verspätete Einsatzphase und dadurch verzögerter Beginn des Finanzmittelrückflusses,
▷ höhere Aufwendungen für Pflege und Wartung,
▷ geringere Reduzierung der Betreibungskosten.

Tabelle 5.1 Unterschiedliche Arten des Finanzmitteleinsatzes und -rückflusses

Projektart	Finanzmitteleinsatz	Finanzmittelrückfluss
Entwicklungsprojekte	Entwicklungskosten	Verkaufte Anzahl × Vertriebspreis
Rationalisierungsprojekte	Projekt- und Investitionskosten	Rationalisierungseinsparungen
Projektierungsprojekte	Entwicklungs-, Anpassungs- und Zulieferungskosten	System- bzw. Anlagenpreis
Betreuungsprojekte	Pflege- und Wartungskosten	Vertraglicher Auftragswert
Dienstleistungsprojekte	Übernahme- und Betreibungskosten	Vertraglicher Auftragswert

Eine Wirtschaftlichkeitsanalyse zeigt Abweichungsursachen auf und verbessert künftige Wirtschaftlichkeitsbetrachtungen

Eine Wirtschaftlichkeitsanalyse hat die Aufgabe, derartige Abweichungsursachen aufzuzeigen und diese für künftige Wirtschaftlichkeitsbetrachtungen zu dokumentieren.

Wirtschaftlichkeitsanalysen lassen sich allerdings nur dann vernünftig durchführen, wenn von Anbeginn des Projekts die entsprechenden Projektdaten zielgerichtet aufgeschrieben werden; hierbei bieten sich unterschiedliche Vorgehensweisen an: der Vergleich von Kennzahlen, die Analyse der Produktivitätssteigerung und die Nachrechnung der Wirtschaftlichkeit.

Analyse einer Rationalisierung

In welchen Kennzahlen liegt das Projekt besser oder schlechter als der Durchschnitt?

Können die wesentlichen Rationalisierungseffekte einer Wirtschaftlichkeitsbetrachtung in Kennzahlen ausgedrückt werden, so ist die Methode des *Kennzahlenvergleichs* für die Wirtschaftlichkeitsanalyse einfach und praktikabel zugleich. Es sollte sich hierbei allerdings um „harte" Kennzahlen handeln, d.h. die Messdaten für die Kennzahlenbildung sollten möglichst exakt messbar sein. Als Kennzahlen für zu analysierende Einsparungseffekte sind nachstehend einige aufgeführt:

▷ erstellte loc je Mitarbeiter im Jahr,
▷ Aufwand für Stromlaufplanerstellung je Flachbaugruppe,
▷ Bearbeitungszyklen je Komponente,
▷ Papiermenge im RZ je Monat,
▷ Belegmenge je Zeiteinheit,
▷ Personalstand je Monat,
▷ Wartungs- und Betreuungsaufwand im GJ.

Als erstes sind zu Beginn eines Vorhabens, welches einer Wirtschaftlichkeitsprüfung unterzogen worden ist, die relevanten Kennzahlen in ihren Anfangswerten (Vorgabewerten) festzuhalten. Mit Abschluss des Vorhabens werden diese Kennzahlen in ihren eingetretenen Werten (Ergebniswerte) bestimmt und den Anfangswerten gegenübergestellt. Aus der Differenz kann man schließlich ermitteln, inwieweit anfänglich die Wirtschaftlichkeitsprognose richtig war. Die Wertebestimmung der Kennzahlen kann natürlich auch im Laufe des Vorhabens – eventuell sogar mehrmals – geschehen, um auf diese Weise eine frühzeitige Trendaussage hinsichtlich Erfüllung des Wirtschaftlichkeitsziels machen zu können.

Analyse einer Produktivitätssteigerung

Basiert eine Wirtschaftlichkeitsprogose im Wesentlichen auf Steigerungseffekten der *Produktivität*, die durch die eingesetzten Mittel für Tool-, Support- oder Verfahrensentwicklungen erreicht werden sollen, so bietet sich zur Wirtschaftlichkeitskontrolle eine Vorgehensweise der *prozessorientierten* Analyse der Produktivitätssteigerung an.

Sind die geplanten Produktivitätssteigerungen erreicht worden?

Zuerst muss für die Wirtschaftlichkeitsbetrachtung ein Analyseschema entworfen werden, in dem die prozentualen Einsparungseffekte geplanter Rationalisierungselemente auf die jeweilgen Tätigkeiten in den einzelnen Entwicklungsphasen aufgeführt sind. Bild 5.6 zeigt ein Beispiel für ein solches Analyseschema, wie es in ähnlicher Form in einigen Entwicklungsbereichen der Kommunikationstechnik verwendet wurde.

In diesem Beispiel handelt es sich um geplante Tool- und Support-Unterstützungen (Rationalisierungselemente) für die SW-Entwicklung von Vermittlungssystemen. Das Tätigkeitsprofil je Entwicklungsphase sollte unabhängig von der möglichen Tool- und Support-Unterstützung definiert werden. Weiterhin ist die einzelne Tätigkeitsart mit einem Gewicht entsprechend ihrem Aufwandsverhältnis zum Gesamtaufwand in der betrachteten Entwicklungsphase zu belegen.

In den Matrixfeldern werden die geplanten Aufwandseinsparungen für die jeweiligen Tätigkeiten bei Verwenden der entsprechenden neuen Entwicklungsunterstützung angegeben. Unter Berücksichtigung der Gewichtung der Tätigkeitsarten und der prozentualen Phasenaufwandsverteilung gelangt man schließlich zu einer relativen Einsparungsverteilung.

Zum Verdeutlichen sei folgendes Zahlenbeispiel aus dem Schema in Bild 5.6 herausgegriffen:

> Für den Einsatz eines grafischen Texteditors zum Spezifizieren in der Systementwurfsphase wird ein Einsparungspotential von 10% angenommen. Da die Spezifikationstätigkeit in dieser Phase im Verhältnis zu den anderen mit einem Gewicht von 0,3 belegt wird (Gesamtgewicht je Phase immer 1), ergibt sich eine gewichtete Einsparung von 3%. Diese geht mit 0,3% in die Gesamteinsparung ein, weil die Phase Systementwurf wiederum nur 10% vom Gesamtprozess darstellt.

In einer projektbegleitenden Aufwandsanalyse muss nun seitens der Entwickler die Stundenkontierung phasen- und tätigkeitsartbezogen vorgenommen werden. Für das Kennzeichnen der Entwicklungsphasen muss ein EKZ (Entwicklungskennzeichen) und für die Tätigkeitsarten ein TKZ

Entwicklungsphase	EKZ	Tätigkeit	TKZ	Gewicht	SDL-Grafik	SDL-Analyse	Grafischer Texteditor	KM/Verwaltungssupport	Testfallsupport	Diagnosesupport für CHILL/SDL	Standard-DEBUG-Support	Testautomat für Sprachleistungsmerkmale	Einsparung gewichtet	relativ
Systementwurf 10%	SE	PD-Entwurf/Test	A	0,6	10%	10%							12%	
		KM/Verwaltung	B	0,1				20%					2%	
		Verbale Spezifikation	C	0,3		10%							3%	1,7%
Programmentwurf 40%	PE	ZD-Entwurf/Test	D	0,6	10%	10%							10%	
		KM/Verwaltung	B	0,1				10%					1%	
		CHILL-Entwurf	E	0,3			20%						6%	
		Verbale Spezifikation	C	0,1		10%							1%	7,2%
Implementierung 35%	IM	Testfallentwurf und Testrahmen	F	0,4					30%				12%	
		Fehlerkorrektur	G	0,4					10%	10%			8%	
		Testauswertung	H	0,1						10%			1%	
		KM/Verwaltung	B	0,1				10%					1%	7,7%
Systemintegration und -test 15%	ST	Testfallentwurf und Testrahmen	F	0,4					30%	15%			18%	
		Fehlerkorrektur	G	0,3					10%	10%	30%		15%	
		KM/Verwaltung	B	0,1				10%					1%	
		Testdurchführung	J	0,2								30%	6%	6,0%

PD Prozedurdiagramm   ZD Zustandsdiagramm

Bild 5.6 Analyseschema (Beispiel)

(Tätigkeitskennzeichen) vergeben sein. Im Vergleich zu bereits abgeschlossenen, vergleichbaren Entwicklungsvorhaben, deren Aufwände in gleicher Weise (EKZ- und TKZ-bezogen) erfasst sein müssen, ist schließlich feststellbar, ob die prognostizierten Einsparungen auch wirklich realisiert werden konnten.

Nachrechnung der Wirtschaftlichkeit

Wie stark weicht die nochmalige Durchrechnung der Wirtschaftlichkeit von den ursprünglichen Werten ab?

Stehen zutreffende Kennzahlen nicht zur Verfügung oder ist eine prozessorientierte Analyse der Produktivitätssteigerung nicht möglich bzw. angebracht, sollte wenigstens versucht werden, bei Abschluss von Projekten – für die zu Projektbeginn eine Renditerechnung vorgenommen worden ist – eine *Kontrollrechnung* der Gesamtwirtschaftlichkeit durchzuführen. Darin müssen allen ursprünglich gemachten Planzahlen hinsichtlich des Finanzmitteleinsatzes und der Finanzmittelrückflüsse entsprechende Istzahlen gegenübergestellt werden. Enthält das vorliegende Berichtssystem allerdings die in der Wirtschaftlichkeitsrechnung angegebenen Parameter nicht, so ist ein objektiver Nachweis von Istzahlen nur schwer zu erbringen.

5.3 Erfahrungssicherung

5.3.1 Erfahrungsdaten

Das Sammeln von Erfahrungsdaten ist Voraussetzung für jede Erfahrungssicherung im Rahmen eines Wissensmanagements (Lessons learned). Als Erfahrungsdaten für Produkt- und Systementwicklungen bieten sich zahlreiche produkt- und projektkennzeichnende Einzeldaten an, wobei zwischen *messbaren* Daten (Messdaten) und *beschreibenden* Daten (Merkmalsdaten) zu unterscheiden ist. Messdaten werden einerseits aus den Realisierungsergebnissen (Produktmessdaten) ermittelt und andererseits aus dem Projektgeschehen (Projektmessdaten) abgeleitet (Bild 5.7). Merkmalsdaten stellen keine mit Maßeinheiten versehene messbaren Mengen dar, sondern sind entweder klassifizierende bzw. gewichtende Einflussgrößen – in Form von Faktoren, Kategorien u.ä. – oder deskriptive Angaben, die meist verbaler Natur sind.

Erfahrungsdaten sind die Basis für eine Erfahrungssicherung

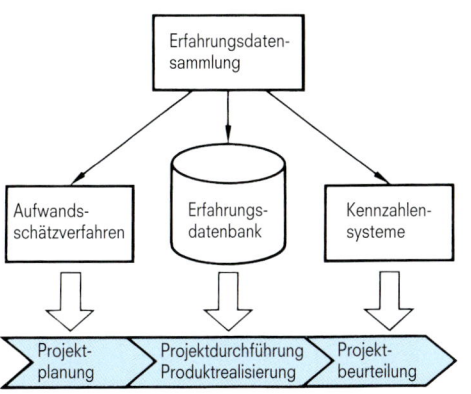

Bild 5.7
Unterteilung der Erfahrungsdaten

Kennzahlen – auch als Kenndaten bezeichnet – werden mithilfe entsprechender Rechenoperationen aus den produkt- und projektspezifischen Messdaten unter Einbeziehung der Merkmalsdaten, vornehmlich der Einflussgrößen, gebildet.

Produkt- und Projektmessdaten

In den Tabellen 5.2 und 5.3 sind die wichtigsten produkt- und projektspezifischen Messdaten für die HW- und SW-Entwicklung mit Bezug des Anwendungsfelds aufgeführt.

Produkt- und Projektmessdaten müssen zielorientiert gesammelt werden

Einflussgrößen

Einflussgrößen, d.h. Größen von Einflussparametern, sollen die ja meist sehr unterschiedlichen Entwicklungsvorhaben in vergleichbare Gruppen einordnen. Die Wahl der zu verwendenden Parameter hängt dabei entscheidend von den Zielen der beabsichtigten Erfahrungsdatensammlung ab, also von dem eingesetzten Aufwandsschätzverfahren, von dem ver-

Einflussgrößen machen Produkt- und Projektmessdaten vergleichbar

Tabelle 5.2 Produktmessdaten

	Messgröße	Einheit	Entwicklung		Beispiel
			HW	SW	
1	Dokumentationsseite	Anzahl DIN A4	×	×	Anzahl Dokumentationsseiten, bezogen auf eine bestimmte Dokumentationsart
2	Anweisung	Anzahl kloc		×	Anzahl Anweisungen auf logischer oder auf DV-technischer Ebene
3	Prozedur	Anzahl		×	Anzahl Prozeduren eines SW-Programms
4	Speicherbedarf	PAM-Seite		×	Benötigter Speicherbedarf eines SW-Programms
5	Gewicht	kg	×		Elektronik- oder Mechanikgewicht eines Geräts
6	Volumen	cm^3	×		Volumen eines elektronischen Geräts
7	Fläche	cm^2	×		Fläche einer Leiterplatte
8	Leistung	kW oder kVA	×		Leistung eines elektrischen Geräts bzw. einer Anlage
9	Logikeinheit	Anzahl	×		Anzahl Gatterfunktionen einer Flachbaugruppe
10	Funktion	Anzahl	×	×	Anzahl Funktionen eines Geräts bzw. Systems
11	Systemmodul	Anzahl	×	×	Anzahl Module eines Systems (z.B. SW-Programme, -Module, HW-Baugruppen, Subsysteme)
12	Schnittstelle	Anzahl	×	×	Anzahl definierter Schnittstellen in einem System

Tabelle 5.3 Projektmessdaten

	Messgröße	Einheit	Entwicklung		Beispiel
			HW	SW	
1	Aufwand	MStd/MT/ MW/ MM/MJ	×	×	Der für eine bestimmte Aufgabe geplante bzw. geleistete Personalaufwand
2	Kosten	EUR/TEU	×	×	Die für eine bestimmte Aufgabe geplanten bzw. angefallenen Kosten
3	Dauer	Stunde/Tag/ Woche/Monat/ Quartal/Jahr	×	×	Die für eine bestimmte Aufgabe geplante bzw. benötigte Zeit
4	Mitarbeiter	Anzahl	×	×	Anzahl der mit der Entwicklung beschäftigten Mitarbeiter
5	Fehler	Anzahl	×	×	Anzahl der in der Entwicklung gemachten SW- oder HW-Fehler
6	Testfall	Anzahl	×	×	Anzahl der in der Entwicklung definierten und durchgeführten Testfälle
7	Änderung	Anzahl	×	×	Anzahl der während einer Entwicklung durchgeführten Änderungen

wendeten Kennzahlensystem oder von der Informationsstruktur der installierten Erfahrungsdatenbank.

Allgemein können die sich anbietenden Einflussgrößen wie folgt gegliedert werden:

▷ Anwendungsbezogene Einflussgrößen
▷ Produktbezogene Einflussgrößen
▷ Entwicklungsbezogene Einflussgrößen
▷ Projektbezogene Einflussgrößen
▷ Personalbezogene Einflussgrößen.

Unter *anwendungsbezogenen* Einflussgrößen sind solche zu verstehen, die den Einfluss auf die Entwicklung durch den Anwender, d.h. durch den Auftraggeber und dessen Umfeld charakterisieren. *Produktbezogene* Einflussgrößen kennzeichnen den Einfluss aufgrund produktspezifischer Anforderungen und einsatzbezogener Restriktionen. *Entwicklungsbezogene* Einflussgrößen umfassen Einflüsse aus der Entwicklungsumwelt, die durch die Qualität der Methoden und Hilfsmittel bestimmt werden. Zu den *projektbezogenen* Einflussgrößen gehören im Wesentlichen termin- und kostenrelevante sowie andere PM-spezifische Merkmale. Mit den *personalbezogenen* Einflussgrößen werden schließlich personalbeschreibende Kriterien wie Erfahrung, Fähigkeit und Motivation der Mitarbeiter angesprochen; hierbei beziehen sich die entsprechenden Faktoren i.Allg. auf den jeweiligen Durchschnitt einer ganzen Entwicklungsgruppe, sind also nicht personenbezogen. Tabelle 5.4 gibt eine Übersicht der wesentlichen Einflussgrößen.

Deskriptive Angaben

Deskriptive Angaben sind vornehmlich für den *Projektevergleich* bei Erfahrungs- und Wissensdatenbanken wichtig, weil für diesen eine Projektähnlichkeit nicht allein aufgrund absoluter Zahlenwerte gefunden werden kann, sondern zusätzlich verbale Beschreibungsmerkmale notwendig sind. Zum Beschreiben abgeschlossener Entwicklungsvorhaben für die Erfahrungssicherung können mehrere Möglichkeiten genutzt werden:

Wo nicht „gemessen" werden kann, helfen deskriptive Angaben

Formalisierte Merkmalsleiste

In einer Indikatorenleiste sind über einen festgelegten Fragenkatalog relevante Projektmerkmale als Ja/Nein-Aussagen abgelegt. Hierdurch wird die rechnergestützte Ähnlichkeitsuntersuchung erheblich vereinfacht, besonders, wenn die einzelnen Merkmale noch mit einem Gewicht versehen sind, welches die Bedeutung des jeweiligen Merkmals ausdrückt.

Vorgegebener Deskriptorenkatalog

Ein Deskriptorenkatalog besteht aus einer vorgegebenen Sammlung von Begriffen, die das jeweilige Entwicklungsfeld bzw. die vorliegende Projektart besonders charakterisieren. Mittels entsprechender Deskribierung können durchgeführte Projekte in ihrem Inhalt und ihrem erreichten Projektstatus klassifiziert und gekennzeichnet werden. Werden diese

Tabelle 5.4 Beispiele von Einflussgrößen

Anwendungsbezogene Einflussgrößen	Vollständigkeit der Anforderungsdefinition Häufigkeit der Änderungswünsche Anzahl projektbeteiligte Stellen (extern, intern) Auflagen und Bedingungen des Auftraggebers Kommunikation Auftraggeber und Auftragnehmer Einsatzumgebung, Anwendungsgebiet
Produktbezogene Einflussgrößen	Benötigte Zuverlässigkeit, Sicherheit Komplexität des Produkts Anforderungen an die Qualität Anforderungen an die Kompatibilität Anforderungen an die Dokumentation Anzahl externer Schnittstellen Umfang der Datenbasis HW-/SW-Kategorie Modifikationsanteile, Wiederholungsfaktor Abhängigkeit von anderen Produkten Einsatzbedingungen
Entwicklungsbezogene Einflussgrößen	Änderungshäufigkeit der Entwicklungsbasis Nutzung der Entwicklungsmethoden Vorhandensein von Entwicklungstools Bearbeitungszyklus Computer-Restriktionen Unterstützung durch Test- und Prüfverfahren QS-Durchdringung Technologiestand
Projektbezogene Einflussgrößen	Enge der Entwicklungszeit Enge des Entwicklungsetats Verfügbarkeit des Personals Entscheidungskraft der Leitung Arbeitsteiligkeit der Projektstruktur Qualität des Projektmanagements Einsatz von PM-Methoden und -Verfahren
Personalbezogene Einflussgrößen	Erfahrung und Kenntnisse im Aufgabengebiet Erfahrung in der Entwicklungsumgebung Analysefähigkeit der Mitarbeiter Programmierfähigkeit der SW-Entwickler Realisierungsfähigkeit der HW-Entwickler Kommunikationsfähigkeit Durchsetzungsvermögen Grad der Motivation, Arbeitszufriedenheit Fluktuationsrate

Deskriptoren später in einer Suchfrage angesprochen, können auf diese Weise die Projektdaten von ähnlichen Projekten zutreffend und schnell aus einer Projekt-Erfahrungsdatenbank zur Verfügung gestellt werden. Innerhalb eines solchen Deskriptorenkatalogs sind die Deskriptoren meist in ein hierarchisch aufgebautes Identifikationssystem eingeordnet, in welches bei Bedarf jederzeit weitere anwenderspezifische Begriffe eingebunden werden können.

Frei wählbare Merkmale

Neben den vorgenannten deskriptiven Merkmalen, die aus einer definierten Begriffsmenge ausgewählt werden, können auch in „freier Form" beschreibende Merkmale gewählt werden. Diese freien Merkmale dienen ebenfalls zur Ähnlichkeitsbestimmung von Entwicklungsprojekten; zu ihnen gehören z.B. Angaben wie

▷ Stichworte aus der Kurzbeschreibung,
▷ Projektklassifikation,
▷ Qualitätsangaben,
▷ Entwicklungsangaben,
▷ Dokumentationsangaben.

Solche freien Merkmale umfassen die wesentlichen Angaben zum Projekt; sie stellen also die Kurzbeschreibung des betreffenden Projekts in einer Erfahrungsdatenbank dar.

Kennzahlen

Kennzahlen werden durch arithmetische Operationen aus der Kombination von Produkt- und Projektmessdaten abgeleitet, wobei die Einflussgrößen für die notwendige Klassifizierung sorgen.

Produkt- und Projektmessdaten bilden die Basis für Kennzahlen

Das Einbeziehen projektorientierter Einflussgrößen wird als *Normalisierung* bezeichnet; berücksichtigt man zusätzlich Einflussgrößen der allgemeinen Entwicklungsumgebung, so bedeutet dies eine *Standardisierung*. Normalisierte Kennzahlen haben also eine projektspezifische Aussage, standardisierte Kennzahlen enthalten eine projektübergreifende Bedeutung (Scorecards).

Kennzahlen erfüllen im Projektablauf sehr unterschiedliche Aufgaben:

Bei der *Projektplanung* werden Kennzahlen als Basisdaten für die Aufwandsschätzung verwendet.

Bei der *Projektdurchführung* dienen Kennzahlen als Analyse- und Vergleichsdaten für die Projektkontrolle (Zeit- und Quervergleich).

Beim *Projektabschluss* werden Kennzahlen als Leitwerte für die Abschlussanalyse sowie für die Leistungs- und Produktivitätsmessung benötigt.

Die folgenden Tabellen enthalten eine Auswahl häufig formulierter Kennzahlen in der SW- und HW-Entwicklung; sie sind unterteilt in

▷ Produktorientierte Kennzahlen   (Tabelle 5.5)
▷ Projektorientierte Kennzahlen   (Tabelle 5.6)
▷ Prozessorientierte Kennzahlen   (Tabelle 5.7)
▷ Netzplanorientierte Kennzahlen   (Tabelle 5.8)
▷ Betriebswirtschaftliche Kennzahlen   (Tabelle 5.9).

Echte Kennzahlen müssen über bestimmte Eigenschaften verfügen; hierzu zählen:

▷ Quantifizierbarkeit,
▷ Erhebbarkeit,
▷ Vergleichbarkeit,
▷ Relevanz und
▷ Aktualität.

Kennzahlen ohne „Maßstab" sind nutzlos oder gar schädlich

Kennzahlen, für die es keinen „Maßstab" gibt, oder Kennzahlen, die nicht erhoben werden können oder keine vergleichenden Gegenüberstellungen zulassen oder keine Aussagekraft mehr besitzen, weil sie einen überholten Stand kennzeichnen, sind für eine Projektauswertung oder -beurteilung nutzlos, wenn nicht sogar schädlich.

In den Tabellen 5.10 und 5.11 sind für den SW-Entwicklungsbereich einige Produktivitätskennzahlen bzw. Kennzahlen des Betriebsmittelkostenbedarfs für Rechenzeiten angegeben. Die aufgeführten Werte können nur als grobe Leitwerte dienen (neuere Werte lagen leider nicht vor); im Einzelnen kommt es immer auf die spezielle Entwicklungsumgebung an, die geprägt wird durch die Qualifikation der Mitarbeiter, die Durchdringung mit Methoden und Werkzeugen sowie die Komplexität der Entwicklungsvorhaben.

Tabelle 5.5 Produktorientierte Kennzahlen

	Kennzahlen			Einheit (Beispiel)
A1	Komplexität	=	$\dfrac{\text{Anzahl Schnittstellen}}{\text{Produktteile}}$	Anzahl/Modul
A2	Dichte	=	$\dfrac{\text{Anzahl Teile oder Funktionen}}{\text{Volumen oder Fläche}}$	Anzahl/cm^2
A3	Änderungsquote	=	$\dfrac{\text{Anzahl Änderungen}}{\text{Ergebnismenge}}$	Anzahl/kloc
A4	Fehlerquote	=	$\dfrac{\text{Anzahl Fehler}}{\text{Ergebnismenge}}$	Anzahl/ Gatterfunktion
A5	Testdeckungsgrad	=	$\dfrac{\text{Durchgeführte Testfälle}}{\text{Mögliche Testfälle}}$	dimensionslos
A6	Testanlagennutzung	=	$\dfrac{\text{Testanlagenaufwand}}{\text{Gesamtanzahl Mitarbeiter}}$	MM/MA
A7	Zuverlässigkeit	=	$\dfrac{\text{Ausfälle}}{\text{Zeit}}$	Anzahl/Monat
A8	Erfüllungsgrad	=	$\dfrac{\text{Erfüllte Anforderungen}}{\text{Zugesagte Anforderungen}}$	dimensionslos

5.3 Erfahrungssicherung

Tabelle 5.6 Produktorientierte Kennzahlen

Kennzahlen				Einheit (Beispiel)
B1	Produktivität	=	$\dfrac{\text{Ergebnismenge}}{\text{Gesamtaufwand}}$	kloc/MJ
B2	Planabweichung	=	$\dfrac{\text{Istwert} - \text{Planwert}}{\text{Planwert}} \cdot 100$	%
B3	Plantreue (Leistungsgröße)	=	$\dfrac{\text{Istwert}}{\text{Planwert}} \cdot 100$	%
B4	Plantreue (Lastgröße)	=	$\left(2 - \dfrac{\text{Istwert}}{\text{Planwert}}\right) \cdot 100$	%
B5	Fremdanteil	=	$\dfrac{\text{Fremde Mitarbeiter}}{\text{Gesamtanzahl Mitarbeiter}} \cdot 100$	%
B6	Kostenanteil	=	$\dfrac{\text{Kosten eines Kostenelements}}{\text{Gesamtkosten}} \cdot 100$	% je Kostenelement
B7	Produktivanteil	=	$\dfrac{\text{Produktivstunden}}{\text{Gesamtstunden}} \cdot 100$	%
B8	Betriebsmittelverbrauch	=	$\dfrac{\text{Verbrauchsmenge}}{\text{Zeit}}$	GOPS/Monat
B9	Betriebsmittelkostenbedarf	=	$\dfrac{\text{Betriebsmittelkosten}}{\text{Gesamtaufwand}}$	TEU/MM
B10	Fehlerbehebungslaufzeit	=	$\dfrac{\text{Summe Fehlerlaufzeiten}}{\text{Gesamtanzahl Fehler}}$	MT/Fehler
B11	QS-Kostenanteil	=	$\dfrac{\text{QS-Kosten}}{\text{Gesamtkosten}} \cdot 100$	%
B12	Overhead-Anteil	=	$\dfrac{\text{Nichtprojektbezogene Kosten}}{\text{Gesamtkosten}} \cdot 100$	%
B13	PM-Anteil	=	$\dfrac{\text{Mitarbeiter für Projektmanagement}}{\text{Gesamtanzahl Mitarbeiter}} \cdot 100$	%
B14	Fluktuationsquote	=	$\dfrac{\text{Anzahl der Ab- und Zugänge}}{\text{Durchschnittlicher Mitarbeiterstand}} \cdot 100$	% je Jahr
B15	Erfahrungsstand	=	$\dfrac{\text{Summe aller Praxiszeiten}}{\text{Gesamtanzahl der Mitarbeiter}}$	Jahre/MA

Tabelle 5.7 Prozessorientierte Kennzahlen

Kennzahlen				Einheit (Beispiel)
C1	Aufwandsmäßiger Phasenaufriss	=	$\dfrac{\text{Aufwand einer Phase}}{\text{Gesamtaufwand}} \cdot 100$	% je Phase
C2	Aufwandsmäßiger Tätigkeitsaufriss	=	$\dfrac{\text{Aufwand einer Tätigkeit}}{\text{Gesamtaufwand}} \cdot 100$	% je Tätigkeitsart
C3	Zeitlicher Phasenaufriss	=	$\dfrac{\text{Dauer einer Phase}}{\text{Gesamtdauer}} \cdot 100$	% je Phase
C4	Zeitlicher Tätigkeitsaufriss	=	$\dfrac{\text{Dauer einer Tätigkeit}}{\text{Gesamtdauer}} \cdot 100$	% je Tätigkeitsart
C5	LCC-Struktur	=	$\dfrac{\text{Kosten eines LCC-Abschnitts}}{\text{Kosten eines anderen LCC-Abschnitts}}$	dimensionslos

Tabelle 5.8 Netzplanorientierte Kennzahlen

	Kennzahlen			Einheit (Beispiel)
D1	Aufgliederung	=	$\dfrac{\text{Anzahl Vorgänge}}{\text{Projektkosten}}$	Anzahl/TEU
D2	Netzdichte (Verflechtungszahl)	=	$\dfrac{\text{Anzahl Abhängigkeiten}}{\text{Netzplanvorgänge} - 1}$	Anzahl/Vorgang
D3	Terminenge	=	$\dfrac{\text{Anzahl zeitkritischer Vorgänge}}{\text{Gesamtanzahl Vorgänge}} \cdot 100$	%
		=	$\dfrac{\text{Dauer zeitkritischer Vorgänge}}{\text{Gesamtdauer Vorgänge}} \cdot 100$	%
D4	Pufferweite		$\dfrac{\text{Gesamter Puffer eines NP-Pfads}}{\text{Gesamtdauer des NP-Pfads}}$	dimensionslos

Tabelle 5.9 Betriebswirtschaftliche Kennzahlen

	Kennzahlen			Einheit (Beispiel)
E1	FuE-Umsatz-Anteil	=	$\dfrac{\text{FuE-Kosten}}{\text{Umsatz}} \cdot 100$	%
E2	Umsatzeinbuße	=	$\dfrac{\text{Umsatzminderung}}{\text{Terminverschiebung}}$	TEU/Monat
E3	Kosten/Leistungs-Verhältnis (Kosteneinheitswert)	=	$\dfrac{\text{FuE-Kosten}}{\text{Ergebnismenge}}$	TEU/kloc
E4	Kosten/Nutzer-Verhältnis	=	$\dfrac{\text{Kosten}}{\text{Anzahl Nutzer}}$	TEU/Kontierende
E5	Wartung/Entwicklungs-Quotient	=	$\dfrac{\text{Wartungskosten}}{\text{Entwicklungskosten}}$	dimensionslos
E6	Marginalrendite (Interner Zinsfuß)			%
E7	Wirtschaftlichkeitskennzahl	=	$\dfrac{\text{Umsatz}}{\text{Selbstkosten}}$	dimensionslos
E8	Billability	=	$\dfrac{\text{verrechnete Leistung}}{\text{produktiv kontierte Leistung}}$	dimensionslos
E9	Personalkostenproduktivität	=	$\dfrac{\text{Personalkosten} + \text{Ergebnis}}{\text{Personalkosten}}$	dimensionslos
E10	Produktivierungsfaktor	=	$\dfrac{\text{produktiv kontierter Aufwand}}{\text{Anzahl MA (rechn. Durchschnitt)}}$	MM/MA
E11	Earned Value	=	Gesamtkosten · Fertigstellungsgrad	TEU

Tabelle 5.10 Betriebsmittelkostenbedarf für Rechenzeiten

SW-Gebiet		RZ-Kosten je Mann-Jahr (Stand: 2000)	Anteil von Personalkosten
Entwicklung von	Produktsoftware	20 TEU/MJ	18%
	Vermittlungssoftware	26 TEU/MJ	23%
	Interne DV-Verfahren	17 TEU/MJ	15%
Pflege von	Technische DV-Verfahren	12 TEU/MJ	10%
	Betriebswirtsch. DV-Verfahren	13 TEU/MJ	12%

Tabelle 5.11 Produktivitätskennzahlen (SW-Entwicklung bei 100 kloc)

Allgemeine Erfahrungswerte für	Anwenderprogramme	5,0 kloc/MJ (COBOL)
	Betriebssysteme	1,0 kloc/MJ (SPL)
	Vermittlungssysteme	1,3 kloc/MJ (CHILL)
	Luft- und Raumfahrt	1,0 kloc/MJ
COCOMO (Kostentreiber → nominal)	Einfache SW-Entwicklung	2,7 kloc/MJ
	Mittelschwere SW-Entwicklung	2,1 kloc/ MJ
	Komplexe SW-Entwicklung	1,5 kloc/MJ
ARON-Untersuchung (Projektdauer → mittellang)	Leichte SW-Entwicklung	6,0 kloc/MJ
	Mittelschwere SW-Entwicklung	3,0 kloc/ MJ
	Schwere SW-Entwicklung	1,5 kloc/MJ

5.3.2 Kennzahlensysteme

Um sicherzustellen, dass ermittelte Kennzahlen auch voll nutzbar sind, dürfen sie nicht willkürlich und abhängig von temporären Intentionen Einzelner festgelegt und gesammelt werden. Dies erreicht man am besten dadurch, dass sie in ein definiertes und fest umrissenes Kennzahlensystem eingeordnet werden. Man unterscheidet zwischen Kennzahlen-Netzsystemen, Kennzahlen-Hierarchiesystemen und Kennzahlen-Ordnungssystemen.

Kennzahlensysteme sind Voraussetzung für jedes FuE-Bewertungssystem

Kennzahlen-Netzsysteme

In Kennzahlennetzen sind die Kennzahlen durch Rechenvorschriften miteinander *vernetzt*, d.h. ausgehend von einer vorgegebenen Ergebnis- oder Leistungsmenge (exogene Variable) werden über Kennzahlen andere Größen (abhängige Variable) abgeleitet. Entsprechend definierten Rechenvorschriften für solche „Input-Output-Beziehungen" können dabei abhängige Variable auch von mehreren exogenen Variablen bestimmt werden.

Kennzahlen-Netzsysteme sind für das Projektmanagement derzeit kaum von Bedeutung.

Kennzahlen-Hierarchiesysteme

In Hierarchie-systemen sind die Kennzahlen durch Rechenvorschriften voneinander ableitbar

In Kennzahlen-Hierarchiesystemen – auch als „Rechensysteme" oder arithmetische Kennzahlensysteme bezeichnet – sind die Kennzahlen ebenfalls durch definierte Rechenvorschriften voneinander ableitbar; sie sind allerdings nicht in einer vernetzten Struktur, sondern als *Hierarchie* angeordnet.

Als eine der bekanntesten Kennzahlenhierarchien gilt das von Du Pont vorgeschlagene Kennzahlensystem (Bild 5.8). Dieses Kennzahlensystem ist für den betriebswirtschaftlichen Bereich definiert worden. Andere, wie z.B. Diebold [82] oder ZVEI [91], haben – aufsetzend auf diesem System – eigene Kennzahlenhierarchien abgeleitet.

Die Spitzenkennzahl ist der „Kopf" eines hierarchischen Kennzahlensystems

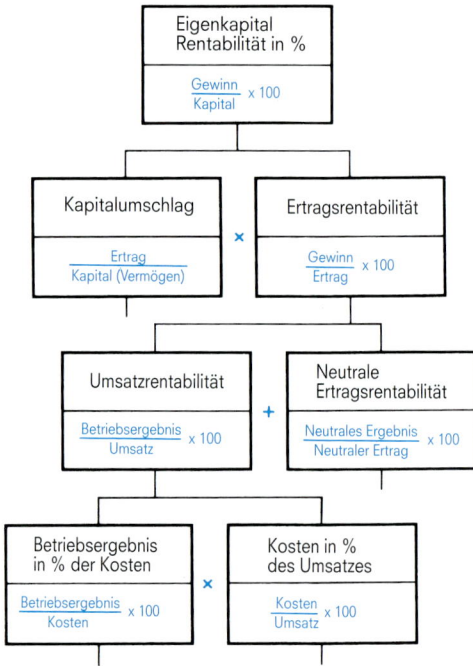

Bild 5.8 Kennzahlen-Hierarchiesystem (Beispiel Du Pont)

Das Du-Pont-Kennzahlensystem geht von einer Hauptkennzahl „Eigenkapital-Rentabilität in %" aus, die als *Spitzenkennzahl* bezeichnet wird. Die untergeordneten Kennzahlenebenen werden nach festen Auflösungsregeln bestimmt. So wird die vorgenannte Spitzenkennzahl in die beiden Kennzahlen „Kapitalumschlag" und „Ertragsrentabilität" aufgelöst; umgekehrt ergibt die Multiplikation dieser beiden Kennzahlen wiederum die Spitzenkennzahl „Eigenkapital-Rentabilität in %".

Kennzahlen-Ordnungssysteme

In Kennzahlen-Ordnungssystemen sind die einzelnen Kennzahlen nicht mehr aufgrund eines geschlossenen Schemas vorgegebener Rechenvorschriften voneinander ableitbar; vielmehr sind sie hier nach einem *gemeinsamen* Aspekt zusammengestellt worden.

In einem Ordnungssystem für die FuE-Projektkalkulation können projektspezifisch und auch projektübergreifend z.B. folgende Kennzahlen abgeleitet werden:

In Ordnungssystemen sind die Kennzahlen nach gemeinsamen Aspekten zusammengestellt

Aufwandsverteilungen

▷ phasenorientierte Aufteilung der Kosten bzw. Aufwände
▷ phasenorientierte Aufteilung der Entwicklungsdauer
▷ tätigkeitsorientierte Aufteilung der Aufwände.

Kostenrelationen

▷ Verhältnis RZ-Kosten zu Gesamtkosten
▷ Verhältnis QS-Kosten zu Gesamtkosten
▷ Verhältnis PM-Kosten zu Gesamtkosten.

Produktivitäten

▷ Aufwand bzw. Kosten je Programmbefehl
▷ Aufwand bzw. Kosten je Dokumentationsseite
▷ Aufwand bzw. Kosten je Fehlerbehebung
▷ Aufwand bzw. Kosten je Testfall
▷ erzeugte Programmbefehle je Mitarbeiter
▷ erstellte Dokumentationsseiten je Mitarbeiter
▷ Anzahl Logikfunktionen je Mitarbeiter.

Aufbau eines Kennzahlensystems

Der Aufbau eines in sich schlüssigen Kennzahlensystems ist ein nicht leichtes Unterfangen. Einerseits muss vorher geklärt sein, für wen und für was die Kennzahlen genutzt werden sollen, andererseits muss gleichzeitig auch die Erhebbarkeit der betreffenden Kennzahlen gesichert sein.

Ein Kennzahlensystem stellt ein „Wertemodell" für das Aufgabenfeld dar

Im Einzelnen sind zum Aufbau eines Kennzahlensystems mehrere Arbeitsschritte zu durchlaufen; hierzu gehören:

Festlegen der Ziele des geplanten Kennzahlensystems

▷ Art des Aufgabenbereichs
▷ Art des Nutzerkreises.

Ausarbeiten der Kennzahlenkonzeption

▷ Art der Messgrößen und -einheiten
▷ Art der Kennzahlensystematik
▷ Art der Ableitungsregeln.

5 Projektabschluss

Realisieren des Kennzahlensystems

▷ Klären der Zuständigkeiten
▷ Festlegen der Datenquellen
▷ Ermitteln der Basisgrößen
▷ Ableiten der Kennzahlen
▷ Sicherstellen der Eindeutigkeit.

Nach Aufbau eines solchen Kennzahlensystems muss man für laufende Aktualisierung der Kennzahlen sorgen, weil diese sonst aufgrund der hohen Innovationsrate vieler Entwicklungsbereiche schnell ihre Aussagekraft verlieren.

Nutzung der Kennzahlen

Unterschiedliche Funktionsbereiche benötigen unterschiedliche Kennzahlen

Der Nutzungsgrad der Kennzahlen eines Kennzahlensystems ist naturgemäß für die einzelnen Anwender sehr unterschiedlich. Jeder spezielle Anwenderbereich hat außerdem nur ein Interesse an bestimmten Ausschnitten bzw. Untermengen des Gesamtkennzahlensystems. Bild 5.9 veranschaulicht dies am Schema eines Kennzahlen-Hierarchiesystems.

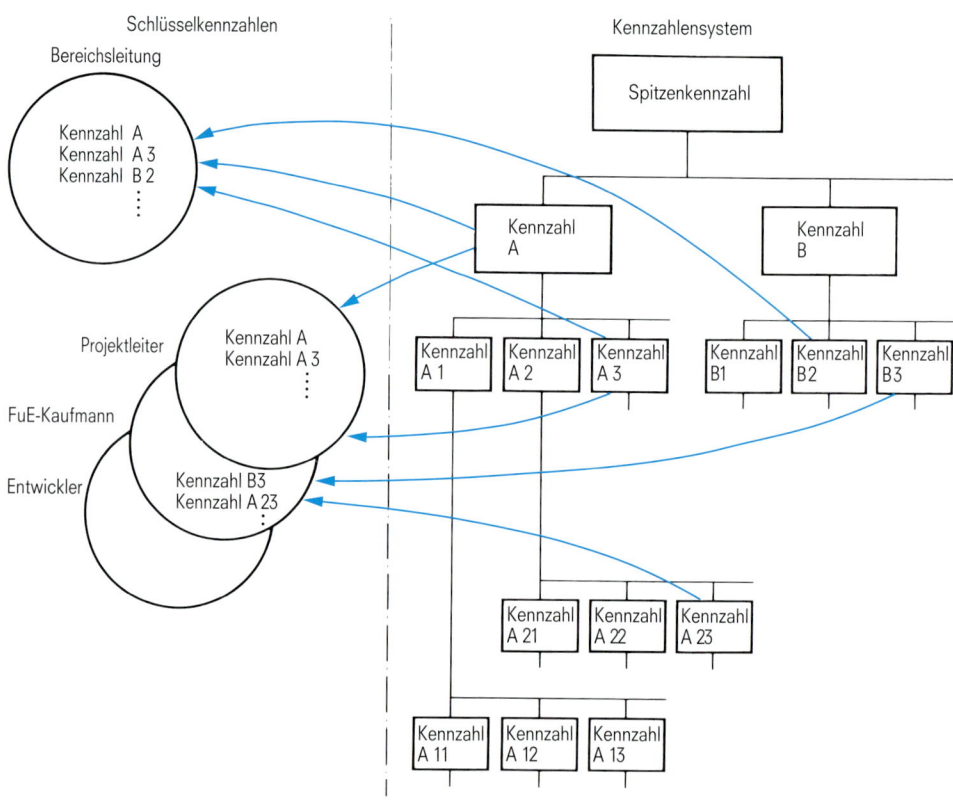

Bild 5.9 Kennzahlennutzung durch die unterschiedlichen Anwender

Die Bereichsleitung hat z.B. ein besonderes Interesse an „generellen" Kennzahlen (Scorecards), einschließlich der Spitzenkennzahlen des Systems; dagegen sind die ausführenden Bereiche eines Unternehmens mehr an Einzelkennzahlen der tieferen Ebenen interessiert.

Diese anwenderspezifisch ausgewählten Kennzahlen werden als *Schlüsselkennzahlen* oder Key Performance Indicators bezeichnet.

5.4 Projektauflösung

Zu einem definierten Projektabschluss gehört die „Auflösung" des Projekts. *Projektgründung* und *Projektauflösung* bestimmen damit die beiden Begrenzungszeitpunkte der Projektlebensdauer.

Ein Projekt endet mit der Projektauflösung

Zu den für eine Projektauflösung erforderlichen Aktivitäten zählen:

▷ das Durchführen offizieller Abschlusssitzungen aller Projektgremien,
▷ das Verteilen des Projektabschlussberichts an die projektbeteiligten Stellen sowohl auf der Auftragnehmer- als auch Auftraggeberseite,
▷ das Überleiten des Projektpersonals auf neue Aufgaben sowie
▷ das Auflösen aller projekteigenen Ressourcen.

Abschlusssitzungen

Alle bestehenden Projektgremien, wie Entscheidungsinstanzen, Beratungsausschüsse und spezielle Arbeitskreise, sind jeweils zu *Schlusssitzungen* einzuberufen, auf denen die Entwicklungsergebnisse, eventuell mit einer Abweichungsanalyse, vorgestellt werden. Hierbei sollte man eine möglichst vollständige Teilnahme aller Mitglieder anstreben, um spätere Einsprüche von Nichtanwesenden zu vermeiden. Diese abschließende Projektpräsentation sollte folgende Tagesordnungspunkte umfassen:

Auf der Abschlusssitzung wird das offizielle Ende des Projekts beschlossen

▷ Vorstellung der Projektergebnisse
▷ Vergleich der realisierten Leistungsmerkmale mit dem Anforderungskatalog bzw. Pflichtenheft
▷ Gegenüberstellung der geplanten mit den erreichten Terminen
▷ Gegenüberstellung der Plan- und Istwerte von Aufwand und Kosten
▷ Darstellung der durchgeführten QS-Maßnahmen und des erreichten Qualitätsstands
▷ Analyse der aufgetretenen Projektschwierigkeiten und Planabweichungen
▷ Vorstellung projektspezifischer Kennzahlen (z.B. Produktivitäts- und Wirtschaftlichkeitsdaten)
▷ Vorlage eines Personalüberleitungs- und eines Ressourcen-Verwertungsplans.

Auch sollten in diesen Abschlusssitzungen besondere Leistungen einzelner Projektmitarbeiter entsprechend hervorgehoben und gewürdigt werden.

Schließlich sind die durchgeführten bzw. noch durchzuführenden Abschlussaktivitäten im Rahmen der Projektauflösung zu erläutern.

In der Schlusssitzung der zuständigen Entscheidungsinstanz muss das offizielle Ende des Projekts beschlossen und verkündet werden.

Projektabschlussbericht

Der Projektabschlussbericht dokumentiert das endgültige Projektergebnis

Alle relevanten Projektabschlussdaten bezüglich

▷ Fertigstellungs- und Übergabetermin,
▷ Personalaufwand,
▷ Entwicklungskosten,
▷ Produktergebnis und
▷ Qualität

müssen in einem Abschlussbericht zusammengefasst werden; er enthält i.Allg. auch einen kurzen Projekterfahrungsbericht sowie Erläuterungen zu den Aktivitäten, die dem Entwicklungsende folgen werden. Hierzu gehört z.B. das Übernehmen der Pflege eines SW-Produkts durch zuständige Entwicklungsstellen oder das Unterstützen bei der Fertigungseinführung eines HW-Produkts durch einzelne Entwickler oder die Einsatzbetreuung einer Anlage vor Ort.

Der Projektabschlussbericht muss allen (leitenden) Projektbeteiligten zukommen. Als Empfänger gelten

▷ Auftraggeber,
▷ Auftragnehmer,
▷ FuE-Kaufmann/-frau, Controller,
▷ Mitglieder des Entscheidungsgremiums und
▷ Mitglieder der Beratungsgremien.

Personalüberleitung

Die Personalüberleitung sollte rechtzeitig geplant werden

Handelt es sich um eine Projektgruppe, die nach Projektabschluss aufgrund der vorgegebenen Projektorganisation nicht zusammenbleiben soll, so sind die Projektmitarbeiter auf andere Projekte oder in die bestehende Linienorganisation überzuleiten.

Für eine optimale Personalüberleitung ist es empfehlenswert, rechtzeitig einen *Überleitungsplan* auszuarbeiten; dieser sollte folgende mitarbeiterbezogenen Kriterien berücksichtigen:

▷ Fähigkeiten und Qualifikationen,
▷ persönliche Wünsche und Ambitionen,
▷ gehaltliche und rangliche Einstufungen,
▷ mögliche Förderungsmaßnahmen sowie
▷ Versetzungsfristen.

In Teilpunkten – besonders bei notwendigen Versetzungen – muss ein solcher Personalüberleitungsplan sogar mit dem Betriebsrat abgesprochen und eventuell von ihm genehmigt werden.

Bei der Überleitung eines abgeschlossenen Großprojekts auf neue Tätigkeitsfelder kann es erforderlich sein, ein eigenes „Change-Management" einzurichten.

Ressourcenauflösung

Zu den projekteigenen Ressourcen gehören in diesem Zusammenhang

▷ Planungsinstrumentarien,
▷ Geräte, Terminals etc.,
▷ Arbeitsplatzrechner und -drucker,
▷ Test- und Prüfanlagen sowie
▷ Möbel und Arbeitsräume.

Geplante Ressourcenauflösung verhindert Verschwendung von Ressourcen

Grundlage einer gezielten Ressourcenauflösung ist die Bestandsaufnahme aller dem Projekt „zugeeigneten" Sachmittel. Die Auflösung selbst ist auf zwei Wegen möglich: der unentgeltlichen Überlassung (z.B. von Räumen) oder der geldlichen Veräußerung (z.B. von Computern zum Buchwert). In einem „Verwertungsplan" sollten alle wesentlichen Sachmittel mit ihrer geplanten Verwertung aufgeführt werden; insgesamt enthält ein solcher Plan Angaben zu

▷ Sachmittelbezeichnung,
▷ Inventar-Nummer,
▷ Buchwert,
▷ Verwertungsform,
▷ Abnehmer,
▷ alte und neue Kostenstelle,
▷ alter und neuer Aufstellungsort sowie
▷ Übergabezeitpunkt.

Der Verwertungsplan ist sehr sorgfältig und vollständig auszuarbeiten.

6 Projektunterstützung

PM-Verfahren erleichtern dem Projektleiter seine Arbeit ganz erheblich

Die Anwendung der EDV zur Projektunterstützung im Rahmen des Projektmanagements ist heute selbstverständlich. Zu den PM-Verfahren gehören einerseits Konfigurationsmanagementsysteme für die *produktbezogenen* Informationen sowie andererseits Projektplanungs- und -steuerungsverfahren für die *projektbezogenen* Informationen.

Konfigurationsmanagementsysteme sollen die in einem Projekt anfallenden Entwicklungsergebnisse – auf Basis einer klaren Strukturierung und Identifikation der Produkt- und Systemeinzelteile – aufnehmen und verwalten; darüber hinaus übernehmen sie das gesamte Änderungswesen für die Produkt- bzw. Systementwicklung.

Zu den PM-Verfahren für die Projektführung zählen die entwicklungsorientierten Projektplanungs- und -steuerungsverfahren sowie die mehr kaufmännisch orientierten Kostenerfassungs- und -abrechnungsverfahren.

Weiterhin gibt es eine Vielfalt von PM-Hilfen auf PC. Solche Hilfsmittel sind z.B. Textverarbeitungsprogramme, Tabellenkalkulationsprogramme und Grafikprogramme. Auch gibt es auf PC bereits sehr leistungsfähige Netzplanverfahren und andere Spezialprogramme, wie Aufwandsschätzverfahren und Programme zur Wirtschaftlichkeitsberechnung.

6.1 Konfigurationsmanagement

6.1.1 KM-Aufgaben

Das Konfigurationsmanagement sichert die Vollständigkeit der Entwicklungsergebnisse

Konfigurationsmanagement ist eine zentrale Aufgabe des Projektmanagements; es legt die Abwicklungsschritte eines Projekts als Folge kontrollierter Änderungen auf der Basis gesicherter Arbeitsergebnisse fest.

Ein Konfigurationsmanagement verlangt daher Methoden, Werkzeuge und Zuständigkeiten, um

– Projektergebnisse festzulegen und zu identifizieren,
– geplante Änderungen und Verbesserungen kontrolliert zu steuern,
– unbeabsichtigte Änderungen zu verhindern sowie
– alle Arbeitsergebnisse zu dokumentieren und zu archivieren.

Konfigurationsbegriff

Gegenstand des Konfigurationsmanagements sind alle Arbeitsergebnisse, die in dokumentierter Form während des Projektablaufs entstehen.

Hierunter fallen Planungs- und Entscheidungsdokumente in gleicher Weise wie Spezifikationen und Realisierungsergebnisse, aber auch alle Änderungsanforderungen.

Änderungsanforderungen dokumentieren das Änderungsgeschehen in einem Projekt

Änderungsanforderungen können klassifiziert werden nach

▷ Funktionsanforderungen,
▷ Änderungsanträge und
▷ Fehlermeldungen.

Funktionsanforderungen und *Änderungsanträge* beschreiben den Wunsch, neue Funktionen in ein System einzubringen bzw. bestehende Funktionen zu ändern.

Fehlermeldungen beschreiben ein erkanntes Fehlverhalten eines Systems in der Anwendungswelt bzw. im Entwicklungsablauf gegenüber seiner Beschreibung.

Der zentrale Gegenstand, durch den das Konfigurationsmanagement wirksam wird, ist die „Konfiguration"; sie

Die Konfiguration ist die Menge aller Bestandteile eines technischen Systems in einer geordneten Struktur

- definiert funktionale Einheiten, die aus vielen Einzelelementen bestehen können,
- beschreibt die zugehörigen Entwicklungsergebnisse versionsgenau und
- führt zu definierten Produkt- und Systemversionen.

Grundfunktionen

Die vier relevanten Grundfunktionen eines Konfigurationsmanagements sind das Bestimmen von Konfigurationen, das Steuern von Änderungen, das Überwachen von Änderungen sowie das Verwalten von Änderungen.

Konfigurationsbestimmung

Ohne eindeutig definierte Konfigurationen kann ein Konfigurationsmanagement nicht wirken. Für ein zu entwickelndes System sind

- die Konfigurationen zu bestimmen und mit einem eindeutigen Namen zu identifizieren,
- ihr Inhalt und ihre Eigenschaften zu beschreiben sowie
- die vorhandenen oder zu erwartenden Arbeitsergebnisse aufzulisten.

Konfigurationen stehen in einem Produkt bzw. System nicht isoliert, sondern wirken in vielfältiger Weise zusammen; sie können daher selbst Bestandteil von Konfigurationen sein und bilden insgesamt eine komplexe *Konfigurationsstruktur*.

6 Projektunterstützung

Änderungssteuerung

Die Änderungssteuerung ist der Prozess zur Annahme und Bewertung der Änderungen von Konfigurationen

Die Änderungssteuerung beruht auf dem Gedanken, einen Entwicklungsprozess als ständigen *Änderungsprozess* aufzufassen, der in jedem Schritt auf definierten Vorgaben aufsetzt und definierte Arbeitsergebnisse liefert, die selbst wiederum Vorgaben für Nachfolgeschritte werden.

Die Änderungssteuerung des Konfigurationsmanagements bietet die notwendigen Freiheitsgrade, um die ständigen Änderungsanforderungen, mit denen ein Projekt unausweichlich konfrontiert wird, über alle Entwicklungsphasen hinweg methodisch zu beherrschen.

Änderungsüberwachung

Einen wichtigen Beitrag zur Qualitätssicherung in einem Projekt leistet die Änderungsüberwachung; sie schließt formale wie auch inhaltliche qualitätssichernde Maßnahmen ein.

Als formale Maßnahmen gelten das Feststellen der Vollständigkeit der zu behandelnden Änderungsanforderungen, der herzustellenden Konfigurationen und der zugehörigen Dokumentation.

Inhaltliche Maßnahmen umfassen den Nachweis der Übereinstimmung von Arbeitsergebnissen mit den spezifischen Vorgaben und die Kontrolle der Genauigkeit der zu den Konfigurationen gehörenden Dokumentation.

Änderungsverwaltung

Änderungsüberwachung und -verwaltung ist nur mit einem DV-unterstützten KM-System möglich

Für ein wirksames Konfigurationsmanagement ist eine möglichst DV-unterstützte Verwaltung der Änderungen unverzichtbar. Innerhalb eines Projekts hat sie die Aufgabe, nach den Prinzipien des Konfigurationsmanagements alle anfallenden Arbeitsergebnisse aufzuzeichnen und daraus die für Planungs-, Entscheidungs- und Durchführungsprozesse notwendigen Informationen abzuleiten und in geeigneter Weise darzustellen.

Zu den Grundsätzen einer ordnungsgemäßen Änderungsverwaltung gehören die eindeutige *Identifikation* und die *Unverletzlichkeit* der aufgezeichneten Daten. Daher sind Arbeitsergebnisse vom Zeitpunkt ihrer Gültigkeit an so festzuhalten, dass sie weder unabsichtlich noch absichtlich geändert werden können. Gültige Arbeitsergebnisse können somit nur durch Erzeugen einer neuen, d.h. weiteren Version der gespeicherten Daten geändert werden. Dieser Grundsatz erlaubt nicht nur, das gesamte Änderungsgeschehen jederzeit nachzuvollziehen, er sichert auch die Revisionssicherheit von Arbeitsergebnissen.

Die Objektbibliothek ist die Datenbank des KM-Systems

Ordnung ist bei einer komplexen Systementwicklung nur mit einem leistungsfähigen Werkzeug zum Archivieren der Arbeitsergebnisse sicherzustellen. Soweit möglich sollten alle Arbeitsergebnisse in einer DV-geführten *Objektbibliothek* abgelegt werden. Arbeitsergebnisse, die sich dieser Art der Speicherung entziehen, z.B. HW-Teile, komplexe technische Zeichnungen oder Dokumente von Zulieferern sind durch einen Platzhalter mit beschreibenden Informationen in der Objektbibliothek zu vertreten.

Ablauforganisation

In Bild 6.1 ist die Ablauforganisation eines Konfigurationsmanagements für eine größere Systementwicklung dargestellt. Die einzelnen KM-Funktionen sind im Entwicklungsablauf wie folgt einzuordnen:

Die *Projektleitung* steuert im Rahmen des Konfigurationsmanagements die Entwicklung mit Hilfe des Change Control Board.

Die *Systemplanung* legt im Rahmen der Konfigurationsbestimmung die Grundstrukturen für Konfigurationen fest und nimmt die Änderungssteuerung wahr.

Die *Systemrealisierung* verantwortet im Rahmen der Konfigurationsbestimmung die versionsgenauen Inhalte der Konfigurationen. Im Übrigen wird die Systemrealisierung durch die Änderungssteuerung gesteuert.

Die Instanz *Systemintegration und -test* nimmt die Rolle der Änderungsüberwachung wahr.

Das *KM-Büro* ist der Sachwalter des Konfigurationsmangements und untersteht direkt der Projektleitung, um notwendige KM-Maßnahmen verbindlich verabreden zu können. Seine Schwerpunktaufgabe ist die Änderungsverwaltung.

Die *Qualitätssicherung* ist kein Träger von KM-Funktionen. Sie ist jedoch Nutznießer der durch das Konfigurationsmanagement verfügbaren Informationen, die Qualitätsstände und Schwachstellen erkennen lassen.

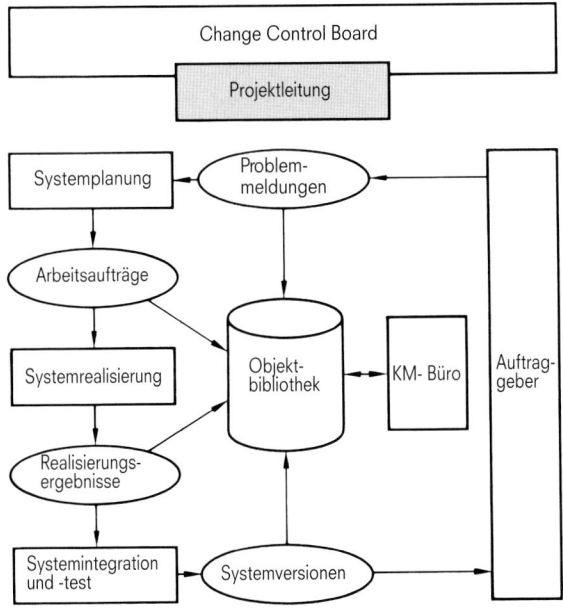

Konfigurationsmanagement läuft in einem *Prozess* ab

Bild 6.1 KM-Funktionen im Entwicklungsverlauf

Das KM-System sollte bereits mit Projektbeginn eingerichtet werden	Es ist wünschenswert, das Konfigurationsmanagement bereits mit Projektbeginn als eine der ersten Maßnahmen einzuführen, vor allem, um die Vollständigkeit der Projektinformationen sicherzustellen. Nachträgliches Einführen von KM-Maßnahmen erfordert immer einen höheren Aufwand.

6.1.2 Beispiel eines KM-Tools

Bereits ein einfaches KM-Tool gewährleistet ein konsistentes Änderungsmeldungswesen	Das in [10] näher erläuterte Beispiel eines einfachen KM-Tools unterstützt alle Aktivitäten, die im Rahmen eines durchgehenden Konfigurationsmanagements für Projekte zur Pflege und Weiterentwicklung von DV-Verfahren erforderlich sind, und deckt die in der ISO 9001 festgelegten KM-Maßnahmen (siehe Kapitel 4.4.3) ab. Es gewährleistet die Konsistenz im Änderungsmeldungswesen und sichert die Überleitung in eine konsequente Versionsplanung.

Die hier vorgestellte KM-Methodik ist für andere Arten von Entwicklungs- oder Projektierungsprojekten in gleicher Weise einsetzbar.

Das Tool enthält folgende Funktionskomplexe für ein Konfigurationsmanagement:

▷ Problemmeldung
▷ Beantragung von Change Requests
▷ Fehlermeldung
▷ Definition und Verwaltung von Arbeitspaketen
▷ Erstellung der Testunterlagen
▷ Verwaltung der Review-Protokolle
▷ Versionsplanung
▷ Versionsfreigabe
▷ Stammdatenverwaltung.

Bedienungsfehler, Funktionsfehler und Änderungswünsche führen zu Problemmeldungen	In Bild 6.2 ist der vom Tool unterstützte Problemmeldungsprozess, der i.Allg. mit einer Problemmeldung beginnt und mit der Überarbeitung der Versionsplanung endet, dargestellt.

Nachdem eine Problemmeldung in das KM aufgenommen worden ist und eine automatisch vergebene Registriernummer erhalten hat, muss das angemeldete Problem einer Diagnose im Rahmen der *Problemanalyse* unterzogen werden.

So wie Fehlermeldungen von den Entwicklern direkt eingegeben werden dürfen, können Change Requests auch von den Anwendern direkt beantragt werden.

Fehlermeldungen müssen von der Projektleitung, Change Requests von der Entwicklungsleitung zur Realisierung genehmigt werden. Im Rahmen der *Aufgabendefinition* werden zu einer freigegebenen Fehlermeldung bzw. einem genehmigten Change Request die notwendigen Arbeitspakete definiert.

Fehlermeldungen haben einen der folgenden Status: erfasst, genehmigt, in Arbeit oder fertig. Change Requests nehmen folgende Status ein: vor-

6.1 Konfigurationsmanagement

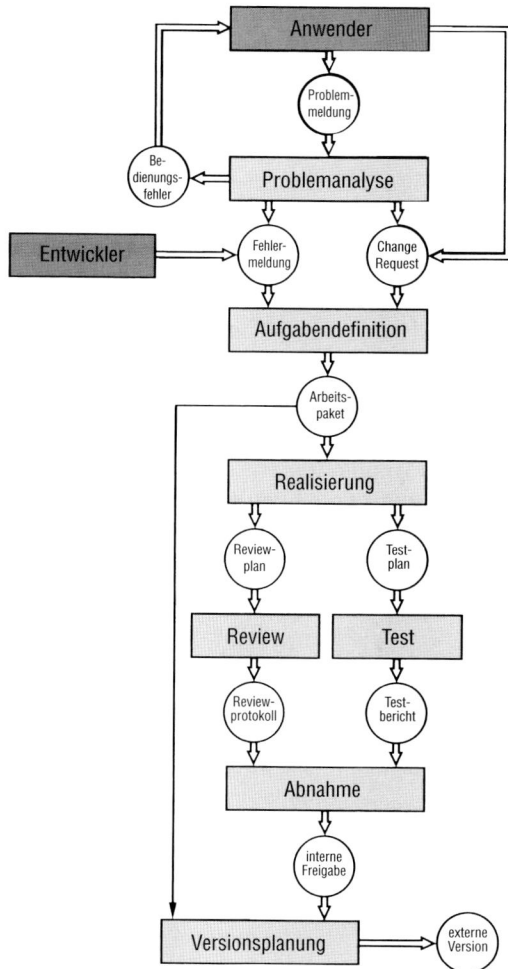

Bild 6.2 Problemmeldungsprozess

Das KM-Tool erzwingt einen kontrollierten Prozess der Behandlung von Änderungen

geschlagen, genehmigt, in Arbeit, zurückgestellt und fertig. Wie zu erkennen ist, können nur Change Requests zurückgestellt werden; Fehlermeldungen müssen naturgemäß auf jeden Fall bearbeitet werden.

Im Laufe der Arbeitspaket-*Realisierung* werden bei Erreichen einzelner Meilensteine vom KM-Tool die entsprechenden Reviews initiiert sowie ggf. eine Testplanung angestoßen. In den einzelnen *Reviews* werden die Ergebnisse der fertiggestellten Teilaufgaben (Meilensteinergebnisse) auf Fehlerfreiheit, Vollständigkeit und Konsistenz abgefragt; dabei festgestellte Abweichungen werden in den Review-Protokollen festgehalten. Geprüfte Reviewprotokolle müssen vom Projektleiter abgenommen werden; hierbei besteht die Möglichkeit der Abnahme oder der Anforderung auf Nachkorrektur. Sind Nachkorrekturen notwendig, wird vom System automatisch ein wiederholendes Review initiiert, das wieder den Zyklus Prüfung/Abnahme durchlaufen muss.

Durchgeführte Änderungen müssen einem Review unterzogen werden

321

Soll das Ergebnis einer Teilaufgabe einem Test unterzogen werden, wird ein *Testplan* generiert, hierbei sind allgemeine und objektbezogene Testvorgaben für alle zu testenden Testobjekte einzutragen. Häufig verwendete Formulierungen für die allgemeinen Testvorgaben, wie z.B. Testumgebung, können über die Stammdatenverwaltung in einer Tabelle abgelegt werden. Nach Testdurchführung jedes im Testplan definierten Testobjektes muss die Beseitigung des Fehlers vom zuständigen Bearbeiter im KM-Tool bestätigt werden. Nach erfolgreichem Testabschluss wird der Testbericht erstellt.

> Entscheidende Steuerungselemente im KM-Prozess sind Reviewprotokoll und Testbericht

Reviewprotokolle und Testberichte bilden dann die Basis für die *Abnahme* der Arbeitspaket-Ergebnisse.

> In der Versionsplanung wird eine neue Konfiguration verankert

Die *Versionsplanung* beginnt mit dem Planen der Arbeitspakete, dem Bestimmen der zu bearbeitenden Software-Komponenten und dem Festlegen von Meilenstein-Terminen. Nach Fertigmeldung der Arbeitspakete werden die zugehörigen Komponenten *intern* freigegeben; nach Freigabe aller betroffenen Komponenten wird die *externe* Freigabe von neuen Programm- bzw. Systemversionen vorgenommen und die entsprechende Freigabemitteilung und das Abnahmeprotokoll automatisch ausgegeben.

Auf Wunsch können Statistiken ausgegeben werden, so z.B. die Anzahl aller noch anstehenden offenen Problem- und Fehlermeldungen oder die erreichten Durchlaufzeiten, d.h. die durchschnittlichen Bearbeitungszeiten für die Problem- und Fehlermeldungen.

6.2 Projektmanagement-Verfahren

6.2.1 Projektkostenverfahren PAUS

> Projektkostenverfahren für das Controlling von Aufwänden und Kosten

Die Aufgaben eines Projektkostenverfahrens sollen am Beispiel des bei Siemens entwickelten Verfahrens „PAUS für Windows" erläutert werden. Dieses Verfahren unterstützt das Projektmanagement im Controlling von Projektaufwänden und -kosten und deckt nutzungsadäquat das Informationsbedürfnis sowohl der entwickelnden Stellen als auch der betreuenden kaufmännischen Abteilungen ab. Auf Basis einer relationalen Datenbank wurde es als Client/Server-Verfahren realisiert.

Informationsstruktur

In „PAUS für Windows" können drei Informationsstrukturen, die für ein zielgerichtetes und prozessorientiertes Projektkosten-Controlling von Bedeutung sind, definiert werden: Projektstruktur, Organisationsstruktur und Kostenstruktur.

Projektstruktur

Der *Auftrag* stellt in „PAUS für Windows" das zentrale Planungs- und Kostenobjekt dar. Die einzelnen Planwerte für Personalaufwände und Kosten werden innerhalb der Projektplanung je Auftrag vorgegeben und dann während der Projektdurchführung in den jeweils anfallenden Istwerten überwacht. Mehrere Aufträge können dabei einem *Projekt* zugeordnet werden; entsprechend komprimiert können dann die Plan- und Istwerte auf Projektebene ausgewiesen werden. Auf Projektebene können Budgetwerte festgelegt werden. Die Aufträge selbst können wiederum in *Aufgaben* unterteilt werden, auf die man die Istaufwände erfassen kann.

Organisationsstruktur

„PAUS für Windows" unterstützt eine dreistufige Organisationsstruktur: Abteilungen, Dienststellen und Mitarbeiter. Unterste Ebene stellen die Mitarbeiter dar, die allgemeine Bezugsbasis aller Personalaufwände sind. Versetzungen von Mitarbeitern sind unter Beibehalten der Personalnummer während des Geschäftsjahres möglich, ohne dass Umbuchungen von bereits kontierten Stunden vorgenommen werden müssen. Mittels der „Versetzungsfunktion" ist sichergestellt, dass auch nachträglich kontierte Stunden organisationsgerecht zugeordnet werden.

Kostenstruktur

Die in „PAUS für Windows" verwalteten Kosten sind nach zwei aufeinander aufbauenden Ordnungskriterien ausgerichtet: *Kostenarten* fassen gleichartige Kostenelemente zu Gruppen zusammen und können in PAUS z.B. definiert sein wie: eigene und fremde Personalkosten, RZ-Kosten, Löhne, Käufe und Bezüge, Reisekosten. Des Weiteren gliedern sich die Kostenarten in *Kostenherkünfte*, welche die Kostenelemente nach ihrer Herkunft unterscheiden.

Systemdarstellung

Das Verfahren gliedert sich in die in Bild 6.3 aufgeführten Teilsysteme:

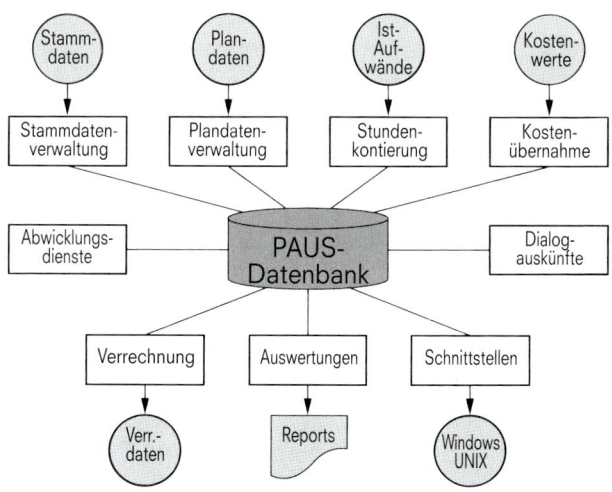

Bild 6.3 Systemdarstellung

6 Projektunterstützung

Stammdatenverwaltung

Stammdaten als Kern der Datenbank

Die Stammdatenverwaltung von „PAUS für Windows" umfasst das Verwalten folgender Stammdatenbereiche:

▷ Auftragsstammdaten
▷ Personalstammdaten
▷ Kostenstammdaten
▷ allgemeine Stammdaten.

Zu den *Auftragsstammdaten* gehören einerseits die Stammdaten der Projekte, Aufträge und Aufgaben und andererseits die Verrechnungsstammdaten. Auftragsstammdaten sind z.B. Auftragsnummern, Auftragsbezeichnungen, Ansprechpartner, Zuordnungen zu unterschiedlichen Auftragsarten, Terminangaben, Steuerungsangaben zur Stundenkontierung und Kostenerfassung.

Die *Personalstammdaten* umfassen die Stammdaten zu den Mitarbeitern und zur Organisationshierarchie, also Angaben zu den Mitarbeitern selbst, wie Name, Titel, Telefon, Sollstundenzuordnung etc. sowie Angaben zur Organisation, wie Bezeichnungen für die Dienststellen sowie Zuständigkeiten.

Zu den *Kostenstammdaten* gehören die Festlegungen zu den Kostenarten und -herkünften, die Angaben zu den Kostenstellen, die Stundensätze des eigenen und des fremden Personals sowie die Definitionen der Kostenverteilungsschlüssel mit ihren Prozentwerten und Auftraggeberkennzeichen.

Zu den *allgemeinen Stammdaten* gehören u.a. die Festlegungen zu den monatsbezogenen Sollstunden, den Meilensteinbezeichnungen, den Tätigkeitsarten und den Auftragsarten.

Plandatenverwaltung

Beplanen von Projekten, Aufträgen, Aufgaben und Vertriebsgebieten

„PAUS für Windows" ermöglicht die Aufwands- und Kostenplanung auf den unterschiedlichen Ebenen der Projektstruktur. Der Planhorizont bei der Auftragsplanung erstreckt sich in „PAUS für Windows" auf bis zu fünf Geschäftsjahre: das aktuelle Geschäftsjahr mit vier darauf folgenden Planjahren. Hierbei kann noch zwischen zwei getrennten Planhorizonten unterschieden werden, wie z.B. XII-Plan und VI-Plan oder Wirtschaftsplan und aktueller Plan.

Darüber hinaus ist eine Budgetplanung auf Projektebene und eine Planung auf Vertriebsgebieten möglich.

Stundenkontierung

Dezentrale und zentrale Stundenkontierung

Das Erfassen der Personalaufwände erfolgt sowohl beim eigenen als auch beim fremden Personal in Form einer personenindividuellen Dialog- und Belegkontierung oder als Sammelkontierung durch eine Assistenzkraft.

▷ Dialogkontierung

Je Monat muss der einzelne Mitarbeiter bzw. Fremdleister seine aufgewendeten Stunden je Auftrag und bei Bedarf je Aufgabe in eine Kontie-

6.2 Projektmanagement-Verfahren

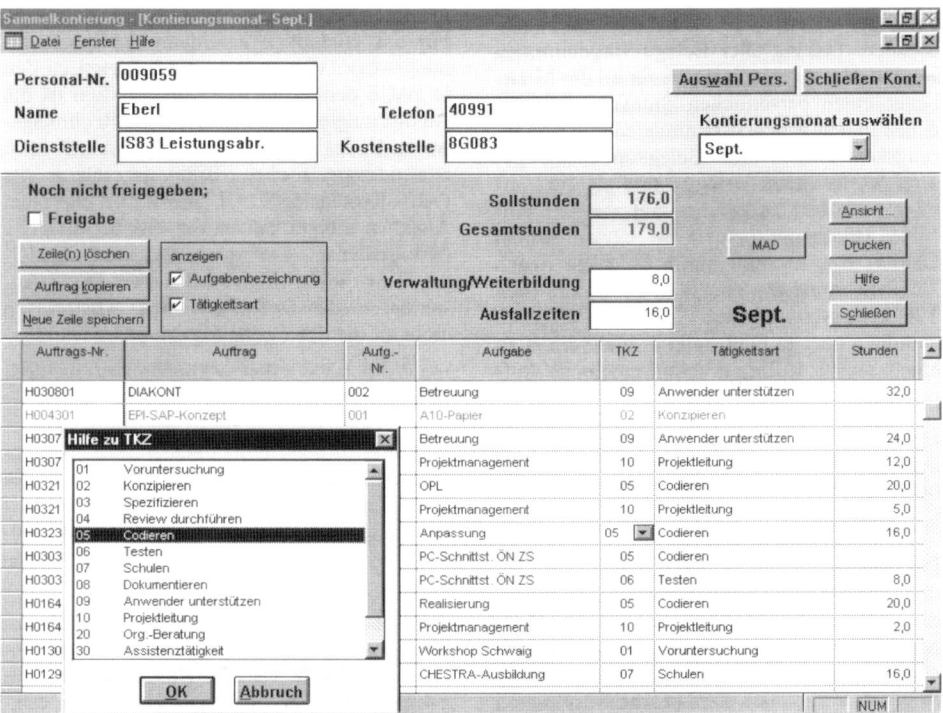

Bild 6.4 Stundenkontierungsmaske

rungsmaske (siehe Bild 6.4) eingeben. Hierbei kann er seine zu kontierenden Stunden noch zusätzlich nach Tätigkeitsarten differenzieren. Beim erstmaligen Aufruf ist die Kontierungsmaske mit den Aufträgen/Aufgaben/Tätigkeitsarten des Vormonats (mit Null-Stundenwerten) vorbelegt.

Gegen Ende eines Berichtsmonats muss der Mitarbeiter seine Stundenkontierung für die Kontrolle durch den Vorgesetzten und zur Übernahme in die PAUS-Datenbank freigeben. An einem von der Abwicklung bestimmten Stichtag werden alle freigegebenen Stundenkontierungen in die zentrale Datenhaltung von PAUS übernommen.

▷ Belegkontierung

Neben einer Stundenkontierung im Dialog kann bei „PAUS für Windows" auch eine Stundenerfassung über Belege vorgenommen werden; hierzu erstellt PAUS einen persönlichen Stundenzettel mit all den Aufträgen und Aufgaben, auf die der einzelne Mitarbeiter bereits im letzten Monat kontiert hat. Die vom Mitarbeiter ausgefüllten Belege werden dann im Dialog von einer Assistenzkraft als Sammelkontierung eingegeben.

▷ Sammelkontierung

Die Sammelkontierung geschieht auf die gleiche Weise wie die Dialogkontierung, nur dass die Eintragungen nicht durch den einzelnen Mitarbeiter, sondern von einem dazu autorisierten Teamassistenten vorgenommen wird.

Kostenübernahme

(Ist-)Kosten werden i.Allg. aus vorgelagerten Verfahren des Rechnungswesens (z.B. SAP R/3) über entsprechende anwenderspezifische Schnittstellen automatisch übernommen oder die Kostenwerte können auch manuell in PAUS eingegeben werden.

Die Istkosten des eigenen Personals werden in PAUS automatisch mithilfe von Stundensätzen (Kostensätze) ermittelt. Die Istkosten des fremden Personals ergeben sich demgegenüber aufgrund der eingehenden Rechnungen. Die sonstigen Istkosten für Rechnerleistungen, für Käufe und Bezüge, für Manualerstellung usw. ergeben sich ebenfalls aufgrund der eingehenden Rechnungen.

Verrechnung

„PAUS für Windows" kann den Aufwand von erbrachten Leistungen nicht nur an einen einzigen, sondern auch – prozentual aufgeteilt – an mehrere Kostenempfänger verrechnen; hierzu muss ein Kostenverteilungsschlüssel (KVS) festgelegt werden. Im Kostenverteilungsschlüssel ist hinterlegt, welchen prozentualen Anteil vom Gesamtbetrag der jeweilige Kostenempfänger zu tragen hat.

Verrechnung nach Aufwand, als Festpreis oder gemäß Planvorgabe

Folgende unterschiedliche Verrechnungsarten sind in „PAUS für Windows" möglich:
▷ die Verrechnung fester Kostenbeträge (Einzel-, Festpreisverrechnung),
▷ die Verrechnung nach angefallenen Aufwänden (Aufwandsverrechnung),
▷ die Verrechnung nach anteiligen Planwerten (Planverrechnung).

Im Rahmen einer *Saldenverrechnung* werden die Kosten hierbei immer gemäß der seit dem letzten Verrechnungslauf angefallenen Aufwände verrechnet, d.h. bei der monatlichen Weiterverrechnung wird jedes Mal geprüft, was der jeweilige Empfänger gemäß Verteilungsschlüssel zu diesem Zeitpunkt insgesamt zu tragen hat und wie viel ihm bereits verrechnet worden ist; nur der Differenzbetrag zu diesem Saldo – und das kann ggf. auch eine Gutschrift sein – wird dem Empfänger belastet bzw. gutgeschrieben. Die Saldenverrechnung erlaubt es daher, dass der zu Grunde liegende Verteilungsschlüssel während des Geschäftsjahres in seiner Zusammensetzung bzw. Aufteilung geändert und mit Gültigwerden des neuen Schlüssels eine Verrechnung mit veränderten Modalitäten durchgeführt wird.

Da zwischen den durch die Kostenstellenrechnung festgelegten Stundensätzen (Kostensätze) des eingesetzten Personals und den mit den Auftraggebern vereinbarten Verrechnungssätzen unterschieden werden kann, erlaubt „PAUS für Windows" eine Kosten/Umsatz-Betrachtung.

Auskünfte und Auswertungen

„PAUS für Windows“ liefert mehrere detaillierte Dialogauskünfte aus der Projektdatenbasis. Auskünfte über die verschiedenen Stammdaten stehen im Rahmen der Stammdatenverwaltung zur Verfügung. Die Dialogauskünfte aus der Projektdatenbasis unterteilen sich in folgende Gruppen:

Vielschichtige Berichterstattung im Plan und Ist

- ▷ Plan/Ist-Vergleiche
- ▷ Plan/Plan-Vergleiche
- ▷ Budget/Plan-Gegenüberstellungen
- ▷ Umsatz/Kosten-Gegenüberstellungen
- ▷ V'Ist-Berechnungen (Forecast)
- ▷ Auftragsbezogene Auswertungen
- ▷ Personenbezogene Auswertungen
- ▷ Kostenherkunftsbezogene Auswertungen
- ▷ Verrechnungsübersichten
- ▷ Terminübersichten
- ▷ Prozessorientierte Auswertungen.

Auswertungen, die umfassender und zeitaufwendiger sind, werden als *Reports* erzeugt. Als Beispiel eines solchen Reports ist in Bild 6.5 die Auftragsübersicht dargestellt.

Die Auftragsübersicht enthält auf einem Blatt alle relevanten Aufwands- und Kostenwerte zu einem ausgewählten Auftrag. In einem 12-Monats-Raster werden mitarbeiterbezogen die Personalaufwände (eigen/fremd) in MStd und zu MM komprimiert ausgewiesen. Im selben Monatsraster

PAUS für Windows

Seite: 1
Geschäftsjahr: 98/99
Druckdatum: 23.07.99

Auftragsübersicht

Auftrag: H-4712-01 Verantwortlich: Burghardt Termin-Anfang: 01.10.98 **Berichtsmonat: Juli**
Bezeichnung: KEPI-Projekt Kostenstelle: A2YT9 Termin-Ende: 30.10.99
Status: in Durchführung Planart: Wipla Fertig-Datum:

		Okt	Nov	Dez	Jan	Feb	März	April	Mai	Juni	Juli	Aug	Sept	Ist		Plan	
Stundenübersicht	In Std													Std	MM	MM	%
Brosig, Konrad		145	136	125			96	112	119					733	4,7		
Burghardt, Manfred	F A2YT4				84	104	120	112	80					500	3,2		
Büttner, Ulrich		90	85	140	125	136	144	140	154					1014	6,5		
FLOR GmbH (Huber)	C	160	155	125	156	152	168	140	148					1204	7,8		
Joswig, Jutta		140	120	85	96	88	88	72	78					767	4,9		
Kramer, Mechthild			160	140	142	146	160	154	161					1063	6,9		
Peschke, Peter					65	72	77	70	84					368	2,4		
Sasgen, Karl-Heinz				135	145	112								392	2,5		
Personal eigene Kst		375	501	625	573	554	565	548	596	0	0	0	0	4.337	28,0	50,0	56,0
Personal fremde Kst		0	0	0	84	104	120	112	80	0	0	0	0	500	3,2	5,0	64,5
Consultants		160	155	125	156	152	168	140	148	0	0	0	0	1.204	7,8	8,0	97,1
Gesamtstunden:	**Std**	535	656	750	813	810	853	800	824					6.041			
	MM	3,5	4,2	4,8	5,2	5,2	5,5	5,2	5,3	0,0	0,0	0,0	0,0		39,0	63,0	61,9
														Ist		**Plan**	
Kostenübersicht	**In TDM**	**Okt**	**Nov**	**Dez**	**Jan**	**Feb**	**März**	**April**	**Mai**	**Juni**	**Juli**	**Aug**	**Sept**	**TDM**		**TDM**	**%**
Personal eigene Kst		52,5	70,1	87,5	80,2	77,6	79,1	76,7	83,4	0,0	0,0	0,0	0,0	607,2		1.085,0	56,0
Personal fremde Kst		0,0	0,0	0,0	13,4	16,6	19,2	17,9	12,8	0,0	0,0	0,0	0,0	80,0		124,0	64,5
Consultants			20,0	19,4	15,6	19,5	19,0	21,0	17,5					132,0		155,0	85,2
Rechenkosten		2,0	2,0	2,0	2,5	2,7	2,2	1,7	1,9					17,0		23,0	73,9
Sonstige Kosten					10,0									10,0		15,0	66,7
Gesamtkosten		54,5	92,1	108,9	121,8	116,4	119,5	117,3	115,6	0,0	0,0	0,0	0,0	846,2		1.402,0	60,4
Verrechnungen				270,5	126,7	120,9	124,0		242,5					884,6		1.550,0	57,1
Ergebnis		-54,5	-92,1	161,7	4,9	4,5	4,5	-117,3	126,9	0,0	0,0	0,0	0,0	38,4		148,0	26,0

Bild 6.5 Report Auftragsübersicht

werden die Kosten – nach Kostenarten unterschieden – sowie die Verrechnungen aufgeführt. Alle drei Projektgrößen (Personalaufwände, Projektkosten, Verrechnungen) werden in ihren aufsummierten Istwerten den zugehörigen Planwerten gegenübergestellt.

Abwicklungsdienste

Zu den Abwicklungsdiensten gehören der Monatsabschluss mit Stundenübernahme, Kostenübernahme und Verrechnungslauf, der Geschäftsjahresabschluss, das Umbuchen von Aufwänden und Kosten sowie die Bearbeitung der Vorjahresdaten. Das Geschäftsjahr ist auf den 12-Monats-Zeitraum von Oktober bis September ausgerichtet.

Befugnisberechtigung

Achtstufiges Berechtigungskonzept

Jeder Teilnehmer von „PAUS für Windows" bedarf einer gesonderten Zulassung durch die Verfahrensbetreuung bzw. den Verfahrensadministrator. Die zugeteilte Berechtigung ist an die Personalnummer und ein zusätzliches Passwort gebunden. Die Personalnummer wird immer einer Organisationseinheit, d.h. einer Dienststelle zugeordnet; hierdurch ist gewährleistet, dass organisationsbezogene Auswertungen nur über Daten der eigenen Organisationseinheit erstellt werden.

Acht verschiedene Befugnisgruppen mit entsprechenden Zugriffsrechten sind definiert: Mitarbeiter ohne besondere Zusatzrechte, Dienststellenleiter, Abteilungsleiter, Projektleiter, Auftrags-Ansprechpartner, Teamassistent, betriebswirtschaftliche Controller und Administrator.

6.2.2 Planungstool MS Project

Netzplanprogramme bzw. -verfahren gibt es für alle gängigen PC-Betriebssysteme

Für alle gängigen PC-Betriebssysteme werden auf dem Markt Netzplanprogramme bzw. –verfahren angeboten; sie unterscheiden sich teilweise ganz erheblich in ihrem Funktionsumfang; einige stellen nur simple Programme zur Termindurchrechnung von Netzplänen dar, andere haben einen so großen Funktionsumfang, dass er bereits an Großrechner-Verfahren heranreicht. Als typisches Beispiel für ein solches PC-Netzplanverfahren sei hier das von Microsoft angebotene Planungstool MS-Project [35] vorgestellt.

MS Project ist ein Projektsteuerungsverfahren auf Basis der Netzplanmethode; es ermöglicht die Planung und Steuerung des Arbeits- und Zeitablaufs eines Projekts, den Einsatz von Personal und Betriebsmitteln (Ressourcen) sowie die Kostenbudgetierung für große und kleine Projekte.

Ein in MS Project definiertes Projekt kann in mehrere Unterprojekte unterteilt werden, deren Teilnetzpläne miteinander verkettet werden können. Ein Netzplan kann bis zu 200 Vorgänge aufnehmen. Vorgänge können als Sammelvorgänge in weitere Vorgänge unterteilt werden. Für jeden Arbeitsvorgang können bis zu 16 Vorgänger bzw. Nachfolger bestimmt werden, wobei nur Normalfolgen als Ende-Anfang-Beziehungen mit positiven oder negativen Zeitabständen möglich sind. Auch können periodische Vorgänge, die regelmäßig (täglich, wöchentlich, monatlich, jährlich) erscheinen sollen, definiert werden.

Praktisch beliebig viele Betriebsmittel (Personal, Maschinen, Räumlichkeiten) können definiert werden. In diese Einsatzmittelplanung kann man auch eine Kostenplanung einbeziehen.

Neben drei Standardkalendern kann man benutzereigene Kalender aufbauen, die neben den üblichen Wochenenden weitere arbeitsfreie Zeiten (wie Feiertage, Betriebsschließungen, Betriebsferien) aufnehmen können. Für jedes Betriebsmittel können ebenfalls eigene Ressourcenkalender definiert werden, in denen die individuelle Verfügbarkeit (wie Urlaub, Kurse, Fremdarbeiten) festgehalten werden kann. Auch kann die tägliche Arbeitszeit ressourcenbezogen festgelegt werden.

Der Netzplan arbeitet nach der CPM-Methode; die Darstellung entspricht allerdings der MPM-Methode. Bei der Netzplandurchrechnung ist sowohl die Vorwärts- als auch die Rückwärtsrechnung möglich, mit der eine automatische Berechnung der kritischen Wege vorgenommen wird.

Projektpläne

Zentrale Planungsunterlage ist in MS Project das *Gantt'sche Balkendiagramm* (siehe Bild 6.6).

Balkenplan und Netzplan sind die beiden Planungskonstrukte von MS Project

Dieses Balkendiagramm kann je Vorgangsposition nur einen Balken aufnehmen; dieser kann allerdings „pausieren“, d.h. beliebig unterbrochen sein. Mit der Maus kann der Balken frei verschoben werden; die daraus resultierenden Veränderungen von Dauer, Terminen und Auslastung wer-

Nr	❶	Vorgangsname	Dauer	Arbeit	Ressourcennam
1	✓	**Planungsphase**	**27,93 Tage**	**266 Std.**	
2	✓	Anforderungskatalog	3 Tage	21 Std.	Schmidt
3	✓	Pflichtenheft	12 Tage	84 Std.	Schmidt
4	✓	Leistungsbeschreibung	11,5 Tage	161 Std.	Schmidt;Bock
5	✓	Review-Leistungsbeschr.	1 Tag	0 Std.	
6		**Realisierungsphase**	**34,43 Tage**	**345 Std.**	
7	✓	Komponentenentwurf	6 Tage	79 Std.	Bergmann;Schmid
8		Programmierung Modul A	8 Tage	56 Std.	Bergmann
9		Programmierung Modul B	7 Tage	49 Std.	Bergmann
10		Komponententest A+B	3 Tage	21 Std.	Bergmann
11		Systemtest	6 Tage	42 Std.	Schmidt
12		Programmierung Modul C	10 Tage	70 Std.	König
13		Komponententest C	4 Tage	28 Std.	König
14		Abnahme	1 Tag	0 Std.	
15		**Einführungsphase**	**22 Tage**	**134 Std.**	
16		Pilottest	5 Tage	35 Std.	Schmidt
17		Schulung	6 Tage	22 Std.	Bock[52%]
18		Anwenderdokumentation	22 Tage	77 Std.	Bock[50%]
19		Einsatzbeginn	1 Tag	0 Std.	

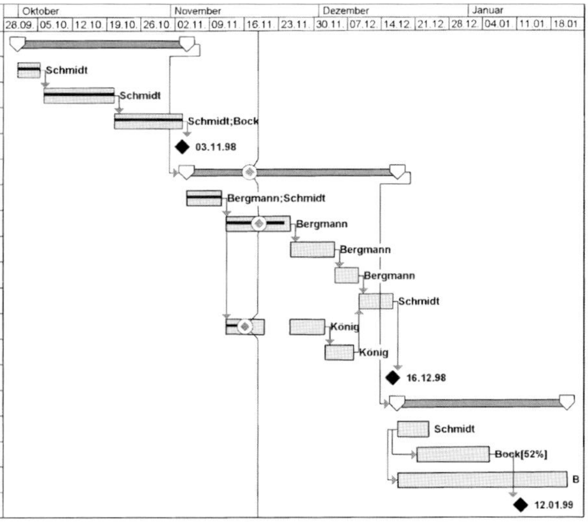

Bild 6.6 Balkendiagramm in MS Project

6 Projektunterstützung

Im Gantt'schen Balkendiagramm werden die Projektaufgaben mit ihren Zeitdauern, Terminen, Ressourcen, Verknüpfungen und Fertigstellungsgraden dargestellt

den von MS Project automatisch angepasst. Bei Eingabe eines Fertigstellungsgrades wird dieses durch einen weiteren, innen liegenden Balken veranschaulicht. Anordnungsbeziehungen werden im Diagramm durch Pfeilverbindungen dargestellt. Teilvorgänge können im Dialog beliebig ein- und ausgeblendet werden. Zusätzliche Informationen wie Ressourcenname oder Fertigstellungsgrad können den Vorgangsbalken beigefügt werden. Die Zeitskala des Balkendiagramms kann sehr flexibel variieren. Folgende Unterteilungen können für die Ober- und Unterskala gewählt werden: Minuten, Stunden, Tage, Wochen, Monate, Quartale, Halbjahre, Jahre. Ebenfalls sind unterschiedliche Datumsbeschriftungen, Teilstriche und Vergrößerungen möglich.

Der gesamte im Balkendiagramm dargestellte Terminplan kann auch als grafischer Netzplan ausgegeben werden (siehe Bild 6.7). Die Vorgänge sind in klassischer Kästchenform dargestellt und enthalten Angaben zur Dauer und zu den Terminen. Abgeschlossene Vorgangskästchen und solche auf dem kritischen Pfad sind besonders gekennzeichnet. Die Kästchen können durch „Drag & Drop" (Ziehen mit der Maus) beliebig verschoben werden; die Verbindungspfeile richten sich entsprechend neu aus.

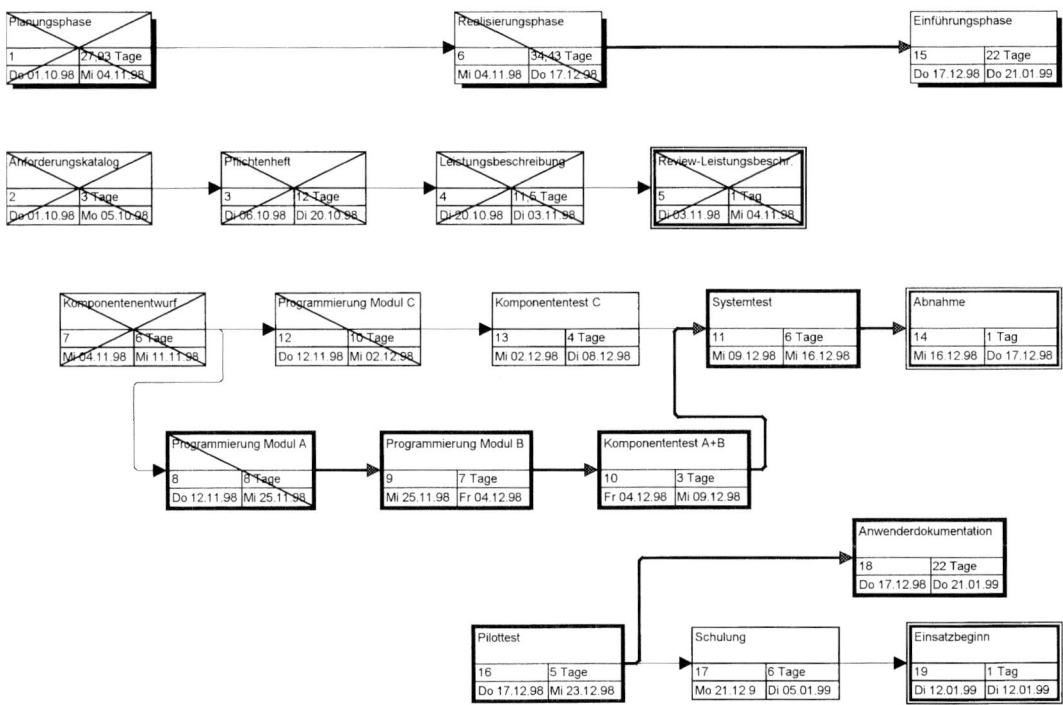

Bild 6.7 Netzplan in MS Project (Ausschnitt)

Planungsprozess

Den klassischen Planungsprozess in MS Project kann man in folgende sieben Arbeitsschritte gliedern:

1. Projektplan einrichten

- Projektstammdaten anlegen,
- Anfangs- und Endtermin des Projekts setzen.

> MS Project unterstützt den gesamten Planungsprozess in einem Projekt

2. Arbeitspakete als Vorgänge sammeln

- Arbeitspakete sammeln,
- Vorgänge der Reihe nach in das Balkendiagramm eingeben,
- Vorgänge in Sammel- und Teilvorgänge gliedern,
- Vorgangsbalken aufgrund von Arbeitspausen (Urlaub, Kurse etc.) unterteilen,
- Meilensteine einfügen.

3. Vorgänge spezifizieren

- Vorgangsdauer eingeben,
- Termineinschränkungen (so früh/spät wie möglich, Anfang/Ende nicht früher/später als) eingeben,
- Vorgangsart (feste Arbeit, feste Dauer oder feste Ressource) festlegen,
- eventuell PSP-Codes zuordnen, die die hierarchische Einordnung in einer Projektstruktur ausdrücken,
- eventuell Notizen zu den Vorgängen hinzufügen.

4. Ressourcen und Kosten zuordnen

- Ressourcen (Personen, Betriebsmittel) definieren,
- Ressourcen den Vorgängen zuordnen,
- Kosten direkt oder durch Stundensätze zuordnen.

> Trotz Umständlichkeit Einsatzmittelplanung mit einbeziehen

5. Vorgänge terminlich einordnen

- Anordnungsbeziehungen zwischen den Vorgängen festlegen,
- positive bzw. negative Zeitabstände bestimmen,
- kritischen Weg ermitteln, dabei überkritische Abschnitte bereinigen,
- Auslastung von Ressourcen optimieren, dabei Überlastungen beseitigen,
- Optimieren des Projektplans durch Nutzen von Puffern und Veränderung von Anordnungsbeziehungen und Ressourcen.

6. Grafische Pläne formatieren

- Balkendiagramm formatieren (Hervorheben von einzelnen Vorgangsbalken, spezielle Informationen hinzusetzen, unterschiedliche Schriftarten verwenden),
- Vorgangsplatzierung im Netzplan optimieren.

7. Arbeiten mit dem Projektplan

– Erstplanung als Basisplan abspeichern,
– Fertigstellungsgrade der Vorgänge eingeben,
– bei Bedarf neue Vorgänge aufnehmen, Anordnungsbeziehungen verändern,
– Ressourcen-Zuordnung aktualisieren,
– eventuell Zwischenpläne abspeichern,
– Übersichten mit Nutzung verschiedener Filter erzeugen,
– Projektpläne verschiedener Stände miteinander vergleichen.

Projektberichte

MS Project bietet aussagekräftige Projektberichte

Folgende Berichte können bei Vorhandensein eines konsistenten Projektplans in MS Project erzeugt werden:

▷ *Übersichtsberichte*, wie Projektübersicht, Auflistungen der Vorgänge höchster Ebene, der kritischen Vorgänge, der Meilensteine oder der Arbeitstage,
▷ *Vorgangsstatusberichte* über die nicht angefangenen, die bald anzufangenden, die abgeschlossenen, die verspäteten, die verzögerten oder die in Arbeit befindlichen Vorgänge,
▷ *Kostenberichte* über Vorgangskosten, Kostenrahmen, überschrittenen Vorgangskostenrahmen, überschrittenen Ressourcenkostenrahmen oder Kostenanalyse,
▷ *Ressourcenberichte* mit der Frage Wer-macht-was, Wer-macht-was-wann oder Auflistungen der Vorgangszuordnungen oder überlasteten Ressourcen,
▷ *Arbeitsauslastungsberichte* wie Arbeitsauslastung nach Vorgängen bzw. Arbeitsauslastung nach Ressourcen,
▷ *Benutzerdefinierte Berichte*, deren Inhalt man sich aus den im Projektplan enthaltenen Informationen benutzerindividuell zusammenstellen kann.

Arbeiten mit MS Office

MS Project ist eingebettet in den anderen MS Office-Programmen

Mit den anderen Microsoft-Produkten ist ein vielfältiger Informationsaustausch möglich:

▷ Austauschen von Informationen zwischen MS Project und anderen MS Office-Programmen,
▷ Einfügen von Audio- bzw. Videodateien,
▷ Einfügen von Gleichungen, Grafikobjekten (z.B. Organisationsplan), etc.

Felder, Zellen, Datensätze oder Zeilen, Excel-Diagramme oder ganze Dateien können verknüpft oder eingebettet werden. Man kann MS Excel- oder MS Access-Daten in MS Project importieren, oder umgekehrt MS Project-Daten nach MS Excel bzw. MS Access exportieren. Man kann sogar das gesamte Projekt in einem Access-Datenformat speichern.

Notizen, Folien, eine Gliederung oder die gesamte Präsentation können von MS PowerPoint nach MS Word exportiert und danach die ausgewählten Informationen aus MS Word in MS Project kopiert, eingebettet oder verknüpft werden. Bei einem verknüpften Objekt wird es in MS Project automatisch mitgeändert, wenn es in der Quelldatei (z.B. einer Excel-Tabelle) geändert wird. Bei einem eingebetteten Objekt bleibt es in MS Project unverändert, wenn es in der Quelldatei verändert wird.

Es können über E-Mail oder das Internet Arbeitsgruppen gebildet und mit den im Projektplan eingesetzten Ressourcen, d.h. Personen, Informationen ausgetauscht werden (z.B. dass die Ressource Meier für einen Vorgang länger tätig sein muss). Darüber hinaus können MS Project-Dateien als E-Mail an andere oder an einen öffentlichen Ordner auf einem MS Exchange-Server gesendet werden.

6.2.3 SAP-Projektsystem PS

Das Projektsystem PS als integrierte Komponente des SAP R/3-Systems stellt eine branchenneutrale Lösung für alle wesentlichen Projektcontrolling-Aufgaben des Projektmanagements dar und unterstützt mit unterschiedlichen Funktionen die Projektdurchführung in all ihren Phasen [16, 89]. Wird es im Rahmen eines integrierten Einsatzes der SAP-Standardsoftware genutzt, so ist es mit den anderen SAP-Bausteinen und dadurch mit den Belangen des Rechnungswesens (SAP-Baustein FI), des Vertriebs (Baustein SD), der Materialwirtschaft (Baustein MM) und der Produktionsplanung und -steuerung (Beistein PP) voll eingebunden.

Mit PS wird das Projekt-Controlling in ein SAP R/3-System eingebunden

Die zentralen Strukturen des Projektsystems sind *Projektstrukturpläne* und zugehörige *Netzpläne*. Beide Strukturformen können gemeinsam oder auch getrennt eingesetzt werden. Projekte können entweder als reine „Kostenprojekte" nur mithilfe des Projektstrukturplans abgewickelt werden oder sie werden – wenn sie einen Bezug im Fertigungsbereich haben, bei denen Termine und Ressourcen im Vordergrund stehen – sinnvollerweise mit Netzplänen und Vorgängen abgebildet.

Projektstrukturplan

Der Projektstrukturplan bildet das zentrale Projektmodell und stellt die operative Basis im Projektsystem dar; auf seine Elemente (PSP-Elemente) werden die Aufwände, Kosten und Termine bezogen. Die PSP-Elemente enthalten damit alle für die Projektdurchführung relevanten Daten und Informationen. Entsprechend ihrer operativen Aufgabe gibt es drei Arten: *Planungselemente* sind solche, auf denen die einzelnen Kosten geplant werden, *Kontierungselemente* sind Elemente, auf denen die anfallenden Istkosten gebucht werden, und *Fakturierungselemente* sind Elemente, auf die Erlöse gebucht werden können.

Der Projektstrukturplan ist das zentrale Projektmodell von PS

6 Projektunterstützung

Netzplan

Der Netzplan ermöglicht die Terminüberwachung

Die wesentlichen Bestandteile der Netzpläne im Projektsystem sind die bekannten Vorgänge und Anordnungsbeziehungen. Bei den Vorgängen kann man zwischen eigenbearbeiteten Vorgängen, fremdbearbeiteten Vorgängen und Kostenvorgängen unterscheiden; eine weitere Unterteilung in Vorgangselemente ist zusätzlich möglich. Als Anordnungsbeziehungen können die gängigen vier Folgen Normal-, Anfangs-, End- und Sprungfolge genutzt werden. Über Anordnungsbeziehungen können auch benachbarte Netzpläne miteinander verbunden werden.

Der Netzplan kann einem einzelnen oder einer Gruppe von PSP-Elementen zugeordnet sein

Die Vorgänge im Netzplan stellen eine weitere Detaillierung des Projektstrukturplans dar, deshalb können die Informationen zu den Kosten, Terminen und Kapazitäten über die PSP-Elemente hinausgehend bis auf die Ebene der Vorgänge integriert ausgewertet werden. Netzpläne können einzelnen PSP-Elementen oder auch ganzen Bereichen des Projektstrukturplans zugeordnet werden (siehe Bild 6.8).

Das Projektsystem unterscheidet folgende Terminarten:

▷ Ecktermine
▷ Prognosetermine
▷ Isttermine
▷ terminierte Termine.

Ecktermine sind manuell festgelegte Plantermine im Projektstrukturplan. *Prognosetermine* können für zukünftig zu erwartende Abweichungen im Netzplan und Projektstrukturplan hinterlegt werden. Mit *Istterminen*

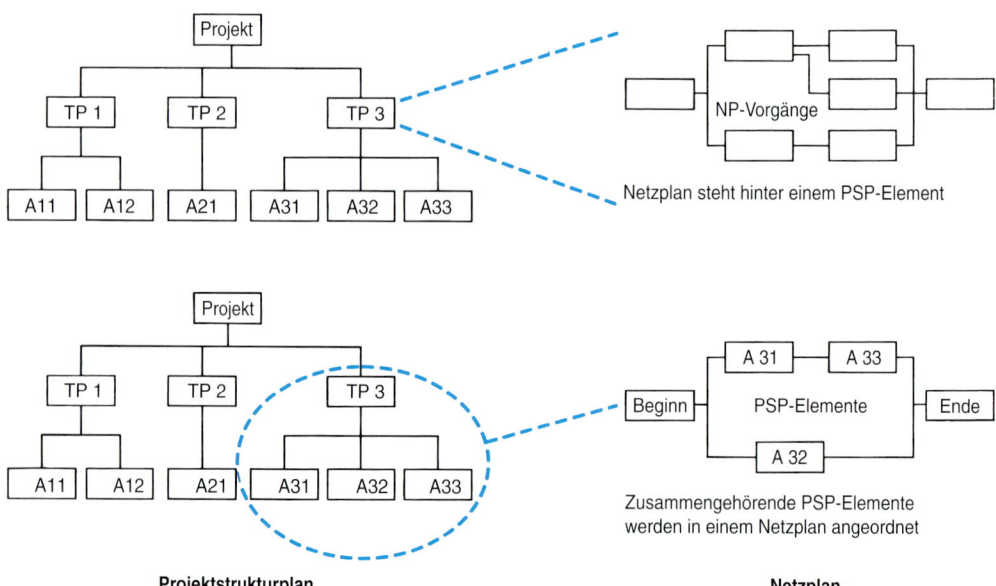

Bild 6.8 Verbindung von Projektstrukturplan und Netzplänen

wird der aktuelle Stand in der Projektdurchführung festgehalten. *Terminierte Termine* sind berechnete Termine aus der Netzplanterminierung der Vorgänge.

Neben den gängigen Funktionen der Termindurchrechnung, wie Vorwärts- und Rückwärtsrechnung, können weitere Terminierungsarten, z.B. Tagesdatum-Terminierung, Termineinschränkungen, Gesamtnetzterminierung durchgeführt werden.

Kostenplanung

Je nach Planungszeitpunkt können im Projektsystem die Projektkosten nach unterschiedlichen Detaillierungsgraden geplant werden:

▷ kostenartenunabhängige Strukturplanung
▷ Detailplanung
▷ Einzelkalkulation
▷ Kostenplanung im Netzplan.

Die Kostenplanung kann auf allen Ebenen des Projektstrukturplans aufsetzen

Die *kostenartenunabhängige Kostenplanung* setzt im frühen Projektstadium ein, wenn noch keine genaueren Informationen über die Einzelkostenaufteilung vorliegen; es werden die Kostenwerte pauschal auf PSP-Elemente entweder top-down oder bottom-up im Projektstrukturplan geplant.

Die *Detailplanung* umfasst bereits eine Kostenplanung nach einzelnen Kostenarten, also z.B. die Planung nach Personal, Consultant-Leistungen, Käufe und Bezüge.

Liegen bereits Informatinen über Bezugsquellen, Mengen und Preise vor, kann eine *Einzelkalkulation* vorgenommen werden; bei dieser werden die Kosten nicht nur auf Kostenartenebene, sondern schon auf Material und Eigen- bzw. Fremdleistung bezogen geplant.

Schließlich ist auch eine *Kostenplanung im Netzplan* auf Ebene der einzelnen Vorgänge möglich.

Budgetierung

Budgets können auf PSP-Elemente als Gesamt- oder Jahreswerte eingeplant werden, indem entweder die Kostenwerte aus der Kostenplanung übernommen oder manuell vergeben werden. Im Laufe der Projektdurchführung können die Einzelbudgets sukzessiv freigegeben werden; dabei dürfen auf einem budgettragenden PSP-Element nicht mehr Mittel freigegeben werden, als Budgetvolumen vorhanden ist.

Die Budgetierung ist unabhängig von der Kostenplanung

Es sind mehrere Budget-Aktualisierungen möglich:

▷ Budgetnachträge,
▷ Budgetrückgaben und
▷ Budgetumbuchungen.

Reichen die zur Verfügung stehenden Finanzmittel nicht aus, dann können *Budgetnachträge* vorgenommen werden; diese erfolgen top-down, d.h. die Mittel werden von übergeordneten auf untergeordnete PSP-Elemente vergeben. Sind dagegen die Mittel eines PSP-Elementes nicht ausgeschöpft, dann können auch *Rückgaben von Budgets* getätigt werden; diese erfolgen bottom-up, d.h. die Mittel werden an das übergeordnete PSP-Element gegeben. Bei *Budgetumbuchungen* werden Budgets von einem PSP-Element, auf dem vielleicht überschüssige Mittel stehen, auf ein anderes PSP-Element übertragen, weil dort die Mittel eventuell zu knapp sind.

Innerhalb des Projektsystem steht eine *Budget-Verfügbarkeitskontrolle* zur Verfügung, die abhängig von der Höhe der Budgetüberschreitung und der Einstellung der eingestellten Toleranzgrenzen entsprechende Warnungen abgibt.

Weiterverrechnung

Mit PS ist eine konsistente Weiterverrechnung im R/3-Verbund möglich

Nach Abschluss des Projekts werden die angefallenen Kosten an einen oder mehrere Empfänger verrechnet; hierbei werden automatisch entsprechende Gegenbuchungen zur Entlastung des Projekts erzeugt. Die Kosten auf einem Projekt können an Kostenstellen, an andere Projekte, an Anlagen oder an Sachkonten abgerechnet werden; es stehen folgende Abrechnungsmöglichkeiten zur Verfügung:

▷ Abrechnen nach Beträgen
▷ Abrechnen von Einzelposten
▷ Abrechnen im Plan
▷ kostenartengerechtes Abrechnen.

Integration im SAP-Gesamtsystem

Das Projektsystem ist voll in das SAP-System integriert

Durch die Integration des Projektsystems in das SAP-Gesamtsystem erhält der Projektstrukturplan eine außerordentliche zentrale Bedeutung; über ihn können nämlich entsprechende Verbindungen z.B. zu den Kundenaufträgen im Vertrieb, zu den Fertigungsaufträgen in der Produktion, zu den Materialanforderungen in der Materialwirtschaft, zu den Zahlungen in der Finanzdisposition, zu den Planungsdaten in der Kostenrechnung vorgenommen werden (siehe hierzu Bild 6.9).

Das SAP-Projektsystem ermöglicht allerdings keine Aufwandsplanung und -betrachtung auf Organisationseinheiten, die von Kostenstellenstrukturen abweichen. Des Weiteren besitzt das Projektsystem keine eigene Aufwandserfassung in Form einer mitarbeiterbezogenen Stundenkontierung; somit liefert das Projektsystem weder mitarbeiterbezogene noch organisationsbezogene Stundenauswertungen. Auch kann die Integration im Gesamtverband des SAP-Systems insbesondere beim Verwenden von termingeführten Netzplänen eine Fessel für ein individuelles und flexibles Projektmanagement sein; in einem vollintegrierten Verfahren sind – trotz vielfältiger Möglichkeiten eines *Customizing* – zwangsläufig die Freiheiten für individuelle Verfahrensabläufe sehr eingeschränkt.

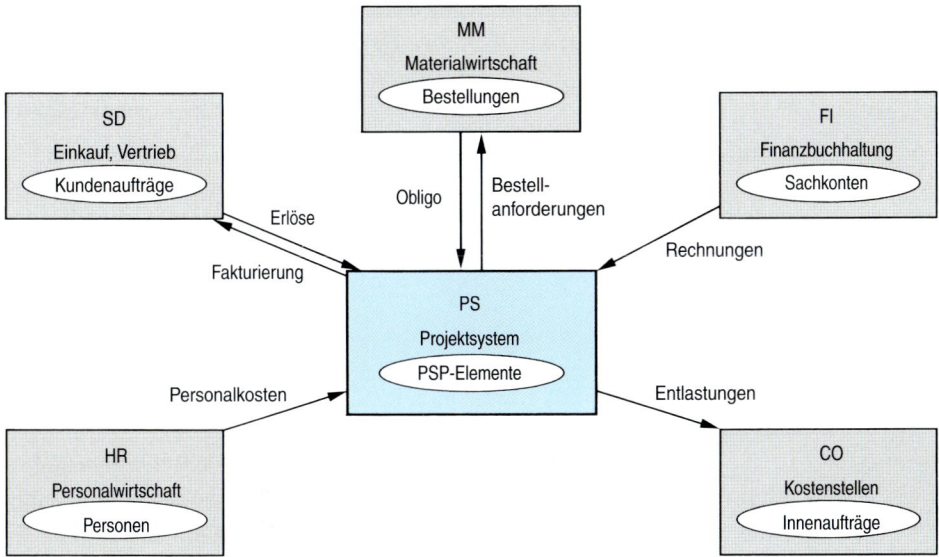

Bild 6.9 Einbettung des Projektsystems im SAP-Gesamtsystem

Für die Stundenkontierung muss der separate SAP-Baustein CATS (Cross Application Time Sheet) eingesetzt werden.

6.3 PM-Hilfen auf PC

6.3.1 PM-Tools

Für das Projektmanagement werden auf dem Markt inzwischen eine Vielzahl von PC-gestützten Projektmanagement-Verfahren angeboten; sie unterscheiden sich teilweise ganz erheblich in ihrem Funktionsumfang; einige stellen nur einfache Programme zur Termin- und Aufwandsplanung von Projekten dar, andere haben einen so großen Funktionsumfang, dass es bereits an Großrechner-Verfahren heranreicht. Auch gibt es immer neue Applikationen, so dass es nicht möglich ist, einen auch nur in etwa vollständigen Überblick über die angebotenen SW-Pakete aufzuzeigen.

Eine Vielzahl von PM-Tools wird auf dem Markt angeboten

Mit Angaben ihrer Kernfunktionen sind in Tabelle 6.1 einige gängige leistungsstarke Projektmanagement-Verfahren aufgeführt, die einen größeren Verbreitungsgrad in Deutschland erreicht haben; in [10] sind diese ausführlicher beschrieben. Das PM-Verfahren MS Project wurde bereits in Kapitel 6.2.2 näher erläutert.

Die Tabelle ist nach den wesentlichen Funktionsbereichen in die Abschnitte Projektplanung, Projektkontrolle, Schnittstellen und Verfahrenstechnologie gegliedert.

6 Projektunterstützung

Tabelle 6.1 Projektmanagement-Verfahren (Auswahl)

Verfahren	Anbieter	Projektplanung							Projektkontrolle							Schnittstellen				Technologie				
		Aufgabenplanung	Netzplantechnik	Kostenplanung	Risikomanagement	Ressourcenmanagement	Skills-Management	Planungs-Simulation	Multiprojektmanagement	Zeit-, Aufwandserfassung	Sachfortschrittskontrolle	Kostenkontrolle	Terminkontrolle	Trendanalysen	Abrechnung, Fakturierung	Qualitätssicherung	Berichtserstattung	Dokumentenmanagement	MS Office-Programme	MS Project-Anschluss	SAP R/3	ORACLE	ERP-Schnittstelle	Windows-Betriebssystem	Client/Server-Anwendung	Web-basierte Anwendung	Intranet/Internet-Eingabe	Customizing
Acos Plus.1	ACOS PM GmbH	x	x	x	x			(x)	x	(x)	x	x	x				x		x	x			x	x	x		x
Alpha Project Line	HISC AG	x		x					x		(x)				x	x	x	x		x				x	x		x	x
ANTILOPE	Internet	x		x			x	x		x	x		x				x		(x)	x	x	x		x				
ARTEMIS Views	Artemis International	x	x	x	x		x	x			x						x			x	x			x		x		x
Intelligent Planner	Augeo Software	x	x	x		x	(x)			x	x		(x)			x				x	x	x	x	x			x	
MS Project	Microsoft	x	x	x		x		(x)	(x)	x	x						x			x	x	x	x		x			x
Biquanda	Vescon	(x)	x	x					x	x	(x)		x		x		x					x					(x)	
OPX2	Le Bihan Consulting	x	x	x		x	x	x		x		(x)	x		x	x	x		x	x	x	x	x				x	x
PAVONE GroupProject	Pavone AG	x	(x)	x		x		(x)	x	(x)	x	x				x	x	x			x	x	x					
PLANTA Project	PLANTA GmbH	x	x	x	x	x		x	x	x	x	x				x	x	x		x	x			x	x		x	(x)
PONTE.project	PONTE	x	(x)	x		x		x		x	x	(x)	x			x	x			x		x		x			x	
Powerproject	ASTA Development	x	x	x		x		x		x	x		x		(x)		x		(x)			x			x	x	x	x
PQM	PUS GmbH	x	x	x	x	x	x	x	x		x	x	(x)	(x)	x	x	x		(x)					x	x		x	
Primavera Enterprise	Primavera Systems	x	x	x	x		x	x	x		x	x		(x)		x					x	x	x	x	x		x	
Projectile	Information Desire Software	x	(x)	x		x			(x)	x	x	x	x		x	(x)		x	(x)		x	(x)	x	x	x			
Project Scheduler	Sciforma GmbH	x	x	x		x		x		x	(x)	x				x		x	x					x	x	x	x	
Projektron BCS	Projektron GmbH	x	(x)	x		x		x		x	x		x		x	(x)	x	x									x	x	(x)
PSI PM	GSI mbH	x	x	x		x			x	(x)	x	x		x					x						x	x	x		
Results Management	ABT Corporation	x	x	x		x		x	(x)	x		x		x				x	x					x		x		
Sciforma	Sciforma GmbH	x	(x)	x		x		x		x	(x)	x		x			x	x								x	x	x
SuperProject	Computer Associates	x	x	x		x					x	x		x				x						x	x	x	x	

(x) nur teilweise

6.3.2 Tabellenkalkulationsprogramme

Tabellenkalkulationsprogramme sind leistungsfähige Hilfsmittel zur Projektplanung und -steuerung

Im Rahmen der Projektplanung und -steuerung haben sich PC-Tabellenkalkulationsprogramme als sehr leistungsfähige Hilfsmittel erwiesen. Hiermit kann man komplex aufgebaute, zweidimensionale Tabellenstrukturen definieren und vom Rechner durchrechnen lassen. Jedes Planungsrechenschema oder Kalkulationsformular ist in Form einer Tabellenmatrix mit einer definierten Zeilen- und Spaltenzahl darstellbar. Die einzelnen Tabellenfelder, die durch eine Zeilen- und eine Spaltennummer zu identifizieren sind, können drei Arten von Inhalten haben:

▷ Texte (Textfelder),
▷ numerische Werte (Wertefelder) oder
▷ Formeln und Funktionen (Formelfelder).

Alle Tabellenkalkulationsprogramme haben sehr benutzerfreundliche Dialogoberflächen, so dass leichter Aufbau, aber auch schnelle Werte- und Strukturveränderung der Rechentabellen möglich sind. Es können auch unterschiedliche Planungstabellen über definierte Felder miteinander verknüpft werden.

Tabellenkalkulationsprogramme sind vielfältig einsetzbar, z.B. für

▷ Vor- und Nachkalkulation,
▷ Budgetplanung,
▷ Mitarbeitereinsatzplanung,
▷ Marginalrenditerechnung,
▷ Entwicklungsplanung.

Bild 3.31 in Kapitel 3.4.3 zeigt eine MA-Einsatzmatrix, die mit EXCEL aufgebaut ist.

6.3.3 Aufwandsschätzverfahren

Gerade in den ersten Planungsschritten ist das Schätzen des Entwicklungsaufwands etwas sehr „Persönliches"; deshalb ist der Einsatz des PC an dieser Stelle besonders vorteilhaft.

3 Beispiele für PC-Aufwandsschätzverfahren

Tabelle 6.2 enthält vier bei Siemens eingesetzte Verfahren, die auf unterschiedlichen Methoden basieren und hier exemplarisch kurz erläutert werden.

Tabelle 6.2 PC-Aufwandsschätzverfahren (Auswahl)

Verfahren	Methode	Anbieter
SCHATZ	ZKP	PSE
FPM	Funktionswertmethode	Brainware GmbH
SICOMO	COCOMO	Siemens
KnowledgePlan	u.a. EDB, FPM	SPR

Aufwandsschätzverfahren SCHATZ

Das Verfahren SCHATZ basiert auf der Methode Zeit-Kosten-Planung (ZKP) und stellt eine Dialogisierung dieses formulargestützten Verfahrens dar (s. auch Kapitel 3.2.1). Aus Anzahl und Gewichtung der zu verarbeitenden Dateien sowie abhängig von Komplexität und Schwierigkeitsgrad des Programms wird – je SW-Baustein – ein Grundaufwand für die Dateien (Dateiaufwandswert) und für die Verarbeitung (Verarbeitungsaufwandswert) ermittelt. Zusätzlich werden Faktoren errechnet, die die Problemkenntnisse und Programmiererfahrung der Bearbeiter berücksichtigen.

SCHATZ – Tool zur ZKP-Methode

Entsprechend der ZKP-Methode errechnete das Verfahren den Entwicklungsaufwand von Beginn des DV-Grobkonzepts bis Ende des Systemtests.

Bei SCHATZ wurden die einzelnen Abfragetabellen am Bildschirm angeboten, vom Schätzer entsprechend markiert und mit Mengenangaben versehen. Nach Übernahme dieser Eingabedaten liefen dann alle notwendigen Wertebestimmungen und Aufwandsberechnungen automatisch ab. Die Daten jeder einzelnen Schätzung konnten abgespeichert und jederzeit modifiziert werden. Eine einfache Maskenfolgesteuerung durch Funktionstasten erleichterte die Handhabung.

Die Ergebnisse der Schätzungen konnten von den jeweiligen Ergebnismasken aus auf Drucker ausgegeben werden. Übersichtliche Protokolle dokumentierten die Schätzungen mit Mengengerüst und allen Einflussfaktoren.

Aufwandsschätzverfahren FPM

FPM – Tool zur Funktionswertmethode

FPM (Function Point Project Management System) wurde konzipiert als Verfahren zur Aufwandsschätzung für SW-Entwicklungen; es ist auf einem SINIX-Rechner, unter Verwendung des Produkts FACET (Facility for Easy Window Technic), implementiert worden. Das Verfahren baut auf der Funktionswertmethode (Kapitel 3.2.1) auf und wurde bei der Entwicklung von DV-Verfahren auf dem Rationalisierungsgebiet eingesetzt.

Das Verfahren FPM eignete sich gut für das Simulieren verschiedener Schätzvarianten, wobei die anfangs definierten Funktionsanzahlen oder die vorgenommenen Gewichtungen „probeweise" variiert wurden. So konnte man auch Sensitivitätsanalysen erstellen.

Aufwandsschätzverfahren SICOMO

SICOMO – Tool zur COCOMO-Methode

SICOMO (Siemens Software Cost Model Tool) ist ebenfalls ein Verfahren zur Aufwandsschätzung und Kalkulation von SW-Entwicklungen; es ist dialogorientiert und auf PC unter MS-DOS oder als SICOMO unter SINIX ablauffähig. Dem Verfahren liegt die COCOMO-Methode (Kapitel 3.2.2) zugrunde.

Ausgehend von einer definierbaren Produktstruktur ist dem Verfahren lediglich die Größe der zu entwickelnden SW-Komonenten, d.h. deren Befehlsanzahl in loc zu übergeben. Weiterhin müssen die einzelnen Ausprägungen der 15 von Boehm vorgeschlagenen Kostentreiber angegeben werden – die bekanntlich die Einflussgrößen der COCOMO-Aufwandsschätzmethode darstellen.

Aus diesen Angaben leitet SICOMO folgende Schätzdaten ab:

▷ Entwicklungsaufwand in Mann-Monaten,
▷ Kosten der Entwicklung in DM,
▷ Entwicklungszeit in Monaten.

SICOMO selbst arbeitet mit einem erweiterten „Detailmodell" und nützt damit die COCOMO-Methode in ihrer umfassendsten Form.

Da der Bildschirm im SICOMO-Benutzerdialog gleichzeitig für die Eingabe und die Ausgabe genutzt wird, ergibt sich ein sehr schneller Dialog. Deshalb eignet sich SICOMO besonders zum Simulieren verschiedener Aufwandsschätzungen, so dass anschauliche Sensitivitätsanalysen möglich sind. Bei diesen Analysen wird im Rahmen der Aufwandsschätzung der jeweilige Einfluss von Veränderungen einzelner Eingabewerte auf das Schätzergebnis untersucht.

KnowledgePLAN

KnowledgePlan – Tool mit einer Erfahrungsdatenbank

KnowledgePLAN ist ein Aufwandsschätzverfahren von SPR (Software Productivity Research) für die Softwareentwicklung, welches auf eine umfangreiche Erfahrungsdatenbank aufbaut, in der die Daten von ca. 8000 bereits durchgeführten Softwareprojekten aus allen gängigen Softwareumgebungen gespeichert sind. Das Verfahren ist inzwischen in das

Projektmanagementverfahren ARTEMIS integriert worden, kann aber auch an andere PM-Tools wie z.B. MS Project angebunden werden.

Im Rahmen des zeitlichen Ablaufs der Projektplanung stehen drei Methoden für die Aufwandsschätzung zur Verfügung:

▷ Sizing by Analogy
▷ Sizing by Component
▷ Sizing by Metric.

Im frühen Stadium der Projektplanung kann die Aufwandsschätzung nur in Analogie zu vergleichbaren früheren Projekten (*Sizing by Analogy*) vorgenommen werden. Liegen schon Details hinsichtlich einiger Komponenten der geplanten Software, wie z.B. Anzahl der Masken und Reports vor, so bietet sich eine Komponentenaufwandsschätzung (*Sizing by Component*) an. Können bereits Angaben zur Anzahl der Funktionen bzw. der Anzahl lines of code gemacht werden, so ist eine parametrische Aufwandsschätzung (*Sizing by Metric*) ähnlich der Funktionswertmethode bzw. der COCOMO-Methode möglich.

Die Erfahrungsdatenbank enthält die relevanten Software-Parameter von durchgeführten Entwicklungs-, Erweiterungs- und Wartungsprojekten. SPR bietet einen jährlichen Update der Datenbank, so dass die Wissensdaten immer einen aktuellen Stand haben. Es ist aber auch möglich, die Daten von eigenen durchgeführten Softwareprojekten in die Erfahrungsdatenbank einzugeben.

6.4 Verfahrenseinführung

6.4.1 Einführungsmaßnahmen

Art und Umfang der für eine Verfahrenseinführung notwendigen Maßnahmen hängen stark vom Projektumfeld sowie von der angestrebten Durchdringung der Rechnerunterstützung ab.

Eine Verfahrenseinführung muss wohl durchdacht und gut vorbereitet sein

Wichtig ist hier, z.B. zu wissen, ob es sich um eine Entwicklungsumwelt handelt, die vornehmlich Einzelprodukte für das Liefergeschäft zum Gegenstand hat, oder um eine solche, die mehr auf Entwicklungen für das System- und Anlagengeschäft orientiert ist.

Wesentlich ist auch, ob die verfahrenstechnische Projektunterstützung für das gesamte Gebiet des Projektmanagements, also von der Termin- und Kostenplanung bis hin zum Konfigurationsmanagement, reichen soll, oder ob man nur einzelne PM-Hilfsmittel, wie Netzplanverfahren oder Kalkulationsprogramme, nutzen will.

Zunächst sollte der Betriebsrat über den geplanten Verfahrenseinsatz informiert werden. Ein Mitbestimmungsrecht des Betriebsrats ist allerdings nicht gegeben, wenn das Verfahren nur *gruppenbezogen* die Daten speichert – also keine *personenbezogenen* Auswertungen vornimmt (Kapitel 6.4.2). Ein guter Informationsfluss – auch wenn formell eventuell

Bei einer Verfahrenseinführung ist immer der Betriebsrat einzubeziehen

nicht erforderlich – fördert natürlich die gegenseitige Vertrauensbasis, die für ein kooperatives Miteinander in einem Entwicklungsbereich unabdingbar ist.

Die Mitarbeiter müssen rechtzeitig eingewiesen und geschult werden

Weiterhin ist die Entwicklungsmannschaft rechtzeitig auf den neuen Verfahrenseinsatz vorzubereiten, sei es im Wissen z.B. um die Netzplantechnik oder Methoden der Aufwandsschätzung, sei es um die veränderte Gestaltung von Formularen, die Form der Stundenkontierung o. Ä. Ein Verfahrenseinsatz kann nur dann erfolgreich sein, wenn der einzelne Mitarbeiter motiviert ist und dazu beiträgt, dass die gewünschten Projektdaten in vollständiger und unverfälschter Form anfallen. Man sollte also ein PM-Verfahren niemals *gegen* eine Entwicklungsmannschaft einführen.

Unabhängig von den speziell einzusetzenden Verfahren können einige allgemeine Maßnahmen für eine Verfahrenseinführung formuliert werden, die sich auf

▷ die Ablauforganisation,
▷ die Projektplanung und
▷ die Verfahrenstechnik

beziehen.

Administrative und organisatorische Maßnahmen

Maßnahmen zur Ablauforganisation

Als Erstes sind die organisatorischen Voraussetzungen zu schaffen. Zu den für das Anpassen der bestehenden Ablauforganisation erforderlichen Maßnahmen gehören:

▷ Einrichten eines Projektbüros,
▷ Informieren des Betriebsrats bzw. Abstimmen mit dem Betriebsrat,
▷ Neue Ablauforganisation abstimmen mit der FuE-Kaufmannschaft,
▷ Koordinieren der beteiligten Rechenzentren, in denen die einzelnen Verfahren eingesetzt sind bzw. werden,
▷ Bereitstellen der erforderlichen PC-Geräte bzw. Server-Konfiguration,
▷ Ausarbeiten eines koordinierten Monatsablaufs,
▷ Klären der Datenverfügbarkeit und Informationsbereitstellung,
▷ Festlegen der Verantwortlichkeiten und Zuständigkeiten,
▷ Erstellen eines Rundschreibens zur Verfahrenseinführung,
▷ Ausarbeiten von Arbeitsanweisungen.

Fachliche Maßnahmen

Maßnahmen zur Projektplanung

Im Rahmen der Projektplanung sind – abhängig von den bereits eingeführten PM-Methoden und -Verfahren – eventuell folgende fachliche Maßnahmen zusätzlich erforderlich:

▷ Aufbauen eines Projektstrukturplanes, d.h. Definieren der Arbeitspakete innerhalb einer Struktur,
▷ Detaillieren einer vorhandenen Produktstruktur, ggf. Neuaufbau,
▷ Detaillieren der Kontenstruktur,
▷ Zuordnen von Projektstruktur, Produktstruktur und Kontenstruktur,

- ▷ Erweitern des Prozessplans (z.B. mit Kennzeichen für Entwicklungsphasen und Tätigkeitsarten),
- ▷ Aufwandsschätzverfahren an die eigene Entwicklungsumgebung kalibrieren,
- ▷ Entwerfen von Standardnetzplänen,
- ▷ Erstellen der Teilnetzpläne,
- ▷ Planen des Mitarbeitereinsatzes,
- ▷ Betriebsmittel festlegen und einplanen.

Verfahrenstechnische Maßnahmen

Jedes DV-Verfahren bedingt das Einhalten von Konventionen. Zu den Einführungsmaßnahmen, die sich auf das einzuführende Verfahren beziehen, zählen: *(Maßnahmen zur Verfahrenstechnik)*

- ▷ Adaptieren der Programme auf die bereichsspezifischen Erfordernisse,
- ▷ Verfahrensprogramme und -prozeduren in das künftige Ablaufrechenzentrum übernehmen,
- ▷ Internet- bzw. Intranet-Vernetzung ausbauen
- ▷ Aufbauen der verfahrensbedingten Stammdateien (z.B. Customizing),
- ▷ Entwerfen von Eingabeformularen (z.B. Vorgangserfassungsformular),
- ▷ Erweitern bzw. Anpassen der bestehenden Stundenkontierungsbelege oder Eingabemasken,
- ▷ Erstaufbau der Netzplandateien,
- ▷ Durchführen von Pilotversuchen,
- ▷ Arbeitsanweisungen und Durchführungsbestimmungen verfassen,
- ▷ Einweisen und Schulen der künftigen Verfahrensabwickler und Nutzer.

Einführungsstrategie

Es hat sich als sinnvoll erwiesen, PM-Methoden und -Verfahren in Entwicklungsbereiche mit noch geringer PM-Durchdringung *etappenweise* einzuführen. Es ist also nicht richtig, voll integrierende Entwicklungsplanungs- und -steuerungsverfahren »auf einen Schlag« in eine bestehende Entwicklungsumwelt einzuführen. Zunächst sollten die methodischen Voraussetzungen bei den Entwicklern geschaffen werden, um dann – bei ausreichender Gewöhnung und Akzeptanz – mit entsprechender verfahrenstechnischer Unterstützung nachzuziehen.

Eine solche Vorgehensweise in Einzelschritten (Roll-Out) könnte z.B. so aussehen: *(„Roll-Out" einer Verfahrenseinführung in Teilschritten durchführen)*

1. Einweisen der Entwickler in die Prinzipien des Projektmanagements,
2. Schulen der Entwickler in der Netzplantechnik,
3. Manuelles Aufbauen von singulären Netzplänen bei neuen (nicht „gestressten") Teilprojekten,
4. Einsetzen von rechnergestützten Netzplanverfahren für diese singulär erstellten Netzpläne,

5. Zusammenführen der singulären Teilnetzpläne zu einem Gesamtnetzplan,
6. Anbinden der Netzplanung an die Aufwandserfassung, d.h. Einführen einer netzplangesteuerten Stundenkontierung,
7. Übernehmen der Plan- und Istdaten (Termine, Aufwände) in eine gemeinsame Projektdatenbasis,
8. Erweitern der Projektdatenbasis um weitere Kostenelemente.

Bei dieser schrittweisen Vorgehensweise sollte zu allererst – falls noch nicht vorhanden – ein Projektbüro eingerichtet werden, das eine ausreichende Projektunterstützung bieten kann. Kompetente Hilfe beim Einführen von PM-Methoden und -Werkzeugen ist für eine gute Akzeptanz bei der Entwicklungsmannschaft von ausschlaggebender Bedeutung.

6.4.2 Arbeitsrechtliches Umfeld

Bei Verarbeiten personenbezogener Daten sind die Vorschriften des *Bundesdatenschutzgesetzes* (BDSG) zu beachten [58]; bei Daten, die sich ausschließlich auf die eigenen Mitarbeiter beziehen, kommt noch das *Betriebsverfassungsgesetz* (BVG) hinzu. Weiterhin müssen die hierzu unternehmensintern erstellten Regelungen berücksichtigt werden.

Das Verarbeiten von personenbezogenen Daten ist mitbestimmungspflichtig

Aus dem BVG heraus und aufgrund der aktuellen Rechtsprechung des *Bundesarbeitsgerichts* (BAG) ist der Einsatz technischer Einrichtungen, die personenbezogene Daten für die Leistungs- und/oder Verhaltensüberwachung von Mitarbeitern speichern, *mitbestimmungspflichtig*; in diesem Fall ist i.Allg. mit dem Betriebsrat eine entsprechende Betriebsvereinbarung zu treffen. Deshalb sollten personenbezogene Daten von Mitarbeitern in rechnergestützten Verfahren – unter Berücksichtigung des Datenschutzes – nur insoweit verwendet werden, als es im Interesse einer wirtschaftlichen Unternehmensführung unerlässlich ist. Manuell erstellte Unterlagen, wie z.B. handschriftliche Notizen im Rahmen einer Projektkontrolle bleiben davon unberührt; ihre Nutzung muss aber dem BDSG genügen.

Der Begriff „technische Einrichtung" wird sehr weit gefasst, so dass auch Arbeitsplatzsysteme und Bürosysteme darunter fallen können. Die Mitbestimmungspflicht erstreckt sich also nicht nur auf Großrechnerverfahren, sondern auch auf Arbeitsplatzsysteme, die eine dezentrale eigene und selbstständige Programmierungs-, Speicher- und Verarbeitungsmöglichkeit bieten (z.B. Personal Computer).

Personenbezogene Daten

Im Sinn des BDSG gelten als personenbezogene Daten Einzelangaben über persönliche oder sachliche Verhältnisse einer bestimmten oder bestimmbaren *natürlichen* Person (Betroffener). Zu den personenbezogenen Daten gehören neben den personenindividuellen Daten auch solche, die nur indirekt auf die jeweiligen Personen „beziehbar" sind und somit nur mittelbar individualisiert werden können. Ganz allgemein sind personenbezogene Daten gemäß Bild 6.10 zu unterteilen.

6.4 Verfahrenseinführung

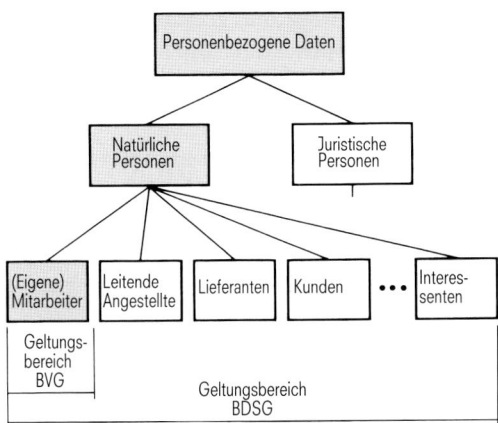

Bild 6.10 Arten personenbezogener Daten

Technische Überwachung

Unter technischer Überwachung ist in diesem Zusammenhang sowohl das rechnerunterstützte *Sammeln* und *Speichern* von Informationen – die eine Aussage über Leistung und/oder Verhalten einzelner Mitarbeiter implizieren – als auch das personenbezogene *Verarbeiten* bzw. *Auswerten* solcher Informationen durch ein rechnergestütztes Verfahren, besonders in Form eines namentlichen Soll/Ist-Vergleichs, zu verstehen.

Dabei ist es nicht erforderlich, dass die technische Einrichtung den Soll/Ist-Vergleich *selbst* durchführt. Es reicht aus, wenn diese nur die Unterlagen für einen manuell vorzunehmenden Vergleich in anderer Weise liefert. Auch ist es nicht von Bedeutung, ob der Anwender subjektiv eine Überwachung besonders in Form eines Soll/Ist-Vergleichs tatsächlich beabsichtigt oder gar nicht daran interessiert ist. Allein ausschlaggebend ist die objektiv vorhandene technische *Fähigkeit* des Rechnerverfahrens zum Ableiten eines derartigen Datenvergleichs.

Bereits die technische Fähigkeit eines Systems zum Ableiten eines Datenvergleichs ist mitbestimmungspflichtig

Betriebsvereinbarung

Der Betriebsrat ist wegen seines Mitbestimmungsrechts beim geplanten Einsatz von solchen Planungs- und Steuerungsverfahren, die personenbezogene Daten zur Leistungs- und/oder Verhaltenskontrolle speichern, *rechtzeitig* einzubeziehen. Hierbei muss deutlich werden, warum im konkreten Fall die Benutzung personenbezogener Daten im Verfahren notwendig ist, mit welchem Ziel diese verwendet und ggf. von welchem bzw. welchen anderen Verfahren die benötigten personenbezogenen Daten übernommen werden. Weiterhin ist es zweckmäßig, bei geringfügigen Verfahrenserweiterungen und -änderungen, die in irgendeiner Form die personenbezogenen Daten tangieren, den Betriebsrat *vorher* zu informieren und mit ihm eventuell mitbestimmungspflichtige Auswirkungen durchzusprechen. Mit dem Betriebsrat muss weiterhin festgestellt wer-

Betriebsrat beim Einsatz DV-gestützter PM-Verfahren rechtzeitig einbeziehen!

den, auf welchem Weg ihm eine Überprüfung der erläuterten Verwendung der personenbezogenen Daten von Mitarbeitern ermöglicht wird.

Betriebsvereinbarungen über Projektplanungs- und -steuerungsverfahren enthalten Bestimmungen, die zwischen der Betriebsleitung und dem Betriebsrat vor allem zu folgenden Punkten vereinbart werden:

▷ Geltungsbereich des Verfahrens,
▷ Aufgabe des Verfahrens,
▷ Eingabe- und Stammdaten,
▷ Weiterverarbeitung und Auswertung,
▷ Schnittstellen zu anderen Verfahren,
▷ Zugriffsberechtigungen,
▷ Rechte der Vereinbarungspartner.

Der Betriebsrat ist berechtigt, jederzeit Aufklärung über die eingesetzten Rechnerverfahren zu verlangen, bei denen personenbezogene Daten von Mitarbeitern verwendet werden. Ihm ist auf Wunsch Gelegenheit zu geben, im Rahmen der betrieblichen Gegebenheiten und unter Beachtung des Datenschutzes den Verfahrensablauf mitzuverfolgen.

Für das Einhalten der im BDSG formulierten Bestimmungen ist der jeweilige Fachvorgesetzte bzw. der „Datenhalter" verantwortlich. Für ein in einem bestimmten Rechenzentrum ablaufendes Personalinformationssystem z.B. trägt also nicht der RZ-Leiter, sondern die nutzende Personalabteilung die Verantwortung. Der zuständige Bereichsbeauftragte für Datenschutz (BBDS) kann hierbei zur Beratung herangezogen werden.

Sicherungsmaßnahmen

Sicherungsmaßnahmen sind zwingend notwendig

Im Rahmen eines DV- oder PC-gestützten Verfahrens sind bei der Verarbeitung personenbezogener Daten Sicherungsmaßnahmen vorzusehen. Das BDSG gibt keine konkreten Maßnahmen vor, nennt aber zehn Kontrollbereiche, in denen Sicherungsmaßnahmen zwingend vorgeschrieben werden. Hierbei handelt es sich um:

▷ Zugangskontrolle
▷ Abgangskontrolle
▷ Speicherkontrolle
▷ Benutzerkontrolle
▷ Zugriffskontrolle
▷ Übermittlungskontrolle
▷ Eingabekontrolle
▷ Auftragskontrolle
▷ Transportkontrolle
▷ Organisationskontrolle.

Der Datenschutzbeauftragte muss eine „Übersicht" führen

Das BDSG verlangt weiterhin, eine *Übersicht* zu führen, in der vor allem die Art der verarbeiteten Daten, die Empfänger und die Art der eingesetzten Rechneranlagen dokumentiert sind. Das Führen dieser Übersicht ist gesetzliche Aufgabe der Datenschutzbeauftragten. Hierzu muss man jede entsprechende Verarbeitung vor Beginn dem zuständigen BBDS schriftlich melden. Außerdem ist für jedes DV-Verfahren, welches personenbezogene Daten speichert und übermittelt, ein *Zuverlässigkeitsnachweis* zu erstellen und in die Verfahrensdokumentation aufzunehmen; dieser enthält alle personenbezogenen Datenfelder mit Angabe des jeweiligen *Zulässigkeitsgrundes*.

In weiteren Bestimmungen des BDSG sind die Rechte des Betroffenen festgelegt; diese bestehen grundsätzlich in seinem Anspruch auf Auskunft über die zu seiner Person gespeicherten Daten und ggf. auf deren Berichtigung, Sperrung oder Löschung. Grundlage dafür ist die Pflicht der speichernden Stelle, den Betroffenen über die Speicherung seiner Daten zu unterrichten, wenn davon auszugehen ist, dass er nicht auf andere Weise davon Kenntnis erlangt hat.

6.5 Arbeitstechniken

Am Anfang einer Projektdurchführung liegen die Problemfeldanalyse und die Defnition des Projektziels. Zum Bewältigen der hierbei zu lösenden Aufgaben sind meist schwierige Denkprozesse zu durchlaufen:

Arbeitstechniken erleichtern die Projektarbeit

▷ Ideensammlung (kreative Phase)
▷ Istaufnahme und Problemanalyse (analytische Phase)
▷ Problemlösung und Entscheidung (synthetische Phase).

Um diese Denkprozesse möglichst effektiv zu gestalten, haben sich für die einzelnen Phasen spezielle Arbeitstechniken herausgebildet:

▷ Kreativitätstechniken
▷ Istanalysetechniken
▷ Problemlösungstechniken
▷ Entscheidungstechniken
▷ Kommunikationstechniken
▷ Zeitplanungstechniken.

6.5.1 Kreativitätstechniken

Jeder Mensch verfügt über ein gewisses Maß an Kreativität; diese zu entwickeln und zur Entfaltung zu bringen, ist das Ziel von Kreativitätstechniken. Folgende Kreativitätstechniken haben sich in der Praxis vielfältig bewährt:

Kreativitätstechniken fördern „divergentes" Denken

▷ Brainstorming
▷ CNB-Methode
▷ Mind-Mapping
▷ Methode 635
▷ Utopiespiel
▷ Bisoziationsmethode
▷ Synektische Methode.

Brainstorming

Ohne Hemmungen Ideen zu einem klar umrissenen Problem produzieren

Beim *Brainstorming* finden sich mehrere Fachleute zu einem bestimmten, vorher klar umrissenen Thema zusammen, um zu einer gemeinsamen, sich gegenseitig befruchtenden Ideenfindung zu kommen. Wichtig ist, dass in der Gruppe ein kooperatives Klima entsteht, um bestehende Hemmungen, eigene eventuell nicht gleich überzeugende Gedanken zu äußern, abzubauen; dies wird durch den Moderator unterstützt. Das zu behandelnde Thema sollte nicht zu weit gefasst sein, weil sonst ein „Fokussieren" der Ideen nicht mehr möglich wird.

Folgende Grundregeln gelten für Brainstorming-Sitzungen:

Regel 1:   Möglichst viele Ideen produzieren!
Regel 2:   Jegliche Kritik ist zurückzustellen!
Regel 3:   Keine Grenzen der Phantasie setzen!
Regel 4:   Ideen anderer aufgreifen!

Ein Brainstorming wird normalerweise in drei Abschnitten durchgeführt: Vorbereitung, Durchführung und Auswertung.

Vorbereitung

Eine Brainstorming-Sitzung sollte man nicht spontan einberufen, sondern entsprechend vorbereiten; hierzu gehört, dass einerseits das Problem klar umrissen und andererseits der teilnehmende Personenkreis sorgfältig ausgewählt wird. Die Anzahl der Teilnehmer sollte mindestens vier betragen und nicht größer als zwölf sein, dabei sind interdisziplinäre Fachkompetenzen vielfach sehr bereichernd. Das Thema sollte den Teilnehmern rechtzeitig vorher bekanntgegeben werden, damit diese sich schon gedanklich einstimmen können.

Durchführung

Für das Festhalten der Ideen bieten sich mehrere Möglichkeiten an: Flipchart, Kärtchentechnik, Tonbandaufzeichnung, Protokollierung. Insbesondere die „Kärtchentechnik" hat sich beim Brainstorming als sehr vorteilhaft erwiesen, da hier die Teilnehmer im ersten Schritt ihre Ideen individuell – also ohne Hemmschwellen – auf einzelne Kärtchen schreiben, die dann vom Moderator auf einer Planungstafel thematisch gruppiert werden. In einer anschließenden, dem besseren Verständnis dienenden Durchsprache können die einzelnen „Ideen" besser formuliert werden.

Auswertung

Die Auswertung selbst braucht nicht unbedingt gleich nach der Brainstorming-Sitzung zu erfolgen; sie kann auch später vorgenommen werden. Alle festgehaltenen Ideen werden schließlich zu Themenkomplexen gruppiert; hierbei fasst man ähnliche Ideen zusammen und am Thema vorbeigehende Ideen sondert man aus. Das so vorliegende Brainstorming-Ergebnis wird dokumentiert.

CNB-Methode

Die CNB-Methode (collective notebook) ist eine „schriftliche" Brainstorming-Methode, ein *Brainwriting*. Diese Kreativitätstechnik kann über einen längeren Zeitraum (mehrere Wochen) laufen und funktioniert auch über Internet bzw. E-Mail. Beim Brainwriting kommen die Teilnehmer nicht in einer gemeinsamen Runde zusammen, sondern jeder legt für sich seine Ideen zu einem vorformulierten Fragenkomplex schriftlich nieder.

Individuelles Brainstorming mit Notizbuch über einen längeren Zeitraum

Als erstes bereitet ein Initiator für jeden Teilnehmer ein eigenes Notizbuch mit folgenden Aufgabenstellungen vor:

– Halten Sie alle Ideen zu dem vorgegebenen Problem fest!
– Definieren Sie das Problem genauer!
– Notieren Sie alle Ihnen bekannten Lösungsansätze!

Während eines festgelegten Zeitraums trägt dann – unabhängig voneinander – jeder Teilnehmer seine Ideen, Gedanken und Vorschläge zu dem vorgegebenen Problem in sein Notizbuch ein. Am Ende der Durchführungsphase erarbeitet schließlich jeder Teilnehmer einen Extrakt seiner Eintragungen.

Aus den eingesammelten Notizbüchern erstellt der Initiator eine Zusammenfassung aller Eintragungen. In einer anschließenden Arbeitssitzung wird diese Ausarbeitung dann noch gemeinsam diskutiert und ein Lösungskonzept erarbeitet.

Der Vorteil des Brainwritings liegt darin, dass die einzelnen Experten nicht persönlich zusammenkommen müssen. Auch sind die gefundenen Ideen deutlicher formuliert und durchdachter als beim Brainstorming. Der Nachteil beim Brainwriting liegt vor allem in der fehlenden Kommunikation während des Ideenfindungsprozesses; es mangelt daher im Allgemeinen an originellen Ideen.

Mind-Mapping

Auf den ersten Blick ist Mind-Mapping nur eine Visualisierungstechnik mit der Möglichkeit, Elemente und Strukturen „sichtbar" zu machen. Die Mind-Map ist die grafische Darstellung von Aufgaben, Themen oder Stichpunkten z.B. aus einem Brainstorming-Prozess und besteht aus beschrifteten mehrzweigigen Baumdiagrammen. Zusätzliche Anmerkungen, erläuternde Inhalte und Prozesszusammenhänge können durch gegenseitige Verknüpfungen dargestellt werden.

Im Gegensatz zum Brainstorming, bei dem eine Reihe von unsortierten Begriffen zu einem Problemfeld produziert und anschließend auf Pinnwänden sortiert werden, wird bei der Mind-Map von Anfang an eine vernetzte Assoziationsstruktur angestrebt, die die semantischen Bezüge der Schlüsselbegriffe zum Ausdruck bringen sollen. Eine Mind-Map eignet sich damit auch zur Dokumentation für Ergebnisse eines Brainstormings, in dessen sortierter Fassung.

Eine Mind-Map steuert ein Brainstorming in einen geordneten Assoziationsablauf

Das prinzipielle Vorgehen beim Mind-Mapping findet in folgenden Schritten statt:

1. Das zentrale Thema wird formuliert und in der Mitte eines leeren (großen) Blattes (eventuell mit einem Bild oder Logo) wiedergegeben; hierbei empfiehlt es sich, auch farbliche Unterscheidungen zu verwenden.
2. Nun werden Schlüsselbegriffe in einem Brainstorming gesammelt, die zum Hauptthema gehören. Sie werden durch Äste um das Hauptthema herum angeordnet. Die Reihenfolge kann dabei beliebig oder auch gewollt sein.
3. Auf einer zweiten Gedankenebene werden zu diesen neu gefundenen Themen weitere Schlüsselbegriffe assoziiert und als Zweige an die Hauptäste angeordnet.
4. Diese dann beschrifteten Zweige können Ausgangspunkt für weitere Verästelungen sein.
5. In einem fortlaufenden Prozess der Dekomposition des Themas entsteht so ein stark verzweigter „Ideenbaum".

Zur grafischen Unterstützung von komplexeren Mind-Maps werden zahlreiche SW-Tools angeboten, deren Quellen im Internet leicht zu finden sind.

Methode 635

Aufbau einer Ideenfolge durch schriftliche Kommunikation

Die Methode 635 vereinigt die Vorteile des Brainstormings mit denen des Brainwritings. Die Ideen werden von den Teilnehmern schriftlich abgegeben; es findet aber insofern eine Kommunikation statt, als die einzelnen Teilnehmer ihre Ideen untereinander austauschen, wobei der Einzelne auf die Ideenvorschläge seines Vorgängers aufbauen kann. Die Zahlenangabe 635 bedeutet:

- 6 Teilnehmer,
- 3 Ideen (abzugeben je Teilnehmer),
- 5 mal wird das Ideenformular weitergegeben.

Jeder Teilnehmer erhält ein Leerformular, wie es in Bild 6.11 dargestellt ist, und trägt in die erste Zeile seine ersten drei Ideen zu dem vorgestellten Problemkomplex ein. In einer festgelegten Reihenfolge werden nun die Blätter weitergereicht und jeder Teilnehmer formuliert – aufbauend auf die eingetragenen Einfälle seines Vorgängers – drei weitere Ideen; falls ihm keine drei neuen einfallen, kann er sich natürlich auch mit weniger begnügen. Dies geschieht fünfmal, bis alle sechs Blätter ausgefüllt sind. Da bei jeder nächsten Runde einerseits mehr Ideen zu verarbeiten sind und andererseits es schwerer wird, weitere Ideen zu finden, müssen die Zeitvorgaben für die einzelnen Runden entsprechend ansteigen.

Die Teilnehmeranzahl kann natürlich geringfügig differieren, auch ist man nicht an die Anzahl von drei Ideen gebunden. Die Kombination „6 Teilnehmer und 3 Ideen" hat sich allerdings in der Praxis als optimal erwiesen.

6.5 Arbeitstechniken

Methode 635			Runde: 1
Problemstellung Steigerung der Effektivität in der Entwicklung			Datum: 20.11.2010 Teilnehmer: 1. Hr. Dr. Widmer 2. Hr. Joswig 3. Hr. Dr. Büttner 4. Fr. Brosig 5. Hr. Dr. Rupp 6. Hr. Fuhrmann
Ideen			Teil- nehmer
11 Projekt- management einführen	12 Qualifikation der Mitarbeiter erhöhen	13 Entwicklungs- stärken in der Produktplanung mehr berück- sichtigen	1
21 Erfahrungs- datenbank für die Entwicklung aufbauen	22 Vorhandene Linienorgani- sation »projekt- orientierter« gestalten	23 Durchgängiges CIM-Konzept von der Entwicklung bis zur Fertigung entwerfen	2
31 CAD-Methoden und Verfahren verstärkt ein- führen	32 CASE-Verfahren für die SW-Ent- wicklung ein- setzten	33 Grafikunter- stützung für die Entwurfstätig- keiten verbessern	3
41 Prozessorgani- sationen der HW- und SW-Ent- wicklung aufein- ander abstimmen	42 Ausbildungs- kurse für Entwurfs- methodik durch- führen	43	4
51 Reviews systematisieren	52 Prämiensystem für Termin- einhaltung einführen	53 »REFA-Prin- zipien« für Ent- wicklungstätig- keiten ableiten	5
61 Entwicklungs- Control-Board einrichten	62 Produktivitäts- kennzahlen für die Entwicklung ermitteln	63	6

Bild 6.11 Formular zur Ideensammlung (Methode 635)

Die Methode 635 kann auch – wie das Brainwriting – ohne eine gemeinsame Sitzung stattfinden, indem die sukzessiv ausgefüllten Ideenformulare durch die Post weitergegeben werden.

Utopiespiel

Über Utopien kommt man zu neuen Realitäten

Mit einem Utopiespiel hat man eine vorzügliche Möglichkeit, einem Brainstorming, welches in eine Sackgasse geraten ist, wieder genügend kreativen Freiraum zu geben. Hierbei wird bewusst die bestehende Realitätsbasis verlassen, um mithilfe eines unbeschwerten Gedankenspiels in der Zukunft auf völlig neue und noch nie angedachte Ideen zu stoßen, die dem normalen Realitätsbewußtsein verschlossen sind. Typische Fragestellungen für derartige Utopiespiele sind z.B.:

– Wie sieht das Büro im Jahr 2050 aus?
– Was wäre, wenn es keine Autos mehr gäbe?
– Wie würde eine „Volkswirtschaft ohne Bargeld" ablaufen?

Am anregendsten wird ein Utopiespiel durchgeführt, wenn die Teilnehmer in kleine Gruppen von max. vier Personen mit je einem Moderator eingeteilt werden und jede Gruppe etwa 20 bis 30 Minuten Zeit hat, um ihre Utopie zu ersinnen. Nach der anschließenden Präsentation der einzelnen Zukunftsmodelle werden diese durch die Teilnehmer bewertet. Die Präsentation und Diskussion erbringt meist sehr viele unkonventionelle Denkanregungen, die zu einem horizonterweiternden Problemlösungsprozess führen können.

Bisoziationsmethode

Durch „Verfremdung" kommt man zu einer neuen Betrachtungsweise und somit zu neuen Ideen

Mit der Bisoziationsmethode versucht man wie beim Utopiespiel, die Kreativität bei einer Ideenfindung durch Wahl eines neuen „Bezugssystems" zu bereichern. Im Einzelnen werden bei der Bisoziationsmethode folgende Schritte durchlaufen:

▷ Durchsprache des Problemfeldes
▷ Sammeln aktueller Schlagworte
▷ Bilden eines neuen Bezugssystems
▷ Sammeln zugehöriger Begriffe
▷ Verknüpfen der Begriffe mit dem Problemfeld
▷ Ableiten von Lösungsideen.

Ähnlich wie die nachfolgende Methode versucht die Bisoziationsmethode, durch „Verfremden" eines Problems den Denkprozess auf völlig neue Ideen zu lenken.

Synektische Methode

Mehrfache Verfremdung nutzt die kreativen Denkprozesse im Unterbewusstsein

Mittels der Synektik wird durch eine mehrfache Verfremdung des gestellten Problems die Ideenfindung angeregt und dadurch – insbesondere bei festgefahrenen Problemen – das Finden eines Lösungsansatzes positiv beinflusst.

Die Ideenfindung läuft bei der synektischen Methode in drei Phasen ab [84]:

▷ Phase I Vertrautmachen des Fremden
▷ Phase II Verfremden des Vertrauten
▷ Phase III Verfremdetes und Vertrautes kombinieren

Für eine Synektik-Sitzung können ähnliche Regeln wie für eine Brainstorming-Sitzung aufgestellt werden:

- Teilnehmeranzahl zwischen zwei und sechs,
- Moderation durch einen Fachmann,
- Unterschiede bezüglich Ausbildung und Position möglichst klein,
- Kenntnisse und Erfahrung möglichst verschieden.

Die Dauer einer Synektik-Sitzung hängt stark vom gestellten Problem ab und kann sehr unterschiedlich sein, wobei die Bandbreite zwischen einigen Stunden und zwei Tagen liegt.

6.5.2 Istanalysetechniken

Am Anfang eines jeden Entwicklungsprozesses steht der Prozessabschnitt der Problemanalyse, der sich im Allgemeinen in die beiden Prozessphasen *Istanalyse* und *Sollkonzept* untergliedert. Die Istanalyse soll hierbei die fachliche Basis für das geplante Entwicklungsvorhaben definieren, auf die die weitere Planung, beginnend mit dem Sollkonzept, aufsetzen soll.

Istanalyse ist die Grundlage für jeden Problemlösungsprozess

Für die Untersuchung des Istzustandes hat sich – neben der Auswertung vorhandener Unterlagen – in der Praxis eine Vielzahl von Analysetechniken herausgebildet:

▷ Interview
▷ Fragebogen
▷ Dauerbeobachtung
▷ Selbstaufschreibung
▷ Multimomentaufnahme
▷ SWOT-Analyse.

Interview

Zum transparenten Darstellen eines Istzustandes mit objektivem Aufdecken von Fehlerquellen und Mängeln hat sich die Interviewtechnik sehr gut bewährt.

In [10] ist diese Technik am Beispiel einer PM-Untersuchung ausführlich erläutert worden. Wie dort aufgezeigt ist, ist es wichtig, dass die Interviews gut vorbereitet werden, sowohl hinsichtlich ihres Inhalts (z.B. mit Checklisten) als auch des zu befragenden Personenkreises. Anderenfalls läuft man Gefahr, in eine Flut von Informationen aus ungleichgewichtigen Quellen zu geraten.

Ein Interview ist immer gut vorzubereiten

Fragebogen

Der Fragebogen – schriftliches Interview mit geringem Aufwand

Können die relevanten Fragenkomplexe nicht in einzelnen Interviews behandelt werden – sei es, dass die Anzahl der Interview-Partner zu groß ist oder dass eine örtliche Zusammenkunft nicht möglich ist –, bietet es sich an, einen entsprechenden *Fragebogen* auszuarbeiten und diesen an die zu befragenden Wissensträger zu versenden. Hierbei sind einige Regeln zu beachten:

▷ Die Ausfüllzeit sollte nicht länger als 1/2 Stunde dauern.
▷ Die Fragen sind kurz und verständlich zu halten.
▷ Die Fragenkomplexe sind in Themengruppen anzuordnen.
▷ Das Untersuchungsfeld muss die Befragten ansprechen.
▷ In einem Begleitschreiben müssen Aufgabe und Ziel der Fragebogenaktion überzeugend dargestellt werden.

Vor der eigentlichen Durchführung der Fragebogenaktion sollte der fertige Fragebogen in einem kleineren Personenkreis „getestet" werden, um die Verständlichkeit und Schärfe der gestellten Fragen zu prüfen. Auch ist es notwendig, sich rechtzeitig Gedanken über eine rationelle Auswertung der ausgefüllten Fragebögen zu machen.

Der Vorteil einer Fragebogenaktion zur Istanalyse liegt sicherlich in dem relativ geringen (eigenen) Aufwand und der kurzen Untersuchungszeit. Nachteil ist allerdings die Schwierigkeit, einen das Untersuchungsfeld voll abdeckenden und nicht missverständlichen Fragenkatalog zu erarbeiten; ein individuelles Nachfragen ist schließlich nicht möglich oder nur mit zusätzlichem Aufwand verbunden.

Dauerbeobachtung

Die selbstdurchgeführte Dauerbeobachtung kann sehr genaue Analysen liefern

Statt der „mittelbaren" Informationssammlung über Interview oder Fragebogen bietet sich in speziellen Fällen auch die unmittelbare, d.h. selbst durchgeführte *Dauerbeobachtung* an. Hierzu ist es allerdings notwendig, dass das Untersuchungsfeld räumlich und funktional überschaubar ist. Durch das für einen gewissen Zeitraum ständige Beobachten z.B. eines Arbeitsplatzes kann sehr gut eine eindeutige und vollständige Analyse des Istzustandes erreicht werden.

Wichtig ist hierbei, dass alle Ablaufvorgänge, Vorkommnisse und Einflussfaktoren der Arbeitsprozesse schriftlich festgehalten werden und die Beobachtung so lange stattfindet, bis eine Konstanz der Arbeitsabläufe festzustellen ist.

Der Vorteil liegt bei der Genauigkeit der Analyseergebnisse. Nachteilig ist die nicht zu vermeidende Beeinflussung der am Arbeitsprozess beteiligten Personen durch die Beobachtung selbst und die damit verbundene Verfälschung der Ergebnisse. Auch kann der erforderliche Zeitaufwand für den Untersuchenden recht erheblich sein.

Selbstaufschreibung

Zur Istaufnahme kann in besonderen Fällen auch eine *Selbstaufschreibung* sehr dienlich sein. Die Selbstaufschreibung bietet sich an, wenn im Rahmen von Arbeitsprozessen immer wiederkehrende Vorgänge ablaufen und über einen definierten Zeitraum die „Gleichheit" der Vorgänge statistisch ermittelt werden soll.

Formalisierte Selbstaufschreibung bietet sich bei wiederkehrenden Vorgängen an

Für diese Form der Istanalyse muss allerdings ein geeignetes Ausfüllformular zur Verfügung stehen, welches möglichst als Checkliste genutzt werden kann. Die Betroffenen müssen zudem genau in die Vorgehensweise eingewiesen und für das Untersuchungsziel entsprechend motiviert sein.

Multimomentaufnahme

Die Multimomentaufnahme ist ein *Stichprobenverfahren*, bei dem aus einer Vielzahl von Momentaufnahmen statistisch gesicherte Mengen- und Zeitangaben abgeleitet werden können.

Istanalyse durch Stichproben

Das Grundprinzip einer Multimomentaufnahme besteht darin, dass ausgewählte „Beobachtungsstationen" in einer Arbeitsprozesskette zu unterschiedlichen Zeitpunkten in stets derselben Reihenfolge hinsichtlich der Anzahl bestimmter „Tätigkeiten" oder „Zustände" abgefragt werden. Die in einer Aufnahmeliste je Beobachtungsstation festgehaltenen Tätigkeits- bzw. Zustandsanzahlen werden abschließend arithmetisch gemittelt. Der zu erwartende statistische Fehler hängt von der Gesamtzahl der Beobachtungen, der „Rundgänge", ab. In [85] ist die mathematische Ermittlung der notwendigen Anzahl der Beobachtungen angegeben.

Die Multimomentaufnahme eignet sich sehr gut für Arbeitsplatz- und Auslastungsstudien, zur Störungsermittlung in Arbeitsabläufen sowie zum Erstellen von Tätigkeits- und Belastungsdiagrammen.

SWOT-Analyse

Die SWOT- oder Stärken-Schwächen-Analyse dient zur Positionsbestimmung eines Unternehmens in seinem Marktumfeld und unterstützt die Strategieentwicklung. Das Akronym steht für <u>S</u>trengths (Stärken), <u>W</u>eaknesses (Schwächen), <u>O</u>pportunities (Chancen) und <u>T</u>hreats (Bedrohungen).

Mit einer SWOT-Analyse wird untersucht, inwieweit die internen Fähigkeiten eines Unternehmens (Stärken und Schwächen) mit den Herausforderungen der externen Marktentwicklungen (Chancen und Bedrohungen) korrespondieren. Hierzu werden die vier Kombinationen einer 2×2-Matrix z.B. mittels folgender Fragen analysiert:

In einer SWOT-Analyse werden Stärken und Schwächen gegeneinander abgewogen

Stärken-Chancen-Kombination:

▷ Welche unserer Stärken passen zu welchen Chancen?
▷ Was macht uns einzigartig?
▷ Was zeichnet uns gegenüber der Konkurrenz aus?

Schwächen-Chancen-Kombination:

▷ Wo können aus unseren Schwächen Chancen entstehen?
▷ Wie können Schwächen zu Stärken entwickelt werden?
▷ Was können andere Mitbewerber besser?

Stärken-Bedrohungen-Kombination:

▷ Welchen Bedrohungen können wir mit welchen Stärken begegnen?
▷ Welche neuen Produkte könnten wir anbieten?
▷ Mit welcher FuE-Initative können wir Bedrohungen entgegentreten?

Schwächen-Bedrohungen-Kombination:

▷ Bei welchen Bedrohungen sind unsere Schwächen besonders kritisch?
▷ Welche Marktverlagerungen ins konkurrierende Ausland sind absehbar?
▷ Gibt es Bereiche, von denen man sich trennen sollte?

6.5.3 Problemlösungstechniken

Problemlösungstechniken werden getragen durch *diskursive* Denkprozesse, denen eine bewusst logische und systematische Vorgehensweise zugrunde liegt. Zu ihnen gehören:

▷ Morphologische Analyse
▷ Bionik
▷ Pro-und-Kontra-Spiel
▷ Delphi-Methode
▷ Analyse technischer Störungen.

Morphologische Analyse

Der Morphologische Kasten dient zum Systematisieren einer Lösungsfindung

Morphologie bezeichnet die Lehre von den Gestalten und Formen. Ziel einer morphologischen Analyse ist das systematische Finden aller in Frage kommenden Lösungsvarianten zu einem gestellten Problem; hierzu wird das Gesamtlösungsfeld in einem bestimmten Schema, dem „Morphologischen Kasten" dargestellt. Bild 6.12 zeigt ein Beispiel für die Lösungsfindung bei einem aufgetretenen Terminverzug in einem Projekt.

Der Morphologische Kasten hat meistens eine Matrixform

Der Morphologische Kasten ist ein Schema, in dem einer Auswahl von wesentlichen Parametern (Teilproblemen) eines gestellten Problems erfolgsbestimmende Ausprägungen (Einzellösungen) gegenübergestellt werden. Liegt eine lineare Reihe von Parametern vor, so handelt es sich beim Schema um eine Matrixdarstellung; erst bei einer zweidimensionalen Parameterschar entsteht ein wirklicher (dreidimensionaler) „Kasten". Das ausgefüllte Schema stellt das Gesamtlösungsfeld dar.

Die morphologische Analyse läuft in fünf Schritten ab:

▷ Definieren des Problems
▷ Festlegen der Parameter des Problems
▷ Bestimmen der Ausprägungen der Problemparameter

6.5 Arbeitstechniken

Problemfeld: Terminverzug bei einem Projekt

Parameter Teilprobleme	Ausprägungen (Einzellösungen)				
1 Personalstärke	Firmeninterne Vernetzungen	Neueinstellungen	Überstunden	Urlaubssperre	Consultant-Einstellung
2 Qualifizierung	Firmeninterne Kurse	Firmenexterne Kurse	Selbststudium	Experten einbeziehen	
3 Motivation	Beförderungen vornehmen	Prämien ankündigen	Kommunikation verbessern	Austausch von Mitarbeitern	Wechsel von Vorgesetzten
4 Leistungsumfang	Funktionen streichen	Wertanalyse durchführen	Stufenkonzept erarbeiten		
5 Qualität	Qualitäts-anforderungen reduzieren	QS-Maßnahmen verringern	QS-Maßnahmen vergrößern		
6 Prozessablauf	Zeitreserven eliminieren	Aktivitäten parallelisieren	Optimierung mit Netzplan vornehmen	Kommunikations-fluss straffen	Entw.dienste zentralisieren
7 Entwicklungs-unterstützung	Kauf von Entwicklungsteilen	Kauf von Tools	Anschaffung von CAD-Geräten	Mehr Test- und Rechenzeiten	Konventionen definieren

●———● 1. Lösung
○−−−−○ 2. Lösung

Bild 6.12 Morphologischer Kasten

▷ Aufstellen des Morphologischen Kastens
▷ Auswählen der Lösung.

Im ersten Schritt wird das gestellte Problem dem Lösungsteam vorgestellt und eingehend diskutiert; hierbei kann es zu einer Aufteilung, zu einer Verallgemeinerung oder sogar zu einer Neudefinition des Problems kommen. Erreicht werden muss, dass alle Teilnehmer zu einem gleichen Problembewusstsein gelangen.

Im zweiten Schritt werden die wesentlichen Aspekte des Problems (Funktionen, Abläufe, Vor- und Nachteile etc.) herausgearbeitet und daraus die Parameter des Problems festgelegt. Die Parameter müssen hinsichtlich ihres Inhalts gleichwertig sein; Oberbegriffe z.B. sind aufzulösen. Weiterhin prüft man die Parameter auf ihre Bedeutung und auf ihre Unabhängigkeit. Die Unabhängigkeit der Parameter ist wichtig, weil sonst die freie Kombination von Lösungsmöglichkeiten eingeschränkt sein würde. Nur die relevanten Parameter werden in die vertikale Matrixspalte des Morphologischen Kastens übernommen. Man sollte möglichst nicht mehr als sechs bis sieben Parameter auswählen, weil sonst die Anzahl der Lösungsvarianten zu groß und damit die spätere Lösungsauswahl zu unübersichtlich werden würde.

Teilprobleme werden mit deren Einzellösungen kombiniert

Im dritten Schritt werden die unterschiedlichen Ausprägungen der Parameter bestimmt: dabei strebt man eine größtmögliche Vollständigkeit dieser an. Alternative Ausprägungen und solche, die voneinander abhängig sind, müssen beseitigt werden. Auch muss man prüfen, ob die Ausprägungen genügend konkret und aussagekräftig sind: anderenfalls muss man sie schärfer definieren. Schließlich ordnet man die Ausprägungen in die horizontalen Matrixzeilen der jeweils zutreffenden Parameter des Morphologischen Kastens ein. Je Parameter brauchen natürlich nicht immer gleich viele Ausprägungen angegeben zu werden.

Mit dem vierten Schritt werden die verschiedenen Lösungsvarianten definiert, indem eine sinnvolle Kombination von Ausprägungen (je Parameter eine Ausprägung) durch einen Linienzug ausgewählt wird. Jeder unterschiedliche Linienzug stellt eine mögliche Lösung dar. Diese Lösungen müssen nun auf ihre Praktikabilität und Realisierbarkeit untersucht werden; fallweise kann es hierbei sinnvoll sein, weniger wichtige Ausprägungen in einer Lösungsvariante auszulassen.

Der letzte Schritt führt zur *Lösungsauswahl*. Mittels eines gewichteten Kriterienkatalogs werden die in die engere Wahl gekommenen Lösungen bewertet. Die bestbewertete Lösung wird ausgewählt.

Die morphologische Analyse eignet sich besonders gut bei Problemstellungen, die bereits über eine gewisse Struktur verfügen, wie z.B. bei Problemen, die im Zusammenhang mit einer Maschine oder einem Gerät stehen. Als günstig erweist sich auch die leichte Darstellung von alternativen Lösungen in dem morphologischen Kasten. Als Nachteil ist allerdings zu nennen, dass die Vorabauswahl der Parameterausprägungen die Lösungsvielfalt einschränkt. Auch wird bei umfangreichen Problemstellungen der Kasten leicht unübersichtlich; es besteht dann sogar die Gefahr, dass die optimale Lösung übersehen wird.

Bionik

Lernen von der Natur

Die Bionik stellt eine sehr moderne Problemlösungstechnik dar, die versucht, durch „Abgucken von der Natur" zu einem gestellten Problem eine Lösung zu finden.

Die Bionik-Vorgehensweise ist sehr einfach: Man versucht, im Rahmen eines interdisziplinären Teams von Fachleuten zu einem gestellten Problem systematisch ähnliche bzw. vergleichbare Probleme sowie deren Lösung in der Natur aufzuzeigen. Durch Analogieschlüsse wird versucht, diese „natürlichen" Problemlösungen auf „technische" zu übertragen. Typische solcher Bionik-Lösungsanalogien sind:

Aufbau eines Strohhalms	→	Hochhaus-Konstruktion
Körperbau des Vogels	→	Flugzeugbau
Menschliches Gedächtnis	→	Computer-Speichertechnik
Sinnesorgane der Lebewesen	→	Technische Sensoren
Soziale Verhaltensweisen	→	Organisationsstrukturen

Eine unmittelbare Übertragbarkeit ist meist nicht gegeben, zu unterschiedlich sind die Realisierungsmöglichkeiten der Natur und der Technik. Man kommt allerdings mittels einer Bionik-Denkweise häufig zu außergewöhnlichen Anregungen im Problemlösungsprozess.

Pro- und Kontra-Spiel

Liegen bereits mehrere Lösungsalternativen vor, so kann man mithilfe eines *Pro-und-Kontra-Spiels* auf einfache Weise zu einer Priorisierung derselben kommen.

Pro und Kontra zum Bewerten von Lösungsalternativen

Je Lösungsalternative werden zwei Vertreter aus dem Lösungsteam ausgewählt. In einer ersten Runde von etwa zehn Minuten Länge tragen die beiden Vertreter ihre Pro- und Kontra-Argumente in schneller Folge vor. Protokollanten halten dabei die vorgetragenen Argumente in ihrem wesentlichen Gehalt fest. In der zweiten Runde vertauschen die beiden Vertreter ihre Rolle, d.h. der Pro-Vertreter trägt jetzt Kontra-Argumente vor und der Kontra-Vertreter muss nun Pro-Argumente bringen.

Eine solche wechselseitige Pro-und-Kontra-Argumentation wird für jede Lösungsalternative einzeln durchgeführt. Zum Schluss werden die protokollierten Argumente nochmal im Plenum eingehend diskutiert, welches dann auch die letztliche Lösungsauswahl trifft.

Delphi-Methode

Zur Problemlösung kann man auch sehr gut die in Kapitel 3.2.4 beschriebene Delphi-Methode einsetzen; dort wurde sie im Rahmen einer Expertenbefragung für die Aufwandsschätzung genutzt.

Wechselweises Bearbeiten von Lösungsansätzen

Einer ausgewählten Gruppe von Fachleuten wird das gestellte Problem vorgestellt und eingehend erläutert. Daraufhin erarbeiten die Fachleute – getrennt voneinander – Lösungsansätze, die dann anonym unter dem Teilnehmerkreis verteilt werden. In der nächsten Runde beurteilt und kritisiert daraufhin jeder Experte die Vorschläge der anderen und überarbeitet ggf. seinen eigenen Vorschlag. Bei Bedarf können diese Runden wiederholt werden.

Der Vorteil der Delphi-Methode im Rahmen einer Problemlösung liegt vor allem darin, dass örtlich voneinander entfernt sitzende Fachleute für ein gemeinsames Problem Lösungsvorschläge ausarbeiten können, die dann einer systematischen gegenseitigen Beurteilung unterzogen werden. Durch die methodenbedingte Wahrung der Anonymität wird die Scheu vor unkonventionellen Gedanken genommen.

Analyse technischer Störungen (ATS)

Charles Kepner und Benjamin Tregoe haben in den 50er-Jahren eine streng formalisierte Vorgehensweise für eine Problemlösung entwickelt, die „Analyse technischer Störungen" (ATS), häufig auch als Kepner-Tregoe-Methode bezeichnet [31]. Diese Methode hilft, den Problemlösungsprozess zu systematisieren und zu versachlichen, um so falschen Entscheidungen entgegen zu wirken.

Kepner-Tregoe-Methode

Die ATS-Methode definiert vier Vorgehensschritte, deren Abarbeitung anhand von vorgegebenen Formularen und zugehörigen Prozessfragen unterstützt wird:

Die ATS-Methode legt klare Vorgehensschritte beim Problemlösungsprozess fest

1. Situationsanalyse:
   Was liegt an und was ist das wichtigste Problem?
2. Problemanalyse:
   Was ist die Ursache des Problems?
3. Entscheidungsanalyse:
   Wie stellen wir das Problem am besten ab?
4. Analyse Potenzieller Probleme:
   Welchen Lösungsansatz führen wir zur Realisierung?

Situationsanalyse

Im ersten Schritt, der *Situationsanalyse*, wird versucht, das Problem in einem Satz möglichst genau zu beschreiben. Um die Abweichung des Ist-Zustandes vom Soll-Zustand zu identifizieren, sind – formularunterstützt – die vier Fragen: Was, wo, wann, wie viele? zu beantworten. Mit deren Beantwortung soll das Problem genauer charakterisiert und abgegrenzt werden. Auch wird die Formulierung der Fragen sowohl im positiven Sinne gestellt: „Was ist das Problem?", als auch im negativen Sinne: „Was ist *nicht* das Problem?"

Problemanalyse

Im zweiten Schritt, der *Problemanalyse*, werden die möglichen Ursachen für das Problem ermittelt und Lösungsvorschläge zur Problembeseitigung aufgezeigt. Hierbei ist es in der Praxis meist nicht einfach, die richtige Bewertung und Auswahl von Lösungsansätzen zu treffen.

Entscheidungsanalyse

Im dritten Schritt, der *Entscheidungsanalyse*, wird eine Ursachenbewertung anhand der im ersten Schritt erstellten Ursachenliste und der im zweiten Schritt erarbeiteten Lösungsansätze durchgeführt. Für jede der aufgeführten Ursachen wird eine genaue Prüfung vorgenommen, ob sie sowohl die „Ist-Information", als auch die „Ist-nicht-Information" erklären kann. Nur wenn die zu prüfende Ursache in beiden Annahmen zutrifft, wird sie in die engere Auswahl aufgenommen. Die wahrscheinlichste Ursache ist dann diejenige, welche die offenen Fragen am besten beantworten kann.

Analyse potentieller Probleme

Im letzten Schritt wird dann der Nachweis für die tatsächliche Ursache erbracht. Man beginnt mit der wahrscheinlichsten Ursache, indem die getroffenen Annahmen überprüft werden, ohne die die betrachtete Ursache den Fehler nicht erklären kann. Bestätigen sich die getroffenen Annahmen, wird die Fehlerursache beseitigt und damit das Problem zumeist gelöst.

6.5.4 Entscheidungstechniken

Priorisierung von Lösungsvarianten

Entscheiden heißt, zwischen zwei oder mehreren Alternativen mit unterschiedlichen Auswirkungen auswählen. Für diesen „Auswahlprozess" stehen einige in der Praxis vielfach erprobte Entscheidungstechniken zur Verfügung:

▷ ABC-Analyse
▷ Entscheidungstabelle
▷ Entscheidungsmatrix

▷ Entscheidungsbaum
▷ Portfolio-Methode.

ABC-Analyse

Wenn man aus einer großen Anzahl von Alternativen zu wählen hat, so bietet es sich an, die Gesamtmenge durch eine ABC-Analyse auf die wichtigsten Alternativen einzuschränken. Voraussetzung für eine ABC-Analyse ist allerdings ein Bewertungskriterium als Maß für die „Wertigkeit" der Alternativen; dieses kann sich aus mehreren Einzelkriterien zusammensetzen. Als solche Einzelkriterien können dienen:

Ermitteln der Wertigkeit von Alternativen

– Anzahl Anwender
– Jahresumsatz
– Jahresverbrauch
– Entwicklungskosten
– Materialkosten
– Mitarbeiteraufwand
– Stückzahlen
– Anzahl Fertigungsstunden
– Ausfallzeiten
– Fehlerhäufigkeit
– Fehlerkosten
– usw.

Hat man die einzelnen Wertigkeiten der Alternativen bestimmt, dann werden die Alternativen gemäß ihrer Wertigkeiten in eine Rangfolge gebracht. Bild 6.13 soll dieses am Beispiel einer Absatzmarktbeurteilung für zwölf EU-Staaten veranschaulichen. Als Beurteilungskriterium wurde die Größe „Personen-km^2" (Bevölkerung × Fläche) herangezogen.

Rangfolge	Alternative	Kriterium 1 (Stand 2005)	Kriterium 2	Wertigkeit	Akkumulierte Wertigkeit	
	Absatzmarkt	Bevölkerung in 1000	Fläche in 1000 km^2	Bevölkerung × Fläche in 10^6 Personen · km^2		in %
1	Frankreich	60,4	547	33.039	33.039	27,5
2	Deutschland	82,5	357	29.453	62.491	52,0
3	Spanien	43,2	506	21.859	84.351	70,2
4	Italien	57,6	301	17.338	101.688	84,6
5	Großbritannien	59,9	243	14.556	116.244	96,8
6	Griechenland	10,5	132	1.386	117.630	97,9
7	Portugal	10,5	92	966	118.596	98,7
8	Niederlande	16,3	41	668	119.264	99,3
9	Belgien	10,4	31	322	119.587	99,5
10	Irland	4,4	70	308	119.895	99,8
11	Dänemark	5,4	43	232	120.127	100,0
12	Luxemburg	0,5	3	2	120.128	100,0

Bild 6.13 Ermittlung der Rangfolge bei einer ABC-Analyse (Beispiel)

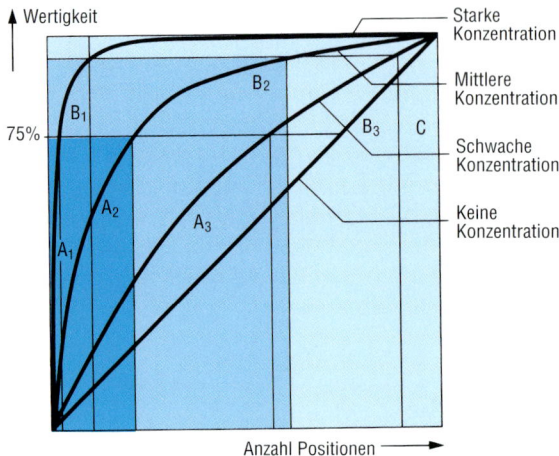

Bild 6.14 Mögliche Kurvenverläufe bei der ABC-Analyse

Die A-Kandidaten sind die wichtigsten

Nachdem die Rangfolge festliegt, werden die einzelnen Wertigkeiten akkumuliert. Zur besseren Darstellung überträgt man häufig diese Werte in ein Koordinatensystem; hierzu ordnet man die Alternativen gemäß ihrer Rangfolge in äquidistanten Abständen auf der x-Achse an und trägt vertikal die entsprechenden akkumulierten Werte auf. Die einzelnen Endpunkte werden zu einem Linienzug verbunden, der in die drei Bereiche A, B und C unterteilt wird. Der A-Bereich (ca. 75%) umfasst die „wichtigen", der B-Bereich (75 bis 95%) die „weniger-wichtigen" und der C-Bereich (restliche %) die „unwichtigen" Alternativen. In dem gezeigten Beispiel kann man nun folgende Aussagen machen:

A-Bereich: Die ersten drei Absatzmärkte machen bereits rund 70% der gesamten „Personen-km^2" aus – hinsichtlich dieses Bewertungskriteriums sind sie die „wichtigsten" Absatzmärkte.

B-Bereich: Die beiden weiteren Absatzmärkte zählen zu den „weniger wichtigen" und müssen einer besonderen Betrachtung unterzogen werden.

C-Bereich: Die restlichen sieben Absatzmärkte sind als „unwichtige" Absatzmärkte einzuordnen und scheiden damit bei den weiteren Überlegungen aus.

Je nach Konzentration des ausgewählten Bewertungskriteriums ergeben sich sehr unterschiedliche Verläufe der ABC-Kurven (siehe Bild 6.14). Bei extrem steilem Kurvenanstieg (starke Konzentration) existiert eine allein dominante Alternative; eine Auswahl nach der ABC-Analyse ist hier nicht mehr nötig. Haben dagegen alle Alternativen die gleiche Wertigkeit (keine Konzentration), ist eine Sortierung nach unterschiedlichen Wertigkeiten nicht möglich und daher eine ABC-Analyse nicht durchführbar.

Entscheidungstabelle

Die Entscheidungstabellen-Technik ist eine Methode zum Analysieren und Darstellen von komplexen Ablauf- und Entscheidungssituationen. In einer Entscheidungstabelle (ET) werden die logischen Zusammenhänge eines Entscheidungsfeldes nach einem einheitlichen Schema dargestellt; sie ist also keine Methode zur eigentlichen Entscheidungsfindung, sondern ein tabellarisches Beschreibungsmittel für formalisierbare Entscheidungsprozesse [21].

Methode zum Beschreiben formalisierbarer Entscheidungsprozesse

Aufbau einer Entscheidungstabelle

Eine Entscheidungstabelle gliedert sich in vier Quadranten (Bild 6.15). Die Zeilen der oberen Hälfte (Bedingungsteil) enthalten die Bedingungen, die Zeilen der unteren Hälfte (Aktionsteil) die Aktionen; in den Spalten sind die *Entscheidungsregeln*, kurz Regeln, aufgeführt. *Bedingungs- und Aktionsanzeiger* definieren – mit Bezug auf die angesprochenen Bedingungen und Aktionen – die Regeln einer Entscheidungstabelle. Ob eine Bedingung für eine bestimmte Regel zutrifft, nicht zutrifft oder irrelevant ist, wird durch die Bedingungsanzeiger „J", „N" bzw. „–" angezeigt; die auszuführenden Aktionen werden durch den Aktionsanzeiger „X" gekennzeichnet. Eine Entscheidungsregel ist wie folgt zu lesen:

Wenn   Bedingung x und Bedingung y usw. zutrifft,
dann   muss Aktion a und Aktion b usw. erfolgen.

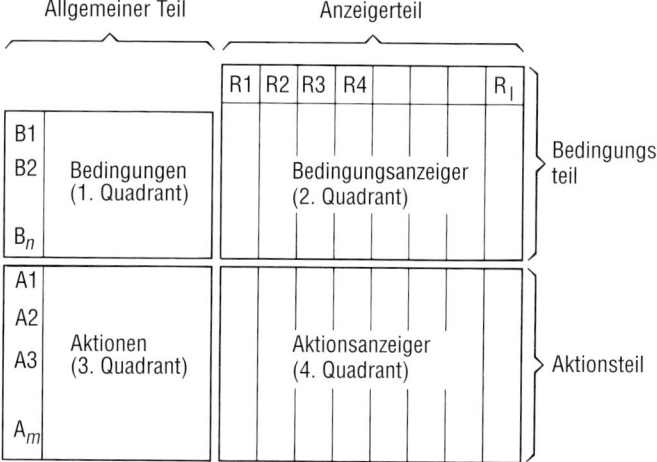

Bild 6.15 Aufbau einer Entscheidungstabelle

Die einzelnen Bedingungen einer Regel sind durch ein logisches UND, die einzelnen Regeln der Entscheidungstabelle durch ein logisches ODER verknüpft.

Formen von Entscheidungstabellen

Drei Formen von Entscheidungstabellen kann man unterscheiden (Bild 6.16).

Begrenzte ET | Bei *begrenzten* Entscheidungstabellen sind im allgemeinen Teil die Bedingungen und Aktionen vollständig beschrieben, so dass im Anzeigerteil nur die logischen Anzeiger für ja, nein oder irrelevant enthalten sind. Man kann zudem noch unterscheiden zwischen einfachen (begrenzten) Entscheidungstabellen, die nur mit den Bedingungsanzeigern „J" und „N" belegt sind, sowie komplexen (begrenzten) Entscheidungstabellen, die darüber hinaus mindestens einen Irrelevanzanzeiger „-" enthalten.

Erweiterte ET | Dagegen sind bei *erweiterten* Entscheidungstabellen die Bedingungen und Aktionen im allgemeinen Teil nur unvollständig beschrieben; ihre Vollständigkeit erhalten sie durch erweiterte Angaben im Anzeigerteil. Die Bedingungs- und Aktionsanzeiger enthalten für den zutreffenden Fall nähere numerische Angaben, die sogar in arithmetischen Ausdrücken eingebunden sein können; bei den Bedingungsanzeigern können noch Vergleichsoperatoren hinzukommen. Eine erweiterte Entscheidungstabelle ist im Allgemeinen übersichtlicher und daher besser lesbar als eine begrenzte Entscheidungstabelle.

Gemischte ET | *Gemischte* Entscheidungstabellen enthalten sowohl begrenzte als auch erweiterte Einträge; sie stehen damit zwischen den begrenzten und den erweiterten Entscheidungstabellen. Wie aus Bild 6.10, welches dieselbe Entscheidungstabelle in ihren unterschiedlichen Formen zeigt, zu ersehen

		R1	R2	R3	R4
B1	Angestellte >100	J	J	N	N
B2	Mehrere Standorte	J	N	J	N
A1	10 Telefonanschlüsse				×
A2	20 Telefonanschlüsse			×	
A3	30 Telefonanschlüsse	×	×		
A4	10% Anrufbeantworter			×	
A5	20% Anrufbeantworter	×	×		

Einfache (begrenzte) ET

		R1	R2	R3
B1	Angestellte >100	J	N	N
B2	Mehrere Standorte	–	J	N
A1	10 Telefonanschlüsse			×
A2	20 Telefonanschlüsse		×	
A3	30 Telefonanschlüsse	×		
A4	10% Anrufbeantworter		×	
A5	20% Anrufbeantworter	×		

Komplexe (begrenzte) ET

		R1	R2	R3	R4
B1	Anzahl Angestellte	>100	>100	<100	<100
B2	Anzahl Standorte	>1	=1	>1	=1
A1	Telefonanschlüsse	30	30	20	10
A2	Anrufbeantworter	20%	20%	10%	0%

Erweiterte ET

		R1	R2	R3
B1	Anzahl Angestellte	>100	<100	<100
B2	Anzahl Standorte	–	J	N
A1	Telefonanschlüsse	30	20	10
A2	Anrufbeantworter	20%	10%	0%

Gemischte ET

Bild 6.16 Formen von Entscheidungstabellen

ist, erlauben gemischte Entscheidungstabellen besonders gut den Aufbau von kompakten Entscheidungstabellen.

Bedeutsam ist auch, ob die Entscheidungstabelle *eindeutig* oder *mehrdeutig* ist. Eine formal eindeutige Entscheidungstabelle enthält für jede mögliche Bedingungskombination nur eine einzelne Regel; bei mehrdeutigen Entscheidungstabellen können auf bestimmte Kombinationen mehrere (redundante) Regeln zutreffen.

Von *offenen* bzw. *geschlossenen* Entscheidungstabellen spricht man im Zusammenhang mit Entscheidungstabellen, die miteinander vernetzt sind. Offen bedeutet, dass die letzte Aktion einer jeden Regel immer der Ansprung auf eine andere Entscheidungstabelle ist. Geschlossen ist die Entscheidungstabelle, wenn die letzte Aktion einer jeden Regel einen Rücksprung auf die „aufrufende" Entscheidungstabelle enthält.

Erstellen einer Entscheidungstabelle

Auf zwei unterschiedliche Arten kann eine Entscheidungstabelle erstellt werden. Bei der *induktiven Vorgehensweise* werden nur die problemrelevanten Bedingungskombinationen als Regeln definiert; alle anderen, probleminvarianten Kombinationen werden zu einer „Sonstige"-Regel, auch als ELSE-Regel bezeichnet, zusammengefasst. Bei der *deduktiven Vorgehensweise* geht man demgegenüber von der theoretisch möglichen Gesamtanzahl von Bedingungskombinationen aus und versucht, durch Konsolidieren eine Einschränkung der Entscheidungstabelle zu erreichen.

Induktives und deduktives Vorgehen

Im Einzelnen werden zum Erstellen einer Entscheidungstabelle mehrere Schritte durchlaufen. Bei der induktiven Vorgehensweise müssen zuerst sämtliche relevanten Bedingungen zusammengestellt werden; fehlen Bedingungen, so ist die Aussage der Entscheidungstabelle unvollständig und daher von geringem Wert. Als Nächstes werden die zugehörigen Aktionen formuliert. Bedingungen und Aktionen werden dann in ein ET-Formular eingetragen. Durch Angabe der einzelnen Bedingungs- und Aktionszeiger werden die unterschiedlichen Regeln definiert. Bei der deduktiven Vorgehensweise verwendet man ein Standard-ET-Formular, welches sämtliche Kombinationsmöglichkeiten enthält; hier gelangt man durch Wegstreichen der nicht relevanten Regeln zur Endform der Entscheidungstabelle.

In beiden Fällen muss noch eine genaue Prüfung auf Redundanz- und Widerspruchsfreiheit sowie auf Vollständigkeit der Entscheidungstabelle vorgenommen werden.

Häufig ist die Reihenfolge der Bedingungen und Aktionen nicht beliebig, da einerseits sowohl Bedingungen als auch Aktionen voneinander abhängen können und andererseits es wichtige und weniger wichtige Bedingungen bzw. Aktionen gibt. So muss man bei Folgebedingungen die logische Sequenz einhalten und die wichtigsten Bedingungen und Aktionen voranstellen.

Eine Entscheidungstabelle muss redundanz- und widerspruchsfrei sein, deshalb ist das Prüfen der Entscheidungstabelle hierauf von größter Bedeutung.

Ist eine Entscheidungstabelle redundanz- und widerspruchsfrei, so muss sie auf *Vollständigkeit* geprüft werden.

Konsolidieren = Zusammenfassen von Regeln

Unter *Konsolidieren* einer Entscheidungstabelle versteht man das Zusammenfassen von Regeln zu komplexeren Regeln, die über identische Aktionsfolgen verfügen; es hat das Ziel, den Tabellenumfang zu verringern. Man sollte allerdings nur solche Regelpaare zusammenfassen, die inhaltlich zusammenhängen. Die in Bild 6.10 dargestellte erweiterte Entscheidungstabelle ist z.B. durch Konsolidierung der dort gezeigten begrenzten Entscheidungstabelle entstanden.

Das Konsolidieren allein reicht im Allgemeinen nicht aus, ein komplexes Entscheidungsfeld in eine möglichst kleine und überschaubare Entscheidungstabelle zu überführen. Die Praxis zeigt, dass eine Entscheidungstabelle nicht mehr als 15 Bedingungen, 20 Aktionen bzw. 20 Regeln umfassen sollte. Deshalb ist es vielfach notwendig, das zu betrachtende Entscheidungsfeld in abgegrenzte Problemkomplexe zu unterteilen; dies erfordert ein *Splitten* der Gesamttabelle. Gesplittet wird eine Entscheidungstabelle dadurch, dass einige generelle Bedingungen in eine übergeordnete Entscheidungstabelle übernommen werden und diese als Aktionen nur „Ansprünge" auf die abgesplitteten Entscheidungstabellen erhält.

Entscheidungsmatrix

Entscheiden durch Gewichten von Kriterien

Eine Entscheidungsmatrix ermöglicht die systematische Auswahl von mehreren Alternativen; sie enthält auf der vertikalen Achse eine Aufzählung der Entscheidungskriterien und auf der horizontalen Achse die zur Entscheidung anstehenden Alternativen.

Die Entscheidungsanalyse beginnt damit, dass alle relevanten Entscheidungskriterien herausgearbeitet und anschließend gewichtet werden. Das Gewichten kann sowohl auf Basis einer linearen Rangfolge als auch mittels einer gegenseitigen Gewichtung geschehen. Vor allem sollte es von mehreren voneinander unabhängigen Personen vorgenommen werden, um durch eine Mitteilung von mehreren Werten zu einer objektiveren Aussage zu kommen. Anschließend wird jede Alternative hinsichtlich der Erfüllung eines jeden Entscheidungskriteriums bewertet, indem man den Grad der Erfüllung nach einer festgelegten Werteskala bestimmt. Durch Multiplikation dieser „Erfüllungsgrade" mit dem jeweiligen Gewicht des Entscheidungskriteriums erhält man einen Gesamtwert, den Nutzwert für die betreffende Alternative.

Entscheidungsbaum

Mit einem Entscheidungsbaum, häufig auch als *Präferenzmatrix* bezeichnet, können komplexe Entscheidungssituationen übersichtlich dargestellt werden. Bild 6.17 zeigt einen Entscheidungsbaum für die Entscheidungsfindung bei dem Beispiel „Verbesserung des Projektmanagements in einem Entwicklungsbereich". In der dargestellten Präferenzmatrix werden die möglichen Alternativen der Reihe nach aufgeführt und gegenseitig hinsichtlich ihrer wechselseitigen Präferenz abgewogen. So weist der Entscheider z.B. in dem markierten Feld aus, dass er der Alternative f die Präferenz gegenüber der Alternative b gibt. In dem gezeigten Beispiel erhält also die Alternative e die höchste Präferenz, da sie am häufigsten „präferiert" wurde. Zur Objektivierung bietet es sich an, dass mehrere Entscheider die Präferenzmatrix ausfüllen. Eine Mitteilung über alle Einzelbewertungen führt dann zur endgültigen Alternativenauswahl.

Entscheiden durch Bestimmen der wechselseitigen Präferenzen aller Alternativen

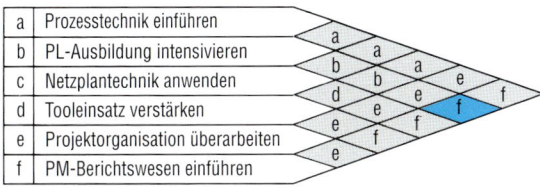

Bild 6.17 Präferenzmatrix

Portfolio-Methode

Die Portfolio-Methode wird vornehmlich in der Innovationsplanung als Entscheidungshilfe verwendet. In einer einfachen Matrixanordnung werden die zu betrachtenden Problemfelder (z.B. Geschäftsfelder, Produktgebiete, Technologien) in Abhängigkeit von zwei relevanten Beurteilungskriterien (z.B. Marktanteil und Marktwachstum) dargestellt. Auf Basis einer solchen Standortbestimmung können Strategien abgeleitet und damit Entscheidungen für das weitere Vorgehen z.B. bei der Geschäftsfeldplanung bzw. beim Marketing getroffen werden.

Portfolio zum Positionieren eigener Lösungsstrategien

Ein Portfolio kann auch „mehrquadrantig" sein. So besitzt z.B. das Geschäftsfeld-Portfolio von McKinsey neun Matrixfelder. Durch die größere Anzahl von Feldern ist wohl eine feinere Unterscheidung möglich, die jeweilige richtige Einordnung der Betrachtungselemente fällt allerdings schwerer.

Die Portfolio-Methode kann natürlich auch zur Entscheidungsfindung auf anderen Gebieten eingesetzt werden – vorausgesetzt, dass das Problemfeld auf zwei voneinander unabhängige Beurteilungskriterien bezogen werden kann. Als Beispiel sei eine Tool-Untersuchung aufgeführt (Bild 6.18); hier hat man in einem Portfolio mit neun Quadranten die Toolunterstützung in den einzelnen Tätigkeitsbereichen der Verfahrensentwicklung in Bezug auf ihren Erfüllungsgrad und ihr Gewicht darge-

6 Projektunterstützung

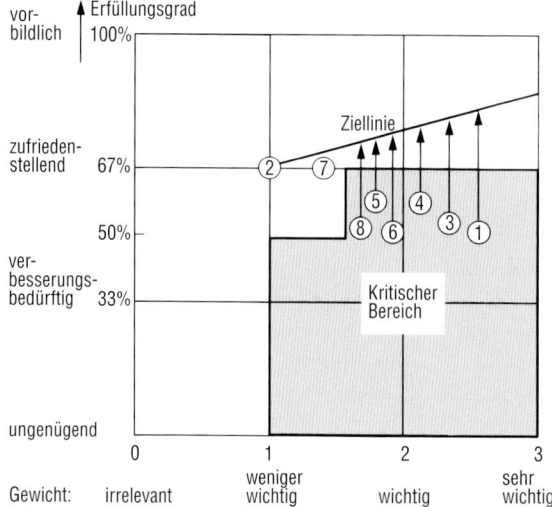

Toolunterstützung für:	Erfüllungsgrad/Gewicht
① Planen und Steuern	49% / 2,5
② Verwalten	65% / 1,0
③ Fachliches Entwerfen	51% / 2,3
④ DV-technisches Entwerfen	57% / 2,1
⑤ Implementieren	57% / 1,8
⑥ Testen	49% / 1,9
⑦ Einführen	67% / 1,4
⑧ Optimieren	51% / 1,7

Bild 6.18 Portfolio für Beurteilung der Toolunterstützung (Beispiel)

stellt. Gleichzeitig hat man den kritischen, d.h. den unerwünschten Bereich sowie die „Ziellinie" eingetragen.

6.5.5 Kommunikationstechniken

Das Management von Projekten wird im hohem Maße getragen durch die intensive Kommunikation zwischen den im Projekt eingebundenen Menschen. In der Praxis haben sich zum Intensivieren der Kommunikation zahlreiche unterschiedliche Techniken herausgebildet:

▷ Diskussionstechniken
▷ Präsentationstechniken
▷ Bewertungstechniken.

Diskussionstechniken

Diskussionen sollten „Spielregeln" unterliegen

Die *Diskussion* ist sicherlich die beherrschende Form der zwischenmenschlichen Kommunikation; aber gerade sie kann leicht misslingen, da sich die Diskussionspartner häufig nicht verständigen können oder sogar nicht wollen. Deshalb sind für das Gelingen von Diskussionen, egal ob es sich um ein Teamgespräch, eine Verhandlung oder eine Konferenz handelt, Regeln notwendig, die von allen Partnern zu akzeptieren sind.

Zu solchen Regeln gehören:

Moderator:	Jede Diskussion sollte von einem Moderator geführt werden.
Sprechdauer:	Kein Teilnehmer sollte länger als eine bestimmte Zeit ununterbrochen sprechen (z.B. 30-s-Regel).
Pausen:	Bei Planungsgesprächen sollte immer spätestens nach zwei Stunden eine kurze Erholungspause eingelegt werden.
Visualisierung:	Zwischenergebnisse sollten auf Flipcharts, Wandtafeln oder Folien laufend festgehalten werden.
Sitzordnung:	Alle Teilnehmer sollten sich zu jeder Zeit gegenseitig im Gesichtsfeld haben.
Protokoll:	Ein (vorab ernannter) Protokollführer hat das Besprechungsergebnis schriftlich zu fixieren.

Je größer die Diskussionsrunde wird, desto schwieriger und zeitaufwendiger wird eine zielgerichtete Diskussion. Als besonders effizient hat sich bei größeren Diskussionsrunden gezeigt, wenn ihre Zusammensetzung während der Sitzung systematisch zwischen *Plenum* und *Kleingruppe* wechselt. Einleitende und zusammenfassende Diskussionsabschnitte werden im Plenum, dagegen planende Diskussionsabschnitte werden in Kleingruppen behandelt. Dazu wird der gesamte Planungskomplex in Einzelthemen zerlegt, die dann jeweils in einer Kleingruppe behandelt werden. Im Plenum werden die Einzelergebnisse anschließend wieder zusammengeführt.

Dem *Moderator* kommt eine besondere Aufgabe zu; er muss dafür Sorge tragen, dass die Diskussion flüssig und zielgerichtet geführt und keiner der Teilnehmer benachteiligt wird. Zu seinen Aufgaben gehört das

Der Moderator wacht über die Einhaltung der Diskussionsregeln

– Hinlenken auf das Diskussionsziel,
– Vermeiden von Abschweifungen,
– Aufzeigen von Konflikten,
– Aufbrechen von Denkblockaden,
– Anregen neuer Gedankenansätze,
– Unterbrechen von Dauerrednern,
– Abblocken von „Killerphrasen",
– Hervorheben von guten, aber „weggedrückten" Beiträgen,
– Auflockern verhärteter Fronten,
– Visualisieren von Diskussionsbeiträgen,
– Zusammenfassen von Zwischenergebnissen.

Eine festgefahrene Diskussion kann sehr gut mit einer „schriftlichen Form" der Diskussion, der *Transparenzfrage*, aufgelockert werden. Mit dieser Abfragetechnik können die Teilnehmer der Diskussionsrunde zu jedem Zeitpunkt einer Diskussion aufgefordert werden, zu einer bestimmten Frage schriftlich eine Antwort zu geben. Die auf Kärtchen ge-

Diskussionsauflockerung durch Transparenzfragen

schriebenen Antworten werden an einer Stellwand thematisch geordnet und dann im Plenum durchgesprochen; auf diese Weise kann man eine Harmonisierung der Teilnehmermeinungen oder auch eine zusätzliche Anregung für die weitere Diskussion erreichen.

Typische Beispiele für derartige Transparenzfragen sind:

Erwartungsabfrage	„Was erwarten Sie von dem heutigen Tag?"
Problemabfrage	„Mit welchen Problemen haben wir es bei unserem Thema zu tun?"
Tätigkeitsabfrage	„Welche Tätigkeiten sind zur vorliegenden Problemlösung notwendig?"
Stimmungsabfrage	„Was stört Sie momentan am Verlauf der Diskussion?"
Bewertungsabfrage	„Wie bewerten Sie die vorgeschlagenen Alternativen?"
Erfüllungsabfrage	„In welchen Punkten hat der heutige Tag Ihre Erwartungen erfüllt und in welchen nicht?"

Von großer Wichtigkeit ist bei einer Diskussionsrunde auch, dass die vorgetragenen Aussagen und erarbeiteten Zwischenergebnisse festgehalten und *visualisiert* werden. Die Gefahr, dass wichtige Aussagen untergehen oder kontroverse Sachverhalte in einer hitzigen Diskussion nicht klar genug herauskommen, ist sehr groß. Deshalb sollte ein dafür geeigneter Teilnehmer, häufig der Moderator selbst, die Aufgabe übernehmen, parallel zur Diskussion markante und relevante Aussagen auf Flipcharts, Wandtafeln oder Overhead-Folien festzuhalten. Durch dieses Sichtbarmachen haben die Teilnehmer die bisher erreichten Diskussionsergebnisse ständig vor Augen und können daher zielgerichteter in ihrer Diskussion fortschreiten.

Diskussionsergebnisse laufend visualisieren

Präsentationstechniken

Eine Grafik sagt mehr als 1000 Worte

Komplexe Sachverhalte kann man mit einer Grafik meist erheblich einfacher als mit einer langen verbalen Beschreibung oder mündlichen Erläuterung darlegen. Sowohl bei einem Referat als auch bei einer Diskussion sollte deshalb besonderes Schwergewicht auf die richtige Präsentation der vorzutragenden Information gelegt werden. Bewährte Visualisierungsmedien sind

▷ Flipchart-Ständer,
▷ Overhead-Projektor,
▷ Wandtafel zum Schreiben oder Stecken bzw. Haften (Magnet),
▷ Bildschirmgerät, Notebook.

Flipcharts kann man sehr gut sowohl für die grafische Darstellung eines Sachverhaltes in einem Referat als auch für die Visualisierung eines spontanen Diskussionsbeitrags nutzen. Nachteilig ist die meistens nicht vorhandene Möglichkeit, Flipcharts zu kopieren.

Dagegen kann man *Overhead-Folien* von vornherein sehr leicht und im üblichen A4-Format kopieren. Auch ist das umgekehrte Kopieren von einer Papiervorlage, z.B. eines Schaubilds, direkt auf Folie möglich.

Wo ein komplexer Sachverhalt nur in einer großflächigen Darstellung visualisiert werden kann, ist die klassische *Wandtafel* mit Kreide oder speziellen Filzstifen immer wieder von großem Vorteil. Der Mangel der einfachen Kopierfähigkeit besteht auch hier, wenn man von einigen Spezialtafeln, die mit einer Kopierapparatur ausgestattet sind, absieht.

Für jede Form der Visualisierung sind einige Prinzipien einzuhalten:

- einheitliches Erscheinungsbild,
- große leserliche Schrift,
- Schrift möglichst in Druckbuchstaben,
- Grafiken nicht zu überladen,
- einfache und aussagekräftige Symbole,
- keine unverständlichen Abkürzungen.

Es gibt gute und schlechte Grafiken

Zur Präsentation eines DV- bzw. PC-Verfahrens eignet sich vortrefflich die Vorführung an einem *Bildschirmgerät* bzw. *Notebook*. Bei einem größeren Zuschauerkreis muss allerdings ein Spezialprojektor für die großflächige Wandprojektion zur Verfügung stehen.

Sowohl für Referate als auch bei Diskussionen kann es von großem Vorteil sein, die Präsentation auf mehreren (unterschiedlichen) Medien durchzuführen, d.h. je nach Präsentationsinhalt werden ein oder mehrere Flipchart-Ständer, ein oder zwei Overhead-Projektoren sowie eine Wandtafel in Anspruch genommen.

Bewertungstechniken

Planungsgespräche führen zunächst immer zu einer Auflistung von einzelnen Anforderungen, Vorschlägen, Lösungsansätzen oder Alternativen, die dann mittels einer Bewertung in eine Prioritätenreihenfolge gebracht werden muss. Hierfür haben sich einige praktische Bewertungstechniken herausgebildet:

▷ Punkteverfahren
▷ Schiedsrichterverfahren
▷ Auswahlverfahren
▷ Beurteilungsverfahren
▷ Präferenzmatrix.

Beim *Punkteverfahren* erhalten die Teilnehmer eine gleiche Anzahl von Klebepunkten (im Allgemeinen 3 bis 5 Stück), die sie auf einer vorbereiteten Auflistung der zu bewertenden Kriterien zu verteilen haben. Eine Häufelung bei ein und demselben Kriterium kann statthaft sein, muss aber vorher ausdrücklich vereinbart worden sein. Besteht eine natürliche Gruppierung in dem Teilnehmerkreis, z.B. nach Organisation, Fachgebiet etc., kann man auch unterschiedliche Farben für diese einzelnen Gruppen verwenden. Insgesamt besteht beim Punktevergeben immer die Gefahr des „Nachmachens"; dominante Teilnehmer verführen andere leicht zu einer gleichartigen Punktevergabe.

Punkteverfahren

Beim *Schiedsrichterverfahren* erhalten die Teilnehmer jeweils sechs Bewertungskriterien, auf denen die Zahlen 0 bis 5 stehen. Nacheinander

Schiedsrichterverfahren

werden die zu bewertenden Kriterien aufgerufen; zu jedem Kriterium halten die Teilnehmer die Bewertungskarte ihrer Wertungswahl (0 = unwichtig, 5 = sehr wichtig) hoch. Die Summe aller Einzelwertungen zu einem Kriterium ergibt dessen Gewicht in der Gesamtbewertung.

Auswahlverfahren
Das *Auswahlverfahren* ist eine Mischung aus den beiden vorgenannten Bewertungstechniken. Jeder Teilnehmer gibt eine individuelle Reihenfolge der aufgelisteten Kriterien ab; dies kann mit einer Ziffernvergabe, mit Punkten oder mit Bewertungskarten vorgenommen werden. Eine Mittelung der einzelnen Wertevergaben führt im Allgemeinen zu einer Priorisierung.

Beurteilungsverfahren
Beim *Beurteilungsverfahren* vergeben die Teilnehmer je Kriterium eine (fünfstufige) Plus/Minus-Beurteilung. Die jeweilige Bedeutung der fünf Beurteilungsstufen ist entsprechend des Problemfeldes festzulegen. Eine häufige Beurteilungsskala ist z.B. die folgende:

++   wesentliche Vorteile
+   einige Vorteile
0   keine Vor- und Nachteile
−   einige Nachteile
− − viele Nachteile.

Präferenzmatrix
Die in Kapitel 6.5.4 aufgeführte *Präferenzmatrix* kann ebenfalls als eine Bewertungstechnik angesehen werden.

6.5.6 Zeitplanungstechniken

Jeder Projektmitarbeiter sollte seine persönliche Terminplanung haben

Besonderes Merkmal der Zeit ist bekanntlich, dass – im Gegensatz zu anderen Ressourcen – Zeit nicht *vermehrbar* ist. Deshalb ist eine optimale Zeitplanung nicht nur in der Terminplanung eines Projekts von größter Bedeutung, sondern auch bei der persönlichen Zeitplanung [47, 48].

Die persönliche Zeitplanung umfasst dabei drei Zeithorizonte:

▷ das Planen der einzelnen Arbeitstage,
▷ das Planen im laufenden Jahr sowie
▷ das Planen allgemeiner Themen.

Die persönliche Zeitplanung beginnt mit der *Tagesplanung*, dem vollständigen „Vorplanen" eines Arbeitstages. Die Tagesplanung sollte man entweder am Ende des Vortages oder gleich zu Beginn des neuen Arbeitstages erstellen; sie gliedert sich in

− Termine einplanen,
− Aktivitäten planen,
− Vormerkungen eintragen.

Termine, Aktivitäten, Vormerkungen sind die Kategorien der Zeitplanung

Aus dem Terminkalender werden alle anstehenden Termine (Besprechungen, Veranstaltungen) in den Tagesplan übernommen und mit tagesaktuellen Terminen (z.B. Abwesenheiten) erweitert. Des Weiteren sind alle für den bevorstehenden Arbeitstag anstehenden Aktivitäten aufzuschreiben; hierzu gehören alle zu führenden Telefonate, aufzusetzende Briefe, zu erledigende Aufgaben und Tätigkeiten, wahrzunehmende Kontrollmaßnahmen usw. Die durchzuführenden Aktivitäten sind mit Prioritäten zu versehen, damit das Wichtige zuerst erledigt wird und weniger wichtige Aktivitäten eventuell aufgeschoben werden. Für zeitlich später liegende Termine und Aktivitäten sind entweder tagesgerechte Eintragungen oder an deutlich erkennbarer Stelle entsprechende Vormerkungen vorzunehmen (Wiedervorlage).

Das *Zeitplanen im Jahr* zielt – entsprechend denselben Kategorien der Tagesplanung (Termine, Aktivitäten, Vormerkungen) – auf das Planen der nächsten Wochen und Monate des laufenden Jahres. Dieser Teil der Zeitplanung wird naturgemäß kontinuierlich vorgenommen; Termine werden jeweils nach Absprache in eine entsprechende Jahresübersicht eingetragen, Aktivitäten werden – geordnet nach unterschiedlichen Gesichtspunkten (Mitarbeiter, Projekte, Gremien etc.) – laufend notiert und Vormerkungen werden je nach Notwendigkeit notiert.

Zum Planen allgemeiner Themen gehören mehr zeitraumbezogene bzw. zeitunabhängige Planungen wie die Urlaubsplanung, Kursplanung, Investitionsplanung und Anforderungsplanung.

Für das Einplanen der (persönlichen) Termine dient der bekannte Terminkalender, der in einer Gesamtübersicht alle zu planenden Termine mit Uhrzeit, Stichwort, Ort aufnimmt. Dieser Terminkalender sollte möglichst handlich sein, damit er überall mitgenommen werden kann.

Für das Planen der durchzuführenden Aktivitäten sollte ein Tageskalender genommen werden, der eine Seite je Tag oder zwei Seiten für eine Woche hat.

Für die rationelle Zeitplanung werden auf dem Markt vielfältige Zeitplanungssysteme in Form von Zeitplanungskalendern angeboten (z.B. Kombi-Planer, Time/system). Zusätzlich zum Kalender bieten sie einen Set von Standardformularen für die gängigsten Planungssegmente, ein Register für Notizen und Protokollierungen sowie ein weiteres für Telefon- und Fax-Nummern. Beispiele für solche Formulare sind:

Zeitplanungssysteme bieten mehr als einfache Kalender

– Tagesübersicht (für Tagesplanung)
– Wochenübersicht (für Wochenplanung)
– Monatsübersicht (für Monatsplanung)
– Jahresübersicht (für Jahresplanung)
– Jahres-Projektplaner (für Balkenplan)
– Aktivitätenliste (Telefonate, Besprechungen, Briefe, Tätigkeiten)
– Aufgabenplan (Aufgaben, Verantwortung, Termine, Aufwände)
– Wochenschema für feste Termine
– Memo-Liste (geliehen, verliehen)
– Übersicht Geburtstage, Jubiläen etc.
– Urlaubsplan

- Kontenplan
- Besprechungsplan
- Besprechungsprotokoll
- Offene-Punkte-Liste
- Informationsblätter
  (Postgebühren, Vorwahlnummern, Schulferien, Landkarte)
- Checklisten (z.B. PM-Merkblätter).

Die Nutzung von Standardformularen vereinfacht die Zeitplanung

Neben diesen Standardformularen werden meist auch noch neutrale Leerformulare wie Listen für allgemeine Notizen und Berichte, Balkenpläne für Aufgaben-, Urlaubs-, Meilensteinpläne sowie Tabellen für Kostenübersichten und Mitarbeiter-Einsatzmatrizen angeboten. Da die Blätter, sowohl die Kalenderblätter als auch die Formulare, stets in einem Ringbinder zusammengefasst sind, können sehr leicht und zu jeder Zeit weitere eigene Planübersichten, PC-Listen u.ä. eingeheftet werden. Bei einem Tageskalendarium sind im Binder im Allgemeinen immer nur die Blätter des laufenden Monats enthalten; die anderen Tagesblätter – sowohl die alten als auch die künftigen – sind in einer separaten „Datenbox" aufbewahrt. Am Ende eines Jahres hat man so eine gute Archivierung der einzelnen Tagesabläufe des abgelaufenen Jahres.

Für das Festhalten von Ideen und Überlegungen sollte man einen solchen Zeitplaner oder ein (evtl. elektronisches) Notizbuch bei sich haben. Im Auto, in der Bahn, unterwegs, zu Hause, im Verkehrsstau lassen sich diese unproduktiven Leerzeiten ausgezeichnet für die individuelle Zeit- und Aufgabenplanung nutzen.

Inzwischen werden auch spezielle PC-Programme für die Kalenderführung angeboten; ihre Praktikabilität steht den „papierenen" Zeitplanungssystemen aber noch sehr nach, da sie fest an einen PC gebunden sind. Elektronische Organizer, wie Palm III von 3Com, sind für die Führung eines Terminkalenders und einer persönlichen Aufgabenplanung schon besser geeignet, da diese Taschengeräte über einen Schnittstellenadapter für den Datenaustausch z.B. mit einem Sekretariats-PC verfügen.

Inzwischen ermöglichen auch Smartphones eine sehr effektive Unterstützung bei der persönlichen Zeitplanung. Eine große Zahl von Apps ermöglichen die Terminverwaltung, die Zeiterfassung und die Aufgabenverwaltung.

Smartphones unterstützen sehr effektiv die persönliche Zeitplanung

Zusätzlich bieten Smartphones auch die Möglichkeit, ganz normal im Internet zu surfen. So kann man sogar in ein webbasiertes Projektmanagement-System involviert sein, da der Zugang auf Projektmanagement-Informationen wie Projektpläne, -berichte und -auswertungen im Rahmen eines Cloud-Computing auch per Smartphone möglich ist (siehe hierzu Kapitel 6.6).

6.6 Online-Projektmanagement

Mit den Möglichkeiten des weltweiten Internets und den modernen Angeboten des „Cloud-Computings" bietet sich eine völlig neue Durchführungsform des Projektmanagements an, das „Online-Projektmanagement".

6.6.1 Cloud-Computing

Cloud-Computing steht für ein modernes IT-Infrastruktur-Konzept, bei dem sich die Daten und Anwendungen nicht mehr auf dem lokalen Rechner des Nutzers befinden, sondern auf Servern eines Cloud-Computing-Anbieters. Der Zugriff geschieht im Allgemeinen über das öffentliche Internet; es gibt aber auch „Private Clouds", die über ein firmeninternes Intranet bedient werden.

In der Cloud gespeicherte Daten stehen überall auf der Welt zur Verfügung

Man unterscheidet drei Servicemodelle:

▷ Anwendungsmodell   (Software as a Service – SaaS)
▷ Plattformmodell   (Platform as a Service – PaaS)
▷ Infrastrukturmodell (Infrastructure as a Service – IaaS).

Beim Cloud-Computing muss der Nutzer sich weder um die IT-Infrastruktur, also die Hardware, noch um die eingesetzte Software (Betriebssystem, Anwenderprogramme etc.) kümmern. Bei Plattformmodellen übernimmt der Nutzer die Überwachung und Steuerung der Anwenderprogramme; IT-Hardware und Betriebssystem obliegen der Verantwortung des Anbieters. Bei Infrastrukturmodellen liegt die Verantwortung sowohl des Betriebssystems als auch der Anwenderprogramme beim Nutzer.

Weiterhin unterscheidet man:

▷ Private Cloud
▷ Public Cloud
▷ Community Cloud
▷ Hybrid Cloud.

Bei einer „Private Cloud" arbeitet die IT-Infrastruktur ausschließlich für die eigene Organisation. Betreiber und Nutzer befinden sich im selben Unternehmen. Probleme hinsichtlich Datensicherheit und Datenschutz durch äußere schädigende Einflüsse (Viren, Hacker-Angriffe etc.) werden damit vermieden.

Es gibt private und öffentliche Clouds

Die „Public Cloud" steht für die allgemeine öffentliche Nutzung oder die Nutzung durch eine große industrielle Gruppe zur Verfügung und wird von einem Cloud-Betreiber getragen, der für seinen Service entsprechend bezahlt wird. Bei dieser öffentlichen Rechnerwolke kommt der Datensicherheit und dem Datenschutz eine besondere Bedeutung zu. Leistungsfähige Verschlüsselungsmechanismen werden eingesetzt, um einen gesicherten Datenverkehr zu gewährleisten.

Von einer „Community Cloud" spricht man, wenn ein kleinerer, meist örtlich verteilter Nutzerkreis (z.B. Behörden, Universitäten, Institute, Verbände) eine derartige gemeinschaftliche Rechnerwolke betreiben.

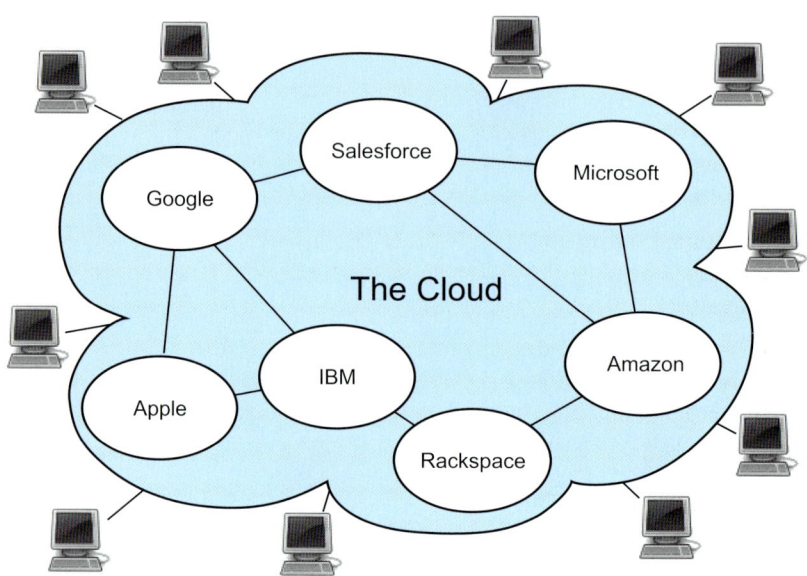

Bild 6.19 Cloud-Computing

Die „Hybrid Cloud" ist eine Sonderform, bei der ein Unternehmen eine „Private Cloud" betreibt und bei Belastungsspitzen auf eine „Public Cloud" übergeht.

Inzwischen gibt es eine große Anzahl von Anbietern für Cloud-Computing, zu denen neben den bekannten Internet-Firmen auch Hardware- und Software-Häuser gehören (Bild 6.19).

Auch einige Telekommunikationsfirmen (Telekom, Alice, GMX etc.) bieten inzwischen – z.T. unentgeltlich – so genannte „Web-Festplatten" an, das sind benutzerindividuelle Speichervolumina, welche auf den Servern der Anbieter verwaltet werden. Über einen mobilen PC oder auch mit einem Smartphone kann so ein Nutzer von jedem Ort aus übers Internet auf seine Web-Festplatte zugreifen und seine dort gespeicherten Daten ansehen und bearbeiten.

6.6.2 Webbasierte Projektmanagement-Verfahren

„Outsorcing" von Projektmanagement-Verfahren

Viele kleinere und mittelgroße Firmen versuchen aus Kostengründen Geschäftsabläufe auszulagern, nicht nur die Kundenberatung (Hotline bzw. Callcenter) oder die Buchhaltungen (externe Kanzleien), sondern auch IT-Abläufe einschließlich der benötigten Soft- und Hardware. Bei projektorientierten Unternehmen gilt dies auch für das Administrieren beim Projektmanagement. Hierfür bietet auf dem Gebiet des Cloud-Computings eine Vielzahl von Anbietern webbasierte Projektmanagement-Software in Form eines „Software as a Service (SaaS)" an, allerdings mit sehr unterschiedlichem Funktionsumfang.

Die Vorteile für eine Auslagerung der Projektmanagement-Administration in eine „Cloud" liegen auf der Hand:

▷ keine Investitionen für eine eigene IT-Infrastruktur,
▷ kein Aufwand für Entwicklung und Wartung eigener Software,
▷ kein eigenes Personal notwendig für den Betrieb der IT-Infrastruktur,
▷ Zugriffsmöglichkeiten von überall über das normale Internet.

Allerdings kommen auch hier der Datensicherheit und dem Datenschutz besondere Bedeutung zu; ein unbefugter Zugriff auf die Projektdaten oder auch ein Verfälschen von Daten durch Viren muss absolut verhindert werden.

Datensicherheit und Datenschutz muss gewährleistet sein

Für ein derartiges Online-Projektmanagement mit webbasierter PM-Software können grundsätzlich alle klassischen PM-Funktionen zum Einsatz kommen. Im Vordergrund stehen Funktionen für:

▷ Aufgabenplanung und -verwaltung,
▷ Terminplanung und -überwachung,
▷ Aufwandserfassung und -auswertung,
▷ Dokumentenerstellung und -verwaltung.

Ein weiterer Schwerpunkt liegt bei den meisten angebotenen Programmsystemen für Online-Projektmanagement auf Funktionalitäten für die überbereichliche Kommunikation (Collaboration) innerhalb des Projektteams, wobei als mobile Eingabe- und Anzeigegeräte Smartphones und ähnliche PDA vermehrt zum Einsatz kommen.

In Tabelle 6.3 sind einige Anbieter von webbasierter PM-Software im deutschsprachigen Raum aufgeführt.

Tabelle 6.3 Anbieter von webbasierter PM-Software (Auswahl)

PM-Software	Anbieter
A-Plan	braintool software
Basecamp	37signals
COMINDWORK	North American Reseller's LLC
EASY-PM	Antravi
Enterprise Project	ProjectsCenter
Huddle	Ninian Solutions Ltd
Planio	Planio GmbH
Planzone	Augeo Software
Projectplace	Projectplace GmbH
teamspace	5 POINT AG
ZCOPE	HID GmbH
ZOHO	ZOHO Corp.

Es gibt sehr unterschiedliche Preismodelle. Häufig haben die Anbieter ein Mehrstufenmodell, niedrige Gebühren für kleinere Anwendungen, höhere für Anwendungen mit mehr Nutzern, vielen Projekten und größerem Speicherbedarf. Teilweise gibt es auch Gebührenmodelle, die sich nur nach der Anzahl Nutzer und dem reinen Speichervolumen ausrichten. Häufig fallen für eine Demoversion keine Gebühren an.

6.6.3 Virtuelles Projektmanagement

Bei Projekten, die in einer globalisierten Geschäftswelt geführt werden, wo also die Projektmitarbeiter an entfernten Orten und in verschiedenen Zeitzonen an einem gemeinsamen Projekt arbeiten, wird das Internet immer mehr für die Projektarbeit genutzt. Man spricht hier dann von „Virtuellem Projektmanagement".

Das Internet ermöglicht ein ortsunabhängiges Projektmanagement

Beim konventionellen Projektmanagement, wo die Projektteams in räumlicher Nähe arbeiten, findet eine enge Kommunikation in Workshops, bei regelmäßigen Projektbesprechungen und auch bei persönlichen Unterredungen statt. Dieser unmittelbare Informationsaustausch kann natürlich nicht mehr stattfinden, wenn die Mitarbeiter an verschiedenen Orten eines Standortes oder sogar in verschiedenen Städten und Ländern tätig sind. Hier muss der Informationsaustausch durch geeignete IuK-Instrumentarien unterstützt werden, wie E-Mail-Verkehr, Telefon- und Videokonferenzen über PC oder Handy, Projektportale im Internet usw.

Das Arbeiten im virtuellen Team erfordert ein hohes Maß an Eigenständigkeit und damit auch eine größere Mitverantwortung für das Gelingen des gemeinsamen Projekts. Folgende Anforderungen müssen erfüllt sein:

▷ Bereitschaft und Fähigkeit zur elektronischen Kommunikation,
▷ Fähigkeit zum eigenständigen und flexiblen Arbeiten,
▷ Denken in komplexen Zusammenhängen,
▷ Bereitschaft zum kultur- und organisationsübergreifenden Arbeiten,
▷ Ziel- und Ergebnisorientierung der Mitarbeiter,
▷ positive Grundeinstellung für moderne IuK-Technologien.

Zusätzlich treten in international besetzten Teams einige weitere Probleme hinsichtlich einer effizienten Zusammenarbeit auf:

▷ voneinander abweichende Grundeinstellungen für den Geschäftserfolg,
▷ unterschiedliche PM-Standards in den Ländern,
▷ unterschiedliche sprachliche Fähigkeiten der Projektbeteiligten,
▷ kulturell bedingte Unterschiede der Projektmitglieder.

Virtuelles Projektmanagement erfordert eine geeignete IuK-Infrastruktur

Voraussetzung für ein Virtuelles Projektmanagement ist natürlich das Vorhandensein einer projektadäquaten IuK-Technologie, d.h. es muss eine ausreichende und leistungsfähige Vernetzung über das Internet zwischen allen Projektmitgliedern und sonstigen in das Projekt involvierten Personen (Lieferanten, Kunden, Stakeholder etc.) vorhanden sein. Auch kann ein vorhandenes Intranet oder Extranet eines global agierenden

Unternehmens für eine effektive elektronische Vernetzung der Projektmitglieder sorgen. Außerdem sollte die technische Vorrichtung gegeben sein, dass alle Projektbeteiligten in Videokonferenzschaltungen einbezogen werden und miteinander kommunizieren können.

Weiterhin sollte ein gemeinsamer „elektronischer" Projektordner in Form eines *Projektportals* vorhanden sein. Über dieses Portal finden die Eingaben und Ausgaben aller allgemeingültigen Projektpläne und Projektdokumente statt. Auch muss der Austausch von Informationen, Erläuterungen und Erkenntnissen der Projektmitarbeiter in einem *Chatroom* möglich sein.

Natürlich können im Rahmen von virtuell gemanagten Projekten auch Dienste von Anbietern genutzt werden, die webbasierte PM-Software zur Verfügung stellen (siehe Kapitel 6.6.2).

Besondere Anforderungen an die eingesetzte IuK-Technik sind auch hier an die Datensicherheit des verwendeten Netzes zu stellen. So sind spezielle Authentifizierungsverfahren, sichere Verschlüsselungstechniken sowie leistungsfähige Virenschutz- und Firewall-Programme unbedingt erforderlich. Aus Sicherheitsgründen ist für ein virtuelles Projektmanagement ein Intranet- bzw. Extranet-basiertes Netz vorteilhafter als eine gewöhnliche Internet-Verbindung.

Die Vorteile einer virtuellen Projektmanagement-Organisation sind: **Vorteile**

▷ Projekt kann über Organisations- und Landesgrenzen effektiv geführt werden.
▷ Projektleiter haben jederzeit einen Gesamtüberblick über das global aufgestellte Projekt.
▷ Örtlich und zeitlich getrennte Projektmitarbeiter verfügen immer über denselben Informationsstand.
▷ Informationsweitergabe geschieht über das Internet sofort und gleichzeitig an alle Projektbeteiligten.
▷ Probleme bei der Versionsverwaltung von Projektplänen und -dokumenten werden minimiert.
▷ Die Arbeitszeiten der Projektmitarbeiter können individuell gestaltet werden.
▷ Geringe Reisekosten und Übernachtungsaufwendungen.

Als Nachteile sind zu nennen: **Nachteile**

▷ Der persönliche Kontakt zwischen den Projektmitarbeitern geht verloren.
▷ Der Projektleiter hat keine unmittelbare Kontrolle der Projektteams.
▷ Verschiedene Kulturen bei global aufgestellten Projekten können für das harmonische Zusammenarbeiten hinderlich sein.
▷ Verschiedene Zeitzonen können auf die direkte Kommunikation bremsend wirken.
▷ Aufwand für spezielle IuK-Instrumentarien, z.B. für Videokonferenzen.
▷ Für Außenstehende kann es Probleme hinsichtlich der Ansprechpartner bei Einzelthemen geben.

Literaturverzeichnis

[1] Aron, J.D.: Estimating resources for large programming systems; in Buxton and Randell (Hrsg.), Software Engineering Techniques, Brüssel

[2] Beck, R.; Schwarz, G.: Konfliktmanagement; Ziel-Verlag (2007)

[3] Becker, P.: Prozessorientiertes Qualitätsmanagement – Nach der Revision der Normenfamilie DIN EN ISO 9000, Zertifizierung und andere Managementsysteme; Expert-Verlag (2006)

[4] Blanchard, K.: Hersey, P.; Johnson, D.: Management of Organizational Behavior – Leading Human Resources; Prentice Hall (2001)

[5] Boehm, B.W.; et al.: Software cost estimation with COCOMO II; Prentice-Hall (2000)

[6] Börnecke, D. (Hrsg.): Basiswissen für Führungskräfte – Die Elemente erfolgreicher Organisation, Führung und Strategie, Publicis Corporate Publishing (2010)

[7] Bronner, A.; Herr, St.: Vereinfachte Wertanalyse – mit Formularen und CD-ROM; VDI-Buch, Springer-Verlag, Berlin (2006)

[8] Burghardt, M.: Planung von DV-Verfahren – Der Weg zur Leistungsbeschreibung; data praxis, Siemens Nixdorf Informationssysteme AG (1991)

[9] Burghardt, M.: Projektplanung und -steuerung mit dem Verfahren PAUS – Verfahrensbeschreibung; data praxis; Siemens Nixdorf Informationssysteme AG (1993)

[10] Burghardt, M.: Projektmanagement – Leitfaden für die Planung, Überwachung und Steuerung von Projekten, 9. Auflage; Publicis Corporate Publishing (2012)

[11] Burghardt, Manfred: 1.20 Projektabschluss in Kompetenzbasiertes Projektmanagement (PM3), Handbuch für Qualifizierung und Zertifizierung auf Basis der IPMA Competence Baseline Version 3.0; GPM / Michael Gessler (Hrsg.) (2011)

[12] Corsten, H.; Corsten, H.: Projektmanagement – Einführung; Oldenbourg Wissenschaftsverlag (2008)

[13] Däumler, K.-D.; Grabe, J.: Kostenrechnungslexikon – ABC der Kostenrechnung; Verlag Neue Wirtschafts-Briefe, Herne/Berlin (1999)

[14] Davenport, T.; Probst, G.: Knowledge Management Case Book – Best Practises; Publicis Corporate Publishing, John Wiley & Sons (2002)

[15] Diethelm, G.: Projektmanagement – Band 1: Grundlagen, Band 2: Sonderfragen; Verlag Neue Wirtschafts-Briefe; Herne/Berlin (2001)

[16] Dräger, E.: Projektmanagement mit SAP R/3 – Konzeption und praktischer Einsatz des R/3-Moduls PS, Addison Wesley (2001)

[17] Eberl, N.: PRINCE2 – Projektmanagement mit Methode, Grundlagenwissen mit Vorbereitung für die Zertifizierungsprüfungen; Addison-Wesley (2007)

[18] Eiselt, H.P.: Verfahren zur Programmzeitschätzung; 5. Jahrbuch der EDV, Hrsg. Heilmann, H. (1976)

[19] Frajer, H. v.: Zur Beschreibung und Steuerung beliebiger Projektabläufe mit der um Makro-Strukturelemente erweiterten Evaluationsnetztechnik; Angewandte Systemanalyse Band 5/Heft 1, S.19–28 (1984)

[20] Gantt, H.L.: Organisation der Arbeit; Deutsche Übersetzung von Meyenburg; Berlin (1922)

[21] Geiger, D.; Mokler, A.: Entscheidungstabellentechnik für Organisation und Programmierung; data praxis, Siemens AG

[22] Goldratt, E.: Critical Chain; North River Press; Great Barrington/USA (1997)

[23] Gregorc, W.; Weiner, K.L.: Claim Management – Ein Leitfaden für Projektmanager und Projektteam; Publicis Corporate Publishing, Erlangen (2009)

[24] Grupp, B.: Der professionelle IT-Projektleiter; MITP-Verlag (2003)

[25] Hörmain, K.; Dittmann, L.; Hindel, B.; Müller, M.: SPICE in der Praxis – Integrationshilfe für Anwender und Assessoren; dpunkt Verlag (2006)

[26] Holert, R.: Microsoft Office Project 2010 – Das Profibuch mit CD-ROM; Microsoft Press (2010)

[27] Jankulik, E.; Kuhlang, P.; Pfiff, R.: Projektmanagement und Prozessmessung – Die Balanced Scorecard im projektorientierten Unternehmen; Publicis Corporate Publishing, Erlangen (2005)

[28] Jiranek, H.; Edmüller, A.: Konfliktmanagement; Haufe-Verlag (2007)

[29] Kaminske, G.F.; Brauer, J.-P.: Qualitätsmanagement von A bis Z – Erläuterung moderner Begriffe des Qualitätsmanagements; Hanser-Verlag (2007)

[30] Kaplan, R.S.; Norton, D.P.: Die strategiefokussierte Organisation – Führen mit der Balanced Scorecard; Schäffer-Poeschel Verlag, Stuttgart (2001)

[31] Kepner, Ch.; Tregoe, B.: Management-Entscheidungen vorbereiten und richtig treffen; Verlag Moderne Industrie (1998)

[32] Kerzner, H.: Project Management – A Systems Approach to planning, scheduling and controlling; John Wiley & Sons (2003)

[33] Klose, B.: Projektabwicklung – Arbeitshilfen, Projektanalyse, Fallbeispiele, Checklisten; Ueberreiter-Verlag (2002)

[34] Kneuper, R.: CMMI – Verbesserung von Softwareprozessen mit Capability Maturity Model Integration; dpunkt Verlag (2007)

[35] Kuppinger, M.; Reinke, H.: MS Project 2000 – Das Handbuch; Microsoft Press Deutschland (2000)

[36] Litke, H.D.: Projektmanagement – Handbuch für die Praxis, Konzepte, Instrumente, Umsetzung; Hanser Verlag (2005)

[37] Madauss, B.J.: Handbuch Projektmanagement; Schäffer Poeschel Verlag (2005)

[38] Miles, L.D.: Techniques of Value Analysis and Engineering; McGraw-Hill Book Company, New York (1972)

[39] Miller, R.W.: Zeit-Planung und Kosten-Kontrolle durch PERT. Ein Leitfaden für die Anwendung in Entwicklung und Fertigung; R. V. Deckers Verlag (1965)

[40] Motzel, E.: Lexikon Projektmanagement; Wiley-VCH Verlag (2006)

[41] Mulert, K.; Walkhoff, H.: Aufwandsschätzung und -verfolgung für Softwareprodukte, Verfahren Zeit-Kosten-Planung; data praxis, Siemens AG (1985)

[42] Patzak, G.; Rattay, G.: Projekt Management – Leitfaden zum Management von Projekten, Projektportfolios und projektorientierten Unternehmen; Linde Verlag (2004)

[43] Pawlowsky/Reinhardt (Hrsg.): Wissensmanagement – Methoden und Instrumente zur erfolgreichen Umsetzung; Luchterhand-Verlag (2002)

[44] Pfeifer, T.: Qualitätsmanagement – Strategien, Methoden, Techniken; Carl Hanser Verlag (2010)

[45] Putnam, L.H.: SLIM System Description, Quantitative Software Management Inc., McLean, V.A. (1980)

[46] Schelle, H.; Ottmann, R.; Pfeiffer, A.; ProjektManager; GPM (2005)

[47] Seiwert, L.J.: Das neue 1x1 des Zeitmanagements; Gabal (2004)

[48] Siegert, W.: Zeitmanagement ist Zeitgewinn; Publicis MCD (1991)

[49] Sneed, H.M.: Die Data-Point-Methode, online (5/90)

[50] Sneed, H.M.; Software-Projektkalkulation; Hanser-Verlag (2005)

[51] Steinbuch, P.A.: Projektorganisation und Projektmanagement; Verlag Kiehl Friedrich (2002)

[52] Struck, K.-G.: Der Coaching-Prozess – Der Weg zur Qualität: Leitfragen und Methoden; Publicis Corporate Publishing, Erlangen (2006)

[53] Wallmüller, E.: Software-Qualitätsmanagement in der Praxis – Software-Qualität durch Führung und Verbesserung von Software-Prozessen; Hanser-Verlag (2001)

[54] Walston, C.E.; Felix, C.P.: A method of programming measurement and estimation; IBM Syst. I, No. 1, S.54–73 (1977)

[55] Wolverton, R.W.: The Cost of Developing Large-Scale Software; IEEE Transactions on Computers, Vol. C-23, No. 6, S.615–636 (1974)

[56] Zahrnt, Ch.: Vertragsrecht für IT-Fachleute; Hüthig-Verlag (2002)

[57] Zink, K.J.: TQM als integratives Managementkonzept – Das europäische Qualitätsmodell und seine Umsetzung; Carl Hanser Verlag (2004)

Veröffentlichungen von Autorenkollektiven:

[58] BDSG Bundesdatenschutzgesetz, Gesetz zum Schutz vor Mißbrauch personenbezogener Daten bei der Datenverarbeitung; Bundesgesetzblatt Teil I (2001)

[59] DIN 31623 Indexierung zur inhaltlichen Erschließung von Dokumenten, Teil 1 und Teil 2, September 1988

[60] DIN 55350 Begriffe des Qualitätsmanagements und der Statistik

[61] DIN 66230 Programmdokumentation, Januar 1981

[62] DIN 66231 Programmentwicklungsdokumentation, Oktober 1982

[63] DIN 66232 Datendokumentation, August 1985

[64] DIN 6789 Dokumentationssystematik Aufbau Technischer Erzeugnis-Dokumentation, Teil 1, September 1990

[65] DIN 69900 Netzplantechnik. Beschreibungen und Begriffe, Januar 2009

[66] DIN 69901 Projektmanagement. 2009-1

[67] DIN 69910 Formularsatz zur Wertanalyse, August 1993

[68] DIN EN ISO 9000 Qualitätsmanagementsysteme – Grundlagen und Begriffe, Dezember 2005

[69] DIN EN ISO 9001:2008 Qualitätsmanagementsystem – Anforderungen, Dezember 2008

[70] DIN EN ISO 9004 Qualitätsmanagementsysteme – Leiten und Lenken für einen nachhaltigen Erfolg einer Organisation – Ein Qualitätsmanagementansatz; Dezember 2009

[71] DIN EN ISO 10007 Qualitätsmanagement – Leitfaden für Konfigurationsmanagement (2003)

[72] DIN-Taschenbuch 223: Qualitätsmanagement und Statistik, Begriffe; DIN-Taschenbuch 226: Qualitätsmanagement – Alle Normen der 9000er-Reihe in 2 Bänden; Beuth-Verlag (2001)

[73] EFQM-Modell für Excellence 1999; Dokumentation; European Foundation for Quality Management; Brussels Representative Office (1999-2003)

[74] Function Point Methode, eine Schätzmethode für IS-Anwendungs-Projekte; IBM (1985)

[75] Gesetz zur Kontrolle und Transparenz im Unternehmensbereich (KonTraG); Bundesgesetzblatt Jahrgang 1998, Teil I, Nr. 24

[76] GPM: Der Deutsche Project Excellence Award; Broschüre im Download http://www.gpm-ipma.de/ueber_uns/gpm_awards/deutscher_pe_award.html

[77] IPMA Competence Baseline, Version 3.0, Die Competence Baseline der International Project Management Association; IPMA (2006)

[78] IPMA Competence Baseline (ICB), Version 3.0, deutsche Übersetzung für den Einsatz als Deutsche NCB von PM-ZERT, Zertifizierungsstelle der GPM (2007)

[79] ISO 10011-1:1990 Leitfaden für das Audit von Qualitätsmanagementsystemen – Teil 1: Auditdurchführung; 1990 (in Überarbeitung)

[80] ISO 10011-2:1991 Leitfaden für das Audit von Qualitätsmanagementsystemen – Teil 2: Qualifikationskriterien für Qualitätsauditoren; 1991 (in Überarbeitung)

[81] ISO 10011-3:1991 Leitfaden für das Audit von Qualitätsmanagementsystemen – Teil 3: Management von Auditprogrammen; 1991 (in Überarbeitung)

[82] Kennzahlen Systementwicklung, Arbeitsbericht der deutschsprachigen Gruppe im DIEBOLD-Forschungsprogramm (1984)

[83] Kompetenzbasiertes Projektmanagement (PM3); Handbuch für die Projektarbeit, Qualifizierung und Zertifizierung auf Basis der IPMA Competence Baseline Version 3.0; herausgegeben von der GPM (2011)

[84] Methodenlehre der Organisation, REFA-Verband
Band 1 Grundlagen
Band 2 Ablauforganisation
Band 3 Aufbauorganisation;
Carl Hanser Verlag (1985)

[85] Organisationsplanung – Leitfaden für die innerbetriebliche Durchführung von Organisationsänderungen. Siemens AG (1992)

[86] PRICE H Reference Manual; RCA Corporation (1985)

[87] PRICE S Reference Manual; RCA Corporation (1984)

[88] Projektmanagement Baseline – Internationaler Standard für Qualifizierung und Zertifizierung; GPM-Fachbuch; Mitautor: Burghardt, M. (2008)

[89] SAP-System R/3, Projektsystem – Funktionen im Detail; Funktionsbeschreibung; SAP AG (1999)

[90] V-Modell XT, herunterladbare offizielle Dokumentation im Internet (www.v-modell-xt.de)

[91] ZVEI-Kennzahlensystem – Ein Instrument zur Unternehmenssteuerung, herausgegeben vom Betriebswirtschaftlichen Ausschuß des Zentralverbandes der Elektrotechnischen Industrie e.V.; ZVEI Frankfurt am Main (1989)

Internet-Adressen

Im Folgenden sind mehrere Internet-Adressen aufgeführt, die weitere und vertiefende Informationen über Themen des Projektmanagements und der Qualitätssicherung geben. Wegen zwischenzeitlicher Änderungen können einige Internet-Adressen im Laufe der Zeit allerdings nicht mehr aktuell sein.

http://www.balanced-scorecard.de	Informationsplattform zum Thema Balanced Scorecard
http://www2.beuth.de	Volltexte der DIN-Normen, ISO-Normen und VDI-Richtlinien zum Herunterladen, bereitgestellt durch den Beuth-Verlag (Recherche kostenlos, Erwerb der Dateien im PDF- bzw. TIF-Format ist kostenpflichtig)
http://www.cad.de	Gemeinschaftsportal der CAD-Branche
http://www.controllingportal.de	Informationsportal für das Thema Controlling
http://www.datenschutz.de	Virtuelles Datenschutzbüro, ein gemeinsamer Service von Datenschutz-Institutionen in aller Welt
http://www.deutsche-efqm.de	Deutsche EFQM-Partnerstelle
http://www.din.de	Homepage des Deutschen Instituts für Normung (DIN), enthält etwa 31000 DIN-Normen und -Normenentwürfe, weltweit größte Datenbank technischer Regeln im Internet
http://www.din-anzeiger.de	Kostenfreier Online-Auskunftsdienst (nach vorheriger Anmeldungsprozedur); enthält die aktuellen Änderungen und Ergänzungen des Deutschen Normenwerks
http://www.din-katalog.de	Kostenpflichtiger DIN-Katalog mit über 10.000 Einzelinformationen zu Normen und technischen Regeln
http://www.dqs.de	Homepage der DQS (Deutsche Gesellschaft zur Zertifizierung von Managementsystemen mbH), Dienstleistungsunternehmen für technische Dokumentation, Projekt- und Prozessmanagement, Qualitätssicherung
http://www.efqm.org	Homepage der European Foundation for Quality Management (EFQM)
http://www.gpm-ipma.de	Homepage der GPM – Gesellschaft für Projektmanagement e.V.
http://www.iec.ch	Homepage der International Electrotechnical Commission (IEC)
http://www.iso.org	Homepage der International Organization for Standardization (ISO)
http://www.iso9001.qmb.info	Ausführliche Informationen über ISO 9001:2000

Internet-Adressen

http://www.oeqs.com	Homepage der ÖQS (Österreichische Zertifizierungs- und Begutachtungs-GmbH)
http://www.perinorm.com	Kostenpflichtige bibliographische Datenbank für die Suche nach Normen und technischen Regeln; sie umfasst Datenbanken aus 18 Ländern sowie Daten der europäischen und internationalen Normeninstitute
http://www.pm-software.info	Unabhängige Informationsplattform zum Thema Projektmanagement, initiiert vom Institut für Projektmanagement und Innovation (IPMI) der Uni Bremen sowie der GPM
http://www.pmi-muc.de	Homepage des PMI Munich Chapter e. V.
http://www.pmi.org	Homepage des Project Management (PMI) in den USA
http://www.pmqs.de	Freies Informationsportal mit Erläuterungen über den PM-Leitfaden PMBok
http://www.prince2-deutschland.de	Homepage von PRINCE2 Deutschland e. V., einer Interessengemeinschaft von PRINCE2-Anwendern
http://www.projectmanagement.com	Informationen über das PM-Programm Microsoft Project und andere verbundene SW-Produkte
http://www.projektmagazin.de	PM-Fachmagazin im Internet für erfolgreiches Projektmanagement mit Angaben von PM-Dienstleistern, PM-Software, Veranstaltungsterminen, Büchern, Tipps etc.
http://www.quality-management.com	Qualitätshandbücher nach ISO 9000
http://www.quality.de	Übersicht über Organisationen und Aktivitäten, die sich mit dem Thema Qualität nach DIN/ISO, Total Quality Management (TQM) oder dem Umweltmanagement befassen
http://www.quality.de/zertifizierung.htm	Auflistung von in- und ausländischen Zertifizierungsgesellschaften
http://www.refa.de	Homepage REFA Bundesverband e.V., Verband für Arbeitsgestaltung, Betriebsorganisation und Unternehmensentwicklung
http://www.spiceusergroup.org	Homepage der SPICE User Group
http://www.tuev-verlag.com	Homepage der TÜV Media GmbH mit Hinweisen zum Qualitätsmanagement
http://www.v-modell-xt.de	Plattform zum Download der Dokumentation des V-Modells

Internet-Adressen von Firmen, die Verfahren und Tools auf dem Gebiet des Projektmanagements anbieten:

http://www.acos.com	Homepage der Acos Projektmanagement GmbH; enthält ausführliche Informationen über das Projektsteuerungsverfahren ACOS PLUS.1
http://www.apple.com	Homepage der Apple Corporation
http://www.astadev.de/	Homepage der ASTA Development GmbH, Anbieter des PM-Verfahrens Powerproject
http://www.augeo.com	Homepage der Firma Augeo

Internet-Adressen

http://www.intermet.de	Homepage der Firma Intermet-Projects, Anbieter des PM-Verfahrens ANTILOPE
http://www.lotus.com	Von IBM geführte Lotus-Homepage mit Auflistung der Lotus-Produkte
http://www.managementsoftware.de	Managementsoftware-Informationszentrum, Plattform der Firma msigroup mit umfangreicher Marktübersicht von Projektmanagement-Tools, PM-Software, PM-Seminaren, PM-Beratungsfirmen und PM-Foren
http://www.marktundtechnik.de	Homepage der Firma Markt & Technik, Anbieter von einschlägiger Literatur zu PS-Software
http://www.microsoft.de	Homepage der Firma Microsoft; Anbieter des Projektsteuerungsverfahrens MS Project
http://www.modulo3.de	Die Firma modulo3 GmbH leistet Produktivitäts- und Qualitätsberatung für IT-Unternehmen und bietet Seminare für Konfigurations-, Risiko- und Projektmanagement an
http://www.oracle.com	Homepage der Firma Oracle
http://www.palisade-europe.com/risk/de	Internet-Seite der Firma Palisade Corporation über deren PC-Tool @Risk zur Risikoanalyse im Rahmen eines Risikomanagements
http://www.planta.de	Homepage der Planta Projektmanagement-System GmbH mit Erläuterungen zu deren webbasiertem Projektmanagement-System PPMS
http://www.p-q-m.de	Homepage der PUS Prozess- und Systemtechnik GmbH, Anbieter des Projektmanagementverfahrens PQM
http://www.primavera.com	Homepage der Primavera Systems Inc., Anbieter des PM-Verfahrens Primavera Enterprise
http://www.project-control.com	Homepage der Project Control Company Inc., Beratungsfirma für Projektmanagement und Anbieter des Netzplanverfahrens STARNET
http://www.projectplace.de	Homepage der Projectplace GmbH, Anbieter des PM-Verfahrens Projectplace
http://www.projektron.de	Homepage der Projektron GmbH, Anbieter des PM-Verfahrens Projektron BCS
http://www.sap.com/germany/index.epx	Homepage der SAP AG; Anbieter der Projektmanagement-Komponente PS innerhalb des Verfahrens SAP R/3
http://www.sciforma.com	Homepage der Sciforma Corporation, Anbieter des PM-Verfahrens PSNext

Stichwortverzeichnis

ABC-Analyse 361 f
Ablauforganisation 69 ff
Abnahmetest 240, 284
Abschlussanalyse 292 ff
Abschlusssitzung 313
Abschlusstest 285
Abweichungsanalyse 295 f
Agiles Projektmanagement 45
Akzeptanztest 240, 286
Algorithmische Schätzmethoden 98
Amortisationsrechnung 47
Amortisationszeit 47
Analogieschätzmethoden 103 f
Änderungsanforderung 317
Änderungsprozess
 –, begleitender 45
 –, eingeschobener 45
 –, kontinuierlicher 44
Änderungsverfahren 43 ff
Änderungsverwaltung 318
Änderungswesen 43 ff
Anfangsfolge 138
Anforderungskatalog 36
Angebotsmanagement 29 f
Anlagenstrukturplan 90
Annuitätenrechnung 47
Anordnungsbeziehung 137 f
Anwendergremium 64
Äquivalenzziffernkalkulation 168
Arbeitnehmerüberlassungsgesetz 31, 197
Arbeitspaket 91, 94, 147
Arbeitsplanung 145 ff
Arbeitsrecht 344 ff
Arbeitstechniken 347 ff
Arbeitswert 212, 221 ff
Arbeitswertbetrachtung 221 ff
Aron-Aufwandsschätzmethode 109
Assessment Center 269
Assessment-Modell 84
Assignment-Management 159
ATS-Methode 359
Audit 248
Aufbauorganisation 56
Aufgabenanalyse 147 f
Aufgabenplanung 145 ff

Auftrags-Projektorganisation 60
Aufwandserfassung 197 ff
Aufwandskontrolle 197 ff
Aufwandsschätzmethoden 98 ff
 –, Aron- 109
 –, Boeing- 109
 –, COCOMO- 100, 112 ff, 340
 –, Data-Point- 105
 –, Funktionswert- 104, 339
 –, IBM-Faktoren- 102
 –, Jensen- 101
 –, PRICE- 100
 –, Prozentsatz- 110, 119 ff
 –, SLIM- 100
 –, Surböck- 102
 –, Walston-Felix- 109
 –, Wolverton- 107
 –, ZKP- 103, 339
Aufwandsschätzung 98 ff
Aufwandsschätzverfahren 339 ff
Aufwandstrendanalyse 213
Aufwandsverrechnung 204
Aufwandsverteilungen, phasenorientiert 119 ff
Ausbildungsplan 160
Ausfallkosten 255
Auslastungsbericht 264
Autonome Projektorganisation 58

Balanced Scorecard 266 ff
Balkendiagramm → Balkenplan
Balkenplan 148
Baseline 71
Bausteintest → Komponententest
Bedarfsplanung 152 ff
Bedingte Pufferzeit 145
Belegkontierung 199, 325
Benchmarking 161
Beratungsausschuss 64
Beratungsgremium 63
Berichtswesen 260 ff
Beschaffung 245
Beschaffungsmanagement 156 f
Best Practice 84 ff

Bestellwertfortschreibung 209
Betreuung 290 ff
Betreuungsaufwand 292
Betreuungsprojekt 22
Betriebe-Organisation 56
Betriebsvereinbarung 345
Betriebsverfassungsgesetz 344
Bewertungstechniken 371
Billability (Kennzahl) 308
Bionik 358
Bisoziationsmethode 352
Boeing-Aufwandsschätzmethode 109
Brainstorming 348
Budgetierung 170, 335
Bundesarbeitsgericht 344
Bundesdatenschutzgesetz 344
Business Case 46
Business Plan 50

Change Control Board 65, 319
Change-Management 315
Chestra 79
Cloud-Computing 375 f
CMMI 83
CNB-Methode 349
Coaching 269
COCOMO 100, 112 ff, 340
Code Review 237
Consulting-Vertrag 31
CPM-Netzplanmethode 133
Customizing 336

Data-Point-Schätzmethode 105
Datenschutzbeauftragter 346
Dauerbeobachtung 354
Delphi-Methode 125 f, 359
Deskriptorenkatalog 303
Development Design Control 237
Dialogkontierung 199
Diebold-Kennzahlensystem 310
Dienstleistungsprojekt 22
Dienstleistungsvertrag 31
Dienststellengemeinkosten 165, 200
Diskussionstechniken 368 ff

Divisionskalkulation 168
Dokumentationsnormen 257
Dokumentenlenkung 243
Drei-Zeiten-Schätzung 135
Du-Pont-Kennzahlensystem 310

Earned-Value-Analyse 227 ff
EFQM-Bewerbung 253
EFQM-Bewertungsmodell 248 ff
Einflussgrößen 301, 304
Einfluss-Projektorganisation 58
Einführungsmaßnahmen 341
Einsatzmatrix 155
Einsatzmittel 14, 149
Einsatzplanung 149
Einzelauftragsorganisation 61
Einzelverrechnung 204
Endfolge 138
Entscheidungsausschuss 65
Entscheidungsbaum 367
Entscheidungsgremium 65
Entscheidungsmatrix 366
Entscheidungsnetzplantechnik 133
Entscheidungstabelle 363 ff
Entscheidungstechniken 360 ff
Entwicklungsablauf 70 ff
Entwicklungsaufwand, phasen orientierte Aufteilung 119 f
Entwicklungsdauer, phasenorientierte Aufteilung 120
Entwicklungsdokumentation 256 f
Entwicklungsmanagement 10
Entwicklungsprojekte 20
Entwicklungsprozess 71 f
EQA 253
Ereignisknoten-Netzplan 132, 135 f
Erfahrungsdaten 301
Erfahrungsdatenbank 104, 304
Erfahrungssicherung 162, 301 ff
Erfassung
–, der Aufwände 197, 223
–, der Kosten 200, 223
–, der Termine 189, 225
–, des Sachfortschritts 221
Ergebnisermittlung 214 ff
Ertragszentrum 57, 214
Eskalationsmanagement 181
Expertenbefragung 123 ff
–, Delphi-Methode 125 f
–, Einzelschätzung 124

–, Mehrfachschätzung 125
–, Schätzklausur 126

Faktorenmethoden 101 ff
Fehlerbehebungskosten 255
Fehlerbeseitigung 34
Fehlerkosten 236, 255
Fehlermeldung 317, 320
Fehlerverhütungskosten 255
Feinkonzept, fachliches 40
Fertigstellungsgrad 218 ff, 226
Fertigungseinführung 290
Festpreisverrechnung 205
Finanzmittelbedarf 50
Finanzmittelrückfluss 50
Forschungsprojekt 20
Fortschrittsberichte 264
Fortschrittskontrolle 212, 217 ff
Fragebogen 354
freie Pufferzeit 144
Fremdpersonalkosten 202
FuE-Budgetierung 170, 335
FuE-Planung 170 ff
FuE-Projektdeckungsrechnung 46
Function Point Method → Funknktionswertmethode
Funktionsstrukturplan 90
Funktionstest 240
Funktionswertkurve 104
Funktionswertmethode 104, 339

Gantt-Balkenplan 148 ff, 329
Gemeinkosten 214 f
Gemeinkostenergebnis 216
Generalunternehmerorganisation 62
GERT-Netzplanmethode 131, 133
Gesamte Pufferzeit 143
Geschäftswertbeitrag 48
Gewährleistung 33, 36
Gewichtungsmethoden 101 f
GPM 86, 161, 280
Grobkonzept, technisches 40
GWB → Geschäftswertbeitrag

Hauptkostenstelle 167
HERMES 82
Hilfskostenstelle 167
HW-Kostenschätzung 99
Hysteresis der Entwicklungskosten 87

ICB-Zertifizierung 278 ff
Informationsbedürfnisse 260
Inspektion 236 ff
Integrationstest 239
Integrierte Prozessorganisation 76

Internet-Adressen 384
Interviewtechnik 353
Intranet 261
Investitionsprojekt 22
IPMA 160
ISO 14001 235
ISO 9001 241 ff
ISO-Zertifizierung 241 ff
Istanalysetechniken 353 ff
ITIL 82

Jahresstundenanzahl 202
Jensen-Schätzmethode 101

Kalkulation 201
Kalkulationsschema 201, 293
Kalkulatorische Abschreibungen 166
Kalkulatorische Wagnisse 166
Kalkulatorische Zinsen 166
Kapazitätsplanung 149 ff
Kapazitätstreue Bedarfsoptimierung 154
Kapitaleinsatzkosten 97, 166
Kapitalwertmethode 47
Kaufvertrag 34
Kennzahlen 305 ff
Kennzahlen-Hierarchiesysteme 310
Kennzahlen-Netzsysteme 309
Kennzahlen-Ordnungssysteme 311
Kennzahlenschätzmethoden 106 ff
Kennzahlensystem 309
Kennzahlenvergleich 298
Kepner-Tregoe-Methode 359
Knowledge Base → Erfahrungsdatenbank
Knowledge-Management → Wissensmanagement
Kommunikationstechniken 368 ff
Kompetenz-Level 278
Kompetenzmanagement 159
Komponententest 239
Kompromissanalyse 25
Konfigurationsbestimmung 317 f
Konfigurationsmanagement 316 ff
Konfigurationsmanagementsystem 320 ff
Konfliktmanagement 275 ff
Konsortialorganisation 61
Kontenstruktur 95 ff
Kontierungsbeleg 199
Kontrolle
–, der Kosten 197 ff, 210 ff
–, der Qualität 232 ff
–, der Termine 189 ff

–, des Sachfortschritts 212, 217 ff
Kontrollinstanz 71
Korrekturmaßnahmen 247
Kostenabrechnung 202 f
Kostenarten 96, 165
Kostenartenrechnung 165 ff
Kostenbestandteile 173
Kosteneinflussgrößen 173
Kostenelemente 97
Kostenerfassung 200 ff
Kostenkontrolle 197 ff, 210 ff
– , sachfortschrittsorientiert 212
– , terminorientiert 210
Kosten-Leistungsindex 224
Kostenplanung 162 ff, 335
Kostenrechnung 163 ff
Kostenstelle 164 f
Kostenstellenblatt 165
Kostenstellenrechnung 166 f
Kosten-Termin-Diagramm 211
Kostenträgerrechnung 167 f, 200
Kostenträgerzeitrechnung 168
Kostentrendanalyse 213
Kostenvergleichsrechnung 47
Kostenverrechnungsmethoden 164 ff
Kostenzentrum 57, 214
Kreativitätstechniken 347 ff
Krisenmanagement 182
Kritischer Pfad 144
Kundenbefragung 296
Kundenvertrag 31
Kundenzufriedenheit 246, 296

Lastgröße 24
Lebenszykluskosten 172 ff
Leistungsbeschreibung 38 ff
Leistungsgröße 24
Lernkurven 128 ff
Linienorganisation 56
Logical Framework Approach (LFA) 80
LZK → Lebenszykluskosten

Management von Ressourcen 244
Managementbewertung 244
Marginalrenditerechnung 50 ff
Matrix-Projektorganisation 59
Mediation 277
Meilenstein 72 ff
Meilensteinergebnisse 74
Meilenstein-Trendanalyse 195 ff

Messdaten 301 f
Methode-635 350
Mietvertrag 34
Mind-Mapping 349
Mitarbeitereinsatzplan 155
Mitkalkulation 198
Modultest 239
Morphologische Analyse 356 f
MPM-Netzplanmethode 137 ff
MS Office 332
MS Project 328 ff
MTA → Meilenstein-Trendanalyse
Multifaktorenmethode 53
Multimomentaufnahme 355
Multiplikatorschätzmethoden 107 f

Nachhaltigkeit 235
Nachkalkulation 293 f
Nachweistest 240
Negativer Puffer 144
Netto-Stundenanzahl 152
Netzdichte (Kennzahl) 139, 308
Netzplan 130 ff
Netzplanaktualisierung 190 f
Netzplanmethoden 130 ff
– , CPM- 133 ff
– , MPM- 137 ff
– , PERT- 135 ff
Netzplantechnik 130 ff
Netzplanverfahren 328 ff, 337
Normalfolge 138
Notfall 179 ff
Notfalldurchführungsplan 181
Notfallhandbuch 182
Notfallorganisation 180
Notfallplanung 179 ff
Notfallszenarium 180
Notfallvorsorge 181
Nutzwertanalyse 48, 53 ff

Objektbibliothek 318
Objektstrukturplan 90
Obligo-Fortschreibung → Bestellwertfortschreibung
Online-Projektmanagement 375 ff
Operationsmanagement 158
OPM3 84
Optimistische Dauer 135
Organisation 56 f
Organisationsplan 56
Organisationsprojekt 22

P2MM 86
P3M3 85

Parametrische Schätzmethoden 99 ff
PC-Programme für
– , Aufwandsschätzung 339
– , Netzplanung 328
– , Tabellenkalkulation 338
Personalauslastung 154 f
Personalauswahl 268
Personalbedarf 152 ff
Personaleinsatzplanung 149 ff
Personalförderung 270
Personalführung 268
Personalkosten 96, 165, 200
Personalkostenproduktivität 308
Personalmanagement 268 ff
Personalüberleitung 314
Personalvorrat 150 f
Personalvorratsermittlung 150 ff
PERT-Netzplanmethode 135 f
Pessimistische Dauer 135
Petri-Netz 131
Pfad, kritischer 144
Pflichtenheft 37
Phasenabschluss 70
Phasenaufriss (Kennzahl) 307
Phasenentscheidung 70
Phasenergebnisse 70
Phasenorganisation → Prozessorganisation
Phasenverantwortlicher 71
Phasenziel 70
Pilottest 286
Pionierprojekt 23
Plan/Ist-Vergleich 192 ff
– , Aufwand/Kosten 207 ff, 263
– , Termine 192 ff, 263
Plan/Plan-Vergleich 194 ff
– , Aufwand/Kosten 213 ff, 263
– , Termine 194 ff, 263
Planabweichung 188
Plankostensatz 200, 215
Plantreue 192
Planung
– , von Aufgaben 145 ff
– , von Aufwänden 98 ff
– , von Einsatzmitteln 149 ff
– , von Kosten 162 ff, 335
– , von Personal 149 ff
– , von Terminen 148 ff
Planungsaufwand 87
Planungsausschuss 62
Planungsgremien 62
Planungsprojekt 23
Planungsprozess 145 ff, 331 f
Planungsteam 62
Planverrechnung 205
PM-Berichtswesen 260 ff

389

PMBoK-Guide 81
PM-Dreieck 23
PM-Guide 81
PMI 81ff, 228, 280f
PM-Intranet-Portal 261
PMMM 85
PMP 280f
PM-Regelkreis 17
PM-Tools 337ff
PM-Verfahren 316ff
Portfolio-Methode 367f
Präferenzmatrix 367
Präsentationstechniken 370
PRICE-Schätzmodell 100
PRINCE2 80
Probebetrieb → Pilottest
Problemlösungstechniken 356ff
Problemmeldungsprozess 321
Produktabnahme 283ff
Produktabnahmebericht 287
Produktarbeitskreis 62
Produktbegutachtung 288
Produktdefinition 36ff
Produktdokumentation 256
Produkt-Entwicklungsgruppe 64
Produkt-Ergebnisrechnung 49
Produktfortschritt 217
Produktfortschritts-Diagramm 218
Produktgrößen 217f
Produkthaftung 33, 247
Produktivierungsfaktor 308
Produktivität 25, 216, 299, 309, 311
Produktivitätsanalysen 299
Produktivitätsmethoden 108f
Produktiv-Jahresstundenanzahl 202
Produktlebenszyklus 172
Produktmessdaten 301f
Produktrealisierung 245
Produktstruktur 89ff
Produktstrukturplan 89f
Produkttest 284
Projektablauf 11ff
Projektabschluss 16, 283ff
Projektabschlussanalyse 292ff
Projektabschlussbericht 314
Projektakte 258
Projektantrag, -auftrag 27ff
Projektarten 20ff
Projektauflösung 313ff
Projektauswertungen 327
Projektberichte 262ff
Projektberichterstattung 260ff
Projektbeschreibung 27

Projektdefinition 13, 27ff
Projekt-Direktor 271
Projektdokumentation 256ff
Projektergebnis 214ff
Projektfortschrittskontrolle 218ff
Projektgremien 62ff
Projektgründung 27ff
Projektierungsprojekt 21
Projektkontrolle 15, 188ff
Projektkoordinator 58
Projektkosten 214ff
Projektkostenüberwachung 163
Projektkostenverfahren 322ff
Projektleiter 66ff, 270
Projektmessdaten 301ff
Projektorganisation 56ff
Projektphasen → Projektablauf
Projektpläne 183ff
Projektplanung 14, 87ff
Projektsteuerung → Projektkontrolle
Projektsteuerungsverfahren 316ff
Projektstruktur 91ff
Projektstrukturplan 91ff
–, ablauforientierter 92
–, funktionsorientierter 92
–, objektorientierter 91
–, Standard- 93
Projektsystem PS 333
Projekttagebuch 259f
Projektüberwachung → Projektkontrolle
Protokoll
–, Abnahmetest- 287
–, Produktabnahme- 287
–, Projektabschluss- 314
–, Übergabe- 287
–, Übernahme- 289
Pro-und-Kontra-Spiel 359
Prozentsatzmethoden 110, 119ff
Prozessgliederung 71f
Prozess-Mapping 176
Prozessmodelle 78ff
Prozessorganisation 69ff, 75ff
–, entkoppelte 76
–, integrierte 76
–, Koordinierte 76
Prozessphasen 71ff
Prozessplan 70f
Prüfkosten 255
Prüfung
– der Produktivitätssteigerung 299
– der Qualität 232ff
– der Qualitätssicherung 241ff

– der Wirtschaftlichkeit 46ff
– von Entwurfsdokumenten 236ff
– von Realisierungsergebnissen 238ff
Pufferweite (Kennzahl) 308
Pufferzeiten 143f, 145
Punktwertverfahren → Nutzwertanalyse

QMS → Qualitätsmanagementsystem 242
QS-Handbuch 243, 247
Qualität 26, 233ff
Qualitäts-Audit 246, 248
Qualitätsaufzeichnungen 243
Qualitätsbeauftragter 244
Qualitätsbericht 264
Qualitätskosten 247, 254ff
Qualitätslenkung 234
Qualitätsmanagement 232f
Qualitätsmanagementsystem 242
Qualitätsmanagementsystem 242
Qualitätsplanung 233f
Qualitätspolitik 243
Qualitätsprüfung 236ff
Qualitätssicherung 232ff
Qualitätssicherungskosten 247, 254ff
Qualitätssicherungssystem 241
Qualitätsziele 243

Rahmenvertrag 31
Rationalisierungsprojekt 21
Rechnungswesen 163ff
Reifegrad 82ff
Reifegradmodelle 83ff
Reine Projektorganisation 58
Relationsschätzmethode 106
Rentabilitätsrechnung 47
Ressourcen → Einsatzmittel
Ressourcenauflösung 315
Ressourcenmanagement 244
Ressourcenplanung 149ff, 244
Restaufwandsschätzung 223f
Restkostenschätzung 223f
Restzeitschätzung 225ff
Review 237ff
Risikoabsicherung 177f
Risikoanalyse 176f
Risikobewertung 177
Risiko-Controlling 179
Risikoidentifikation 176f
Risikokategorien 177
Risikomanagement 175ff
Risikomanagementplan 179
Risikomatrix 176
Risk Review Board 179
RRB → Risk Review Board

Rückmeldewesen 190
Rückwärtspufferzeit 145
Rückwärtsrechnung 141
Run-In-Test 240
RUP 82

Sachfortschrittskontrolle 212, 217 ff
Sachkosten 96, 165
Saldenverrechnung 205
Sammelkontierung 325
SAP-Projektsystem 333 ff
Schadensersatz 34
Schätzklausur 126 ff
Schätzmethoden 98 ff
 –, algorithmische 98 ff
 –, Kennzahlen- 98 ff
 –, Vergleichs- 98 ff
Schlüsselkennzahl 313
Schulung 160, 244, 270
Schulungsplan 161
Scorecards → Kennzahlen
Selbstaufschreibung 355
Selbstbewertung 252, 279
Self-Assessment → Selbstbewertung
Senior-Projektmanager 271
Sicherungsmaßnahmen 346
Skills-Datenbank 159, 160
Skills-Management 159
SLIM-Aufwandsschätzmethode 100
Smartphone 374, 376
SPICE 84
Sprungfolge 138
Stage-Gate-Modell 83
Stakeholder 68 f
Steuerungsgremien 64
Stilllegungskosten 172
Structured Walk Through 237
Strukturplanung 88 ff
Stückkosten 128
Stundenanzahl 152
Stundenkontierung 197 ff, 324
Stundenkontierungsbeleg 198
Stundenkontierungsmaske 199, 325
Stundenverrechnungssatz 200
Supply Chain Management → Beschaffungsmanagement
Surböck-Schätzmethode 102
SWOT-Analyse 355
Synektische Methode 352
Systemdefinition 36 ff
Systementwicklungsgruppe 64
Systemstrukturplan 90
Systemtest 240

Tabellenkalkulation 338
Teamarbeit 271 ff
Teamleiter 274
Teamphasen 272 ff
Technische Betreuung 290
Terminbeschleunigung 147
Termindurchrechnung 140 ff
Terminenge (Kennzahl) 308
Terminkontrolle 189 ff
Termin-Kosten-Diagramm 211
Termin-Leistungsindex 225
Terminplanung 148 f
Terminrückmeldung 189 f
Termintrendanalyse 194 ff
Termintreue 193
Terminübersicht 192
Test
 –, Abnahme- 240, 284
 –, Abschluss- 284
 –, Akzeptanz- 240, 286
 –, Funktions- 240
 –, Integrations- 239
 –, Modul- 239
 –, Pilot- 286
 –, Produkt- 284
 –, System- 240
Testdeckungsgrad 306
Testplan 322
TQM 249
Trendanalyse 194, 213, 263
 –, Aufwands- 213
 –, Kosten- 213
 –, Meilenstein- 195
 –, Termin- 194

Übergabeprotokoll 287
Übernahmeprotokoll 289
Überprüfung
 – der Qualitätssicherung 241
 – Entwurfs- 236
 – Realisierungs- 238
 – Wirtschaftlichkeits- 46 ff, 297
Umsatz 216
Umweltmanagement 235
Unterauftrag 29
Unternehmensprojekt 23
Utopiespiel 352

Verfahren für PM 316 ff
Verfahrenseinführung 341 ff
Verflechtungszahl 308
Vergleichsschätzmethoden 103 ff
Verjährungsfrist 34
Verrechnung 204, 214, 326
Verrechnungsarten 204 f
Verrechnungsschlüssel 205
Verrechnungswege 205 f
Vertragsabschluss 32
Vertragsformen 31 f

Vertragsprüfung 35, 245
Vertriebsprojekt 22
Verwertungsplan 315
Virtuelles Projektmanagement 378 ff
Virtuelles Team 275
V-Modell XT 80
Vorgangsknoten-Netzplan 132, 137 ff
Vorgangspfeil-Netzplan 132, 133 ff
Vorgehensmodelle 78 ff
Vorleistungsprojekt 23, 96
Vorsorgemaßnahmen 178, 181
Vorwärtsrechnung 140

Wahrscheinliche Dauer 135
Walk Through 237
Walston-Felix-Aufwandsschätzmethode 109
Wartung 290 ff
Wartungsaufwand 292
Wasserfallmodell 78
Webbasiertes Projektmanagement 376 f
Weiterbildung 160, 270
Weiterverrechnung 204 ff, 215 f, 336
Werke-Organisation 57
Werkvertrag 31, 34
Wertanalyse 42 f
Wertefluss 163, 206
Wirtschaftliche Produktplanung 49 f
Wirtschaftlichkeitsanalyse 46 ff, 297 ff
Wirtschaftlichkeitsberechnung 46 ff
Wirtschaftlichkeitskoeffizient 54
Wissensmanagement 158 ff
Wolverton-Aufwandsschätzmethode 107
Work Breakdown Structure → Projektstruktur

Zeitabstände 138
Zeitbedarf 122
Zeitplanung 372 ff
Zeitplanungstechniken 372 ff
Zeitrechnung → Termindurchrechnung
Zeitverteilung (Cocomo) 121 f
Zertifizierung
 –, PM-Personal 278 ff
 –, QS-System 241 ff
Zielkostenrechnung 168 f
Zinsfußmethode 47
ZKP-Aufwandsschätzmethode 103, 339
Zuschlagskalkulation 168

Manfred Burghardt

Projektmanagement

Leitfaden für die Planung, Überwachung und Steuerung von Projekten

9., überarbeitete und erweiterte Auflage, 2012, 839 Seiten + 56 Seiten Beiheft, 374 Abbildungen, 115 Tabellen, gebunden

Print ISBN: 978-3-89578-399-9, € 119,00
ePDF ISBN: 978-3-89578-693-8, € 106,99

Walter Gregorc, Karl-Ludwig Weiner

Claim Management

Ein Leitfaden für Projektmanager und Projektteam

2., überarbeitete und erweiterte Auflage, 2009, 365 Seiten, 40 Grafiken und Beispiele, gebunden

Print ISBN: 978-3-89578-335-7, € 49,90

Mark Reuter

Psychologie im Projektmanagement

Eine Einführung für Projektmanager und Teams

2011, 293 Seiten, 12 Abbildungen, gebunden

Print ISBN: 978-3-89578-361-6, € 34,90
ePDF ISBN: 978-3-89578-656-3, € 30,99
ePUB ISBN: 978-3-89578-715-7, € 30,99
mobi ISBN: 978-3-89578-813-0, € 30,99

Nicolai Andler

Tools für Projektmanagement, Workshops und Consulting

Kompendium der wichtigsten Techniken und Methoden

5., wesentlich überarbeitete und erweiterte Auflage, 2013, 488 Seiten, 151 Abbildungen, 75 Tabellen, gebunden

Print ISBN: 978-3-89578-430-9, € 49,90
ePDF ISBN: 978-3-89578-907-6, € 43,99

Elisabeth Bittner, Walter Gregorc (Hrsg.)

Abenteuer Projektmanagement

Projekte, Herausforderungen und Lessons Learned

2010, 239 Seiten, 88 farbige Abbildungen, gebunden

Print ISBN: 978-3-89578-375-3, € 24,90

Ulf Pillkahn

Die Weisheit der Roulettekugel

Innovation durch Irritation

2013, 293 Seiten, 52 handgezeichnete Abbildungen, 33 Tabellen, gebunden

Print ISBN: 978-3-89578-393-7, € 34,90
ePDF ISBN: 978-3-89578-680-8, € 30,99
ePUB ISBN: 978-3-89578-720-1, € 30,99
mobi ISBN: 978-3-89578-819-2, € 30,99

www.publicis-books.de